Unser Hausgarten

Eva Herrmann-Lejeune

Unser Hausgarten

Eva Herrmann-Lejeune

Die Planung, Anlage und Pflege von Zier-, Gemüse- und Obstgärten

11., vollständig überarbeitete Auflage

DLG VERLAG · FRANKFURT AM MAIN

CIP-Kurztitelaufnahme der Deutschen Bibliothek

Herrmann-Lejeune, Eva:
Unser Hausgarten : d. Planung, Anlage u. Pflege von Zier-, Gemüse- u. Obstgärten / Eva Herrmann-Lejeune. — 11., vollst. überarb. Aufl. — Frankfurt am Main : DLG-Verl. 1988.

ISBN 3-7690-0468-X

Folgende Firmen haben freundlicherweise einiges Bildmaterial zur Verfügung gestellt:

Firma Carl Sperling & Co., Pflanzenzüchter, 2120 Lüneburg

Firma Wolf-Geräte GmbH., 5240 Betzdorf

Firma Celamerck GmbH und Co. KG., 6507 Ingelheim

Firma Polydress Plastic GmbH., 6120 Michelstadt/Odenwald

Titelbild und Umschlagentwurf: Peter Frohne, 6056 Heusenstamm

Gesamtherstellung: Druckhaus Koblenz, 5400 Koblenz
Printed in Germany: ISBN-3-7690-0468-X

VORWORT

Während einer langjährigen Lehr- und Beratungstätigkeit auf dem Gebiet des hauswirtschaftlichen Gartenbaues wurde die Anregung zur Erstellung und Weiterentwicklung dieses Buches gegeben. Nach zehn Auflagen seit dem Jahre 1959 folgt nun eine weitere Neuauflage. Hierbei hat die Stoffgliederung keine grundlegenden Änderungen erfahren, da sich der Buchaufbau im hauswirtschaftlichen Berufs- und Fachschulunterricht und in der Erwachsenenbildung bewährt hat.

Das Buch wendet sich an alle Hausgärtner, besonders an die Landfrauen, an Auszubildende, Meisteranwärterinnen sowie Berufs- und Fachschülerinnen im hauswirtschaftlichen Bereich, die bei der schönen und zweckmäßigen Anlage und für die nutzbringende und praktische Pflege der Gärten in Stadt und Land nach Anregung und Hilfe suchen.

Das Buch befaßt sich mit allen wichtigen praktischen Fragen, die einen Hausgärtner bewegen, und ist bemüht, ihn auf verständliche Weise mit den neuesten Erkenntnissen der gartenbaulichen Fachpraxis und Wissenschaft vertraut zu machen. Es wird mit einer Betrachtung der Pflanze und des Bodens eingeleitet, weil jeder Gärtner diese beiden wichtigsten gartenbaulichen Faktoren kennen muß, um zu einem Erfolg zu kommen. Beider Beschaffenheit und Verhalten erklären uns die Kulturmaßnahmen im Garten.

In dem Kapitel über den Ziergarten werden grundlegende Kenntnisse über die Kultur und Verwendung der einzelnen Zierpflanzengruppen vermittelt. Ein besonders breiter Raum ist vielen Anregungen und Vorschlägen für die Auswahl landschaftsgerechter Pflanzen sowie Beispielen ländlicher Gartengestaltung gegeben worden.

Die Behandlung des Gemüse- und Beerenobstgartens erfolgt sowohl aus gesundheitlicher als auch aus pflanzenbaulicher und arbeitswirtschaftlicher sowie ökonomischer Sicht. Auch viele unbekanntere Gemüsearten, die bei Beachtung einiger spezieller Standort- und Kulturansprüche in unserem Klimaraum mit Erfolg im Garten kultiviert werden können, sind in diesem Buch besprochen.

In dem Kapitel über das Baumobst wird versucht, Wege für eine Verbesserung des Zustandes unseres Gartenobstes in Land und Stadt aufzuzeigen, in der Meinung, daß in der heutigen Zeit ein begrenzter Obstanbau im eigenen Garten — vor allem im Bauerngarten — sinnvoll und besonders freudebringend ist.

Der Behandlung des Pflanzenschutzes im Hausgarten ist ein breiter Raum gegeben worden unter der Berücksichtigung der Ausnutzung umweltfreundlicher und gesundheitsungefährlicher Verfahren. Für eine sparsame und gezielte chemische Schädlingsbekämpfung werden dem Hausgärtner wichtige Informationen gegeben. Besonders in diesem Kapitel können die Ausführungen nur als Beispiele angesehen werden, denn bei der Vielzahl der Handelspräparate und Anwendungsmöglichkeiten kann im Rahmen dieses Buches kein Anspruch auf Vollständigkeit erhoben werden.

Die Hausgärten in Stadt und Land werden sicher auch in Zukunft ihren großen Wert als Zier- und Erholungsgärten sowie als Nutz- und Ertragsgärten behalten und damit zur Gesunderhaltung der Menschen wesentlich beitragen. Darüber hinaus stellen Garten- und Hofgrün einen wertvollen und unverzichtbaren Bestandteil der Bauernhöfe und ländlichen Siedlungen dar und prägen unsere Dörfer und Landschaften in vielfacher Weise.

Zur Anlage, Bewirtschaftung und Pflege der Gärten genügen aber nicht nur Interesse und Liebe zur Sache, sondern es müssen auch gute gärtnerische Kenntnisse vorhanden sein, die dieser Ratgeber als lebenslanger Begleiter weiterhin vielen Hausgärtnern und Gartenfreunden vermitteln möchte.

Oldenburg, 1988

Eva Herrmann-Lejeune

INHALTSVERZEICHNIS

DIE PFLANZE

Im Rahmen dieses Buches werden Bau und Lebensbedingungen der Pflanzen sowie Lebensvorgänge in der Pflanze soweit behandelt, wie es für die Erklärung des Pflanzenverhaltens und für die Durchführung der Anbau- und Pflegemaßnahmen im Garten erforderlich ist. Laufende eigene Beobachtungen an den Gartenpflanzen tragen wesentlich zum Verständnis des Pflanzenlebens und zum Erkennen und Erleben der großartigen Vielfalt im Pflanzenreich bei.

I. EINTEILUNG DES PFLANZENREICHES

Das Pflanzenreich kann man einteilen in:

- **Lagerpflanzen**
- **Moospflanzen**
- **Sproß- oder Gefäßpflanzen**

Die Lagerpflanzen (Thallophyten) sind sehr einfache Pflanzengebilde, deren Körper nicht in Wurzel, Stengel und Blätter gegliedert sind. Sie sind einzellig, als Zellfäden auch mehrzellig und flächenhaft ausgebildet. Man nennt einen solchen Pflanzenkörper *Lager.*

Zur Gruppe der Lagerpflanzen gehören die *Bakterien,* die *Algen* und die *Pilze* einschließlich der *Flechten,* die einen Verband von Algen und Pilzen darstellen. Das verzweigte Fadengeflecht der Pilze nennt man Myzel. Höhere Pilzarten können einen großen, festen Fruchtkörper bekommen. Pilze können ohne Licht leben und enthalten kein Blattgrün (Chlorophyll). Sie müssen daher von organischen Substanzen leben, zum Beispiel als Parasiten in lebenden Organismen und als Fäulnisbewohner.

Während sich Bakterien und Blaualgen durch einfache Zellspaltung fortpflanzen, vermehren sich die meisten übrigen Algen und die Pilze im Wechsel ungeschlechtlich durch Sporen und geschlechtlich durch die Verschmelzung männlicher und weiblicher Geschlechtszellen. Lagerpflanzen leben meist im Wasser oder an feuchten Standorten.

Zum Beispiel die wichtigsten Bodenbakterien sowie schädliche Erreger von Bakterien- und Pilzkrankheiten an Kulturpflanzen zählen zu den Lagerpflanzen. Sie vermehren sich in feuchten Jahren, bei feuchter Witterung und bei unsachgemäßer Bewässerung (zum Beispiel Tomaten) sehr stark. Feuchte Jahre = Pilzjahre! Der Ansiedlung von Algen und Flechten auf dem Holzkörper von Bäumen und Zier- und Beerensträuchern sowie auf Gartenböden — als grüner Überzug sichtbar – kann durch bessere Licht- und Luftverhältnisse am Standort und in den Pflanzen (durch Bodenlockerung und Auslichtungsschnitt vorgebeugt werden.

Die Moospflanzen (Bryophyten) bilden den Übergang von den Lagerpflanzen zu den Sproß- oder Gefäßpflanzen. Während manche *Lebermoose* noch Lager bilden, haben die *Laubmoose* einfache Stengel und grüne Blätter, jedoch noch keine echten Wurzeln, sondern Zellfäden, mit denen sie sich im Boden verankern. Bei der Fortpflanzung von Moosen wechseln ebenfalls die ungeschlechtliche Sporenerzeugung und die geschlechtliche Vermehrungsart regelmäßig ab. Moose sind feuchtigkeitsliebende Landpflanzen, die bei der geschlechtlichen Fortpflanzung auf Wasser angewiesen sind und mit verhältnismäßig wenig Licht auskommen können.

In engen, feuchten Pflanzenbeständen (Rasen) und in schattigen Lagen (unter Bäumen) kann die Moosbildung im Garten zu Schäden führen. Maßnahmen zur besseren Durchlüftung und Belichtung schaffen Abhilfe.

Die Sproß- oder Gefäßpflanzen (Kormophyten) haben einen Pflanzenkörper (Kormus), der aus Wurzel, Stengel und Blättern besteht und voll ausgebildete Leitungsbahnen als Gefäßbündel für den Transport von Wasser und Nährstoffen besitzt. Sie sind in der Regel Landpflanzen.

Zu den Gefäßpflanzen gehört die Abteilung der *blütenlosen Farnpflanzen* mit *Bärlappgewächsen, Schachtelhalm* und *Farnarten*, die sich auch durch Generationswechsel: Sporenbildung – Bildung von Geschlechtsorganen fortpflanzen.

Unsere einheimischen Farnarten sind alle krautig und gehören zu den Stauden. Sie lieben feuchte, halbschattige, humusreiche Standorte.

Die zweite Abteilung der Gefäßpflanzen bilden die *Blüten- oder Samenpflanzen,* die auch als **Höhere Pflanzen** bezeichnet werden, da sie im Pflanzenreich die höchste Entwicklungsstufe erreicht haben. Man unterscheidet die beiden Unterabteilungen: **Nacktsamige Pflanzen**, bei denen die Samenanlagen offen in der Blüte liegen, zum Beispiel die Nadelgehölze (Koniferen) und **Bedecktsamige Pflanzen**, deren Samenanlagen in einem Fruchtknoten eingeschlossen sind.

Die Höheren Pflanzen sind sehr vielgestaltig und kompliziert aufgebaut und eingerichtet. Arten mit gleichen typischen Merkmalen sind zu Pflanzenfamilien zusammengefaßt.

Übersicht 1: Systematik des Pflanzenreiches

Lagerpflanzen	**Sproß- oder Gefäßpflanzen**		
Abteilungen:	**Abteilung:**	**Abteilung:**	**Abteilung:**
– Bakterien – Blaugrüne Algen – Algen – Pilze	– Moospflanzen *Klassen:* . Lebermoose . Laubmoose	– Farnpflanzen *Klassen:* . Bärlappgewächse . Schachtelhalme . Farne	– Blüten- oder Samenpflanzen **Unterabteilungen:** – Nacktsamer – Bedecktsamer *Klassen:* . Zweikeimblättrige Pflanzen . Einkeimblättrige Pflanzen

Folgende **Pflanzenfamilien** sind in unseren Gärten besonders stark vertreten:

Familie der Rosengewächse (Rosen, Kern- und Steinobst, Ebereschen, Weißdorn, Cotoneaster); Familie der Erica-Gewächse (Heidekraut, Heidelbeere, Rhododendron); Familie der Schmetterlingsblütler (Erbse, Bohne, Robinie, Lupine); Familie der Nachtschattengewächse (Kartoffel, Tomate, Paprika); Familie der Liliengewächse (Tulpen, Maiglöckchen, Lilien); Familie der Korbblütler (Sonnenblumen, Margeriten, Chrysanthemen, Rudbeckie); Familie der Kieferngewächse (Kiefer, Fichte, Tanne, Lärche) und viele mehr.

Pflanzenvertreter der gleichen Familie haben oft ähnliche Standortansprüche (Erica-Gewächse); es muß aber nicht so sein (Nachtschattengewächse). Die Empfindlichkeit für gleiche Pflanzenschädlinge beziehungsweise die Vorliebe von tierischen und pilzlichen Schädlingen für verwandte Pflanzen muß in der Gartenpraxis beachtet werden.

In den folgenden Abschnitten werden Beschaffenheit und Verhalten der Höheren Pflanzen behandelt.

II. DER BAU DER PFLANZE

1. Innerer Bau der Pflanze

1.1 Zellen

Der Pflanzenkörper besteht aus unzähligen, mikroskopisch kleinen Zellen, deren Durchmesser etwa 20 bis 100 µ (1 µ = 0,001 mm) beträgt, aber auch größer sein kann. Bei langgestreckten, faserförmigen Zellen, zum Beispiel Baumwollhaaren, Leinfasern, sind Längen von mehreren Zentimetern möglich. Große und kleine Pflanzen unterscheiden sich nicht in ihrer Zellengröße, sondern in der Zellenzahl.

Die Zellform ist unterschiedlich und steht in engem Zusammenhang mit der Aufgabe, die die Zelle zu erfüllen hat.

Die Hauptbestandteile der Zellen einer Höheren Pflanze sind die Zellwand (Zellmembran), das Protoplasma mit dem Zellkern sowie den lebenden und leblosen Plasmaeinschlüssen.

Die Zellwand

Die Zellwand besteht im wesentlichen aus *Zellulose*, bei Holzzellen aus *Lignin*. Bei manchen Pflanzenarten oder -teilen sind besondere Anlagerungen an den Zellwänden entstanden, zum Beispiel von Korkstoffen, Kieselsäure, Kalk, Gerbstoffen und anderen. Eine Zellwand wächst auf zweierlei Arten: das Flächenwachstum durch Zwischenlagerungen, das Dickenwachstum durch Stoffanlagerungen. In den Zellwänden befinden sich einige dünne Stellen (Tüpfel), durch die sich feine Plasmastränge ziehen. Sie stellen die Verbindung benachbarter Zellen her und ermöglichen den einheitlichen Ablauf der Lebensvorgänge in den einzelnen Pflanzenteilen.

Das Protoplasma

Das Protoplasma ist der Lebensträger des pflanzlichen Organismus, denn alle Lebensvorgänge in einer gesunden und kranken Pflanze werden vom Zustand des Plasmas bestimmt.

Das Protoplasma besteht aus einer Grundsubstanz, dem Zellplasma, in dem sich neben dem Zellkern mehr oder weniger zahlreiche lebende Einschlüsse (Farbstoffträger) und leblose Einschlüsse (zum Beispiel Zellsaft, Stärke, Eiweiß, Fett, Harze) befinden.

Das Zellplasma

Das Zellplasma (Cytoplasma) ist eine zähflüssige, durchsichtige, sich ständig bewegende Masse und enthält je nach Pflanzenart etwa 60 bis 90 % Wasser sowie Eiweißstoffe (Proteine), fettähnliche Stoffe (Lipoide) und mineralische Bestandteile. Das Zellplasma besitzt alle Fähigkeiten eines lebenden Stoffes. Es kann wachsen und sich vermehren, sich bewegen und auf Außenreize reagieren. Es ist in der Lage, einerseits körperfremde Stoffe aufzunehmen und zu körpereigenen zu verarbeiten (Assimilation, Ernährung) und andererseits durch Abbau von Stoffen die erforderliche Energie zur Durchführung von Lebensfunktionen zu erzeugen (Dissimilation, Atmung).

Die Empfindlichkeit des Zellplasmas ist bei den Pflanzenarten sehr unterschiedlich und hängt auch von dem Entwicklungszustand der Pflanze ab. Zu hohe (über 40 bis 50°C) und zu tiefe Temperaturen (unter 0°C oder tiefer) sowie die Einwirkung von verschiedenen Gasen (Industriegebiete), Säuren, Laugen u.a. können die Gerinnung des Plasmas hervorrufen, die den Zelltod zur Folge hat.

Abbildung 1: Links: junge Zelle,
Mitte und rechts: ältere Zelle
1 Zellwand, 2 Zellkern, 3 Protoplasma, 4 Hohlraum (Vakuolen) mit Zellsaft

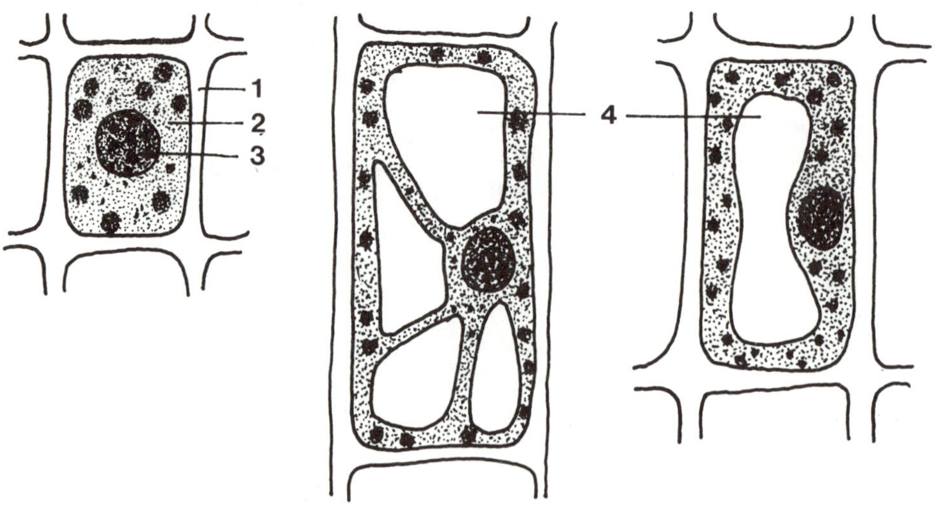

Die äußerste Umgrenzung des Zellplasmas ist zu einer *Haut* verdichtet, die *halbdurchlässig* ist (semipermeabel); das heißt, sie läßt vor allem nur Wasser und bedeutend langsamer gelöste Nährstoffe durch, hält aber größere Moleküle zurück. Für feste Stoffe ist sie völlig undurchlässig.

Im Jugendstadium der Zelle füllt das Zellplasma den ganzen Zellkörper aus. Später bilden sich *Hohlräume* (Vakuolen) im Plasma, die sich allmählich vergrößern. Bei einer erwachsenen Zelle sammelt sich das Plasma am Rande der Zelle oder in Plasmafäden zur Mitte hin an. Die Hohlräume sind mit *Zellsaft* gefüllt. Plasmafreie Zellen sind tote Zellen, die zum Beispiel für Zwecke der Gewebefestigung und der Wasserleitung ausgebildet werden (siehe Abbildung 1).

Der Zellkern

Der Zellkern (Nucleus) liegt bei höheren Pflanzen meist einzeln als runder, dunkler Körper im Zellplasma eingebettet. Dieses wichtige Plasmaorgan besteht aus einer zarten Kernwand und einem Hohlraum, der mit Kernsaft gefüllt ist. In dem eiweißhaltigen Kernwasser befindet sich ein netzartiges phosphor- und eiweißhaltiges *Kerngerüst*, das aus einer arten- und sortentypischen Anzahl von Kernschleifen, den sogenannten Chromosomen besteht.

Die Chromosomen

Die Chromosomen sind als Träger der Erbanlagen (Gene) sehr wichtig.

Die Zellkerne der meisten Pflanzen enthalten zwei gleiche *Chromosomensätze (diploid)*, in Ausnahmefällen auch mehrere Sätze. So haben zum Beispiel einige Apfelsorten wie Boskoop und der Rheinische Bohnapfel einen dreifachen Chromosomensatz und sind deshalb als Bestäubersorten ungeeignet. Keimzellen haben jeweils einen Chromosomensatz *(haploid)*. Plötzliche Ausnahmen und Änderungen bei der Chromosomenzahl führen zu sprunghaften Umformungen und Neubildungen bei den Pflanzen, die man als *Mutationen* bezeichnet.

Farbstoffträger

Die Farbstoffträger *(Plastiden)* sind weitere *lebende* Plasmaeinschlüsse in höheren Pflanzen. Sie sind bereits als winzige Gebilde in den Keimzellen vorhanden, vermehren sich durch Teilung und entwikkeln sich in den Dauerzellen zu *drei Formen*, den

- Chloroplasten
- Chromoplasten
- Leukoplasten

Die Chloroplasten sind die Träger von grünem und gelbem Farbstoff und werden wegen ihrer linsenförmigen Gestalt auch *Chlorophyllkörner* genannt. Sie sind wichtige Organe der *Photosynthese* (siehe Seite 41). Chloroplasten kommen in allen grünen Pflanzenteilen vor, besonders in den grünen Blättern (siehe Seite 28), dagegen nicht in der Wurzel sowie im Stamm der Bäume.

Die Chromoplasten sind Träger der gelben und roten Farbstoffe, zum Beispiel in vielen Blüten, in Früchten (Tomaten, Hagebutten), in Rüben (Möhren, Rote Rüben).

Die Leukoplasten sind farblos. In ihnen wird die aus Traubenzucker entstandene Speicherstärke gelagert. Leukoplasten kommen somit insbesondere in Speicherorganen, wie Kartoffeln, Wurzelstöcken und Mark, vor.

Die Farbstoffträger sind wandelbar. Es können sich zum Beispiel die Leukoplasten in der Kartoffelknolle bei Lichteinwirkung in grüne Chloroplasten beziehungsweise grüne Chloroplasten in der unreifen Tomate zu roten Chromoplasten in der reifen Frucht umwandeln.

Die toten Zelleinschlüsse

Mit der Differenzierung und Spezialisierung der älteren Zellen geht die Bildung von Hohlräumen im Plasma einher, die sich mit einer wässrigen Lösung von anorganischen und organischen Stoffen – dem **Zellsaft** – füllen. Auch im Zellplasma selbst und in den Farbstoffträgern kommen tote Einschlüsse vor.

Beispiele:
Eiweißkörner im Getreidekorn, Erbsen, Bohnen
Stärkekörner in Hülsenfruchtsamen, Rüben, Knollen
Fett in Leinsamen
Harze in Nadelhölzern

Die Zellteilung

Die Zellvermehrung erfolgt bei den Pflanzen durch Teilung. Normalerweise geht dieser eine Kernteilung voraus, anschließend erfolgt die Teilung des Plasmas und der ganzen Zelle.

Es sind zu unterscheiden:

- Die Teilung der *Körperzellen* (Wachstumsteilung, Äquationsteilung), bei der als wesentliches Merkmal die Chromosomen einen *Spaltungsprozeß* durchmachen. Die neugebildeten Tochterzellen besitzen den gleichen doppelten Chromosomensatz wie die Mutterzelle.
- Die Teilung der *Geschlechtszellen* (Fortpflanzungsteilung, Reduktionsteilung). Hier unterbleibt in der männlichen Pollenmutterzelle und in der weiblichen Embryomutterzelle bei der Bildung der eigentlichen Geschlechtszellen die Längsspaltung der Chromosomen, so daß die Tochterzellen nur einen einfachen Chromosomensatz erhalten.

1.2 Gewebe

Verbände von Zellen ähnlicher Bauart und *mit gleichen Aufgaben* stellen ein Gewebe dar. In jungen Geweben liegen die Zellen lückenlos aneinander. In den meisten Gewebearten befinden sich aber *Zwischenzellräume* (Interzellulare), die ein zusammenhängendes Hohlraumsystem bilden, das durch *Spaltöffnungen* in den Blättern mit der Außenluft in Verbindung steht und dem Gasaustausch in der Pflanze dient.

Man unterscheidet in der Hauptsache *zwei Gewebegruppen:*

- **Das Bildungsgewebe**
- **Das Dauergewebe**

A. Bildungsgewebe (Meristem)

Das Bildungsgewebe besteht aus zartwandigen, plasmagefüllten Zellen, in denen eine fortgesetzte *Zellteilung* vor sich geht. Nach ihrer Entstehung sind zwei Arten von Bildungsgeweben zu unterscheiden:

1. Primäre Bildungsgewebe (Urmeristem)

Sie sind aus der Keimzelle hervorgegangen, befinden sich an allen Wachstumspunkten (Vegetationspunkten) des Spros-

Abbildung 2: Zellteilungen

A Vorgang der Wachstums- oder Äquationsteilung

1 Ruhekern
2 Bildung von langen Chromatinfäden
3 Aufteilung der Chromatinfäden in eine bestimmte Anzahl Chromosomen, Bildung der Kernspindel und Polkappen
4 Anordnung der Chromosomenpaare in der Äquationsebene
5 Längsteilung der Chromosomen (Tochterchromosomen). Die Längsteilung bedeutet eine *gleiche Verteilung der Erbanlagen*
6 Wanderung der Tochterchromosomen zu den Polkappen
7 Bildung der Tochterkerne mit jeweils *doppeltem Chromosomensatz*, Wachstum einer Zelltrennwand
8 Abschnürung des Plasmas und Bildung einer neuen Zellwand

B Vorgang der Fortpflanzungs- oder Reduktionsteilung

1 Ruhekern
2 Bildung von langen Chromatinfäden
3 Aufteilung der Chromatinfäden in eine bestimmte Anzahl Chromosomen, Bildung der Kernspindel und Polkappen
4 Anordnung der Chromosomenpaare in der Äquationsebene
5 Wanderung je eines Chromosomes der Paare zu den Polkappen, *Chromosomenzahl* wird damit *reduziert*
6 Bildung der Tochterkerne mit je *einem Chromosomensatz*, Wachstum einer Zelltrennwand
7 Abschnürung des Plasmas und Bildung einer neuen Zellwand

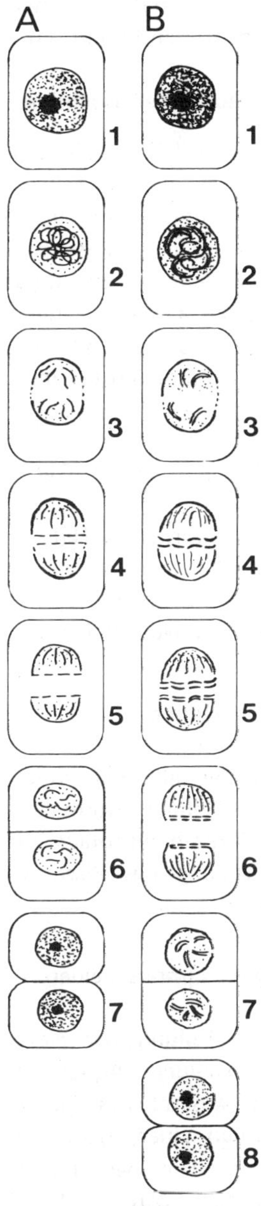

ses und der Wurzel und bewirken das **Längenwachstum** der höheren Pflanzen (siehe Seite 39).

Das Ende der *Sproßachse* ist meist kegelförmig *(Vegetationskegel)* und in einer Knospe von schützenden jungen Blättern umgeben. Seitliche Auswüchse am Vegetationskegel stellen Blattanlagen dar. In den Achseln älterer Blattanlagen sitzen meist gut sichtbare Achselknospen, aus deren Vegetationskegel sich Seitentriebe oder auch Blatt- oder Blütenknospen bilden. In verholzten Teilen mancher Bäume und Sträucher befinden sich weitere Vegetationspunkte als sogenannte *Schlafende Augen*, die kaum oder gar nicht sichtbar sind und erst aktiv werden, wenn ein starker Rückschnitt ins alte Holz, zum Beispiel im Zuge eines Verjüngungsschnittes vorgenommen wurde.

Der Zeitpunkt der Knospenbildung ist besonders für Schnittarbeiten (siehe Seite 405 ff.) und für Termindüngungen (siehe Seite 415) bei Gehölzen wichtig.

Die *Vegetationspunkte an den Wurzelspitzen* sind von einer besonderen Zellgruppe umgeben, die eine *Wurzelhaube* bilden und das dünnwandige Bildungsgewebe vor Verletzungen im Erdreich schützen. Der Wachstumspunkt der Wurzel besitzt keine Blattanlagen.

Abbildung 3: Schematischer Längs- und Querschnitt des Stammes einer Zweikeimblättrigen Pflanze mit Kambiumring.
M = Mark
GB = Gefäßbündel
R = Rinde
H = Holzteil der Gefäßbündel
S = Siebteil der Gefäßbündel
K = Kambiumring

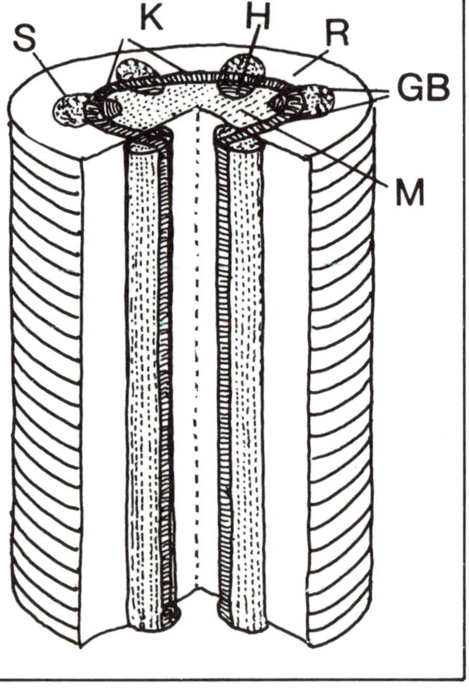

2. Sekundäre Bildungsgewebe

Dieses sind Verbände von teilungsfähigen Zellgruppen, die aus primärem Bildungsgewebe an den Vegetationskegeln hervorgegangen sind oder die Teilungsfähigkeit neu bekommen haben. Man bezeichnet diese Gewebezone als das **Kambium**, das sich prismaförmig zwischen dem inneren Holzteil und dem äußeren Bastteil durch den ganzen älteren Trieb beziehungsweise Stamm und durch die Wurzel nacktsamiger und zweikeimblättriger bedecktsamiger Blütenpflanzen hinzieht und das **Dickenwachstum** bewirkt (siehe Seite 39). Einkeimblättrige Pflanzen (zum Beispiel Gräserarten, Getreide, Zwiebeln, Tulpen) haben kein Kambium und weisen deshalb in der Regel kein Dickenwachstum auf.

Das Kambium ist bei starker Vergrößerung eines Stammquerschnittes als *Kambiumring* unter der Rinde zu erkennen (siehe Abbildung 3). Durch die Tätigkeit dieser teilungsfähigen Gewebezone wird der innerhalb des Ringes liegende *Holzteil* eines Baumes laufend vergrößert und das Kambium immer weiter nach außen verlagert. Die außerhalb des Kambiumringes liegenden Gewebezonen der *Rinde* werden dadurch gedehnt, bis die Epidermis schließlich zerreißt und durch einen neuen, den Pflanzenkörper schützenden Rindenteil ergänzt wird. Dies geschieht durch ein hinzukommendes Bildungsgewebe: das **Korkkambium.** Es bildet nach innen Rindenzellen und nach außen eine Korkschicht. Der äußere Korkteil stirbt laufend ab; so entsteht die *Borke*, die zum Beispiel bei Kiefern sehr ausgeprägt ist.

Die Wundverheilung bei Verletzungen von Baumstämmen und Ästen, von Bäumen und Sträuchern durch Wildverbiß, Frosteinwirkung, Schnittmaßnahmen, Pilz- und Bakterienkrankheiten usw. geht vom Kambium aus vor sich. Die Bildung eines die Wunde überwallenden **Wundkallus** wird durch die schnelle Wundbehandlung, zum Beispiel mit Baumwachs, Baumteer oder einem Lehm-Kuhdung-Verband, wesentlich gefördert. — Die Verwachsung von Veredlungspartnern beruht ebenfalls auf einer Kallusbildung aus dem Kambium.

B. Dauergewebe

Das Dauergewebe ist aus dem Bildungsgewebe durch die Vorgänge der Zellstreckung und Zelldifferenzierung hervorgegangen. Die einzelnen Zellen sind nicht mehr mit Plasma voll ausgefüllt, sondern haben entweder mit Zellwasser ausgefüllte Vakuolen im Plasma oder gar kein Plasma mehr und sind tot.

Die wichtigsten *Dauergewebe-Arten* sind:

- **Grundgewebe** (Parenchymgewebe)
- **Abschlußgewebe** — Hautgewebe
- **Festigungsgewebe** — Stützgewebe
- **Leitungsgewebe** — Leitgewebe

1. Grundgewebe

Es füllt den Raum zwischen den anderen Gewebearten aus und stellt die Gewebemasse dar. Die Zellen sind lebend, verhältnismäßig dünnwandig und prall mit Zellsaft gefüllt. Der dadurch entstandene Innendruck gegen die Zellwand, den man als **Turgor** bezeichnet, bewirkt die Straffheit vor allem der krautigen Pflanzenteile.

In verschiedenen Bereichen des Grundgewebes finden wichtige Lebensvorgänge der Pflanzen statt. Danach unterscheidet man zum Beispiel:

Assimilationsgewebe in krautigen Sproßteilen, besonders in Blättern die Palisadenschicht; chlorophyllhaltig.

Speichergewebe in Samen, Früchten, Wurzeln; reich an Zucker, Stärke, Eiweiß, Fetten und Leukoplasten.

Wasserspeichergewebe in Dickblattgewächsen (Sukkulenten) und anderen.

Durchlüftungsgewebe in Wasser- und Sumpfpflanzen; reich an luftgefüllten Zwischenzellräumen.

Markgewebe, ein farbloses Füll- und Speichergewebe im Sproß, das vom Leitbündelzylinder umschlossen ist. Das Mark kann auseinanderweichen, so daß der Stengel hohl wird.

2. Abschlußgewebe

Das primäre Abschlußgewebe einer Höheren Pflanze ist die Oberhaut oder **Epidermis.** Die Zellen der Epidermis sind farblos (Leukoplasten), meist einschichtig und flächig angelegt und durch eine enge Verzahnung miteinander gegen die zerfetzende Wirkung des Windes und sonstiger Spannungen geschützt. Man kann sie meist im ganzen abziehen. Die Oberhaut schützt die Pflanze vor übermäßiger Verdunstung, vor zu starker Erwärmung oder Abkühlung.

Eine zusätzliche Wandschicht – die *Kutikula* – sowie *Kork-* und *Wachsschichten* verstärken bei vielen Pflanzen die Schutzwirkung der Epidermis. Ausstülpungen der Oberhaut sind verschiedene Arten von *Haaren* (Wurzelhaare, Primelhaare und andere) und *Stacheln* (Rose, Brombeere und andere). Bei der Stachelbildung sind außerdem Zellpartien darunterliegender Gewebeschichten beteiligt (Emergenzen).

Die Spaltöffnungen

In der Epidermis der Sproßteile befinden sich unzählige sogenannte Spaltöffnungen (Stomata), besonders in der Oberhaut der Blattunterseite. Diese werden von zwei ovalen, bohnenförmigen, Blattgrün führenden *Schließzellen* umgrenzt und liegen jeweils vor einer Atemhöhle, die mit dem Hohlraumsystem in den inneren Geweben in Verbindung steht (siehe Abbildung 9). Bei genügendem inneren Wanddruck (Turgor) sind die Schließzellen prall und lassen in der Mitte eine Öffnung frei. Läßt der Turgor zum Beispiel durch Wassermangel in den Zellen nach, erschlaffen sie, schließen sich und setzen damit die Wasserverdunstung herab. Auch bei Nacht sind die Spaltöffnungen geschlossen.

Die Aufgaben der Spaltöffnung sind:

- die Regelung der Wasserverdunstung,
- die Regelung des Gasaustausches (Atmung, Assimilation).

Die Aufnahme von giftigen Umweltgasen und das Eindringen von schädlichen Innenpilzen erfolgt ebenfalls vorrangig durch die Spaltöffnungen.

Ältere Pflanzen haben statt der dünnen Epidermis ein totes *Korkgewebe* an ihrer Oberfläche.

3. Festigungsgewebe

Nur junge, zarte Pflanzengewebe haben durch den Innendruck (Turgor) eine genügende Straffheit und Festigkeit. Alle älteren Pflanzenteile bekommen durch besondere Stützgewebe den erforderlichen Halt. In noch wachsenden Zellen verstärkt die streckungsfähige *Zellulose* die Zellwände. Dagegen übernehmen bei ausgewachsenen Pflanzenteilen neben Zellulose auch verschieden geformte tote *Holzzellen* die Wandversteifungen. Hierbei werden stark verholzte *Steinzellengewebe* (zum Beispiel Nußschalen) von langgestreckten, elastischen *Fasergeweben* mit bis zu 22 cm langen Stützzellen (zum Beispiel Lein, Flachs) unterschieden.

4. Leitungsgewebe

Es hat die Aufgabe, gelöste Stoffe über weitere Strecken im Pflanzenkörper zu leiten. In den höheren Pflanzen gibt es **zwei Wasserleitungsbahnen:**

- Die *Gefäße*, in denen die von der Wurzel aufgenommenen anorganischen Nährlösungen *(Mineralsalze)* aufwärts geleitet werden.
- Die *Siebröhren*, in denen die in grünen Sproßteilen gebildeten organischen Nährlösungen *(Assimilate)* abwärts geleitet werden.

Die Gefäße

Sie bestehen aus langgestreckten toten Zellen mit stark durchlöcherten oder völlig aufgelösten Querwänden und unterschiedlich ausgestatteten Wandversteifungen durch Lignineinlagerung (Verholzung). Die wichtige Wasserabgabe an das umliegende Grundgewebe erfolgt durch unverdickte Stellen der Zellwände, in älteren, vollständig verholzten Gefäßen durch sogenannte *Tüpfel*, die als kleine Querkanäle anzusehen sind.

Abbildung 4: Stengelquerschnitt einer Einkeimblättrigen Pflanze (oben) und einer Zweikeimblättrigen Pflanze (unten)

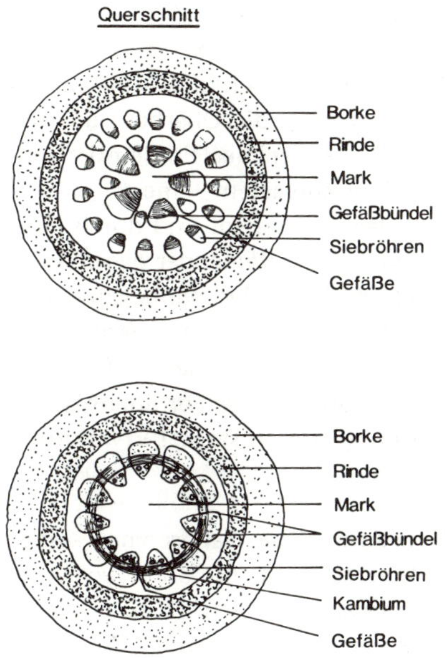

Die Siebröhren

Sie bestehen aus lebenden langgestreckten Zellen, deren Querwände siebartig durchlöchert sind. Gewöhnlich sind Siebröhren nur während einer Vegetationsperiode tätig, sterben dann ab und gehen in das umliegende Festigungsgewebe über, worauf neue Siebröhren gebildet werden.

Gefäß- oder Leitbündel

Gefäße und Siebröhren bilden im *Pflanzensproß* eine Einheit, die als Gefäß- oder Leitbündel bezeichnet und von einem Festigungsgewebe umspannt wird.

Bei *zweikeimblättrigen Pflanzen* haben die Leitbündel eine ringförmige Anordnung und werden vom Kambium durchquert. Durch Zellteilung im Kambium findet nach innen eine Vergrößerung beziehungsweise Erneuerung des Gefäßteiles und nach außen des Siebteiles statt. Das Grundgewebe innerhalb des Leitbündelringes (Holzteil) nennt man hier *Mark*, das außerhalb (Bastteil) *Rinde*. Mark und Rinde werden durch *Markstrahlen* verbunden, die als lebende Grundgewebe-Zellen die Versorgung des Holzteiles mit Assimilaten übernehmen und als Speichergewebe dienen.

In dem Sproß der *einkeimblättrigen Pflanzen* liegen die Leitbündel wahllos verstreut und werden nicht von einem Kambium durchzogen. Auch hier ist der Gefäßteil immer nach innen gerichtet.

In den *Blättern* sind die Leitbündel in den *Blattnerven* zusammengefaßt. In allen *Wurzeln* sind Gefäße und Siebröhren nicht gebündelt, sondern sind einzeln radial angeordnet.

- Verletzungen und Verstopfung der Gefäßbündel führen zum Welken und schließlich zum Absterben der Pflanzen.
- Schnelle Wundpflege ist bei Gehölzen besonders wichtig.
- Der frische Anschnitt von Schnittblumen unter Wasser verhindert eine Verstopfung der Leitungsbahnen durch Eintritt von Luft. Schräges Anschneiden von Blumenstielen und flaches Zerklopfen von verholzten Schnittstellen (Chrysanthemen, Gehölzzweige) vergrößern die Öffnungen des Leitungsgewebes und damit die Wasseraufnahme.

2. Äußerer Bau der Pflanze

2.1 Wurzel

Die wichtigsten Merkmale einer echten Wurzel:

- Völlige Blattlosigkeit
- Vorhandensein einer Wurzelhaube
- Radial angeordnete Leitbündel in einem Zentralzylinder
- Kein Blattgrün (Ausnahme einige Luftwurzeln)
- Normalerweise positiver Geotropismus (Erdwendigkeit) und
- Hydrotropismus (Wasserwendigkeit)

Die Aufgaben der Wurzel:

- Verankerung der Pflanze
- Aufnahme von Wasser und Nährstoffen
- Leitung der Nährlösungen
- Speicherung von Nährstoffen
- Atmung

Die Wurzel ist schon im Samen vorgebildet und tritt bei der Keimung als erstes Organ hervor. Am jungen Wurzelende befindet sich der Vegetationspunkt, geschützt von einer *Wurzelhaube* = **Wachstumszone** (siehe Abbildung 17). Während hier die Zellvermehrung für das Längenwachstum vor sich geht, findet in dem darüber liegenden Teil die Zellstreckung statt = **Streckungszone.** Darauf folgt die *Wurzelhaarzone*, in der die Nährstoffaufnahme erfolgt = **Ernährungszone.** Gleichzeitig werden durch Zellausbau die verschiedenen Grundgewebe-Arten ausgebildet. In den älteren Wurzelregionen entstehen die **Seitenwurzeln,** die aus der äußeren teilungsfähigen Zellschicht des Zentralzylinders hervorgehen.

Die Wurzelhaare

Die Wurzelhaare sind eine besonders wichtige Einrichtung für die meisten Landpflanzen. Es sind *Zellausstülpungen* der Wurzelepidermis, die als winzige Saugorgane kleinste Bodenteilchen umklammern und mit ihrer verhältnismäßig großen Oberfläche Bodenwas-

Abbildung 5: Ausschnitt einer Wurzelhaarzone im Erdreich

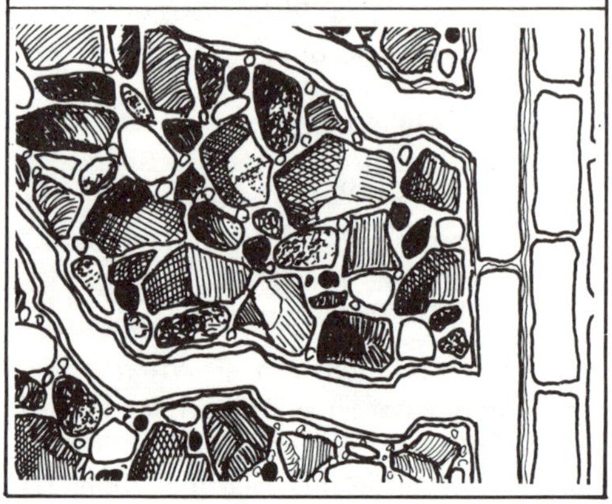

ser mit darin gelösten Mineralstoffen aufnehmen. Die Wurzelhaarzone hat immer nur eine bestimmte Länge nahe der Wurzelspitze. Wurzelhaare sterben nach wenigen Tagen ab und werden am weiterwachsenden Wurzelende laufend neu gebildet.

Junge Blumen- und Gemüsepflanzen sowie empfindlichere Stauden und Gehölze sollten stets mit gutem Wurzelballen in genügend große Pflanzlöcher schonsam gepflanzt werden, um durch Erhaltung der Wurzelspitzen eine schnelle Wasser- und Nährstoffaufnahme durch Wurzelhaare zu ermöglichen. Um Wurzelbeschädigungen zu vermeiden, darf die Bodenlockerung nicht zu tief erfolgen. Die Mineraldüngung muß in der Nähe der Kronentraufe ausgebracht werden, da in dem entsprechenden Erdbereich die Ernährungszone an den Wurzelspitzen liegt.

Das Wurzelsystem

Eine ältere Pflanze hat ein mehr oder weniger ausgedehntes Wurzelsystem, das zu den oberirdischen Pflanzenteilen in einem gewissen Gleichgewichtsverhältnis steht. Es dehnt sich meist etwas über die Kronentraufe aus.

Man unterscheidet **zwei Gruppen von Wurzelsystemen:**

➤ **Die Pfahlwurzel**, bei der die erste Keimwurzel erhalten geblieben ist. Sie wächst zu einer starken, oft tiefgehenden Wurzel heran, an der sich untergeordnete Seitenwurzeln bilden. Typisch für Nadelgehölze und zweikeimblättrige Blütenpflanzen.

➤ **Die Büschelwurzel**, bei der sich das Wurzelsystem aus sogenannten sproßbürtigen Wurzeln (Adventivwurzeln) entwickelt.

Abbildung 6: links: Büschelwurzel, aus sproßbürtigen Wurzeln hervorgegangen, rechts: Pfahlwurzel, aus der Keimlingswurzel entstanden.

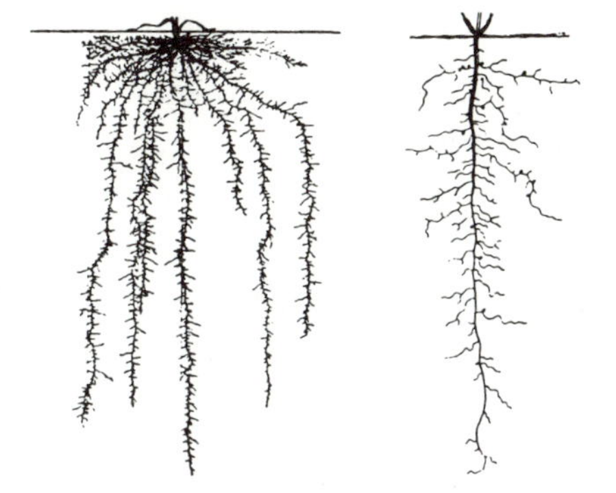

Typisch für einkeimblättrige Blütenpflanzen und Farnpflanzen sowie für vegetativ vermehrte Pflanzen, zum Beispiel aus Stecklingen, Steckhölzern, Absenkern.

Beispiele von Spezialwurzeln:

Speicherwurzeln: Rüben, Knollen; *Haftwurzeln:* Efeu; *Stelzwurzeln:* Mangroven; *Luftwurzeln:* Ananasgewächse, Mangroven.

2.2 Sproß

Die wichtigsten Merkmale des Sprosses:

- Vorhandensein von Laubblättern
- Vegetationspunkte an den Sproßspitzen, in einer Knospenanlage geschützt
- Leitbündel liegen ringförmig angeordnet oder verstreut im Sproßkörper
- Normalerweise lichtwendig

Die Aufgaben des Sprosses:

➤ Assimilation in grünen Pflanzenteilen
➤ Leitung der Nährlösungen

Abbildung 7: Schema einer Zweikeimblättrigen Pflanze:
WP = Wurzelvegetationspunkt
W = Hauptwurzel
SW = Seitenwurzeln
KB = Keimblätter
B = Laubblätter
K = Knospen
SP = Sproßvegetationspunkt
(nach TROLL, verändert)

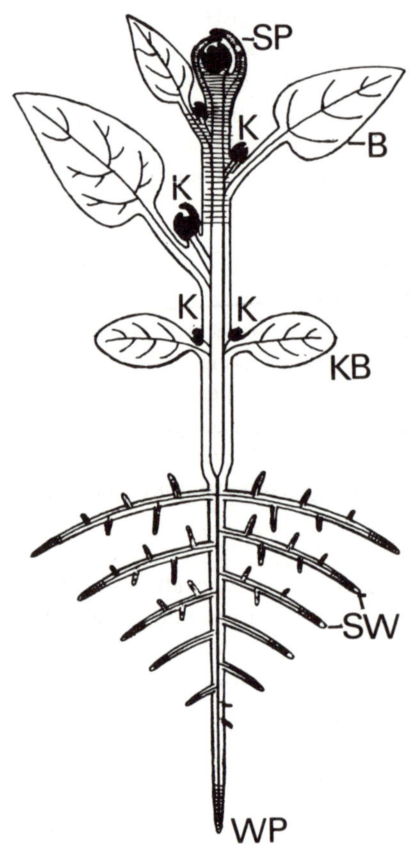

- Speicherung von Nährstoffen
- Transpiration vor allem durch Spaltöffnungen
- Atmung

Der Sproß ist gewöhnlich der oberirdische Teil einer Pflanze und besteht aus der einfachen oder verzweigten Sproßachse (Stengel, Schaft, Halm, Stamm), den Blättern, Blüten und Früchten. Vom inneren und äußeren Aufbau hängen Wuchsform und Lebensdauer des Sprosses ab.

In der Natur und im Garten unterscheidet man:

Gehölze
- baumartig
- strauchartig

Krautige Pflanzen
- einjährig
- zweijährig
- mehrjährig

Die Sproßachse

Wichtige *Organe der Sproßachse* sind:

- *Lang- und Kurztriebe* (Verzweigung), die sehr arten- und sortentypisch sind.
- *Knoten* (Nodien), die Ansatzstellen der Blätter und Verzweigungen. An den Knoten bildet der Stengel durch Erd- und Feuchtigkeitsreiz am ehesten sproßbürtige Wurzeln.
- *Zwischenknotenstücke* (Internodien), die sehr unterschiedlich lang sind.
- *Vegetationspunkte (Knospen)* an den Triebspitzen und in den Blattachseln (siehe Seite 39). Seitenknospen können bei vielen Gehölzarten für mehrere Jahre in ruhendem Zustand als sogenannte *Schlafende Augen* verharren, bis sie nach Einstellung des Spitzenwachstums oder durch kräftigen Rückschnitt zum Austrieb angeregt werden.

Das Vorhandensein von schlafenden Augen im älteren Holz von vielen Ziergehölzen, vom Kernobst, von Johannis-

und Stachelbeeren ermöglicht dem Gärtner einen starken Verjüngungsschnitt bei diesen Gehölzarten. Steinobst hat in der Regel keine mehrjährigen schlafenden Augen.

Die Sproßachse kann verschiedene **Formen** annehmen, zum Beispiel langgestreckt (Baumstämme), kugelig (Kakteen), scheibenartig (Zwiebeln), seilartig (Hopfen).

Umbildungen der Sproßachse

- Rosettensproß, zum Beispiel Löwenzahn, Salat
- Ausläufersproß, zum Beispiel Erdbeere, Hahnenfuß
- Knollen, zum Beispiel Gladiolen, Krokus, Kartoffel
- Zwiebeln, zum Beispiel Küchenzwiebeln, Lilien
- Rhizome, zum Beispiel Quecke
- Windesprosse, zum Beispiel Stangenbohnen
- Sproßranken, zum Beispiel Wein, Kürbis
- Dornen, zum Beispiel Schlehen, Weißdorn

Das Blatt

Das Äußere einer Pflanze wird einmal vom gesamten Sproßaufbau, zum anderen aber auch entscheidend vom Aussehen und von der Stellung der Blätter bestimmt. Es werden folgende *Blattarten* unterschieden:

Keimblätter	*Laubblätter*
Niederblätter	*Hochblätter*
Nebenblätter	*Blattumwandlungen*

Die Keimblätter

Die Keimblätter sind bereits im Samen vorgebildet und erscheinen als erste Blätter bei der jungen Pflanze. Nach ihrer Anzahl unterscheidet man die beiden großen *Klassen der Bedecktsamigen Blütenpflanzen:*

- Einkeimblättrige Pflanzen
- Zweikeimblättrige Pflanzen

Die *Nacktsamigen Pflanzen* (Nadelgehölze) haben 2 bis 15 Keimblätter.

Die Keimblätter erscheinen bei den meisten Pflanzen über der Erde, bei einigen befinden sie sich unter der Erde (zum Beispiel Feuerbohne). Sie sind einfach gebaut, bestehen aus lockerem Speichergewebe und haben die Aufgabe, den Keimling so lange zu ernähren, bis sich die ersten Laubblätter entwickelt haben.

Die Laubblätter

An der Vielzahl der Blattformen und an der Unterschiedlichkeit der Blattstellung wird einem die Vielfalt der Natur so recht bewußt. Der eigene Garten gibt die Möglichkeit zu interessanten Beobachtungen. Hier können nur einige Anhaltspunkte dafür gegeben werden.

Das Laubblatt entwickelt sich aus einer Laub- oder Blattknospe und besteht gewöhnlich aus:

- Blattgrund
- Blattstiel
- Blattspreite

- **Der Blattgrund** ist der unterste Teil des Blattes und entwickelt sich bei einigen Pflanzenarten zu einer stengelumfassenden Blattscheide. Sie übernimmt die Befestigung der Blätter – bei Gräsern die Halmstütze – und den Schutz der Knospen in den Blattachseln.
- **Der Blattstiel** wendet die Blattspreite

und führt sie zum Licht. In ihm sind die Leitbündel zusammengefaßt. „Sitzende" Blätter haben keinen Stiel.

Die Blattspreite ist der Hauptteil der Blätter und nach ihrer Ausbildung teilt man die Blattformen ein.

Die *Nervatur* der Blattspreite, die durch den Verlauf der Gefäßbündel zustande kommt, hängt mit der Blattgestalt zusammen. Einkeimblättrige Pflanzen sind meist durch eine *Parallelnervatur*, Zweikeimblättrige durch eine fiedrige *Netznervatur* gekennzeichnet.

Abbildung 8:
Links: Parallelnervatur bei Einkeimblättrigen (zum Beispiel Maiglöckchen), rechts: Netznervatur bei einer ungefiederten Blattspreite einer zweikeimblättrigen Pflanze (zum Beispiel Ulme, Weide)

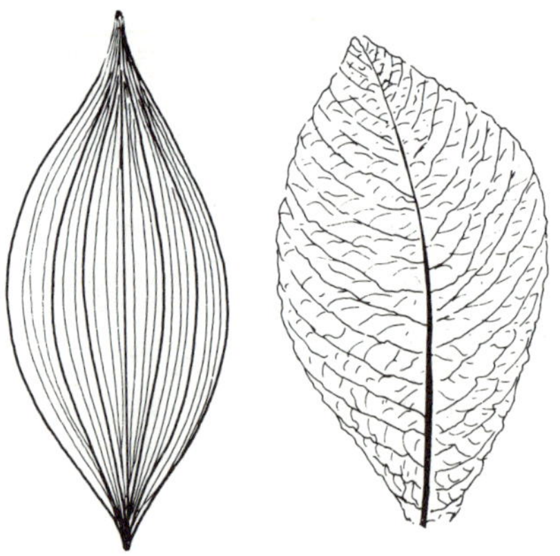

Die Blattspreite kann ungeteilt oder geteilt sein. Ebenso weist der *Blattrand* bei den Laubblättern je nach Pflanzenart einen unterschiedlichen Verlauf auf, zum Beispiel glattrandig, gesägt, doppelt gesägt, gezähnt, gebuchtet, gekerbt.

Die *Blattstellung* an der Sproßachse kann grund-, quirl-, gegen- oder wechselständig mit spiraliger Anordnung sein.

Die *Anheftung* des Blattes am Sproß ist ebenfalls artentypisch, zum Beispiel gestielt, sitzend, stengelumfassend, herablaufend, schildförmig gestielt, durchwachsen, zu tütenförmigen Gebilden verwachsen.

Der innere Bau des Laubblattes

Im grünen Laubblatt findet ein für alle Lebewesen auf der Erde entscheidender Vorgang statt: die *Photosynthese* (siehe Seite 41). Um diesen wichtigen Lebensvorgang in allen grünen Pflanzenteilen begreifen zu können, sollte man den inneren Bau des Blattes kennenlernen.

Das Blatt ist auf der Ober- und Unterseite von einem zarten, aber festen Hautgewebe, der *Epidermis*, schützend umgeben. Darin befinden sich vor allem auf der Blattunterseite unzählige winzige *Spaltöffnungen* (1 mm^2 = 100 bis 300), die mit einem Hohlraumsystem im Blattinnern in Verbindung stehen (siehe Seite 22).

Unter dem Hautgewebe der Blattoberseite liegen dicht nebeneinander palisadenartig langgestreckte Zellen mit hohem Gehalt an *Chlorophyll* (Blattgrün). Dieses sogenannte *Palisadengewebe* wird auch als Assimilationsgewebe bezeichnet, da vorrangig in dieser, dem Licht am meisten zugewandten, chlorophyllhaltigen Zellgruppe die Photosynthese vor sich geht.

Unter der Palisadenschicht liegt ein lockeres *Schwammgewebe* mit vielen *Zwischenzellräumen*, das ebenfalls Blattgrün enthält, doch bedeutend weniger, so daß die Blattunterseite heller grün erscheint.

Der Gartenbesitzer muß durch die Wahl richtiger Saat- und Pflanzabstände sowie durch termin- und fachgerechten Schnitt

Abbildung 9: Querschnitt durch ein Laubblatt

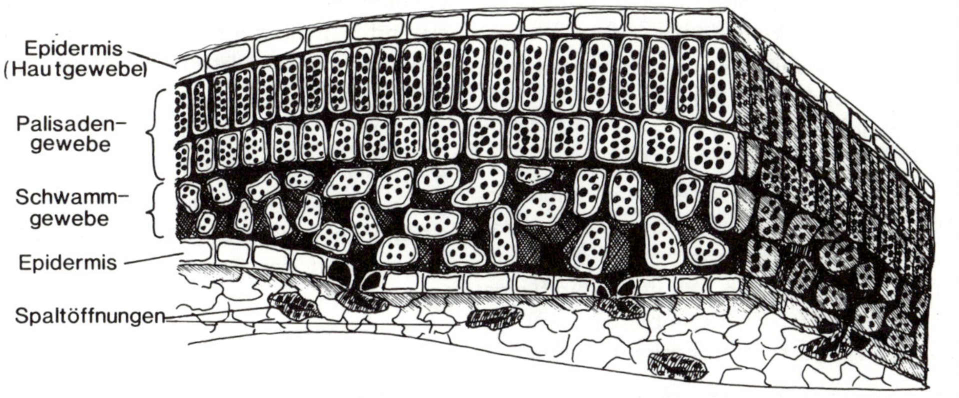

Abbildung 10: Formen der Blattspreite: 1 lanzettlich, 2 elliptisch, 3 nierenförmig, 4 herzförmig, 5 pfeilförmig, 6 schildförmig, 7 fiederspaltig, 8 fiederteilig, 9 paarig gefiedert, 10 unpaarig gefiedert, 11 handförmig (abgeändert nach SCHMEIL)

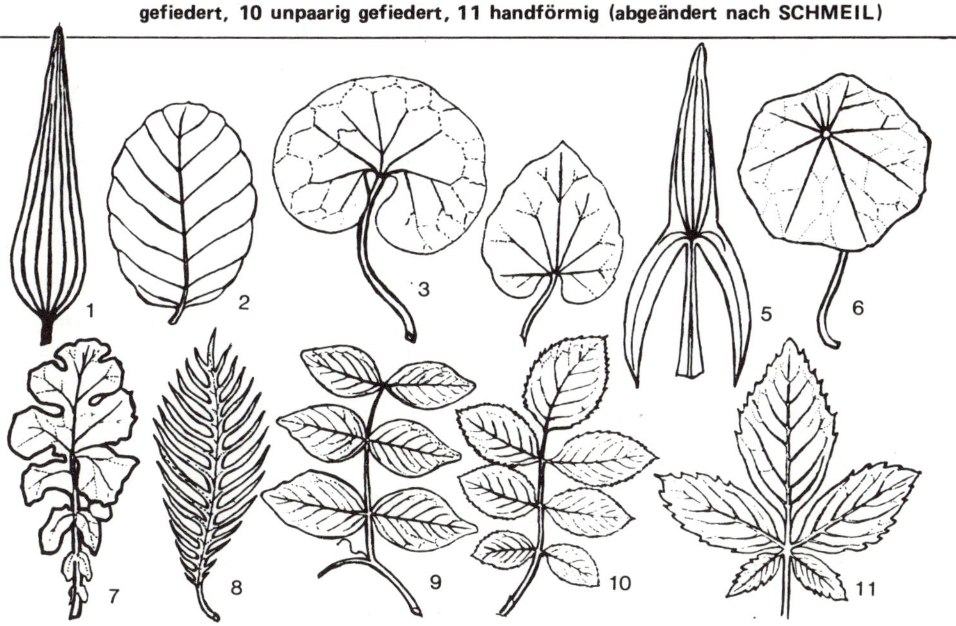

bei Obst- und Ziergehölzen und manchen Großstauden den Laubblättern zum größtmöglichen Lichtgenuß verhelfen, um eine hohe Assimilationsleistung zu erreichen. Blattschädlinge können den Vorgang der Photosynthese sehr beeinträchtigen oder sogar unmöglich machen.

Weitere Blattarten

Niederblätter: schuppenförmige, farblose oder bräunliche Blättchen, zum Beispiel Blätter der Küchenzwiebel, Schuppen der Quecke, Knospenschuppen der Holzgewächse, Brutzwiebeln der Feuerlilie.

Hochblätter (Brakteen): buntgefärbte Blätter nahe an den Blüten, die der Insektenanlockung dienen (Anthurium), oder kleine Hüllblättchen am Grunde der Blütenstiele (Korbblütler), spelzenförmig bei Getreide.

Nebenblätter am Blattgrund, die bald abfallen (Kirsche) oder bleiben.

Blattumwandlungen:

- *Blattdornen,* zum Beispiel Kakteen, Berberitzen
- *Blattranken*, zum Beispiel Gurken, bei Erbsen ist die Ranke nur ein Teil eines gefiederten Blattes
- *Blüten-* und *Fruchtblätter*

Die Blüte

Die Blüte ist ein gestauchter Sproß und besteht bei einer *vollständigen bedecktsamigen Blütenanlage* aus **vier verschiedenen Blattkreisen:**

- Kelchblätter
- Kronenblätter
- Staubblätter
- Fruchtblätter

Alle Blütenteile sitzen auf dem *Blütenboden.* Durch Gegenüberstellung einer Blüte von Apfel, Glockenblume, Ginster, Tränendes Herz, Löwenmäulchen kann man die wesentlichen Unterschiede der verschiedenen Blütenformen studieren.

Die Kelchblätter

Sie übernehmen den Schutz der Blütenknospe. Nach Entfaltung der Blüte fallen sie ab (Mohn) oder sie bleiben erhalten, um später die Frucht zu schützen (Erdbeere, Himbeere). Zum Beispiel Liliengewächse haben keine Kelchblätter.

Die Kronenblätter (Blumenblätter)

Sie sind meist sehr zarte, kräftig gefärbte Gebilde, die gemeinsam mit dem Kelch die inneren Blütenorgane schützen und der *Insektenanlockung* dienen. Bei vielen Pflanzen sind die Blütenblätter in zwei Kreisen angeordnet.

Die Staubblätter (Staubgefäße)

Sie sind die Träger der *männlichen Geschlechtszellen*. Sie setzen sich aus dem *Staubfaden* und dem *Staubbeutel* zusammen. Letzterer enthält vier *Pollensäcke,* in denen sich eine große Anzahl von Pollenkörnern *(Blütenstaub)* befindet. Diese sind einzellig und von einer festen Außenhaut umgeben, die bei *Windblütlern* trocken, bei *Insektenblütlern* manchmal klebrig, rauh oder stachelig ist. Die Staubbeutel sind meist auffällig gefärbt, zum Beispiel bei der Birne rot, bei Scilla blau, meist aber gelb. In gefüllten Blüten sind die Staubgefäße zu Blumenblättern zurückgebildet.

Die Fruchtblätter

Sie bilden einzeln oder zu mehreren den *Stempel*. Dieser besteht aus dem *Fruchtknoten*, dem *Griffel* und der *Narbe.* Im Fruchtknoten ruhen eine oder unzählige *Samenanlagen.* Eine stielartige Verlängerung des Fruchtknotens ist der Griffel (fehlt zum Beispiel bei Mohn), auf dem die stark verbreiterte Narbe sitzt, die den Blütenstaub aufnimmt. Dazu ist sie etwas uneben und scheidet zu ihrer Reifezeit einen klebrigen Saft aus: sie glänzt. Der Fruchtknoten befindet sich gewöhnlich in der Blütenmitte und ist je nach seiner Stellung zum Blütenboden oberständig, mittelständig oder unterständig.

Nektar ist ein süßer Drüsensaft, der von Nektarien an allen Blütenteilen abgesondert werden kann und der Insektenanlockung dient.

Vollständige und unvollständige Blüten

Die meisten Pflanzen haben Blüten, die männliche und weibliche Geschlechtsorgane enthalten, man nennt sie *zwittrige Blüten*. Männliche Blüten besitzen nur Staubblätter,

Abbildung 11:
Bau einer vollständigen Blüte

A = Blütenachse
K = Kelchblätter
B = Blumenblätter
F = Fruchtknoten mit Samenanlagen
G = Griffel
N = Narbe
St = Staubfäden mit Pollen
S = Samenanlagen

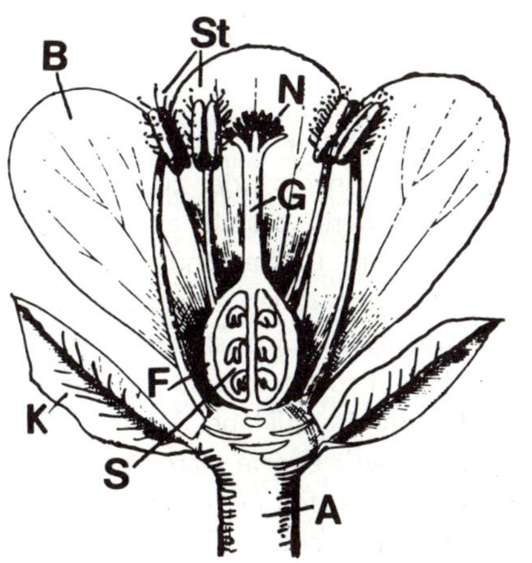

weibliche nur Stempel *(Eingeschlechtliche Blüten)*. Sind männliche und weibliche Blüten auf ein und derselben Pflanze, so ist sie *einhäusig,* zum Beispiel Gurke, Birke, Haselnuß, Kiefer. *Zweihäusige Pflanzen* haben nur weibliche oder nur männliche Blüten, zum Beispiel Spinat, Wacholder, Eibe, Weiden. Esche und Ahorn tragen zwittrige, rein weibliche und rein männliche Blüten.

Geschlechtslose, also unfruchtbare Blüten, finden wir zum Beispiel beim gefüllten Gartenschneeball und bei Randblüten der vielen Korbblütler im Garten.

Blütenstände

In den wenigsten Fällen stehen die Blüten einzeln wie bei der Tulpe. Meist sind mehrere zu einem Blütenstand vereinigt.

Man unterscheidet zwei Gruppen von Blütenständen:

- Die Hauptachse behält die Führung, die Aufblühfolge geht von unten nach oben vor sich. Beispiele (siehe Abbildung 12):
  1 Traube (Maiglöckchen), 2 zusammengesetzte Traube = Rispe (Flieder, viele Gräser), 3 und 4 Ähre (Getreide außer Hafer und Mais), 5 Kolben (Mais, Calla), 6 Dolde (Primel), 7 zusammengesetzte Dolde (Möhre), 8 Köpfchen (Klee), 9 Körbchen (alle Korbblütler).

Abbildung 12: Blütenstände

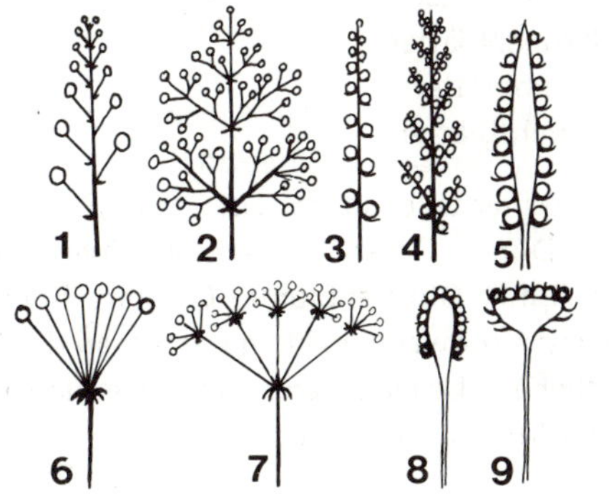

Abbildung 13: Blütenstände

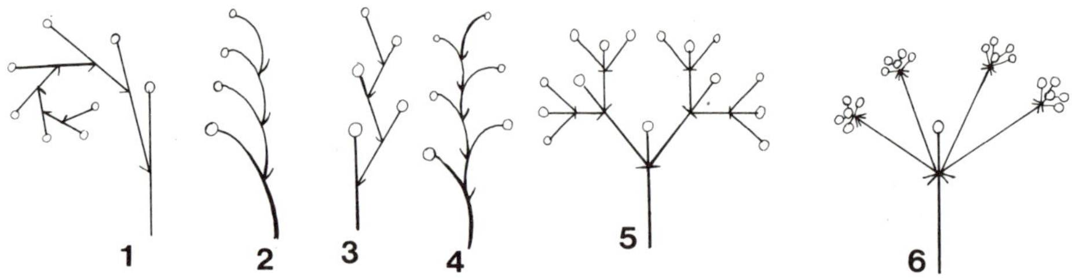

➤ Eine oder mehrere Seitenachsen des Blütenstandes übernehmen die Führung, die durchgehende Mittelachse fehlt. Beispiele (siehe Abbildung 13):
1 Sichel (Hainsimse), 2 Schraubel (Taglilie), 3 und 4 Wickel (Gladiole, Tomate), 5 und 6 Trugdolde (Holunder).

Die Frucht

Die Frucht geht aus dem Fruchtknoten hervor und setzt sich aus der Fruchtwand und einem oder mehreren *Samen* zusammen. Die *Fruchtwand* kann teilweise oder ganz fleischig sein, zum Beispiel bei der Beere, bei anderen Früchten ist sie hart und trokken, zum Beispiel bei Eicheln. Ein weiterer Unterschied ist zwischen den Früchten zu machen, die sich bei der Reife öffnen und den Samen freilassen (Mohn), und den Schließfrüchten, aus denen der Samen nur durch Zerstörung der Fruchtwand ins Freie gelangt (Beeren).

So sind auch unter den Früchten eine Vielzahl von Formen zu unterscheiden:

Einzelfrüchte

Öffnungsfrüchte: Balgfrüchte (Rittersporn), Kapseln (Mohn), Schoten (Raps), Hülsen (Erbse).

Schließfrüchte: Nüsse (Haselnuß), Grasfrüchte, Spaltfrüchte (Ahorn), Beeren (Stachelbeere, Tomate, Gurke), Steinfrüchte (Kirsche, Walnuß).

Zusammengesetzte Früchte bestehen aus mehreren Einzelfrüchten. Sie werden auch als *Scheinfrüchte* bezeichnet, da sie nicht nur aus dem Fruchtknoten hervorgegangen sind, sondern auch andere Organe, wie der Blütenboden, an ihrer Entstehung beteiligt sind.

➤ *Sammelsteinfrüchte:* Himbeere, Brombeere
➤ *Sammelnußfrüchte:* Erdbeere, Hagebutten
➤ *Blütenboden und Fruchtknoten verwachsen zu Früchten:* Kernobst.

Der Same

Mit der Fruchtentwicklung geht die Samenbildung einher. Der Same geht aus der Samenanlage hervor und besteht im wesentlichen aus der Samenschale, dem Nährgewebe und dem Keimling. Man kann ihn als eine winzige, ruhende Pflanze bezeichnen.

Die feste **Samenschale** beschützt den empfindlichen **Keimling** vor Feuchtigkeit, Austrocknung und Fäulnis. Sie hat bei einigen Pflanzen eine rauhe oder behaarte Oberfläche sowie kleine Anhängsel als Flugkörperchen, womit die Samenverbreitung durch

Abbildung 14: Links: Mohnkapsel = Öffnungs- oder Streufrucht, Mitte: Linde mit Nußfrüchten = Schließfrüchte, rechts: Himbeere = Sammelsteinfrucht

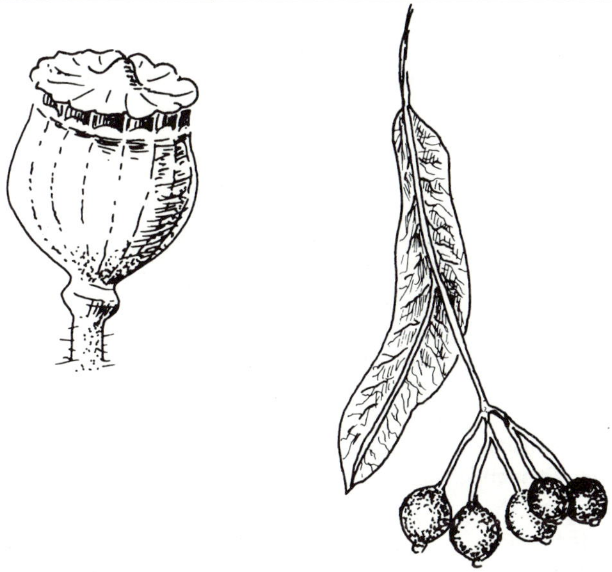

Tiere oder Wind erleichtert wird. Das **Nährgewebe** liefert dem Keimling die Nährstoffe für seine erste Entwicklungszeit, bis Wurzeln und Laubblätter die Ernährung übernehmen. Im Samen der Hülsenfrüchte liegen die Speicherstoffe in den **Keimblättern**. Im Keimling (Embryo) sind Wurzeln und Sproß vorgebildet. Die Keimblätter nehmen meist den größten Raum im Samen ein.

Die Keimung

Gelangt der Same in feuchten Boden, quillt er vorerst durch Wasseraufnahme. Darauf verliert er seine Trockenstarre, es setzt eine erhöhte Atmung ein. Fermente (Enzyme) sorgen für die Mobilisierung der im Nährgewebe gespeicherten Stärke und des Eiweißes, worauf der Keimling bei günstiger Temperatur mit seinem Wachstum beginnt.

Zuerst durchbricht die *Keimwurzel* die Samenschale, wächst in jedem Falle erdwärts und versorgt den Keimling mit Wasser. Als zweites Organ tritt der *Keimsproß* mit einem (Einkeimblättrige Pflanzen), zwei (Zweikeimblättrige Pflanzen) oder mehr (zum Beispiel Nadelgehölze) Keimblättern hervor. Diese sterben ab, wenn sich die ersten grünen Laubblätter gebildet haben, die nun durch die einsetzende Assimilationstätigkeit für die Ernährung der jungen Pflanze sorgen.

- Die Keimfähigkeit von Samen ist begrenzt (siehe Seite 242 f.) und muß bei der Aussaat von Gemüse- und Blumenarten beachtet werden.
- Samen dürfen nicht zu tief und nur in gut durchlüfteten Boden gesät werden, damit sie genügend Sauerstoff erhalten.
- Same muß durch guten Bodenschluß mit dem feuchten Erdreich eng in Ver-

bindung kommen. Dies wird durch Andrücken, Anwalzen, auf Anzuchtbeeten auch durch vorsichtiges Angießen erreicht.

- Gequollene Samen, die wieder zurücktrocknen oder zu kalt liegen, keimen nicht; sie faulen.

Blüten der Nadelgehölze

Die Nadelgehölze (Koniferen) sind eine wichtige Klasse der *nacktsamigen Blütenpflanzen*, deren Blütenorgane kurz besprochen werden sollen, da sie sich in mancher Hinsicht wesentlich von der Blüte der bedecktsamigen Blütenanlagen unterscheiden.

Die Familie der Kieferngewächse (Pinaceae), zu der neben der Kiefer die Tannen, Fichten und Lärchen gehören, wird als Beispiel gewählt. Diese Nadelholzarten haben männliche und weibliche *Zapfenblüten* getrennt auf demselben Baum. Sie sind demnach einhäusig und haben eingeschlechtliche Blüten.

Die männlichen Zapfenblüten (Staubblüten) sind zu vielen in einem zapfenartigen Blütenstand vereinigt und enthalten zahlreiche *Staubbeutel* mit Pollensäcken auf ihrer Unterseite, in denen sich der Blütenstaub (Pollen) befindet. Die Kieferngewächse bilden große Mengen von *Pollen*, die zu ihrer Reifezeit im Mai vom Wind verbreitet werden und einen regelrechten gelben „Schwefelregen" im Wald erzeugen können.

Die weibliche Zapfenblüte ist im Jugendstadium rötlich und besteht aus vielen derben, später verholzten *Fruchtschuppen*, die in Achseln von schützenden Deckschuppen liegen. Jede Fruchtschuppe trägt *frei* an ihrer Oberseite zwei Samenanlagen, die mit dieser fest verbunden sind. Die *Samenanlagen* sind also nicht in einem Fruchtknoten eingeschlossen, und der Same wird nicht im Laufe

Abbildung 15:
Links: Schematischer Längsschnitt einer einzelnen männlichen Zapfenblüte. Diese sind zu mehreren in einem Zapfenblütenstand vereinigt.
Rechts: Schematischer Längsschnitt einer weiblichen Zapfenblüte

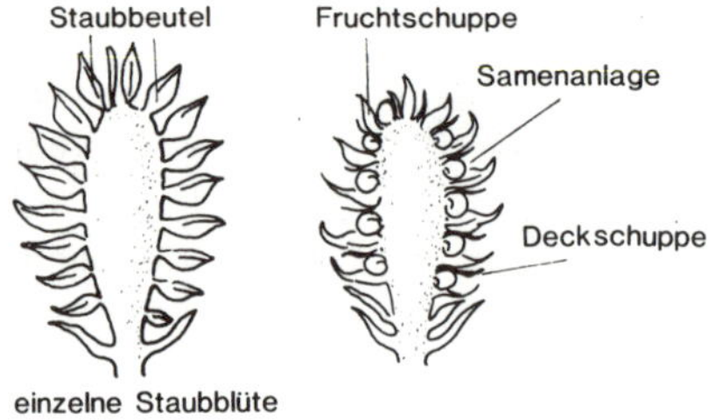

der weiteren Entwicklung in einer Frucht geborgen wie bei den bisher besprochenen bedecktsamigen Blütenpflanzen, sondern er liegt nackt auf der Fruchtschuppe.

Die *Bestäubung* erfolgt im Mai, die *Befruchtung* geht entweder noch im gleichen Sommer vor sich oder wie bei der Kiefer erst im darauffolgenden Jahr. Während der ein- oder mehrjährigen Samenreife verholzen die weiblichen Zapfen oder werden fleischig und bilden Beerenzapfen (Wacholder).

Der *reife Zapfen* öffnet sich im Frühjahr und die geflügelten *Samen* werden vom Wind weit verweht.

- Die meist hängenden **Kiefernzapfen** fallen nach dem Samenausstreuen im Laufe von ein bis zwei Jahren ab.
- Die hängenden **Fichtenzapfen** fallen im Laufe des Jahres ganz ab.
- Die aufrechtstehenden **Tannenzapfen** verlieren nach der Reife nur die Zapfenschuppen, während die kahle Spindel stehenbleibt.
- Die aufrechtstehenden, kleinen **Lärchenzapfen** bleiben nach der Samenreife noch jahrelang am Baum.

III. DIE VERMEHRUNG DER PFLANZEN

1. Geschlechtliche Vermehrung (Generative Vermehrung)

Die geschlechtliche Fortpflanzung erfolgt in der Pflanzenblüte durch das Zusammenwirken männlicher und weiblicher Keimzellen (Gameten), die in den Staub- und Fruchtblättern entwickelt werden. Nach der Verschmelzung zweier Keimzellen entsteht die befruchtete Eizelle (Zygote), aus der sich der Keimling entwickelt, der zu einer neuen Pflanzengeneration heranwächst.

1.1 Entwicklung der männlichen Keimzellen (Pollenkorn) und Bestäubung

In den Staubbeuteln einer Blüte befinden sich sogenannte Pollenmutterzellen, aus denen durch zweimalige Teilung je vier *haploide Pollenkörner* hervorgehen. Der Kern eines jeden Pollenkornes teilt sich nochmals, und zwar in einen vegetativen und einen generativen Kern. In diesem Zustand ist der Pollen reif, tritt aus dem Pollensack heraus und kann eine Blütennarbe bestäuben.

Es kommen *Selbstbestäubungen* oder *Fremdbestäubungen* vor. Im ersten Fall gelangt der Pollen auf die Narbe der gleichen Blüte und treibt dort aus *(Inzucht)*. Diese Bestäubungsart kommt in der Natur nur vereinzelt vor, zum Beispiel bei Erbsen, Weizen, Veilchen. In den meisten Fällen führt allein die Fremdbestäubung zur Bildung kräftiger Pflanzen. Sie erfolgt durch *Wind, Tiere* oder *Wasser*. Am häufigsten sind bei uns die Wind- und Insektenbestäubung. Die Windblütler und die Insektenblütler sind an deutlichen *Blütenunterschieden* zu erkennen:

Windblütler

Unauffällige Blütenhülle

Blüte meist vor Laubausbruch

Blüten und Staubgefäße sehr beweglich (Kätzchen)

Sehr große Anzahl von trockenen, glatten Pollen (Blütenwolke)

Narbe hoch, breit und freistehend
Zum Beispiel Hasel, Roggen, Birke, Eiche, Buche, Erle, Nadelhölzer und andere.

Insektenblütler

Blüte unabhängig vom Laubausbruch

Blüten stehen fest

Auffällig gefärbte, meist duftende Blütenhülle mit Nektarien

Geringe Anzahl von klebrigen, rauhen Pollen

Narbe kleiner
Zum Beispiel die meisten Pflanzen mit farbigen Blüten, außerdem Möhren, Beerenobst, Weiden und andere.

1.2 Entwicklung der weiblichen Keimzellen und Befruchtung

Im Fruchtknoten befinden sich die *Samenanlagen*, von denen jede einzelne von ein oder zwei Häuten, den *Integumenten*, umgeben ist. Nur eine kleine Öffnung, die *Mikropyle*, bleibt bestehen. Im Innern der Samenanlage entwickelt sich aus der Embryosackmutterzelle der ovalgeformte *Embryo-*

Abbildung 16: Samenanlage im Fruchtknoten kurz vor der Befruchtung. Schnitt durch den Stempel.

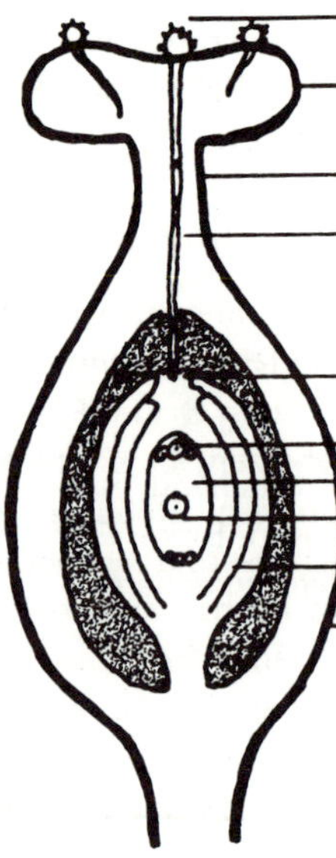

sack mit dem Embryosackkern und der *haploiden Eizelle*. Der fertige Entwicklungszustand der Samenanlagen, in dem die Befruchtung vor sich gehen kann, wird meist äußerlich durch die glänzende, eine Flüssigkeit absondernde Narbe gekennzeichnet.

Gelangt ein reifes Pollenkorn auf eine empfängnisfähige Narbe, so bildet der vegetative Kern einen Pollenschlauch aus, der durch das Griffelgewebe in den Fruchtknoten vordringt. Im Pollenschlauch teilt sich der generative Kern und beide dringen durch die Mikropyle oder an anderer Stelle in die Samenanlagen ein. Ein Kern vereinigt sich mit der Eizelle, und es kommt zur Bildung der *Zygote*, aus der sich der *Embryo* (Keimling) des Samens entwickelt. Durch die Verschmelzung zweier haploider Keimzellen hat der *Embryo wieder den diploiden Chromosomensatz der Eltern*. Der zweite generative Kern verbindet sich mit dem Embryosackkern, woraus das *Samennährgewebe* hervorgeht. Aus den Häuten der Samenanlage entsteht die *Samenschale*. Nach der Befruchtung fallen die Blütenblätter ab.

Jungfernfrüchtigkeit liegt vor, wenn sich der Embryosack ohne Befruchtung zum Keimling umbildet, zum Beispiel in Ausnahmefällen bei Birnen, Gurken, Bananen.

Bei den meisten Nutz- und Zierpflanzen ist ein Fruchtansatz ohne Samenentwicklung nicht möglich. Zum Beispiel die Kernobstfrucht ist um so besser ausgebildet, je größer die Anzahl der Samen ist.

2. Ungeschlechtliche Vermehrung (Vegetative Vermehrung)

Hierbei bilden sich aus natürlich oder künstlich abgetrennten Teilen der Mutterpflanze neue Pflanzen. Diese Vermehrrungsart hat den Vorteil, daß man schneller zu blühenden Pflanzen kommt und eine gleichmäßigere Nachkommenschaft erhält. Während eine Samenaussaat häufig zu Erbaufspaltungen führt, sind die Nachkommen einer auf vegetativem Wege vermehrten Mutterpflanze erbgleich, man nennt sie einen Klon.

2.1 Vegetative Vermehrung auf natürlichem Wege

Es handelt sich meist um *Speicherorgane*, aus deren Seitenknospen neue Pflanzen entstehen, sogenannte Brutkörper.

Beispiele:

Wurzelknollen:
Dahlien, aus deren Triebaugen neue Pflanzen entstehen.

Sproßknollen:
Kartoffel bildet aus Augen neue Pflanzen.

Brutzwiebeln:
Knoblauch bildet Brutzwiebeln aus Achselknospen im Blütenstand, Feuerlilie bildet sie in Achseln der Hochblätter, Küchenzwiebel bildet sie am Zwiebelboden.

Wurzelausläufer:
Himbeeren, aus Seitenknospen der Ausläufer bilden sich Jungpflanzen.

Wurzelstöcke:
Staudenastern und viele andere Staudenarten, die durch Teilung vermehrt werden.

Oberirdische Ausläufer:
Erdbeeren bilden an den Knoten der Ausläufertriebe junge Pflanzen.

2.2 Vegetative Vermehrung mit Hilfe des Menschen

Der Pflanzenbauer nutzt die Fähigkeit der Pflanzen aus, aus abgeteilten Organen neue Pflanzen zu bilden, indem er abgeschnittene Teile oder noch an der Pflanze befindliche Teile zur Wurzelbildung anregt. Diese wird immer durch *Wundbildung, Feuchtigkeit* und *Erdreiz* gefördert und geht in Stengelknoten am schnellsten vor sich.

Beispiele:

Stecklinge:
Krautige Pflanzenteile, wie Triebe, Blätter, Wurzeln, Augen werden mit glattem Schnitt von der Mutterpflanze getrennt und in gesunde, lockere Erde (Torf und Sand) gesteckt. Wuchsstoffpräparate und Bodenwärme üben einen vorteilhaften Bewurzelungsreiz aus. Zur Herabsetzung der Verdunstung ist in manchen Fällen das Einkürzen der Blätter erforderlich.

Steckholz:
Ausgereifte Triebteile in einer Länge von etwa 20 cm werden im Herbst geschnitten, gebündelt und am geschützten Ort im Freien, zum Beispiel unter Gehölzen, im Frühbeet oder im Keller eingeschlagen. Robuste Arten, zum Beispiel Stachel- und Johannisbeeren, können noch im Herbst, andere erst im Frühjahr in lockere, warme Erde gesteckt werden, und zwar so schräg, daß die oberste Knospe senkrecht nach oben gerichtet ist und so tief, daß zwei bis drei Augen über der Erde bleiben.

Absenker:
Ein- oder zweijährige Triebe, zum Beispiel von Beerensträuchern außer Himbeeren, werden in einen kleinen Graben niedergebogen, festgehakt und mit torfhaltiger Erde bedeckt. Nur die Triebspitze soll über der Erde stehen.

Veredlung:
Hierbei werden Zweigstücke (Pfropfen, Kopulieren) oder einzelne Augen (Okulieren) einer Edelsorte auf eine gleiche oder verwandte Art (Unterlage) aufgesetzt, wonach sie bei fachmännischer Arbeit zu einer wüchsigen und fruchtbaren Lebensgemeinschaft zusammenwachsen.

IV. DIE LEBENSVORGÄNGE IN DER PFLANZE

1. Das Wachstum der Pflanze

Wachstum ist eine nicht umkehrbare Formveränderng von Lebewesen, die mit einer Volumen- und meist auch einer Substanzzunahme verbunden ist. Das Wachstum der Pflanze beruht auf dem *Wachstum der Pflanzenzellen* und ist eine Folge der *Assimilation* im Pflanzenkörper, wodurch organische Körpersubstanz gebildet und vermehrt wird. Das komplizierte Wachstumsgeschehen wird durch bestimmte Wirkstoffe, die man *Hormone* oder Wuchsstoffe nennt, ermöglicht und geregelt.

Das Pflanzenwachstum ist abhängig (siehe Seite 43 ff.):

- von *äußeren* Faktoren:
  Temperatur, Licht, Wasser, Nährstoffe
- von *inneren* Faktoren:
  Erbgut, Hormone, Alterszustand, Assimilations- und Atmungsgeschehen

Die Pflanzen sind außerdem natürlichen *Entwicklungs-* und *Wachstumsrhythmen* unterworfen, die jedoch vom Gärtner durch verschiedene Kulturmaßnahmen, wie zum Beispiel Schnitt, Düngung, Bewässerung, künstliche Belichtung, etwas gesteuert werden können.

1.1 Der Wachstumsvorgang im Pflanzenkörper

Der Wachstumsvorgang in den Wachstumszonen der Pflanze erfolgt in drei zeitlich nacheinander folgenden Abschnitten.

1. Das embryonale Wachstum

Hierunter versteht man die nur bei starker Vergrößerung erkennbare *Zellteilung* und *Plasmavermehrung* in den Zellen der Bildungsgewebe der Pflanze (siehe Seite 18 f.). Diese liegen hauptsächlich in den Wurzelspitzen, den Sproßknospen und im Kambium. Das embryonale Wachstum ist typisch für alle Zellen des pflanzlichen Embryos (Keimling).

Dieser erste Wachstumsabschnitt liegt bei den meisten Gartenpflanzen in der ersten Hälfte der jährlichen Vegetationszeit. Die angelegten Gehölzknospen ruhen im allgemeinen bis zum Austrieb im folgenden Frühjahr.

2. Das Streckungswachstum

Dieses schließt sich unmittelbar an das embryonale Wachstum an und bewirkt eine *Vergrößerung der neugebildeten Zellen*. Dies geschieht nicht durch Vermehrung des Zellplasmas, sondern durch Dehnung der Zellwand und Bildung von Hohlräumen (Vakuolen) im Plasma, die mit Zellsaft gefüllt werden infolge Wasseraufnahme.

Das Streckungswachstum verläuft in die Länge und in die Breite und ist vor allem im Frühjahr am sichtbaren Längen- und Dickenwachstum der Pflanzen mit bloßem Auge zu erkennen, bei vielen Gehölzen auch am Johannistrieb im Sommer.

3. Das Differenzierungswachstum

In dieser äußerlich nicht sichtbaren Phase erfolgen der Ausbau der jungen Zellen durch Verdickung der Zellwände, die Bildung besonderer Zellinhaltsstoffe und die *Ausbildung der verschiedenen Dauergewebe-Gruppen* (siehe Seite 21 ff.).

Abbildung 17: Vegetationskegel der Wurzel (links) und vom Sproß (rechts) mit Bildungszone und Streckungszone

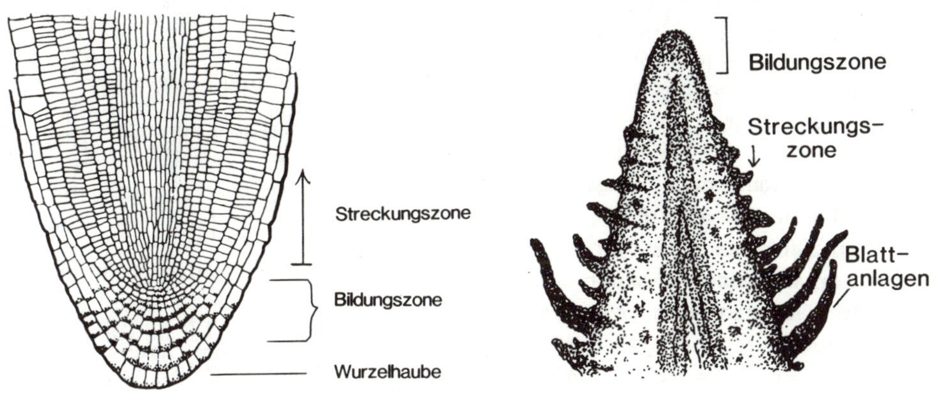

Bei Obst- und Ziergehölzen ist mit diesem Wachstumsabschnitt die Ausreife und Verholzung der Triebe verbunden.

1.2 Längen- und Dickenwachstum

Das Pflanzenwachstum zeigt sich äußerlich durch ein mehr oder weniger starkes *lebenslanges* Längen- und Dickenwachstum.

Das Längenwachstum geht bei den höheren Pflanzen hauptsächlich in zwei Richtungen vor sich: in der Wurzel erdwärts, im Sproß dem Licht entgegen. Ausgangspunkte sind die *Vegetationskegel* an Wurzel und Sproß (siehe Seite 18). Die Stärke des Längenwachstums ist arten- und sortentypisch und hängt auch von den Witterungsverhältnissen — vor allem im Frühjahr und Frühsommer — ab. Feuchte Jahre haben ein stärkeres Triebwachstum zur Folge.

Das Dickenwachstum verursacht die Zunahme des Wurzel- und Sproßumfanges. Alle höheren Pflanzen erfahren im Zuge des Streckungswachstums (siehe oben) eine Volumenzunahme im Umfang. Das starke Dickenwachstum von Wurzel und Stämmen der Nadelgehölze (Koniferen) und zweikeimblättrigen Blütenpflanzen erfolgt jedoch in einem besonderen Bildungsgewebe — dem *Kambium* (siehe Seite 20 f.). Den meisten einkeimblättrigen Pflanzen fehlt das Kambium. Bei diesen nimmt das Grundgewebe an Umfang zu, bei Baumarten zum Teil verholzt.

Das Dickenwachstum ist bei Laub- und Nadelbäumen an den *Jahresringen* auf dem Stammquerschnitt gefällter Pflanzen deutlich zu erkennen. Am Beispiel eines fünfjährigen Kiefernstammes — im Winter geschnitten — soll der Vorgang erklärt werden (siehe Abbildung 18).

Das *Kambium* liegt ringförmig um den *Holzteil* und wird außen von der *Rinde* umgeben. Das Dickenwachstum beginnt alljährlich im Frühjahr im Kambiumring durch Zellteilung. Es werden nach innen laufend bis zum Vegetationsende im Herbst neue Holzzellen, nach außen weichere Rindenzellen gebildet. Im Frühjahr, wenn der Saft im Baum steigt und die ganze Pflanze einen hohen Wasserbedarf hat, werden weitlumige, hellere Holzgewebe angelegt, zum Herbst hin werden sie immer enger und damit dunkler, bis das Wachstum völlig eingestellt wird. Der Übergang vom dunklen *Spätholz* des Vorjahres zum helleren *Frühholz* im darauffolgenden Frühjahr ist mit dem bloßen Auge deutlich erkennbar.

Die Breite der Jahresringe hängt von den Standortverhältnissen ab und kann auch von der speziellen Jahreswitterung beeinflußt werden. In feuchten Jahren entsteht ein größerer Dickenzuwachs als in Trockenzeiten.

2. Nährstoffaufnahme und -leitung

2.1 Nährstoffaufnahme

Die Pflanzen erhalten die Nährstoffe aus der Luft, aus dem Bodenwasser und aus den mineralischen und organischen Bestandteilen des Bodens beziehungsweise zusätzlich durch die Düngung.

Das wichtige Element **Kohlenstoff** gelangt als Kohlendioxyd (CO_2) gasförmig aus der Luft durch die *Spaltöffnungen* der grünen Sproßteile – vor allem der Laubblätter (siehe Seite 22) – in das Hohlraumsystem des Pflanzenkörpers. Im Assimilationsgewebe, worunter in erster Linie das Palisadengewebe in den Blättern zu verstehen ist, wird das CO_2 verarbeitet. – Einen geringen Teil des **Sauerstoffes** für die Ernährung nimmt die Pflanze ebenfalls durch die Spaltöffnungen auf.

Alle übrigen Grundstoffe, die die Pflanze für ihr Leben braucht, nimmt sie in Form gelöster Salze, als sogenannte **Nährsalze**, mit dem Bodenwasser *nur* durch die *Wurzelhaare* auf (siehe Seite 24). Wasserpflanzen können mit ihrer ganzen Körperoberfläche Nährsalze aufnehmen.

Die Wurzelhaare umklammern mit ihrer verhältnismäßig großen Oberfläche die einzelnen Bodenpartikel und wirken durch den so-

Abbildung 18: Querschnitt eines Kiefernstammes mit Jahresringen, radialen Markstrahlen und Andeutung von Harzkanälen im Holzteil

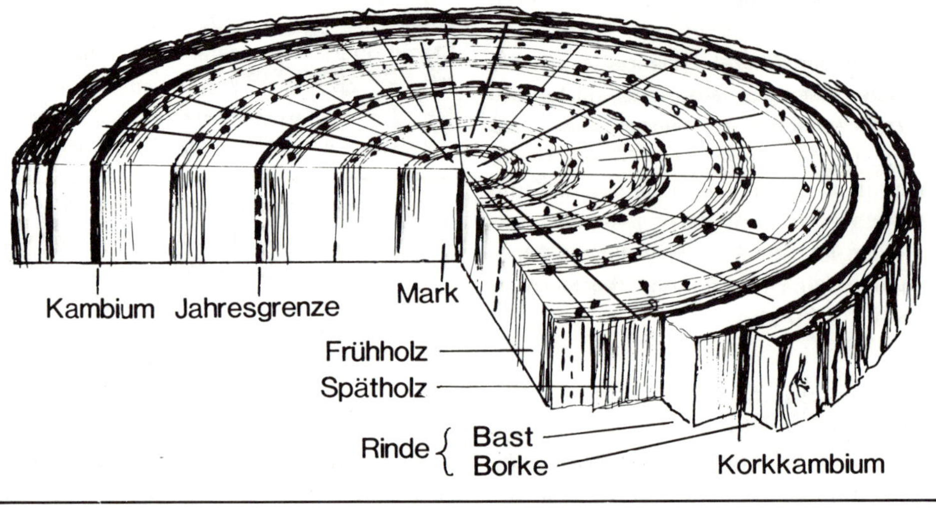

genannten *osmotischen Druck* wie Saugorgane im Boden. In den **Pflanzenzellen** befindet sich eine hochkonzentrierte Flüssigkeit, die durch den Verbrauch und die laufende Ausscheidung von Wasser bei der Verdunstung entsteht. Diese konzentrierte Lösung in den Zellen saugt die weniger konzentrierte Bodenlösung, die dadurch einen geringeren osmotischen Druck hat, an, um einen Ausgleich der verschiedenen Konzentrationen und des osmotischen Druckes zu erreichen. Dieser Vorgang erfolgt durch die *halbdurchlässige Plasmahaut* und wird als **Osmose** bezeichnet.

Die Pflanze hat ein gewisses *Wahlvermögen* bei der Nährstoffaufnahme.

Ist die Bodenlösung stärker konzentriert als der Zellinhalt, so erfolgt die Osmose in umgekehrter Richtung. Damit wird den Zellen lebensnotwendige Flüssigkeit entzogen, das Plasma löst sich von den Zellwänden ab, der Zellinhalt schrumpft, und die Pflanze wird schlaff und welkt. Diese *Plasmaschrumpfung* in lebenden Zellen wird **Plasmolyse** genannt und ist häufig die Folge von Wassermangel und zu hohen Düngergaben; man spricht von Pflanzenverbrennungen.

Um die schädliche Plasmolyse in den Pflanzenzellen zu verhindern, dürfen *ballentrockene* Pflanzen nicht flüssig gedüngt werden. Auch das Düngerstreuen sollte nur auf genügend feuchten Boden erfolgen. Unvorsichtiges Gießen oder Streuen von Mineraldünger *auf* die Pflanzen hat durch Plasmolyse „Blattverbrennungen" zur Folge.

2.2 Nährstoffleitung

Die Leitung des Wassers und der darin gelösten Salze erfolgt von den Wurzelhaaren bis zu den Leitungsbahnen der Wurzel von Zelle zu Zelle durch **Osmose**, indem die Nährlösung aus den Zellen niederer Konzentration an der Außenseite in die Zellen höherer Konzentration im inneren Wurzelkörper hinüberwechselt.

In den Gefäßen der Leitbündel des inneren Holzteils (siehe Seite 23) steigt die *Nährlösung*, angezogen von der Saugkraft der am stärksten konzentrierten Zellen im Blattgewebe *(Transpirationszug)* und hochgepreßt durch den *Wurzeldruck*, zu den Verbrauchsstellen. Hierbei wirkt sich die Anziehungskraft der Flüssigkeitsteilchen *(Kohäsion)* so stark aus, daß sich in den Gefäßen zwischen Wurzel und Blättern zusammenhängende Wasserfäden bilden, die eine bedeutende Geschwindigkeit des Wasserstromes aufweisen. Sie soll zum Beispiel bei der Buche 1 bis 4 m pro Stunde, bei der Eiche sogar über 20 m pro Stunde betragen.

Die Leitung der in den grünen Blättern erzeugten *Assimilate* erfolgt in Form von Zucker abwärts **in den Siebröhren der Leitbündel**, die in jungen Bastzellen der Rinde liegen.

3. Photosynthese

Die Photosynthese ist einer der bedeutendsten Vorgänge auf der Erde. Durch sie erzeugt die Pflanze organische Stoffe, von denen sie selbst, aber auch Tier und Mensch leben. Ohne die Befähigung der grünen Pflanze zur Photosynthese wäre die Erde für alle höheren Lebewesen – für Menschen und Tiere – nicht bewohnbar.

Der Ausdruck Photosynthese besagt, daß hierbei unter **Mitwirkung von Licht** ein Stoff aus mehreren Teilen zusammengefügt oder aufgebaut wird. Es ist ein sehr komplizierter Vorgang, der nur bei sichtbarem Licht, bei **genügender Temperatur**, bei Vorhandensein von **Chlorophyll** (Blattgrün), **Wasser, Kohlendioxyd** und bestimmten **Fermenten** möglich ist.

Gleichung der Photosynthese

$$\text{6 Teile Kohlendioxyd} + \text{6 Teile Wasser} \xrightarrow[\text{Chlorophyll}]{\text{Licht}} \text{1 Teil Traubenzucker} + \text{6 Teile Sauerstoff}$$

$$6\ CO_2 + 6\ H_2O \longrightarrow C_6H_{12}O_6 + 6\ O_2$$

Dieser Aufbau von organischen Verbindungen aus anorganischen Grundsubstanzen wird auch **Assimilation** genannt. Als erstes Assimilationsprodukt entsteht energiereicher *Traubenzucker*. Der größte Teil der Assimilate wird in der Pflanze zu *Stärke, Fett, Eiweiß, Zellulose* und anderen organischen Verbindungen umgewandelt. Das Eiweiß entsteht durch zusätzliche Einlagerung von Stickstoff, Schwefel und Phosphor, das Chlorophyll durch den Einbau von Magnesium und Stickstoff.

Chemisch betrachtet besteht der Vorgang der Photosynthese aus zwei aufeinander folgenden Schritten:

1. Aufspaltung von Wasser in Wasserstoff und Sauerstoff unter Aufnahme von Lichtenergie mit Hilfe des Chlorophylls. Der Sauerstoff wird freigesetzt und durch die Spaltöffnungen abgegeben.

2. Übertragung des Wasserstoffes auf das Kohlendioxyd, Entstehung von Kohlenhydraten (Traubenzucker) unter Einwirkung von Fermenten.

Eiweiß und Zellulose werden für den *Aufbau* des Pflanzenkörpers gebraucht. Stärke und Fett dienen als *Reservestoffe*, die in Speicherorganen eingelagert werden, zum Beispiel in Knollen, Rüben, Wurzelstöcken und Samen. In der Zuckerrübe wird statt Stärke Zucker gespeichert. Ein Teil des Traubenzuckers wird sofort tagsüber von der Pflanze zur Energiegewinnung veratmet, ein weiterer Teil wird in den Blättern als Assimilationsstärke *für die Atmung* bei Nacht gelagert.

Zusammenfassung der Bedeutung der Photosynthese:

1. Aufbau von organischen Stoffen aus anorganischen Elementen, die Tieren und Menschen als lebensnotwendige Nahrungsstoffe dienen.

2. Damit verbunden: Speicherung von Sonnenenergie in den organischen Verbindungen Kohlenhydrate, Fett und Eiweiß, von der alle Energiespeicher auf Erden wie Kohle, Öl, Gas stammen.

3. Durch die laufende Freisetzung von Sauerstoff bei der Photosynthese der Pflanzen wird der permanente Verbrauch von Sauerstoff aus der Luft durch die Atmung von Mensch, Tier und Pflanze wieder voll ausgeglichen. Ebenso erfolgt auch ein ständiger CO_2-Ausgleich in der Luft. Deshalb gilt als besonders wichtige Umweltschutzmaßnahme die Erhaltung und Schaffung von Wald, Grünanlagen und Gärten als sog. „Grüne Lungen".

4. Atmung

Alle Lebewesen müssen atmen, weil dabei die notwendige Energie für den Stoffaufbau und für alle Lebensvorgänge im Kör per freigesetzt wird. Die Atmung der Pflanze ist der umgekehrte Vorgang der Photosynthese, also ein Abbauprozeß. Sie findet in allen Pflanzenteilen während des Tages und der Nacht statt.

Die Pflanze nimmt Sauerstoff auf. Traubenzucker wird unter Mitwirkung von Fermenten gespalten, freigewordener Wasserstoff verbindet sich mit dem Luftsauerstoff, wodurch Wasser entsteht. Kohlendioxyd wird durch die Spaltöffnungen abgegeben.

Atmung und Assimilation verlaufen bei Tage parallel. In der Nacht geht nur die Atmung vor sich, und es tritt ein gewisser Trockengewichtsverlust in grünen Pflanzenteilen ein, der aber durch die starke Assimilation am Tage wieder ausgeglichen wird.

Gleichung der Atmung (Dissimilation)

1 Teil Traubenzucker + 6 Teile Sauerstoff ⟶ 6 Teile Wasser + 6 Teile Kohlendioxyd

$$C_6H_{12}O_6 + 6\ O_2 \longrightarrow 6\ H_2O + 6\ CO_2$$

V. DIE LEBENSBEDINGUNGEN DER PFLANZE

1. Luft

Die Luft ist ein unentbehrlicher Lebensfaktor für alle höheren Pflanzen und beeinflußt zwei wichtige Lebensvorgänge in der Pflanze entscheidend: die Atmung und Assimilation. Hierbei sind die Luftbestandteile Sauerstoff (rund 21 % in der Luft) und Kohlendioxid (0,03 %) von großer Bedeutung. Einige Pflanzen können sich auch den Luftstickstoff (78 %) nutzbar machen.

Sauerstoff (O_2)

Die Sauerstoffaufnahme erfolgt wie bei Mensch und Tier, so auch bei der Pflanze, durchgehend am Tage und in der Nacht und durch alle Pflanzenteile.

Der Sauerstoffbedarf für den *Atmungsprozeß* hängt von der Atmungsintensität der einzelnen Pflanzenorgane ab. Überall dort, wo Entwicklungsvorgänge in der Pflanze vor sich gehen, zum Beispiel bei der Keimung des Samens (siehe Seite 33), bei der Knospenentfaltung und während der Blütezeit, erfolgt eine höhere Sauerstoffaufnahme und demzufolge eine hohe CO_2-Ausscheidung (siehe Seite 253). Ruhende Organe, wie Samen im Ruhezustand sowie Kartoffeln, Sellerie und anderes lagerndes Erntegut, haben einen verhältnismäßig geringen Sauerstoffbedarf. In unserem Klima brauchen alle Pflanzen im Sommer mehr Sauerstoff als in der kalten Jahreszeit.
Ein ausgesprochener **Sauerstoffmangel** kommt für oberirdische Pflanzenteile kaum

in Frage. Bei ungünstigen Bodenverhältnissen kann jedoch für die Atmung der Wurzeln und der wichtigen Bodenkleinlebewesen schädlicher Sauerstoffmangel auftreten, der jedoch durch laufende und pünktliche *Bodenpflegemaßnahmen* unbedingt vermieden werden sollte (siehe Seite 65 ff.). In extremen Fällen enthalten manche Pflanzenarten besondere Einrichtungen für den Sauerstoffgewinn (zum Beispiel Atemwurzeln der Mangroven in schlammigem Boden) beziehungsweise für die Sauerstoffspeicherung (Luftspeichergewebe bei manchen Wasserpflanzen).

Kohlendioxyd (CO_2)

Den zur *Photosynthese* erforderlichen Kohlenstoff nimmt die Pflanze in Form von CO_2 hauptsächlich durch die Spaltöffnungen ihrer grünen Teile, vor allem der Blätter, auf. Da die Photosynthese der höheren Pflanzen nur bei Licht und bei genügender Temperatur vor sich gehen kann, findet die **CO_2-Aufnahme** nur am Tage statt und in verstärktem Maße in der warmen Jahreszeit.

Der CO_2-Gehalt der atmosphärischen Luft ist mit 0,03 % sehr gering. Da bei künstlicher Erhöhung des Kohlendioxydgehaltes der Luft – wie dies durch CO_2-Begasung bis auf etwa 0,2 % in manchen Gewächshäusern geschieht – die Assimilationstätigkeit der Pflanzen und damit das Pflanzenwachstum verstärkt werden können, bezeichnet man das CO_2 als *Minimumfaktor*. In der Natur herrscht eine erhöhte CO_2-Konzentration über lockeren, warmen Humusböden. In diesen Böden herrscht ein reges *Bakterienleben*, und diese entwickeln bei ihrer Atmung besonders reichlich Kohlendioxyd, das als „Bodenbürtiges CO_2" über die Erdoberfläche gelangt. Da CO_2 etwas schwerer als die übrigen Luftbestandteile ist, kommt dieses den bodennahen Pflanzen besonders zugute. Andererseits kann über einer gleichmäßig geschlossenen Pflanzendecke bei Windstille eine deutliche Verminderung des CO_2-Gehaltes der Luft eintreten.

In der *Gartenpraxis* kann die Bildung und Verfügbarkeit des bodenbürtigen CO_2 durch folgende Maßnahmen gefördert werden:

- Durch Humusdüngung Bodenkleinlebewesen fördern.
- Durch Bodenlockerung die Durchlüftung im Boden und den Luftaustausch an der Bodenoberfläche fördern.
- Durch Bewässerung das Bodenleben, damit die Humusbildung, und die CO_2-Aufnahme durch pralle, geöffnete Spaltöffnungen der Pflanzen ermöglichen und fördern.
- Durch lockeren Windschutz das CO_2 in Boden- und damit Pflanzennähe erhalten.

In der Natur findet ein **Kohlenstoffkreislauf** statt. Kohlenstoff (C) wird als Bestandteil des CO_2 von den Pflanzen aufgenommen und zu ihrem Aufbau verwendet. Bei der Atmung oder nach dem Absterben von Pflanzenteilen (zum Beispiel Laub) oder der ganzen Pflanzen bei der Verrottung wird Kohlenstoff wieder frei (mineralisiert) und gelangt in der Verbindung CO_2 in die Luft. Werden Pflanzen von Tier und Mensch als Nahrung genutzt, erweitert sich der Kreislauf um diese zusätzlichen Glieder.

Stickstoff (N_2)

Durch eine Lebensgemeinschaft (Symbiose) der Leguminosen mit *Knöllchenbakterien*, die an den Wurzeln der Leguminosenarten

Erbsen, Bohnen, Lupinen, Luzerne und anderen sitzen und Luftstickstoff aufnehmen und verarbeiten können, kommt speziell diese Pflanzengruppe in den Genuß von Stickstoff aus der Luft.

Erbsen und Bohnen kommen deshalb im Garten mit stickstoffärmerem Boden aus und zum Beispiel Lupinen, Luzerne, Ackerbohnen werden als stickstoffspendende *Gründüngungspflanzen* angebaut.

2. Wärme

Für alle Lebensvorgänge in der Pflanze ist eine bestimmte Temperatur notwendig. Ihre Höhe richtet sich nach der Heimat der Pflanzen und ihrem jeweiligen Entwicklungszustand.

Wie jedes Lebewesen haben Pflanzen eine gewisse *Körperwärme*, die durch den Energiegewinn bei der **Atmung** entsteht. Bei niedrigeren Temperaturen verbrauchen sie mehr Energie für die Erhaltung der Körperwärme; wodurch das **Wachstum** geringer wird oder ein Stillstand eintritt. Alle krautigen Pflanzenteile und grünen Blätter ohne besondere Schutzvorrichtungen vertragen keinen Frost, weil bei Temperaturen unter 0°C der Zellsaft gefriert. Die wärmebedürftigen Tropenpflanzen erleiden auch schon bei Temperaturen unter + 5°C oder höher Schäden. Mit der Temperatur steigt auch die **Verdunstung** der Pflanzen. Sie kann bei Hitze so stark werden, daß der Wassernachschub durch die Wurzeln geringer ist als die Wasserabgabe durch den Sproß, und die Pflanze vertrocknet.

Bei der **Keimung** sind ein Temperaturminimum, -optimum und -maximum zu unterscheiden. Das Temperaturoptimum für die Keimung liegt bei den meisten Pflanzen zwischen 15 und 30°C; daran sollte bei Aussaatarbeiten gedacht werden. Dagegen wird bei einigen sogenannten „Frostkeimern" die Keimung durch Kälteeinwirkung gefördert (Mahonien, Rittersporn, Enzianarten). –

Für die **Assimilation** liegt das Temperaturoptimum zwischen 20 und 30°C. Bei höheren Temperaturen baut die Pflanze durch den Atmungsprozeß mehr Stoffe ab, als sie durch die Assimilation gewinnt. Die Assimilation läßt bei tiefen Temperaturen sehr nach und ist für Tropenpflanzen unter + 5°C, für Pflanzen unserer gemäßigten Zone unter dem Nullpunkt nur noch in geringem Umfang möglich.

3. Licht

Das Licht hat Einfluß auf die Assimilation, auf die Gestalt der Pflanzen und auf das Durchlaufen ihrer verschiedenen Entwicklungsphasen.

Das Licht ist der Hauptfaktor bei der **Assimilation**, da ihm die im Traubenzucker gebundene *Sonnenenergie* entnommen wird. Vor zu hoher Lichteinstrahlung schützen sich manche Pflanzen dadurch, daß sich die Blätter mit der Schmalseite zum Licht stellen oder der ganze Sproß sich vom Licht abwendet (Kapuzinerkresse). Ebenso stellt die Rötung junger Blätter (Rose, Eiche) oder zarter Sprosse (Rhabarber) einen **Lichtschutz** dar, da der darin eingelagerte Farbstoff wie ein Lichtfilter wirkt.

Die äußere Pflanzengestalt verändert sich bei **Lichtmangel** sichtbar. Der Sproß wird lang und geil, weil er sich bemüht, zum Licht zu kommen. Er verliert seine Festigkeit, da die Bildung des Stützgewebes unterbleibt. Die

Blätter nehmen eine bleiche Farbe an, denn bei Lichtmangel ist die Bildung von Chlorophyll unmöglich. Manche Pflanzenteile von Gemüse werden künstlich gebleicht, um sie zarter zu bekommen, zum Beispiel Spargel, Endiviensalat, Chicoree. Die allgemeinen **Lichtbedürfnisse** sind bei den Pflanzenarten sehr verschieden. Bei typischen *Schattenpflanzen*, wie Unterholz, Bodenbedecker, Schattenstauden, reicht eine geringere Lichtmenge für alle Lebensabläufe als bei der großen Anzahl der *sonnenliebenden Pflanzen.*

Das Licht übt ferner einen Einfluß auf den Keimungsvorgang von Samen aus. Es sind **Lichtkeimer** von **Dunkelkeimern** zu unterscheiden. Es gibt eine Reihe von Pflanzenarten, die durch die Dauer der Tageslichteinwirkung in ihrer Entwicklung beeinflußt werden. Die sogenannten **Kurztagspflanzen**, wie zum Beispiel alle herbstblühenden Stauden und Einjahrsblumen, haben ihre vegetative Wachstumszeit in den lichtreichen, langen Sommertagen und gehen mit Beginn der lichtärmeren Herbsttage in die generative Phase über. Die **Langtagspflanzen**, zum Beispiel frühe Kopfsalatsorten, Spinat, Feldsalat, Sommerblumen, beginnen dagegen mit ihrer Blüte und Fruchtbildung, sobald die Tage länger werden. Bei *tagneutralen* Pflanzen beeinflußt die Tageslichtlänge die Blütenreife nicht.

4. Wasser

Die Pflanze besteht zu 70 bis 80 % aus Wasser. Speicherorgane (Rüben) sowie weiche Blätter (Spinat) und saftige Früchte (Gurke, Birne) enthalten noch mehr davon, Holz dagegen nur etwa 40 % und Samen nur 10 bis 15 %.

Das Wasser hat viele Funktionen im Pflanzenkörper zu erfüllen:

- Mithilfe am Aufbau organischer Stoffe
- Transport der gelösten Nährstoffe
- Aufrechterhaltung des Saftdruckes innerhalb der Pflanze (Turgor)
- Schutz der Pflanze vor Verbrennungen durch die Verdunstung.

Zur **Verdunstung** ist Wärme nötig, die der Umgebung entzogen wird. Dadurch entsteht die sogenannte „Verdunstungskälte", die durch erhöhte Transpiration an heißen Tagen die Pflanzenoberfläche ausreichend abkühlen kann.

Der Wasserhaushalt in der Pflanze wird durch verschiedene Einrichtungen reguliert:

- **Bei Wasserüberschuß** erhöhte Verdunstung, bei einigen Pflanzen tröpfchenförmige Wasserausscheidung (Guttation) aus Wasserspalten an den Blatträndern.
- **Schutz vor Wassermangel** durch Bildung eines weitreichenden Wurzelsystems in trockenen Böden, durch Verkleinerung der Verdunstungsfläche (Nadeln, Schuppen, Laubabfall), durch Schutzschichten über der Haut (Haare, Wachs, Kork), durch Bildung von Speicherorganen.

5. Nährstoffe

Aus der stofflichen Zusammensetzung der Pflanzen können deren Nährstoffbedürfnisse abgeleitet werden, denn alle *Grundstoffe (Elemente)*, die den Pflanzenkörper aufbauen, müssen die Pflanzen mit der Nahrung aufnehmen.

Am Aufbau der Pflanze sind zehn lebensnotwendige Elemente beteiligt:

Nichtmetalle

C = Kohlenstoff – Carboneum
O = Sauerstoff – Oxygenium
H = Wasserstoff – Hydrogenium
N = Stickstoff – Nitrogenium
P = Phosphor – Phosphorus
S = Schwefel – Sulfur

Metalle

K = Kali – Kalium
Ca = Kalk – Calcium
Mg = Magnesium – Magnesia
Fe = Eisen – Ferrum

Die Bedeutung der zehn wichtigsten Elemente für den Pflanzenaufbau

Die Bedeutung eines Grundstoffes für die Pflanze richtet sich nicht nach seinem mengenmäßigen Anteil an der Pflanzensubstanz. Jedes Element hat beim Aufbau des Pflanzenkörpers ganz bestimmte Aufgaben zu erfüllen; keines ist durch ein anderes ersetzbar.

Allein der *Kohlenstoff* nimmt in bezug auf seine Menge in der pflanzlichen Trockensubstanz und auf seine hohe Bedeutung eine Sonderstellung ein.

C, H und O
bauen die Kohlenhydrate und *Fette* in der Pflanze auf.

C, H, O, N, S und P
sind die Baustoffe für das *Eiweiß.*

C, H, O, N und Mg
bauen das *Chlorophyll* auf.

Fe
ist ein wichtiger Baustoff für die *Atmungsfermente* und steuert wahrscheinlich die Chlorophyllbildung.

Abbildung 19:
18 Elemente sind für das Pflanzenwachstum besonders wichtig.

Ihre Aufnahme erfolgt:

aus der Luft
in Form von Kohlendioxyd (CO_2)
von Sauerstoff (O_2)

aus dem Bodenwasser
als H_2O

aus dem Boden
als Salze, die im Bodenwasser gelöst sind

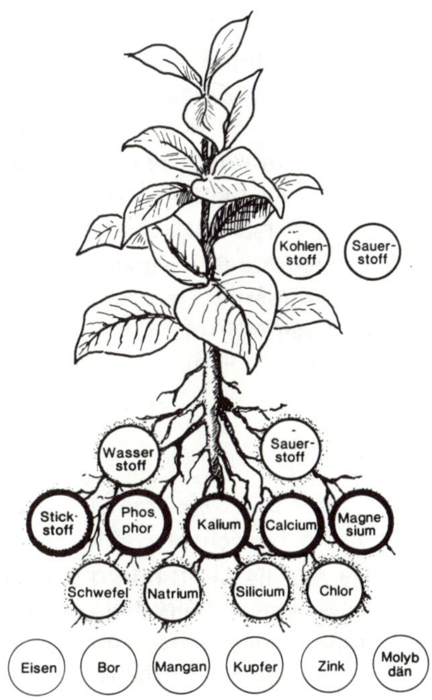

K, Ca, Mg und Natrium
beeinflussen den *Quellungszustand* der Zellhäute und des Plasmas, sind also nur indirekt am Stoffwechsel beteiligt. Kali und Natrium wirken stark quellend und begünstigen damit die Wasser- und Nährstoffaufnahme. Kalk wirkt entquellend und erschwert sie. Die Wirkung von Magnesium liegt in der Mitte. Es ist für den Wasserhaushalt in der Pflanze wichtig, daß Kali und Kalk in einem günstigen Verhältnis zueinander vorhanden sind.

K
hat eine besondere Bedeutung als *Stärkebildner* und bei der Bildung von *Festigungsgewebe* in verschiedenen Pflanzenteilen.

Spurenelemente

Neben den zehn Hauptelementen sind noch einige andere Grundstoffe in wesentlich kleineren Mengen für die Lebensvorgänge in den Pflanzen unentbehrlich, wie zum Beispiel *Kupfer, Mangan, Bor, Molybdän* und *Zink.* Sie werden zwar nur in Spuren gebraucht, aber auf manchen Böden und im intensiven Obst-, Gemüse- und Getreidebau können dennoch Mangelerscheinungen auftreten, die eine Düngung mit den sogenannten Spurenelementen erforderlich machen. Im Hausgarten hat diese Düngung noch keine große Bedeutung.

Wahlnährstoffe

Natrium, Chlor und *Silicium* sollen hier als Wahlnährstoffe bezeichnet werden, da einige Pflanzen sie zum Teil sogar in größeren Mengen aufnehmen, andere frei davon sind. Natrium und Chlor sind in Strandpflanzen am salzhaltigen Meer enthalten. Silicium wird vor allem im Schachtelhalm und in Gräsern gespeichert.

Einige Gemüsearten, deren Wildarten in salzhaltigen Böden von Küstengebieten beheimatet sind, wie Sellerie, Rote Rüben, Mangold und Spargel, sind chlorliebend und können bevorzugt mit chlorhaltigen Düngemitteln behandelt werden. Die meisten Pflanzen im Obst-, Gemüse- und Blumengarten sind jedoch *chlorfeindlich.*

Die Kernnährstoffe

Von den genannten Baustoffen gelten Stickstoff, Phosphorsäure, Kali, Kalk und Magnesium als die fünf Kernnährstoffe, weil sie von der Pflanze in größeren Mengen gebraucht werden und häufig ein ungenügender Vorrat von ihnen im Boden vorhanden ist. Schäden durch Nährstoffmangel oder -überschuß müssen durch Fruchtwechsel und Düngemaßnahmen verhindert, beziehungsweise beseitigt werden. Bodenuntersuchungen beugen vor.

Stickstoff

Der Stickstoff kann als Motor des Pflanzenwachstums angesehen werden, denn er ist wesentlich am Aufbau aller Eiweißverbindungen in der Pflanze beteiligt.

Während er in jungen Pflanzen vor allem das Längenwachstum fördert, beeinflußt er bei älteren Pflanzen das Massenwachstum. Als wichtiger *Aufbaustoff des Blattgrüns* hat der Stickstoff indirekt eine entscheidende Bedeutung für die Bildung von Stärke und Zucker (Assimilation), denn je mehr Blattgrün erzeugt werden kann, um so mehr kann die Pflanze assimilieren.

Stickstoffmangel äußert sich durch Blattvergilbungen, verkrümmtes Triebwachstum, schwache Wurzelbildung und verfrühte Ausreife (Notreife) der Pflanzen.

Stickstoffüberschuß läßt bei Pflanzen ebenfalls Nachteile entstehen, und zwar vor allem eine erhöhte Krankheits- und Frostanfälligkeit, wenn gleichzeitig der Kali- und Kalkspiegel zu niedrig liegen. Mangelnde Ausbildung von Wurzeln, Knollen und Früchten zugunsten des Trieb- und Blattwuchses, eine verzögerte Holz- und Fruchtausreife und eine schlechte Lagerfähigkeit von Obst und Gemüse sind weitere Folgen von Stickstoffüberschuß.

Die Pflanzen nehmen den Stickstoff hauptsächlich in Form von *wasserlöslichem Nitrat* — chemisch gesehen das Salz der Salpetersäure — aus der Bodenlösung auf. Schnellwirkende mineralische und organische Stickstoffdünger dürfen nur zu Beginn und während der Wachstumszeit gezielt dem Pflanzenbedarf entsprechend in Teilgaben ausgebracht werden, um schädliche *Nitratbelastungen* in Pflanzen und Grundwasser auszuschließen.

Phosphor

Ohne Phosphorsäure sind der Aufbau von Eiweißstoffen und die Entstehung von Zucker und Stärke in der Pflanze unmöglich. Besonders die Bildung der Blüten, Früchte, Samen und der darin liegenden Fortpflanzungsorgane sind von dem Vorhandensein einer ausreichenden Menge Phosphorsäure abhängig.

Phosphormangel zeigt sich durch geringes Trieb- und Wurzelwachstum (Eiweißmangel), unnatürlich grüne oder rötliche Blattverfärbungen, schlechte Fruchtbildung und geringe Haltbarkeit der Früchte.

Die Phosphorsäure fördert nicht nur den gesunden Pflanzenwuchs, sondern in Verbindung mit Kalk und Kali auch das Bodenleben und ein gesundes Bodengefüge.

Kali

Kali *steuert* alle *Stoffwechselvorgänge* in der Pflanze; ohne seine Mitwirkung ist die Bildung organischer Substanz nicht möglich. Kali ist in großen Mengen in jungen, wachsenden Pflanzenteilen enthalten, ebenso aber auch im Festigungsgewebe älterer Organe. Seine besondere Aufgabe ist die *Regulierung des Wasserhaushaltes* in der Pflanze. Es begünstigt einerseits die Wasseraufnahme und schützt die Pflanze andererseits vor zu hoher Wasserabgabe in Trockenzeiten.

Gut mit Kali versorgte Pflanzen sind widerstandsfähiger gegen Schädlinge, Krankheiten, Frost, Wind und Trockenheit.

Kalimangel hat allgemeine Wachstumsstokkungen, schlechte Ausbildung von Wurzeln, Blüten, Früchten und Samen, schlechte Haltbarkeit von Lagergut, negative Geschmacksbeeinflussung von Erntegut und erhöhte Pflanzenanfälligkeit zur Folge. Die Blätter von Obst und Wein zeigen Blattrandbräunungen, Einrollen der Blätter und schließlich Blattfall von der Triebbasis anfangend.

Kalk

Kalk ist für das *gesunde Pflanzenwachstum* und eine gute Qualität der Früchte unbedingt erforderlich.

Kalkmangel äußert sich durch eine geringe Widerstandskraft gegen Schädlinge und Witterungseinflüsse und ruft Kümmerwuchs und Mißbildungen hervor. Kalkmangel ist in der Pflanze selten.

Kalk ist in erster Linie als *Bodenverbesserer* anzusehen, weil er alle biologischen, chemischen und physikalischen Vorgänge im Boden günstig regelt und die Krümelstruktur wesentlich fördert.

Kalküberschuß hat jedoch zur Folge, daß wichtige Spurenelemente im Boden festgelegt werden, wodurch *Mangelerscheinungen* verschiedener Art auftreten (zum Beispiel Eisenmangel = Bleichsucht, Chlorose).

Magnesium

Magnesium ist als wichtiger Baustein des Blattgrüns für den Pflanzenaufbau (Assimilation) unentbehrlich.

Durch die immer intensivere Bodenausnutzung treten vor allem auf leichten, sauren Böden und in niederschlagsarmen Jahren heute häufiger *Magnesiummangelerscheinungen* auf. Sie sind äußerlich an Blattranddürre und an grünen bis braunen Blattflecken zwischen den Blattrippen zu erkennen. Man sollte *vorbeugend* magnesiumhaltige Kalk- und Volldünger und bei ausgesprochenem Magnesium-Mangel gezielt mit *Bittersalz* oder *Kieserit* düngen.

Abbildung 20: Gesetz vom abnehmenden Ertragszuwachs

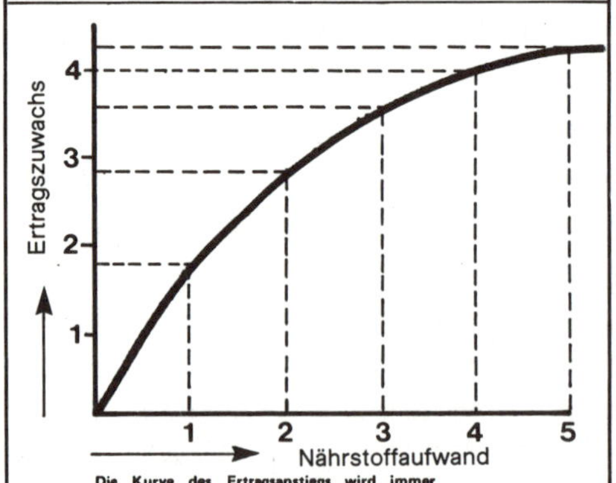

Die Kurve des Ertragsanstiegs wird immer flacher, bis sie in einer Geraden ausläuft. Dies besagt, daß der Ertrag nicht im gleichen Verhältnis mit dem Nährstoffaufwand steigt, sondern nur im Verhältnis mit der am möglichen Höchstertrag noch fehlenden Menge.

Abbildung 21:
Gesetz des Minimums. Einfluß der in der Minderheit vorhandenen Nährstoffe auf den Erfolg.

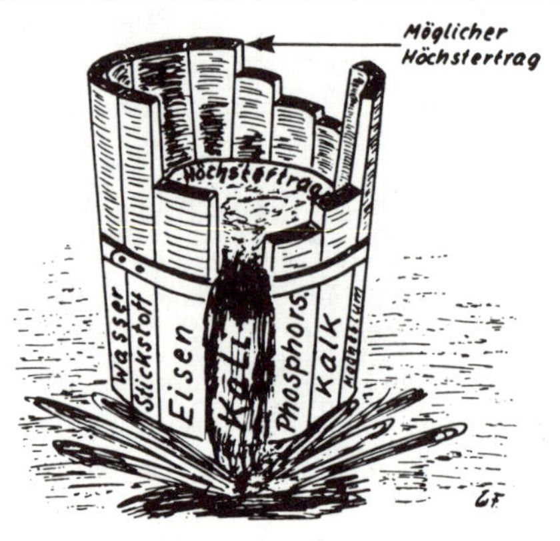

Wirkungsgesetze der Wachstumsfaktoren

1. Gesetz des Minimums (Justus von Liebig)

Die fünf Wachstumsfaktoren Luft, Wärme, Licht, Wasser und Nährstoffe müssen den Pflanzen in ihren veschiedenen Entwicklungsstadien in einem bestimmten Verhältnis zur Verfügung stehen. Dabei werden der Entwicklungszustand und die Ertragshöhe von dem Faktor bestimmt, der im Minimum vorhanden ist. Fehlt einer dieser Faktoren völlig, so ist das Pflanzenleben unmöglich. Das Gesetz gilt auch für jeden einzelnen Nährstoff.

2. Gesetz vom abnehmenden Ertragszuwachs (Mitscherlich)

Eine Ertragssteigerung durch Förderung der Wachstumsfaktoren ist nur bis zu einer gewissen Grenze möglich. Ist das Optimum erreicht, lassen sich durch Verbesserungen der Wachstumsfaktoren keine weiteren Ertragssteigerungen mehr erreichen.

DER BODEN

Ein gesunder, fruchtbarer Boden ist neben gesunder Luft und einem günstigen Klima die wichtigste Lebensgrundlage der Pflanzen. In diesem Kapitel werden grundlegende Kenntnisse über die Zusammensetzung und die Vorgänge im Boden besprochen, die interessante Reaktionen der Gartenpflanzen und bedeutende, unerläßliche Kultur- und Pflegemaßnahmen im Garten erklären, sowie Möglichkeiten der Erhaltung und Förderung der Bodenfruchtbarkeit aufgezeigt. Ausführungen über spezielle Bodenpflege- und Düngemaßnahmen sind in den darauffolgenden Kapiteln enthalten.

I. DIE ZUSAMMENSETZUNG DES BODENS

Der Boden setzt sich aus festen, flüssigen und gasförmigen Bestandteilen zusammen,

- **der Bodenmasse,**
- **dem Bodenwasser,**
- **der Bodenluft.**

Das Mengenverhältnis sowie die Vermischung und Aneinanderlagerung der verschiedenen Bestandteile bestimmen das *Bodengefüge,* auch Bodenstruktur genannt.

Ein günstiges Bodengefüge des Oberbodens (Gartenkrume) weist etwa folgende *Volumenanteile* der drei Bodenbestandteile auf:

40 bis 50 % feste Substanz, 10 bis 20 % Wasser, 20 bis 30 % Luft.

1. Bodenmasse

Die feste Bodenmasse enthält mineralische und organische Bestandteile. Zum organischen Teil werden neben dem Humus auch die pflanzlichen und tierischen Bodenlebewesen gezählt. In allen Kulturböden überwiegen die Mineralbestandteile, da sie durch Verwitterung der obersten Gesteinsschicht der Erdkruste hervorgegangen sind. Böden mit extrem hohem Gehalt an organischer Masse (Moore) sind als Kulturland nicht geeignet.

1.1 Mineralische Bestandteile

Die mineralische Bodensubstanz ist durch Verwitterung des Urgesteins entstanden und je nach dem Ausgangsmaterial verschieden zusammengesetzt (zum Beispiel Lößboden, Mergelboden).

Verwitterung

Nach der Art der einwirkenden Kräfte unterscheidet man die physikalische, chemische und biologische Verwitterung. Physikalische Kräfte, wie Wind, Wasser, Wärme und Kälte, wirken auf Felsen und Gesteine ein und zerkleinern sie. Wasser und in ihm gelöste Säuren greifen die Metallverbindungen der Gesteine an und zersetzen sie.

Anspruchslose Kleinlebewesen, Algen, Flechten und Pilze siedeln sich auf dem zerkleinerten Gestein an und tragen durch ihre Lebenstätigkeit mechanisch (Durchwurzelung und Sprengung der Gesteinsspalten) sowie chemisch (Ausscheidung von Wurzelsäuren) zur Verwitterung bei.

Durch Zusammenwirken aller Naturkräfte ist der Boden in Jahrtausenden entstanden. Der Verwitterungsvorgang findet auch zu unserer Zeit in allen Landschaften und Böden statt.

Die mineralischen Bestandteile der Böden haben je nach Ausgangsmaterial und Verwitterungsstufe verschiedene *Korngrößen*, die den Bodenarten unterschiedliche Eigenschaften verleihen.

Lehmiger Boden ist ein Gemisch von Sand, Schluff und Ton mit einem Tongehalt zwischen 5 und 65 % (schwach lehmiger Sand = lS bis lehmiger Ton = lT) der mineralischen Trockenmasse.

Ein Gartenboden ist um so günstiger, je weniger extrem sein Gehalt an reinem Sand oder an reinem Ton ist. Für viele Kulturpflanzen ist ein sandiger Lehmboden (sL) besonders günstig.

1.2 Organische Bestandteile

Humus

Die toten organischen Bestandteile des Bodens entstehen durch **Verrottung** von Pflanzen und Verwesung von Tieren und werden als Humus bezeichnet (siehe Seite 60). Hierbei sind maßgeblich die kleinen Lebewesen des Bodens (Bakterien, Pilze, Kleintiere) beteiligt. Die bei diesen Vorgängen freiwerdenden Säuren werden durch die mineralischen Bestandteile des Bodens, besonders durch *Kalk*, neutralisiert und sind bei der Bildung von *Dauerhumus* unentbehrlich.

Die gewachsenen Moor- und Heideböden sind meist sehr kalkarme, saure Humusböden und nur nach intensiven Kultivierungsmaßnahmen kulturfähig.

Kennzeichnung der Böden nach ihrer Korngrößenfraktion:

Bezeichnung der Kornfraktion	Korndurchmesser in mm
Grobboden (Bodenskelett):	
Steine, Kies	über 2,0
Feinboden:	
Sand	2,0 bis 0,06
Schluff	0,06 bis 0,002
Ton	unter 0,002

Einteilung der Böden nach dem Humusgehalt

Bezeichnung des Bodens	Organische Substanz im Oberboden in %
humusarm	unter 1
schwach humos	2 bis 4
humos	4 bis 8
humusreich	8 bis 15
anmoorig	15 bis 30
Moor	über 30

Ein Humusgehalt von etwa 3 bis 5 % in einem mittelschweren Mineralboden ist günstig.

Bodenorganismen

Die Gesamtheit der *Bodenfauna* und *Bodenflora*, also des Bodenlebens, gehört neben dem Humus zu den organischen Bestandteilen des Bodens. In einer gut durchlüfteten, feuchten, warmen und genügend kalkhaltigen *Gartenkrume*, die reich an organischer Humussubstanz ist, arbeiten und vermehren sich die Bodenkleinlebewesen besonders stark. Die pflanzlichen Mikroorganismen, wie Bakterien, Algen und Pilze, sowie mikroskopisch kleine tierische Organismen sind millionenfach in einem Gramm guten Gartenboden enthalten.

Auch größere, sichtbare Bodentiere, wie verschiedene Asseln, Würmer, Tausendfüßler und vor allem *Regenwürmer*, sind wichtige Nützlinge im Gartenboden. Allein der Regenwurm kann in Mengen bis zu 100 dt/ha vorkommen und wird für eine intensive Kompost- und Gartenwirtschaft sogar gehandelt. Ein Boden mit wenig Regenwürmern zeigt Humusmangel an.

2. Bodenwasser

Das Wasser gelangt zum größten Teil durch die **Niederschläge** als Regen, Tau, Schnee, Hagel usw. in den Boden. Ein Teil des Niederschlags dringt zum einen nicht in den Boden ein, sondern verdunstet bereits an der Bodenoberfläche und geht zum andern als *Oberflächenwasser* durch Abschwemmung verloren (siehe Abbildung 23). Beide Vorgänge müssen durch ständiges Lockerhalten des Bodens oder eine lockere Bodenabdeckung und durch genügend Humuszufuhr in Grenzen gehalten werden.

Der wichtigste Teil des Bodenwassers ist das sogenannte **Haftwasser** in den oberen Bodenschichten, das teils von den einzelnen Bodenteilchen sorbiert, teils in feinen Haarröhrchen, den **Bodenkapillaren**, gespeichert wird. Das Haftwasser in dem Hohlraumsystem des Bodens ist als wichtiges Lösungsmittel der Mineralsalze und damit als Nährstoffträger und -transportmittel anzusehen. Es ist gleichzeitig ein unentbehrlicher Wachstumsfaktor der Kulturpflanzen und der Bodenlebewesen.

In niederschlagsreichen Zeiten und in humusarmen, groben Mineralböden sickert ein erheblicher Teil des Bodenwassers als sogenanntes **Senkwasser** zum **Grundwasser** ab und ist damit zeitweilig, im ungünstigen Falle endgültig für die Pflanzen nicht wieder verfügbar.

Das **Wasserfassungsvermögen** (Wasserkapazität) eines Bodens hängt von der Größe und Zusammensetzung der Bodenteilchen und damit vom Bodengefüge ab. Es ist in humusarmen Sandböden für die Pflanzen gefährlich niedrig. Dagegen liegt die Wasserkapazität in Böden mit hohem Ton- und Schluffanteil sowie in Moorböden besonders hoch. Ein strenger Ton- und Lehmboden hat jedoch eine so starke wasserhaltende Kraft, daß ein hoher Prozentsatz des gespeicherten Wassers für die Pflanzenwurzeln nicht ausnutzbar ist, und es muß im Garten durch bodenverbessernde Maßnahme Abhilfe geschaffen werden.

3. Bodenluft

Alle nicht mit Wasser ausgefüllten Hohlräume des Bodens sind mit Luft gefüllt. Der **Sauerstoff** der Bodenluft ist für die *Atmung* der Pflanzenwurzeln und der wichtigen luftliebenden (aeroben) Rottebakterien und übrigen Bodenkleinlebewesen lebensnotwendig und muß stets in ausreichendem Maße vorhanden sein.

Infolge der Atmungsvorgänge und der damit verbundenen Kohlendioxyd-Ausscheidung einerseits und des fehlenden Assimilationsvorganges im Boden andererseits enthält die Bodenluft etwa die zehnfache Menge **CO_2** (0,3 %) der atmosphärischen Luft. Durch den ständigen Luftaustausch an der Bodenoberfläche – die **Bodenatmung** – kommt dieses CO_2 als *bodenbürtige* Kohlenstoffverbindung der Pflanzendecke über der Erdoberfläche zugute. Damit wird besonders in Bodennähe die Photosynthese gefördert und ein gutes Wachstum erreicht (siehe Seite 44).

Die Bodenhohlräume sollten etwa zur Hälfte mit Luft gefüllt sein. Die ständige Bodendurchlüftung und Bodenatmung ist durch häufige Bodenlockerung, durch Humuszufuhr, durch gareschützende Bodenabdeckung sowie durch Entwässerungsmaßnahmen bei sehr nassen Böden zu erreichen.

4. Bodenstruktur

Die Lagerungsart der festen Bodenteile nennt man Bodengefüge oder Bodenstruktur. Man unterscheidet zwei Formen der Bodenstruktur:

- **Einzelkornstruktur**
- **Krümelstruktur**

Die Einzelkornstruktur

Eine Einzelkornstruktur weisen lockere, humusarme Sandböden und schwere Ton- und Kleiböden auf. Bei diesen liegen die groben Sandkörner beziehungsweise die mikroskopisch kleinen Tonteilchen *einzeln* nebeneinander. Die ungünstigen Luft- und Wasserverhältnisse in diesen extremen Bodenarten ergeben sehr *unvorteilhafte Pflanzenstandorte.*

Die Krümelstruktur

Durch die Zusammenballung von Ton- und Humusteilchen und gröberen sandigen Bestandteilen ergeben sich unregelmäßige *Bodenkrümel* mit einem Durchmesser von 0,3 bis 3,0 mm und ein sehr viel günstigeres Hohlraumvolumen als bei dem Einzelkorngefüge extremer Sand- und Tonböden.

Bei der Verkittung der Krümel spielen neben den sogenannten *Ton-* und *Humuskolloiden* die Bodenlebewesen eine wichtige Rolle. Bakterien und Pilze tragen durch die „Lebendverbauung" der Bodenkrümel zu einer stabilen Krümelbildung bei. Auch Kleintiere, vor allem Regenwürmer, sind daran beteiligt. Sie „fressen" sich durch den Boden hindurch und verkleben in ihrem Darm organische und mineralische Bodenteilchen, die als Krümel, sogenannte *Ton-Humus-Komplexe*, ausgeschieden werden. Eine weitere Bedingung für die Krümelbildung ist das Vorhandensein von gelöstem *Kalk* und von *Phosphorsäure*.

Ein gut gekrümelter Boden weist ein *ideales Verhältnis* zwischen der Bodenmasse, dem Bodenwasser und der Bodenluft auf (siehe Seite 51), in dem Pflanzenwurzeln und die nützlichen Bodenkleinlebewesen gleichermaßen einen günstigen Lebensraum finden. In den Bodenporen findet ein guter Luftaustausch statt. Durch das günstige Verhältnis der organischen und mineralischen Bestandteile gewährleistet dieses Bodengefüge sowohl ein gutes Wasser- und Nährstoffspeichervermögen als auch einen laufenden Nährstoffaustausch zwischen den Bodenkrümeln und der Bodenlösung und damit einen gleichmäßigen Wasser- und Nährstoffhaushalt. Dadurch stehen den Pflanzenwurzeln die Nährstoffe je nach Vorhandensein und Bedarf leicht zur Verfügung.

Die Erzeugung und Erhaltung der Krümelstruktur muß das Ziel aller Bodenpflegemaßnahmen sein. Ein günstiges Gemisch von mineralischen Bodenteilen und Humus sowie das Vorhandensein von genügend Feuchtigkeit, einem gesunden Bodenleben, Kalk und weiteren Nährstoffen sind die Voraussetzungen hierfür. Durch eine stabile Krümelstruktur wird die sogenannte **Bodengare** erreicht.

II. DIE BODENARTEN

1. Mineralböden

1.1 Sandboden

Sandboden hat infolge seines groben **Einzelkorngefüges** eine geringe wasserhaltende Kraft und ist daher leicht trocken. Nährstoffe, besonders Kalk und Stickstoff, werden mit dem absickernden Wasser leicht ausgewaschen. Sandboden erwärmt sich leicht, weil er viel Luft enthält. Die gute Durchlüftung fördert die sauerstoffliebende Kleinlebewelt, wodurch die Zersetzung organischer Stoffe schnell geschieht und *leicht Humusschwund* eintritt. Wir sprechen von einem *„tätigen"* Boden, und da er leicht zu bearbeiten ist, auch von einem *leichten Boden*.

Sandböden müssen durch Humusgaben in Form von Komposterde, groben, feuchten Torf und Stallmist *bindiger* gemacht werden. Mit den Kunststoffflocken *Hygromull* wird ein besseres Wasserspeichervermögen erreicht. Mineralische Vorratsdünger und größere Düngermengen auf einmal sind für Sandböden nicht angebracht, sondern mehrmals kurz vor und während der Vegetationszeit kleinere Düngergaben.

1.2 Tonboden

Tonboden ist in nassem und in trockenem Zustand schwer oder gar nicht zu bearbeiten, weil er infolge seiner schlechten Durchlüftung und des hohen Wassergehaltes sehr schmiert und schnell verkrustet. Man bezeichnet ihn deshalb als *schweren Boden*. In seinem engen **Einzelkorngefüge** sind die Wasserbeweglichkeit und die Nährstoffauswaschung sehr gering. Er enthält von Natur viel Kali, Phosphorsäure und häufig auch Kalk, gibt aber die Nährstoffe aufgrund seines großen *Sorptionsvermögens* nur schwer und langsam den Pflanzenwurzeln frei. Es ist ein luftarmer kalter, nasser Boden, in dem ein geringes Bakterienleben herrscht.

See- und **Flußmarschböden** haben ähnliche Eigenschaften. Die Seemarsch ist reich an Kalk und Kali, weniger an Phosphor.

Zur Erreichung einer besseren Durchlüftung und der Krümelstruktur müssen Ton- und Marschböden mit grobem Sand und Torf verbessert werden. Es ist erfolgreicher, in Abständen größere Mengen Torf auf einmal (8 bis 10 Säcke pro 100 m^2) als laufend kleine Gaben zu verabreichen. Das unveränderbare, lufthaltige Kunststoffprodukt *Styromull* ist für die nachhaltige Lockerung schwerer Böden besonders geeignet, jedoch in der Ausbringung problematisch.

1.3 Lehmboden

Lehmboden besteht aus einer wechselnden Menge von Sand, Ton und Schluff. Sandige Lehmböden sind feucht und nährstoffreich, haben auch eine bessere Durchlüftung als Tonböden. Es handelt sich um *günstige mittelschwere Böden*, die bei regelmäßiger Humuszufuhr ideale Gartenböden darstellen.

1.4 Lößboden

Lößboden ist eine durch Wind zusammengetragene Bodenablagerung, die sich aus Sand-, Kalk- und Tonteilchen zusammensetzt. Er ist bei genügender Humuszufuhr einer unserer *besten Kulturböden.*

1.5 Kalkboden

Dies ist eine *trockene, hitzige Bodenart* mit mehr als 40 % Kalkgehalt, in der bei Vorhandensein von Humus ein sehr reges Bakterienleben herrscht. Je höher der Kalkgehalt ist, um so geringer ist der Bodenwert. Reine Kalkböden treten nur selten auf, zum Beispiel im schwäbischen Jura und in den Kalkalpen.

1.6 Mergelboden

Mergelboden (5 bis 40 % Kalk) stellt ein Gemisch von Kalk, Ton und Sand dar. Während sich ein hoher Sandgehalt ungünstig auswirkt, bestimmen der Ton- und Lehmgehalt die Güte des Mergelbodens. Leicht sandige *Lehm-* und *Tonmergelböden* stellen sehr *fruchtbare Kulturböden* dar.

2. Humusböden (mehr als 20 % Humus)

2.1 Moorboden

Moorboden ist sehr wasserhaltig und kühl. Er besitzt nur ein geringes Wärmeleitvermögen, und es treten hier häufig **Spätfröste** auf. **Niederungsmoore** sind von Natur aus kalk- und stickstoffhaltig, da sie unter Einwirkung des mineralreichen Grundwassers entstanden sind. Sie ergeben nach fachmännischen Kultivierungsverfahren fruchtbare Acker- und Gartenböden. **Hochmoore** entstehen nur mit Hilfe des salzarmen Niederschlagswassers und sind demnach nährstoffarm und sauer. Sie sind nach der Kultivierung und einer Fachberatung reichlich mit Kalk und allen anderen Nährstoffen zu versorgen, ergeben dann aber ein brauchbares Kulturland.

2.2 Wald- und Heideböden

Durch den ständigen Laubfall und die Ansammlung anderer organischer Reste hat sich hier eine dicke Humusschicht gebildet. Ist diese auf kalkhaltigem Grund und aus basenreichem Laub (zum Beispiel Buche, Linde) entstanden, hat sie einen milden Charakter mit gutem Krümelgefüge. Säurehaltige Laubabfälle ergeben eine saure Rohhumusdecke, wie wir sie auf Heideböden finden.

Aus der Zusammenstellung der verschiedenen Bodenarten geht hervor, daß alle einseitigen Bodenarten in reiner Form als Kulturböden ungeeignet sind. Erst die Vermischung von feinen und gröberen Mineralteilen, Humus, Kalk und anderen Nährstoffen führt zu fruchtbaren Böden. In den meisten Fällen muß sich ein Boden erst durch Bodenpflege- und Düngungsmaßnahmen des Hausgärtners allmählich zu einem idealen Gartenboden entwickeln. Den meisten Kulturpflanzen sagen humushaltige, sandige Lehmböden bis lehmige Sandböden mit einem guten Nährstoffgehalt am besten zu.

3. Bodenbeurteilung

3.1 Fingerprobe

Durch die Fingerprobe kann eine **einfache Bestimmung und Beurteilung der mineralischen Bestandteile des Gartenbodens** erfolgen. Man entnimmt dem Mutterboden eine Probe, feuchtet sie an und nimmt hiervon kleine Mengen zwischen Daumen und Zeigefinger und reibt sie. Nach dem Gefühl und einigen sichtbaren Eigenschaften lassen sich die *Korngrößen* der mineralischen Bestandteile aufgrund folgender Anhaltspunkte grob bestimmen:

- **Sandboden:** fühlt sich rauh an, beschmutzt die Finger kaum, kann nicht geformt werden, ist hell gefärbt.
- **Lehmiger Sandboden:** beschmutzt in feuchtem Zustand die Finger leicht, besitzt eine geringe Formbarkeit, fühlt sich noch immer rauh an.
- **Sandiger Lehmboden:** beschmutzt die Finger merklich, ist formbar, rauhe Bestandteile sind noch fühlbar.
- **Lehmboden:** ist geschmeidig und gut formbar, beschmiert die Finger stark, rauhe Bestandteile sind in der Erde nur noch schwer erkennbar.
- **Tonboden:** sehr gute Formbarkeit. Läßt man den Daumen unter Druck über den Zeigefinger gleiten, zeigt sich eine glatte, glänzende Gleitfläche. Beim Lehmboden sieht die Gleitfläche noch rauh aus.

Der Humusgehalt ist bei allen Bodenarten an der dunklen Farbe erkennbar. Kalk- und Torfeinschlüsse sind meist mit dem Auge erkennbar.

3.2 Bodenprofil

An einem Bodenprofil läßt sich der jeweilige Entwicklungszustand eines Bodens erkennen, der sich in erster Linie aus dem

Ausgangsgestein und dem jahrtausendelangem Einfluß des *Klimas* und des *Pflanzenbewuchses* ergeben hat. Durch die verschiedenen Verwitterungsarten im Boden, durch die mehr oder weniger starke Bildung von Tonmineralien sowie durch Vermischungsvorgänge und Wasserbewegungen im Boden sind unterschiedliche *Bodenschichten* entstanden, die man als *Horizonte* bezeichnet. Am Bodenprofil sind die Schichtenfolge, die Mächtigkeit und Strukturierung der Horizonte ablesbar.

Zur Feststellung des Bodenprofils ist eine 1,5 m *tiefe Grube* mit einer glatten Seitenwand zu errichten. Daran sind in unseren heimatlichen Böden gewöhnlich drei Horizonte erkennbar, die von oben nach unten als A-, B- und C-Horizonte bezeichnet werden. Über dem oberen A-Horizont liegt zum Beispiel in Wald und Heide noch eine mehr oder weniger starke *Rohhumusschicht.*

➤ **A-Horizont (Oberboden):** Dies ist der meist 20 bis 30 cm mächtige Mutterboden, der obere Teil davon stellt die Acker- oder **Gartenkrume** dar. Der A-Horizont ist infolge seines Humusgehaltes dunkler gefärbt und der wichtigste Lebensraum der Bodenlebewesen und der Pflanzenwurzeln.

In niederschlagsreichen Heide- und Geestgegenden ist in den sogenannten Podsolböden im Oberboden eine ungünstige *Bleichsandschicht* entstanden. Bei einseitiger Bearbeitungstiefe bildet sich manchmal im Oberboden eine feste *Pflugsohle.*

➤ **B-Horizont (Unterboden):** Dieser Bodenteil ist humusarm und weniger belebt; nur Tiefwurzler erschließen ihn. Hier ist der Hauptspeicherraum der Winterfeuchtigkeit, und es hängt vom Ton- beziehungsweise Lehmanteil des B-Horizontes ab, ob der Boden Wasser und Nährstoffe gut festhalten kann oder ob er auch in der Tiefe schnell austrocknet und die Nährstoffe leicht auswaschen.

In dieser Zone entstehen leicht durch Auswaschung oder durch feste Ansammlung von Mineralstoffen helle oder dunkle Zwischenschichten, die ungünstige Wasser-, Luft- und Nährstoffverhältnisse zur Folge haben. Hierzu gehören die für Pflanzenwurzeln undurchdringliche *Ortsteinschicht* und der *„Knick"* im Marschboden an der Nordseeküste.

➤ **C-Horizont (Muttergestein):** Diese tiefste Zone besteht aus völlig unbelebtem Gesteinsmaterial und stellt in manchen Böden gleichzeitig den Grundwasserhorizont dar. Die A- und B-Horizonte haben sich aus dem Muttergestein entwickelt.

Reicht der A-Horizont weit in die Tiefe, so haben wir es mit einem sehr guten Kulturboden zu tun. In der fruchtbaren *Schwarzerde,* die es in reiner Form zum Beispiel in der Ukraine gibt, geht der humus- und lehmreiche Mutterboden direkt in den C-Horizont über und hat eine große Mächtigkeit.

Böden, die ähnliche Bodenprofile haben, werden in **Bodentypen** eingeteilt, zum Beispiel Schwarzerde, Braunerde, Gley, Podsol, Brackmarsch, Moor.

In der umgebenden Landschaft sind häufig in Sand- und Kiesgruben, aber auch beim Straßen- und Hausbau interessante Bodenprofile zu beobachten, die Rückschlüsse auf die Bodeneigenschaften im nahen Garten ermöglichen. Das Erkennen und Beurteilen eines Bodens am Bodenprofil ist *vor der Pflanzung von mehrjährigen Tiefwurzlern*, vor allem von Obstbäumen, Nadelbäumen, tiefwurzelnden Ziergehölzen, aber auch Spargel sehr nützlich.

Das Bodenprofil gibt wichtige Hinweise für notwendige Maßnahmen zur Untergrundlockerung, zur Dränage, zur Humusanreicherung, zur Sandzufuhr und auch für die Düngung. Hierbei sollte man einen Fachmann zu Rate ziehen.

Eine tiefreichende, dunkle Humusfarbe, tiefgründige Durchwurzelung, mittlere Feuchtigkeit und ein gutes Bodenaroma zeigen am Profil einen Boden in guter Zustandsstufe an.

Abbildung 22: Amtliche Bodenprobeentnahme mit einem Bohrstock

3.3 Chemische Bodenuntersuchung

Durch die chemische Bodenuntersuchung erhalten Gärtner und Landwirte **Auskunft über den gegenwärtigen Nährstoffgehalt im Oberboden**. Diese Möglichkeit der Bestimmung der vorhandenen Nährstoffmengen sollte sich auch der Hausgärtner zunutze machen, um durch eine *gezielte* Düngung kräftiges, gesundes Pflanzenwachstum zu erreichen, wodurch sich oft eine Giftanwendung mit chemischen Schädlingsbekämpfungsmitteln erübrigt.

Viele landwirtschaftliche Betriebe sind gegen Erstattung von Gebühren einem *amtlichen Bodenuntersuchungsdienst* angeschlossen. Ein amtlicher Probeentnehmer zieht regelmäßig alle drei Jahre oder nach Vereinbarung mit einem Bohrstock die Bodenproben und gibt sie an die **Landwirtschaftliche Untersuchungsanstalt** weiter. Der Probenehmer sollte unbedingt auch eine oder in besonderen Fällen auch mehrere Garten-Sammelproben zur chemischen Untersuchung mitnehmen.

Die selbsttätige Probeentnahme im eigenen Garten kann mit Spaten und Eßlöffel erfolgen. Man sticht an 10 bis 15 verschiedenen, aber doch gleichartigen Stellen der zu untersuchenden Fläche mit dem Spaten *25 cm tief* senkrecht in die Erde und hebt die Erde aus, so daß an der Spatenseite ein 25 cm tiefer Horizont entsteht. Von der ganzen Länge des Horizontes werden einige Eßlöffel voll Erde in einen sauberen Eimer gegeben und so fort.

Nach sorgfältigem Durchmischen der 10 bis 15 Einzelproben wird der **Sammelprobe** eine für die Untersuchung bestimmte Durchschnittsprobe von circa **300 g Boden** (etwa zwei Hände voll) abgenommen, diese in einen sauberen Plastikbeutel gefüllt und gut verpackt ohne Verzögerung zur chemischen Untersuchungsanstalt geschickt. Von besonders ungünstigen Gartenstellen (zu naß oder trocken, hängig) von Standorten besonderer Kulturpflanzen (Rosen, Rhododendren, Heide, Baumobst, Spargel, Rasen und andere) und vom Unterboden müssen gesonderte Sammelproben entnommen werden.

- **Zeitpunkt der Bodenprobe:** *Alle drei Jahre* nach der Ernte im Herbst, vor der nächsten Düngung.
- **Beschriftung der Bodenprobe:**
  - „Gartenprobe"
  - Kulturpflanzenarten vor der Probeentnahme
  - Beabsichtigte Folgekulturen nach der Bodenuntersuchung
  - Besonderheiten zum Standort und zum Anbau
  - Besondere Wünsche zur Untersuchung einzelner Nährstoffe
  - Name und Anschrift

Alle landwirtschaftlichen und gärtnerischen Dienststellen sowie Gartenbauvereine geben Auskunft über die Möglichkeiten der Bodenuntersuchung.

Die **Grunduntersuchung** gibt Auskunft über den Säurezustand (pH-Wert) sowie den Gehalt an Phosphorsäure, Kali und häufig auch an Magnesium. Auf besonderen Wunsch und gegen Aufpreis werden auch der Gehalt an verschiedenen Spurenelementen und der Stickstoff- und Humusgehalt angegeben. Eine Düngeempfehlung der Untersuchungsanstalt zielt darauf ab, daß ein *harmonisches Nährstoffverhältnis* im Boden erreicht oder wiedererlangt wird. Ist die Düngeempfehlung befolgt worden, so kann in den Jahren bis zur nächsten Bodenprüfung nach Faustzahlen – zum Beispiel mit Volldüngern – gedüngt werden.

III. DIE VORGÄNGE IM BODEN

1. Humusbildung

Alle abgestorbene organische Substanz wird von Kleinlebewesen im Boden zersetzt. Bei pflanzlicher Substanz sprechen wir von *Verrottung*, bei tierischer von *Verwesung*. Die Kleinlebewesen greifen hauptsächlich Zellulose an, die sie zu ihrem eigenen Aufbau verwenden. Diese Stoffe bezeichnet man als **Nährhumus**. Die schwer zersetzbaren organischen Substanzen, die im Boden zurückbleiben (Lignin) und zum Teil umgebildet werden, ergeben den dauerhaften Humusbestandteil, den **Dauerhumus**. Beide Humusarten sind wichtig, einmal für die Förderung des Bodenlebens, zum anderen für die Erhaltung der *Krümelstruktur*.

Humus ist eine dunkle, saugfähige und damit nährstoffbindende Masse. Er hat die Fähigkeit, dichte Böden aufzulockern sowie leichte Böden bindiger zu machen. Den Vorgang der Zersetzung der organischen Stoffe bezeichnet man als **Humi-**

fizierung. Gleichzeitig werden dabei die in der Pflanze eingebauten Mineralstoffe frei, so daß neben der Humifizierung eine **Mineralisierung** stattfindet.

Das Wirken der Kleinlebewesen im Boden ist von ausreichender Luftzufuhr, Feuchtigkeit und Wärme neben dem Vorhandensein von organischen Stoffen abhängig. Außerdem muß sich der Boden in einem guten Kalkzustand befinden, weil Kalk die bei der Humusbildung freiwerdenden Humussäuren neutralisiert und nur so ein milder Humus entsteht.

Hieraus ist für die Gartenpraxis abzuleiten, daß alle Humusdünger genügend feucht und nur flachgründig eingearbeitet werden dürfen und der Kalkgehalt des Bodens regelmäßig im Abstand von etwa drei Jahren überprüft werden sollte.

Unter Luftabschluß treten luftscheue (anaerobe) Bakterien auf, die Fäulnis hervorrufen. Kommt zum Luftabschluß ein gewisser Druck hinzu, vertorfen die abgestorbenen Pflanzenteile im Boden.

Die Tätigkeit der Bodenkleinlebewesen ist für das gesamte Leben auf der Erde von großer Bedeutung, denn alle abgestorbene organische Substanz wird durch sie in ihre Grundbestandteile zerlegt, aus denen wiederum neue Organismen aufgebaut werden können. Mit ihrer Hilfe findet ein ständiger Kreislauf aller stofflichen Verbindungen in der Natur und auch im Garten statt.

Außer den bisher genannten Lebewesen, die die organische Substanz zersetzen, gibt es noch einige Bakterien, die für die Stickstoffumsetzung von Bedeutung sind. Eine Bakteriengruppe vermag das Ammoniak, das bei der Zersetzung des Eiweißes frei wird oder durch Düngung dem Boden zugeführt wurde, zu Nitraten (Salpetersalze) umzuwandeln. Nur in dieser Form können viele Pflanzen den Stickstoff aufnehmen. Eine weitere Bakteriengruppe kann den Luftstickstoff binden. Dazu gehören frei im Boden lebende Bakterien, die jährlich etwa 30 bis 50 kg/ha Luftstickstoff gewinnen, und die *stickstoffsammelnden Knöllchenbakterien* an den Wurzeln der Schmetterlingsblütler, die bis zu 200 kg/ha Stickstoff aus der Luft aufnehmen können.

Die Gesamtheit aller Bodenlebewesen faßt man unter dem Begriff **Edaphon** zusammen. Ein gesundes Edaphon finden wir in tätigen, garen Böden; in tiefen Bodenschichten fehlt das Edaphon, sie sind tot.

2. Regelung der Wasser- und Wärmeverhältnisse im Boden

Der Wasserhaushalt

Das Bodenwasser ist ebenso wie die Bodenluft (siehe Seite 53) in ständiger Bewegung, einmal durch die Wasserzufuhr durch Niederschläge und Wassergaben des Gärtners, zum andern durch den ständigen Entzug durch die Pflanzen und die Bodenverdunstung. Die Hauptrichtung der *Wasserbewegung* verläuft in feuchten (humiden) Klimagebieten, in denen die Wasserzufuhr höher als der Verbrauch liegt, vor allem von oben nach unten. In den meisten Gegenden unseres Landes zieht der Wasserstrom im Boden jedoch in der Wachstumsperiode, besonders in niederschlagsarmen Zeiten und bei sommerlicher Wärme mit hoher Boden- und Pflanzenverdunstung, von

Abbildung 23: Der Stoffkreislauf und der Wasserkreislauf in der Natur

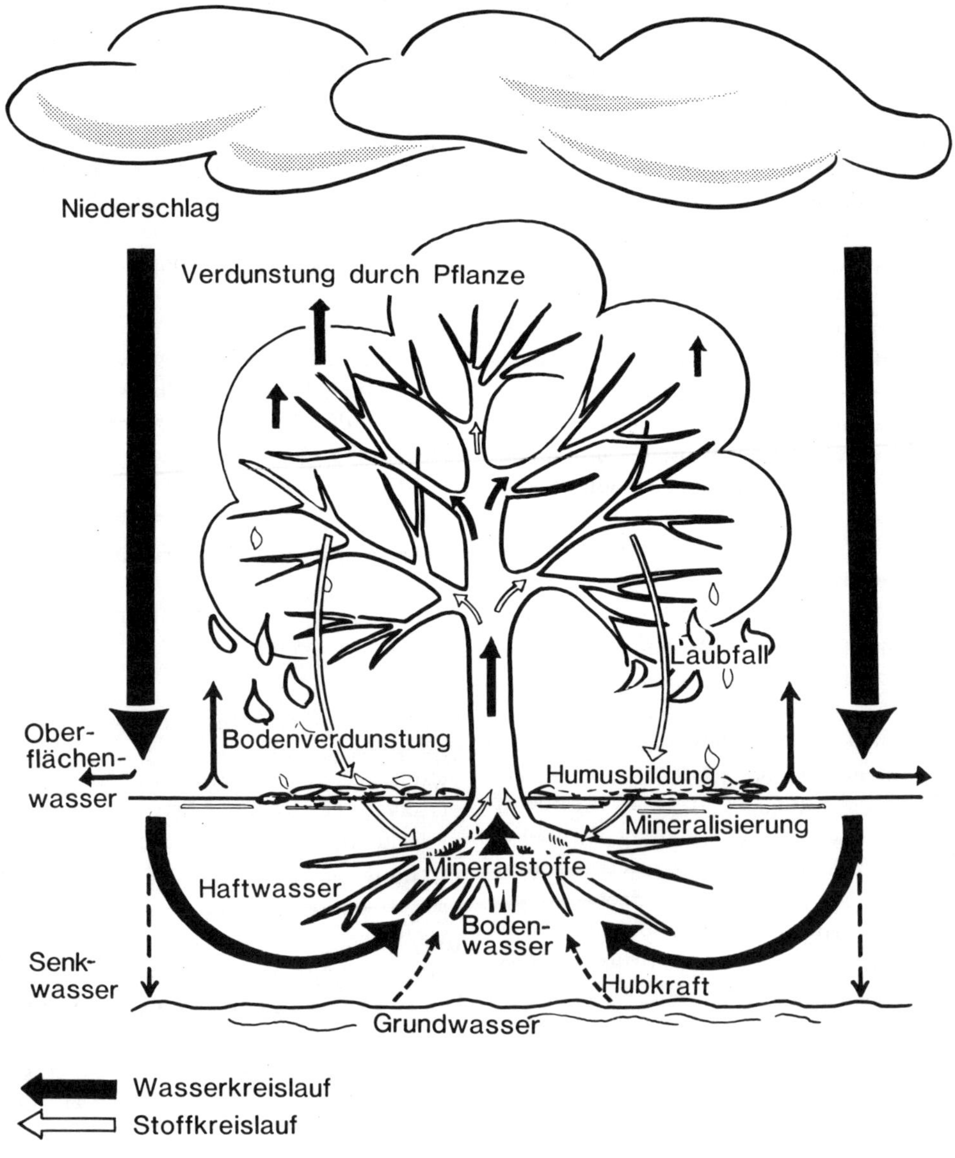

unten nach oben. So erreicht die pflanzenverfügbare Bodenwassermenge meistens *im Herbst ein Minimum*. Die winterlichen Niederschläge müssen den Boden bis in die tieferen Bodenschichten wieder auffüllen, und gewöhnlich enthalten unsere Böden daraufhin *im Frühjahr ein Maximum* an Bodenwasser für die folgende Vegetationszeit.

Die Wasserströmung erfolgt in den Bodenhohlräumen, die ein Haarröhrchensystem, auch *Kapillarsystem* genannt, darstellen. Je besser und stabiler die Krümelstruktur des Bodens ist, desto günstiger sind die Größe und die Verteilung der Kapillare. Sind die Bodenporen in ihrem Durchmesser durch zu starke Bodenlockerung oder zu große Körnung der einzelnen Teilchen (Sand, Kies) zu groß, so zieht das Wasser schnell in die unteren Schichten ab. Zu dichte Lagerung von Feinerde (Ton, Schluff) hat eine sehr geringe Wasserbewegung zur Folge, die ebenfalls für die Wasserversorgung der Pflanzen sehr nachteilig sein kann.

Die Möglichkeit, fehlendes Wasser vom *Vorrat des Grundwassers* zu nutzen, hängt von der Höhe des Grundwasserspiegels und von der Bodenart ab. Humushaltige Lehmböden haben eine starke **Hubkraft**. Hier kann das Grundwasser bei einem Stand bis zu 2 m noch zur Versorgung der Pflanzen herantransportiert werden. In groben Sand- und dichten Tonböden beträgt die Hubhöhe nur etwa 40 bis 60 cm.

Der Wasserhaushalt wird von der *Boden-* und *Pflanzenverdunstung* wesentlich beeinflußt. Abgesehen von der Art des Pflanzenbewuchses hängt die Verdunstungsgröße im wesentlichen von der Temperatur und Feuchtigkeit der Luft, von den Windverhältnissen, der Geländeneigung und von der Struktur der Bodenoberfläche ab. An trokkenen, windigen Sommertagen, in Südlagen und bei tiefgelockerter Gartenkrume im Sommer trocknen die Böden besonders stark aus. Die Bodenverdunstung muß deshalb im Sommer durch häufiges flaches Hacken vermindert werden, wenn eine Bodenabdekkung nicht angebracht ist, weil dadurch das Haarröhrchensystem immer wieder an der Bodenoberfläche unterbrochen wird. Gleichzeitig hat der aufgerauhte Boden den Vorteil der besseren Niederschlagsaufnahme.

Macht man sich als Hausgärtner den natürlichen Wasserkreislauf bewußt, so wird man neben Windschutzmaßnahmen zu jeder Jahreszeit bemüht sein, durch geeignete und pünktliche Bodenpflegemaßnahmen die bestmöglichen Wasserverhältnisse für die Kulturpflanzen und die Bodenlebewesen zu schaffen (siehe Seite 65 ff.).

Beeinflussung des Nährstoffhaushaltes durch die Wasserverhältnisse

Mit der Wasserkapazität und der Wasserbewegung hängen auch die Nährstoffverhältnisse im Boden eng zusammen. In niederschlagsreichen Gegenden muß vor allem in leichten, durchlässigen Böden durch die verhältnismäßig schnelle Wasserbewegung nach unten mit erheblichen Nährstoffauswaschungen in die tiefen Bodenschichten und ins Grundwasser gerechnet werden. Die Auswaschung hängt außerdem vom Festhaltevermögen, dem *Sorptionsvermögen*, der verschiedenen Bodenarten ab (siehe Seite 56).

Die **Auswaschungsverluste** von Nitrat-Stickstoff (Salpeterdünger), Kalk und Magnesium können besonders hoch sein, während Phosphorsäure so gut wie unbeweglich im Boden bleibt. Bei Kali besteht eine mittlere Auswaschungsgefahr. Da alle Stickstoffdünger durch Bakterien mehr oder weniger schnell in Nitratform umgewandelt werden, ist in feuchten Zeiten auch immer mit gewissen Stickstoffverlusten im Boden zu rechnen.

Die Möglichkeiten der Auswaschungsverluste müssen bei der Düngung berücksichtigt werden.

- Auf durchlässigen Sandböden wird jegliche Stickstoffdüngung in mehreren kleineren Gaben verabreicht.
- Auf allen Böden ist die Salpeterdüngung nicht zu hoch zu bemessen.
- Nach niederschlagsreichen Zeiten und in feuchteren Klimaräumen sind alle Düngergaben knapper, aber häufiger zu reichen.
- Da der Boden Phosphorsäure speichern kann, sind am ehesten Phosphorsäureüberschüsse möglich, die durch eine Düngepause mit diesem Kernnährstoff oder durch eine erhöhte Stickstoff- und Kalidüngung wieder ausgeglichen werden müssen. Das Ergebnis einer chemischen Bodenprobe sollte den Weg zum Ausgleich entscheiden.

Der Wärmehaushalt

Die Erwärmung des Bodens erfolgt durch die *Sonneneinstrahlung* und die Tätigkeit der Kleinlebewesen. Luft und Wasser regulieren den Wärmehaushalt. Lockere, sehr lufthaltige Böden erwärmen sich schnell und kühlen sich ebenso schnell wieder ab. Da sich Wasser langsam erwärmt, die Wärme aber auch nur allmählich abgibt, können Böden mit größerem Feuchtigkeitsgehalt vor allem im Herbst länger die Wärme speichern. Zu einem ausreichenden Wärmevorrat im Boden ist deshalb ein gutes Verhältnis zwischen Wasser und Luft notwendig. Humushaltige Böden ziehen die Sonnenwärme mit ihrer dunklen Farbe an, haben durch reges Bakterienleben eine gute Wärmeerzeugung und können diese infolge ihres guten Festhaltevermögens für Wasser und des günstigen Luftgehaltes lange speichern.

Für die Bestellungs- und Erntearbeiten ist wichtig:

- Trockene Sandböden = zeitige Frühjahrsbestellung, zeitiger Frostbeginn im Herbst.
- Nasse Lehm- und Marschböden = spätes Frühjahr, längere Erntezeit im Herbst.
- Nasse, anmoorige Böden = lange Spätfrostgefahr im Frühjahr, später Frostbeginn im Herbst.

IV. DIE BODENPFLEGE

Etwa zwei Drittel aller Gartenarbeiten sind Bodenpflege- und Düngemaßnahmen. Sie sind alle darauf ausgerichtet, den Boden gesund, fruchtbar und ertragssicher zu halten, wodurch wir beständig hohe Ernten haben. Diese Beständigkeit in den hohen Ertragsleistungen des Bodens bezeichnet man als **Bodenfruchtbarkeit.**

Die wichtigsten Kennzeichen eines fruchtbaren Bodens sind die *Krümelstruktur*, ein reges Bakterienleben und ein hoher *Nährstoffgehalt*. Derartige Böden sind locker und elastisch, von dunkler Farbe, haben einen angenehmen frischen Erdgeruch und eine stabile Krümelung, die nicht von jedem Regen sofort zerstört wird. Mit einem Wort: sie weisen eine **„Bodengare"** auf. Die wichtigsten Maßnahmen zur Erreichung und Erhaltung der Bodengare sind die Bodenverbesserung durch Humus und Kalk und eine gute Nährstoffversorgung (siehe Seite 54) sowie die Bodenabdeckung, eine rechtzeitige und richtige Bodenbearbeitung und die Bewässerung.

1. Bodenabdeckung

1.1 Abdeckung mit organischen Stoffen Mulchen

Die Bodenabdeckung mit organischen Massen, wie Torf, halbverrotteter Stallmist, Stroh (auf 30 bis 40 cm gehäckselt), Laub, abgemähtes Gras, Rindenmulch und gesunde Ernterückstände, stellt einen hervorragenden Gareschutz dar.

Vorteile der Bodenabdeckung:

- Verringerung der Bodenverdunstung
- Ausgeglichener Temperaturverlauf im Boden
- Verminderung der Verschlämmungs-, Verkrustungs- und Erosionsgefahr (Bodenabtrag)
- Verbesserung beziehungsweise Erhaltung des Humusgehaltes
- Förderung des Bodenlebens
- Arbeitszeitersparnis

Die Pflanzen reagieren darauf mit verstärkter Faserwurzelbildung, die eine bessere Nährstoffaufnahme und gute vegetative Entwicklung bewirkt. Da bei abgedecktem Boden fast jegliche Bodenbearbeitungs- und Unkrautbekämpfungsmaßnahmen fortfallen, hat das Mulchen für den Gärtner einen großen *arbeitswirtschaftlichen Vorteil*, der gerade *im Bauerngarten* mehr denn je ausgenutzt werden sollte.
Doch auch das Mulchsystem hat zwei Seiten, und die Nachteile sind nicht zu unterschätzen.

Nachteile der Bodenabdeckung:

- Erhöhte Wühlmaus- und Schneckengefahr!

- Festlegung von Stickstoff durch stickstoffarmes Material (Stroh)
- Erhöhte Blütenfrostgefahr in Obstanlagen
- Brandgefahr für einzelne Mulchstoffe in trockenen Zeiten

Die Abdeckung kann zu jeder Jahreszeit vorgenommen werden, sollte jedoch in Spätfrostlagen erst nach der Blüte der Kulturpflanzen erfolgen. Bei *Torf* führt nur eine mindestens 5 cm dicke Schicht, bei allen *gröberen Materialarten* eine 10 bis 20 cm dicke Abdeckung zu vollem Erfolg. Bei *Grasmulch* muß durch gelegentliches Lokkern einer Verfestigung der Grasschicht vorgebeugt werden. Die Mulchschicht kann mehrere Jahre auf dem Land bleiben und wird nur jährlich ergänzt, da der untere Teil laufend verrottet, oder man gräbt sie im Herbst oder zeitigen Frühjahr flach unter und erneuert sie. Die Düngung des abgedeckten Landes erfolgt wie gewöhnlich breitwürfig kurz vor einem Regen oder vor einer gründlichen Bewässerung. Land mit *Strohabdeckung* erhält eine zusätzliche Stickstoffgabe als Bakterienfutter, zum Beispiel 30 bis 50 g pro m^2 Kalkammonsalpeter.

Im Blumengarten wird wegen des besseren Aussehens häufig *Torf* als Abdeckmaterial vorgezogen. Torf muß vorher durchdringend gewässert werden, damit er sich nicht mit

Abbildung 24a: Dicke Bodenabdeckung mit Stroh zwischen Beerensträuchern
Abbildung 24b: Strohmulch zwischen Himbeeren (rechts)

der Bodenfeuchtigkeit sättigt, wodurch Trockenschäden an den Pflanzen auftreten können. In den Ziersträucheranlagen – zumindest in den hinteren Regionen –, in Windschutz- und Deckpflanzungen sollte man das Laub an Ort und Stelle verrotten lassen und nicht bis auf das letzte Blatt sauberharken.

In Erdbeeranlagen, im Beerenobstquartier und **im Obstgarten** sind Stroh, strohiger Stallmist, Laub und Grasschnitt zweckmäßiges Mulchmaterial.

Im Gemüsegarten sind bei dem schnellen Kulturwechsel meist grobe Abdeckstoffe zu hinderlich. Man wählt hier für einzelne Kulturen wie Tomaten, Paprika, Gurken, Melonen, Artischocken feuchten *Torfmull* oder halbverrotteten *Kompost* als Abdeckmaterial, für Rhabarber auch Stroh, Laub oder Grasschnitt. Im übrigen sollte man durch einen schnell und lange geschlossenen Pflanzenbestand eine **Schattengare** im garegefährlichen Sommer anstreben.

Abbildung 25: Bodenabdeckung mit schwarzer Folie bei Erdbeeren

1.2 Abdeckung mit anorganischen Stoffen Folien

Der Handel bietet Kunststoffe für die Bodenabdeckung an. Es eignen sich dunkelgefärbte Folien von 0,05 mm Stärke. Sie werden entweder streifenweise zwischen die vorhandenen Pflanzenreihen gelegt, zum Beispiel zwischen Beerensträucher oder im großen Stück vor der Bepflanzung ausgelegt und an den Pflanzstellen mit Löchern versehen. Die zweite Methode hat den Vorteil einer günstigeren Befestigungsmöglichkeit an den Beeträndern und ist für schwachwüchsigere Kulturen wie Erdbeeren, Tomaten und Paprika geeignet.

2. Bodenbearbeitung und Geräte

2.1 Bodenbearbeitung im Herbst

Im Gemüsegarten

Im Herbst wird der Boden *25 cm tief* gelockert, dabei gewendet und in grober Scholle liegengelassen. Nur vor dem Anbau von empfindlichen Tiefwurzlern und langjährigen Kulturen ist manchmal eine zwei- oder dreispatenstichtiefe Lockerung, das *Holländern* oder *Rigolen*, erforderlich. Auf dem Lande ist es meistens möglich, die tiefe Bearbeitung im Herbst maschinell durchzuführen. Dadurch werden viel Zeit und Kraft gespart. Die Arbeit sollte nach der Ernte im Oktober/November beginnen und vor Weihnachten abgeschlossen sein, damit der Frost auf die groben Schollen einwirkt und sie lockert (**Frostgare**), und der Boden mit seiner rauhen, groben Oberfläche viel Winterfeuchtigkeit aufsaugen kann.

Wird das Land mit der Hand gegraben, so beginnen wir an der tiefsten Stelle des Geländes, heben als erstes einen Graben aus und verteilen die Erde hinter uns oder fahren sie an das Ende des Stückes, um dort zum Schluß die letzte Furche zu füllen. Während der **Grabearbeit** sind möglichst alle Wurzelunkräuter und Steine auszulesen. Auf dem zukünftigen Starkzehrerstück im Gemüsegarten und bei anderen anspruchsvollen Pflanzenarten wie Rhabarber und Spargel wird dabei gleichzeitig der Stallmist flach untergebracht. Als **Geräte** benutzen wir einen handlichen „Ideal-Gärtnerspaten" oder eine stabile, vierzinkige Grabegabel, beide mit einem T-Griff.

Im Zier- und Obstgarten

Das Land unter Sträuchern und Bäumen sowie zwischen Blumenstauden und Erdbeeren sollte im Herbst nur etwa *15 cm tief* mit dem Kultivator aufgelockert werden, um es aufnahmefähiger für die Winterfeuchtigkeit zu machen. Dabei können Laub, Komposterde und Torf mit eingearbeitet werden. Eine tiefere Bearbeitung hätte leicht Wurzelschäden zur Folge und ist in einem garen Gartenboden einfach nicht nötig. Für das flache Unterbringen von Stallmist oder Gründüngungspflanzen ist die wurzelschonende Grabegabel ein günstiges Gerät. Sommerblumenstücke werden für die nächstjährige Bestellung gegraben. Überall im Zier- und Obstgarten, wo die Mulchmethode möglich ist, sollte sie angewendet werden.

2.2 Bodenbearbeitung im Frühjahr

Sobald der Boden im Frühjahr abgetrocknet ist, werden die groben Winterschollen zerkleinert und das Land eingeebnet. Die Bearbeitungstiefe darf nur etwa *10 cm* betragen, eine tiefergehende Lockerung hätte große Wasserverluste zur Folge. Nur in Ausnahmefällen ist auf besonders schweren, nassen und sehr verunkrauteten Böden ein wiederholtes Graben im Frühjahr vertretbar. Als **Locke-**

Abbildung 26: Wichtige Geräte für die Bodenbearbeitung und Gartenbestellung (von links): Ideal-Gärtner-Spaten, verzinkte Grabegabel, Kultivator, zwei verschieden breite Eisenharken, Plastik-Pflanzschnur, Reihenzieher, Pflanzhölzer, Sämaschine, Ziehhacke, Grubber, Blatthacke

rungsgeräte benutzen wir drei- oder fünfzinkige Kultivatoren, Kraile oder Doppelharken. Zur Herstellung eines feinkrümeligen Saatbeetes wird eine stabile Harke gebraucht. Bei den Bestellungsarbeiten helfen uns ferner feste Pflanzschnüre, ein Reihenzieher, Pflanzhölzer, Pflanzschaufeln und für größere Flächen eine Sämaschine, die Arbeit leichter und schneller zu bewältigen.

2.3 Bodenbearbeitung im Sommer

Die sommerliche Bodenbearbeitung hat zum Ziel:

- Herabsetzung der Bodenverdunstung (siehe Seite 53)
- Förderung der Bodenatmung (siehe Seiten 52 und 54)
- Zerstörung des Unkrautes.

Hierbei darf nur die oberste *5 cm* dicke Erdschicht gelockert werden, um keine unnötigen Bodenwasserverluste zu haben. Der wichtigste *Zeitpunkt für das Hacken* ist kurz nach einem Regen oder einer Bewässerung, bevor das Land wieder austrocknet oder verkrustet. Es stehen uns verschiedene Hau-, Stoß- und Ziehhacken zur Verfügung, von denen die *Ziehhacken* allen anderen Typen vorzuziehen sind, weil mit ihnen die Arbeit am leichtesten vor sich geht. Sie sind alle in verschiedenen Breiten erhältlich. Zu unserer **Geräteauswahl** sollten außerdem ein kleiner dreizinkiger Grubber vor allem für die Blumenbeete und ein Jätemesser für feine Gemüseaussaaten gehören.

Etliche Gemüsearten sollten im Sommer angehäufelt werden, weil sie dadurch einen besseren Halt bekommen (Bohnen, Erbsen) und durch den Erd- und Feuchtigkeitsreiz angeregt werden, am unteren Stengelteil zusätzliche Wurzeln zu bilden. Mehr Wurzeln bedeutet erhöhte Wasser- und Nährstoffaufnahme und damit ein kräftigeres Wachstum.

Diese positive Reaktion auf das **Anhäufeln** zeigen:

Tomaten, Gurken, Kohlarten außer Kohlrabi und Chinakohl, Erbsen, Bohnen und Kartoffeln.

Porree wird nicht nur besonders tief gepflanzt, sondern auch mehrmals angehäufelt, damit er einen langen gebleichten Schaft bekommt.

Zum Häufeln eignen sich stabile Blatthacken und spezielle *Häufler* in verschiedenen Breiten.

2.4 Gartengeräte

Das Geräteangebot ist derzeit sehr groß und auch überwiegend gut. Die einzelnen Gerätearten werden bei der Behandlung der verschiedenen Anbau- und Pflegearbeiten besprochen. Die **Stiele** der Harken und Hacken sollten dem Arbeitenden aufrecht stehend bis zur Stirn reichen. Spezielle, größere Geräte, wie Reihenzieher, Häufler, Vertikutierrechen, Rasenkantenschneider, müssen etwa 30 cm längere Stiele haben.

Grundsätzlich werden unkomplizierte, stabile Geräte mehr und lieber gebraucht als solche mit empfindlichen Einzelteilen und mit vielen Schrauben, die allzuleicht verschmutzen und verrosten oder verlorengehen. Schwere Geräte sind für schweren Boden besser zu gebrauchen. Man sollte deshalb die Auswahl für die verschiedenen Bodenarten auch nach dem Eigengewicht der Geräte treffen.

Nicht jedes ältere Gerät ist unmodern, wenn es sich noch immer bewährt. Aber der erfahrene Hausgärtner sollte andererseits nicht nur auf altgewohnten Hilfsmitteln beharren, sondern das gute Neue auch in seinen Garten aufnehmen.

Gartengeräte müssen gepflegt und sauber und trocken aufbewahrt werden, wenn sie recht lange eine Hilfe sein sollen. Die geregelte **Aufbewahrung** an zweckmäßigen *Aufhängevorrichtungen* in einem trockenen Raum in Gartennähe bedeutet Zeitersparnis und verminderte Unfallgefahr. Nach der letzten Gartenarbeit im Herbst fettet man die Metallteile ein, um ein Rosten zu verhüten. Die Wintermonate sollten unbedingt für die Überprüfung und Reparatur der Geräte genutzt werden, um sich während der arbeitsreichen Wachstumszeit nicht über wackelnde, verklemmte und stumpfe Geräte bei der Gartenarbeit ärgern zu müssen.

3. Bewässerung

Im Abschnitt über das Leben der Pflanzen wurde uns klar, welche bedeutende Rolle das Wasser im Garten spielt. Wenn auch durch fachgerechte Bodenabdeckung und -bearbeitung eine große Wasserersparnis erzielt wird, so reicht die natürliche Bodenfeuchtigkeit in trockenen Zeiten für viele Kulturpflanzen nicht aus; der Gärtner muß zusätzlich gießen und wässern.

In kühler Jahreszeit gießen wir vormittags, damit die Pflanzen abgetrocknet in die Nacht hineingehen. Im Sommer wird abends gegossen, weil sich die Pflanzen für die Nacht vollsaugen sollen. Grundsätzlich wird nicht häufig nur leicht übersprüht, sondern seltener, aber kräftiger gewässert. **Man rechnet in Trockenzeiten 10 bis 15 l Wasser auf 1 m² in zwei Etappen.** Dabei ist sehr darauf zu achten, daß Pflanzen und Boden nicht verschlämmt werden. Das Wasser soll wie ein sanfter Regen fallen. Dazu müssen Gießkanne oder Schlauch hochgehalten werden und feine Tüllen beziehungsweise Düsen besitzen. Allen Pflanzen, besonders aber Gurken, Melonen und Stangenbohnen, bekommt *abgestandenes, weiches Wasser* besser als das kalte Leitungs- oder Brunnenwasser. Deshalb sollte in jedem Hausgarten ein gefüllter **Wasserbehälter** unter dem Wasserhahn sein, wenn nicht sauberes Regenwasser zur Verfügung steht. Aufgefangenes Regenwasser von öl- oder gasbeheizten Häusern ist nicht günstig.

Geräte

Für einzelne Bewässerungsmaßnahmen werden eine stabile *Plastik-Gießkanne* mit 8 bis

Abbildung 27: Zweckmäßige Aufbewahrung der Gartengeräte

10 l Fassungsvermögen, glattem Längsbügel und feiner Flachbrause sowie ein Gummi- oder *Plastikschlauch* mit verstellbarer Handdüse gebraucht. Für großflächigere Bewässerungsmaßnahmen hat sich von den vielen verschiedenen Beregnungsanlagen der *Sprühschlauch* für den Hausgarten bestens bewährt, weil er den Boden sehr schonend und gleichmäßig beregnet und ohne Mühe zu bedienen ist. Er kann auch umgekehrt liegend gut als Rieselschlauch, zum Beispiel zwischen Erdbeeren und Tomaten, verwendet werden. Von den *Schwenkregnern* im Handel sind die Viereck- und Rechteckregner den Kreisregnern vorzuziehen, weil es damit keine unberegneten Flächen an den Ecken oder Überschneidungen gibt, wenn sie richtig aufgestellt werden.

Abbildung 28: Wasserbecken mit abgestandenem Leitungswasser zwischen Blumen- und Gemüsegarten

Abbildung 29: Ein praktisches Schlauchstecksystem für verschiedene Arten der Bewässerung

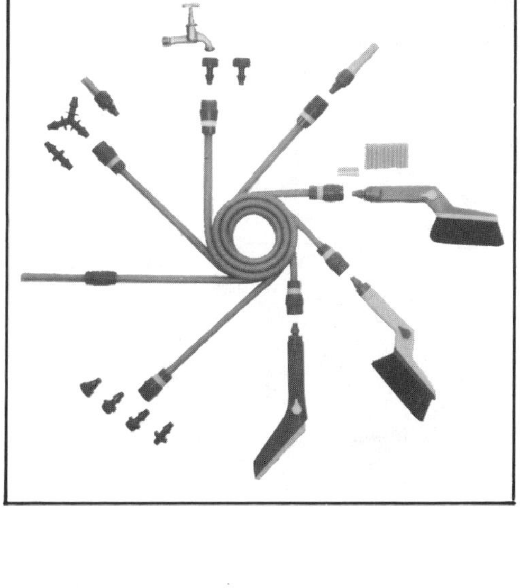

Abbildung 30: Sprühschlauch

V. DIE DÜNGUNG

Die intensive Bodennutzung durch die Einschaltung von Vor-, Nach- und Zwischenkulturen zu den Hauptkulturen im Gemüsegarten und der häufig übertriebene Ordnungssinn des Hausgärtners im Blumengarten führen allzuleicht zu einem Raubbau im Hausgarten und damit zu einer Humus- und Mineralstoffverarmung im Gartenboden. Man braucht nur die Stoffkreisläufe in der Natur zu beobachten und zu verstehen, um zu erkennen, wie behutsam mit der wichtigsten Wachstumsgrundlage — dem Boden — umzugehen ist. Die durch den Landbebauer unterbrochenen natürlichen Kreisläufe können nur durch fachgerechte Humus- und Mineralstoffzufuhr wieder geschlossen werden.

Für den Hausgarten eignen sich folgende Düngemittel:

Humusdünger (Organische Dünger)

Komposterde
Stallmist
Gülle
Jauche
Torfdünger
Organische Handelsdünger aus tierischen Abfällen
Gründünger

Mineraldünger (Anorganische Dünger)

Stickstoffdünger
Phosphordünger
Kalidünger
Kalkdünger
Magnesiumdünger
Mehrnährstoffdünger

Organisch-mineralische Dünger

Abbildung 31: Nährstoffhaushalt im Gartenboden
Im Gartenboden müssen sich der Nährstoffentzug durch die Ernte und Auswaschung von Mineralsalzen und die Nährstoffzufuhr durch Bodenvorräte und Düngung in der Waage halten

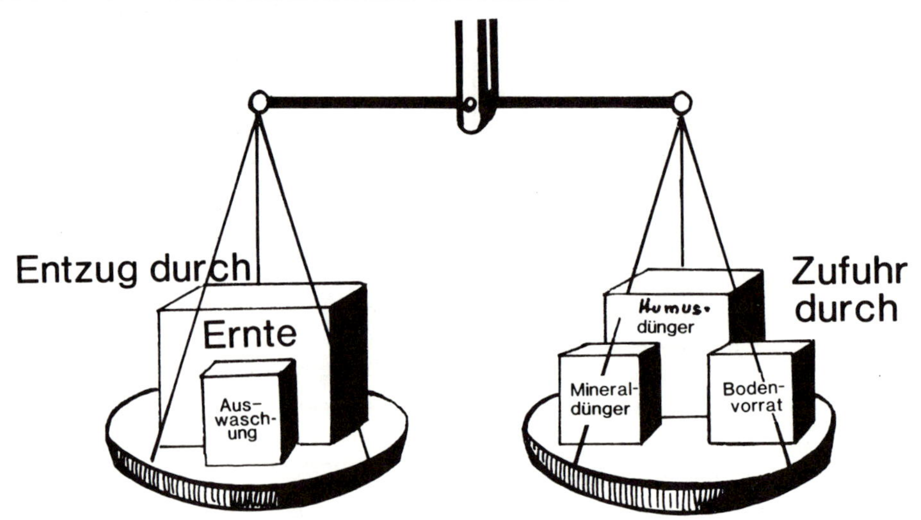

1. Humusdünger und ihre Anwendung

Die Humusdünger sind wichtige **Bodenverbesserer** und enthalten nur geringe Mengen an Kernnährstoffen. Ihre Werteinstufung richtet sich vor allem nach dem Gehalt an mildem Dauerhumus, der sich durch eine dunkle Farbe und Beständigkeit im Boden auszeichnet. Sie reichen für die Nährstoffversorgung der Kulturpflanzen bei intensiver Gartenbewirtschaftung nicht aus, so daß eine zusätzliche Verwendung von Mineraldüngern erforderlich ist.

Humusdünger wirken milde und nachhaltig auf Boden und Pflanze. Sie sollten alle nur verhältnismäßig *flach in die Gartenkrume* eingearbeitet werden, damit sie in den Lebensraum der luftliebenden Mikroorganismen gelangen. Komposterde, Stallmist, Torf und begrenzt Gründünger können auch zur *Bodenabdeckung* verwandt werden und dadurch als Humusquelle dienen.

1.1 Komposterde

Kompostwirtschaft ist die **älteste Methode des Recycling** und zudem die einfachste und preiswerteste Art der Wiederverwendung von Rohstoffen. Das Endprodukt „Komposterde" stellt eine milde Humusquelle für den Gartenboden dar und ist für alle Bodenarten und Pflanzenkulturen sehr geeignet.

Als Kompost bezeichnet man die zum Zwecke der Vererdung zusammengetragenen organischen Abfälle aus Haus, Hof und Garten. Vor allem *gesunde Pflanzenrückstände* sind hierfür geeignet, die durch die Tätigkeit von unzähligen *Bodenkleinlebewesen* (Mikroorganismen), wie Bakterien, Algen und Pilze, aber auch mit Hilfe von Regenwürmern und anderen Kleintieren zu Humus umgewandelt werden.

Voraussetzungen für die Kompostbereitung

Das Wirken der Bodenlebewesen ist abhängig von ausreichender Luftzufuhr, Feuchtigkeit, Wärme und einem guten Kalkzustand neben dem Vorhandensein von organischen Stoffen. Kalk ist auch nötig, um die bei der Humusbildung freiwerdenden Humussäuren zu neutralisieren, wodurch ein milder, pflanzenverträglicher Humus entsteht.

Die „Kunst" der Kompostbereitung besteht demnach darin, den Rottebakterien und Bodentieren in den aufgeschütteten Garten- und Küchenabfällen folgende günstige Lebensbedingungen zu schaffen:

- **Genügend Luftsauerstoff** durch lockere Aufschüttung der organischen Stoffe und Mischung grob- und feinstrukturierter Abfälle sowie durch eine Begrenzung der Größe des Komposthaufens.
- **Gleichmäßige mittlere Feuchtigkeit** im Komposthaufen durch Auswahl eines schattigen Platzes, durch Überwachung des Feuchtigkeitsgehaltes im Sommer und gegebenenfalls Wässern und durch Abdecken des reifenden Komposthaufens.
- **Wärme**, die durch die Arbeit der Bodenlebewesen entsteht. Sie muß während des Rotteprozesses durch ein günstiges Luft : Feuchtigkeits-Verhältnis und einen Erdmantel erhalten bleiben. Das Umsetzen sollte nicht in der kalten Jahreszeit erfolgen.
- **Kalk** durch Verwendung von 1,5 bis 2 kg/m^3 Kalkstickstoff, der während des Aufsetzens der organischen Masse zwischengestreut wird.

Der Kompostplatz

Der Kompostplatz sollte an einer *halbschattigen, aber nicht zu kalten zentralen Stelle* im Garten angelegt werden, die auch mit Küchenabfällen schnell zu erreichen ist.

Für den herkömmlichen sogenannten Jahres- oder Reifkompost ist die Fläche für drei Komposthaufen in folgenden Entwicklungsstadien vorzusehen:

1. **Frischer Kompost**, der laufend beschickt wird
2. **Ruhender Kompost**, in dem der Rotteprozeß vor sich geht
3. **Reifer Kompost**, der gebrauchsfertig ist

Die Komposthaufen werden bis 1,50 m breit und bis 1,20 m hoch aufgesetzt. Der frische Kompost kann bis 1,50 m hoch gestapelt werden, da er später noch sackt. Zwischen den einzelnen Haufen braucht man eine Gehfläche von 30 bis 50 cm Breite. Die Länge der Haufen richtet sich nach der Garten- und Haushaltsgröße. Bei intensiver Kompostwirtschaft ist in einem **6-Personenhaushalt** mit Garten mit einer **Länge von etwa 3 m** zu rechnen.

Wird alle geeignete organische Substanz aus Haushalt und Garten eines 6-Personenhaushaltes kompostiert, ergeben sich bei einem Jahreskompost **4 bis 5 Kubikmeter Komposterde.**

Für die Herstellung von **Monats- bzw. Frischkompost**, der nur eine kurze Rottezeit von wenigen Monaten durchmacht, ist nur der Platz für zwei Komposthaufen erforderlich. Bei dieser neueren Art der Kompostbereitung wird der Kompost bereits in halbverrottetem Zustande im Garten verwendet.

Für kleine Hausgärten sind im Handel **Kompostbehälter** aus Draht, Kunststoff und Holz erhältlich, die leicht zu zerlegen sein müssen und die günstige Grundfläche von etwa 1,20 x 1,20 m haben sollten. Selbstverständlich sind solche einfachen Behälter auch leicht selbst anzufertigen.

Auswahl des Materials für den Kompost

Auf den Kompost können fast alle Pflanzenabfälle aus dem Garten gegeben werden:

Die drei Entwicklungsstadien eines Jahres- bzw. Reifekompostes

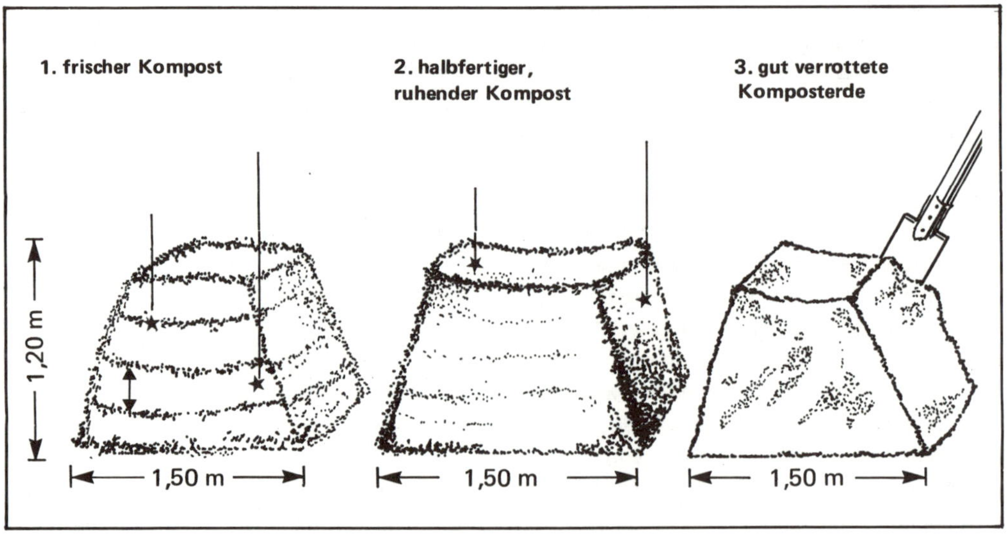

Abbildung 32: Einfacher Kompostbehälter aus Draht in einem kleineren Garten

- **Samenunkräuter** sollten vor der Blüte kompostiert werden, größere Mengen getrennt von anderem Material unter Verwendung von Branntkalk.

- **Wurzelunkräuter** kompostiert man besser getrennt von anderen Abfällen, da sie eine längere Verrottungszeit durchmachen. Einzelne Wurzelunkräuter gehören in die Mülltonne.

- **Grobstrukturierte Abfälle** zum Beispiel von Dahlien, Sonnenblumen, Bohnen sowie Strünke und bis fingerdicker Gehölzschnittabfall sind mit Spaten oder Schere in fingerlange Stücke zu zerkleinern und dem Feinmaterial unterzumischen. Dadurch werden gleichzeitig eine Verdichtung und das Schimmeln von Rasenschnittabfällen, Laub u.ä. verhindert.

- **Rasenschnittabfall** sollte nur in angetrocknetem Zustand und in kleineren, lockeren Schichten auf den Kompost, da dicke, feste Schichten sehr schwer verrotten und den gesamten Kompost verderben können.

- **Laub** muß vor der Kompostierung gut durchfeuchtet sein und wie Rasenschnitt im Gartenkompost mit sperrigem Abfall gut vermischt werden. Vor allem Eichenlaub ist sehr gerbsäurehaltig und sollte nicht auf den allgemeinen Gartenkompost kommen.

Kranke Pflanzen mit zählebigen Schaderregern – zum Beispiel Kohlhernie– dürfen nicht auf den Kompost, um eine Krankheitsverbreitung zu verhindern.

Von den **Küchenabfällen** können verwendet werden:

- Gemüse- und Obstabfälle
- Kaffee- und Teesatz, Eierschalen (zerkleinert)
- Staubsaugerinhalte, feuchtes Küchenkrepp

Gekochte Abfälle, Fleisch- und Käsereste gehören besser in die Mülltonne, da sie Ungeziefer anlocken.

Schwer und nicht verrottbare Stoffe, wie Gummi, Kunststoffe, Steine, Glas, Metall, und ebenso Kohlenasche sind für den Kompost ungeeignet.

Arbeitsanleitung für die Kompostbereitung

Die Anlage eines neuen Komposthaufens beginnt man am zweckmäßigsten im Frühjahr zu Beginn des neuen Gartenjahres oder im Herbst zur Haupterntezeit, wenn viel Gartenabfall anfällt.

Es ist für einen günstigen schnellen Rotteprozeß notwendig, einen freiliegenden Komposthaufen *blockweise* in Abschnitten von mindestens 1 m Länge aufzubauen. Die Abfälle dürfen nicht wahllos zu einem unförmigen Haufen aufgestapelt werden, da so allzuleicht Verdichtungen und Fäulnis auftreten. Außerdem sollte auch auf dem Kompostplatz Ordnung herrschen.

Als unterste Schicht sollte man auf den gewachsenen Boden eine 10 cm starke *Torflage* auftragen, die später absickernde Nährsalze aufsaugt. Darauf folgt am günstigsten eine 10 bis 20 cm dicke Schicht mit sperrigem Material, damit der Komposthaufen auch von unten gut durchlüftet wird.

Bei der lockeren Aufschichtung des Abfalles ist darauf zu achten, daß möglichst nasses Material auf trockenes folgt sowie grobstrukturiertes auf feinstrukturiertes.

Im Höhenabstand von etwa 30 cm gibt man als *Zwischenschichten* einige Schaufeln voll Erde von einem benachbarten halbfertigen Komposthaufen oder Gartenerde und 150 g/m^3 **Kalkstickstoff** hinzu. Durch die Erdschichten wird das frische Kompostmaterial mit den notwendigen Bodenkleinlebewesen „geimpft". Eine Aktivierung des Lebens im Kompost kann auch durch im Handel erhältliche sogenannte **Kompoststarter** und **Kräuterextrakte** erreicht werden.

Der dünn eingestreute Kalkstickstoff dient als Bakterienfutter (Stickstoff), neutralisiert gleichzeitig durch seinen Kalkgehalt die Humussäuren und vermag durch seine ätzende Wirkung Unkrautsamen und Krankheitserreger abzutöten.

Schon beim Aufsetzen des frischen Kompostes ist in trockenen Zeiten im Sommer durchdringend zu **wässern**.

Nach einer Gartensaison beendet man die Beschickung des frischen Komposthaufens und ein neuer wird begonnen. Der abgeschlossene Haufen erhält oben eine Gießrinne und wird mit einem **faustdicken Erdmantel** umgeben, wodurch ebenfalls Rottebakterien, die sich in jeder gesunden Gartenerde befinden, in das Kompostmaterial gelangen. Es folgt die Ruhe- bzw. Reifezeit des Komposthaufens, in der durch die Arbeit der Bodenlebewesen Temperaturen bis 70°C entstehen.

Während der Sommermonate kann der ruhende Kompost zum Zwecke der Unkrautunterdrückung und der Verhinderung der Austrocknung zusätzlich eine **Bepflanzung mit großblättrigen, rankenden Pflanzenarten**, wie Gemüse- und Zierkürbis, Zucchini und Kapuzinerkresse, erhalten. Die Pflanzen sollten in 30 bis 50 cm Entfernung vom Kompost **an den Fuß des Haufens** gesetzt werden, damit sie die Komposterde nicht völlig durchwurzeln und auslaugen, sondern nur mit ihren großen Blättern beschatten.

Der ruhende Kompost wird nach etwa sechs Monaten umgesetzt, wenn es sich um einen Jahres- bzw. Reifkompost handelt, der gut verrottete Erde liefern soll. Nur bei schwer zersetzbarem Ausgangsmaterial (manches Laub, Strünke, Holzteile) ist ein zweimaliges Umsetzen im Abstand von etwa sechs Monaten erforderlich.

Beim Umsetzen sind die Schichten gut zu vermischen. Man gibt dabei je 5 kg/m^3 **Thomasphosphat** und **Kalimagnesia** hinzu, um ein ausgewogenes Nährstoffverhältnis in der Komposterde zu erreichen.

Soll nur halbreifer Kompost entstehen, kann das Umsetzen wegfallen, und die grobflockige Erde ist nach etwa sechs Monaten Reifezeit verwendungsfähig. Dies trifft vor allem bei der Verwendung von käuflichen Kompoststartern zu.

Nach insgesamt 1 bis 1 1/2 Jahren ist im Jahres- bzw. Reifkompost eine gut verrottete Komposterde entstanden.

Die Verwendung von Komposterde

Gesunde Komposterde kann zu jeder Jahreszeit im Nutz- und Ziergarten eingesetzt werden. Sie sollte nur flach in den Boden eingearbeitet oder als Mulchdecke ausgebracht und nicht gesiebt werden, um Bodenverdichtungen und -verschlämmungen zu verhindern — es sei denn, die Erde wird für feinste Aussaaten im Frühbeet und Haus verwendet. Nur sehr grobe, halbreife Komposterde könnte man durch ein grobmaschiges Sieb werfen, um noch nicht verrottete Holzteile von der Erde zu trennen.

Eine voll beladene Schubkarre mit Komposterde (80 — 100 Liter) auf 10 m^2 alle 2 Jahre ist eine sinnvolle Humusdüngung, die gleichzeitig — je nach Ausgangsmaterial und Aufbereitung — 20 — 200 g im ersten Jahr verfügbaren Stickstoff, 50 — 500 g Phosphat und 50 – 700 g Kali liefert.

Jahres- oder Reifekompost

Der Jahreskompost liefert wertvollen **Dauerhumus** und ist für alle Bodenarten — vor allem auch für schwere Böden — sehr geeignet. Da meistens nur begrenzte Mengen von Komposterde zur Verfügung stehen, sollten **folgende Prioritäten** gesetzt werden:

1. Für Frühbeete und Anzuchtbeete
2. Für das Kräuterbeet
3. Für Pflanzlöcher bei der Pflanzung von Rosen, Blumenstauden, Rhabarber, Tomaten, Paprika, Melonen, Gurken, Zucchini, Kürbis, Neuseeländer Spinat, Erdbeeren, Koniferen, Obstgehölzen Obstgehölzen
4. Für Topfblumen, gemischt mit feuchtem Torfmull und sauberem Sand etwa im Verhältnis von 6 : 3 : 1 für erwachsene Zimmerpflanzen, im Verhältnis von 3 : 1 : 1 für Jungpflanzen.
5. Für den Rasen. Man rechnet eine etwa 1 cm starke Schicht Komposterde, die im Herbst oder Anfang März in die Grasnarbe eingeharkt wird.
6. Für Rosen, Rhododendren, Koniferen zur Bodenabdeckung.

Monats- und Frischkompost

Der nur grob verrottete Frischkompost macht nach oberflächiger Ausbringung die endgültige Verrottung auf oder im Gartenboden durch. Er sollte vor allem als Mulchdecke unter jungen Obstbäumen und Sträuchern sowie zwischen Blumen- und Kräuterstauden und flach eingearbeitet bei Schwachzehrern auf dem Gemüseland Verwendung finden.

1.2 Stallmist

Stallmist ist im Bauerngarten ein wichtiger humushaltiger Wirtschaftsdünger. Seine **Güte** hängt in erster Linie von der Tierart, der Fütterungsweise, der Einstreu und der Lagerung ab. Einen warmen, verhältnismäßig gehaltreichen Mist erhält man von Pferden, Geflügel und Schafen. Schweinedung ist sehr wässerig und kalt, während die Eigenschaften des Rindermistes in der Mitte liegen. Durch reichhaltige Fütterung gelangen mehr Nährstoffe in den Mist. Der Stickstoffgehalt liegt bei Tiefstalldung am höchsten.

Die **Lagerung** sollte fest und feucht an einem schattigen Platz vor sich gehen, um möglichst geringe Ammoniakverluste zu haben.

Aus dem gleichen Grund ist Stallmist auf dem Lande schnell unterzubringen. Das Ausbringen von Kalk oder kalkhaltigen Düngemitteln sollte nicht unmittelbar mit einer Stallmistdüngung zusammenfallen, um Stickstoffverluste zu verhindern.

Die **Stallmistdüngung** erfolgt am besten im Herbst an kühlen, feuchten Tagen, wobei auf eine gleichmäßige Verteilung und flaches Einarbeiten zu achten ist. Man sollte nur gut verrotteten Stallmist und besser im zweijährigen Turnus kleinere Gaben als größere Mengen in längeren Zeitabständen im Garten verwenden. Als Faustzahl gilt 1 Zentner = 1 Schubkarre voll für 10 m^2 Gartenland alle 2 – 3 Jahre.

Einen wesentlich größeren Wert hat **kompostierter Stalldung**, da er durch seine Lagerung und die Vermischung mit Erde einen hohen Gehalt an Dauerhumus aufweist und für alle Pflanzenarten verträglich ist (siehe Seite 235).

1.3 Gülle

Gülle ist ein Gemisch von Kot und Harn der Tiere. Sie steht in einer Vielzahl von landwirtschaftlichen Betrieben nur noch als einziger wirtschaftseigener Dünger zur Verfügung. Gülle sollte im Bauerngarten sehr *vorsichtig* und *sparsam*, möglichst nur zu *mehrjährigen Pflanzen* gegeben werden. Sollte man auch im Gemüsegarten nicht auf diesen Wirtschaftsdünger verzichten wollen, dann darf sie nur für Starkzehrer verwendet werden.

Gülle wird **im Frühjahr ab Februar** ausgebracht. Bei einer Herbstdüngung würde der Stickstoff im Laufe des Winters ausgewaschen werden und das Grundwasser belasten. Gülle muß gut durchgemischt sein. Die Nährstoffgehalte von Gülle sind schwankend und steigen mit zunehmender Trokkensubstanz. Während Rindergülle einen höheren Kaligehalt hat, liegen in Schweinegülle die Phosphat- und Kupfergehalte, in Hühnergülle die Stickstoff-, Phosphat- und Kalkgehalte höher.

Bei regelmäßiger Gülleverwendung muß die notwendige zusätzliche Mineraldüngung eine gut durchdachte Ergänzungsdüngung darstellen, die mit Hilfe von regelmäßigen Bodenuntersuchungen in dreijährigem Turnus am besten gelingt.

1.4 Jauche

Jauche enthält nur Stickstoff und Kali in nennenswerten Mengen, Phosphorsäure muß ihr zugesetzt werden (2 kg Superphosphat auf 100 l). Sie darf nur in vergorenem Zustande und stark verdünnt (zwei- bis dreifache Wassermenge) im Spätwinter bis zum zeitigen Frühjahr auf das Land gebracht werden. Das Gemüseland darf man aus hygienischen Gründen nicht jauchen. Dagegen kann die Jauche für Obstbäume und Beerensträucher ein Zusatzdünger sein. Steinobst verträgt nur geringe Mengen. Den besten Verwendungszweck erfüllt die Jauche *auf dem Kompost*, wo sie die Verrottung fördert und als Nährstofflieferant dient, wenn man nicht ganz auf sie verzichtet.

1.5 Torf

Torf besteht zu einem großen Teil aus **Dauerhumus** und ist besonders geeignet, leichte und harte sowie nasse und klebrige Gartenböden in einen garen, krümeligen Zustand zu versetzen. Für den Garten sind vor allem die käuflichen Torfprodukte bestimmt, die bei der Abtorfung der Moore in den obersten Schichten als jüngerer Moostorf oder Weißtorf anfallen und getrocknet, aufbereitet und in Ballen gepreßt in den

Handel kommen. Gemische von Weißtorf und Schwarztorf wie Floral, Florahum, Rhodohum und Humosoil haben einen größeren Anteil an organischer Substanz und können deshalb etwas sparsamer gebraucht werden als reine Weißtorfprodukte.

Torfarten im Handel

Torf ohne Mineraldünger (Düngetorf)

Die Bezeichnung „Düngetorf" ist irreführend, denn es handelt sich hierbei um reinen Torf ohne Pflanzennährstoffe, also um einen reinen *Bodenverbesserer.*

Beispiele: Floral, Floratorf, Humintorf, Euflortorf.

Der Wert des Düngetorfes kann durch Vermischen oder besser durch Kompostierung mit Stallmist, Gülle oder Mineraldüngern (6 bis 8 kg eines blauen Volldüngers pro Sack) wesentlich erhöht werden, da er damit eine stetig fließende Nährstoffquelle für die Bodenlebewesen und die Pflanzen darstellt und zur Krümelbildung beiträgt.

Torf mit Mineraldünger

Diese Torfprodukte bestehen aus Düngetorf, dem ein oder mehrere Kernnährstoffe und Spurenelemente zugesetzt wurden.

Man unterscheidet:

➤ **Torfmischdünger** für die Anwendung im *Garten*

Beispiele: Florahum, Super Manural, Rhodohum (Spezialtorf für Moorbeetpflanzen), Huminal, Humobil, Humosoil

Ihre Anwendung ist zwar teurer, aber arbeitssparend und wirkungsvoller. Obgleich die Torfmischdünger in geringen Mengen Pflanzennährstoffe enthalten, brauchen zumindest starkzehrende Nutz- und Zierpflanzen jährlich eine zusätzliche Mineraldüngung.

➤ **Torfkultursubstrate** für die Anwendung bei der *Pflanzenanzucht,* für *Zimmerblumen, Balkonkästen, Gartenkübel* und *-schalen.*

Beispiele:
- TKS 1, Euflor Substrat 1, für Aussaat und Pflanzenanzucht
- TKS 2, Euflor Substrat 2, für Jungpflanzen und erwachsene Pflanzen.

Verwendung von Torf

Torfprodukte für den Gartenbedarf werden in Torfsäcken mit 80 l, **110 l**, 160 l und 300 l Inhalt gehandelt. Vor seiner Verwendung muß Torf zerkleinert und **gründlich gewässert** werden (200 bis 300 Liter je Sack). Wird er in trockenem Zustand mit Erde vermischt, so entreißt er dieser Feuchtigkeit, um sich zu sättigen, und es entstehen in Boden und Pflanze gefährliche Trockenschäden. Torf wird am besten im *Frühjahr* in die oberen Bodenschichten bis 15 cm tief mit Kultivator oder Grubber eingearbeitet.

Als Richtzahlen für die zu verwendende Torfmenge für die Bodenverbesserung im Nutz- und Ziergarten gelten zwei bis vier Säcke Torf je 100 m². In besonders humusarmen sandigen oder tonigen Böden und bei Gartenneuanlagen kann die Torfgabe bis auf zehn Säcke je 100 m² gesteigert werden. Für die 3 bis 5 cm starke Bodenabdeckung im Ziergarten werden je nach Dichte des Pflanzenbestandes sechs bis acht Säcke feuchter Torf je 100 m² gebraucht. Vor allem bei der Pflanzung von Blumenstauden, Obst- und Ziergehölzen sowie Tomaten, Paprika und mehrjährigen Küchenkräutern sollte mit Kompost oder Torf für das Pflanzloch und zur Abdeckung nicht gespart werden.

Torfschnellkompost

Ein bewährter Dünger ist der Torfschnellkompost. **Ausgangsstoffe** sind ein Sack Düngetorf (160 l), 5 kg Kalkstickstoff, 7 kg Thomasphosphat, 7 kg Patentkali und 200 bis 300 l Wasser. Der Ballen wird zerkleinert und auf ein 2 x 2 m großes Stück ausgebreitet. Die drei Düngerarten harkt man gleichmäßig ein, danach muß in größeren Zeitabständen mehrere Male gewässert und durchgeharkt werden, bis sich der Torf vollgesogen hat. Er wird zu einer 1 m breiten und 60 cm hohen Miete aufgesetzt und von einem faustdicken Erdmantel umgeben. Nach vier Wochen sticht man den Haufen unter gründlichem Durchmischen um, gibt erneut einen Erdmantel und läßt ihn weitere drei bis vier Wochen reifen. Danach ist er zum Beispiel für die Bodenverbesserung auf Blumenbeeten, in jungen Beerenobstanlagen und bei allen Gemüsearten als **Volldünger** zu gebrauchen. Im Winter dauert die Kompostbereitung etwas länger. Man legt den Haufen im November an, um ihn im März verwenden zu können.

1.6 Gründüngung

Unter einer Gründüngung versteht man das Einbringen von grünen Pflanzenmassen, um damit eine Anreicherung des Bodens mit organischen Stoffen zu erreichen. Im weitesten Sinne stellt jede Einarbeitung von grünen Pflanzenteilen, zum Beispiel von Ernteresten im Gemüsegarten, eine Gründüngung dar. Als Gründüngung im engeren Sinne bezeichnet man jedoch das Einbringen eines Pflanzenbestandes, der eigens hierfür ausgesät wurde.

Die Wirkung der Gründüngung

- Die Gründüngung liefert in beachtlicher Menge Nährhumus (siehe Seite 60) und übt damit eine starke biologische Wirkung auf den Boden aus. Leichte Böden werden bindiger und fruchtbarer, schwere Böden lockerer und rohe, inaktive Böden aufgeschlossener und mehr mit Bodenleben erfüllt.

- Das große und tiefe Wurzelsystem der Gründüngungspflanzen bewirkt eine **tiefgreifende Bodenlockerung**. Dadurch werden Nährstoffe – vor allem Phosphorsäure – im Untergrund mobilisiert und den Nachfrüchten zugänglich gemacht. Luft- und Wasserhaushalt der tieferen Bodenschichten werden verbessert.

- Infolge der grünen Bodendecke während der Wachstumszeit wird der Boden vor Verschlämmung, Verkrustung und Erosion geschützt und erhält gleichzeitig eine **Schattengare.**

- In Beerensträucher- und Baumobstanlagen können im Herbst abgemähte oder niedergewalzte Gründüngungspflanzen als **Frostschutz** dienen.

- Beim Anbau von **Leguminosen** tritt der Vorteil der **Stickstoffanreicherung** im Boden hinzu.

Der Anbau von Gründüngungspflanzen

Die Auswahl der Gründüngungsart muß sich nach der *Bodenart*, der *Pflanzenentwicklungszeit* und der *Familienzugehörigkeit* der einzelnen Arten richten (siehe Übersicht 3). Phazelia, die blaublühende Bienenfutter-

Übersicht 2: Humusdünger für den Hausgarten (Beispiele):

Düngerart	Gehalt in Prozent etwa						
	Wasser	Organische Substanz	Stickstoff	Phosphorsäure	Kali	Kalk	Magnesium
Komposterde (verrottet)	30	10 – 50	0,30	0,15	0,15	2–3	
Stallmist (Rindvieh, verrottet)	75	18	0,60	0,30	0,70	0,60	0,20
Gülle (Rind/Schwein)*	verschieden	72	4,6/8	2,4/5,5	5,6/4,5	2,5/5,2	0,7/1,5
Jauche			0,2	0,01	0,6	0,02	
Torfschnellkompost	30	rd. 50	0,4	0,5	0,4	0,5	
Torf ohne Mineraldünger: z.B. Düngetorf, Floratorf, Floral, Humintorf	bis 60	40–50					
Torf mit Mineraldünger: z.B. Huminal A, Super Huminal, Super Manural, Super Manural plus, Rasen Manural		mind. 30	mind. 1	mind. 1	mind. 1		Spurenelemente
Organisch-mineralischer NPK-Dünger			mind. 4	mind. 4	mind. 4		
Hornoska Spezial		40	8	7	10		
Oscorna-Animalin		bis 70	6	9	1–2		
Horn-Knochenmehl-Mischdünger			4–10	4–10	5–13		MgO und Spurenelemente

* bezogen auf 10 % Trockensubstanz

Neben den aufgeführten gibt es im Handel weitere Humusdünger mit und ohne Mineralstoffzusätzen, die in der Düngemittelverordnung des Bundesministers für Ernährung, Landwirtschaft und Forsten aufgeführt sind.

pflanze, ist mit keiner unserer Gartenpflanzen verwandt, so daß keine *Pflanzenunverträglichkeiten* auftreten können. Anders ist es mit den Leguminosen und den Kreuzblütlern unter den Gründüngungspflanzen. Die Unverträglichkeit der *Leguminosen* untereinander ist groß, zum Beispiel Bohnen und Erbsen nach Lupinen. Durch den Anbau von *Kreuzblütlern* kommt es sehr schnell zu einer Anhäufung von Kohlschädlingen – vor allem Kohlhernie – bei Kohl, Rettich und Radieschen. Bei Beachtung der Fruchtfolge sind die stickstoffsammelnden, tiefwurzelnden Leguminosen ideale Gründüngungspflanzen.

Voraussetzung für den Erfolg des Anbaues von Gründüngungspflanzen sind eine ausreichende *Bodenfeuchtigkeit* und *Nährstoffversorgung.* Bei der Verwendung von Nichtleguminosen, wie Senf, Raps, Rübsen und Roggen, kann der Massenwuchs durch eine Stickstoffgabe (zum Beispiel 40 g/m^2 Kalksalpeter) gefördert werden. Ebenso ist es vorteilhaft, beim Einbringen dieser Arten den Boden mit einer kleinen Salpetergabe „anzusalzen", um den Stickstoffhunger der Bodenbakterien zu stillen, ohne daß der Stickstoffvorrat des Bodens aufgebraucht wird. Gründüngungspflanzen werden am besten kurz vor der Blüte – Phazelia auch während der Blüte – abgemäht oder niedergewalzt, wenn sie nicht durch Frosteinwirkung im Herbst zusammengesackt sind, zerkleinert und flach untergegraben. Sie können auch als *Bodenschutz* über Winter liegengelassen und erst im Frühjahr oberflächig eingearbeitet werden.

Gründüngung eignet sich besonders

- **bei Gartenneuanlagen** auf festem Baugrund, Ödland und anderen. Als Pionierpflanzen sind Lupinen besonders günstig. Den toten Boden sollte man mit einigen Karren voll gutem Mutterboden „impfen", um das Bakterienleben zu fördern.

Übersicht 3: Beispiele geeigneter Gründüngungspflanzen für den Hausgarten

Pflanzenart	Bodenart	Entwicklungszeit	Saatzeit in Monaten	Saatgutbedarf in g/m^2
Phazelia	leicht – schwer, nicht zu sauer	8 – 10 Wochen	Mitte V – Ende VIII	1 – 2
Winterroggen	leicht – mittel	bis Frühjahr	IX	12
Leguminosen				
Lupine	leicht – mittel	8 – 12 Wochen	V – VII	15 – 18
Luzerne	mittel – schwer, durchlässig	3 Monate	Ende IV – Mitte VII	3 – 4
Serradella	leicht – mittel	8 – 12 Wochen	V – VII	3 – 5
Leguminosen-Gemenge	mittel – schwer	10 – 12 Wochen	VI – VII	18 – 20
Kreuzblütler				
Senf	leicht – mittel	6 – 10 Wochen	bis Ende VIII	2
Lihoraps	mittel – schwer	8 – 10 Wochen	bis Mitte VIII	4
Sommerrübse	mittel – schwer	8 – 10 Wochen	bis Ende VIII	1 – 2

- **zwischen Beerensträuchern** und unter **Obstbäumen** als Zwischensaat im Frühjahr und Sommer.

- **im Gemüsegarten** als Nachkultur auf freien Stücken, die für Gemüsekulturen nicht mehr benötigt werden. Gründüngungspflanzen wirken hier als bodenbeschattende Lückenfüller und Humusspender besonders garefördernd.

1.7 Organisch-mineralische Handelsdünger

Ausgangsstoffe dieser Handelsdünger sind *tierische Abfallprodukte*, wie Knochen, Horn und Blut, oder Exkremente, zum Beispiel bei den Guano-Düngern. Diese organischen Stoffe enthalten unterschiedliche Mengen von Stickstoff und Phosphorsäure; Kali dagegen kaum oder gar nicht. Zur Erreichung der Wirkung eines *Volldüngers* werden von der Düngemittelindustrie auch rein organische Dünger vor allem mit Kali, zum Teil auch zusätzlich mit Stickstoff, Phosphorsäure und Spurenelementen in mineralischer Form aufgefüllt. Demnach sind zu unterscheiden:

- **Organische Dünger,** hauptsächlich mit den Nährstoffen N und P.
  Beispiele: Hornmehl, Knochenmehl, Blutmehl, Oscorna-Animalin, Echter Guano, Hornphos

- **Organisch-mineralische Dünger** mit N, P, K, meist auch Mg und Spurenelementen
  Beispiele: Hornoska Spezial, Manna-Spezial, Engelharts-Gartendünger, COMPO Spezialdünger mit echtem Guano.

Die Düngemittel beider Gruppen enthalten je nach Art etwa 35 bis 70 % organische Substanz und im Verhältnis zu den reinen Mineraldüngern *weniger Reinnährstoffe.*

Vor allem die *organisch-mineralischen Düngemittel* sind als verhältnismäßig milde und langsam wirkende *Volldünger* für die Verwendung im Garten günstig. Die darin enthaltenen Nährstoffe in organischer Form müssen vor ihrer Wirkung von den Bodenkleinlebewesen in eine aufnehmbare Form umgewandelt werden; sie wirken also nicht sofort, aber langanhaltender. Dagegen kommen die hinzugefügten Nährstoffe in mineralischer Form nach kurzer Zeit zur Wirkung, so daß eine günstige *Wirkungskombination* entsteht.

Organisch-mineralische Gartendünger sind vor allem für die *Grunddüngung* im Frühjahr günstig und können für alle Kulturen verwendet werden. Der Kostenaufwand wird die Begrenzung darstellen. Man sollte die Aufwandmenge nach den Gebrauchsanweisungen der Düngemittelfirmen wählen. Die Werte liegen bei 80 bis 120 g/m^2 in ein bis zwei Gaben pro Jahr.

Die organisch-mineralischen Handelsdünger könnten im *Gemüsegarten* als Grunddüngung im Frühjahr etwa zwei Wochen vor der Aussaat beziehungsweise Pflanzung und zusätzlich als Ergänzungsdüngung im Mai/Juni gestreut und mit dem Kultivator flach eingearbeitet werden. Die Düngezeiten für den *Ziergarten* sind die gleichen. Weitere Düngehinweise sind den entsprechenden Kapiteln zu entnehmen.

2. Mineraldünger und ihre Anwendung

Da die käuflichen organischen Düngemittel wie auch die wirtschaftseigenen Humusdünger in erster Linie bodenverbessernde Humusstoffe und nur in geringen Mengen Pflanzennährstoffe enthalten, ist die zusätzliche Verwendung von käuflichen Mineraldüngern eine *notwendige und wertvolle Maßnahme der Pflanzenernährung*. Die Mineraldünger sind heute bei manchen Verbrauchern und auch bei einigen Gartenbesitzern unbeliebt, weil man ihnen eine gewisse Schädlichkeit für den menschlichen Körper nachsagt und behauptet, daß Geschmack und Haltbarkeit des Erntegutes durch ihre Anwendung leiden. Letzteres ist allerdings ebenso wie bei der Verwendung von Humusdüngern möglich, wenn die Düngergaben – vor allem Stickstoffmengen – zu hoch bemessen werden. Viele Untersuchungen haben im übrigen ergeben, daß Mineraldünger gerade auf den *Geschmack* (Sellerie, Tomaten) sowie auf die *Ausreife* und *Lagerfähigkeit* (Tomaten, Wurzelgemüse, Zwiebeln) einen guten Einfluß ausüben.

Es kommt nicht auf die Menge der Mineraldünger, sondern auf eine **gezielte und harmonische Nährstoffversorgung** an. Eine Unterversorgung ist ebenso falsch für unsere Gartenpflanzen wie eine Überfütterung.

Der Ausdruck „Kunstdünger" ist für die Mineraldünger nicht richtig, denn die Ausgangsprodukte kommen in der Natur im Boden und in der Luft vor, werden von dort entnommen und zu streufähigen Düngemitteln verarbeitet. Die Pflanzen können Mineralstoffe aus dem Boden nur in einer jeweils bestimmten, pflanzenverträglichen, im Bodenwasser gelösten Form aufnehmen, ganz gleich, ob Humus- oder Mineraldünger die Nährstoffquelle darstellen. Dies erklärt auch, daß Mineraldünger bei fachgerechter Anwendung nicht schädlich sind.

Für den Landwirt und Gärtner ist deshalb nicht die Frage ausschlaggebend: Mineraldüngung, ja oder nein? Vielmehr sind die *Kenntnisse* über die *Nährstoffwirkungen*, die notwendigen *Düngermengen* und die günstigen *Düngezeitpunkte* entscheidend für eine vernünftige, gesunde Pflanzenernährung. Hierüber wissen der gelernte Landwirt und Gärtner weit besser Bescheid als viele Hausgärtner in Stadt und Land.

2.1 Zusammensetzung der Mineraldünger

Die Mineraldünger bestehen aus den eigentlichen *Nährstoffen* und aus verschiedenen *Nebenbestandteilen.*

Die Nährstoffe liegen nicht in reiner Form, sondern in chemischen Verbindungen vor. Von ihrer Art hängen Löslichkeit und Wirkungszeitpunkt der einzelnen Mineraldünger ab.

Hierzu muß der Praktiker folgendes wissen:

- Die *wasserlöslichen* Dünger werden von den Pflanzen verhältnismäßig schnell aufgenommen, können auch flüssig gedüngt werden und eignen sich vor allem als Kopfdünger.
  Beispiele: Nitratdünger (Kalksalpeter), Superphosphat, Kalisalze (nicht als Kopfdünger)

- Andere Düngerarten müssen erst im Boden eine Umwandlung durchmachen, ehe die Nährstoffe als aufnehmbare Mineralsalze den Pflanzen zur Verfügung stehen. Diese haben daher eine *langsame und nachhaltige Wirkung* und eignen sich vor allem als Vorratsdünger für die jährliche

Grunddüngung und bei der Pflanzung mehrjähriger Pflanzenarten.

Beispiele: Ammonium- und Cyanamiddünger unter den Stickstoffdüngern, Thomas- und Rhenaniaphosphat.

➤ Durch die Kombination von Nährstoffverbindungen haben einige Düngemittel sowohl eine *schnelle* als *auch länger anhaltende Wirkung.* Diese eignen sich für die Grunddüngung im Frühjahr vor der Bestellung und auch als Kopfdünger.

Beispiele: Ammoniumnitratdünger unter den Stickstoffdüngemitteln, die meisten Volldünger, Langzeitdünger (Depotdünger).

Die Nebenbestandteile der Mineraldünger können nützlich oder nachteilig für Pflanzen und Boden sein oder sie haben keine besondere Bedeutung.

➤ *Kalk* ist als Nebenbestandteil in einigen Düngemitteln in beachtlicher Menge enthalten (siehe Seite 94 ff.). Dies muß in der Düngepraxis beachtet werden. Kalkliebende Pflanzen sollten bevorzugt mit kalkhaltigen Düngern behandelt werden, während zum Beispiel Rhododendren, Azaleen und andere Moorbeet- und Heidepflanzen diese Dünger nicht erhalten dürfen. Die Anwendung ausgesprochener Kalkdünger (siehe Seite 92 f.) kann eingeschränkt werden, wenn regelmäßig kalkhaltige Stickstoff- und Phosphorsäuredünger gebraucht werden.

Beispiele: Kalksalpeter, Kalkammonsalpeter, Kalkstickstoff, Thomas- und Rhenaniaphosphat, Hyperphos.

➤ *Magnesium* ist ein wertvoller Nebenbestandteil, zumal es heute auch in manchen Hausgärten nur mangelhaft vorhanden ist. Vor allem auf sandigen Böden sollten deshalb möglichst magnesiumhaltige Einzel- und Volldünger zur Anwendung kommen. Dadurch kann man sich in vielen Gärten eine spezielle Magnesiumdüngung sparen.

Beispiele: Stickstoffmagnesia, Thomasphosphat, Patentkali, Magnesiummergel, Magnesium-Branntkalk, Hüttenkalk, Konverterkalk und viele Volldünger (siehe Seite 97).

➤ *Spurenelemente*, zum Beispiel Kupfer, Bor, Mangan, Zink, Molybdän sind willkommene Nebenbestandteile für alle Boden- und Pflanzenarten und sind in mehreren Einzel- und Volldüngern enthalten. Werden diese bevorzugt im Garten verwendet, braucht normalerweise eine spezielle Düngung mit Spurenelementen nicht zu erfolgen.

Beispiele: Thomasphosphat, Hüttenkalk, viele Volldünger.

➤ *Eisen* und *Schwefel* sind ebenfalls nützliche Nebenbestandteile und kommen zum Beispiel im Thomasphosphat, Patentkali, Schwefelsauren Kali und in Volldüngern vor. *Natriumhaltige* Düngemittel, zum Beispiel Rhenaniaphosphat, sind wegen der Verschlämmungsgefahr bei schweren Böden nur für leichtere Böden geeignet.

➤ *Chlor* ist als Nebenstoff für die Gartendüngung in den meisten Fällen ungünstig, da fast alle Gartenpflanzen chlorfeindlich sind (siehe Seite 48). Deshalb müssen chlorhaltige Düngemittel für die allgemeine Nutz- und Ziergartendüngung vermieden werden.

Beispiele: Chlorkali, chlorhaltige Mehrnährstoffdünger.

Fast alle Dünger hinterlassen Reste im Boden, die je nach ihrer Wirkung die *Bodenreaktion* verschieden beeinflussen und damit auch für das Boden- und Pflanzenleben eine unterschiedliche Wirkung haben.

Man unterscheidet:

- Physiologisch *alkalische* Mineraldünger: Kalkdünger, kalkhaltige Stickstoff- und Phosphorsäuredünger, natronhaltige Dünger.
- Physiologisch *saure* Mineraldünger: Schwefelsaures Ammoniak, alle Kalidünger.

2.2 Auswahl der mineralischen Düngemittel

Nach der deutschen **Düngemittelverordnung** vom 1. 1. 1978 müssen die meisten mineralischen sowie organischen und organisch-mineralischen im Handel befindlichen Düngemittel einem zugelassenen *Düngemitteltyp* entsprechen. Die Typenliste umfaßt über hundert Typen. Wichtige Typenmerkmale sind die Mindestgehalte an einzelnen Nährstoffen, die Art der Herstellung oder Zusammensetzung der Dünger und die Formen und Löslichkeiten der Nährstoffe. Die zulassungspflichtigen Düngemittel müssen auf ihren Verpackungen genau vorgeschriebene Angaben enthalten.

Für die Gartenpraxis stehen mineralische Einzeldünger und Mehrnährstoffdünger zur Verfügung, die im einzelnen in der Übersicht 4 aufgeführt sind.

Einzeldünger

Einzeldünger enthalten jeweils einen Kernnährstoff oder ein Spurenelement als Hauptnährstoff, abgesehen von möglichen Nebenstoffen. Mit Einzeldüngern können *spezielle Nährstoffansprüche* von Pflanzenarten gezielt befriedigt werden (zum Beispiel Stickstoff zu Rasen). Auch *Nährstoffmangelerscheinungen* müssen gewöhnlich durch Einzeldüngergaben behoben werden (zum Beispiel Kali bei Beerensträuchern, Magnesium bei Fichten). Schließlich kann auch eine ausgesprochene *Vorratsdüngung* nur mit langsam wirkenden Einzeldüngern vorgenommen werden (zum Beispiel zur Pflanzung von Gehölzen und Stauden).

Eine unüberlegte Verwendung von Einzeldüngern kann leicht zu einer unharmonischen, einseitigen Nährstoffversorgung führen.

Düngermischungen

Verschiedene Einzeldünger können kurz vor ihrer Anwendung miteinander gemischt werden, um sie in einem Arbeitsgang auszustreuen. Die selbsttätige Mischung hat den Vorteil, daß die Düngerzusammensetzung nach den speziellen Nährstoffbedürfnissen der Kulturpflanzen und nach dem Bodenvorrat (Bodenuntersuchung!) abgestimmt werden kann. Hierbei sind **zwei Regeln** zu beachten:

- Ammoniumhaltige und ammoniumnitrathaltige Stickstoffdünger, wie Stickstoffmagnesia, Kalkammonsalpeter, Ammonsulfatsalpeter, Schwefelsaures Ammoniak, dürfen nicht mit Kalkdüngern und kalkhaltigen Düngern wie Thomasphosphat und anderen gemischt werden, um Stickstoffverluste zu verhindern.
- Superphosphat und andere Mineraldünger, die wasserlösliches Phosphat enthalten, dürfen nicht mit kalkhaltigen Dünge-

mitteln gemischt werden, weil dadurch die Löslichkeit des Phosphats beeinträchtigt wird.

Mehrnährstoffdünger

Sogenannte Mehrnährstoffdünger enthalten mindestens zwei Kernnährstoffe als Hauptnährstoffe. Es fallen hierunter NP-, NK-, PK- und NPK-Dünger.

Volldünger

Die NPK-Dünger werden als Volldünger bezeichnet. Nach der *Düngemittelverordnung* müssen darin mindestens 3 % N = Stickstoff und jeweils 5 % P_2O_5 = Phosphorsäure und K_2O = Kaliumoxid enthalten sein, und der Gehalt aller drei Nährstoffe zusammen muß mindestens 20 % betragen. Volldünger, die einen verhältnismäßig hohen Kaligehalt und einen mittleren Stickstoffgehalt haben, sind für die meisten Gartenpflanzen und -böden sehr günstig. Zum Beispiel Fertisal und Hakaphos spezial sind für die Förderung der Blütenknospen und Fruchtbildung besonders geeignet, da sie einen höheren Phosphatgehalt haben als viele andere Volldünger.

Die Anwendung von Volldüngern ist für den Hausgärtner die bequemste, allerdings nicht preiswerteste Art zu düngen. Sie sind gekörnt und gut streufähig, lassen sich aber auch recht gut auflösen und flüssig verwenden. Ein weiterer Vorteil ist, daß keine Mischungsfehler auftreten können und grobe Düngungsfehler vermieden werden.

Bei der Anwendung von Volldüngern ist zu beachten:

- Sie verleiten dazu, jahrein – jahraus die gleichen Düngergaben zu verabreichen, wodurch eine Disharmonie im Nährstoffhaushalt eines Bodens allzuleicht jahrelang bestehen bleibt.

  Folgerung: Durch regelmäßige Bodenuntersuchungen im drei- bis vierjährigen Turnus Nährstoffgehalte prüfen und einzelne Nährstoffdefizite mit entsprechenden Einzeldüngern ausgleichen.

- Spezielle Nährstoffbedürfnisse einzelner Pflanzenarten werden bei der ausschließlichen Verwendung der meist üblichen Volldünger nicht berücksichtigt.

  Folgerung: Zusätzliche Einzeldüngergaben für die
  - Förderung von Grünmasse durch Stickstoffdünger,
  - Förderung der Blüten- und Fruchtbildung durch Phosphordünger,
  - Förderung der Knollenbildung, Standfestigkeit und Haltbarkeit durch Kalidüngung

  oder Spezial-Volldünger (zum Beispiel Rasendünger).

- Manche Volldünger enthalten Magnesium und Spurenelemente, andere nicht.

  Folgerung: Volldünger mit diesen zusätzlichen Nährstoffen sollten vorgezogen werden, obgleich sie etwas teurer sind.

- Es gibt chlorhaltige und chlorfreie beziehungsweise chlorarme Volldünger.

  Folgerung: Da die meisten Gartenpflanzen chlorfeindlich sind, nur chlorfreie Volldünger, soge-

Übersicht 4: Beispiele für die Mineraldüngung im Hausgarten mit chlorfreiem (blauem) Volldünger

Pflanzengruppen	Grunddüngung g/m² *	Ergänzungsdüngung (Kopfdüngung) g/m²	Bemerkungen
Gemüse **			
Starkzehrer: Kohlgewächse, Gurken, Tomaten, Stangenbohnen, Dicke Bohnen, Sellerie, Porree	60 – 100 g kurz vor der Bestellung	30 – 50 g in 1 bis 2 Gaben in der Hauptwachstumszeit der einzelnen Arten und Sorten	Kohlgemüse zur Ergänzung auch Kalksalpeter oder Kalkammonsalpeter, doch Vorsicht vor zu hoher Stickstoffgabe.
Schwachzehrer: Möhren, Schwarzwurzeln, Pastinaken, Rote Rüben, Petersilienwurzel, Buschbohnen, Erbsen, Zwiebeln	60 – 80 g kurz vor der Bestellung	20 – 30 g in der Hauptwachstumszeit der einzel- Arten und Sorten	Bei Wurzelgemüse auf Kaligehalt im Boden besonders achten.
Küchenkräuter	60 – 80 g im Frühjahr	20 – 30 g im Juni/Juli	Starke Stickstoffgaben vermindern die Würzkraft, organisch-mineralische Dünger auch gut geeignet.
Rhabarber	50 – 80 g nach der Ernte	30 – 40 g im Frühjahr	Bei Verwendung von Mist kalireichen Volldünger
Spargel im Ertrag	100 – 150 g in 2 Gaben im Abstand von 4 Wochen nach der Ernte im Juli u. August		Nicht chlorfeindlich, kaliliebend. Zur Unkrautbekämpfung: 30 – 40 g Spezialkalkstickstoff.
Beerenobst			
Erdbeeren	50 – 80 g in 1 – 2 Gaben nach der Ernte	30 – 40 g im Frühjahr vor dem Austrieb oder im September	Unbedingt chlorfreie Dünger, zu einseitige N-Düngung kann mehr Fäulnis zur Folge haben.

Strauchbeerenobst	50 g direkt nach der Ernte	50 – 60 g im Frühjahr vor dem Austrieb	Unbedingt chlorfreie Dünger.
Baumobst	100 g Spätwinter	50 g Ende Mai/Anfang Juni (Termindüngung)	Unbedingt chlorfreie Dünger, Alternative: Grunddüngung im Herbst mit Thomasphosphat und Patentkali.
Zierpflanzen			
Ziersträucher	60 – 100 g mit dem Austrieb im Frühjahr	30 – 40 g in der Hauptwachstumszeit für starkwüchsige Arten	Wenn Laub im Garten verbleibt und Kompost verwendet wird, kann Mineraldüngung eingeschränkt werden.
Koniferen (Nadelhölzer)	60 g im Frühjahr		Auf Magnesiummangel achten, chlor- und salzempfindlich.
Rosen	60 – 80 g im Frühjahr	40 g nach der 1. Hauptblüte im Juni	In niederschlagsreichen Jahren und auf leichten Böden etwas höhere Gesamtmenge in kleineren Gaben.
Blumenstauden, Ein- und Zweijahrsblumen	50 g im Frühjahr	50 g im Juni/Juli für starkwüchsige Arten	Es darf kein Düngesalz auf Blättern haften bleiben.
Rasen	100 g eines Rasenlangzeitdüngers im Frühjahr	30 – 60 g in 2 Gaben im Sommer bis September	Als Kopfdünger auch Kalkammonsalpeter.

* 50 – 60 g = eine offene Hand voll, 30 – 40 g = eine geschlossene Hand voll.
** Schnellwüchsige Vor-, Zwischen- und Nachkulturen werden hier nicht besonders berücksichtigt.

Für nährstoffarme Böden die höhere Aufwandmenge wählen.

nannte Blaukorn-Volldünger wählen. Die wenigen chlorliebenden Gartenpflanzen (siehe Seite 48) können eine zusätzliche Chlorkali- oder Kochsalzgabe erhalten.

- Volldünger sind wasserlöslich und unterliegen damit der Auswaschungsgefahr.
  Folgerung: Die jährliche Volldüngermenge wird besser in zwei bis drei Gaben verabreicht. In regenreichen Jahren und in durchlässigen Böden ist eine Ergänzungsdüngung besonders wichtig.

Kein Fachmann gibt gern Düngerezepte, denn in jedem Boden liegen die Verhältnisse etwas anders. Die Beispiele für die Anwendung von Volldüngern in der Übersicht 4 dürfen deshalb nur als *Anhaltspunkte* angesehen werden und gelten nur bei einem harmonischen Nährstoffverhältnis im Gartenboden.

2.3 Durchführung der Mineraldüngung

In der Gartenpraxis unterscheidet man die

- Grunddüngung und die
- Ergänzungsdüngung (Kopfdüngung).

Die Grunddüngung

Die Grunddüngung stellt die jährliche *Hauptnährstoffgabe* dar. Der Standort einjähriger Pflanzenarten im Gemüse- und Ziergarten erhält vor Vegetationsbeginn die Grunddüngung, während die mehrjährigen Gartenpflanzen wie Stauden und Gehölze je nach ihrem Wachstumsrhythmus, dem Alter, der Art des Erntegutes usw. unterschiedliche Termine für die Hauptnährstoffgabe verlangen. Hierüber ist in den folgenden Kapiteln Näheres ausgeführt.

Wird die Grunddüngung im *Frühjahr* kurz vor der Vegetationszeit beziehungsweise vor der Bestellung gegeben oder wie beim Beerenobst, Spargel und Rhabarber im *Sommer*, so wählt man hierfür chlorfreie Volldünger oder mineralische Einzeldünger, die verhältnismäßig schnell wirken, zum Beispiel Kalkammonsalpeter, Superphosphat und Patentkali. Sie werden mit dem Kultivator *flach* eingearbeitet. Ebenso eignen sich organisch-mineralische Volldünger für die Frühjahrs- und Sommer-Grunddüngung.

Die Grunddüngung kann aber auch als Vorratsdüngung gegeben werden mit dem Zweck, daß die Nährstoffgabe später und langanhaltender wirkt.

Für die **Vorratsdüngung** eignen sich im Garten zum Beispiel Kalkstickstoff, Thomasphosphat und Kalimagnesia (Patentkali), die vor der tieferen Bodenbearbeitung gestreut und mit untergegraben beziehungsweise untergepflügt werden.

Beispiele für die Vorratsdüngung als Grunddüngung:

- Im Gemüse- und Ziergarten im *Herbst* oder circa 6 Wochen vor der Bestellung.
- Bei Baumobst im Herbst.
- Vor der Neuanlage eines Gartens im Herbst oder *zeitigen Frühjahr.*
- Zur Pflanzung von mehrjährigen Zier- und Nutzpflanzen im Herbst oder Frühjahr.

Die Vorratsdüngung ersetzt die Grunddüngung für die folgende Vegetationsperiode.

Vor allem auf leichten, durchlässigen Böden und in niederschlagsreichen Gegenden sollte die Grunddüngung vor der Vegetationszeit in der Hauptsache aus den schwer beweglichen Nährstoffen Phosphorsäure und Kali bestehen. Der Stickstoff wird dagegen besser nur etwa zur Hälfte bis zu zwei Drittel vor der Bestellung und im übrigen in ein bis zwei Kopfdüngergaben im Laufe des Sommers gegeben. Damit begegnet man der leichten Auswaschung des Stickstoffs und der Gefahr, daß sich die Pflanzen an ihm „überfressen".

Die Ergänzungsdüngung (Kopfdüngung)

Die Ergänzungsdüngung ist im Gemüse- und Ziergarten eine wertvolle Maßnahme, um besonders hohe oder spezielle Nährstoffansprüche während der Wachstumszeit zu befriedigen. So sollten alle *Starkzehrer* und manche *Lagergemüse* unter den Schwachzehrern im Gemüsegarten, die anspruchsvollen *Rosen, Großstauden, Blütensträucher* und der *Rasen ein bis zwei Kopfdüngungen* erhalten.

Beim *Obst* nennt man die Ergänzungsdüngungen auch **Termindüngungen,** da mit dieser zusätzlichen Nährstoffversorgung den Obstgehölzen zu bestimmten Zeiten Hilfen gegeben werden, zum Beispiel für die Triebförderung vor dem Austrieb, für die Stärkung der Blütenknospenausbildung für die nächstjährige Ernte Ende Mai bis Mitte Juni.

Die Ergänzungsdüngungen werden mit mineralischen schnellwirkenden Einzel- oder Volldüngern vorgenommen und machen etwa ein Drittel der gesamten jährlichen Düngermenge für die jeweiligen Pflanzenarten aus.

In vielen Hausgärten herrschen heute *Phosphorsäureüberschuß* und *Kalimangel*. Ebenso sind häufig *Kalkmangelerscheinungen* zu beobachten, die auf leichten Böden, nach feuchten Jahren und bei ständigem Gebrauch von Volldüngern schneller auftreten. Die Folgen dieses Nährstoffungleichgewichtes im Boden sind allzuleicht erhöhte Anfälligkeit der Pflanzen gegen Krankheiten, Schädlinge und Klimaeinflüsse. Der Hausgärtner muß verstärkt dafür sorgen, daß seinen Gartenpflanzen zur rechten Zeit die richtige Nährstoffmenge in gutem Verhältnis zu Verfügung steht; das heißt, daß ein **harmonischer Nährstoffspiegel** im Boden vorliegt.

Düngeregeln

- Zu Beginn des Düngerstreuens wird auf einem abgemessenen Quadratmeter mit der erforderlichen Düngermenge in g/m^2 eine Streuprobe gemacht und das Streubild fest eingeprägt für die weitere Düngearbeit im Garten.
- Der Mineraldünger wird über die ganze Fläche und nicht nur direkt um die Pflanzen gestreut.
- Es darf kein Düngesalz auf den Pflanzen haften bleiben.
- Jeder feste Dünger wird sofort in den Boden eingearbeitet.
- In Trockenzeiten muß nach der Düngung wiederholt gewässert werden.
- Eine flüssige Düngung erfolgt nur auf feuchten Boden.
- Nach einer flüssigen Düngung sind die Pflanzen gründlich mit klarem Wasser abzubrausen.

➤ Konzentrationen für Düngerlösungen:
- für Jungpflanzen: 0,1 bis 0,2 %ig (1 bis 2 g/l Wasser)
- für heranwachsende Pflanzen: 0,3 %ig
- für erwachsene Pflanzen: 0,5 %ig (zum Beispiel eine Handvoll Volldünger in eine 10 l-Gießkanne)
- für reifende Pflanzen: 0,5 %ig (stickstoffarm)

2.4 Die Kalkversorgung der Gartenböden

Die Kalkdüngung ist in erster Linie eine **Bodendüngung,** denn ein ausreichender Kalkgehalt im Boden ist eine notwendige Voraussetzung für die günstige Krümelstruktur und damit für die Bodenfruchtbarkeit. Außerdem stehen den Pflanzen nur bei geregeltem Kalkzustand des Bodens andere Nährstoffe in richtigem Maß zur Verfügung.

Bei zu niedrigem Kalkgehalt → Beeinträchtigung der Aufnahme von Kernnährstoffen sowie Erhöhung der Löslichkeit und Aufnahme toxischer Stoffe (Schwermetalle).

Bei zu hohem Kalkgehalt → Beeinträchtigung der Aufnahme von Eisen und Spurenelementen.

Die Bodenreaktion

Mit dem Kalkzustand ist die Bodenreaktion eng verbunden, die durch die pH-Zahl gekennzeichnet wird. **Der pH-Wert ist das Maß für den Säuregrad des Bodens.**

Alkalischer Boden:	über pH 7,4
Neutraler Boden:	um pH 7
Schwach saurer Boden:	pH 6,9 – 6,0
Mäßig saurer Boden:	pH 5,9 – 5,0
Stark saurer Boden:	unter pH 4,9

Eine schwach saure bis neutrale Bodenreaktion sagt den meisten Gartengewächsen auf mittelschweren, humosen Böden am besten zu.

Der anzustrebende pH-Wert ist bei den einzelnen Bodenarten aber unterschiedlich und richtet sich nach dem Ton- und Feinerdeanteil einerseits und nach dem Humusgehalt andererseits. Je höher der Ton- und Schluff-Anteil (siehe Seite 52) im Boden ist, um so höher muß der pH-Wert liegen.

Günstige pH-Bereiche für Gartenböden

Ton- und Lehmboden	pH 6,5 – 7,0*
Sandiger Lehmboden	pH 6,0 – 6,5*
Lehmiger Sandboden	pH 5,4 – 6,4*
Sandboden (weniger als 5 % Humus)	pH 5,5
Sandboden (5 – 30 % Humus)	pH 4,5 – 5,5
Moorboden	pH 4,0

* Bei humosen Lehm- und lehmigen Sandböden etwas niedriger.

Die Bodenreaktion bleibt um so konstanter, je größer die Widerstandsfähigkeit eines Bodens gegen Reaktionsänderungen ist. Man nennt diese Widerstandsfähigkeit das **Pufferungsvermögen,** das eine wichtige Eigenschaft eines fruchtbaren Bodens ist. Leichte, ton- und humusarme Sandböden sind wenig gepuffert und versauern deshalb schnell und verlieren die Krümelstruktur.

Kalkdüngung

Die chemische Bodenuntersuchung gibt durch die Bestimmung des pH-Wertes Auskunft, ob eine Kalkdüngung erforderlich wird und in welcher Höhe sie angebracht ist. Hierdurch soll durch Erhaltung des gegenwärtigen Kalkzustandes einer Versauerung vorgebeugt oder ein zu saurer Bodenzustand abgestellt werden. Man unterscheidet:

- **Die Erhaltungskalkung,** z.B.:
  Im zwei- bis dreijährigen Turnus auf leichten Boden bis 150 g/m² Magnesiummergel oder Hüttenkalk; auf schwereren Boden circa 100 g/m² Magnesium-Branntkalk oder Konverterkalk.

- **Die Gesundungskalkung,** z.B.:
  Auf leichten Boden bis 300 g je m² Magnesiummergel oder Hüttenkalk, verteilt auf zwei Jahre; auf schwereren Boden bis 250 g/m² Magnesium-Branntkalk, Hüttenkalk oder Konverterkalk.

Vor allem auf den schlecht gepufferten Sandböden sind hohe Kalkgaben auf zwei bis drei Jahre zu verteilen.

Oftmals sind *Anzeichen einer Versauerung* an der Bodenoberfläche und am *Pflanzenwuchs* zu erkennen. Die Böden sind rissig und hart, im Herbst vor dem Graben oder Pflügen mit einer grünen Moos- und Algenschicht überzogen, und es siedeln sich ganz bestimmte Unkräuter auf ihnen an, zum Beispiel Sandstiefmütterchen, Hasenklee, Spörgel, Schachtelhalm und Seggenarten. Eine klare Auskunft gibt jedoch nur das Ergebnis einer chemischen Bodenuntersuchung. Liegt der pH-Wert *über* dem günstigen Mittelwert des jeweiligen Bodens, so ist meistens eine Kalkung in den nächsten drei Jahren nicht erforderlich, und man muß auch mit kalkhaltigen Düngern vorsichtig sein, dafür mehr physiologisch saure Dünger verwenden. Es ist viel schwerer, einen Boden saurer zu bekommen, als ihn aufzukalken.

Als Grundsätze sind bei der Kalkung zu beachten, daß nur feingemahlene Kalkarten im Garten Verwendung finden sollen und diese möglichst im Herbst bei trockenem Wetter auf abgetrockneten Boden sehr gleichmäßg verteilt und bald in die Oberkrume eingearbeitet werden. Ammoniakhaltige Düngemittel und Superphosphat dürfen nicht zur gleichen Zeit ausgebracht werden, um Nährstoffverluste beziehungsweise -festlegungen zu verhüten.

2.5 Berechnung der Mineraldüngergabe

Der Düngerbedarf richtet sich nach den Nährstoffgehalten im Boden (Bodenvorrat), nach der angebauten Pflanzenart und nach der Jahreszeit. Die wichtigste Grundlage für die Düngerberechnung sollte sowohl für den Erwerbsgärtner als auch für den Hausgärtner die im 3 bis 4jährigen Turnus durchgeführte chemische Bodenuntersuchung sein (siehe Seite 59). Hierbei ist die Angabe der Bodenart (siehe Seite 55 f.) unentbehrlich. Der Bodenuntersuchungsbefund einer Landwirtschaftlichen Untersuchungsanstalt enthält die festgelegten Nährstoffgehalte und deren Einstufung in die 5 Gehaltsklassen von A bis E. Die Düngeempfehlungen werden in Gramm Reinnährstoff (siehe Übersicht 5) je 10 m² oder 1 m² angegeben. Die empfohlenen Reinnährstoffmengen in g/m² können nach folgender Formel in g/m² Düngemittel umgerechnet werden:

$$\frac{\textbf{Empfohlene Reinnährstoffgabe in g/m}^2 \times 100}{\textbf{\% Reinnährstoff im Düngemittel}} = \textbf{notwendige Düngermenge in Gramm pro 1 Quadratmeter}$$

Beispiel: $\frac{20 \text{ g Kali } (K_2O) \times 100}{20\ \%\ \text{Kalimagnesia}} = 66 \text{ g/m}^2 \text{ Kalimagnesia}$

Bei regelmäßiger Anwendung von Komposterde und/oder Stallmist und wenn Ernterückstände von Gemüse im Garten eingearbeitet werden, kann die berechnete Mineraldüngergabe um mehr als die Hälfte eingeschränkt werden.

Übersicht 5: Mineraldünger für den Hausgarten (Beispiele)

Stickstoff-Dünger

Düngemittel und Handelsname	Stickstoffgehalt in %	Sonstiger Nährstoffgehalt in %	Anwendungszeit	Eigenschaften
Nitratdünger: Kalksalpeter	15,5 (Salpeter)	28 Kalk (CaO)	Während der Vegetationszeit als Kopfdünger	Schnelle Wirkung, da sehr leicht löslich, wird leicht ausgewaschen
Ammoniumnitratdünger: Stickstoff-Magnesia	22 (1/2 Salpeter, 1/2 Ammoniak)	7 Magnesium (MgO) 0,2 Kupfer	Im Frühjahr direkt vor der Bestellung und als Kopfdünger, z.B. bei Wintergemüse	Wirkung schnell und nachhaltig, muß trocken gelagert werden
Kalkammonsalpeter	27 (1/2 Salpeter, 1/2 Ammoniak)	ca. 22 Kalk ($CaCO_3$)		
Ammoniumdünger: Ammonsulfatsalpeter	26 (1/4 Salpeter, 3/4 Ammoniak)		Im Frühjahr direkt vor der Bestellung und als Kopfdünger, z.B. bei Wintergemüse	Wirkt schnell und nachhaltig, physiologisch sauer
Schwefelsaures Ammoniak (Ammoniumsulfat)	21 (Ammoniak)		Im Frühjahr vor der Bestellung	Langsamere Wirkung, physiologisch sauer
Cyanamiddünger: Kalkstickstoff	19,8 – 20,5 (Calciumcyanamid)	55 – 60 Kalk (CaO)	Im Herbst oder Frühjahr bis spätestens 2 Wochen vor der Bestellung	Wirkung langsam und nachhaltig – vorsichtiges Ausstreuen; geölt, gekörnt oder geperlt verwenden. Gleichzeitig Unkrautbekämpfung

Phosphat-Dünger				
Düngemittel (Handelsname)	**Phosphatgehalt in %**	**Sonstiger Nährstoffgehalt in %**	**Anwendungszeit**	**Eigenschaften**
Superphosphat	18 (93 % wasserlöslich)	13 Schwefel	Im Frühjahr direkt vor der Bestellung und als Kopfdünger für fruchtende Pflanzen	Schnelle Wirkung, wasserlöslich, trocken lagern
Thomasphosphat	ca. 15	45 Kalk (CaO) 1 – 2 Magnesium 2 – 4 Mangan, Eisen	Im Herbst oder zeitigen Frühjahr	Vorratsdünger, muß gut eingearbeitet werden
Hyperphos	27 – 32	ca. 50 Kalk (CaO)	Im Herbst oder zeitigen Frühjahr	Einsatz auf Böden <pH 6 – 6,5 (Moordünger)

Kali-Dünger				
Düngemittel (Handelsname)	**Kaligehalt in %**	**Sonstiger Nährstoffgehalt in %**	**Anwendungszeit**	**Eigenschaften**
Kalimagnesia (Patentkali)	30 (K_2SO_4)	10 Magnesium (MgO)	Herbst oder Frühjahr	Chlorfrei
Kaliumsulfat	50 (K_2SO_4)	18 Schwefel	Herbst oder Frühjahr	Chlorfrei
Chlorkali (Kaliumchlorid)	40 oder 50 (KCl)		Herbst oder Frühjahr	Chlorhaltig, nur für chlorliebende Pflanzen!

Magnesium-Dünger

Düngemittel (Handelsname)	Magnesiumgehalt in %	Sonstiger Nährstoffgehalt in %	Anwendungszeit	Eigenschaften
Magnesiumsulfat: Bittersalz	16	—	Als Vorrats- und als Kopfdünger	Schnelle Wirkung, für Böden ohne Kalkbedarf geeignet
Kieserit	27	—	Als Vorrats- und als Kopfdünger	Langsamere Wirkung, für Böden ohne Kalkbedarf geeignet

Kalk-Dünger

Düngemittel (Handelsname)	Kalkgehalt in %	Sonstiger Nährstoffgehalt in %	Anwendungszeit	Eigenschaften
Kohlensaurer Kalk* (Kalkmergel)	75 – 95 ($CaCO_3$)	Magnesium	Herbst oder im zeitigen Frühjahr	Milde Wirkung, für leichte Böden
Branntkalk*	65 – 95 (CaO)	Magnesium	Herbst	Starke Wirkung, für schwere Böden
Hüttenkalk	45 – 47 (CaO)	7 Magnesium (MgO) Spurenelemente 2 – 3 Mangan	Herbst oder im zeitigen Frühjahr	Milde Wirkung, für alle Böden; enthält wertvolle Nebenbestandteile
Thomaskalk (Konverterkalk mit Phosphat)	42 – 45 (CaO)	ca. 3 Magnesium (MgO) 4,7 – 8 Phosphat	Herbst oder im zeitigen Frühjahr	Milde Wirkung für alle Böden

*Bezeichnung „**Magnesium-Kalke**" erlaubt, wenn mindestens 15 % MgO enthalten sind. Bei Gehalten von 5 – 15 % MgO spricht man von „**magnesiumhaltigen Kalken**"

Übersicht 6: Mehrnährstoffdünger für den Garten (Beispiele)

Düngemittel (Handelsname)	Stickstoffgehalt in %	Phosphorsäuregehalt in %	Kaligehalt in %	Sonstiger Nährstoffgehalt in %	Bemerkungen
Zweinährstoffdünger					
NP: Rustica-NP	20	20	–	–	Anwendung im Frühjahr
Nitrophos	26	14	–	–	
NK: Nitroka	12	–	24	–	Anwendung im Frühjahr
Nitroka plus	12	–	18	6 Magnesium	
PK: Thomasphosphat-Kali	–	10	15	–	Anwendung zeitiges Frühjahr und als Vorratsdünger
Hyperphos-Kali	–	20	20	–	
Dreinährstoffdünger (Volldünger)					
NPK: Complesal „Typ Blau", Kampka blau, Rustica blauspur	12	12	17	2 Magnesium und Spurenelemente	Anwendung im Frühjahr und Sommer
Nitrophoska perfekt	15	5	20	2 Magnesium und Spurenelemente	Anwendung im Frühjahr und Sommer, günstige Nährstoffzusammensetzung
Alkrisal	18	6	12	1 Magnesium und Spurenelemente	Voll wasserlöslich, Anwendung im Frühjahr und Sommer, stickstoffreich
Fertisal	8	14	18	1 Magnesium und Spurenelemente	Voll wasserlöslich, Anwendung im Frühjahr und Sommer, stickstoffarm
Hakaphos spezial	8	12	16	Spurenelemente	Voll wasserlöslich, Anwendung im Frühjahr und Sommer, stickstoffarm
Nitrophoska permanent	15	9	15	2 Magnesium und Spurenelemente	Anwendung im Frühjahr und Sommer, Langzeitdünger

Alle aufgeführten Dünger sind chloridfrei bzw. chloridarm (Chloridgehalt unter 2 %)

DER ZIERGARTEN

I. GARTENPLANUNG

Jeder Garten hat ein eigenes Gesicht, ebenso wie die Menschen, die darin leben und arbeiten, ihre eigene Art bewahren. Alle Gartenbesitzer haben jedoch eines gemeinsam: Sie wünschen sich heute in Stadt und Land ein fröhliches, **gemütliches Gartenreich**, das einen wirklichen **Wohn-, Erholungs- und Spielbereich** darstellt und der ganzen Familie zur Entspannung dient. Nicht prunkvolle, aufwendige Gärten helfen uns durch diese hastige Zeit, sondern natürliche, *schlichte Anlagen*, die möglichst wenig Pflegeansprüche stellen und ab und zu zum wohligen Nichtstun verleiten.

1. Gestaltungsrichtungen

1.1 Der Wohn-Rasengarten

Die meisten Familien wünschen sich zum Wohnen im Grünen einen geschützten, sauberen, schnell erreichbaren Sitzplatz, zum Erholen und Spielen eine genügend große, strapazierfähige Rasenfläche mit schützender, abwechslungsreicher Rahmenpflanzung und ein sicheres Spiel- und Tobereich für die Kinder.

Diese Rasengärten haben einen hohen Wert sowohl für die *Freizeitgestaltung* der ganzen Familie als auch für die *Freude bei der Arbeit und dem Beobachten* des Hobby- und Hausgärtners in seinem Gartengelände.

Freude am Gestalten, ein guter Geschmack und genügend fachliche Kenntnisse sind für diese Gartengestaltungsrichtung erforderlich, damit im Garten Schönheit und Zweckmäßigkeit auf gute Weise miteinander verbunden werden.

Alle Gärten im ländlichen Raum sollten durch die Auswahl landschaftsgerechter Pflanzen, durch die weitgehend natürliche Pflanzenanordnung und durch den Verzicht sowohl auf hochgezüchtete Pflanzenarten als auch auf aufdringliche Baustoffe einen engen Bezug zur umgebenden Landschaft erhalten.

1.2 Der Wildgarten

Eine andere Gestaltungsrichtung unserer Zeit stellt der Wildgarten dar. Die Sehnsucht nach möglichst unberührter Natur, nach unverplanter, nicht verbauter Umwelt und nach einem Schuß Wildheit in der unmittelbaren Wohnumgebung sind Gründe für diese Gar-

Abbildung 33: Ein weitläufiger Rasengarten mit landschaftsgerechter Pflanzenauswahl und -anordnung

tengestaltung. Hinzu kommt, daß man es sich mit seinem Garten auch bequemer machen will: ohne wöchentlichen Rasenschnitt, Laubharken, Bodenbearbeitung . . .

In Wildgärten bilden *landschaftsgerechtes Großgrün in Baum- und Strauchform* als lockere Gartenumgrünung und *bodenbedeckende winterharte Stauden und Kleingehölze* die **Hauptgestaltungselemente.** Sie haben keine gepflegte Rasenfläche, sondern flache ineinanderwachsende Bodendecker stellen die Gartenmitte dar, aus denen vor allem zum Rand hin einige Wildformen von Solitärpflanzen, Horste landschaftsgerechter Gruppenpflanzen und Gräser herauswachsen.

Nur einige Platten- oder Trampelpfade führen unauffällig durch den Garten und enden an schlichten Sitzplätzen, an einer Holzbank, in Heidegegenden an einer im Boden gelagerten Findlingsgruppe, an einem Wasserbecken, an der Bienentränke.

Dieser Art Gartenwildnis liegt eine natürliche Ordnung zugrunde, die nur in den ersten zwei bis drei Jahren der Mensch etwas unterstützt. Später müssen sich die verschiedenen Wildpflanzen auf dem ihnen zugewiesenen Lebensraum allein durchsetzen und bilden eine Lebensgemeinschaft mit allerlei Getier und meist mit glücklichen Gartenbesitzern.

Ein wirkungsvoller Wildgarten muß eine genügende *Weitläufigkeit* haben. Die Pflanzenzusammenstellung muß sich nach den Standortverhältnissen und der umgebenden Landschaft richten. Man sollte bei der Planung einen *Gartengestalter* zu Rate ziehen, denn dieser Wunschtraum „Natur" ist und bleibt ein Garten, der ebenfalls einer gewissen Planung bedarf.

1.3 Weitere Gestaltungsrichtungen

Neben dem Rasengarten und dem Wildgarten sind heute noch weitere Richtungen der Gartengestaltung zu erkennen. hierzu gehört der „naturnahe Garten" mit Blumenwiese oder mit besonders landschaftsverbundenen Gartenteilen, zum Beispiel mit Heidebeeten, Moorbeeten, einem Alpinum.

Als ein **Beispiel** wird im folgenden die Anlage von Heidegärten beschrieben.

Die Gestaltung von Heidegärten

Gut gestaltete Heidegärten, auch schon kleinere gelungene Heidepartien in Hausgärten vermitteln einen einzigartigen Landschaftszauber, dem viele Gartenbesitzer erliegen. Doch muß man das Wesentliche einer Heidelandschaft erkennen, bevor man es wagt, so ein Stück „Natur" in den Garten hereinzuholen. In heideentfernten Marsch- und Lößgebieten ist dieser Schritt noch gefährlicher, da hier meist nicht die geringste Landschaftsbezogenheit gegeben ist.

Aufbau einer Heidegartenanlage

Der Aufbau einer Heidegartenanlage muß klar, übersichtlich und einfach sein. Nicht ein Vielerlei, sondern die Großflächigkeit, also die Beschränkung bei der Anzahl der Pflanzenarten kommt der natürlichen Heidelandschaft am nächsten. Je kleiner die zur Verfügung stehende Fläche ist, um so schwieriger ist die Pflanzung und um so eindeutiger muß das wesentliche des Heidecharakters – der **Flächencharakter** – bedacht werden.

Jede harte, gerade Abgrenzung und rechte Winkel durch Pflanzengruppen, Wege und auch Terrassenbelag sind zu vermeiden. In größeren Gärten könnte durch leichte, geschickte **Geländebewegungen** der typische Flächencharakter einer Heidepartie noch besonders betont werden.

➤ **Heidekraut**

In einem Heidegarten dominieren natürlich die verschiedenen bodenbedeckenden Heidekrautarten als die Charakterpflanzen weit ausgedehnter, natürlicher Heideflächen. Bei der Bepflanzung von Heidegärten in typischen Heidegegenden sollte die im Spätsommer blühende **Besenheide – Calluna vulgaris** den Vorrang haben, zumal sie an Boden und Pflege kaum Ansprüche stellt. Durch die zusätzliche Verwendung einiger Arten der Erica kann die Heideblüte bereits mit der **Schneeheide – Erica carnea** im Januar/Februar beginnen. Manche Sorten dieser Erica-Art blühen bis in den Mai hinein und werden dann von Juni bis September von der blühenden **Glockenheide – Erica tetralix** abgelöst.

Heidekraut sollte je nach Jungpflanzengröße einen **Pflanzabstand** von höchstens 30 bis 40 cm erhalten, damit sich bald eine geschlossene Bodendecke bildet und muß tief gepflanzt werden. Damit es einen gedrungenen Wuchs behält, ist ein regelmäßiger scharfer **Rückschnitt** nach der Blüte erforderlich. Dies kann mit der Heckenschere vorgenommen werden und so tief, daß die Heideoberfläche gerade noch grün ist. In natürlichen Heidegebieten besorgen dies die Schafe.

In der Natur bildet das Heidekraut eine **Pflanzengesellschaft** vor allem mit Kiefern, Birken, Wacholder, Ginster und Gräsern. Im Garten sollte es in der gleichen Gemeinschaft stehen.

➤ Weitere Bodendecker

Die Heidekrautfläche kann in größeren Gärten auch einige Male abgelöst werden durch andere ökologisch passende flächenbildende **Staudenarten**, wie Thymian, Fetthenne, Ehrenpreis, Stachelnüßchen, Heide- und Grasnelke. Auch niederliegende **Kleingehölze**, wie flache Wacholderarten, Zwergmispeln, Kriechginster und Sonnenröschen, eignen sich als größere Bodendecke.

➤ Sträucher

Zwischen einer großflächigen Heidedecke sollten einige wenige raumbildende **Solitärpflanzen** und **Kleingruppen** die horizontale Pflanzung unterbrechen. Hierzu eignen sich zum Beispiel *Solitärgräser* (siehe Seite 166), *Großstauden* wie Glockenblumen, Herbstastern, Kreuzkraut im Halbschatten, die Halbstauden Fingerhut und Königskerzen, *Wild-* und *Parkrosen*, Ebereschenheister, Berberitzen, Felsenmispeln, Ginster, Zirbel-, Schwarz- und Krüppelkiefern. Diese höheren Pflanzen setzt man in genügendem Abstand voneinander einzeln oder in geschlossener kleiner Gruppe in die Bodendecke, wobei deren großzügige, ruhige Flächenwirkung voll erhalten bleiben muß.

➤ Bäume

Als Bäume wählt man bei genügender Fläche die Sandbirke, auf feuchtem Boden die Moorbirke, weiter Ebereschen, Hainbuchen, Rotbuchen, Lärchen und Stieleichen, von denen die ersten drei Arten den geringsten Kronendurchmesser haben. Da das Heidekraut eine Sonnenpflanze ist, dürfen Bäume und andere höhere Pflanzenarten nur sparsam und in weiten Abständen gepflanzt werden, um eine Beschattung der Bodendecke weitgehend zu vermeiden.

➤ Gräser

Von den Ziergräsern, die in keinem Heidegarten fehlen dürfen, sind der Bärenfellschwingel – Festuca scoparia und der Blauschwingel – Festuca glauca **großflächig** zu pflanzen. Dagegen setzen die prachtvollen höheren Solitärgewächse, wie der Blaustrahlhafer – Avena sempervirens, das Lampenputzergras – Pennisetum und das Federgras – Stipa einzeln oder in **Gruppen zu zwei bis drei Pflanzen** besondere Akzente in einer Heidepartie. Für feuchte, anmoorige Stellen wählt man das Wollgras als Bodendecke, auf sehr feuchten Böden Binsen und Simsen.

➤ Rosen

Die meisten Hausgärtner möchten auch im Heidegarten nicht auf Rosen verzichten, obgleich bekannt sein dürfte, daß der Heideboden an sich für Rosen viel zu arm ist. Man sollte sich zumindest insofern an die Natur anlehnen, als man auf alle hochgezüchteten Rosenarten und auf umfangreiche Gruppenpflanzungen von Rosen im Heidegarten verzichtet. Sie würden den Heidecharakter vollkommen zerstören.

Eine besonders schöne **Solitär-Strauchrose** für den Heidegarten ist die stattliche *Wildrose* – Rosa moyesii, von Heidekraut umgeben. Ebenso sind die *Zaunrose* –

Rosa rubiginosa, die *Stacheldrahtrose* – Rosa omeiensis und die *Bibernellrose* – Rosa spinosissima für diesen Zweck geeignet.

Findlinge

Zur Heidelandschaft gehören: Findlinge, Überbleibsel der letzten Eiszeit. Die Größe und Anzahl der Steine richtet sich natürlich nach dem vorhandenen Gelände, man sollte auch *mit Findlingen sparsam umgehen.* Es wirkt harmonischer, wenn die Steine nicht einzeln in der Heidefläche verstreut, sondern zu einer **Gruppe** mit einem größeren und zwei bis drei kleineren Findlingen zusammengefaßt werden. Dazu passen einige Kleingehölze, wie Zwergkiefern, Ginster, Wildrosen, Zwergmispeln, die sich an die Steine lehnen oder auch Gräser und Königskerzen. Findlinge sollten immer auf Ihrer Breitseite – **auf der faulen Seite – liegen** und etwas im Boden eingelassen sein.

Abbildung 34: Junge Heidegartenanlage mit gut eingebauten Findlingen

Baulichkeiten

Wege sollten möglichst nur als *Trampelpfade* durch die Heidekrautfläche führen. Andernfalls fügen sich *Holzpflaster* oder in die Bodendecke eingebundene *Klinker- oder Kieswege* besonders organisch in den Heidegarten ein.

Bodenvorbereitung

Die Bodenvorbereitung für ein Heidestück ist auf leichtem Boden sehr einfach, denn hier reichen eine gute **Bodenlockerung** und die Zuführung von **feuchtem Torfmull** und möglichst auch gut durchfeuchteter Heide- oder Lauberde als **Rohhumus**. Schwere Böden müssen nach gründlicher Lockerung durch Zusatz von scharfem Sand, von Torf und Walderde für die Heidepflanzung sorgfältig vorbereitet und durchlässiger gemacht werden. Nur auf besonders magerem Boden ist eine **Nährstoffzufuhr** erforderlich. Dazu eignen sich *kalkfreie, sauerwirkende Düngerarten*, wie schwefelsaures Ammoniak, Superphosphat und schwefelsaures Kali (Patentkali).

Zwischen den Pflanzen sollte der Boden mit feuchtem Torf, Komposterde oder Lauberde 3 bis 4 cm dick abgedeckt werden. Es wäre gut, wenn sich die Pflanzendecke bald schließen würde.

Typische Heidegärten sind nicht wie die üblichen Gärten als Kulturgärten anzusehen und sollten auch nicht wie diese im üblichen Sinne gärtnerisch gepflegt und gehegt werden. Nur in der Anwachszeit ist während Trockenperioden zu wässern.

Übersicht 7: Bodendecke für den Heidegarten

Deutscher Name	Botanischer Name	Höhe in cm	Blütenfarbe	Blütezeit
Besenheide	Calluna vulgaris, Sorten:			
	„Alba plena“	30 – 40	weiß	IX – X
	„Alportii“	50	dunkelrot	IX – X
	„H.E. Beale“	40 – 50	rosarot	VIII – X
	„J.H. Hamilton	25	lachsrosa	VIII – IX
Schneeheide	Erica carnea, Sorten:			
	„Springwood White“	20 – 30	weiß	II – IV
	„Vivelli“	20	karminrot	II – IV
	„Winter Beauty“	20 – 30	rosa	I – IV
Glockenheide	Erica tetralix	30	weiß und rosa	VI – IX
Thymian	Thymus serpyllum „Splendens“	5	rot, dunkles Laub	VI – VII
Katzenpfötchen	Antennaria diocia „Rubra“	5 – 10	rosa	V – VI
	Antennaria dioica „Tomentosa“	5 – 10	weiß, silberlaubig	V – VI
Fetthenne	Sedum spurium „Album superbum“	10 – 15	weiß	VI – VII
	Sedum spurium „Purpurteppich“	10 – 15	purpurrot	VI – VII
Heidenelke	Dianthus caesius „Blaureif“	20	hellrosa	V – VI
	Dianthus caesius „Rotkäppchen“	10 – 20	dunkelrot	V – VII
Zwergglockenblume	Campanula pusilla	10 – 15	blau oder weiß	VI – VIII
Bärenfellgras	Festuca scoparia	15	grünes Polster	VI – VII
Blauschwingel	Festuca glauca	20 – 30	blaues Blatt	VI – VII

Die folgenden Ausführungen beziehen sich vor allem auf die Gestaltung und Bepflanzung von landschaftsbezogenen Wohn-Rasengärten.

Diese Gegebenheiten sollten bei selbständiger Planung im Maßstab 1 : 100 aufgezeichnet werden. Die Zeichnung ergibt den Lageplan.

2. Planungsschritte

Plant man die Neuanlage oder Umgestaltung eines Gartens, so muß man sich als erstes über die Gartenlage, seine Größe und über die Aufteilung der Fläche klar werden. Weitere Überlegungen werden dem Boden gelten, und erst dann geht es an die Planung der technischen und baulichen Einzelheiten und schließlich an die Auswahl und Zusammenstellung der verschiedenen Pflanzenarten und -sorten.

2.1 Feststellung der vorhandenen Gegebenheiten

Der erste wichtige Planungsschritt ist die Feststellung der Gegebenheiten auf dem Gelände des zukünftigen Gartens und in der Umgebung, die bei der Planung berücksichtigt werden müssen.

Dazu gehören zum Beispiel:

- Gebäude
- Straßen und Wege und andere Befestigungen
- Gräben
- Mauern
- Brunnen
- Klärgruben
- Telefonmasten und ähnliches
- Bäume, bewahren!
- Hecken
- Sträucher

Außerdem sind die genaue **Himmelsrichtung** und die **Hauptwindrichtung** festzustellen.

2.2 Auswahl der Gartenlage

Die Lage des Gartens hängt in erster Linie von den natürlichen und baulichen Gegebenheiten ab. Es ist ideal und unbedingt anzustreben, daß der **Wohngarten direkt am Hause** liegt, und zwar möglichst an der Süd-, Südost-, Südwest- oder Westseite. Führt in diesen sonnigen Garten aus dem Wohnzimmer oder notfalls aus der Diele, dem Eßzimmer oder der Küche eine Tür hinaus, dann wird er sicher von der ganzen Familie als erweiterter grüner Wohnraum geschätzt und geliebt. Die heftigen Westwinde und kalten Ost- und Nordwinde müßten durch gut geplante *Windschutzstreifen* oder *Gartenhecken* (siehe Seite 440) gemildert werden, wenn nicht bereits vorhandene Baum- und Strauchpflanzungen genügend Schutz bieten.

2.3 Bestimmung der Gartengröße

Bei der Bestimmung der Gartengröße und der weiteren Planung von Baulichkeiten und Bepflanzungen sind gesetzliche Vorschriften und Verordnungen auf Bundes-, Landes-, Kreis- und Gemeindeebene zu berücksichtigen.

Gartengröße und Hausgröße und -höhe sollten in einem guten Verhältnis zueinander stehen. Ein zu kleiner Garten wird von einem großen Haus erdrückt und bleibt wirkungslos. Andererseits verliert auch das Haus seine Großzügigkeit, wenn es durch einen kleinen Garten eingeengt wird. Es gibt eine

Faustregel, die besagt, daß die Rasentiefe im Garten mindestens das gleiche Maß wie die Giebelhöhe des Hauses haben soll. Es ist auch zu bedenken, daß viele *Gartenspiele*, wie Federball, Krocket oder Boccia, nur auf einer mindestens 100 m^2 (zum Beispiel 8 x 12 m) großen Rasenfläche ohne größere Einschränkungen möglich sind.

Aber man muß auch praktisch denken! Große Gärten verlangen höhere Anlage- und Maschinenkosten und viel **Arbeitszeit für die Pflege.** Man sollte sich deshalb vor der Gartenanlage fragen: Wieviel Zeit können und wollen wir pro Woche für die Gartenarbeit im Ziergarten erübrigen? Hierbei ist vor allem an das Rasenmähen, das Hacken und Blumenausputzen und an die Zeit für laufende Beobachtungen an den Pflanzen (Pflanzenschutz!) zu denken. Lautet das Ergebnis der Überlegungen zum Beispiel: Zwei Stunden in der Woche, dann sollte der gesamte Ziergarten nicht größer als 200 bis 300 m^2 sein.

Die festgesetzte Gartengröße wird nach Berücksichtigung der günstigsten Gartenlage maßstabgerecht in den Lageplan eingezeichnet.

2.4 Einteilung des Geländes

Der vierte Planungsschritt ist mit der Auswahl der Gartenlage und -größe eng verbunden und soll die Grobeinteilung des zukünftigen Gartens bedeuten. Hierbei sind als erstes der mehr repräsentative **Vorgartenbereich** – die Visitenkarte des Hauses – und der intimere **Wohngartenbereich** festzulegen.

Sitzplatz

Der Gartensitzplatz liegt direkt am Wohnzimmerausgang als **Terrasse** an der Süd-,

Abbildung 35: Überdachter Sitzplatz am Wohnzimmerausgang

Südwest- oder Westseite am günstigsten und wird hier am meisten genutzt. Im Landgarten sollte von hier aus ein *Durchblick in die Landschaft* möglich sein. In geschlossenen Wohngebieten ist dagegen häufig ein *Sicht- und Lärmschutz* durch einen Hausvorsprung, eine dichte Strauchpflanzung, eine bepflanzte *Pergola* oder einen beiderseits gleich schönen *Holz-Flechtzaun* erforderlich.

Ein **Sitzplatz im Garten,** angelehnt an die Rahmenpflanzung oder darin eingebettet ist oft besonders stimmungsvoll. Hier spürt man das Gartenleben von Pflanzen und Tieren oftmals viel intensiver als vom Terrassenplatz. In größeren Bauerngärten sollte man auf diesen stillen Gartenplatz in unmittelbarer Umgebung seiner Blumen, Sträucher und Bäume nicht verzichten.

Kinderspielplatz

Ein Kinderspielplatz muß bedacht werden, ohne die Kinder vom übrigen Gartengelände etwa fernhalten zu wollen.

Die Kleinen brauchen einen warmen, geschützten Platz zum Spielen im *Sand*, der durch einen lichten, kleinkronigen Baum vor praller Sonne geschützt wird. Er liegt in der Nähe der Terrasse günstig, jedenfalls dort, wo die Mutter am schnellsten einen Blick hinwerfen kann.

Schulkinder brauchen *Turngeräte* und möglichst *genügend Platz* zum Bolzen und Bauen. Wenn es die Gartengröße erlaubt, sollte der Spielplatz für die Größeren etwas weiter ab vom Sitzplatz und vom Blick der Erwachsenen sein. Die älteren Kinder wol-

Abbildung 36: Ein stiller Sitzplatz inmitten eines landschaftsnahen bäuerlichen Gartenreiches

len schon mehr unter sich sein. Auf dem landwirtschaftlichen Betrieb findet sich für die heranwachsende Jugend meist ein Spielplatz außerhalb des eigentlichen Gartenbereiches auf dem Hofgelände.

Arbeitsplatz und Wäscheplatz

Für die Hausfrau im Landhaushalt wäre es ein Gewinn, sie könnte *am Wirtschaftsausgang* einen kleinen Arbeitsplatz für Küchenvorbereitungen und andere hauswirtschaftliche Aufgaben erhalten. Auch die Kinder ziehen sich zur Erledigung der Schulaufgaben gern hierher zurück. Wird der Platz vor allem vormittags genutzt, sollte er ebenso wie der Wäscheplatz möglichst *an der Ostseite des Hauses* liegen.

Die Grobeinteilung des Gartengeländes wird in den Lageplan einskizziert.

2.5 Planung von technischen Anlagen und Baulichkeiten

Sowohl bei der Gartenplanung als auch bei den Ausführungsarbeiten gehen die Anlage technischer Einrichtungen wie Wasserleitung und Stromverlegung sowie die Anlage von Wegen, Plätzen und Mauern der Bepflanzung voraus, weil sich die Pflanzflächen und Artenauswahl nach dem notwendigen Gebauten zu richten haben. Häufig ist hierbei der Garten- und Landschaftsgestalter als *Fachmann für Steinarbeiten* im Garten hinzuzuziehen. Im folgenden Kapitel werden wichtige Hinweise gegeben.

2.6 Planung der Begrünung des Gartens

Dieser letzte Planungsschritt erfordert Zeit und Pflanzenkenntnisse. Er stellt den Höhepunkt der Gartenplanung dar, an dem alle Familienmitglieder teilhaben sollten, weil der Garten für jeden etwas und für alle zusammen sehr viel bringen soll. Die folgenden Kapitel geben Hilfen für die Pflanzenauswahl und Grüngestaltung. In schwierigen Fällen sollte ein Gartenberater oder Gartenarchitekt zu Rate gezogen werden.

3. Technische Einrichtungen und Baulichkeiten

3.1 Wasserleitung

In vielen Ziergärten reichen ein bis zwei **Wasserzapfhähne am Haus**, die allerdings am besten beim Hausbau schon berücksichtigt werden müßten. Ist dies versäumt worden oder ist der Garten zu groß, um ihn mit einer Schlauchlänge von etwa 20 m vom Haus aus bewässern zu können, dann sollte eine **Sommerleitung** im Garten verlegt werden, wenn man nicht von größeren Bewässerungsaktionen absehen will. Sie erleichtert die Bewässerungsarbeiten erheblich.

Die Wasserleitung wird 40 bis 50 cm tief in die Erde verlegt und im Haus angeschlossen. Dort muß auch ein *Abstellhahn* für die Gartenleitung angebracht werden und am besten die tiefste Stelle zur *Wasserentleerung* sein. Die **Wasserzapfstelle im Garten** darf nicht frei im Rasen stehen, weil sie dort eine Gefahrenquelle darstellt. Sie ist 20 bis 30 cm über dem Erdboden in einer niedrigen Pflanzengruppe am Rasenrand anzubringen.

3.2 Elektrische Anlagen im Garten

An die Installation von elektrischen Anlagen im Garten sollte bereits beim Hausbau, spätestens aber vor dem Wege-, Treppen- und Mauerbau im Garten gedacht werden, um entsprechende Erdkabel rechtzeitig verlegen zu können.

➤ **Steckdosen** sind für den *Anschluß eines elektrischen Rasenmähers* erforderlich. Sie sind an günstige Stellen **am Haus** in genügender Zahl anzubringen, um die Länge des ohnehin hinderlichen Elektrokabels begrenzen zu können.

Auf der Terrasse ist bei häufiger Benutzung am Abend eine **Doppelsteckdose** günstig, um eine Lampe und gleichzeitig ein elektrisches Gerät wie Toaster, Kaffeemaschine, Waffeleisen oder Gartengrill anschließen zu können.

Alle Steckdosen im Außenbereich sollten im Hause abzuschalten sein, um Einbruch und Diebstahl nicht einfacher zu machen.

➤ **Beleuchtung im Garten** ist aus Sicherheitsgründen zumindest am *Hauseingang* und an den *Treppenstufen*, in manchen Fällen auch am *Gartentor* festverlegt erforderlich. Manche Hausbesitzer schützen sich auch durch eine „Rundumsicherung" mit Leuchten, die an allen Außenecken des Hauses installiert sind. Wo das Licht der allgemeinen Orientierung dienen soll, setzt man *freistrahlende Leuchten* ein. Bei Treppen und Stufen ist es sinnvoller, die Lichtquelle abzuschirmen, damit das Auge das beleuchtete Hindernis gut wahrnehmen kann.

Gartenleuchten können bei richtiger Standortwahl und geschmackvoller Leuchte auch einen sehr schönen *gestalterischen Effekt* haben und das Gartenleben bereichern. Vor allem an Wasserstellen, schönen Solitärpflanzen und unter Laubbäumen ruft Licht im Dunkeln eine reizvolle Wirkung hervor. Hierfür können die Lichtquellen **ortsfest** verlegt sein, aber auch als **ortsveränderliche**

Abbildung 37: Geschmackvolle Gartenleuchte am Treppenaufgang im Eingangsbereich eines Gartens

Leuchten, die mit einem Erdspieß mal hier, mal dort eingepflockt werden, Anwendung finden.

Bei der Gartenbeleuchtung müssen zu hohe Hell-Dunkel-Kontraste durch die Auswahl der Lampen geringerer Leistung vermieden werden. Es dürfen nur Leuchten verwendet werden, die für den Einsatz im Freien zugelassen sind. Der Fachmann sollte zu Rate gezogen werden.

3.3 Einfriedigung

In vielen Gärten im ländlichen Bereich gibt es weder Zäune noch Tore, weil Pflanzen, eine alte Mauer oder ein Graben die Einfriedigung übernehmen. Für alle anderen Gartenbesitzer gilt aber, Zaun und Tor weder nur als reine, nüchterne Schutzeinrichtung noch als eines der wichtigsten, auffälligsten Gestaltungselemente zu betrachten, sondern als eine zwar in erster Linie zweckmäßige, aber doch bei der äußeren Gestaltung des Gartens offensichtlich mitwirkende Einrichtung anzusehen.

Die gebaute Einfriedigung muß sich dem Grün der Gartenpflanzen unterordnen. Dies wird durch eine Höhenbegrenzung auf möglichst nur 60 bis 80 cm, durch eine neutrale Farbgestaltung in braun oder russischgrün und durch eine landschaftsgerechte Materialverwendung – Holz, Naturstein, Klinker – am ehesten erreicht.

Bei der Entscheidung über die **Zaunart** hinsichtlich des Materials und der Ausführung wird immer der Geldbeutel eine wichtige Rolle spielen. Oft läßt es sich einrichten, etwas länger auf den Zaun zu warten, dann aber einen passenderen, damit meist schöne-

Abbildung 38: Stets sollte der Jägerzaun, ein schräg über Kreuz genagelter Waldlattenzaun, in Verbindung mit Pflanzen stehen; hier eine Heckenrose.

ren zu wählen. Jeder Zaun sollte in enger Verbindung mit den Gartenpflanzen stehen, die ihn mit ihrem großen Formen- und Blütenreichtum umspielen und seine strenge architektonische Form auflockern.

Für die seitliche und rückwärtige Einfriedigung braucht man keine teuren Zäune aus Schnittholz, Eisen oder Kunststoff auszuwählen. Hier kann mit grünem Kunststoff ummantelter oder einfacher Maschendraht ausreichen, oder man führt den Waldlattenzaun von der Straßenfront zu den Seiten herum.

Nicht alles, was eingezäunt werden könnte, sollte man einzäunen! Oftmals kann auf die Geldausgabe verzichtet werden, und man erreicht dadurch mehr Weite und Großzügigkeit für den eigenen Garten, für den Straßenraum und das Dorfbild.

3.4 Gartenwege

Gartenwege müssen einen praktischen Sinn und ein richtiges Ziel haben. Im Blumengarten kann man meistens auf Wege völlig verzichten, da die heutigen Rasenmischungen ohne weiteres ein Begehen zulassen. Nur häufiger begangene Stellen, zum Beispiel vom Sitzplatz in den Garten, sind zweckmäßiger mit einigen **Trittplatten** zu befestigen, um häßliche Fehlstellen im Rasen zu vermeiden. Der Abstand einzelner Trittplatten von Plattenmitte zu Plattenmitte darf 64 cm nicht überschreiten, weil dies die durchschnittliche Schrittlänge ist.

Wegbreiten

Der Weg zum Hauseingang braucht eine Mindestbreite von 1,20 m, damit darauf zwei Menschen bequem nebeneinander gehen können. Führt der Weg zu einem großen Haus mit breitem Eingang, sollte er ebenfalls großzügig, das heißt 1,50 bis 2,00 m breit, angelegt sein. Für weitere Wege im Garten sind Wegbreiten von 0,75 bis 1 m in der Regel ausreichend.

Wegeführung

Eine gute Wegeführung ist oftmals ein gestalterisches Problem. Jede Schrägführung quer durch den Garten ist falsch. Lange, gerade Wege ergeben eine optische Vergrößerung eines kleineren Gartengeländes, wir-

Abbildung 39: Schnitt durch einen Fußweg mit lehmgebundener Kiesdecke und beiderseitigem Gefälle

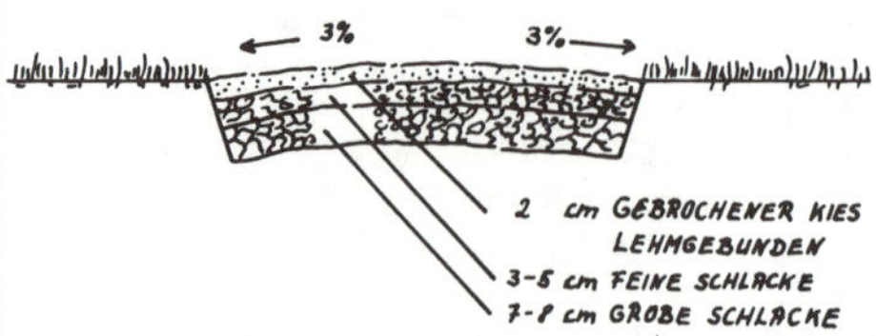

Abbildung 40: Schnitt durch einen Plattenweg mit 10 cm Unterbau und abweisendem Gefälle vom Haus

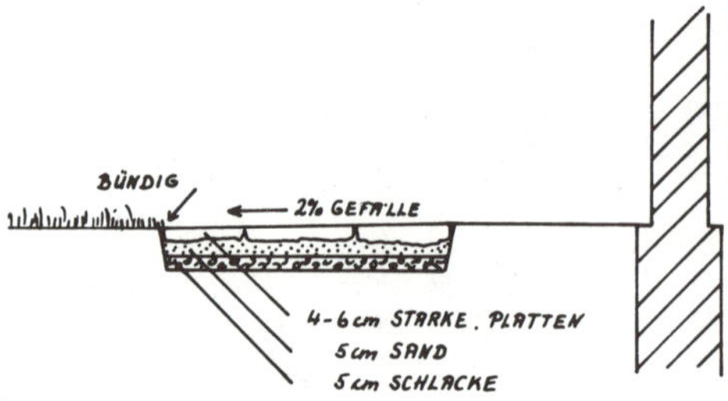

ken in einem großen Garten aber meistens steif und langweilig. Vor allem in einer naturnahen Pflanzung muß sich der Weg locker in das Grün einfügen. Dies ist vor allem durch Holzpflaster, Klinker, unregelmäßig behauene Natursteinplatten und mit verschiedenen Größen rechteckiger Natur- oder Kunststeinplatten durch geschicktes Versetzen der Platten möglich (siehe Abbildung 41 und Abbildung 42).

Wegebefestigung und Unterbau

Wege sollten **dauerhaft** und zu jeder Jahreszeit sowie bei jedem Wetter **begehbar** sein.

Voraussetzungen hierfür sind

- ein wasserdurchlässiger Unterbau
- eine befestigte Oberschicht
- ein Quer- und Längsgefälle für den Oberflächenwasserablauf

Der Wegeunterbau richtet sich nach der Bodenart und der vorgesehenen Befestigungsart der Oberfläche (siehe Abbildungen 39 und 40).

Für einfache **Kieswege** ist je nach der Durchlässigkeit des Bodens ein 12 bis 15 cm starker Unterbau zu schaffen. Auf den Grund wird eine 7 bis 8 cm starke, grobe *Schlackenschicht* festgewalzt, darauf folgen 3 bis 5 cm feinere Schlacke und als Deckschicht 2 cm mit *Lehm gebundener, gebrochener Kies*, Mischungsverhältnis: 4 Teile Sand, 1 Teil Lehm oder Kalkmergel. An den Rand des Wegekoffers gehören die gröbsten Schlackenbrocken, wodurch der Wasserabfluß an den Wegrändern verbessert wird.

Kieswege verursachen verhältnismäßig geringe Anlagekosten, doch stellen sich bald allerhand Mißstände ein, die mit viel Mühen und einigen Unkosten laufend beseitigt werden müssen.

Abbildung 41: Weg mit vieleckigen, behauenen Natursteinplatten (Polygonalplatten) zwischen einer Pflanzung und Rasen

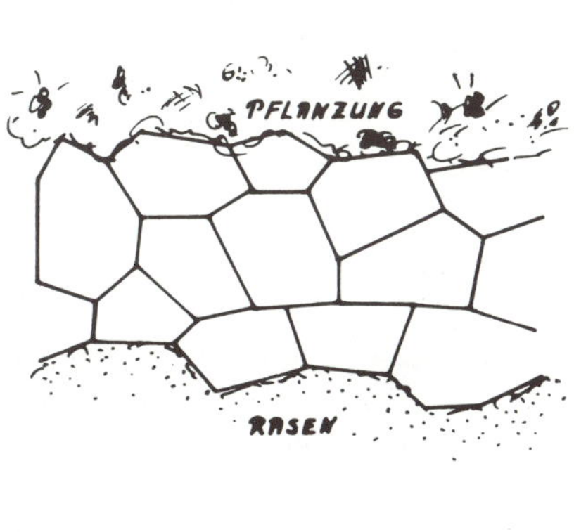

Abbildung 42: Beispiel für einen Klinkerweg bündig zwischen Rasen und Rabatte verlegt

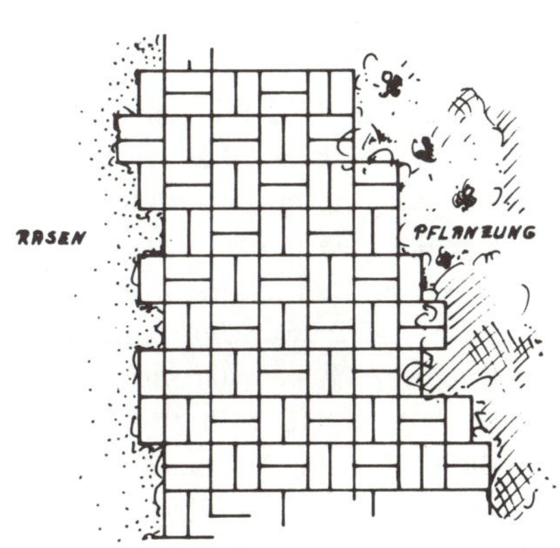

Für **Plattenwege** reicht auf durchlässig-sandigem Boden ein 5 bis 10 cm starkes *Sandbett*. Bei schwerem, undurchlässigem Boden ist unter der Sandschicht eine 5 bis 10 cm starke *Kies- oder Schlackenschicht* erforderlich. Gut befestigte Fahrwege und Garagenspuren mit Plattenbelag erhalten einen mindestens 20 cm starken „Wegekoffer", bestehend aus Schlacke-, Beton- und Kalkmörtelschichten.

Schmalere Wege erhalten ein einseitiges **Quergefälle** von 1 bis 2 %. Das Gefälle muß bei Wegen nahe am Haus immer vom Haus weg verlaufen. Breitere Wege im Garten sollten mit einem beiderseitigen Quergefälle von 2 bis 3 % angelegt werden.

Plattenwege, Klinkerwege, Holzbeläge

Bei der Auswahl geeigneter Gartenplatten spielen *Zweckmäßigkeit, Schönheit* und auch die *Kosten* eine Rolle. Auf jeden Fall müssen die Platten in Material und Farbe zum Haus und zu anderen vorhandenen Plattenbelägen passen. Viele verschiedene Materialien nebeneinander wirken sehr unruhig. Man sollte sich **auf ein bis zwei Steinarten im Garten beschränken.**

Ein sehr unruhiges Bild im Garten bieten auch bunte Betonplatten. Pflanzen und Blumen, die das wichtigste Gestaltungselement im Garten sein sollen, treten neben bunten Pflasterflächen in den Hintergrund. Wenn verschiedenfarbige Platten verwendet werden, dann sollte man *eine Grundfarbe* nehmen und nur 10 bis 15 % Platten einer anderen Farbe einstreuen. Auf blaue und grüne Platten sollte man ganz verzichten. Sie passen nicht zum Grün der Pflanzen.

Die Übersicht 8 gibt einen Überblick über geeignete Beläge für Terrassen und Wege im Garten. Hiervon sind *Klinker- und Holzbefestigungen als besonders pflanzenfreundliche Beläge* hervorzuheben.

Beim Verlegen der Platten, Klinker- und Holzbeläge muß sehr sorgfältig und genau gearbeitet werden. Es lohnt sich meistens, für schwierigere Verlegearbeiten einen Gartengestalter beziehungsweise Landschaftsgärtner als erfahrenen *Fachmann* auf diesem Gebiet zu Rate zu ziehen oder damit zu beauftragen.

Besonders das Verlegen von vieleckig bekanteten **Natursteinplatten** (Polygonalplatten) und das Verlegen von unterschiedlich großen Rechteckplatten in einem sogenannten *klassischen „Römischen Verband"*, in dem keine Kreuzfuge auftaucht und eine Fuge nie über zwei Platten durchgeht, kostet einem Laien sehr viel Zeit und Mühe. Ungenaues Arbeiten beim Verlegen und ein ungenügender Unterbau werden sich bei viel begangenen Wegen und Plätzen leider sehr bald bemerkbar machen.

Platten-, Klinker- und Holzbeläge werden „bündig" mit dem Rasen verlegt, so daß man ohne weiteres mit dem Rasenmäher den Weg überqueren kann.

3.5 Gartenterrasse

Terrassengröße

Als **Mindestmaße** für eine Terrasse gelten 3,5 x 4,5 m, wovon ein Viertel als *Verkehrsfläche* und drei Viertel als *Sitzfläche* anzusehen sind. Eine zu kleine Fläche ist nicht nur unpraktisch, sondern oft auch gestalterisch unschön. Ebenso ungünstig in der gestalterischen Wirkung sind quadratische Terrassen. Vor den meisten Häusern wirken rechteckige Terrassen besser, wobei die längere Seite am Haus entlang liegt, möglichst am Wohnzimmerausgang.

Terrassenbau

Die Terrasse sollte möglichst ohne Stufe vom Zimmer erreicht werden können und ebenerdig oder durch eine sanfte Böschung mit dem Garten verbunden sein. Eine leichte Geländebewegung durch eine *weiche Rasenböschung* im Verhältnis von mindestens 1 : 6 m kann gestalterisch sehr reizvoll sein. An jeder **Böschung** sind oben und unten Anlaufflächen zu berücksichtigen, um jede gestalterische Härte zu vermeiden. So beläßt man am Terrassenbelag ein mindestens 50 cm breites *Böschungshaupt* und einen recht langen, mindestens aber 2 m breiten *Böschungsfuß* vor der angrenzenden Pflanzung, der Einfriedigung oder ähnlichem.

Wenn das Haus sehr hoch heraus gebaut worden ist, muß der Terrassenplatz aufgeschüttet werden. In diesem Fall ist häufig die Überwindung des Höhenunterschiedes nur durch eine *Stützmauer* als Terrassenabgrenzung möglich, die gleichzeitig als Sitzmauer dienen kann, wenn deren Höhe nicht mehr als 60 cm beträgt. Die direkte Verbindung zum Garten muß hier ein formgerechter *Treppenabgang* mit flachen Gartenstufen bilden, der an der Schmalseite oder am Rand der Breitseite der Terrasse am besten wirkt.

Ein *standfester Untergrund* ist für eine Hausterrasse wichtig. Es dauert oft mehr als ein Jahr, bis sich aufgeschütteter Boden für den Terrassenbau genügend gesetzt hat. Dieses Problem kann umgangen werden, wenn bereits beim Hausbau eine *Baustahlmatte* in Terrassengröße mit dem Hausfundament fest verankert wird.

Aus der Abbildung 43 ist ein einfacher Terrassenbau zu ersehen. Überdachte Sitzplätze liegen in einem Trockenbereich, in dem Steinplatten im ausgetrockneten Sand-

Abbildung 43: Schnitt durch eine Terrasse mit leichter Böschung

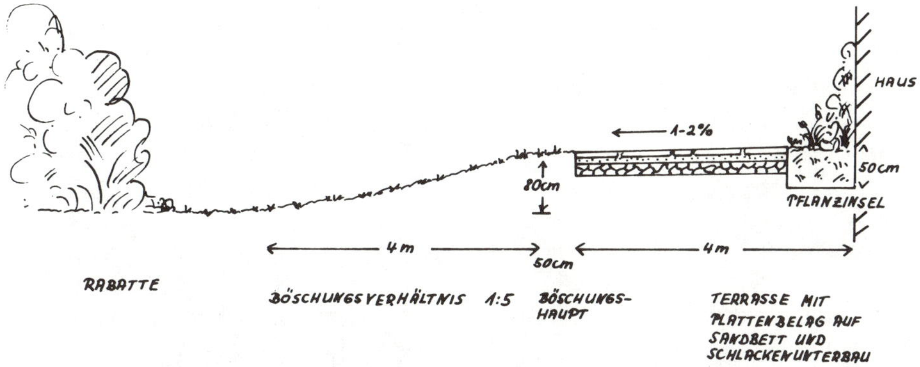

bett keinen ausreichenden Halt finden. Hier muß durch eine 3 cm starke Mörtelschicht für die Platten ein fester Untergrund geschaffen werden.

3.6 Gartentreppen

Der Bau von Gartentreppen wird erforderlich, wenn das **Längsgefälle** des zu begehenden Geländes mehr als 6 % beträgt und verlangt nicht nur gestalterisches Geschick, sondern auch praktisches Können. Diese Arbeit sollte man daher am besten einem *Fachmann,* nämlich dem Landschaftsgärtner überlassen. Wer diese Arbeit selbst erledigen will, muß vor dem Treppenbau folgendes bedenken:

Treppen und Stufen müssen eine gute Begehbarkeit und Sicherheit bieten. Aus diesem Grund sind Stufenhöhe und Auftrittsbreite dem normalen Schrittmaß von 64 cm anzupassen. Die Maße für Auftrittsbreite und Höhe einer Stufe werden nach folgender **Formel** berechnet:

1 x Auftrittsbreite plus 2 x Stufenhöhe = 64 cm.

Während im Haus bei vorhandenem Treppengeländer Stufenhöhen bis zu 20 cm üblich sind, sollten die Stufen einer Gartentreppe nie höher als 15 cm sein, um eine bequeme Begehbarkeit und einen gefälligen Treppenaufbau zu gewährleisten. *Günstig wären zum Beispiel eine Stufenhöhe von 12 cm und eine Auftrittsbreite von 40 cm, denn 2 x 12 cm + 40 cm = 64 cm.*

Sofern in einem Garten am Hang längere Treppen erforderlich sind, sollten diese bei mehr als 10 % Gefälle des Geländes nicht senkrecht zur Böschung und in einem Stück

Abbildung 44: Gelungener Treppenbau mit Beton und Kieselsteinen als Baustoffe und schöner Böschungsbepflanzung

durchlaufen, sondern in geschwungener oder gebrochener Linienführung mit Podesten zur Unterbrechung angelegt werden. Das heißt, nach jeweils drei bis sieben Stufen folgt ein *Podest*, dessen Länge mindestens einen Doppelschritt ermöglichen muß.

3.7 Gartenmauern

Der Garten kann weiterhin durch Mauern eine reizvolle Abwechslung erhalten, wenn wir es verstehen, sie in das Gesamtbild harmonisch einzufügen. Die Hauptaufgaben von Mauern im Garten sind, natürlich oder künstlich geschaffene Geländestufen und Terrassen zu befestigen. Sie werden aber auch als freistehende Grenzmauern, als Treppenwangen, Sitzmäuerchen und Verkleidung von Wasserstellen verwendet. Gleichgültig welche Aufgaben sie zu erfüllen haben, sie sind immer **möglichst niedrig** zu halten, damit sie keine vorherrschende Stellung einnehmen. Höhen von 30 bis 60 cm sind am günstigsten. Zur Überbrückung größerer Höhenunterschiede setzt man besser zwei Mäuerchen in *Terrassenform.*

Es sind zwei verschiedene Bauarten von Mauern zu unterscheiden: die **festverfugte Mauer** mit frostfreiem Fundament und die **Trokkenmauer**. Für den Aufbau der Trockenmauer wählt man möglichst große und breite, aber mehr *flache Bruchsteine oder Findlinge*. Einige größere Fugen werden bereits während des Aufsetzens der Mauer mit guter Erde ausgestopft und sofort mit anspruchslosen *Polsterstauden* bepflanzt.

4. Begrünung des Gartens

Die Planung der Begrünung des Gartens muß wohldurchdacht werden und zum Ziel haben, daß der Garten allen Familienmitgliedern Wünsche und Bedürfnisse erfüllt, zum anderen für die Umgebung durch eine wohltuende Gestaltung eine Bereicherung darstellt und nicht zuletzt den Pflanzen ein gu-

Abbildung 45:
Fachmännisch gebaute niedrigere Trockenmauern mit einer bunten, aber sparsamen Bepflanzung beleben die Gärten

Übersicht 8: Beläge für Gartenwege und -plätze

Beläge	Farben	Größen	Bemerkungen
1. Naturstein			
Granit	anthrazit, schwarz-weiß gesprenkelt	polygonal oder rechtwinklig behauen, bruchrauh	widerstandsfähig, dauerhaft
Travertin	hellgelb-grau	polygonal oder rechtwinklig behauen, bruchrauh	nur überdachte Terrassen, frostempfindlich
Schiefer	anthrazit	polygonal oder rechtwinklig behauen, bruchrauh	hart, dauerhaft
Basaltlava	grau	polygonal oder rechtwinklig behauen, bruchrauh	widerstandsfähig, porös, dennoch haltbar und frostfest
Dolomit	grau-grün	polygonal oder rechtwinklig behauen, bruchrauh	frostfest und widerstandsfähig
Sandstein	gelb, grau, rötlich	polygonal oder rechtwinklig behauen, bruchrauh	sehr porös, leicht brechbar, im Vergleich zur Haltbarkeit sehr teuer, Wesersandstein weniger empfindlich als zum Beispiel Obernkirchner und Ibbenbürener Sandstein
Klinker	rotbraun	11 x 25	sehr robust, passen gut zu Bauernhäusern
Klinker-Gitterstein	rotbraun	verschiedene Größen	zum Beispiel für Garagenauffahrten, normale Rasenpflege
Klinkeretten	gelblich, rotbraun	verschiedene Formen	müssen frostsicher und abriebfest sein, robust
Keramikplatten	unterschiedlich	verschiedene Formen	müssen frostsicher und abriebfest sein, Beanspruchungsstufe 4
2. Kunststein			
Betonplatten	grau, anthrazit, weinrot, gelb	30 x 30, 25 x 50, 50 x 50, 50 x 75	dauerhaft, rutschfest bei strukturierter Oberfläche, möglichst eine Grundfarbe

Beläge	Farben	Größen	Bemerkungen
Betonsteine	grau, anthrazit, rot	11 x 25, verschiedene Verbundsteinformate	robust, für Auffahrten und Hofplätze
Betontravertin	grau-gelblich	40 x 20, 40 x 40, 40 x 60 und andere	frostsicher, etwas schmutzempfindlich
Rasengitterstein	grau	50 x 50	festigt den Rasenboden, zum Beispiel für Garagenzufahrten, Pflege wie normaler Rasen
3. Gemischte Platten			
Waschbeton	grau, schwarz-weiß, rötlich, gelb-grau, beige, je nach Ursprung	50 x 25, 50 x 50, 50 x 75	runde Kiesel sind haltbarer und leichter zu reinigen, helle Kiesel blenden in der Sonne, geschliffener Waschbeton ist nicht rutschfest
4. Holz			
Holzfliesen	je nach Holzart und Imprägnierung hell- bis dunkelbraun, graugrün, Fichte, Tanne, Kiefer, Lärche	60 x 60, 50 x 50	nicht fußkalt und nie zu heiß, trocknen schnell ab, wetterbeständig nur bei guter Imprägnierung
Holzpflasterklötze		rechteckig, 8 – 12 cm lange Kantholzabschnitte	
Rundholzpflaster		15 – 20 cm lange Stammabschnitte mit unterschiedlichem Durchmesser oder Einheiten von 50 x 50	

tes Fortkommen in einer naturnahen Pflanzengesellschaft ermöglicht.

Bei der Festlegung der Bepflanzung sollte man nicht mit Kleinigkeiten anfangen, sondern eine große Linie verfolgen, die bei der Auswahl der ausdrucksstärksten Pflanzen beginnt und bei den letzten Füllpflanzen endet.

4.1 Bäume – die Charakter- und Leitpflanzen

Bäume sind die großen und deshalb auch **tonangebenden Persönlichkeiten** in unseren Gärten. Sie ragen über die vielen Solisten und Statisten und das Fußvolk der Gartengewächse hinaus und geben der gesamten Umgebung ein bestimmtes Gepräge. Mit jedem Baum, den wir uns in den Garten holen, schaffen wir einen ganz *besonderen Gartencharakter*, der durch die Langlebigkeit der Gehölze für viele Jahre, ja Jahrzehnte erhalten bleibt.

Diese starke Ausstrahlungskraft der Bäume verpflichtet den Gartenplaner dazu, die Auswahl der Baumart nicht allein, sondern mit den Menschen, die den Garten bewohnen werden, gemeinsam zu treffen.

Ebenso wichtig ist für Gärten im ländlichen Raum und ganz besonders in Bauerngärten die *Berücksichtigung des umgebenden Großgrüns* in der Landschaft. Die besten Beispiele für eine landschaftsverbundene Gartenpflan-

Abbildung 46:
Die Birke ist ein lichter, lockerwachsender Baum und schafft die Atmosphäre für eine Heide- und Moorpflanzung.

Abbildung 47:
Die mittelstarkwachsende Zirbelkiefer (Arve) ist eine starke Persönlichkeit durch ihren kompakten Wuchs und die dunkelgrüne Benadelung. Sie steht am besten in Gemeinschaft mit anderen Waldgehölzen.

zung gibt die Natur vor dem Gartenzaun. In kleineren Gärten kann man auf *kleinkronige Verwandte* der heimischen Wald- und Feldbäume oder auf schöne, robuste *Gartenformen* von ihnen zurückgreifen (siehe Übersicht 9).

Auch **Obstbäume** – vor allem Äpfel, Birnen, Quitten, Süßkirschen und Walnüsse – sind als ausdrucksvolle Blüten- und Fruchtbäume in Einzelstellung im Wohngarten sehr geeignet.

Bei der Auswahl der Bäume ist der endgültige *Kronendurchmesser* zu berücksichtigen. In kleinen und mittelgroßen Hausgärten wird man sich aus Platzgründen manche Wünsche nicht erfüllen können. Auch die *Stammhöhe* und *Stammgarnierung* sind für den gegebenen Standort und seine weitere Bepflanzung ausschlaggebend.

Wichtigste Baumformen:

Hochstamm:
Stammhöhe circa 1,60 bis 2 m
Halbstamm:
Stammhöhe circa 1,20 bis 1,40 m
Solitärstammbusch:
Stamm garniert, auch mehrstämmig, mehrmals verpflanzt
Heister:
bis unten garniert, ohne Krone.

Der *Heister* ist in der Baumschule nicht geschnitten worden und wird in verschiedenen Höhen mit und *ohne Ballen* gehandelt. Die drei anderen Baumformen sind meistens *Ballenpflanzen* und teurer.

4.2 Solitärpflanzen – die Edelsteine im Garten

Die zweite Pflanzengruppe, die bei der Planung der Begrünung berücksichtigt werden sollte, sind einige ausgesprochene Einzelpflanzen, die eine bevorzugte Solitärstellung im Vordergrund der Rahmenpflanzung, am Sitzplatz, Hauseingang oder Gartentor oder an einer Hauswand verdienen.

Diese **Einzelgänger** sollen den Baumpersönlichkeiten in Größe und Wuchtigkeit unterlegen sein. *Ihre Reize* liegen in der malerischen Grazie ihres Wuchses, im Blütenreichtum oder auch in der außergewöhnlichen Blütezeit oder in den schönen Blattfarben und Blattformen.

Beispiele für Solitärpflanzen:

Gehölze
Parkrosen
Zieräpfel

Abbildung 48:
In diesem großen Garten bestimmen Laubbäume den Charakter. Buche und Eichen fügen sich in die schöne Parklandschaft des Oldenburger Ammerlandes ein.

Blütenkirschen
Mandelbäumchen
Blumenhartriegel
Felsenbirne
Zaubernuß
Ahornarten
Essigbaum
mehrstämmige Ebereschen
Felsenmispeln
Feuerdorn
Wacholder-Arten
Kiefern-Arten

Stauden

Herkulesstaude
Waldgeißbart
Distel-Arten
Palmlilie
Pampasgras und andere Gräser
Schilfarten

Abbildung 49:
Ein Blumenhartriegel als Solitärstrauch an der Hausecke, dahinter eine Baumpersönlichkeit

Solitärpflanzen behalten nur ihren eigentlichen Wert, wenn sie sehr sparsam in den Garten eingestreut werden, vielleicht nur ein bis zwei. Sie sollten in der bunten Gartengesellschaft etwas Hervorragendes bleiben und dürfen nicht durch eine Vielzahl zu einfachen Gruppenpflanzen herabgesetzt werden. Das wäre nicht nur gestalterisch falsch, sondern auch aus finanziellen Gründen töricht.

4.3 Gruppenpflanzungen als Blickpunkte im Garten

Besondere Blickpunkte im Garten bilden **Rosen, Blumenstauden** und **Sommerblumen**.

Diese wirken nur in Gruppen und dickeren Tuffs und an Gartenplätzen, die zum Beispiel vom Sitzplatz, vom Wohnzimmer oder vom Garteneingang besonders gut zu sehen sind. Die Leuchtkraft der Rosen kommt vor einem dunkelgrünen Hintergrund besonders stark zum Ausdruck. Deshalb wählen wir sie als Vorpflanzung vor Nadelgehölzen oder anderen dunkellaubigen Gehölzen und setzen als Farbkontraste zum Beispiel blaue Buddleien (Sommerflieder), gelbe Fingersträucher oder Johanniskraut, weiße Deutzien und Rittersporn dazu.

4.4 Strauch- und Blumenpflanzungen als raumbildende und -gliedernde Gestaltungselemente

In einem Wohn-Rasengarten liegen die Strauch- und Blumenpflanzungen vor allem am Rasenrand, wodurch sie einen blühenden, schützenden Rahmen um unseren Wohn- und Spielplatz im Grünen ergeben. Die **Rahmenpflanzung** erhält ein lebhafteres Bild durch vereinzeltes *Einstreuen von buntlaubigen und schönfrüchtigen Zier-*

sträuchern. Einige wintergrüne Pflanzen gehören als immergrünes Gerüst in die Begrünung des Gartens.

Um einen landschaftsverbundenen und nicht fremdartigen Garten zu erhalten, pflanzt man Baum, Strauch und Blume nach den Vorbildern der Landschaft zu **Pflanzengesellschaften** zusammen. Diese Gestaltungsart erfordert zwar eine gute Beobachtungsgabe und einige Pflanzenkenntnisse, hat aber im Landgarten eine besonders gute Wirkung.

➤ So wird man zum Beispiel in **Heidegegenden** Birken, Ebereschen, Kiefern und Fichten zusammenpflanzen, zu denen sich Ginster, Fingerstrauch, Strauchrosen, Heidekraut, Lupinen und viele andere Sandbewohner gesellen sollten.

➤ In einer **Moorlandschaft** nehmen natürlich Rhododendren, Azaleen, Lavendelheide, Lorbeerrosen im lichten Schatten von Eichen, Birken, Buchen und Hortensien den größten Platz ein und erhalten als Unterpflanzung bodenbedekkende Immergrüne.

➤ Eine schöne Pflanzengemeinschaft für gut mit Kalk und Humus versorgte **Lehm- und Marschböden** bilden Hartriegel, Kornelkirschen, Felsenmispeln, Pfaffenhüte, Stechpalmen, Schneeball im Verein mit Rittersporn, Akelei, Winterastern und anderen nährstoffbedürftigen Arten.

Abbildung 50: Der Wohngarten als Bindeglied zwischen Haus und Landschaft

Hüten wir uns in jedem Garten davor, ihn mit einem Vielerlei, das leicht ein Allzuviel wird, zu überladen! Gruppenpflanzungen bei Sträuchern und Stauden verleihen dem Garten eine großzügige Note.

4.5 Hausbepflanzung

Pflanzungen am Haus sollten keine geringere Breite als 1 m erhalten, weil schmalere Beete den großzügigen Charakter eines Hauses vermindern können. Sehr oft erhält man

Abbildung 51: Beispiel einer Rahmenpflanzung um einen Wohngarten

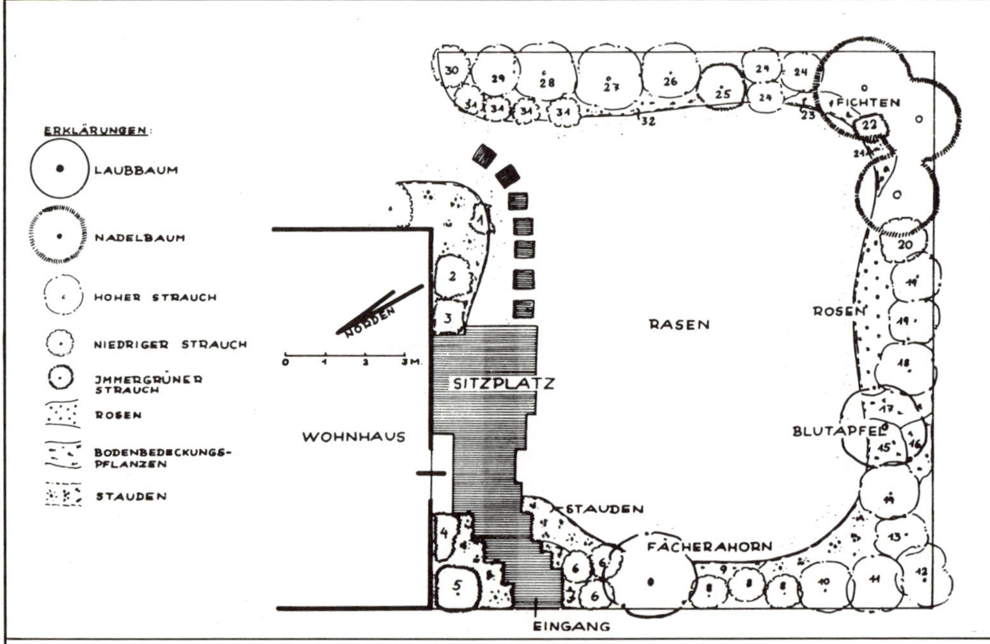

Plan-Nr.	Stück	Pflanzenart
1	1	Alpenrose – Rhododendron praecox
2	1	Feuerdorn – Pyracantha coccinea „Andenken an H. Bruns"
3	1	Wacholder – Juniperus communis „Hornibrooki"
4	1	Zwergmispel – Cotoneaster horizontalis
5	1	Felsenmispel – Cotoneaster salicifolius floccosus
6	3	Gartenazaleen – Azalea Knap Hill-Hybriden, rot
7	12	Scheinbeeren – Gaultheria procumbens
8	3	Johanniskraut – Hypericum moserianum
9	8	Knöterich – Polygonum affine
10	1	Weigelie – Weigelia „Bristol Ruby"
11	1	Flieder – Syringa-Hybride „Andenken an L. Späth"
12	1	Goldregen – Laburnum watereri „Vossi"
13	1	Felsenmispel – Cotoneaster sternianus
14	1	Hartriegel – Cornus albo marginata elegans
15	12	Sauerklee – Oxalis acetosella
16	10	Elfenblume – Epimedium x rubrum
17	16	Haselwurz – Asarum europaeum
18	1	Schmetterlingsstrauch – Buddleia davidii „Empire Blue"

Plan-Nr.	Stück	Pflanzenart
19	1	Schneespiräe – Spirea arguta
20	1	Blutberberitze – Berberis ottawensis „Superba"
21	10	Heide – Erica carnea „Winter Beauty"
22	1	Ginster – Cytisus scoparius „Firefly"
23	8	Glockenheide – Erica tetralix
	10	Glockenheide – Erica tetralix „Alba"
	3	Blauschwingel – Festuca glauca
	1	Federgras – Stipa gigantea
24	3	Parkrose – Rosa rugosa „F. J. Grootendorst"
25	1	Berberitze – Berberis stenophylla
26	1	Deutzie – Deutzia hybrida „Mont Rose"
27	1	Felsenbirne – Amelanchier laevis
28	1	Forsythie – Forsythia suspensa fortunei
29	1	Schneespiräe – Spiraea arguta
30	1	Immergrüne Berberitze – Berberis verruculosa
31	1	Zierquitte – Chaenomeles lagenaria „Crimson and Gold"
32	12	Elfenblume – Epidemium x rubrum

einen wirkungsvolleren Garten und eine geschicktere Einbeziehung des Hauses in das umgebende Grün, wenn der Rasen zumindest zu einem Teil bis an das Haus heranreicht. Dies ist vor allem in kleineren Gärten zu bedenken. Eine schmale Reihe Steinplatten oder Klinker direkt am Haus entlang verlegt, bildet eine praktische *Mähkante* und verhindert die Beschmutzung der Hauswand. Für die Bepflanzung von Hausbeeten sollten neben **Blütengehölzen** und **Blumenstauden** auch einige **Immergrüne** gewählt werden, um auch im Winter eine Begrünung zu haben.

5. Wasser im Garten

Wasser ist für den Garten ein *belebendes Gestaltungselement*, das ihm eine besondere Atmosphäre verleiht. Schon ein kleines **Vogelbad**, für den Imker eine **Bienentränke**, können durch die Beobachtung der Tiere zu einer großen Freude werden. Größere Pflanzen müssen in genügend weiter Entfernung vom Vogelbad ebenso wie von der winterlichen *Futterstelle für Vögel* stehen, damit die Vögel nicht von Katzen überrascht werden können.

Bevor man sich für eine größere Wasseranlage im Garten entscheidet, muß man sich über die beabsichtigte Wirkung klar werden.

Folgende Wasseranlagen sind in Gartenanlagen zu unterscheiden:

- Wasserbecken für Pflanzen und Fische
- Planschbecken für Kinder
- Badebecken
- Brunnenanlagen mit sprudelndem Wasser.

5.1 Wasserbecken für Pflanzen und Fische

Diese Wasseranlage kann ein gestalterischer Höhepunkt im Garten sein und das Gartenleben sehr bereichern. Sie sollte dicht am Sitzplatz angelegt werden, um recht oft das interessante Leben im und am Wasser still beobachten zu können.

Für die technische Ausführung eines Wasserpflanzenbeckens gibt es verschiedene Möglichkeiten:

Größere Becken werden als Stahlbetonbecken, eventuell mit Ziegelmauerwerk verputzt, hergestellt. Für diese Anlagen sind die gestaltende Hand eines *Gartenarchitekten* und die fachmännische Ausführung einer *Spezialfirma* erforderlich.

Kleine Zierbecken können in einfacher Form selbst hergestellt werden:

1. *Ein vorgefertigter Wasserbehälter* wird ebenerdig eingegraben und mit einem Plattenrand umgeben. Hierfür eignen sich wasserdichte Tonnen und Eternit- oder Kunststoffwannen, die einer geschickten *optischen Einbindung* in die umgebende Gartenfläche bedürfen.

2. *Eine Grube wird* in der gewünschten Form und Größe *ausgehoben*, eventuell unter Verwendung von Lehmboden festgestampft, geglättet, mit einer Sandschicht versehen und mit einer **Plastikfolie** oder doppelten, geklebten **Dachpappenlage** ausgelegt. Hierbei sind Folie beziehungsweise Dachpappe am Rand über die Wasserspiegelhöhe hochzuziehen, am Rand umzuschlagen und mit Steinen zu befestigen (siehe Abbildung 52). Der Beckenrand kann mit Platten abgedeckt, aber auch bepflanzt oder in die Rasenfläche eingebunden werden.

In diesen kleinen Becken kann der **Wasserzulauf und -ablauf** mit dem Gartenschlauch erfolgen.

Ein Wasserbecken mit einer **Tiefe von 80 cm** bietet einer reichen Auswahl von Wasserpflanzen und einigen ruhigen Fischen – zum Beispiel Goldfischen – gute Lebensbedingungen. Es ist zu beachten, daß bei der Festlegung der Beckentiefe die erforderliche Stärke der Pflanzerde hinzugerechnet werden muß und daß die verschiedenen Wasserpflanzen unterschiedliche Ansprüche an die **Wasserstandshöhe** haben.

Als **Pflanzerde** eignet sich lehmiger Gartenboden, dem feuchter Torf und strohfreier Rindermist oder Hornspäne zugesetzt wurden. Hiermit kann der ganze Beckengrund in einer Stärke von 20 bis 30 cm abgedeckt werden. Da meistens jedoch bei kleinen Wasserbecken nur eine *sparsame Einzelbepflanzung* vorgenommen wird, ist die Verwendung von Holzkästen, Körben, großen Blumentöpfen oder ähnlichen **Pflanzgefäßen** sehr praktisch, die bepflanzt in das Becken gestellt werden. Die unterschiedlichen Ansprüche an die Wasserspiegelhöhe müssen durch Unterlegen von Ziegelsteinen unter die Pflanzbehälter ausgeglichen werden.

Nach der Bepflanzung des Beckens wird der Beckengrund mit einer etwa 5 cm starken *Kies- oder Grobsandschicht* abgedeckt, damit das Wasser nicht eintrübt. Eine dennoch auftretende anfängliche Eintrübung geht in wenigen Tagen zurück, wenn Wasserpflanzen und ruhiglebende Fische ein **biologisches Gleichgewicht** schaffen.

Von der **Wasser- und Uferbepflanzung** hängt die endgültige Wirkung der Wasserstelle ab.

Eine Gärtnerregel besagt: Man sollte nicht mehr als ein Drittel der Wasserfläche und höchstens die Hälfte des Uferrandes bepflanzen. Die Wasser- und Uferpflanzen dürfen nicht durch eine Viel-

Abbildung 52: Wasserbecken mit Folie als Abdichtung

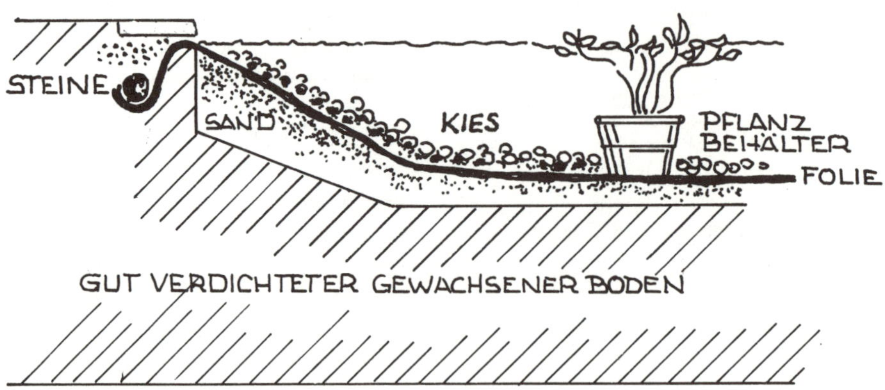

zahl die beruhigende und gleichzeitig so belebende Wirkung des Wassers abschwächen, sondern sie sollen sie auf sparsame und geschmackvolle Weise erhöhen.

In kleinen Wasserbecken wird man am besten nur eine schwachwachsende **Seerose** für eine Bepflanzung in einem Pflanzbehälter wählen. Seerosen verlangen einen *vollsonnigen Standort* und eine *Wasserwärme zwischen 15 und 25°C.* Sie werden nach der Wassererwärmung im Mai in das Bekken eingelassen und ab September *im Keller* frostfrei und in feuchtem Zustande *überwintert.*

Auf der Abbildung 53 sind zum Beispiel folgende Pflanzen zu einer Lebensgemeinschaft zusammengepflanzt worden:

Wasserpflanzen:
1 Seerose — Nymphaea x hybrida „Marliacea Rosea" (schwachwachsend)
1 Rohrkolben — Typha minima

Uferpflanzen:
Dreimasterblume — Tradescantia x andersoniana
Schwertlilien — Iris sibirica und Iris pumila
Sumpfdotterblume — Caltha palustris
Staudenknöterich — Polygonum affine
Einige Ziergräser

5.2 Planschbecken

Standortfeste Becken sollten in ihrer Nutzung *wandelbar* sein, da sie nur von Kindern einer bestimmten Altersgruppe als Planschbecken benutzt werden. Deshalb müßte man schon bei der Anlage des Beckens an alle möglichen Funktionen des Wasserbeckens denken.

Grundsätzlich darf es nicht zu groß und nicht zu tief sein, damit eine *schnelle Wassererwärmung* darin und auch eine *häufige Wassererneuerung* möglich ist.

Abbildung 53: Hier bilden Pflanzen und Wasser und die darin lebenden Fische eine natürliche Harmonie

Solange das Planschbecken für Kleinkinder eine Gefahrenquelle darstellt, könnte es in dieser Zeit als **Sandkasten** dienen. Nachdem die Kinder aus dem Alter herausgewachsen sind, in dem sie es gern als **Planschbecken** nutzen, könnte es nach zusätzlicher Ufergestaltung als **Wasserpflanzenbecken** verwendet werden.

Große Badebecken und **Brunnen** stellen wesentlich höhere Gestaltungsansprüche und verlangen spezielle technische Kenntnisse und Ausführungsarbeiten. Sie sollten nur mit Hilfe von Fachleuten angelegt werden.

6. Allgemeines zur Bodenvorbereitung vor der Gartenanlage

Die meisten Pflanzen für den Ziergarten sind mehrjährig und zum Teil sehr tiefwurzelnd. Deshalb muß der Boden vor der Pflanzung gründlich und richtig vorbereitet werden. Dies erweist sich bei einer **Gartenneuanlage** nach einem Hausbau als besonders wichtig. Jeder Bauherr sollte schon vor Beginn des Baues seinen späteren Ziergehölzen und Blumenstauden einen guten Dienst leisten, indem er den guten Mutterboden von der zukünftigen Bau- und Arbeitsfläche rechtzeitig rettet.

6.1 Erhaltung des Mutterbodens

Man muß darauf bestehen, daß als erstes die obere etwa 25 bis 30 cm starke Erdschicht abgeschoben und in sicherer Entfernung vom Baugelände mietenförmig locker aufgesetzt wird. Die **Mieten** sollten nicht höher als 1,20 m und nicht breiter als 2 m sein, damit genügend Luft und wichtige Bodenbakterien bis in die Mitte der Erde dringen können. In der Praxis sieht es häufig ganz anders aus: Die kostbare, lebendige **Muttererde** wird viele Meter hoch aufgestapelt und bleibt monatelang, ja, manchmal jahrelang liegen und jedes Leben darin stirbt ab.

Es muß selbstverständlich sein, daß der **tiefe Bauaushub** vom Mutterboden *getrennt gelagert* und nach dem Bau auch nur als *Füllboden* verwendet wird.

6.2 Verhinderung von Bodenverdichtungen

Man sollte hartnäckig zu verhindern suchen, daß verregnetes Gelände mit Maschinen und Lastwagen befahren wird. Hierbei wird der Unterboden oft metertief verdichtet und für Jahre so zusammengedrückt, daß eine ausreichende Wasser- und Luftbewegung im Boden von oben nach unten und umgekehrt gar nicht möglich ist.

Später erkennt man den **Schaden** daran, daß nach einem kräftigen Regen das blanke Wasser auf dem Rasen oder in der Pflanzung steht, weil es nicht in den Untergrund abziehen kann. Andererseits wird der verdichtete Boden in regenarmen Zeiten schnell bedenklich trocken, da das Grundwasser nicht bis zum Oberboden dringen kann.

Da man das Befahren der Baustelle und damit des zukünftigen Gartengeländes nicht verhindern, nur vernünftiger durchführen kann, ist es in jedem Falle nötig, vor Beginn des Zurückräumens des Füllbodens und der Muttererde das feste Bauland mit einem Räumer mit Aufreißhaken oder einer tieferen Bodenfräse aufzubrechen und damit zu durchlüften. Diese Arbeit ist für das spätere Wachstum der Pflanzen ganz entscheidend! Notfalls sollte man direkt am Haus und in Ecken, wohin die Maschinen nicht gelangen können, sogar mit der Spitzhacke ans Werk gehen.

6.3 Bodenlockerung

Nach dem Auftragen des Mutterbodens ist eine *mindestens spatenstichtiefe Lockerung* vorzunehmen, wobei gleichzeitig die Düngung mit organischen und mineralischen Düngern erfolgt. Bei unbewegtem Boden in älteren Gärten sollte man eine besonders tiefgründige, 1 1/2 Spaten tiefe Bodenlokkerung mit Pflug und Untergrundhaken oder starker Bodenfräse durchführen.

6.4 Humus- und Mineraldüngung

Die Humus- und Nährstoffzufuhr richtet sich nach der Bodenart, dem Säurezustand und dem Nährstoffgehalt des Bodens und nach den Ansprüchen der Pflanzen. Auf die spezielle Humus- und Mineraldüngung wird bei der Behandlung der einzelnen Pflanzengruppen in den folgenden Kapiteln eingegangen.

Vor einer Gartenneuanlage sollte vom zukünftigen Gartengelände eine **Boden-Sammelprobe** in einem Bodenuntersuchungsinstitut auf seinen Gehalt an Phosphorsäure, Kali und Magnesium und auf den Säurezustand **untersucht** werden.

Die Bodenvorbereitungsmaßnahmen sollten abgeschlossen sein, bevor die Pflanzen aus der Baumschule oder Gärtnerei eintreffen. Dann könnte ohne Zeitverlust die Pflanzaktion im Garten beginnen. Es ist allerdings zu bedenken, daß aufgeschüttete **Erde** je nach Höhe der Aufschüttung einige Tage oder Wochen braucht, bis sie sich **genügend gesetzt** hat und zum Bepflanzen geeignet ist.

Es ist auch daran zu denken, daß genügend **Torfmull für die Pflanzung** zur Stelle ist, und man ihn vorher *bis zur Sättigung wässert*. Torf und Kompost werden für jedes *Pflanzloch* und zur *Bodenabdeckung* gebraucht.

II. ZIERGEHÖLZE

1. Auswahl und Verwendung

Für den Hausgarten können immergrüne, halbimmergrüne und sommergrüne Gehölze ausgewählt werden. Bei der Verwendung ist sehr sorgfältig auf die *Lichtbedürfnisse* und die *Bodenansprüche* der verschiedenen Arten und Sorten zu achten.

Laubgehölze
sommergrün, im Herbst laubabwerfend
halbimmergrün, Laub bis Spätwinter am Gehölz
immergrün, keine alljährliche Lauberneuerung.

Nadelgehölze
sommergrün (zum Beispiel Lärche)
immergrün (Koniferen)

Aus dem umfangreichen Sortiment der Ziergehölze kann der Hausgärtner eine große Auswahl treffen. In erster Linie kommen niedrig- und mittelhochwachsende Sträucher (Übersicht 10), Heckengehölze (siehe Seite 206) und kleinkronige Bäume (Über-

Übersicht 9: Kleinkronige Bäume für den Hausgarten — O = Sonne, ◑ = Halbschatten, ● = Schatten

Deutscher Name	Botanischer Name	Standort	Höhe/m	Bemerkungen
Feldahorn	Acer campestre	O — ●, Kalk, anspruchslos	bis 15	Gelbe Herbstfärbung, verträgt Trockenheit
Eschenahorn	Acer negundo	O — ◑, feucht	bis 10	Bunte Belaubung, windanfällig, Bienenfutter
Blutahorn	Acer platanoides „Reitenbachii"	O, Kalk, frischer Boden	10 — 15	Roter Austrieb, rote Herbstfärbung, Bienenfutter
Trauerbirke	Betula verrucosa „Tristis"	O, anspruchslos	bis 20	Aufrechter Stamm, Zweige überhängend
Moorbirke	Betula pubescens	O, anspruchslos	bis 15	Heimisch, feucht
Breitblättrige Birke	Betula platyphylla	O, anspruchslos	10 — 20	Früher Austrieb, gelbe Herbstfärbung
Blumenesche	Fraxinus ornus	O — ◑, warm und trocken	bis 20	Blüte V — VI in weißen Rispen, Herbstfärbung
Trauerbuche grün und rot	Fagus sylvatica pendula	O — ◑, humos, nahrhaft	bis 15	Trauerblutbuche anstäben
Kastanie, rotblühend	Aesculus carnea „Brioti"	O, humos, nahrhaft	10 — 15	Tiefrote Blütenstände, selten Früchte
Korkenzieherakazie	Robinia pseudiacacia „Tortuosa"	O, lichtbedürftig, frischer, leichter Boden	12 — 15	Solitärpflanze, anspruchslos
Eberesche (Vogelbeere)	Sorbusarten und Gartenformen	O — ◑, anspruchslos	bis 15	Ab Hochsommer wirkungsvolle Früchte
Magnolie	Magnolia-Arten	O, nährstoffreich, warm	3 — 15	Solitärpflanze, Flachwurzler

Übersicht 9: Kleinkronige Bäume für den Hausgarten — O = Sonne, ◑ = Halbschatten, ● = Schatten

Deutscher Name	Botanischer Name	Standort	Höhe/m	Bemerkungen
Zierapfel	Malus in Arten und Sorten	O, mittlerer Boden	3 – 12	Durch Blüte, Fruchtbehang und Herbstfärbung zierend
Zierkirsche und Zierpflaume	Prunus in Arten und Sorten	O, nährstoffreich, Kalk	4 – 12	Frühjahrs- und Frühsommerblüher
Europäische Lärche	Larix decidua	O, tiefgründig, Kalk	bis 30	Sehr lichtbedürftig, mehr für trockenes Landklima
Japan-Lärche	Larix leptolepis	O, tiefgründig, feucht	bis 30	Besonders für Küstenklima, schnellwüchsig, verträgt jeden Schnitt
Fichten-Arten	Picea omorica, wilsoni, purpurea, pungens, obovata	O, mittlerer Boden	verschieden	Beratung durch den einheimischen Gärtner zu empfehlen
Tannen-Arten	Abies concolor, koreana, nobilis, numidica	O – ◑, tiefgründig, nährstoffreich, Luftfeuchte	verschieden	Beratung durch den einheimischen Gärtner zu empfehlen
Kiefern-Arten	Pinus cembra, leucodermis, nigra austriaca, parviflora	O – ◑, anspruchslos	verschieden	Beratung durch den einheimischen Gärtner zu empfehlen

sicht 9) in Frage. Große Sträucher, die 8 bis 10 m in die Höhe oder sehr stark in die Breite gehen, sind für einen Hausgarten in der Regel unpassend.

Die Verwendung der Gehölzarten ist in dem Abschnitt der Gartenplanung und in verschiedenen tabellarischen Übersichten näher beschrieben.

Die Ziergehölze haben in den Gärten verschiedene Aufgaben zu erfüllen:

- **Bäume** sind die Charakter- und Leitpflanzen sowie Schattenspender im Garten. In kleinen Gärten sind nur kleinkronige Arten und Formen zu wählen.
- **Solitärpflanzen** in Baum- oder Strauchform sollen in ihrer Einzelstellung eine besondere Wirkung erzielen.
- **Höhere Ziersträucher** als Hecken oder in lockeren Strauchgruppen zusammengepflanzt, dienen als Wind-, Sicht-, Staub- und Lärmschutz und bilden den Gartenabschluß.
- **Halbhohe und niedrige Ziersträucher** dienen als Vorpflanzung, als Übergang von den höheren Sträuchern zu den Stauden und zum Rasen und ebenfalls als Hecken.
- **Bodenbedeckende Sträucher** dienen als Begrünung der Bodenflächen zwischen und vor höheren Gehölzen, unter Bäumen und dergleichen.
- **Zwerggehölze** bringen in den Stein- und Heidegarten die nötige Abwechslung, beleben eine Mauerfläche, zum Beispiel unter Fenstern und am Hauseingang.
- **Klettergewächse** begrünen Hauswände, Mauern, Pergolen, Zäune.
- **Die Rosenarten** erfüllen wegen ihrer vielfältigen Wirkung verschiedene Aufgaben im Garten.
  - **Edelrosen** sind zum Schnitt da und nur in der Nähe wirkungsvoll.
  - **Beetrosen**, die vielblütigen Polyantha- und Floribundarosen mit ihren edelrosengleichen Blüten in großen Dolden, bilden in Gruppen weithin leuchtende Farbflecke vom Juni bis zum Frost. Als Vorpflanzung vor dunkelgrünen Gehölzgruppen, als dicker Farbtupfer im Staudenbeet oder Blickfang am Sitzplatz oder Hauseingang sind sie sehr gut geeignet.
  - **Park-** und **Strauchrosen** haben je nach Sorte als freistehende Einzelbüsche eine hervorragende Wirkung, dienen vor allem aber in Gruppen für dauer- oder öfterblühende Vor-, Böschungs- und Heckenpflanzungen.
  - **Wildrosen** sind für landschaftsgerechte Windschutzpflanzungen, Hecken und Gruppenpflanzungen sehr wichtig.
  - **Zwergbengalrosen** eignen sich für Steingärten, Beeteinfassungen, zur Grab- und Balkonbepflanzung.

2. Pflanzung

Beste Pflanzzeiten sind:

- **Für laubabwerfende Gehölze und Rosen** die Herbstmonate nach dem Ausreifen von Mitte Oktober bis Mitte November.

Frühjahrspflanzungen müssen im März bis spätestens Mitte April erfolgen. In milden Lagen können sommergrüne Gehölze bei offenem Wetter jederzeit vom Herbst bis zum Frühjahr gepflanzt werden.

- **Für immergrüne Laubgehölze und Nadelhölzer** (Koniferen) von Ende August bis Ende Oktober und vor allem im Frühjahr von Ende März bis Mitte Mai.

Ziergehölze sind besonders langlebige und zum Teil sehr tiefwurzelnde Pflanzen. Deshalb muß der Boden vor der Pflanzung tief gelockert und gründlich vorbereitet werden. Dies erweist sich bei einer Gartenneuanlage nach einem Hausbau als besonders wichtig.

2.1 Bodenvorbereitung und Düngung

Die **Bodenverbesserung** richtet sich nach der Bodenart, dem Säurezustand und Nährstoffgehalt des Bodens und nach den Ansprüchen der Pflanzen. *Leichten Sandböden* sollte man vor allem durch Zufuhr von feuchtem Torfmull (2 bis 5 Ballen/100 m^2), verrottetem Stallmist (ein bis zwei Schubkarren voll = 1 bis 2 Zentner/10 m^2) oder nahrhafter Komposterde eine bessere Bindigkeit und Wasserhaltekraft geben. *Schwere Lehm-, Ton- und Marschböden* müssen dagegen aufgelockert und leichter gemacht werden, damit sie einen besseren Wasserabzug und günstigen Lufthaushalt bekommen und wärmer werden. Auch hier hilft besonders wirksam *Torfmull* neben anderen *Humusdüngern. Stallmist* darf keinesfalls frisch sein, denn die jungen Pflanzenwurzeln würden später dadurch großen Schaden erleiden, vor allem junge Rosen-, Rhododendron- und Koniferenpflanzen.

In extrem schweren Böden wird der Humusdünger schnell „aufgefressen", und der Boden verdichtet wieder. Hier zeigt sich eine zusätzliche Untermischung von scharfem *Sand*, bei einzelnen Nadelgehölzen, Heidepflanzen und Flieder sogar *Schotter*, von dauerhafterer Wirkung.

Soll ein Garten auf festem Baugrund oder Ödland entstehen, wäre es günstig, vor der Anpflanzung eine **Gründüngung** einzusäen, auch wenn dadurch Zeit verloren geht, und der Pflanztermin hinausgeschoben werden muß (siehe Seite 80).

Der **Mineraldüngung** sollte eine **chemische Bodenuntersuchung** vorausgehen. Es eignen sich vor einer Pflanzung von mehrjährigen Arten am besten die *Vorratsdünger* Kalkstickstoff, Thomasphosphat und die Kalimagnesia (Patentkali) in einer Menge von je 80 bis 100 g/m^2. Ebenso verlangen viele Böden *Kalk*, der den Säuregehalt im Boden mindert. Auf leichten Böden verwendet man Kalkmergel oder Hüttenkalk (zum Beispiel 150 g/m^2), auf mittleren und schweren Böden Branntkalk oder Magnesium-Branntkalk (zum Beispiel 100 g/m^2). Rhododendren sowie andere Moorbeet- und Heidepflanzen sind **Kalkflieher** und dürfen nicht mit Kalkdüngern und kalkhaltigen Düngemitteln wie Kalkstickstoff, Kalkammonsalpeter und Thomasphosphat gedüngt werden. Für diese Pflanzengruppe nimmt man Schwefelsaures Ammoniak, Superphosphat und Patentkali oder chlorfreie Volldünger, und zwar im Frühjahr.

2.2 Pflanzeneinkauf und -behandlung

Ziergehölze sollten direkt oder über den örtlichen Gärtner von einer **Qualitätsbaumschule** (Markenbaumschule) bezogen werden. Die Gehölze werden in verschiedenen Höhen, breitwachsende Arten auch in verschiedenen Breiten angeboten. Außerdem sind Ballenpflanzen von preiswerteren Jungpflanzen ohne Ballen zu unterscheiden.

Durch **rechtzeitige Bestellung** einige Wochen vor dem geplanten Pflanztermin sichert man sich die gewünschten Arten und Sorten. Nach der Ankunft müssen die Pflanzen sofort ausgepackt und kontrolliert werden. Treffen die Pflanzen bei Frostwetter ein, werden die Ballen oder Körbe vorerst in einem kühlen, aber frostfreien Raum gelagert, bis sie langsam aufgetaut sind. Dann müssen sie ebenfalls ausgepackt werden.

Jede Baumschulsendung ist danach zu prüfen, ob die Jungpflanzen ihre Frische und Straffheit behielten oder auf dem Transport ausgetrocknet sind. Meistens ist es nötig, die *Wurzeln tüchtig anzufeuchten*; am besten stellt man sie eine Zeitlang in Wasser, damit sie sich vollsaugen können. Besonders gefährdet sind *immergrüne Sträucher*, da sie mit ihren Blättern laufend verdunsten. Obwohl sie mit Erdballen geliefert werden, sind sie oft sehr ausgetrocknet. Sie werden vor dem Pflanzen für etwa eine Stunde in ein Gefäß mit Wasser gestellt und später besonders durchdringend angegossen. *Rosen* müssen grundsätzlich direkt vor der Pflanzung einige Stunden gewässert werden.

Können die Ziergehölze nach ihrer Ankunft nicht sofort gepflanzt werden, so sind sie an einem wind- und sonnengeschützten Platz *einzuschlagen*. Es ist ein genügend tiefer und langer Graben auszuheben, in den die Pflanzen einzeln verteilt werden. Die Erdbedekkung, das Festtreten und das Einschlämmen erfolgen hier wie bei einer richtigen Pflanzung. Bei starkem Frost deckt man den **Einschlag** mit Laub, Stroh oder dergleichen ab.

Bäume, Sträucher, vor allem auch Rosen ohne Wurzelballen müssen direkt vor der Pflanzung einen **Wurzelschnitt** erfahren, wobei alle beschädigten Wurzeln mit scharfem Messer oder einer Gartenschere bis ins gesunde Holz zurückgeschnitten und alle übrigen Wurzelenden frisch angeschnitten werden, und zwar so, daß die Schnittflächen nach unten zeigen. Durch das Eintauchen der Wurzeln in einen dünnflüssigen Lehmbrei kann das Anwachsen gefördert werden. Alle Ballenpflanzen erhalten keinen Wurzelschnitt.

2.3 Pflanzabstände

Meistens gibt man den Sträuchern einen zu geringen Abstand, weil man sich ihre endgültige Höhe und Breite zu wenig vorstellen kann.

- **Bodenbedeckungspflanzen** = 25 bis 40 cm Abstand
- **Niedrige Sträucher**, bis 1 m hoch = 60 bis 100 cm Abstand, zum Beispiel Japanische Quitten, Berberitzen, Fünffingerstrauch, rote Sommerspiräe, Johanniskraut, niedrige Deutzien.
- **Mittelhohe Sträucher** bis 2,50 m hoch = 1,50 bis 2,50 m Abstand, zum Beispiel Forsythien, Blutjohannisbeeren, Spiräen, Weigelien, Kolkwitzien, Ranunkelstrauch, Hortensien, Strauchrosen, Pfeifenstrauch, mittelhohe Cotoneaster und Berberitzen, Rhododendren, Azaleen.
- **Hohe Sträucher**, 3 bis 5 m hoch = 3 bis 4 m Abstand, zum Beispiel Flieder, Gold-

regen, Haselnuß, Felsenbirne, Hartriegel, Sanddorn, hohe Heckenkirschen, Deutzien, Cotoneaster, Zieräpfel. Diese Sträucher erhalten eine Unterpflanzung.

- **Edel- und Beetrosen** = 35 bis 50 cm Abstand.
- **Hochstammrosen** = 80 bis 100 cm Abstand.
- **Kletterrosen** = 2 bis 4 m Abstand, je nach Wuchsstärke und nach gewünschter Dichte der Wandbegrünung.
- **Bäume:** Abstand = mindestens endgültiger Kronendurchmesser im ausgewachsenen Zustand. Beratung durch Fachmann.

2.4 Pflanzarbeiten

Das **Pflanzloch** muß doppelt so tief und breit sein wie das Wurzelwerk. Die ausgehobene Erde wird reichlich mit gut angefeuchtetem *Torf* vermischt, wodurch die Wurzelbildung wesentlich gefördert wird. Die **Pflanzung erfolgt am besten zu Zweit.** Die Gehölze werden genauso tief gepflanzt, wie sie in der Baumschule gestanden haben. Bei **Rosen** ist darauf zu achten, daß die Veredlungsstelle 3 bis 5 cm mit Erde bedeckt ist.

Bäume brauchen einen Pfahl, der bis eine Handbreit unter den Kronenansatz reicht.

Er wird vor dem Pflanzen eingeschlagen und gehört an die Hauptwindrichtung oder an die Südseite des Baumes. Die Befestigung erfolgt achtförmig mit einem dickeren Strick und darf nicht einschneiden. *Größere Nadelbäume* erhalten am besten eine zeltartige Dreiecksverstrebung, damit der Wurzelballen Ruhe findet.

Alle Nadelgehölze, die meisten immergrünen Laubgehölze, Solitärpflanzen, Bodendecker und manche laubabwerfenden Ziergehölze werden in den Baumschulen als **Ballenpflanzen** herangezogen, weil sie das Umpflanzen schlechter vertragen. Der Wurzelballen ist beim Verkauf dieser Arten meistens durch ein *Juteleinen* geschützt. Dies wird beim Pflanzen nicht entfernt, sondern nur aufgeknotet oder aufgeschnitten und bleibt ausgebreitet in der Pflanzgrube liegen. Nach dem *leichten Antreten* müssen Ballenpflanzen besonders intensiv angegossen werden.

Alle frisch gepflanzten Gehölze sind nach dem Antreten – Ballenpflanzen wenig oder gar nicht antreten – gut anzugießen und mit Stallmist oder feuchtem Torf abzudecken. **Bäume,** die schlecht anwachsen (Birke) oder nach der Pflanzung einen schlappen Eindruck machen und kaum austreiben, erhalten einen feuchten *Stammumschlag*, um die Verdunstung herabzumindern.

Rosen müssen nach der Pflanzung 20 cm hoch mit feuchter Erde angehäufelt werden, auch bei Frühjahrspflanzungen! Erst wenn die Knospen beginnen auszutreiben, häufelt man an einem bedeckten Tage ab.

2.5 Pflanzschnitt

Alle Pflanzen mit losen Wurzeln haben bei der Rodung in der Baumschule oder beim Umpflanzen im eigenen Garten einen erheblichen Teil ihres Wurzelwerkes eingebüßt. Um wieder ein Gleichgewicht zwischen Wurzel- und Sproßkrone herzustellen, müssen die Triebe dieser Pflanzenarten im Frühjahr um ein Drittel bis zur Hälfte eingekürzt werden. Diese Maßnahme ist sehr entscheidend für das Anwachsen der Pflanzen!

Der Pflanzschnitt erfolgt am besten im Frühjahr, bei Rosen in jedem Falle. Bei Edelrosen schneidet man die starken Triebe auf vier Augen, die schwächeren auf zwei Augen zurück. Abgestorbene Teile und sehr schwächliche Triebe sind ganz zu entfernen. Beetrosen werden auf vier bis sechs Augen geschnitten. Kletter-, Strauch- und Parkrosen sind um die Hälfte ihrer Gesamtlänge zurückzuschneiden. **Ballenpflanzen** erhalten keinen Pflanzschnitt, nur beschädigte Zweige müssen zurückgeschnitten werden.

3. Pflege

3.1 Schnitt

Der Schnitt von Ziersträuchern richtet sich nach der Gehölzart, nach der Wuchsstärke und der Blütezeit.

Schnittregeln

- **Alle Immergrünen und langsam wachsenden Sträucher** werden nicht geschnitten, es sei denn, es ist trockenes Holz zu entfernen. *Beispiele:* Alpenrosen, Azaleen, Kirschlorbeer, Lavendelheide, Lorbeerrose, Zaubernüsse, immergrüne Cotoneasterarten, Nadelhölzer.

- **Sträucher, die an diesjährigen Trieben** – die also im selben Jahr gewachsen sind – **blühen**, brauchen *jährlich* einen kräftigen Rückschnitt *im Frühjahr*, um einen starken Austrieb zu haben. *Beispiele:* Sommerflieder (Buddleia), Rispenhortensien, Johanniskraut, großblütige Clematisarten, Hibiscus.

- **Alle Blütensträucher, die an mehrjährigem Holz blühen**, schneidet man nach ihrer Blüte, ehe sie an den letzt- oder mehrjährigen Trieben die neuen Blütenknospen für das folgende Jahr bilden. Ein zu später Schnitt, zum Beispiel ein Winterschnitt bei Frühjahrsblühern, würde sie des Blütenschmuckes berauben. Es kommt für diese Gruppe in erster Linie ein Auslichtungsschnitt in Frage, der meist nur in jedem zweiten bis vierten Jahr erforderlich ist. Hierzu gehören die meisten Blütensträucher im Garten.

- **Alle Rosenarten** schneidet man im Frühjahr. Es bleibt ein fingerdicker *Zapfen* über dem obersten Auge stehen, um es vor dem Austrocknen zu schützen.

  - **Edel- und Beetrosen:** Im *Herbst* schneidet man sie mehr der Ordnung halber etwa um ein Drittel zurück. Der starke Rückschnitt erfolgt im *Frühjahr* nach den Winterfrösten. Hierbei sind vertrocknete und erfrorene Triebe ganz zu entfernen. Für den Rückschnitt gilt die **Regel**: Je starkwüchsiger die Sorte ist, um so weniger stark wird geschnitten; das heißt starke Triebe auf drei bis fünf Knospen, schwache Triebe auf zwei bis vier Knospen.

    Nach der Hauptblüte im *Sommer* wird durch einen schwachen Rückschnitt die weitere Blütenbildung gefördert.

  - **Stammrosen:** Die Kronen werden wie die oben genannten Edelrosen behandelt, wobei aber mehr auf die gute Form zu achten ist.

  - **Kletterrosen:** Hier ist nur das alte, zu dichte und im Winter erfrorene Holz zu entfernen.

● **Strauch-, Park-, Moosrosen:** Altes, zu dichtes und vertrocknetes Holz muß entfernt werden, dabei die Pflanzen etwas in Form bringen.

● **Zwergrosen:** Sie werden jährlich leicht gestutzt und, wenn erforderlich, ausgelichtet sowie laufend ausgeputzt.

➤ **Verjüngungsschnitt:** Ein Verjüngungsschnitt kommt bei älteren noch brauchbaren Sträuchern in Betracht, die in ihrer Wüchsigkeit und Blühwilligkeit sehr nachlassen. Durch scharfen *Rückschnitt bis tief in das alte Holz* (kniehoch) wird der Strauch angeregt, sich neu aufzubauen. Der Verjüngungsschnitt wird immer während der Winterruhe durchgeführt. Diese Pflanzen sind im folgenden Jahr sorgfältig nachzuschneiden.

3.2 Bewässerung

Frisch gepflanzte Gehölze und die immergrünen Laubgehölze leiden am ehesten unter Wassermangel. In trockenen Jahren sind sie öfter zu gießen. Während die laubabwerfenden Arten nur bis zum Hochsommer zusätzliche Wassergaben bekommen sollen, um danach rechtzeitig ausreifen zu können, liegt der *wichtigste Bewässerungstermin bei den Immergrünen im September*. Sie müssen zu dieser Zeit Gelegenheit haben, sich tüchtig vollzusaugen, um im Winter, wenn das Bodenwasser gefroren ist, aus Reserven schöpfen zu können. Als Immergrüne behalten sie ihre Verdunstungsapparate und geben laufend Wasser ab. Wie oft vertrocknen uns im Winter kostbare Immergrüne; wir meinen zwar fälschlich, sie erfrieren.

3.3 Düngung

Hierfür sind gut abgelagerter *Stallmist* und gedüngter *Torfmull* gut geeignet. Um den verschiedenen Kalkansprüchen der Sträucher gerecht zu werden, verwendet man als Mineraldünger am praktischsten neutrale *Volldünger*. Eine mittlere Gabe von 60 bis 100 g/m^2 im Frühjahr verabreicht, ist für alle Arten richtig. Die Kalkdüngung sollte vom Ergebnis einer Bodenprobe abhängig gemacht werden.

3.4 Bodenpflege

Man sollte das Umgraben auf den Gehölzrabatten vermeiden, weil hierdurch sehr viel feine Saugwurzeln abgestochen werden. Für Boden und Pflanzen und für den Hausgärtner ist das **Mulchen** die beste Bodenpflegemaßnahme. **Rhododendren** und andere Moorbeetpflanzen gedeihen unter einer Torf- oder Eichenlaubdecke besonders gut (siehe Seite 65).

3.5 Frostschutz

Vorbeugende Frostschutzmaßnahmen sind bereits bei der Pflanzenplanung möglich. Es gilt, für den eigenen Garten nur die Gehölze zu wählen, die für das Klima, die Höhenlage und die Bodenverhältnisse geeignet sind.

Immergrüne müssen einen vor winterlicher Sonne geschützten Standort erhalten. Spätsommerliches Wässern der **laubabwerfenden Gehölze** und eine Stickstoffüberdüngung führen zu erhöhter Frostgefährdung, weil die Pflanzen nicht rechtzeitig vor dem Frost ausreifen konnten. Das **Abdecken** der Pflanzung hat neben einer Bodenverbesserung den Vorteil, daß der Frost weniger tief in den Boden eindringen kann. Durch Beistecken und Abdecken mit Fichtenreisig kann der schädliche Einfluß tiefer Temperaturen und kalter Winde abgehalten werden, besonders wichtig bei Rosen, Buddleien, Waldreben, Hibiscus, Feuerdorn, einigen Berberitzen- und Felsenmispelarten.

Beetrosen werden nach einer guten Holzausreife vor Beginn des Winters etwa 20 cm hoch *mit Erde angehäufelt*. Eine leichte *Tannenreisigdecke* und bei starkem Kahlfrost ein *Mistumschlag* sind zusätzliche Schutzmaßnahmen in strengen Wintern. **Hochstammrosen** sind nach dem Entblättern kurz vor den ersten stärkeren Frösten über die Veredlungsstelle niederzubiegen und mit Erde so weit zu bedecken, daß nur noch die Triebspitzen herausschauen. Ihre Stämme sollten ebenso wie die unteren Partien von Kletterrosen mit Tannengrün umsteckt werden. **Strauchrosen** brauchen gewöhnlich keinen Frostschutz.

4. Krankheiten und Schädlinge

Echter Mehltau an Rosen

Weiße, mehlige Pilzrasen überziehen Blätter, Blütenkelche und Triebe der Rosen. Die Pflanzen bleiben im Wuchs zurück, die Blühwilligkeit läßt deutlich nach. Empfindliche Rosensorten können bereits kurz nach dem Austrieb befallen werden.

Bekämpfung: Vorbeugend, naßkalte und magere Böden und eingeschlossene Lagen vermeiden, einseitige Stickstoff- und Kalkdüngungen sind ungünstig. Im Abstand von zehn bis vierzehn Tagen, bei Befall von vier bis fünf Tagen, wiederholt mit zugelassenen Fungiziden spritzen oder sprühen, zum Beispiel Saprol, Compo Rosen fluid, Euparen, Bayleton 100.

Sternrußtau an Rosen

Diese Krankheit tritt erst im Sommer und Herbst auf. Es bilden sich runde, zerfranste, sternförmige Flecke, anfangs gelbbraun und später schwarz. Blattfall ist die Folge.

Bekämpfung: Vorbeugend für helle Standorte und harmonische, ausreichende Düngung sorgen. Spätestens ab Juli wiederholt mit einem zugelassenen chemischen Bekämpfungsmittel spritzen oder sprühen (siehe Echter Mehltau).

Rosenrost

Blattoberseite gelblich-rötliche Flecke, unterseits und auf Trieben kleine, gelbe Pusteln, nachfolgend Blattfall. Der Befall beginnt an den unteren Blättern.

Bekämpfung: Vorbeugend für guten Standort und gute Ernährung sorgen, befallenes Laub vernichten. Chemischer Mitteleinsatz siehe Echter Mehltau.

Feuerbrandkrankheit

Diese bakterielle Holzkrankheit ist erst vor einigen Jahren in Deutschland eingeschleppt worden und breitet sich aus. Besonders schwere Schäden kann sie einmal an Birnen, Äpfeln und Quitten, zum andern an

Cotoneasterarten, Feuerdorn und besonders auch an Weiß- und Rotdorn verursachen.

An Blüten und jungen Trieben dringt der Krankheitserreger in das Holz der Pflanze ein. Schon im Laufe des Sommers kommt es zu ersten Absterbeerscheinungen an den Trieben. Typisch für den Feuerbrand ist, daß sich die Triebspitzen häufig hakenförmig krümmen und die abgestorbenen, sich schwarzbraun verfärbten Blätter fest am Trieb hängenbleiben. Die Rinde ist an den befallenen Stellen braun, schließlich schwarz und eingetrocknet. Ganze Bäume und Sträucher fallen dieser Krankheit zum Opfer.

Bekämpfung: Nur durch vollständige Vernichtung der befallenen Pflanzen ist der Verbreitung Einhalt zu gebieten. Da die Krankheit eine ernste Gefahr für den Erwerbsobstbau bedeutet, sind Bestimmungen zur Meldepflicht des Verdachts beziehungsweise des Auftretens des Feuerbrandes erlassen worden. Eine chemische Bekämpfung ist bisher noch nicht möglich.

Zweigkrankheit an Rhododendron

Die Endknospen der Rhododendren werden trocken, Zweige welken und sterben ab. Die ganze Pflanze kann an dieser Pilzkrankheit (Phytophthora cactorum) eingehen. Andere Pilzarten verursachen unregelmäßige braune bis schwarze Blattflecken und Blattfall, der die Rhododendren sehr schwächt.

Bekämpfung: Von der Zweigkrankheit befallene Triebe rechtzeitig handbreit bis in das gesunde Holz zurückschneiden und vernichten. Gegen alle Pilzkrankheiten kann vor und nach der Blüte wiederholt zum Beispiel mit Polyram-Combi gespritzt werden.

Kiefernschütte

Nadeln der Kiefern werden im Herbst, hauptsächlich aber im zeitigen Frühjahr braunfleckig, später vollkommen braun und fallen im April/Mai ab.

Bekämpfung: Ab Juli bis Ende August wiederholt spritzen, zum Beispiel mit Antracol.

Blattläuse an Ziergehölzen

Sie befinden sich oft in Massen an Blättern, jungen Trieben und Knospen, vor allem in warmer, trockener Zeit. Durch die Saugschäden verkümmern Blätter und Triebe. Auf den klebrigen Ausscheidungen der Läuse (Honigtau) siedeln sich schwarze Rußtaupilze an.

Bekämpfung: Vorbeugend nicht möglich. Befallene Triebspitzen abschneiden und vernichten. Bei stärkerem Befall zugelassene, bienenungefährliche chemische Mittel einsetzen, zum Beispiel Parexan, Pirimor, Spruzit.

Rosenzikaden

Weißgrüne bis 3 mm große Tiere saugen auf der Blattunterseite. Weißliche Sprenkelung auf der Blattoberseite deutet darauf hin. Befallene Blätter verdorren und fallen ab.

Bekämpfung: Da bei Trockenheit oft Massenbefall auftritt, ist eine Spritzung zum Beispiel mit Unden, Actelic 50 erforderlich, jedoch nicht zur Blütezeit.

Spinnmilben

An manchen Laubgehölzen, zum Beispiel Zieräpfel, Zierpflaumen, Zierkirschen, Mandelbäumchen, aber auch an manchen Nadelgehölzen saugt die Spinnmilbe zwischen feinen weißlichen Spinnfäden vor allem blattunterseits. Die Blätter verfärben sich und fallen vorzeitig ab.

Bekämpfung: Ab Mai wiederholt spritzen, zum Beispiel mit Metasystox R.

Sitkafichtenlaus (Fichtenröhrenlaus)

Diese Lausart schadet bereits ab März, obgleich der Befall meistens erst nach dem Neuaustrieb im Mai deutlich sichtbar wird. Die grün gefärbten Läuse haben auffallend rotbraune Knopfaugen (mit Lupe erkennbar) und saugen hauptsächlich an der Unterseite der Nadeln von mehrjährigen Trieben. Die Nadeln bekommen zunächst gelbe Flekken, verfärben sich später braungrau bis violett und fallen schließlich ab, wodurch die inneren Kronenteile verkahlen.

Um den Schaden zu verhüten oder zumindest in Grenzen zu halten, sollte der Hausgärtner seine Fichten im März/April besonders sorgfältig beobachten. Ein Befall läßt sich mit Hilfe der sogenannten *Klopfprobe* feststellen. Man klopft Zweige im Bauminnern in Stammnähe über einer hellen Unterlage (weißer Papierbogen) ab. Bei mehr als sechs Läusen pro überprüftem Einzeltrieb ist eine chemische Bekämpfung ratsam.

Bekämpfung: Vor dem Austrieb der Fichten durch eine Austriebsspritzung, zum Beispiel mit den zugelassenen Präparaten Eftol-Öl, Folidol-Öl-Spritzmittel, Austriebsspritzmittel Nexion Öl; nach dem Austrieb wirkt eine Spritzung mit Metasystox R bei windstillem Wetter besonders nachhaltig.

Wolläuse

Im Winter findet man Wolläuse auf der Rinde junger Zweige, vor allem an Kiefern, Lärchen und Douglasien; während der Vegetationszeit vorwiegend an deren Maitrieben. Sie sind zu ihrem Schutze in dichte, weiße Wachsfäden eingehüllt.

Bekämpfung: siehe Sitkafichtenlaus.

Schildläuse

Auf den Trieben und Zweigen erkennt man leichtabkratzbare Höcker oder Schuppen, die Schutzpanzer der Schildläuse. Die Saugschäden können erheblich sein, die Pflanzen kümmern und sterben ab. Es werden zum Beispiel befallen: Felsenmispeln, Wacholder, Lebensbaum, Scheinzypressen.

Bekämpfung: siehe Sitkafichtenlaus.

Dickmaulrüßler

Verschiedene Ziergehölze, vor allem Rhododendren, Koniferen und Cotoneasterarten, werden durch den Dickmaulrüßler auf zweierlei Art geschädigt: Die Käfer fressen etwa ab Juni die Blattränder bogenförmig aus. Sie sind nachtaktiv und daher tagsüber kaum zu beobachten. Weit gefährlicher sind die gefräßigen weißlichen Larven, die an den feinen Wurzeln fressen und die Rinde der älteren Wurzeln, oftmals auch der unteren Triebteile, bis auf das Holz abnagen. Die Pflanzen kümmern und können absterben. Der Schädling wird häufig mit Containerware in den Garten eingeschleppt und ist schwer auszurotten.

Bekämpfung: Gegen Käferfraß mit bienenungefährlichen Insektiziden wie Thiodan 35 flüssig, Beosit 35 flüssig spritzen. Bei starkem Auftreten der Larven ab Frühjahr wiederholt im Abstand von drei Wochen auf feuchten Boden zum Beispiel mit blitol Insektenfrei Neu oder Ekamet gießen (0,1 %ig, 4 l je m^2) oder mit Curaterr Granulat streuen (10 g je m^2).

Übersicht 10: Blütensträucher für den ländlichen Hausgarten
Hohe Ziersträucher

Name	Höhe in m	Jan.	Febr.	März	April	Mai	Juni	Juli	Aug.	Sept.	Okt.	Nov.	Dez.	Blütenfarbe = **Frucht-schmuck**	Bemerkungen
Zaubernuß – Hamamelis japonica, Hamamelis mollis	bis 5	▬	▬											gelb	O – ◑, Solitärpflanze für Vordergrund, tiefgründiger, nahrhafter Boden
Kornelkirsche – Cornus mas	bis 5		▬	▬					•••	•••	•••			gelb, rote Früchte	O – ●, kalkliebend, lehmig, Windschutzpflanze
Haselnuß, Bluthasel – Corylus avellana in Sorten C. maxima purpurea	bis 5		▬	▬						•••				Kätzchen Haselnüsse	O – ◑, Gemeine Hasel sehr anspruchslos, Deck- und Windschutzpflanze, Bluthasel Gruppen- und Solitärpflanze
Weide – Salix smithiana, purpurea, caprea u.a.	3 – 8			▬	▬									Kätzchen	O, anspruchslos, Deckpflanze, Bienenfutter
Felsenbirne – Amelanchier canadensis, laevis	3 – 8				▬				•••	•••	•••	•••		weiß, rötliche Früchte	O – ◑, Kalk, anspruchslos, Herbstfärbung, Deckstrauch
Magnolie – Magnolia-Arten	2 – 6			▬	▬	▬								weiß-rosa	O Solitärstrauch, mittlerer, durchlässiger Boden
Hartriegel – Cornus alba-Arten, florida, kousa	2 – 5					▬	▬			•••	•••	•••	•••	gelblich-weiß Beeren	O – ●, humoser Boden, Frucht-, Laub-, Zweigschmuck
Traubenholunder – Sambucus racemosa	bis 4				▬	▬			•••	•••	•••			gelblich-weiß rote Beeren	O – ●, anspruchslos, feucht, kalkfreier Boden, Deckstrauch
Schneeball – Virburnum-Arten	bis 4					▬	▬			•••	•••	•••		rosa-weiß, = z.T. Beeren	O – ●, für normale Gartenböden, z.T. immergrün
Alpenrosen, Azaleen – Rhododendron in Arten und Sorten	bis 4				▬	▬	▬							alle Farben	◑, gut humoser bis anmooriger, feuchter Boden; z.T. immergrün, Kalkfieber

Übersicht 10: Blütensträucher für den ländlichen Hausgarten
Hohe Ziersträucher (Fortsetzung)

Name	Höhe in m	Jan.	Febr.	März	April	Mai	Juni	Juli	Aug.	Sept.	Okt.	Nov.	Dez.	Blütenfarbe = Fruchtschmuck	Bemerkungen
Flieder – Syringa vulgaris-Hybriden und andere Arten	bis 7					■	■							alle Farben	O, für normale Gartenböden
Falscher Jasmin – Philadelphus coronarius	3 – 5					■	■	■						weiß	O – ◐, anspruchslos
Goldregen – Laburnum watereri „Vossii"	3 – 5					■	■							gelb	O – ◐, kalkhaltiger, feuchter Boden, in Hintergrund, giftig
Erbsenstrauch – Caragana arborescens	4 – 6					■								gelb	O – ◐, anspruchslos, Deckstrauch, Windschutzpflanze
Pfaffenhut – Euonymus alatus, europaeus	3 u. 7					■	■		•	•	•	•		unscheinbar rote Früchte	O – ●, anspruchslos, Herbstfärbung
Heckenkirsche – Lonicera tatarica, xylosteum, ledebouri	3 – 4					■	■	■		•	•			**hellrosa, purpur** **rote Früchte**	O – ●, anspruchslos, Deckstrauch
Weigelie – Weigelia florida, Hybriden	bis 3					■	■	■	■	■				rosa,rot,weiß	O – ◐, nahrhafter Gartenboden
Tamariske – Tamarix pentandra,parviflora	3 – 5						■	■	■					rosa	O, warm geschützt, auch in leichtem Boden
Deutzie (Maiblumenstrauch) – Deutzia magnifica,scabra,hybrida	2 – 4					■	■	■						weiß, rosa	O – ◐, für normale Gartenböden
Perückenstrauch – Cotinus coggygria	2 – 5						■	■	•	•	•			rötlich perückenähnliche Fruchtstände	O, Herbstfärbung, warme Lage, Solitär- und Gruppenstrauch, auch rote Form

Übersicht 10: Blütensträucher für den ländlichen Hausgarten
Hohe Ziersträucher (Fortsetzung)

Name	Höhe in m	Jan.	Febr.	März	April	Mai	Juni	Juli	Aug.	Sept.	Okt.	Nov.	Dez.	Blütenfarbe Fruchtschmuck	Bemerkungen
Schwarzer Holunder – Sambucus nigra	bis 7						▬	▬		•••	•••			weiß, schwarze Beeren	○ – ●, anspruchslos, Deck- und Windschutzpflanze
Maiblumenbaum (Scheineller) Clethra	3							▬	▬	▬				weiß	◑ – ●, für nicht zu schwere, aber etwas feuchte Böden
Sommerflieder (Schmetterlingsstrauch) – Buddleia davidii in Sorten	bis 4							▬	▬	▬	▬			lila, blau, rot, rosa, weiß	○, für normale Gartenböden, Winterschutz, Frühjahrsschnitt, kräftige Grunddüngung

○ = Sonne, ◑ = Halbschatten, ● = Schatten ▬ = Blütezeit ••• Fruchtschmuck

Halbhohe und niedrige Blütensträucher

Name	Höhe in m	Jan.	Febr.	März	April	Mai	Juni	Juli	Aug.	Sept.	Okt.	Nov.	Dez.	Blütenfarbe Frucht schmuck	Bemerkungen
Scheinhasel – Corylopsis pauciflora	1 – 2			▬	▬									hellgelb	○ – ◑, frischer Boden, etwas geschützt
Alpenrosen und Azaleen – Rhododendron in Arten und Sorten	ab 0,5				▬	▬	▬							alle Farben	◑, für humose, feuchte Böden, zum großen Teil Kalkflieher, Luftfeuchtigkeit, immergrün
Zierquitten – Chaenomeles lagenaria, japonica	1,5 – 3 1			▬	▬	▬			•••	•••	•••			rosa, rot gelbe Früchte	○ – ◑, anspruchslos, auch für Hecken
Ginster – Cytisus praecox, scoparius kewensis	2 – 3 0,5				▬	▬	▬							gelb, rötlich	○, sandige, durchlässige Böden, schöne Hybridsorten

Halbhohe und niedrige Blütensträucher (Fortsetzung)

Name	Höhe in m	Jan.	Febr.	März	April	Mai	Juni	Juli	Aug.	Sept.	Okt.	Nov.	Dez.	Blütenfarbe Frucht schmuck	Bemerkungen
Deutzie – Deutzia gracilis, rosea	1 – 1,5					■	■							weiß, rosa	O – ◐, für normale Gartenböden, feucht
Forsythie – Forsythia intermedia, suspensa	1,5 – 3				■	■								gelb	O, anspruchslos
Blutjohannisbeere – Ribes sanguineum	bis 3				■	■								dunkelrot	O – ◐, anspruchslos, durchlässige Böden
Spierstrauch – Spiraea thunbergi, arguta vanhouttei, cinerea	1,5 – 3				■	■	■							weiß	O – ◐, anspruchslos
Mandelbäumchen Prunus triloba	bis 2				■	■								rosa	O, geschützte Lage, humoser Boden
Heckenkirsche – Lonicera, coerulea, morrowii	1,5 – 2					■	■	•	•	•				gelblich, Beeren bräunlich-rot	O – ◐, für normale Gartenböden als Unterpflanzung
Ranunkelstrauch – Kerria japonica „Pleniflora"	1 – 2					■	■	■	■					gelb	O – ◐, nährstoffreicher Boden
Kolkwitzie – Kolkwitzia amabilis	2 – 3					■	■							rosa	O – ◐, normaler Gartenboden
Park- und Moosrosen	0,5 – 3					■	■	■	■ •	■ •	•			rot, gelb, weiß **Hagebutten**	O, für mittlere Böden

Fingerstrauch – Potentilla fruticosa in Sorten	bis 1,5						■	■	■	■	■			gelb, weiß	O,für leichte bis mittlere Böden ab u. zu kräftiger Rückschnitt
Falscher Jasmin – Philadelphius lemoinei, virginalis und Hybriden	1,5–2,5						■	■						weiß	O – ◐, für mittlere Böden
Blasenstrauch – Colutea arborescens	2 – 4						■	■	■	•••••	•••••			gelb, blasige, grüne Früchte	O – ◐, leichter, kalkhaltiger Boden,Windschutzpflanze
Eibisch – Hibiscus	bis 2						■	■	■	■				blau, rot, weiß rosa	O, warme, geschützte Lage, nahrhafter Humusboden,Winterschutz, Frühjahrsrückschnitt
Spierstrauch – Spiraea bumalda,menziesli	bis 1 und 3							■	■	■				dunkelrot, rosa	O – ◐, anspruchslos
Johanniskraut – Hypericum in Arten	bis 1,5							■	■	■	■			gelb	O – ◐, humoser, frischer Boden,Frühjahrsschnitt
Hortensie – Hydrangea paniculata „Grandi flora",H. arborescens „Grandiflora"	bis 3						■	■	■	■				weiß-rötlich	O – ◐,gleichmäßiger,feuchter Boden, Moorpflanze
Bartblume – Caryopteris	bis 1								■	■	■			blau	O, schützt, humos und nährstoffreich, kalkliebend, Winterschutz

O = Sonne, ◐ = Halbschatten, ● = Schatten

■ = Blütezeit ••••• Fruchtschmuck

Übersicht 11: Schönfrüchtige Gehölze

Deutscher Name	Botanischer Name	Höhe in m	Fruchtzeit in Monaten	Fruchtfarbe	Bemerkungen
Mahonie	Mahonia aquifolium	1	VII – IX	schwarz-blau	O – ●, anspruchslos, immergrün, gelbe Blüte IV – V
Berberitze	Berberis, z.B. thunbergi, gagnepainii, julianae, verruculosa, stenophylla	0,3–3	VIII – X	rot, schwarz	O – ◑, für jeden guten Gartenboden, z.T. immergrün
Felsen- und Zwergmispel	Cotoneaster, z.B. praecox, horizontalis, dielsianus, divaricatus, salicifolius, hybridus, sternianus	0,3–3	ab VIII, z.T. bis XII	rot, schwarz	O – ◑, anspruchslos, z.T. immergrün
Sanddorn	Hippophae rhamnoides	bis 4	IX – III	gelb	O, anspruchslos, auch für Küstengebiete
Stechpalme	Ilex aquifolium, crenata u.a.	bis 10	IX – III	rot	◑ – ●, für nahrhafte Böden im Schatten, immergrün, Windschutz erforderlich
Feuerdorn	Pyracantha coccinea	bis 4	IX – III	rot, orange	O, durchlässiger Boden, warme Lage, immergrün
Korallenbeere	Symphoricarpus orbiculatus	1,5–3	X – III	dunkelrot	O – ●, anspruchslos, Deckstrauch

Hierzu gehören **außerdem** die unter den Blütensträuchern erwähnten Arten:
Felsenbirne, Japanische Quitte, Hartriegel, Kornelkirsche, Haselnuß, Weiß- und Rotdorn, Perückenstrauch, Zaubernuß, Heckenkirsche, Zierapfel, Zierpflaume, Zierkirsche, Holunder, Eberesche, Schneeball, Pfaffenhut, Park- und Moosrosen.

Ziersträucher mit schöner Herbstfärbung:
Ahorn-Arten, Felsenbirne, Berberis thunbergi, Hartriegel, Kornelkirsche, Perückenstrauch, Felsenmispeln, Pfaffenhut, Zaubernuß, Mahonie, Zierapfelarten, Zierkirschen, Zierpflaumen, Eberesche, Korallenbeere, Schneeball u.a.

Ziersträucher mit schöner Rindenfärbung:
Kornelkirsche, Hartriegel, Pfaffenhut, Silberweide, Tamariske, Parkrosen-Arten u.a.

Übersicht 12: Bewährte Rosenarten und -sorten

Edelrosen:
Große Blüten, meist einzeln auf Stielen stehend. **Blütezeit:** Frühsommer bis Herbst. **Verwendung:** Vor allem als Schnittblumen, auch für Gruppenpflanzung

Sorte	Farbe	Höhe in cm	Besondere Eigenschaften
Erotika	dunkelrot	70	Gefüllte, große Blüten, stark duftend; robust
Henkell Royal	blutrot	70	Auf starken, langen Stielen edle Blüten, duftend
Roter Stern	mennigrot	100	Gefüllte, sehr haltbare Blüten; stark- und gesundwüchsig
Super Star	lachsorange	100	Reichblühend, Wildrosenduft; starkwüchsig, gesund
Duftwolke	blutorange	60	Gefüllte, edle, duftende Blüten einzeln oder in Dolden; üppiges Laub
Piccadilly	goldgelb, leuchtend rot gestreift	60	Wirkungsvolle Farbkomposition, sehr reichblühend, stark duftend
Carina	silbrigrosa	100	Gut gefüllte, haltbare Blüten, duftend; buschig
Michele Meilland	zartrosa	40 – 60	Kräftiger, buschiger, gesunder Wuchs; auch für rauhere Lagen
Pariser Charme	rosa	60	Stark duftend; buschig, gesundes Laub
Gloria Dei	goldgelb mit rötlichem Rand	80	Starkwüchsig und sehr robust, Weltsorte; sehr winterhart und widerstandsfähig
King's Ransom	goldgelb	70	Edle, haltbare Blüten, duftend
Landora	kanariengelb	70	Edle, gut gefüllte schlanke Blüten, gesundes Laub; sehr winterhart
Sutters Gold	goldgelb mit rötlichem Schimmer	80	Reich- und frühblühend, würzig duftend; gesund und widerstandsfähig, auch für rauhere Lagen
Königin der Rosen	lachsorange mit goldgelbem Rand	70	Große Blüten, frischer Duft; dicktriebig
Virgo	reinweiß	80	Langtriebig, gesund und winterhart, stark wachsend

Beetrosen:

Blütendolden, zum Teil mit edlen Einzelblüten. **Blütezeit:** Frühsommer bis Herbst. **Verwendung:** Als wirkungsvolle Gruppenpflanze im Garten, auf Gräbern, auch zum Schnitt.

Sorte	Farbe	Höhe in cm	Besondere Eigenschaften
Marlena	leuchtendrot	35	FL, Dauerblüher, gefüllt; gedrungener Wuchs, unempfindlich bei Regen
Meteor	zinnoberrot	35	FL, edle, gefüllte Blüten, einzeln oder in Dolden; gedrungener Wuchs, robust
Lilli Marleen	samtdunkelrot	50	FL, gefüllt, sehr wirkungsvolle Floribundarose; unermüdlich blühend
Schweizer Gruß	dunkelrot	40	POL, weitverbreitet, da reichblühend, halbgefüllt; buschig, und gesund
Sarabande	geranienrot	40–50	POL, einfach in großen Büscheln blühend; gesund, witterungsbeständig
Topsi	orangerot	35	POL, nicht verblassende schalenförmige Blüten; frühblühend bis zum Frost
Molde	blutorangerot	50	FL, mittelgroße, gefüllte Blüten; Laub in der Jugend rötlich, buschig
Montana	blutorange	60–65	FL, gefüllt, Wildrosenduft; robuste Beetsorte, sehr winterhart
Orange Sensation	orangerot	60	FL, halbgefüllte, haltbare Blüten, leichter Duft; wüchsig und gesund
Fanal	leuchtendrot	60	POH, große, halbgefüllte Blüten; gesundes Laub
Friesia	goldgelb	65	FL, große, gefüllte Blüten, duftend; sauberes Verblühen, sehr winterhart
Goldjuwel	goldgelb	50	POL, haltbare, langandauernde Blüte, witterungsbeständige Blüten; gesundes Laub, guter Winterschutz nötig
Norris Pratt	tiefgoldgelb	45	FL, große, gefüllte, in Dolden stehende Blüten; kompakter Wuchs
Tip Top	reinrosa	40	POL, zarter Wildrosenduft, halbgefüllte, haltbare Blüte; kompakter Wuchs
Fashion	lachsrosa	40	POL, schöne Büschel mit großen, halbgefüllten Blüten, langblühend
The Queen Elisabeth Rose	silbrigrosa	80	FLG, edelrosengleich, große, gefüllte Blüten, Blüte bis Spätherbst; herrliche Beet- und Schnittrose
Masquerade	rote Knospe, offene Blüte goldgelb	60	POL, wirkungsvoller Farbkontrast, sehr reich gefüllt und langblühend; robust und hart, gut für kleinere Gruppen

POL = Polyantha-Rose, POH = Polyantha-Hybride, FL = Floribunda-Rose, FLG = Floribunda Grandiflora

Strauch- und Parkrosen

Arten	Farbe	Blütezeit	Höhe in m	Besondere Eigenschaften
Strauchrosen				
Dirigent	blutrot	VI – Herbst	1,5 – 2	Halbgefüllt; auch für dauerblühende Hecken
Lichterloh	blutrot	VI – Herbst	1	Gedrungener, buschiger Wuchs
Mannheim	kirschrot	VI – Herbst	1,5 – 2	Edle, gefüllte Blüten; auch für dauerblühende Hecken
Bischofsstadt Paderborn	zinnoberrot	VI – Herbst	1 – 1,5	Einfache, schalenförmige Blüten; buschig, auch für Blütenhecken
Feuerwerk	leuchtend orangerot	VI – Herbst	1,5	Edle, halbgefüllte Blüten; kräftig wachsend
Elmshorn	hellrot	VI – Herbst	1,5 – 2	Gefülltblühend; starkwüchsig
Lichtkönigin Lucia	zitronengelb	VI – Herbst	1,5	Gefüllte, große, duftende Blüten; stark aufrecht-wachsend
Schneewittchen	weiß	VI – Herbst	1	Edle, gefüllte Blüten; buschig, als Beet- und Grabrose, auch für Hecken
Park- und Moosrosen				
Rosa centifolia				
Muscosa	intensivrosa	VI – VIII	1,5	Gefüllt, mittelgroße Blüten, duftend; stark verzweigt
Parkjuwel	blutrot	VI – VIII	1,5	Sehr große Blüten, reichblühend
Rosa lutea				
Rosa moyesi superba	blutrot	VII – VIII	1,5 – 2	Sehr schöne Wildrose; Solitärpflanze, leuchtende flaschenförmige Hagebutten
Rosa rugosa				
„Conrad Ferdinand Meyer"	reinrosa	ab VI	2 – 2,5	Edle, gefüllte Blüten, stark duftend; starker Wuchs
Rosa spinosissima				
„Maigold"	orange-goldgelb	V – VI, Herbst	2 – 2,5	Große, gefüllte, duftende Blüten; starker Wuchs, auch Solitär
„Frühlingsgold"	goldgelb	V – VI	1,5 – 2	Einfache, schalenförmige, duftende Blüten, reichblühend; guter Wuchs. Sorte „Frühlingsmorgen" rosablühend

Übersicht 13: Blütenstauden für den Hausgarten
Halbhohe und hohe Stauden

Name	Höhe in cm	Jan.	Febr.	März	April	Mai	Juni	Juli	Aug.	Sept.	Okt.	Nov.	Dez.	Blütenfarbe	Bemerkungen
Gemswurz – Doronicum	40 – 80				■	■	■	■						gelb	O – ◐, nährstoffreicher Boden
Trollblume – Trollius	30 – 70				■	■	■							gelb	O – ◐, für feuchten Standort
Pfingstrose – Paeonia	60 – 80					■	■							weiß, rot, rosa	O, für nahrhaften feuchten Boden, nicht umpflanzen, stützen
Tränendes Herz – Dicentra spectabilis	80					■	■							rosa, rot	O – ◐, für humosen Boden, nicht umpflanzen
Akelei – Aquilegia	40 – 80					■	■	■						blau, weiß, rot, gelb	O – ◐,
Geißbart – Aruncus silvester	150					■	■	■						weiß	O – ●, für humose, feuchte Böden
Himmelsleiter – Polemonium	40 – 60					■	■			■				blau, weiß	O – ◐
Schwertlilie Iris-Arten	25 – 100					■	■	■						viele Farben	O – ◐, mittlerer, z.T. feuchter Boden
Wiesenraute – Thalictrum	80 – 100					■	■	■						weiß, lila, rosa	O – ●, feucht
Lupine – Lupinus	80 – 120					■	■	■		■				alle Farben	O – ◐, anspruchslos

Margerite – Chrysanthemum-Arten	50 – 80						■	■	■	■				weiß, rosa, rot	O, öfter verjüngen
Taglilie – Hemerocallis	40 – 100						■	■	■					gelb, orange	O – ◐, selten umpflanzen
Gelbweiderich – Lysimachia punctata	80						■	■	■					gelb	O – ◐, robuste, wirkungsvolle Staude
Glockenblume – Campanula-Arten	10 – 100						■	■	■					blau, weiß	O – ◐, anspruchslos
Purpurglöckchen – Heuchera	50 – 70						■	■	■					rosa, weiß, rot	O – ◐, für nährstoffreichen Boden
Rittersporn Delphinium x cultorum Delphinium x belladonna	100 – 200						■	■		■	■			weiß, blau	O, nach der 1. Blüte zurück–schneiden, stützen
Türkenmohn – Papaver orientale	60 – 100						■	■						rot, weiß	O, für tiefgründeren, trockneren Boden, nicht umpflanzen
Astilben – Astilbe x arendsii	40 – 80							■	■	■				rot, weiß, rosa	◐, für humosen, feuchten Boden
Brennende Liebe – Lychnis chalcedonica	60 – 100							■	■					rot	O
Ehrenpreis – Veronica-Arten	40 – 80						■	■	■	■				blau	O, auch für trocknere Böden
Herkulesstaude – Heracleum mantagazzianum	200 – 300							■	■					weiß	O, für schweren, nahrhaften Boden, Solitärstaude

Übersicht 13: Blütenstauden für den Hausgarten
Halbhohe und hohe Stauden (Fortsetzung)

Name	Höhe in cm	Jan.	Febr.	März	April	Mai	Juni	Juli	Aug.	Sept.	Okt.	Nov.	Dez.	Blütenfarbe	Bemerkungen
Fackellilie Kniphofia	80 –100						■	■	■	■				gelb bis rot	O, am trockenen Ufer, Windschutz
Schleierkraut Gypsophila	80 –120							■	■					rosa, weiß	O, lockere, tiefgründigere Böden, nicht teilen
Storchschnabel Geranium	20 – 60					■	■		■					rosa, rot	O – ◑, auch für trocknere Plätze
Tränendes Herz – Dicentra eximia	30 – 40					■	■	■						rosa	O – ●, robust, nicht zu trocken
Kokardenblume – Gaillardia	40 – 70							■	■	■				gelb, rot, braun	O, guter Boden, wintert leicht aus
Nelkenwurz – Geum	40 – 50					■	■	■	■	■				rot, gelb, orange	O – ◑, für guten Boden
Schafgarbe – Achillea	60 –120						■	■	■	■				gelb, rot, weiß	O, für trocknere Böden
Flammenblume – Phlox paniculata	60 –120						■	■	■	■				weiß, rosa, rot blau	O, anspruchslos, öfter teilen
Kreuzkraut – Greiskraut – Senecio (Ligularia)	100 –150							■	■	■				gelb	O – ●, für feuchte, nahrhafte Böden
Astern – Aster amellus, dumosus, novi-belgii, alpinus u.a.	20 –120					■	■	■	■	■	■			weiß, blau, rot, rosa, lila	Viel O, Kalk, anspruchslos

Eisenhut – Aconitum	120	blau	O – ◐, giftig
Goldraute – Solidago	10 –200	gelb	O, anspruchslos, auch nicht wuchernde Arten, Windschutzpflanze
Sonnenbraut – Helenium	60 –150	gelb, rot, braun	O, anspruchslos, z.T. stützen
Sonnenhut – Rudbeckia	50 –200	gelb, rot	O – ◐, anspruchslos, z.T. stützen
Silberkerzen – Cimicifuga	80 –200	weiß	O – ◐ – ●, für humosen, feuchten Boden
Herbstanemone – Anemone japonica u.a.	60 – 80	weiß, rosa, rot	O – O, für humosen, lehmigen Boden
Winterastern – Chrysanthemum x hortorum	40 – 80	alle Farben	O, für nährstoffreiche Böden mit gutem Wasserabzug, Winter- und Wildschutz
Christrose – Helleborus niger	30 – 40	weiß, rosa	◐, für humosen guten Boden, nicht umpflanzen

O = Sonne,
◐ = Halbschatten,
● = Schatten

Übersicht 14: Polsterstauden

Name	Höhe in cm	Jan.	Febr.	März	April	Mai	Juni	Juli	Aug.	Sept.	Okt.	Nov.	Dez.	Blütenfarbe	Bemerkungen
Kissenprimel – Primula acaulis u.a.	10 – 15			■	■	■								weiß, gelb, blau rot	◐, frischer Boden, auch Moorbeete
Blaukissen Aubrietia x cultorum	5 – 10				■	■								blau, weiß, rosa	O, warme Lage, Kalk, auch als Einfassung
Gänsekresse – Arabis-Arten	10 – 20				■	■								weiß, rosa	O, anspruchslos, auch als Einfassung
Polsterphlox – Phlox-Arten	5 – 15					■	■							blau, weiß, rot	O, durchlässiger, nahrhafter Boden
Schleifenblume – Iberis sempervirens, saxatilis	10 – 30				■	■								weiß	O – ◐, immergrün, auch als Einfassung
Steinkraut – Alyssum saxatile	20 – 30					■	■							goldgelb	O, trocken, XI – II Rückschnitt
Steinbrech – Saxifraga-Arten	5 – 30				■	■	■							weiß, rot, rosa	Je nach Art Sonne bis Schatten, auch als Einfassungspflanze
Ehrenpreis – Veronica-Arten	10 – 30					■	■							weiß, blau violett	O, anspruchslos, auch als Einfassung
Grasnelke – Armeria	20 – 30					■	■							rosa, rot, weiß	O, anspruchslos, Polster
Hornkraut – Cerasteum-Arten	15					■	■							weiß	O, Kalk, anspruchslos, bodenbedeckend
Maiblumen – Convallaria majalis	20 – 30					■								weiß	O – ●, humos, Beeren giftig
Pfennigkraut – Lysimachia nummularia	5					■	■	■						gelb	O – ◐, feuchter Boden, teppichartig
Schleierkraut – Gypsophila repens u.a.	10 – 30						■	■	■					zartrosa	O, tiefgründiger, trockener Boden, Kalk
Heide- und Federnelke – Dianthus deltoides u. plumarius	15 – 30					■	■	■	■					weiß, rosa, rot	O, trocken, dicht
Sonnenröschen Helianthemum x hybridum	15 – 25						■	■	■					weiß, rosa, rot gelb	O, anspruchslos, sehr sonnenliebend
Glockenblume Campanula portenschlagiana u.a	10 – 20					■	■	■	■	■				blau	O – ◐, anspruchslos, sehr schön
Nachtkerze Oenothera missouriensis	10 – 20							■	■	■				gelb	O, warm, schöne spätblühende Polsterstaude

III. BLUMENSTAUDEN

Der Begriff „Stauden" wird oft allzu umfassend angewendet, denn vielfach versteht man darunter ganz allgemein alle krautigen Gewächse in Feld, Wald und Garten. Gärtnerisch gesehen zählen aber nur diejenigen krautigen (also nicht verholzten) Pflanzenarten zu den Stauden, die mehrjährig sind. Sie haben einen ausdauernden **Wurzelstock,** eine **Knolle** oder **Zwiebel,** an denen sich die Sproßanlagen für den nächstjährigen Austrieb befinden.

Die meisten Stauden sterben im Herbst oberirdisch ab und überwintern nur mit ihren unterirdischen Pflanzenteilen. Es gibt aber auch *einige immergrüne Stauden* wie die Christrose, manche Ziergräser und Farnarten sowie Bodenbedeckungspflanzen, zum Beispiel Mauerpfefferarten, Pachysandra und das Stachelnüßchen.

Im Blumengarten gehören demnach alle Beet- und Wildstauden mit einem Wurzelstock, die Blumenzwiebeln, Blumenknollen, Farne, Gräser, Sumpf- und Wasserpflanzen sowie mehrjährige, krautige Bodendecker und Polsterpflanzen zu der großen Gruppe der Staudengewächse.

Wegen der Vielgestaltigkeit ihres Sproßaufbaues und des Farbenspiels ihrer Blätter, Blüten und zum Teil auch Früchte sind Stauden sowohl für den Landschaftsarchitekten als auch für den Hausgärtner wertvolle und dabei **preiswerte Gestaltungselemente.** Man kann mit ihnen großartige Wirkungen und farbenfreudige Abwechslungen ebenso in weiträumigen Garten- und Parkanlagen wie in kleinen Vor- und Wohngärten schaffen. Es bedarf nur einer einmaligen Anschaffung, um diese zuverlässige und verhältnismäßig anspruchslose Blumengruppe für viele Jahre im Garten zu haben. Und wieviel Freude kann man darüber hinaus Freunden und Nachbarn mit Ablegern vom eigenen Staudenbeet bereiten!

1. Blumenstauden im engeren Sinne

1.1 Auswahl und Verwendung

Die Blumenstauden ausschließlich der Zwiebel- und Knollengewächse werden hier in **zwei Gruppen** eingeteilt:

- **Beet- oder Prachtstauden**
- **Wildstauden**

Beetstauden sind durchgezüchtete, meist farbenprächtige Blütenstauden, die eine **große Schmuckwirkung** im Garten haben und sich auch besonders zum **Blumenschnitt** eignen. In diese Gruppe gehören die meisten Arten, die auf Gartenrabatten, auf Hausbeeten, am Sitzplatz und an anderen *Blickpunkten* angepflanzt sind.

Beispiele: Rittersporn, Margeriten, Phlox, Astern, Brennende Liebe, Iris, Sonnenbraut, Schleierkraut, Fackellilie und viele andere. Hierzu gehören auch alte Bauernblumen, wie zum Beispiel Paeonien, Sonnenhut, Mohn und Goldraute.

Wildstauden sind heimische oder ausländische Wildpflanzen, die sich **für naturnahe**

Pflanzungen im Garten anbieten und eine Landschaftsbezogenheit herstellen, die sich heute manche Gartenbesitzer sehr wünschen.

Viele Wildstauden begnügen sich mit bescheidenen Gartenplätzen und geringstem Pflegeaufwand. Sie sollten *in typischen Pflanzengesellschaften* und auf Böden, die ihren natürlichen Standorten nahekommen, gepflanzt werden.

Beispiele

➤ *Für humose, halbschattige und schattige Plätze* vor und zwischen Laubgehölzen: Waldgeißbart, Eisenhut, Fingerhut, Wald-Glockenblume (Campanula macrantha), Salomonssiegel, Waldmeister, Elfenblume (Epimedium), Leberblümchen, Primeln, Maiglöckchen, Immergrün (Vinca), Schattengräser, Farnarten.

➤ *Für trockenere, sonnige bis halbschattige Plätze* in Gemeinschaft mit Heide- und Moorpflanzen: Königskerze, Lavendel, Salbei, Thymian, Mauerpfeffer (Sedum), Gräserarten, Wildtulpen.

In den meisten Hausgärten werden Vertreter beider Staudengruppen verwendet, meist im Gemisch, je nach Geschmack des einzelnen Hausgärtners und nach den Standortverhältnissen im Garten. Das ist zwar keine klassische Art der Staudenverwendung, aber im Hinblick auf die vielen und verschiedenartigen Blumenwünsche eines Hobbygärtners für ein begrenztes Gartenstück doch verständlich.

Aus dem heimischen und fremdländischen Pflanzengemisch eine **harmonische und wirkungsvolle Pflanzengemeinschaft** entstehen zu lassen, wird nur demjenigen gelingen, der sich nicht nur nach der Hö-

Abbildung 54: Reichblühendes Staudenbeet im Frühsommer mit vielen bewährten Beetstauden

he, Blütezeit und Farbe der Stauden richtet, sondern die heimatlichen Pflanzenansprüche an Klima, Lage und Boden berücksichtigt und um eine pflanzengerechte Benachbarung bemüht ist.

Staudenzusammenstellungen für besondere Standortverhältnisse

Im Folgenden werden einige Staudengruppen für besondere Standortverhältnisse angegeben. Dabei bleiben viele altbekannte Arten ungenannt, weil diese auf normalem, gepflegtem Gartenboden ohne Schwierigkeiten gedeihen (siehe Übersicht 13).

➤ **Stauden für besonders trockene, sonnige Plätze,** zum Beispiel an der warmen Hauswand im Regenschatten, an einer Südböschung, für Trockenmauern und extrem sandige Böden:

Es handelt sich um wahre *Hungerkünstler*, die zum Teil an ihrem behaarten, silbrigen Blattkleid oder an harten, ledrigen oder dicken, fleischigen Blättern zu erkennen sind. Viele von ihnen haben nur einen niedrigen, gestauchten Wuchs.

Edeldistel – Eryngium
Königskerze – Verbascum
Ehrenpreis – Veronica incana
Blaustrahlhafer – Avena sempervirens
Federgras – Stipa
Blauschwingel – Festuca glauca
Segge – Carex buchananii
Katzenminze – Nepeta
Lein – Linum
Habichtskraut – Hieracium
Steinkraut – Alyssum argenteum

Abbildung 55: Naturnahe Pflanzung am Gehölzrand mit den Wildstauden Waldgeißbart und Knöterich sowie der Halbstaude Fingerhut

Edelraute – Artemisia
Katzenpfötchen – Antennaria
Hornkraut – Cerastium
Heidenelke – Dianthus deltoides
Ziest – Stachys lanata
Thymian – Thymus
Hauswurz – Sempervivum
Mauerpfeffer – Sedum-Arten

➤ **Stauden für halbschattige, feuchte Plätze** als Vorpflanzung vor größeren Bäumen oder Unterpflanzung unter lichten Bäumen, an der Nordseite des Hauses oder im lichten Schattenbereich anderer Gebäude und Einrichtungen:

Viele dieser Schattenpflanzen sind *Wildstauden*, die auch in unseren Wäldern zum Teil heimisch sind. Sie wirken weniger mit auffallenden Blüten als durch die Gestalt und das Grün ihrer Blätter und Triebe und vor allem im Zusammenklang mit der gesamten sie umgebenden Pflanzengemeinschaft.

Geißbart – Aruncus silvester
Schaublatt – Rodgersia
Fingerhut – Digitalis purpurea
Silberkerze – Cimicifuga
Astilbe
Herbst- und Waldanemonen
Eisenhut – Aconitum
Wiesenraute – Thalictrum
Glockenblume – Campanula macrantha
Lerchensporn – Corydalis
Elfenblume – Epimedium
Knöterich – Polygonum-Arten
Lungenkraut – Pulmonaria
Storchschnabel – Geranium grandiflorum
Gedenkemein – Omphalodes
Christrose – Helleborus
Bergenie – Bergenia
Funkie – Hosta
Türkenbund – Lilium martagon
Lerchensporn – Corydalis
Waldmeister – Asperula odorata
Gefleckte Taubnessel – Lamium maculatum
Knöterich – Polygonum
Lungenkraut – Pulmonaria
Maiblume – Convallaria majalis
Winterling – Eranthis hyemalis
Maiglöckchen – Convallaria
Primeln – Primula-Arten
Winterling – Eranthis
Schneeglöckchen – Galanthus
Farnarten

➤ **Schattenstauden für von Gehölzen stark durchwurzelte, frische Böden:**

Hierbei handelt es sich in erster Linie um niedrige Bodenbedeckungspflanzen, deren

Abbildung 56:
Die Herkulesstaude ist eine besonders ausdrucksvolle Solitärstaude für sonnigen bis halbschattigen Standort

Standort immer wieder mit Komposterde und feuchtem Torfmull verbessert werden muß.

➤ **Stauden für besonders feuchte Stellen im Garten**, für Niederungen und Uferbepflanzungen:

Taglilie – Hemerocallis
Schwertlilien – Iris kaempferi, laevigata, pseudacorus, sibirica
Weiderich – Lythrum-Arten
Sumpfvergißmeinnicht – Myosotis scorpioides
Knöterich – Polygonum bistorta, carneum
Primeln – Primula rosea „Gigas"
Gauklerblume – Mimulus
Sumpfdotterblume – Caltha palustris
Hahnenfuß – Ranunculus aconitifolius

➤ **Solitärstauden**, die wegen ihrer großartigen Erscheinung eine Einzelstellung an einem besonderen Gartenplatz oder die Aufgabe einer Leitpflanze im Staudenbeet erhalten sollten:

Geißbart – Aruncus silvester
Schaublatt – Rodgersia
Alant – Inula magnifica
Greiskraut – Ligularia-Arten
Herkulesstaude – Heracleum
Pfingstrose – Paeonia
Taglilie – Hemerocallis
Tränendes Herz – Dicentra spectabilis
Gelbweiderich – Lysimachia
Rittersporn – Delphinium
Schleierkraut – Gypsophila paniculata
Palmlilie – Yucca
Pampasgras – Cortaderia selloana
Chinaschilf – Miscanthus
Chinarohrgras – Sinarundinaria

1.2 Gestaltung einer Staudenanlage

Jede Staudenpflanzung kommt vor einem grünen Hintergrund besonders eindrucksvoll zur Geltung, zum Beispiel vor einer grünen Hecke, einer Gehölzgruppe oder an einer Hauswand in Gemeinschaft mit Gehölzen. Hier gehören die höheren Pflanzen in die hintere Beethälfte, während ein freistehendes Beet, zum Beispiel am Eingangsweg oder am Sitzplatz, zu beiden Seiten eine *Höhenabstufung* erfährt. Um eine Harmonie in das Blumenbeet zu bekommen, stimmen wir die *Farbgruppen* gut aufeinander ab und stellen die Auswahl so zusammen, daß vom zeitigen Frühjahr bis zum späten Herbst immer etwas blüht. Wir erhalten jedoch keine gute Wirkung durch ein allzu buntes Vielerlei, sondern durch die Zusammenfassung gleicher oder passender Staudenarten in immer wiederkehrenden Gruppen. Also auch für die Anlage eines Staudenbeetes gilt der alte *Grundsatz:* In der Beschränkung zeigt sich der Meister!

Manche **Solitärstauden**, wie Geißbart, Palmlilie, Pampasgras, Taglilie, aber auch mächtige Vertreter von Rittersporn, Sonnenhut, Mohn, Pfingstrosen wirken in Einzelstellung besonders gut. **Mittelhohe Stauden** und höhere, die wegen der besseren Wirkung mit einigen Artgenossen zusammenstehen sollten, pflanzen wir *in Gruppen* von drei oder mehr Stück (zum Beispiel Lupinen, Phlox, Iris, Margeriten, Astern, Erigeron, Astilben, Veronica). **Das Kleinvolk** unter den Blumenstauden wird in großen Gruppen oder sogar *teppichartig* angelegt. Durch eine derartig großzügige Pflanzweise entstehen wunderbare Farbeffekte mit weiter Wirkung, wobei auch die größeren Arten als Einzelpflanze voll zur Geltung kommen.

Abbildung 57: **Plan einer Blumenrabatte am Haus mit einigen immergrünen Ziergehölzen und einer Auswahl von Blumenstauden. Aus der gegebenen Lage ergibt sich eine Sonnenpflanzung an der Westseite und eine Pflanzung von Stauden und Gehölzen für Halbschatten und lichten Schatten im Norden.**

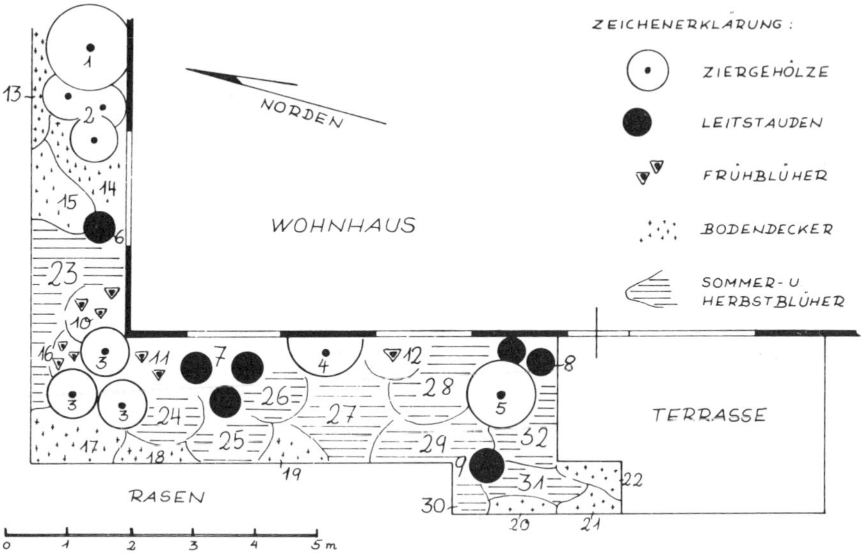

Ziergehölze:
1 . 1 Kirschlorbeer – Prunus lauracerasus „Otto Luyken"
2 . 3 Mahonien – Mahonia aquifolium
3 . 3 Immergrüne Berberitzen – Berberis verruculosa
4 . 1 Feuerdorn – Pyracantha coccinea, „Andenken an H. Bruns"
5 . 1 Kriechwacholder – Juniperus communis „Hornibrooki"

Leitstauden:
6 . 1 Geißbart – Aruncus silvester
7 . 1 Rittersporn – Delphinium cultorum „Finsteraarhorn"
2 Rittersporn – Delphinium belladonna „Völkerfrieden"
8 . 2 Blaustrahlhafer – Avena sempervirens
9 . 1 Sonnenhut – Rudbeckia fulgida „Goldsturm"

Frühblüher:
10 . 2 Gemswurz – Doronicum caucasicum „Frühlingspracht"
11 . 2 Trollblumen – Trollius Hybride „Goldquelle"
12 . 1 Türkenmohn – Papaver orientale „Feuerriese"

Bodendecker:
13 . 8 Gartenprimeln – Primula elatior
14 . 6 Elfenblumen – Epimedium grandiflorum rubrum
15 . 3 Kaukasus-Vergißmeinnicht – Brunnera macrophylla
16 . 3 Christrosen – Helleborus niger
17 . 10 Staudenknöterich – Polygonum affine
18 . 4 Steinkraut – Alyssum saxatile „Compactum"
19 . 2 Schleifenblumen – Iberis sempervirens „Schneeflocke"
20 . 5 Sonnenröschen – Helianthemum Hybride „Golden Queen"
21 . 5 Thymian – Thymus serpyllum „Splendens"
22 . 3 Nachtkerzen – Oenothera missouriensis

Sommer- und Herbstblüher:
23 . 3 Astilben – Astilbe arendsii „Brautschleier"
6 Astilben – Astilbe arendsii „Fanal"
24 . 2 Margeriten – Chrysanthemum maximum „Gruppenstolz"
25 . 2 Brennende Liebe – Lychnis chalcedonica
26 . 1 Schafgarbe – Achillea filipendulina „Coronation Gold"
27 . 7 Astern – Aster dumosus „Prof. A. Klippenberg"
28 . 3 Lupinen – Lupinus Russel-Hybriden „Golden Queen"
29 . 5 Astern – Aster dumosus „Nesthäkchen"
30 . 4 Karpatenglockenblumen – Campanula carpatica „Karpatenkrone"
31 . 3 Blauschwingel – Festuca glauca
32 . 7 Besenheide – Calluna vulgaris „H. E. Beale"

Direkt an einer Hauswand gelegene Staudenbeete sollten durch einige passende immergrüne und blühende Ziersträucher unterbrochen werden, zum Beispiel Feuerdorn, Cotoneaster, Koniferen, damit sie auch im Winter etwas belebt sind, und das kahle Mauerwerk nicht so auffällt.

Vorschlag eines Planungsablaufes für eine Staudenpflanzung

➤ 1. Auswahl und Verteilung einiger **Ziergehölze**, die einzeln oder in Gruppen vor allem im Hintergrund, aber auch als Zwischenpflanzung das **raumbildende Gerüst** darstellen sollen. Je kleiner die gesamte Pflanzfläche ist, desto weniger und niedrigere Straucharten müssen gewählt werden.

Abbildung 58:
Die Astilbe ist eine prächtige sommerblühende Gruppenstaude für humose, feuchte Böden im Halbschatten

➤ 2. **Schwerpunktbildung** durch eine gewisse rhythmische Anordnung von besonders wirkungsvollen, möglichst langblühenden, hohen Stauden als **Leitpflanzen.** Nach der Höhe, Blütezeit, Farbe und vor allem nach dem Charakter dieser einzeln oder in kleinen Gruppen geplanten Leitstauden richtet sich die Auswahl der übrigen Stauden.

➤ 3. Anordnung von halbhohen und höheren **Frühjahrs- und Frühsommerblühern** in die unmittelbare Nachbarschaft der Sträucher und in den **Hintergrund.** Dadurch werden sie im abgeblühten Zustande von den Gehölzen und Sommer- und Herbststauden etwas verdeckt.

➤ 4. Tuffweise Anordnung der **Polsterstauden** im **Vordergrund** der Pflanzung. Sie bilden den Übergang zum Rasen.

➤ 5. **Füllung** des Staudenbeetes zwischen den Gehölzen, Leitstauden und Frühjahrsstauden mit **sommer- und herbstblühenden Stauden.** Mittelhohe Arten werden in Gruppen von mindestens drei Stück geplant, niedrige Arten sind flächig anzulegen. Hierbei ist eine verwirrende Vielfalt zu vermeiden.

➤ 6. **Einstreuen von Blumenzwiebel-Tuffs:** Höhere Blumenzwiebeln zwischen sommer- und herbstblühende Stauden, niedrige Zwiebelarten zu frühblühenden Polsterstauden und Kleingehölzen in den Vordergrund.

1.3 Pflanzung von Stauden

Pflanzzeit

Die günstigsten Pflanzzeiten liegen für fast alle Blumenstauden von Mitte August bis

Oktober und im Frühjahr ab März bis Mitte Mai.

Viele der robusten Bauernstauden überstehen aber auch eine Umpflanzung an frostfreien Wintertagen, wenn der Boden offen ist, und ebenso in den Sommermonaten, natürlich nicht gerade während einer Hitze- und Trockenperiode. Selbstverständlich sollte man die Stauden in ihrer Hauptblütezeit nie stören, sondern während ihrer Ruhezeit oder zumindest vor dem Hochschieben der Blütenknospen, besser aber nach der Blüte pflanzen.

Manche Arten haben ihre besondere Pflanzzeit, die man vor allem in rauheren Lagen und auf sehr leichtem oder extrem schwerem Boden einhalten sollte. So werden Ziergräser, Skabiosen, Erigeron, Herbstanemonen, Bergastern und Besonderheiten, wie Enzian, Frauenschuh und Wildalpenveilchen, grundsätzlich besser im Frühjahr gepflanzt. Dagegen wachsen Pfingst- und Christrosen am besten nach einer August-/September-Pflanzung an. Die im Handel angebotene *Topf- und Containerware* kann zu jeder frostfreien Zeit gepflanzt werden.

Bodenvorbereitung

Blumenstauden verlangen einen tief gelokkerten, gut mit Humus und Nährstoffen versorgten Boden. Handelt es sich um ein altes Gartenstück, das schon längere Zeit in Kultur ist, und nun zum Staudenbeet werden soll, genügt das übliche 25 cm tiefe *Graben*. Bei Gartenneuanlagen und Hausrabatten, die durch den Bau oft wie festgewalzt sind, sollte man das arbeitsaufwendige, zwei Spatenstich tiefe *Holländern* nicht umgehen. Hierbei wird die untere Bodenschicht nur in sich gelockert und die Muttererde bleibt dem Oberboden erhalten. Ausdauernde Unkräuter müssen unbedingt ausgesucht werden, denn sie setzen sich allzuleicht später im Wurzelballen der Stauden fest und werden den Pflanzen und uns zur Plage.

Für die **Bodenverbesserung** eignen sich gut verrotteter *Rindermist, Komposterde und feuchter Torf*. Der Mist wird einige Monate vor der Pflanzung eingebracht. Komposterde und Torf gehören nach dem Graben im Herbst oder Frühjahr auf die grobe Scholle und werden beim Einebnen des Landes in die oberen 5 bis 15 cm eingearbeitet. Von den im Handel befindlichen Humusdüngern können der sogenannte Düngetorf (ohne Mineraldünger), besser aber gedüngter Torf oder ein organisch-mineralischer Volldünger Verwendung finden. Etwa fünf Tage nach dieser Humusdüngung kann die Pflanzung vorgenommen werden.

Eine zusätzliche **Mineraldüngung** mit 50 bis 100 g/m^2 *Volldünger* ist auf fast allen Böden angebracht. Kalkarme Böden erhalten ein halbes Jahr vor der Anlage oder im folgenden Jahr etwa 100 g/m^2 *Kalkmergel*. Der Boden muß sich vor der Pflanzung genügend setzen.

Blumenstauden vor einer flachwurzelnden Hecke (zum Beispiel Liguster) leiden durch die Wurzelkonkurrenz häufig unter Nährstoff- und Wassermangel, weil die Gehölze gern in den gelockerten, gut kultivierten Boden des Staudenbeetes hineinwachsen. Durch eine etwa 60 cm tiefe, senkrecht eingegrabene **Trennschicht aus** imprägnierter **Dachpappe** läßt sich dies verhindern (siehe Abbildung 59). An der Beetseite zum Rasen hilft eine sogenannte **Mähkante** (siehe Seite 216), den Rand des Staudenbeetes in Ordnung zu halten.

Pflanzarbeiten

Gekaufte und eingetauschte Pflanzen sollten bei ihrer Ankunft das fertig vorbereitete Beet vorfinden. Andernfalls müssen sie sorgfältig an einen geschützten, schattigen Platz eingeschlagen und angegossen werden.

Man putzt die Stauden vor dem Pflanzen aus und schneidet zu lange und beschädigte Wurzeln mit einem scharfen Messer zurück. Es ist darauf zu achten, daß der *Wurzelballen* erhalten bleibt. Ist ein Wurzelballen auf dem Versand angetrocknet, taucht man ihn vor dem Pflanzen oder Einschlagen in ein Gefäß mit Wasser, bis er sich vollgesogen hat.

Die Blumenstauden erhalten ein der Pflanzgröße entsprechendes *Pflanzloch* und werden unter Verwendung von feuchtem Torf, ohne die Wurzeln umzubiegen, so tief gepflanzt, wie sie vorher gestanden haben. Nach einem gründlichen Andrücken und Angießen ziehen wir trockene Erde über den Gießrand und decken das Ganze sauber mit feuchtem Torfmull ab.

1.4 Pflege von Staudenpflanzungen

Wildstauden, die zu einer naturnahen Pflanzung unter und vor Bäumen und Sträuchern vereinigt sind, brauchen nur in den ersten ein bis zwei Jahren von aufkommendem Unkraut befreit zu werden. Hacken oder gar

Abbildung 59: Staudenrabatte mit einem senkrecht eingegrabenen Dachpappenstreifen zur benachbarten Hecke hin, um eine Wurzelkonkurrenz zwischen Heckenpflanzen und Stauden zu verhindern. Eine Mähkante aus Steinplatten oder Klinker erleichtert die Rasenpflege

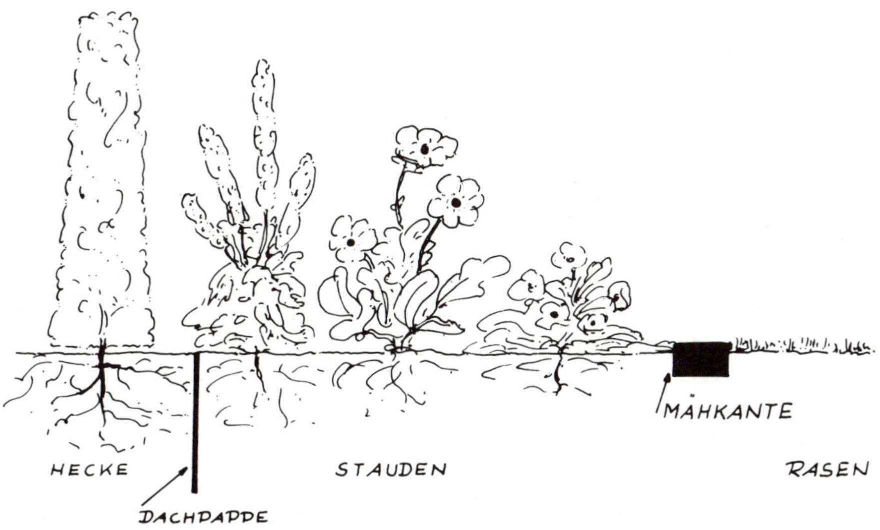

Graben ist zwischen einer gut zusammengestellten Pflanzengesellschaft von höheren und bodenbedeckenden Wildstauden und -sträuchern ohne deren Beschädigung gar nicht möglich. Hier bleibt allein die Aufgabe, der zu starken Ausbreitung einzelner Arten Einhalt zu gebieten, indem man sie teilweise absticht oder umpflanzt. Manchmal müssen durch Selbstaussaat aufgehende Staudensämlinge ausgelichtet oder entfernt werden, damit schwächere Arten durch sie nicht unterdrückt werden.

Beetstauden verlangen laufende Boden- und Pflanzenpflegemaßnahmen

➤ **Bodenpflege**

Der Boden zwischen den Stauden muß immer locker, krümelig und feucht gehalten werden. Am besten ist eine organische *Mulchschicht* zur Verhütung einer Bodenverschlämmung und -austrocknung und zur Erreichung einer günstigen *Schattengare*. Während man in den hinteren Regionen der Pflanzung am zweckmäßigsten das Laub benachbarter Bäume und Sträucher als Mulchdecke liegenläßt, wählen viele Hausgärtner wegen des besseren Aussehens für den sichtbaren Teil eine feuchte Torfabdeckung. Diese kann jederzeit erfolgen und muß 3 bis 5 cm stark sein, so daß für 50 m^2 etwa zwei Säcke Torf gebraucht werden.

Die Humusversorgung erfolgt einmal durch die laufende Mulchschicht. Zum anderen eignen sich zu jeder Zeit unkrautfreie halb- oder vollverrottete Komposterde, Torfarten sowie im Bauerngarten auch im Abstand von zwei bis drei Jahren gut verrotteter Stallmist, der nur flach im Herbst eingearbeitet wird.

Die Mineraldüngung sollte im Zuge der allgemeinen Düngung im Ziergarten im

Abbildung 60: Eine geschlossene Wildpflanzung, die keinerlei Pflege verlangt

Frühjahr mit 60 bis 100 g/m^2 Volldünger blau vorgenommen werden. Starkwüchsige Beetstauden und alle Arten auf ärmerem Boden lohnen außerdem ein bis zwei Kopfdüngungen mit je 20 bis 40 g/m^2 eines chlorfreien Volldüngers mit gesundem Wuchs und reicher Blüte. Vor einer übermäßigen Stickstoffdüngung müssen die Stauden bewahrt werden, weil dadurch die Standfestigkeit der Triebe beeinträchtigt wird und ein erhöhter Krankheitsbefall eintreten kann.

Pflanzenpflege

Die Staudenpflege besteht aus den Schnitt- und Putzarbeiten im Frühjahr, Sommer und Herbst, der Schädlingsbekämpfung, aus Frostschutzmaßnahmen und der Pflanzenverjüngung.

Nach der Winterruhe putzt jeder Gartenbesitzer seinen Blumengarten einmal durch, wobei die Stauden vom letzten Laub befreit und zum Teil noch etwas tiefer als im Herbst heruntergeschnitten werden.

Im Laufe des Sommers sind die Stauden mehrmals auszuputzen, von verblühten Blumen unter Schonung der Laubblätter zu reinigen und hohe Arten mit einem zweckmäßigen Staudenhalter zu stützen. Einige Kleinstauden verlieren im Laufe der Jahre ihre Fasson, bekommen lange, kahle Triebe mit einem mageren Blattschopf am Ende. Dies trifft für Steinkraut, Schleifenblumen, Sonnenröschen, Lavendel und viele andere Polster zu. Durch einen Rückschnitt nach der Blüte zwingen wir die Pflanzen zu neuem, buschigem Austrieb und sie bekommen wieder eine ansehnliche Form.

Zum Beispiel Kokardenblume, Schöngesicht, Akelei und Nelkenwurz (Geum) erschöpfen sich nach langem, unermüdlichem Blühen. Durch einen starken Rückschnitt nach der Blüte können sie zur Bildung eines jungen Austriebes angeregt werden, mit dem sie den Winter gut überstehen.

Abbildung 61: Praktische Staudenhalter stützen höhere Pflanzen bei Wind und Regen

Höhere Staudenarten, wie zum Beispiel Goldraute, Sonnenbraut, Sonnenhut, Herbstastern und ähnliche, werden häufig umgeweht. Man erreicht bei diesen Arten einen strafferen Wuchs, wenn man ihren etwa 20 cm langen Frühjahrsaustrieb um 10 cm einkürzt. Damit wird allerdings die Blüte um zwei bis drei Wochen verzögert.

Bei einigen Frühjahrs- und Frühsommer-Blühern unter den Staudenarten, zum Beispiel Gemswurz, Lupinen und Rittersporn, ist es möglich, eine zweite Blüte im Spätsommer zu erreichen. Die abgeblühten Stiele der ersten Blüte schneidet man sofort nach der Blüte auf etwa 30 cm zurück und beläßt damit den Pflanzen die unteren Blätter zur Ernährung und Stärkung für eine zweite Blüte. Sie treiben willig neue Blütenschäfte, die im Spätsommer einen zweiten Blütenflor bringen. Mit einer Kopfdüngung kann nachgeholfen werden.

Im Herbst, wenn die Blätter vergilbt sind, werden die oberirdischen Pflanzenteile handbreit über der Erde abgeschnitten. Von Mehltau, Rostpilzen und anderen Pilzkrankheiten befallenes Laub muß verbrannt werden, während man das gesunde zerkleinert und verkompostiert. *Ziergräser* werden erst im Frühjahr zurückgeschnitten. Der Boden zwischen den Stauden wird aufgelockert, aber nicht gegraben und möglichst mit einer zusätzlichen Mulchschicht versehen. Winterastern, Fackellilien, Japanische Anemonen und Steppenlilien erhalten außerdem kurz vor dem ersten Frost einen Schutz durch Reisig und trockenes Laub.

Verjüngung von Stauden

Ältere Staudenbeete müssen laufend beobachtet werden. Dabei wird man feststellen, daß die Wuchskraft und die Blühwilligkeit bei verschiedenen Stauden zurückgeht. Die Erklärung für das Kümmern bestimmter Pflanzen ist, daß sich der Boden an dieser Stelle erschöpft hat, daß er für diese Staudenart „müde" geworden ist. Diese *Abbauerscheinungen* zeigen sich nach vier bis fünf Jahren besonders auffällig bei Phlox, Rittersporn, Chrysanthemen, Astern, Rudbeckien, Doronicum. Die beste Düngung hilft dann auch nicht mehr, sondern die Stauden müssen einen neuen Platz erhalten.

Andere Arten, wie zum Beispiel der Geißbart und Storchenschnabel, die Taglilie, Kugeldistel, Silberkerze und das Steinkraut sowie Mohn, Christrosen, Pfingstrosen, Tränendes Herz und Schleierkraut, zeigen diese *Bodenmüdigkeit* nicht oder sehr spät und brauchen deshalb ihren Standort nicht so schnell zu wechseln. Die letzten fünf Arten sollten sogar möglichst immer auf demselben Platz bleiben, weil ihre empfindlichen Wurzeln ein Umpflanzen schlecht vertragen.

So müssen also ältere Staudenbeete *alle vier bis fünf Jahre* eine wohlüberlegte Verjüngung erhalten. Es werden dabei entweder nur die erschöpften Pflanzen aufgenommen und Teilstücke davon an anderer Stelle wieder aufgepflanzt oder das ganze Beet erneuert. In jedem Falle bearbeitet und verbessert man den Boden so gründlich wie bei einer Neuanlage.

1.5 Vermehrung von Stauden

Staudenteilung

Die Gewinnung junger Staudenpflanzen erfolgt vor allem durch die Teilung älterer *Mutterpflanzen.* Dies ist die einfachste Vermehrungsmethode, die sich allerdings nicht für gärtnerische Massenvermehrungen eignet, aber am schnellsten blühfähige Pflanzen liefert. Zum Teilen werden die Pflanzen handbreit über der Erde abgeschnitten und aus der Erde aufgenommen. Mit einem scharfen Messer oder Spaten zerteilt man die Pflanzen in mehrere Stücke, die bei den meisten Schnittstaudenarten sechs bis acht Jungtriebe oder kräftige Knospenaugen am Wurzelstock aufweisen sollten. Je starkwüchsiger die Art ist, desto kleiner können die *Teilstücke* im Verhältnis sein. Von den Rhizomen der *Schwertlilien* werden mit dem Messer die Stücke mit einer Endknospe an einer Einschnürung abgeschnitten, alle übrigen Teile davon sind unbrauchbar und wegzuwerfen.

Man kann bei älteren Pflanzen von *Phlox, Helenium, Margeriten* und anderen beobachten, daß der innere, älteste Teil im Laufe der Jahre stark verholzte und keine kräftigen Jungtriebe mehr bilden konnte. Von diesen Pflanzen verwendet man nur den wüchsigen äußeren Kranz für junge Teilstücke. Das Innenstück wird weggeworfen. So ist die Vermehrung durch Teilung gleichzeitig eine **Verjüngungskur** für die Stauden.

Einige Staudenarten haben einen sehr fleischigen Wurzelstock, zum Beispiel *Lupinen, Pfingstrosen, Christrosen und Schleierkraut*, oder eine fast unverzweigte Pfahlwurzel, zum Beispiel der *Türkenmohn*, und lassen sich deshalb durch Teilung nur sehr schlecht vermehren. Bei diesen erfolgt die Vermehrung in den Gärtnereien durch Stecklinge, Aussaat oder gar Veredlung.

Vermehrung durch Stecklinge und Aussaat
Die Heranzucht von Stauden durch Stecklinge oder aus Samen sollte man in den meisten Fällen dem *Fachmann überlassen*, zumal wir hierbei in der Regel erst nach zwei Jahren pflanzwürdige Jungpflanzen und die erste Blüte haben. Große Staudenfreunde lassen es sich aber doch nicht nehmen, besonders hübsche *Akelei-, Lupinen- oder auch Rittersspornsorten* im Juni/Juli selbst auszusäen, um preiswerter zu mehreren Pflanzen einer Art zu kommen. Nicht alle Arten und Sorten fallen aus Samen sortenecht aus, manchmal nur zu einem ganz geringen Prozentsatz. Der Samen kann in einer zuverlässigen Samenhandlung gekauft werden.

Für die Neupflanzung und Umplanung einer Staudenanlage sollte man sich immer wieder einige **Qualitätsstauden aus einer guten Staudengärtnerei** kaufen. Durch intensive Züchtungsarbeit weisen viele Arten und neue Sorten besonderen Blütenreichtum, intensive Farben sowie Krankheitswiderstandsfähigkeit und weitgehende Standfestigkeit bei Regen und Wind auf.

2. Ziergräser

Noch vor zwei bis drei Jahrzehnten waren Ziergräser in Hausgärten weitgehend unbekannt. Heute kann man sich dagegen einen neu angelegten oder umgestalteten Garten — vor allem im ländlichen Raum — nicht mehr ohne den anmutigen Schmuck der Gräser denken. Mit ihren zierlichen oder breiten Halmen, ihrem verschiedenfarbigen Laub und den vielseitig geformten Blütenständen ergeben sie zu jeder Jahreszeit reizvolle Gartenbilder. Sei es in ihrem jungen Grün im

Frühjahr, während ihrer Blütezeit oder aber auch im winterlichen Rauhreif und bei zartem Schneebelag – immer sind sie besondere **Schönheiten in unserem Gartenreich**. Außerdem sind die Gräser für sich allein oder im Verein mit Sommerblumen oder Stauden aparte **Schnittblumen** und viele Arten lassen sich für Wintersträuße trocknen.

2.1 Auswahl und Verwendung

Bei der Auswahl von Ziergräsern für verschiedene Plätze im Garten müssen der Wuchscharakter, die Standortansprüche und die Winterhärte besonders bedacht werden.

Die meisten Ziergräser sind **Horstgräser** mit mehr oder weniger starken und hohen Blattschöpfen und Blütentrieben. Einige Arten sind wertvolle **Bodendecker**, allen voran das Bärenfellgras, das heute in keiner flächigen Pflanzung von ausgesprochenen Heidestücken mehr fehlt.

Abbildung 62:
Das Pampasgras ist ein besonders dekoratives, aber auch empfindliches Solitärgras

Fast alle Ziergräser stellen an Boden und Pflege äußerst *geringe Ansprüche.* Jedoch ist bei der Auswahl und Verwendung der unterschiedliche *Belichtungsanspruch* unbedingt zu berücksichtigen. In der Übersicht 15 sind spezielle Angaben über einige schöne Gräserarten enthalten.

Wichtigste Verwendungsmöglichkeiten von Ziergräsern im Garten

Die höheren, buschigen Arten und Formen der Ziergräser wirken besonders eindrucksvoll als *Einzelpflanzen* (Solitärpflanze) am Rasenrand, an der Terrasse und Vogeltränke, am Wasserbecken oder an anderer Stelle, die durch eine besonders schöne Pflanze betont werden soll.

Beispiele: Reitgras (Sandrohr), Pampasgras, Chinaschilf, Silberfahnengras, Pfeifengras, Gartenbambus, Goldbandleistengras, Blaustrahlhafer.

Die halbhohen, sonnenliebenden Ziergräser eignen sich *in lockeren Gruppen* vereint zwischen Blütenstauden, niedrigen Blütensträuchern, als Vorpflanzung vor höheren Gehölzen, am Wasserbecken und vor allem im Heide- und Steinbeet. Sie bilden beruhigende, grüne Pole zwischen all dem bunt Blühenden und heben damit die Wirkung der Blütenpflanzen in ihrer Nachbarschaft im Sommer heraus. Im Winter sind sie die belebenden Punkte in einer Stauden- und sommergrünen Gehölzpflanzung. Sie liefern auch wertvollen *Vasenschmuck*.

Beispiele: Blaustrahlhafer, Zittergras, Seggenarten, Federborstengras (Lampenputzergras), Federgras-Arten.

Die halbhohen Ziergräser für Halbschatten bis Schatten bilden als *Zwischen- und Vorpflanzung* zu Bäumen und Sträuchern die ideale Ergänzung von naturnahen, landschaftsgerechten Pflanzengemeinschaften.

Beispiele: Im Halbschatten: Zittergras, Morgensternsegge, Waldschmiele, Hainsimse (Waldmarbel), Pfeifengras; für halbschattige Uferstellen niedrige Bambusarten. Im Schatten: Japansegge, Schneemarbel, Waldschmiele.

Polsterbildende Ziergräser sind für *flächige Pflanzungen* zwischen Heidekraut und zum Einstreuen in Teppichpflanzungen von Thymian, Mauerpfeffer, Katzenminze und anderen geeignet.

Beispiele: Bärenfellschwingel und andere niedrige Schwingelarten, niedrige Seggenarten wie Waldsegge und Vogelsegge.

2.2 Pflanzung und Pflege

Die **Pflanzzeit** und der beste Zeitpunkt der **Vermehrung durch Teilung** der Ziergräser liegt in den Monaten April bis Juni. Bei der Pflanzenteilung ist darauf zu achten, daß die Teilstücke nicht zu klein ausfallen. Die meisten Ziergräser werden vom Gärtner mit

Abbildung 63: Das halbhohe Federgras steht hier zwischen sommerblühenden Blumenstauden

Übersicht 15: Ziergräser für den Garten

Deutscher Name	Botanischer Name	Blütezeit in Monaten	Höhe in cm	Standortansprüche	Bemerkungen
Gräser für sonnigen Standort					
Blauschwingel	Festuca glauca	VI – VII	15 – 20	O, anspruchslos, auch trockene Böden	Blaue Blätter, zur Flächen- und Gruppenpflanzung
Blaustrahlhafer	Avena sempervirens	VII – VIII	50 – 80	O, Kalk, Humus	Immergrün, graublaue Blätter, zur Einzelstellung und Kleingruppenpflanzung
Chinaschilf	Miscanthus sinensis in Sorten	VIII – X	150 – 200	O, frischer, durchlässiger Boden	Bronzefarbene Winterfärbung, auch weißbunte Art, Solitärpflanze am Wasser, für Heidegarten
Federgräser:					
Reiherfedergras	Stipa barbata	VII – VIII	80	O, sandiger, kalkhaltiger Boden, geschützte Lage (für alle drei)	Solitärgräser, Winterschutz für Stipa gigantea (für alle drei)
Mädchenhaargras	Stipa pennata	V – VI	40 – 60		
Pyrenäenfedergras	Stipa gigantea	VI – VIII	180		
Fuchsrote Segge	Carex buchananii	VIII	40 – 50	O, kalkhaltiger, leichter Boden	Fast wintergrün, rotbraune Halme, Gruppenpflanzung
Goldleistengras	Spartina michauxiana „Aureomarginata"	VIII – IX	150	O, frischer Gartenboden	Gelbgrüne Blätter, Solitärpflanze
Lampenputzergras	Pennisetum compressum	VIII – IX	80	O, durchlässiger Boden, etwas geschützte Lage	Borstenartige Blüten, Einzel- und Gruppenpflanze
Pampasgras	Cortaderia selloana	IX – XI	200 – 300	O, nahrhafter, durchlässiger Gartenboden, sehr geschützte Lage	Guter Winterschutz erforderlich, Solitärpflanze

Regenbogenschwingel	Festuca amethystina	VI – VII	30 – 50	O, anspruchslos, auch für trockene Böden	Blaue Blätter, Gruppenpflanzung
Schillergras	Koeleria glauca	VI – VII	40 – 60	O, leichter Boden, anspruchslos	Einzel- und Gruppenpflanzung
Gräser für Halbschatten					
Bärenfellschwingel	Festuca scoparia	VI – VII	10 – 15	◑, sandiger, durchlässiger Boden	Immergrün, Polsterstaude für Flächenpflanzung
Gartenbambus	Sinarundinaria murielae		200	◑, frischer Gartenboden	Immergrün, vor allem am Wasser als Solitärpflanze
Morgensternsegge	Carex grayi	VII – VIII	80	◑, kalkhaltiger, feuchter Boden	Morgensternähnliche Fruchtstände, Einzel- und Kleingruppenpflanzung
Pfeifengras	Molinia coerulea	VIII – X	60 – 80	O – ◑, anmooriger Boden	Auch weißbunte Art (40 bis 50 cm hoch), Einzel- und Kleingruppenpflanzung
Reitgras, Sandrohr	Calamagrostis	VII – VIII	130 – 150	◑, anspruchslos	Gelbe Blütenähren lange haltbar, Solitärpflanze im Hintergrund
Waldmarbel (Hainsimse)	Luzula silvatica und Sorten	V – VI	30 – 40	◑, humushaltiger Gartenboden	Wintergrün, für flächenartige Gruppenpflanzung
Zittergras	Briza media	V – VI	30 – 40	O – ◑, sandiger Boden	Herzförmige Ähren, Gruppenpflanzung, Trockenblume
Gräser für Schattenlage					
Haarmarbel (Hainsimse)	Luzula nivea	VI – VII	40 – 60	◑ – ●, humoser Gartenboden	Wintergrün, Gruppenpflanze unter Bäumen
Riesensegge	Carex pendula	VI – VII	80 – 100	◑ – ●, kalkarme, feuchte Böden	Immergrün, Solitärpflanze
Waldschmiele	Deschampsia caespitosa	VI – VII	80 – 100	◑, frische Böden	Schöner, lockerer Wuchs, Einzelpflanze vor Gehölzen, zwischen Blumenstauden

Topfballen geliefert und müssen unter größter Schonung des Wurzelballens gepflanzt werden.

Bei der **Bodenvorbereitung** vor der Pflanzung sollte mit Humusdüngern, wie Komposterde, Torfmull oder organisch-mineralischen Volldüngern, nicht gespart werden, denn Gräser entwickeln sich in humosen Böden ungleich besser als in festen, harten oder allzu leichten, trockenen Böden.

Allen Gräsern beläßt man die Blätter bis zum Frühjahr, denn sie dienen als **Kälteschutz**. Im März/April, bevor sich der neue Austrieb bildet, schneidet man das Vorjahreslaub einige Zentimeter über dem Boden zurück. Die Düngung erfolgt am einfachsten wie im übrigen Ziergarten alljährlich mit etwa 50 g/m^2 eines chlorfreien Volldüngers in ein bis zwei Gaben.

In Norddeutschland und in Gebirgslagen verlangt das vielbegehrte **Pampasgras** eine regelrechte *Einwinterung*. Der Blattschopf wird im Herbst zusammengebunden und mit einer Laubschicht umgeben. Im Winter muß eine Fichtenreisigdecke und bei starkem Frost sogar ein warmer Mistumschlag erfolgen. Dieser empfindlichen Pflanzenart gibt man selbstverständlich von vornherein einen wind- und frostgeschützten Platz und einen durchlässigen, humosen Boden.

3. Farne

Von den über vierzig verschiedenen *winterharten* Freilandfarnen, die heute in jeder größeren Staudengärtnerei angeboten werden, sind nur wenige in Hausgärten vertreten. Am ehesten ist in großen, von Bäumen beschatteten Landgärten der stark Ausläufer treibende *Straußfarn* (Becherfarn) mit großen dekorativen Wedeln zu finden, über dessen Dasein noch nicht einmal jeder Gartenbesitzer erfreut ist, weil diese Farnart sehr wuchert und viel Platz braucht beziehungsweise immer wieder Zeit für seine Eindämmung erforderlich ist.

3.1 Auswahl und Verwendung

In naturnahen Gärten kann man an schattigen Plätzen auf Farne als stimmungsvolle Begleitpflanzen zu Bäumen, Rhododendren und anderen Wildsträuchern sowie Schattenstauden einschließlich Schattengräsern gar nicht verzichten.

Die größeren robusten Farnarten, zum Beispiel Frauenfarn – Athyrium filixfemina, Strauß- oder Becherfarn – Matteuccia struthiopteris und Schildfarn (Wurmfarn) – Dryopteris filix mas, die eine Höhe von 70 bis 100 cm erreichen, kommen sogar im Wurzelgeflecht von Bäumen fort. *Passende Nachbarpflanzen* sind Waldgeißbart, Fingerhut, Waldglockenblume (Campanula macrantha), Silberkerzen (Cimicifuga) und Schaublatt (Rodgersia).

Die kleineren und halbhohen Farne gehören zur *Pflanzengemeinschaft* bodenbedeckender Schattenstauden, wie Elfenblumen, Waldmeister, Gedenkemein und in die Nachbarschaft von Primeln, Waldanemonen, Veilchen, Hosta, Astilben und schattenfreundlicher Ziergräser. Die bestimmenden Gehölze können hierzu zum Beispiel Rhododendren, immergrüner Schneeball, Hortensien, Zaubernuß, Haselnußarten und Fächerahorn sein, von denen der Farn aber nicht bedrängt werden darf.

Besonders schöne *halbhohe und niedrige Farnarten für den Garten* sind:

Hirschzungenfarn – Phyllitis scolopendrium
20 bis 40 cm hoch, wintergrün
Rippenfarn – Blechnum spicant
20 bis 40 cm hoch, wintergrün
Venushaarfarn – Adiantum pedatum
40 bis 60 cm hoch, braucht Luft- und Bodenfeuchtigkeit
Rotschleierfarn – Dryopteris erythrosora
60 bis 80 cm hoch, wintergrün, rötliche Wedel

Zwergkönigsfarn – Osmunda regalis „Gracilis"
60 bis 80 cm hoch, braune Herbstfärbung
Tüpfelfarn – Polypodium vulgare
30 cm hoch, immergrün, bodenbedeckend
Blasenfarn – Cystopteris bulbifera
40 bis 60 cm hoch, bodenbedeckend

Besonders **kleine, reizvolle Farnarten** sind für schattige Plätze im Steingarten und für die Begrünung absonniger Trockenmauern geeignet. Hierzu gehören:

Milzfarn – Asplenium trichomanes
10 cm hoch
Rippenfarn – Blechnum penna-marina
10 bis 15 cm hoch
Hirschzungenfarn – Phyllitis-Arten
20 bis 40 cm hoch

3.2 Pflanzung und Pflege

Farne kommen nur auf halb- bis vollschattigem Standort voran. Die immergrünen Arten müssen auch *vor Wintersonne geschützt* sein. Am wohlsten fühlen sie sich in unberührtem, grob-humosem, mäßig feuchtem *Waldboden*. Deshalb sollte auch im Garten der zukünftige Standort von Farnen mit einem Gemisch von feuchtem Torf, Komposterde, Nadelstreu und Walderde verbessert beziehungsweise verändert werden, damit das Einleben im Garten nicht zu lange dauert. Beste Pflanzzeit ist das Frühjahr.

Farne können im Garten sehr alt werden, wenn man sie im Laufe des Jahres in Ruhe läßt, nicht dauernd hackt, ausputzt oder gar öfter umpflanzt. Man beläßt ihnen möglichst alles Fallaub der Bäume über ihnen als **Bodenschutz** und Humusquelle. Ein nackter verkrusteter oder ausgetrockneter Boden bedeutet für Farne den Tod.

Farne werden nie zurückgeschnitten, nur im Frühjahr vorsichtig vom abgestorbenen Farnkraut befreit. Eine Mineraldüngung ist auf mittelschweren humusreichen Böden nicht erforderlich. Eine Humusdecke sollte immer vorhanden sein und rechtzeitig ergänzt werden.

4. Blumenknollengewächse

Die Knollengewächse unter den Blumenstauden bereichern den Garten durch eine schöne *Sommer- und Herbstblüte*. Die meisten von ihnen sind sehr **frostempfindlich** und müssen deshalb alljährlich im Herbst herausgenommen werden und in einem frostfreien Raum kühl überwintern. Montbretien, Anemonen und Ranunkeln sind etwas robuster und können in milden Gegenden unter einer Laubdecke in der Erde im Garten überwintern. Allein der Krokus ist ein Frühjahrsblüher, völlig winterhart und bleibt im Garten.

4.1 Dahlien

Dahlien lassen sich im Garten leicht kultivieren. So sind sie bald nach ihrer Einführung aus Mexiko in Europa gegen Ende des 18. Jahrhunderts besonders beliebte Gartenblumen geworden, derer sich auch die Pflanzenzüchter sofort annahmen. Die Artbezeichnung unserer Dahlien lautet Dahlia variabilis, das bedeutet die Veränderliche. Die innere Bereitschaft der Dahlie zu mannigfaltigen Veränderungen der Blütenformen führte zur Züchtung einer unübersehbaren *Sortenfülle.*

Man hat deshalb die vielen **Dahliensorten in Klassen eingeteilt,** wobei der unterschiedliche Blütenbau der Einteilung zugrunde gelegt wird. Als *Korbblütler* hat sie wie die Sonnenblume in der Blütenmitte unzählige röhrenförmige Einzelblüten und am Rand auffällige zungenförmige Schaublätter. In den halb- und vollgefüllten Korbblüten der Dahlie ist eine mehr oder weniger große Anzahl der innen liegenden Röhrenblüten zu großen Zungenblüten umgewandelt, so daß eine sogenannte, aber nicht echte Blütenfüllung entsteht.

Die Einteilung der Dahlien:

Einfache Dahlien:

Mignon-Dahlien, 40 bis 60 cm hoch, einige bis 1,5 m hoch

Abbildung 64: Farne und Funkien in guter Gemeinschaft an der Nordseite eines Bauernhauses

Sternblütige Dahlien, bis 1 m hoch

Anemonenblütige Dahlien, bis 1,2 m hoch

Halbgefüllte Dahlien:

Halskrausen-Dahlien, 1 bis 1,5 m hoch

Duplex-Dahlien, 0,8 bis 1,5 m hoch

Gefüllte Dahlien:

Ballförmige Dahlien (unter anderen Pompon-Dahlien), 0,8 bis 1,2 m hoch

Kaktus-Dahlien, 1 bis 1,5 m hoch

Schmuck-Dahlien, verschiedene Höhen

Sortenvorschläge für die einzelnen Dahliengruppen und -klassen zu geben, ist wegen der Vielzahl nicht möglich. Man sollte recht oft die Gelegenheit wahrnehmen, Dahlien in Gartenschauen, Gärtnereien und in besonderen Dahliengärten kennenzulernen, um danach bestimmte Sorten beim Fachmann zu bestellen.

Die mittelstark- und starkwachsenden Dahlienarten stehen besser für sich als Gruppe in der Rahmenpflanzung, als Einfassungspflanze an einem Weg oder als Grenzpflanzung zwischen verschiedenen Gartenteilen. Die niedrigen Arten, wie Mignon, Pompon- und Seerosen-Dahlien, sind auch für Gruppenpflanzungen vor Gehölzen und auf Staudenbeeten besonders gut geeignet.

Bodenvorbereitung

Lockere, sandige Humusböden sagen Dahlien am meisten zu. Schwere Böden müssen durch ausreichende Gaben von Komposterde und Torf wasserdurchlässiger und wärmer gemacht werden. Stehende Nässe können Dahlien nicht vertragen. Für die Grunddüngung können 50 g/m^2 eines chlorfreien Volldüngers verwendet werden.

Pflanzung und Vermehrung

Dahlienknollen pflanzt man **Anfang Mai**. Ihre Triebe dürfen erst nach den letzten Maifrösten über der Erde erscheinen. Die niedrigen Arten erhalten einen **Abstand** von 50 bis 70 cm, die höheren 80 bis 120 cm. Für die hohen Dahlien ist bereits in das Pflanzloch ein Pfahl einzuhauen. Die Knollen erhalten ein genügend großes Pflanzloch und werden so tief gepflanzt, daß sie etwa 3 cm hoch mit Erde bedeckt sind. Mit der Pflanzung kann eine **Teilung** großer Knollenklumpen verbunden werden, wobei darauf zu achten ist, daß sich an jedem Teilstück möglichst drei Triebknospen befinden.

Mignon-Dahlien kann man außer durch Teilung des Wurzelstockes auch durch **Aussaat** selbst vermehren. Die Aussaat erfolgt im *März* in Schalen oder Torftöpfe, die Pflanzung nach den Maifrösten im Abstand von 40 bis 50 cm.

Die Wurzelknollen der besten Sämlinge kann man in einer Kiste mit trockenem Torf überwintern und im folgenden Mai wieder auspflanzen.

Pflege

Im Juni und Juli sollte das Wachstum durch zwei **Düngergaben** mit einem blauen Kopfdünger (je 30 bis 40 g/m^2) und durch **Wässern** unterstützt werden. Sehr dichte Pflanzen sind etwas *auszulichten*, so daß nur noch etwa vier bis fünf Grundtriebe bleiben, an denen dann besonders kräftige Blüten erscheinen. Alles Verblühte müßte laufend schnell entfernt werden, um eine unnötige Kraftverschwendung für den Samenansatz und das Aufkommen des Grauschimmels an den alten Blüten zu verhindern. *Diese wichtige Pflegearbeit lohnt sich!* Die **Vernichtung von Läusen** an den Trieben muß geschehen, um die Pflanzen kräftig und voller gesunder Blüten zu erhalten. Läuse sind Überträger von gefürchteten Viruskrankheiten an Dahlien.

Überwinterung

Nach den ersten Nachtfrösten im Oktober/November sind die Dahlienknollen vorsichtig aufzunehmen, etwa 15 cm oberhalb des Wurzelansatzes abzuschneiden, nach dem Abtrocknen grob abzuschütteln, mit einem Etikett über Farbe und Höhe zu versehen und in einem *frostfreien, kühlen Raum* zu überwintern. Die Lagerung kann in einer Kiste mit fast trockenem *Torfmull* oder in *Folienbeuteln* vorgenommen werden.

4.2 Knollenbegonien

Knollenbegonien sind sehr blühwillige Halbschattenpflanzen für Schalen und Balkonkästen und für die **Gruppenbepflanzung** im Garten und auf Grabstätten.

Sie verlangen eine sehr torfreiche, feuchte, aber durchlässige Erde und **Torfabdeckung**

Abbildung 65: Knollenbegonien als sommerblühender Schmuck vor dem Grabstein auf einer halbschattigen Familiengrabstätte

und sollten auf dem Beet möglichst gar nicht durch Hacken gestört werden. Verblühte Blüten sind vorsichtig auszuputzen, um Fäulnis zu verhindern. Die im Juni beginnende Blüte kann durch zwei bis drei *schwachkonzentrierte Kopfdüngungen* mit chlorfreiem Volldünger bis zum Herbst auf dem laufenden gehalten werden.

Knollenbegonien können ab Mai beim Gärtner gekauft werden. Der erste herbstliche Bodenfrost zerstört die oberirdischen Pflanzenteile. Man kann die Knollen nach dem Herausnehmen und Zurückschneiden *in leicht angefeuchtetem Torf in einer flachen Kiste frostfrei überwintern*. Ab Ende Februar werden die Knollen in leichte, torfhaltige Erde in Töpfe oder flache Kisten eingebettet, am hellen Fenster im Warmen *vorgetrieben* und nach den letzten Spätfrösten im Mai bis Anfang Juni an Ort und Stelle *gepflanzt*.

4.3 Gladiolen

Die Gladiolen sind sonnenliebende **Schnittblumen,** die wegen ihrer eigenwilligen, steifen Blütenstände und der bunten Farbenpracht am besten auf einem gesonderten Beet im Nutzgarten kultiviert werden. Von dort werden sie auch am ehesten laufend für Sträuße ins Haus geholt.

Gladiolen werden ab Ende April in zwei bis drei Etappen bis Anfang Juni 10 bis 15 cm tief in kräftige, durchlässige, gut gelockerte Erde gepflanzt. Der **Pflanzabstand** beträgt 10 bis 12 cm bei einem Reihenabstand von 20 cm, wenn sie nicht tuffweise angeordnet werden. In schweren Böden sollten sie zum *Schutze gegen Fäulnis* eine Unterlage und Ringsumschicht von reinem *Sand* erhalten.
Die meisten Gladiolenblüten brauchen eine **Stütze**. Sie werden für Vasenschmuck geschnitten, wenn sich die untersten Knospen öffnen. Es werden der Pflanze zwei bis drei Blätter für die weitere Ernährung der Knolle belassen.

Abgeblühte Knollen werden aufgenommen, luftig getrocknet und dann vom Laub befreit, wobei auch die Reste der alten Mutterknolle zu beseitigen sind. Die **Überwinterung der jungen Brutknollen** erfolgt trocken und luftig in offenen Kartons.

4.4 Montbretien

Montbretien sind in vielen alten Gärten im Halbschatten von lichten Bäumen und Sträuchern als anmutige, leuchtende Sommer- und Herbstblüher ein besonders schöner Schmuck.

Montbretien-Knollen werden Ende April im Abstand von 8 cm etwa 5 cm tief gepflanzt. In milden Gegenden läßt man sie unter einer Schutzdecke im Garten überwintern. Sicherheitshalber sollte man aber einen Teil der Brutknollen herausnehmen, um nach besonders strengen Wintern keinen vollen Verlust zu haben. Andere bewahren alle Knollen in einem frostfreien Raum über Winter auf. Man läßt am besten die dichten Knollennester im Ballen zusammen und pflanzt sie nur mäßig zerteilt im April neu aus.

Einige Angaben über weitere Knollengewächse können aus Übersicht 16 ersehen werden.

Übersicht 16: Knollengewächse

Deutscher Name	Botanischer Name	Höhe in cm	Blütezeit in Monaten	Farbe	Bemerkungen
Krokus	Crocus	10 – 15	III – IV	gelb, blau, weiß	O – ◐, Pflanzung IX – X, 8 – 10 cm tief, winterhart
Anemone	Anemone coronaria	20	V – VI	rot, gelb, weiß, violett	O – ◐, Pflanzung im Frühjahr, 5 bis 7 cm tief, Winterschutz
Ranunkel	Ranunculus	20	VI – VIII	goldgelb, weiß, dunkelbraun	O – ◐, Pflanzung im Frühjahr, 3 bis 4 cm tief, Winterschutz
Knollenbegonie	Begonia multiflora	25 – 40	VI – X	rot, gelb, orange, weiß	◐, ab Januar im Warmen in Torf vortreiben, Mitte Mai auspflanzen, Überwinterung kühl und trocken
Freesie	Freesia	30 – 40	VII – IX	alle Farben	O, Pflanzung Anfang Mai, durchlässiger Boden
Gladiole	Gladiolus	50 – 100	VII – IX	alle Farben	O, Pflanzung IV – V, 10 cm tief, stützen
Dahlie	Dahlia	60 – 150	VII – X	alle Farben	O, Pflanzung Anfang Mai, Überwinterung im Keller
Montbretie	Montbretia	60 – 70	VII – X	rot, orange	O – ◐, Winterschutz
Blumenrohr	Canna indica	60 – 120	VIII – X	gelb, rot, rosa, orange	O, Pflanzung 15.5., Überwinterung im Keller

O = Sonne, ◐ = Halbschatten

5. Blumenzwiebelgewächse

Die meisten Blumenzwiebeln beleben den Garten im Frühjahr mit klaren, leuchtenden Farben. Sie bleiben im Gegensatz zu den frostempfindlichen Knollengewächsen jahrelang an derselben Stelle im Garten und vermehren sich dort durch Brutzwiebelbildung. Der *Fachhandel* bietet blühfähige Blumenzwiebeln in verschiedenen Arten, Sorten und Farbgruppen an.

5.1 Auswahl und Verwendung

Die wichtigste Aufgabe der Blumenzwiebeln ist, Stauden- und Gehölzrabatten im zeitigen Frühjahr zu beleben und neu angelegte Rabatten in den ersten Jahren zu füllen. Hierbei ist zu bedenken, daß die niedrigen Arten in den Vordergrund gehören und die höheren Frühjahrsblüher, wie Tulpen, Narzissen und Kaiserkronen, besonders in die Nähe spät austreibender Sträucher und spät blühender Stauden in **Tuffs** gelegt werden, um dort einen Ausgleich zu schaffen. Kleine Zwiebelarten eignen sich außerdem als **Streublumen** in Rasenflächen, unter Bäumen und vor Sträuchern.

Tulpen

Will man eine größere Anzahl von Tulpen in seinen Garten pflanzen, dann ist es am besten, sie anhand eines Kataloges nach seinem Geschmack auszuwählen.

Man unterscheidet folgende Tulpenklassen:

Frühe Tulpen:
Frühe, einfache Tulpen
Frühe, gefüllte Tulpen

Mittelfrühe Tulpen:
Mendel-Tulpen
Triumph-Tulpen

Späte Tulpen:
Späte, einfache Tulpen
Späte, gefüllte Tulpen
Darwin-Tulpen
Rembrandt-Tulpen
Breeder-Tulpen
Lilienblütige Tulpen
Papagei-Tulpen

Verwendung

- Im Hausgarten verwendet man die **frühen Tulpen** vor allem als **Beetpflanzen** zur Wirkung im Garten gemeinsam mit anderen Blumenzwiebelarten, Primeln, Stiefmütterchen, Polsterstauden und freiblühenden Gehölzen. Sie blühen im April und werden um 40 cm hoch.

- Die **mittelfrühen Tulpen** blühen ab Ende April bis Ende Mai auf kräftigen Stielen, viele Sorten zweifarbig. Sie werden etwas

Abbildung 66:
Eine der frühesten Botanischen Tulpen ist die kleine Seerosentulpe — Tulipa kaufmanniana mit gelbweißer Blüte

höher und sind sowohl als **Beetpflanzen** als auch für den **Blumenschnitt** sehr gut geeignet.

➤ **Späte Tulpen** werden je nach Rasse und Sorte bis 80 cm hoch und blühen bis in den Juni hinein. Sie sind hervorragende **Schnittblumen**, Sorten mit kräftigen Stielen auch gute Rabattenpflanzen im Hintergrund zwischen spätblühenden Ziersträuchern. Da die einzelnen Rassen der späten Tulpen charakteristische Blütenformen und -farben haben, sollten sie *nicht im Gemisch gepflanzt* werden, sondern jeweils für sich wirken können.

Wie keine andere Blumenzwiebelart haben in den letzten Jahren die vielen verschiedenen **Botanischen Tulpen,** auch als **Wildtulpen** bezeichnet, in den Gärten Verbreitung gefunden. Sie blühen bereits im März bis April und künden gemeinsam mit Krokussen, Märzenbecher und Scilla den Frühling im Garten an. Sie müssen sichtbar im Vordergrund auf Stein- und Heidebeeten, am Hauseingang, an der Terrasse und im Vorgarten stehen.

Manche Botanischen Tulpen *verwildern* und bilden von sich aus von Jahr zu Jahr größere Tuffs, wie Sorten der Arten Tulipa fosteriana, Tulipa kaufmanniana und Tulipa tarda. Andere sehr schöne Arten vergehen allmählich nach zwei bis vier Jahren und müssen neu hinzugekauft werden.

Narzissen

Auch Narzissen werden in verschiedene *Klassen* unterteilt, von denen die Trompetennarzissen oder **Osterglocken** am verbreitetsten und die frühesten sind. Besondere Zuchtrichtungen ergeben die **Schalen- und Tellernarzissen**, die zum Teil zweifarbig sind und im April bis Mai blühen. Die zarten, leichtduftenden **Dichternarzissen**, weiß mit rotem Auge, gelten als besonders edel. Sie müssen schneller als andere Narzissenarten durch Zukauf ergänzt werden. Die mehrblütigen **Straußnarzissen** sind eine Besonderheit und ebenfalls für die tuffweise Pflanzung im Hausgarten geeignet.

Narzissen sind nicht nur als leuchtende Farbpunkte im Garten unentbehrlich, sondern auch sehr geeignete **Schnittblumen.** Es ist wichtig zu wissen, daß Vasenwasser von Narzissen giftig ist, am besten im Garten ausgeschüttet wird, und die Vase getrennt von anderem Geschirr zu säubern ist.

Hyazinthen

Sie werden in reicher Sortenauswahl im Fachhandel angeboten. Hyazinthen sind die einzige Blumenzwiebelart, die wegen ihrer ausgesprochen dekorativ und recht steif wirkenden Blütenform sehr vorsichtig im Garten verwendet werden sollte. Sie passen nicht in eine naturnahe Pflanzung, sondern nur zu einer **Beetpflanzung** gemeinsam mit Zweijahrsblumen, Polsterstauden sowie dekorativen Blütenstauden und -gehölzen.

Sie brauchen eine *warme Lage* und einen durchlässigen, nahrhaften, *humosen Boden.*

Kleinblumenzwiebeln

Die speziellen Eigenschaften der kleinen Frühjahrs- und Herbstblüher unter den Blumenzwiebeln sind aus der Übersicht 17 zu ersehen.

Übersicht 17: Zwiebelgewächse

Deutscher Name	Botanischer Name	Höhe in cm	Blütezeit in Monaten	Farbe	Pflanzzeit	Pflanztiefe in cm
Schneeglöckchen	Galanthus nivalis	15	II – III	weiß	Herbst	10
Winterling	Eranthis hiemalis	5 – 8	II – III	gelb	Herbst	8
Märzenbecher	Leucojum vernum	15	III	weiß	Herbst	10
Blaustern	Scilla sibirica	15	III – IV	blau	Herbst	6
Schneestolz	Chinodoxa	15 – 20	III – IV	blau	Herbst	10
Gartentulpe	Tulipa-Arten	20 – 60	III – V	viele Farben	September	20
Narzisse	Narcissus-Arten	10 – 40	III – V	gelb, weiß	September	15
Hyazinthe	Hyacinthus orientalis	20 – 30	IV – V	blau, rosa, rot	Herbst	15
Kaiserkrone	Frittilaria imperialis	80	IV – V	orange	Herbst	20 – 25
Traubenhyazinthe	Muscari botryoides	10 – 20	IV – V	blau	Herbst	6
Milchstern	Ornithogalum	15 – 25	V – VI	weiß, gelb	Herbst	10
Lilie	Lilium-Arten	50 – 150	VI – VIII	weiß, orange	Herbst	20 – 25

Lilien

Eine besonders schöne Gruppe unter den Blumenzwiebelgewächsen bilden die Lilien. Sie kommen besonders zwischen hohen Stauden oder **in einzelnen Gruppen** stehend vor Gehölzen zur Wirkung und gedeihen in jedem gepflegten Gartenboden.

Die bekanntesten und schönsten **Lilienarten für den Hausgarten** sind:

- Lilium umbellatum – Feuerlilie, orangerot, 60 bis 100 cm hoch, Blüte VI – VII
- Lilium candidum – Madonnenlilie, weiß, 120 cm hoch, Blüte VI – VII
- Lilium martagon – Türkenbundlilie, braunrot punktiert, 120 cm hoch, Blüte VII – VIII
- Lilium regale – Königslilie, innen weiß und außen rosa, 70 bis 80 cm hoch, Blüte VII
- Lilium tigrinum – Tigerlilie, orange und braun-gefleckt, 120 bis 150 cm hoch, Blüte VIII – IX

5.2 Pflanzung

Die Zwiebelgewächse kommen am besten zur Wirkung, wenn sie nicht einzeln, sondern in kleinen Gruppen zusammenstehen. Kleine Arten sollten daher zu etwa 20 Stück, Tulpen und Narzissen zu je 10 Stück zusammengepflanzt werden. Bei den großwüchsigen Lilien genügen meistens drei bis fünf Pflanzen je Gruppe.

Die Blumenzwiebeln gedeihen in leichten wie auch in schweren *Böden*, vorausgesetzt, daß sie einen guten Wasserabzug haben und sich im Frühjahr schnell erwärmen. Das bedeutet also, daß die Pflanzstellen mindestens 30 cm tief gelockert und mit *Humus* angereichert werden müssen. Als *Humusdünger* eignen sich Stallmist, Kompost und Torf in gleichem Maße gut, nur darf der Stallmist nicht unmittelbar vor der Pflanzung und nie in frischem Zustand gegeben werden. In besonders nassen, kalten Böden ist es angebracht, unter die Zwiebeln eine 3 bis 5 cm dicke, durchlässige *Sandschicht* zu geben, um das Auftreten von stehender Nässe zu verhindern.

Das Pflanzen der Zwiebeln erfolgt am besten **im September bis Oktober**. Es wird so tief gepflanzt, daß die Erdüberdeckung doppelt bis dreifach so stark wie die Zwiebelstärke ist (siehe Übersicht 17). In schweren Böden darf keinesfalls zu tief gesetzt werden. Ein gutes Pflanzgerät ist die *Pflanzschaufel.*

Man tut gut, die bepflanzten Flächen zu bezeichnen, damit man dort die Herbst- und Frühjahrsbodenbearbeitung vorsichtig durchführt. Eine 3 bis 5 cm dicke *Torfdecke* bietet den Zwiebeln Kälteschutz, hält den Boden feucht und ermöglicht eine schnelle Erwärmung der Erde im Frühjahr.

5.3 Pflege

Entscheidend für die nächstjährige Blüte ist, daß das Laub nicht abgeschnitten wird, solange es noch grün ist, weil sonst wichtige Speicherstoffe für die Zwiebeln verloren gehen. Auch darf im Rasen das Laub nicht gleich nach der Blüte abgemäht werden.

Bei der Anwendung von Mineraldüngern ist Vorsicht geboten. Blumenzwiebeln vertragen keinen chlorhaltigen Dünger. Eine leichte Kopfdüngung mit circa 50 g pro m^2 Kalkammonsalpeter oder Nitrophoska während der Hauptwachstumszeit im Frühjahr beziehungsweise bei Lilien im Sommer kann die Blüte günstig beeinflussen. Hyazinthen sind am empfindlichsten, sie gedeihen mit gutem Erfolg nur in warmen sandigen Böden. Eine *Wühlmausbekämpfung* sowie *Schutzmaßnahmen gegen Kaninchen und Frost* durch Abdecken mit Tannenreisig sind oftmals notwendig.

Einige Jahre nach der Pflanzung läßt die Wuchs- und Blühkraft mancher Blumenzwiebeln merklich nach. Diese werden nach dem Vergilben im Juni aus dem Boden genommen und nach Größen sortiert. Alle großen, festen Zwiebeln können im September/Oktober erneut gepflanzt werden.

6. Krankheiten und Schädlinge an Blumenstauden

Echter Mehltau

Blattober- und -unterseite sowie Stengel sind mit einem weißlichen, mehlartigen Belag bedeckt. Wuchsstörungen und verkümmerte Blätter sind die Folgen. Bei starkem Befall färben sich die erkrankten Pflanzenteile braun und sterben ab. Diese Krankheit tritt vor allem im feuchten Spätsommer und Herbst auf und befällt besonders Rittersporn, Astern, Phlox, Steinkraut.

Bekämpfung: Wiederholt in Abständen von acht bis zehn Tagen gefährdete Pflanzenarten und -sorten vorbeugend zu spritzen, zum Beispiel mit Euparen, Netzschwefel und anderen. Widerstandsfähige Sorten wählen!

Tulpenfeuer – Grauschimmel

An Tulpen und anderen Zwiebelgewächsen faulen Sproß- und Blatteile ab. Sie sind mit grauem Schimmelrasen bedeckt. Vor allem bei Frühsorten bleibt häufig die Blüte stekken. Die Zwiebeln können so stark geschwächt werden, daß die Pflanze eingeht.

Bekämpfung: Ab Austrieb wiederholt spritzen, zum Beispiel mit Euparen, Rovral und anderen. Platzwechsel oder Bodenaustausch.

Blattläuse

Blattlausbefall an verschiedenen Blumenstauden führt zur Kräuselung der Blätter, läßt Triebe verkümmern und verkrüppeln. Auf dem klebrigen Honigtau siedeln sich Rußtaupilze an.

Bekämpfung: Je nach Stärke des Befalls: Abschneiden der befallenen Triebspitzen, harter Wasserstrahl, spritzen oder stäuben mit einem zugelassenen bienenungefährlichen, chemischen Mittel.

Schattenwickler

Gelbgrüne bis hellgraue Räupchen sind von April bis Juni an Stauden und Sommerblumen zu finden. Die Blätter sind zusammengerollt und versponnen. Die Raupe dieses Schattenwicklers frißt besonders an Astern und Chrysanthemen.

Bekämpfung: Spritzen oder Stäuben zum Beispiel mit Spruzit flüssig, Unden flüssig, Spruzit-Staub.

Blattwanzen

Blumenstauden, Sommerblumen und Ziergehölze werden von verschiedenen Blattwanzen-Arten befallen. Diese stechen die Pflanzen an und verursachen Saugschäden. Die Folgen sind eingesunkene, braune Einstichstellen, verkrüppelte Blätter, Triebspitzen und Blütenknospen.

Bekämpfung: siehe Schattenwickler.

Gladiolen-Blasenfuß (Thrips)

1 mm lange, gelbliche oder dunkle Insekten verursachen an Laub und Blütenblättern der Gladiolen silbrigschimmernde Saugstellen. Die Blätter vertrocknen, die Blüten verkrüppeln und werden wertlos.

Bekämpfung: Vorbeugend durch jährlichen Platzwechsel, gesundes Pflanzgut und durch die Behandlung der Knollen nach dem Aufnehmen im Herbst und vor dem Pflanzen im Frühjahr mit einem zugelassenen Schädlingsbekämpfungsmittel, zum Beispiel Compo Garten-Spray, Unden flüssig, Metasystox R.

IV. ZWEIJAHRESBLUMEN

Die zweijährigen Sommerblumen werden im Frühjahr **ausgesät,** entwickeln sich bis zum Herbst zu kräftigen Jungpflanzen, überwintern im Freien, blühen im folgenden Frühjahr und Frühsommer und sterben danach gewöhnlich ab. Eine Ausnahme können zum Beispiel Goldlack, Fingerhut, Malven, Königskerzen, Bartnelken und Mohn bilden, da sie auf günstigem Standort drei- und mehrjährig werden. Es ist hierbei wichtig, daß die hohen Blütenschäfte sofort nach dem Abblühen abgeschnitten werden, damit die Kraft in die Blätter und nicht in den Samen geht. Man bezeichnet diese ausdauernden Arten auch als **Halbstauden.**

1. Anzucht und Pflanzung

Die Anzucht von Zweijahrsblumen ist einfach und kann ohne Schwierigkeiten im Hausgarten vorgenommen werden. Man bezieht den Samen am besten vom **Samenfachhandel**, um gesunde Pflanzen mit reinen Blütenfarben und großen Blüten zu erhalten.

1.1 Aussaat

Die Aussaat erfolgt im **Frühsommer** im Reihenabstand von 6 bis 8 cm auf ein geschütztes, torfhaltiges *Anzuchtbeet* im Garten, jedoch sicherer unter einem *Folientunnel* oder in einem freien *Frühbeet*, weil die Blumen sehr feinen Samen haben. Bis zum Auflaufen wird die Saat möglichst dunkel gehalten. Die Folien- oder Glasabdeckung ist bald nach der Keimung abzunehmen, damit die zarten Jungpflanzen in der warmen Sonne des Frühsommers nicht verbrennen und das Saatbeet nicht zu schnell austrocknet. Zu eng stehende Sämlinge sind nach drei bis vier Wochen auf einen Abstand von 5 bis 6 x 6 cm *aufzupikieren.*

Einige Arten, wie zum Beispiel Königskerzen, Islandmohn, Alpenmohn und Fingerhut, vermehren sich sehr willig durch *Selbstaussaat.* Die kleinen Pflänzchen kann man aufpikieren und später auf den richtigen Bestimmungsort setzen oder auf ihrem natürlichen Standort stehen lassen. So leuchtet uns manchmal im Gemüsegarten oder zwischen dem Beerenobst hier und da ein Fingerhut oder Mohnbusch entgegen, über den man sich ganz besonders freut. Wir können diese Selbstaussaat auch ein bißchen lenken, indem wir zum Beispiel abgeblühte Vergißmeinnichtpflanzen vorsichtig aufnehmen, nicht abschütteln, sondern mit kleinem Wurzelballen an windgeschützter, schattiger Stelle eng aneinander einschlagen. Im Herbst werden wir hier viele kräftige Jungpflanzen finden, die am richtigen Platz aufgepflanzt werden können.

1.2 Pflanzung

Die kräftigen Jungpflanzen werden im August bis September entweder an ihren endgültigen Bestimmungsort gepflanzt oder auf ein Beet, um dort zu überwintern und erst im Frühjahr auf ihren Platz zu kommen. Bellis, Vergißmeinnicht und Stiefmütterchen sind besonders gute *Reservepflanzen* zum Füllen von Lücken, da sie sich selbst blühend noch verpflanzen lassen. Für die kleinen, zweijährigen Beetpflanzen genügt ein **Pflanzabstand** von 15 bis 20 cm, Goldlack, Bartnelken, Mohn und Glockenblumen erhalten einen Abstand von 25 bis 30 cm, und die hohen Malven, Königskerzen und Fingerhüte verlangen 50 cm Abstand.

2. Verwendung

Die niedrigen, frühblühenden Zweijahrsblumen **Stiefmütterchen, Bellis, Vergißmeinnicht** und **Goldlack** bilden in Gemeinschaft mit Primeln und Blumenzwiebeln, aber auch mit Schneeheide im Frühjahr wunderbare Beetkompositionen in warmen, strahlenden Farben. Sie sind vor allem für kleine Vorgärten gut geeignet, weil sie ähnlich wie später die Einjahrsblumen den wenigen Platz durch ihre reiche Blütenfülle besonders intensiv ausnutzen. Als *tuffartige Vorpflanzungen* vor Stauden- und Strächerrabatten in der Nähe spätblühender Pflanzenarten, aber auch für die *Grab-, Balkon-, Schalen- und Kübelbepflanzung* sind die frühblühenden Zweijahrsblumen unentbehrlich. Ebenso sind sie schöne *Schnittblumen* für kleine bunte Frühlingssträuße.

Die **Bartnelke** – im Volksmund auch Jelängerjelieber genannt – ist eine besonders haltbare *Schnittblume und Rabattenpflanze* mit straffem Stiel und kompakten Blütenköpfen in allen Farbschattierungen. Sie braucht wie ihre Artgenossen, die **Landnelken** einen nährstoffreichen, nicht zu trockenen Boden.

Durch Gruppenpflanzungen von **Alpen- und Islandmohn** erhalten Stauden- und *Steinbeete,* ein *Heidestück* und frühblühende Ziersträuchergruppen in der Sommerzeit leuchtende Farbflecke. Die zweijährigen Mohnarten sind auch als *Schnittblumen* recht haltbar und passen in jeden bunten Sommerstrauß. Mohn verlangt guten, feuchten, humusreichen Boden.

Verhältnismäßig selten trifft man heute die zweijährige **Glockenblume** in den Gärten an. Sie ist als *Farbtuff im Staudenbeet,* als Lückenfüller in jungen Stauden- und Gehölzpflanzungen und als hervorragende *Schnittblume* für Sommersträuße gleichermaßen wertvoll. Sie beansprucht einen vollsonnigen, nährstoffreichen Standort.

Übersicht 18: Zweijahrsblumen für den Hausgarten

Deutscher Name	Botanischer Name	Blütezeit	Farbe	Höhe in cm	Aussaat-zeit	Stand-ort	Bemerkungen
Stiefmütterchen	Viola wittrockiana	X – XI, III – VI	fast alle Farben	10 – 25	VI – VII	O · ◑	Gruppenpflanzen, gute Reservepflanzen, Frostschutz
Tausendschön, Gänseblume	Bellis perennis	III – VI	weiß, rot, rosa	15	VI – VII	O · ◑	Gruppenpflanzen, gute Reservepflanzen
Vergißmeinnicht	Myosotis sylvatica	IV – V	blau	15 – 30	VI – VII	O · ◑	Gruppenpflanzen, feuchter Standort
Goldlack	Cheiranthus cheiri	V – VIII	rotbraun-schwarzbraun	25 – 70	IV – VI	O · ◑	Halbstaude, Gruppenpflanzen, Frost- und Wildschutz
	Erysimum allionii	V – VI	orangegelb	30 – 40	IV – VI	O · ◑	
Landnelke	Dianthus caryophyllus	V – VII	weiß, gelb, rosa, rot	50 – 60	IV – VI	O	Nährstoffreicher Boden, Frost- und Wildschutz
Bartnelke	Dianthus barbatus	V – VII	weiß, rosa, rot	40 – 50	V – VII	O · ◑	Halbstaude, Frost- und Wildschutz
Alpenmohn	Papaver alpinum	V – VIII	weiß, gelb, orange, rot	30	VI	O	Kalkflieher, Gruppenpflanzen, Selbstaussaat
Islandmohn	Papaver nudicaule	V – VIII	weiß, gelb, orange, rot	40	VI	O	Gruppen- und Schnittblume
Glockenblume	Campanula medium	VI – VII	weiß, rosa, blau, lila	80	V – VI	O	Nährstoffreicher Boden, guter Lückenfüller
Malve, Stockrose	Althaea rosea	VI – IX	weiß, gelb, rosa, rot	150 – 200	IV – VI	O	Halbstaude, anstäben, im Herbst endgültiger Standort
Fingerhut	Digitalis purpurea	VI – VII	weiß-purpur, lachs	120	VI	O · ◑	Halbstaude, Selbstaussaat, auch Halbschatten, Herzgift
Königskerze	Verbascum-Arten	VI – VIII	gelb, weiß, orange, violett	60 – 120	VI	O	Heidegarten, Solitärpflanze, Selbstaussaat

O = Sonne, ◑ = Halbschatten

Die drei mächtigsten Vertreter dieser Blumengruppe, die **Malven oder Stockrosen, Königskerzen** und **Fingerhüte**, sind prächtige *Solitärpflanzen* für besondere Plätze im ländlichen Garten, wie am Hauseingang, an der Gartenpforte, an einer Hauswand oder am Sitzplatz. Sie stellen aber auch wirkungsvolle *Gruppenpflanzungen* dar.

Die *Malve* sieht zu braunen Holzzäunen und Fachwerk besonders schön aus. Die *Königskerze* ist ein typischer Vertreter des sonnigen, trockeneren Heidegartens, also geeignet als Nachbarpflanze von Kiefern, Birken, Wacholder, Ginster, Heckenrosen, Ziergräsern und inmitten des Heidekrautes. Dagegen gedeiht der *Fingerhut* auch noch im Halbschatten auf frischem Boden am Rande lichter Laubbäume, als wäre er vom Winde dort hingestreut.

Abbildung 67:
Malve oder Stockrose – eine alte Bauernblume

3. Pflege

Häufiges **Gießen** und **Auflockern** während der Vegetationszeit fördern das gesunde Wachstum und die Blütenbildung. Rechtzeitiges Auszupfen beziehungsweise Abschneiden verblühter Teile verlängert die gesamte Blütezeit.

Malven- und Nelkenrost können zu Beginn eines Befalls durch wiederholte Spritzungen mit einem zugelassenen bienenungefährlichen Bekämpfungsmittel, zum Beispiel Polyram-Combi, Saprol, Dithane Ultra eingedämmt werden.

In Gegenden, in denen im Winter häufig Kahlfrost herrscht, ist es erforderlich, zumindest Goldlack, Bartnelken, Bellis und Stiefmütterchen, besser aber alle Zweijahrsblumen mit *Tannenreisig* abzudecken. Die **Überwinterung** vor allem von Nelken, Goldlack und Bellis ist außerdem durch Hasen und Kaninchen gefährdet, wogegen nur ein dichter *Zaun* richtig schützt.

V. EINJAHRESBLUMEN

Einjahrsblumen – auch einjährige Sommerblumen genannt – werden alljährlich im Frühjahr ausgesät, blühen schon einige Wochen danach und reifen in der gleichen Vegetationsperiode aus und vergehen. An jedem nicht zu trockenen sonnigen Platz entwickeln sie sich in kurzer Zeit zu ihrer vollen Schönheit und geben dem Garten im Sommer mit ihrer verschwendenden Blütenfülle eine große Pracht.

Im Gegensatz zu den Gehölzen und robusten Blumenstauden beanspruchen die alljährlich neu auszusäenden und zu pflanzenden Einjahrsblumen während der Anzucht und auch zur Blütezeit *laufend Fürsorge*. In der weisen Beschränkung und richtigen Auswahl geeigneter Arten und Sorten für den vorhandenen Gartenplatz neben der Anwendung praktischer Bodenpflegemaßnahmen und Arbeitsgeräte zeigt sich hier der kluge Hausgärtner.

In neuen Gartenanlagen, in denen Bäume, Sträucher und Stauden noch heranwachsen müssen, sind Sommerblumen willkommene und geeignete **Lückenfüller**. Später ist es in den „ausgewachsenen" Gärten gar nicht immer so einfach, für die meist sonnenliebenden Einjahrsblumen geeignete Plätze zu finden. Diese Sommerblumen sollten aber in keinem Garten fehlen.

1. Aussaat und Anzucht

Man unterscheidet Sommerblumen, die direkt in das Freie an Ort und Stelle gesät werden, von denen, die kälteempfindlicher sind, eine längere Anzuchtzeit verlangen und zum Teil auch feineren Samen haben, und deshalb vorgezogen werden müssen. Blumensamen kauft man am besten in Samenfachgeschäften. Nur in günstigen Jahren mit sonnigem Herbst ist es zweckmäßig, selbst gewonnenen Samen aufzuheben, denn er muß eine gute Ausreife erfahren. Außerdem läßt die Blühwilligkeit und Blütenfarbe bei Blumen aus selbst gezogenem Samen merklich nach.

1.1 Aussaat von Einjahrsblumen an Ort und Stelle

Eine ganze Reihe von Einjahrsblumenarten – darunter viele *alte Bauernblumen* – kann gleich auf den endgültigen Standort im Garten ausgesät werden. Bei manchen Arten ist die Aussaat an Ort und Stelle sogar unbedingt erforderlich, weil die Jungpflanzen ein Verpflanzen nur schlecht beziehungsweise gar nicht überstehen würden. Beispiele hierfür sind einjähriger Mohn und Rittersporn, Jungfer im Grünen, Schlafmützchen (Goldmohn) und Ziergräser.

Einige Einjahrsblumen, die eine Aussaat an Ort und Stelle zwar vertragen, gedeihen in ihrer Jugendzeit jedoch sicherer, wenn sie auf einem geschützten Anzuchtbeet möglichst unter Folie oder Glas vorgezogen und erst später auf den endgültigen Platz gepflanzt werden, zum Beispiel Tagetes, Cosmea, Phlox und Schöngesicht. Auch spart man bei dieser Methode erheblich an Samen.

Die Aussaat der Einjahrsblumen an Ort und Stelle erfolgt im **April bis Mai**, die Blüte beginnt ab Juni/Juli und zieht sich bei manchen Arten bis zu den ersten Herbstfrösten hin. Um die Blüte vorzuverlegen, können zum Beispiel Sommerrittersporn, Sommermohn, Adonisröschen und Kornblumen schon im **Herbst** (Frostschutz!) oder **Anfang März**, sowie der Boden offen ist, gesät werden.

Manche Arten säen sich willig selbst aus, wie Sonnenblumen, Steinkraut, Schlafmützchen, Ringelblumen und Kapuzinerkresse, und wachsen im nächsten Jahr zu unserer Überraschung und Freude ohne eine besondere Fürsorge zu prächtigen Einzelpflanzen oder Tuffs heran.

Die Vorbereitung einer Sommerblumenrabatte für die Aussaat an Ort und Stelle könnte man mit dem Herrichten eines frühen Möhrenbeetes vergleichen. Hierbei ist das wichtigste, daß das Land sehr *feinkrümelig* und eben gemacht wird, weil der feine Same leicht in tiefe Bodenhohlräume fällt oder weggeschwemmt wird und dann nicht aufgeht. Der Boden sollte recht humusreich, gleichmäßig feucht und mit *Nährstoffen* gut versorgt sein. Als Dünger eignen sich Torfschnellkompost, 60 bis 80 g/m^2 organisch-mineralische Handelsdünger oder Komposterde und insgesamt 60 bis 100 g je m^2 eines chlorfreien Volldüngers in zwei bis drei Gaben direkt vor und während der Wachstumszeit.

Für die Aussaat sollten folgende Grundsätze gelten:

➤ 1. Nicht zu früh ins Freie säen, denn alle Blumensamen brauchen genügend Wärme zum Keimen.

➤ 2. Nicht zu tief säen, damit kein Luftmangel beim Keimen eintritt.

➤ 3. Nicht zu dicht säen, um jeder einzelnen Pflanze Licht und Sonne zu geben.

➤ 4. Möglichst immer in Reihen säen, um von Anfang an eine gründliche Unkrautbekämpfung vornehmen zu können.

Der **Reihenabstand** beträgt bei den niedrigeren Einjahrsblumen 20 bis 25 cm, bei den Arten, die höher als 30 cm werden, 30 bis 50 cm. Meistens ist später ein **Verziehen** der Aussaaten erforderlich. Dies darf nicht so zeitig geschehen, daß die zurückbleibenden Pflänzchen dabei verschüttet werden, aber auch nicht zu spät, weil die Pflanzen dann geil werden und oft keinen festen, geraden Stengel mehr bilden. Kräftige Jungpflanzen vieler Arten, die beim Verziehen herausgenommen wurden, können sehr gut für die Vor- oder Zwischenpflanzung bei Stauden und Gehölzen verwendet werden.

1.2 Vorkultur von Einjahrsblumen

Die wärmebedürftigeren Einjahrsblumen werden nochmals in zwei Gruppen geteilt.

Einige Arten hiervon beanspruchen für die Vorkultur im Warmen besonders viel Zeit, weil sonst der Sommer in unserem Klimabereich für ihre Entwicklung nicht ausreichen würde. Pflanzen dieser Gruppe müssen schon ab **Februar/März** im hellen Gewächshaus oder warmen Frühbeet ausgesät werden und dürfen erst *nach den letzten Maifrösten ins Freie* kommen. Zu diesen anspruchsvollen Einjahrsblumen gehören Ageratum, Salvien, Heliotrop, Begonia semperflorens, Lobelien, Petunien, Glockenrebe und andere.

Nur wenn man die Blumenanzucht als ausgesprochenes *Hobby* betreibt und ein Gewächshaus oder gepacktes Frühbeet (siehe Seite 265) zur Verfügung hat, ist an die eigene Anzucht dieser Gruppe zu denken. Am einfachsten ist es für den Hausgärtner, im Mai fertige Jungpflanzen **vom Gärtner** zu **kaufen**.

Die übrigen wärmebedürftigen Einjahrsblumen, zum Beispiel Astern, Strohblumen, Phlox, Zinnien, Sonnenhut, Schöngesicht, können **in der zweiten Aprilhälfte** auf ein geschütztes torfhaltiges **Anzuchtbeet** im Reihenabstand von 6 bis 8 cm ausgesät und unter einem *Folientunnel* (siehe Seite 259) bis zum *Auspflanzen nach den Eisheiligen* bei guter Pflege heranwachsen. Da die meisten Sommerblumen *Dunkelkeimer* sind, kann die Keimung durch Auflegen eines feuchten Sackes oder einer schwarzen Folie gefördert werden. Sobald die ersten Keimlinge sichtbar sind, ist die dunkle Abdeckung zu entfernen.

Bei gleichmäßiger, dünner Aussaat ist ein *Pikieren* kaum nötig. Das Saatbeet muß gleichmäßig feucht gehalten werden, wofür eine Gießkanne mit feiner Brause zu verwenden ist. Bei Sonnenschein ist an den Enden und an der windabgewandten Seite des Folientunnels zu lüften. Einige Tage vor dem Auspflanzen müssen die Jungpflanzen abgehärtet werden und sollten eine schwachkonzentrierte Startdüngung von 20 bis 30 g je 10 l auf 1 bis 2 m^2 eines wasserlöslichen, chlorfreien Volldüngers erhalten. Danach sind die Pflanzen gründlich mit klarem Wasser abzubrausen.

Die Anzucht dieser Gruppe der Einjahrsblumen kann auch ab März/April zum Beispiel in Torfkultursubstraten in Aussaatschalen im Haus mit anschließendem Pikieren in Torftöpfe vor sich gehen. Viele Hausgärtner kaufen aber auch hiervon die Jungpflanzen beim Gärtner.

2. Verwendung

Die Verwendung der Einjahrsblumen ist besonders vielfältig:

- **Für eine geschlossene Einjahrsblumenrabatte im Ziergarten.**
  Bei der Zusammenstellung einer Sommerblumenrabatte ist wie bei einem Staudenbeet auf die Höhen, Farben und Blütezeiten der einzelnen Arten zu achten. Meistens möchte man recht viele verschiedene Arten und Sorten auf einem Beet vereinen. Die Wirkung ist aber bei größerer Gruppenpflanzung unvergleichlich schöner. Vor allem muß man darauf achten, dem Auge mit unmöglichen Farbzusammenstellungen nicht wehe zu tun, sondern vielmehr durch eine glückliche Auswahl wohltuende Beetkompositionen zu schaffen. So ist das Nebeneinander von Rosa und Gelb immer gewagt, ebenso darf man die verschiedenen roten Farbtöne nicht unmittelbar zusammenbringen, sondern soll blaue und weiße Sommerblumen dazwischen pflanzen. Es wäre auch schade, wenn die zierlichen Husarenknöpfchen, Schlafmützchen oder Nemesien von den robusten Rudbeckien, Sonnenblumen oder hohen Zinnien verdrängt würden.

- **Für die tuffweise Vor- und Zwischenpflanzung auf Stauden- und Strächerbeeten**, einmal zur Aufhellung von mehrjährigen Frühjahrs- und Frühsommerblühern, zum andern zur Schaffung von schönen Farbkompositionen mit sommerblühenden Stauden und Gehölzen. *Beispiele:* fast alle Arten.

- **Für die tuffweise Zwischenpflanzung im Stein- und Heidegarten**, um den dort oft sehr kargen Sommerflor zu verbessern. *Beispiele:* Tagetes, Zinnien, Schleifenblumen, Steinkraut, Mittagsblumen, Protulakröschen, Ringelblumen, Schleierkraut, Husarenknöpfchen, Phlox.

- **Für die einreihige Kantenaussaat beziehungsweise -bepflanzung** am Wegesrand im Nutzgarten, an Beeträndern. *Beispiele:* Schlafmützchen, Steinkraut, niedrige Tagetes, Husarenknöpfchen, Buschastern.

- **Für die flächige Bodenbedeckung** vor Stauden, Gehölzen, unter Rosen. *Beispiele:* Portulakröschen, Mittagsblume, Phlox, Steinkraut, Kapuzinerkresse.

- **Für die Berankung** von Pergolen, Zäunen, zum Teil Hauswänden und anderen Gerüsten. *Beispiele:* Wicken, Zierkürbis, Trichterwinde, Glockenwinde, Japanischer Hopfen.

- **Für die Schalen-, Kästen- und Kübelbepflanzung.** *Beispiele:* Ageratum, Lobelien, Fleißiges Lieschen, Tagetes, Steinkraut, Petunien, Salvien, Verbenen.

- **Für die Grabbepflanzung bei sonnigem Standort.** *Beispiele:* Sommerastern, Tagetes, Zinnien, Ageratum, Begonien, Dahlien, Lobelien, Fleißiges Lieschen (Halbschatten).

- **Für die ausschließliche Schnittblumengewinnung auf einem Beet im Gemüsegar-**

Abbildung 68: Zierkürbis an einer Pergola

ten. *Beispiele:* Margeriten, Cosmea, Rittersporn, Wicken, Ringelblumen, Astern, Sonnenblumen, Sonnenhut, Tagetes, Zinnien, Löwenmäulchen, Sommerlevkojen, Verbenen, Ziergräser.

➤ **Für die Gewinnung von Trockenblumen.** *Beispiele:* Strohblumen, Statice, Ziergräser, Jungfer im Grünen.

Einige Arten, wie Sommerrittersporn, Sommermohn und Jungfer im Grünen haben eine kürzere Blütezeit. Als *Reservepflanzen* zum Schließen der Lücken eignen sich besonders gut Tagetes, Sommerastern, Löwenmäulchen und Lobelien, da sie sich sogar während ihrer Blütezeit noch gut verpflanzen lassen.

Der **Pflanzabstand** beträgt bei niedrigen Einjahrsblumen 15 bis 20 cm, bei halbhohen Arten 20 bis 30 cm und bei hohen Arten 30 bis 40 cm.

3. Pflege

Die einjährigen Sommerblumen müssen während ihrer Entwicklungs- und Blütezeit möglichst oft gegossen werden, denn sie können mit ihrem kleineren Wurzelsystem die Feuchtigkeit in den tieferen Bodenschichten nicht ausnutzen. Einen besonders **hohen Wasserbedarf** haben Wicken. Sowie die Bodenoberfläche nach dem Gießen oder nach einem stärkeren Regen abgetrocknet ist, wird das Land aufgelockert, damit es nicht verkrustet.

Um eine anhaltend reiche Blüte zu haben, müssen die verblühten Blumen laufend ausgeputzt werden, damit die Pflanzen nicht unnötige Kraft für die Samenbildung vergeben. Ebenso sorgt häufiges Schneiden von Sträußen für ein um so reicheres Blühen. Doch muß man so geschickt schneiden, daß noch recht viele Knospen erhalten bleiben. Lobelien und Steinkraut können durch einen kräftigen Rückschnitt eine Verjüngung erfahren.

VI. BODENBEDECKUNGSPFLANZEN

In jedem Garten findet man heute Vertreter der wichtigen Gruppe der Bodenbedeckungspflanzen oder kurz **Bodendecker**, die zur Schönheit und Zweckmäßigkeit der übrigen Pflanzungen wesentlich beitragen. Bei *richtiger Auswahl* für sonnige und schattige Lagen, für trockene und frischfeuchte Böden bilden die vielen verschiedenen bodenbedeckenden **Gehölze** und **Stauden** dichte mehr oder weniger flache Bodenteppiche. Manche davon sind immergrün, andere zieren mit leuchtenden Blüten oder reichem Fruchtschmuck.

1. Verwendungsmöglichkeiten

Bodendecker gehören zu jeder naturnahen Pflanzengemeinschaft im Garten als Unter- und Vorpflanzung zu Bäumen, Sträuchern und Großstauden.

Sie sind als **Bodenbegrünung und -beschattung** gestalterisch und biologisch um so wichtiger, je aufrechter die hohen Gehölzpartner wachsen und je höher deren Verzweigung beginnt, also bei Straucharten wie Zaubernuß, Essigbaum, Goldregen, Felsenbirne, Haselnuß, Ahornbüsche, Birken- und Ebereschenheister und anderen.

Bei *winterkahlen Gehölzen* ist ein *wintergrüner Bodenteppich* besonders angebracht, zum Beispiel von roter Elfenblume (Epidemium x rubrum), Waldsteinie, Immergrün (Vinca), Pachysandra, Cotoneaster dammeri und Heidearten. Die etwas höheren Bodendecker – vor allem die locker wachsenden bodenbedeckenden Stauden – schlucken zudem weitgehend das Herbstlaub des Gehölzdaches, wodurch der natürliche Stoffkreislauf in der Pflanzung erhalten bleibt (siehe Seite 62).

Ein Stauden- oder Gehölzteppich in einer großen Pflanzengemeinschaft schützt vor Bodenaustrocknung und Humusschwund und fördert damit die wichtige *Bodenkleinlebewelt.* Aber auch für Vögel und anderes Gartengetier ist eine mit Bodendeckern abgerundete Pflanzengemeinschaft in unserem Garten der beste Lebensraum.

Verschiedene Bodenbedeckungspflanzen dürfen als Vor- und Unterpflanzung nicht in kleinen Trupps, sondern nur *großflächig* in einigen wenigen Arten gepflanzt werden, damit sie nicht durch ihre Vielfalt Unruhe in den Garten bringen. Im Gegenteil: sie bilden diejenige Pflanzengruppe, die bei geschickter Artenauswahl und Anordnung besonders dem ländlichen, landschaftsbezogenen Garten eine wohltuende *Großzügigkeit und Ruhe* verleihen.

Beispiele für die Bodendecke in Pflanzengemeinschaften:

- **Zu Heidepflanzen,** wie Ginster, Wacholder, Kiefern, Tannen, Fichten, Gräsern, unter Birken und Ebereschen: Schneeheide (Erica), Besenheide (Calluna), Fingerstrauch (Potentilla arbuscula), Cotoneasterarten, Katzenminze, Thymian, Staudenknöterich, Mauerpfeffer (Sedumarten), Steinbrech-Arten.
- **Zu Moorbeetpflanzen,** wie Rhododendren, Azaleen, Pieris, Lavendelheide und anderen Immergrünen, wie Taxus (Eibe), Buchsbaum, Hemlockstanne: Pachysandra in der grünen und weißbunten Form, Immergrün (Vinca), Scheinbeere, Moosbeere, Besenheide.
- **Zu Zier- und Blütengehölzen** die immergrünen Bodendecker Efeu, niedrige Pfaffenhutarten, Immergrün, Schaumblüte (Tiarella), Waldsteinie, Haselwurz, Goldnessel, das halbimmergrüne Johanniskraut (Hypericum calycinum) und die laubeinziehenden Arten Elfenblumen, Lerchensporn, Staudenknöterich und Maiglöckchen.

Bodendecker können ausgesprochener **Rasenersatz** im kleinen Vorgarten oder Innenhof, auf Böschungen sowie für andere kleine und schmale Flächen sein, auf denen Rasen zu unpraktisch und im Verhältnis zum kleinen Gartenstück zu arbeitsaufwendig wäre. Hierfür eignen sich vor allem bodenbedeckende Gehölze, aber auch die immergrünen Stauden Pachysandra, Sternmoos und Fetthenne (Sedumarten). Sie alle haben dem Rasen gegenüber den *Vorteil*, daß sie keinen Schnitt verlangen und im ganzen recht anspruchslos sind.

Bodendecker können zum Begrünen und Abdecken von *Flächen mit ungünstiger Belichtung* sowie *extremer Feuchtigkeit* oder *Trockenheit* verwendet werden, zum Beispiel Gartenstücke unter Bäumen, an schattigen Nordseiten von Gebäuden und ebenso an trockenen Ost- und Südseiten.

Übersicht 19: Bodenbedeckende Gehölze

Deutscher Name	Botanischer Name	Standort	Höhe in cm	Pflanzen je m^2	Bemerkungen
Immergrün	Vinca minor	O – ●, anspruchslos	bis 10	10 – 15	immergrün, blaue Blüten im April bis Mai
Efeu	Hedera helix und Formen	O – ●, anspruchslos	5 – 20	7 – 10	immergrün
Scheinbeere	Gaultheria procumbens	O – ●, humos, feucht	15	7 – 11	immergrün, rote Früchte, unter und vor Moorbeetpflanzen
Moosbeere	Vaccinium macrocarpum	O – ●, humos, feucht	30	7 – 10	immergrün, unter und vor Moorbeetpflanzen
Pfaffenhut	Euonymus fortunei-Formen	O – ●, frisch	5 – 30	5 – 12	immergrün, unter und vor größeren Gehölzgruppen
Johanniskraut	Hypericum calycinum	O – ◐, warm, durchlässig	bis 30	8 – 10	gelbe Blüten im Aug./Sept., halbimmergrün
Schneebeere	Symphoricarpus chenaultii Hancock	O – ●, sehr anspruchslos	30 – 80	2 – 4	frosthart, Böschungen, Füller
Heckenkirsche	Lonicera pileata	O – ◐, anspruchslos	30 – 120	2 – 3	immergrün, winterhart, breitwachsend
Fünffingerstrauch	Potentilla arbuscula	O, durchlässig, auch trocken	30	4 – 6	gelbe Blüten im Sommer – Herbst
Besenheide	Calluna in Sorten	O – ◐, sandig, kein Kalk	15 – 40	8 – 15	Heide- und Steingarten, Herbstblüher
Schneeheide	Erica in Sorten	O – ◐, sandig	15 – 60	8 – 15	Heide- und Steingarten, Winterblüher
Zwergmispel	Cotoneaster dammeri, salicifolius „Parkteppich"	O – ◐, nicht zu trocken	5 – 20	7 – 10	immergrün, für Heide- und Steingarten, rote Beeren
Zwergmispel	Cotoneaster horizontalis, congestus, adpressus, conspicuus decorus	O – ◐, nicht zu trocken	25 – 80	3 – 5	immergrün, für Heide- und Steingarten, rote Beeren

Zwergginster	Cytisus kewensis	O, sandig, nahrhaft	30 – 50	3 – 5	winterhart, Heide- und Steingarten
Wacholder	Juniperus communis „Repanda"	O, durchlässig	bis 50	2 – 4	immergrün, anspruchslos, graugrüne Benadelung
Wacholder	Juniperus horizontalis „Glauca"	O, durchlässig	bis 50	2 – 4	immergrün, blaue Kriechform

O = Sonne, ◑ = Halbschatten, ● = Schatten

Übersicht 20: Bodenbedeckende Stauden (nach Blütezeiten geordnet)

Deutscher Name	Botanischer Name	Höhe in cm	Blütezeit in Monaten	Blütenfarben	Bemerkungen
Dickanthere	Pachysandra terminalis	20 – 30	IV – V	weiß-grün	◑ – ●, immergrün, sehr gut unter Bäumen
Waldsteinie	Waldsteinia-Arten	10 – 20	IV – V	gelb	◑ – ●, humoser Boden, zum Verwildern
Elfenblume	Epimedium-Arten	30	IV – V	rot, weiß	◑, mäßig feuchter Boden, zum Verwildern
Goldnessel	Lamium galeobdolon	20	V – VI	gelb	◑ – ●, anspruchslos, zum Verwildern
Sternmoos	Sagina subulata	bis 5	V – VI	weiß	O – ◑, feucht, geschlossene Decke
Purpurgünsel	Ajuga reptans „Atropurpurea"	15 – 20	IV – V	lilablau	◑, humoser Boden, wuchert
Stachelnüßchen	Acaena buchananii	5 – 10	VI – VII	grün bis gelb	O, anspruchslos, teppichartig, bei Kahlfrost schützen
Thymian	Thymus-Arten	5 – 10	VI – VII	weiß, rosa, rot	O, trocken, dichte Decke
Fetthenne (Mauerpfeffer)	Sedum-Arten	5 – 10	VI – VIII – IX	gelb, rosa	O, sehr anspruchslos, dichte Bodendecke
Katzenminze	Nepeta faassenii	30	VI – IX	blau	O, sehr anspruchslos, auch als Einfassung
Knöterich	Polygonum affine	15 – 30	VI – IX	rot, rosa	O – ◑, jeder Boden, Rasenersatz, zum Verwildern

Bodendecker bilden heute bei der **Bepflanzung von vielen Grabstätten** den immergrünen Mittelpunkt (Rasenersatz) oder bei Einzelgräbern den Rahmen um die Wechselpflanzung.

2. Pflanzung und Pflege

Vor der Pflanzung von Bodenbedeckungspflanzen sind eine 25 cm tiefe **Bodenlockerung** sowie auf humusarmem Boden eine kräftige **organische Düngung** mit gut verrottetem Stallmist, Komposterde oder Torfprodukten vorzunehmen.

Eine **Startdüngung** mit 60 bis 100 g/m² eines chlorfreien Volldüngers ist vor allem an den Standorten wichtig, wo bereits ausgewachsene höhere Gehölze eine starke Wurzelkonkurrenz darstellen und auf kargem Boden.

Eine besonders wichtige Vorbereitungsmaßnahme vor der Pflanzung von Bodendeckern ist das sorgfältige **Auslesen der Wurzelunkräuter.** Werden zum Beispiel Quecke und Giersch nicht restlos entfernt, dann können sie eine so starke Plage werden, daß die ganze Pflanzung wieder aufgenommen werden muß. Geduld und Konsequenz **vor** der Pflanzung werden später um so mehr belohnt, denn bei einer sauberen geschlossenen Bodendecke entfallen meistens jegliche Pflegearbeiten.

Bodenbedeckende Stauden werden je nach Wuchskraft im Abstand von 20 bis 30 cm gepflanzt. Damit werden pro m² zehn bis fünfundzwanzig Stück gebraucht. Auf mit Torf

Abbildung 69: Eine sehr gute immergrüne Bodenbedeckungspflanze ist Pachysandra terminalis. Sie bildet hier den Rasenersatz in einer Gartenecke unter Bäumen und Sträuchern.

gut vorbereitetem und nach der Pflanzung abgedecktem Boden wird sich auch bei einem etwas weiterem **Pflanzabstand** schnell eine geschlossene Bodendecke bilden.

Die Standortansprüche, Höhen, Staudenblütezeiten und -farben und der Pflanzabstand der Gehölze sind für die einzelnen Bodendecker aus Übersicht 19 und 20 zu ersehen.

Abbildung 70: An dieser Böschung unter lichten Bäumen bildet das Johanniskraut — Hypericum calycinum eine dichte Bodendecke

VII. SCHLING- UND KLETTERPFLANZEN

Manche schön angelegte und gepflegte Gärten wirken doch kühl und unpersönlich, weil die natürliche Harmonie darin durch eine kahle Haus- oder Stallwand, eine häßliche Mauer, einen allzu nackten Hauseingang oder Sitzplatz oder einen Maschendrahtzaun gestört wird. Dieses von Menschenhand oft recht nüchtern und manchmal wenig passend Gebaute kann durch eine Begrünung lebendiger gestaltet und damit in den grünen Garten besser einbezogen werden.

Hierbei helfen zahlreiche ein- und mehrjährige, sommer- und immergrüne, kletternde und schlingende Pflanzenarten. Es hängt sehr viel von der richtigen *Pflanzenauswahl* für die Begrünung ab, damit die Pflanzen an dem ihnen zugedachten Standort ihre Aufgabe, *Garten und Architektur harmonisch zu verbinden,* mit Erfolg erfüllen können. Mißerfolge treten bei der Hausbegrünung vor allem dann ein, wenn die Belichtungsverhältnisse und Bodenfeuchtigkeit nicht ausreichend berücksichtigt wurden.

1. Pflanzenauswahl und Verwendung

Man unterscheidet im wesentlichen drei Gruppen von kletternden Pflanzen:

- **Schlingpflanzen**, die sich mit ihren langen Triebspitzen oder zu Ranken umgebildeten Blättern an einer Stütze hochschlingen und festklammern. Sie brauchen ein **Rankgerüst** oder anderen Halt.

  Beispiele: Geißblatt, Schlingknöterich, Pfeifenwinde, Glyzine, Clematis, Strahlengriffel, Akebie, Baumwürger und die einjährigen Arten Glockenrebe, Prunkwinde, Zierkürbis, Kapuzinerkresse, Feuerbohne.

- **Kletterpflanzen**, die sich mit Luft- und Haftwurzeln an Stützen mehr oder weniger festhalten. **Selbstklimmer** brauchen kein besonderes Haltegerüst, da sie mit Haftscheiben oder Haftwurzeln versehen sind.

  Beispiele: Efeu, Wilder Wein, Kletterhortensie, Kriechender Pfaffenhut.

- **Spreizklimmer**, die lange Triebe bilden, welche waagerecht oder fächerförmig an ein **Gerüst** gebunden werden müssen oder die sich wie der Cotoneaster horizontalis selbst fest an die Wand anlehnen.

  Beispiele: Kletterrosen, Echter Jasmin, Feuerdorn, Cotoneaster horizontalis und adpressus, im erweiterten Sinne Obstbaumspaliere, Weinspaliere.

1.1 Schlingpflanzen

Waldrebe – Clematis

Diese bekannteste Schlingpflanze ist ein *sommergrünes, mehrjähriges Hahnenfußgewächs*, das in vielen Gebieten der Erde in lichten Laubwäldern und an Waldrändern auf kalkhaltigen Böden wild vorkommt. Manche der anmutigen Wildarten und ein großes Sortiment von großblumigen Gartenhybriden eignen sich für den Hausgarten. Nicht nur die glockigen oder sternförmigen *Blüten*, sondern auch die eigenartig fedrigen *Fruchtstände* sind im Garten und in der Vase ein *graziöser Schmuck*. Die Triebe der Waldrebe sind brüchig und müssen ab und zu vorsichtig angebunden werden.

Sie gedeihen am besten an einem geschützten, nicht zugigen, warmen **Standort** in nährstoffreichem, gleichmäßig feuchtem **Boden.** Ihr Fuß muß vor heißen, austrocknenden Sonnenstrahlen durch die Vorpflanzung von niedrigen bis halbhohen Sträuchern geschützt sein und durch eine feuchte **Torfdecke** kühl und frisch gehalten werden. Die oberen Triebteile und Blüten müssen in heller Sonne stehen. Frisch gepflanzte Waldreben müssen vor *Spätfrost* geschützt werden.

Kräftigwachsende Clematisarten, die am älteren Holz blühen, werden nach der Blüte etwas zurückgeschnitten. Die meisten großblumigen Hybriden blühen am jungen Holz und werden regelmäßig im Frühjahr etwa um ein Drittel zurückgenommen, um den jungen Austrieb zu fördern. Im Zweifelsfall sollte man einen Gärtner um Rat fragen.

Geißblatt (Jelängerjelieber) – Lonicera

Das Geißblatt ist eine *schlingende Heckenkirschenart* und gehört zu den *Caprifoliengewächsen*. Hiervon gibt es zwei gelblich blühende Arten in unseren Wäldern wild beziehungsweise verwildert. Die Garten-Geißblattarten haben größere, zum Teil duftende *Blüten* in schönen Farbenspielen ab Mai bis

Übersicht 21: Bewährte Clematisarten und -sorten

Art, Sorte	Höhe	Blüte	Bemerkungen
Clematis vitalba, Wildform	bis 10 m	VII – IX, weiß, klein	Nur für größere Mauern und Zäune, auch an großen Bäumen
Clematis montana „Rubens"	bis 8 m	V – VI, rosarot, mittelgroß, sehr zahlreich	Rötlicher Austrieb, Rückschnitt nach der Blüte, sehr anspruchslos
Clematis tangutica Goldwaldrebe	bis 3 m	VI – X, goldgelb, mittelgroß, glockenartig	Wärmeliebend, schöne fedrige Fruchtstände, Rückschnitt im zeitigen Frühjahr
Clematis Hybriden			
„Lasurstern"	bis 2 m	V – VI, dunkelblau, Staubgefäße gelblich-weiß, sehr groß	Sehr edel, blüht am alten Holz, deshalb Schnitt nach der Blüte
„Ernes Markham"	2 – 3 m	VII – IX, leuchtend dunkelrot mit Samtschimmer, groß	Blüte am jungen Holz, deshalb Frühjahrsschnitt
„Jackmanii"	2 – 3 m	VII – VIII, dunkelviolett, breite Blütenblätter	Blüte am jungen Holz, deshalb Frühjahrsschnitt
„Mme. Le Coultre"	2 – 3 m	VI – VIII, alabasterweiß, groß	Blüte am jungen Holz, deshalb Frühjahrsschnitt
„Nelly Moser"	2 – 3 m	VI – VIII, zartlilarosa, rötliche Streifen	Blüte am jungen Holz, deshalb Frühjahrsschnitt
„The President"	2 – 3 m	VI – VII und Nachblüten, dunkelviolett, Staubgefäße dunkelbraun	Blüte am jungen Holz, deshalb Frühjahrsschnitt
„Ville de Lyon"	2 – 3 m	VI – VIII, tief karminrot, mittelgroß	Blüte am jungen Holz, deshalb Frühjahrsschnitt

August sowie im Spätsommer und Herbst zahlreiche Büschel roter oder schwarzer *Beerenfrüchte.*

Das Geißblatt liebt einen feuchten, humosen und kalkarmen **Boden** und halbschattigen **Standort.** An einem zu sonnigen und trockenen Platz bekommen sie bereits ab April/Mai leicht *Läuse*, die nur mit einem Insektizid voll beseitigt werden können.

Lonicera heckrotti hat die schönste *zweifarbige Blüte* in gelb und purpurrot von Juni bis September. Sie wird nur 2 bis 3 m hoch und eignet sich für die Berankung von Treppengeländern, kleinen Pergolen, kurzen Zaunpartien.

Abbildung 71:

Für die Begrünung von sonnigen Wänden, Hauseingängen und Pergolen eignet sich die Clematis (Waldrebe) sehr gut. Sie verlangt einen humusreichen, beschatteten Boden und zum Schlingen ein Gestell aus Holz oder Draht.

Eine sehr schöne und interessante Sorte ist die bis 4 m hohe Lonicera brownii „Dropmore Scarlet Trumpet", mit langer Blütezeit von Juni bis Oktober, orangerot. Sie kann am Gerüst größere Pergolen, Drahtzäune und Wände begrünen.

Lonicera tellmanniana ist die starkwüchsigste und *frühblühendste Geißblattart* mit großen leuchtend gelb-orangefarbenen Blütenquirlen ab Mai. Sie eignet sich für die Berankung von hohen Hausecken, Lauben, größeren Pergolen.

Lonicera henryi ist als einziges *wintergrünes* Geißblatt wertvoll. Die Pflanze erreicht eine Höhe von 5 m und hat im Juni/Juli gelbrote Blüten.

Glyzine (Blauregen) — Wisteria

Die Glyzine ist ein *sommergrünes,* windendes *Leguminosengewächs* aus Asien. Der blaue, duftende *Blütenregen* erscheint im Mai bis Juni am älteren Holz. Glyzinen verlangen einen besonders geschützten, sonnigen und durchlässigen, stets feuchten **Standort.** In windigen, kühlen norddeutschen Gegenden findet der Blauregen meist nicht den geeigneten Platz.

Man kauft in der Baumschule **nur Veredelungen** — keine Sämlinge. Nach der Pflanzung müssen sie auf 40 bis 50 cm zurückgeschnitten werden und zumindest im ersten Jahr einen Sonnen- und Windschutz erhalten. Eine gute Blühwilligkeit wird durch einen *Rückschnitt* der Leittriebe unter Schonung des einjährigen Holzes, durch häufiges

Wässern und eine ständige feuchte *Bodendecke* erreicht.

Akebie – Akebia quinata

Die Akebie ist ein raschwüchsiger 3 bis 5 m hoher Schlinger für warme, sonnige und halbschattige **Lagen** auf durchlässigen, humosen **Böden**. Ihre fünfzähligen Blätter sind *halbimmergrün*. Die violettbraunen, duftenden *Blüten* im Mai sind in Trauben angeordnet und werden ab August von dekorativen, hellviolett bereiften, nierenförmigen, bis 10 cm langen *Früchten* abgelöst.

In der Pflege ist die Akebie anspruchslos, so daß diese wenig verbreitete Schlingpflanze auf geschützem **Standort** an Süd-, Ost- und Westwänden, an Pergolen, Lauben und Zäunen häufiger gepflanzt werden könnte.

Abbildung 72:
Geißblatt – Lonicera tellmanniana an einer Holz-Pergola

Strahlengriffel – Actinidia

Auch der Strahlengriffel ist weniger bekannt, obgleich er in jedem frischen **Gartenboden** in warmer, sonniger bis halbschattiger **Lage** fortkommt. Es ist ein *sommergrüner* Schlinger mit glänzend-grünen Blättern, weißen, duftenden *Blüten* im Juni und eßbaren, sehr vitaminhaltigen grüngelben *Beerenfrüchten*. Ein Nachteil ist, daß die Pflanze zweihäusig ist und für die Fruchtbildung eine männliche und eine weibliche Pflanze nachbarschaftlich zusammenstehen müssen.

Die Pflanze schlingt 5 bis 7 m hoch, ist schnittverträglich und anspruchslos.

Schlingknöterich – Polygonum aubertii

Der natürlich und locker wachsende Schlingknöterich paßt sehr gut in die landschaftsverbundenen Bauerngärten. Doch vor seiner Anpflanzung sollte man unbedingt kritisch prüfen, ob an der vorgesehenen Stelle ein so schnell- und starkwachsender Schlinger das richtige ist. Er ist auch unter dem Namen „Klettermaxe" bekannt, weil er sich innerhalb kürzester Zeit – auch schon im ersten Jahr – zu einem mächtigen Schlinggewächs entwickelt. Die Pflanze ist nur *sommergrün* und kann bis zu 4 m lange Jahrestriebe und im Laufe der späteren Zeit armdicke, schwere Holztriebe bilden und eine Höhe von 8 bis 12 m erreichen. Deshalb ist Vorsicht geboten bei der Berankung von Balkonen, leichten Zäunen und nicht ausreichend stabilen Wänden. Hier müßte der **kräftige Wachser** durch einen häufigen *Rückschnitt* – auch mit der Heckenschere – im Zaum gehalten werden, oder man wählt eine leichtere Schlingpflanze für diesen Zweck.
Der Knöterich eignet sich auch weniger für die Begrünung einer Hauswand, sondern

vielmehr für die Berankung von Grenzmauern, standhaften Pergolen und großen alten Bäumen, von denen sich seine langen hängenden Triebe wieder nach unten ergießen können. Diese hängenden Triebe ergeben eine dichte, grüne Hecke, die zum Beispiel an einem Sitzplatz als Schall-, Sicht- und Windschutz gut geeignet ist. An den langen Trieben erscheinen von Ende Juli bis in den Herbst hinein unzählige weiße duftige *Blütenrispen*, die dem wilden Gesellen sogar Anmut und Eleganz verleihen.

Für die Ausbildung der großen Trieb- und Blattmasse und der reichen Blüte braucht der Schlingknöterich eine Menge an *Wasser* und *Nährstoffen* und einen sonnigen **Standort.**

Pfeifenwinde (Osterluzei) – Aristolochia durior

Der deutsche Name rührt von den pfeifenkopfartig gebauten grüngelben *Blüten* her, die im Juni/Juli zwischen dem Laub sitzen. Die großen, herzförmigen *Blätter* bilden eine dichte, grüne Laubwand, die tiefen Schatten spendet. An einem einfachen Drahtgerüst klettert die Pfeifenwinde an Mauern, Lauben, Schuppen und Säulen bis zu 6 m hoch und erfreut durch ihr gesundes, dichtes Laubwerk. Man kann sie bestens zur Bekleidung unansehnlicher Mauerwerke und alter Zäune und Lauben benutzen, weil sie diese häßlichen Stellen völlig bedeckt. Für eine mehr lockere Begrünung ist die Pfeifenwinde nicht geeignet.

Die Pfeifenwinde braucht einen kräftigen, nahrhaften **Boden** mit einem guten Humusgehalt. Für die Ausbildung ihrer großen Blattmasse sind viel *Wasser* und gelegentliche *Düngergaben* erforderlich. Sie gedeiht an Ost-, West- und Nordwänden, während ihr die Südseite zu warm und zu trocken ist.

1.2 Kletterpflanzen

Kletterhortensie – Hydrangea petiolaris

Sie ist viel zu wenig bekannt, obgleich sie ein anspruchsloser **Selbstklimmer** ist und in älteren Jahren einen malerischen Wuchs erhält. Sie hat herzförmige, glänzend-dunkelgrüne, gesunde Blätter, von Juni bis August große weiße *Blütendolden* und klettert bis zu einer Höhe von etwa 7 m, wenn sie nicht vorher gestutzt wurde.

Die Kletterhortensie gedeiht in jedem feuchten, durchlässigen **Gartenboden**, am liebsten in halbschattiger **Lage** an Ost- und Westseiten. Ein Nachteil ist ihr langsames Jugendwachstum, ab dem 3. Standjahr ist sie aber stark- und gesundwüchsig und völ-

Abbildung 73:
Malerische Begrünung einer alten Baumruine durch die Kletterhortensie

lig *winterhart*. Sie gibt eine anmutige Begrünung von alten Baumstämmen, von Stämmen großer Bäume, Pfeilern und Masten im Garten und auf dem Hof und von größeren Wandflächen ab und verlangt kaum Pflege.

Trompetenblume – Campsis radicans

Dieser prächtige Spätsommerblüher klettert mit Luftwurzeln bis zu einer Höhe von 8 m, am besten an einem **Spaliergerüst**. Die Trompetenblume ist nur für sehr warme, geschützte **Lagen** im süddeutschen Raum und nährstoffreichen humus- und kalkhaltigen **Boden** geeignet. Der Pflanzenfuß muß durch eine *Mulchdecke* feucht und beschattet sein. Es ist ein *Winterschutz* notwendig. Da die Blütenbildung am jungen Holz erfolgt, ist nach dem Frost ein alljährlicher Frühjahrsrückschnitt der im Vorjahr abgeblühten Seitentriebe erforderlich.

Wilder Wein – Parthenocissus

Vom Wilden Wein eignen sich für Hof- und Gartenanlagen vor allem die etwas kleinblättrigere Art **Parthenocissus tricuspidata „Veitchii"** und die Art **Parthenocissus quinquefolia engelmannii** mit den großen fünfteiligen Blättern. Sie klammern sich ohne Hilfe mit unzähligen Haftscheiben am Mauerwerk fest, ohne es zu beschädigen und begrünen in kurzer Zeit große Flächen von Mauerwerk und Betonwänden, Zäunen, Pergolen und Lauben. Wein ist im Gegensatz zu Efeu nur *sommergrün*, entwickelt aber dafür alljährlich eine weithin leuchtende rote *Herbstfärbung* und ist sehr schnittverträglich.

Der Wilde Wein liebt frischen, mittelfeuchten **Boden** und bevorzugt West- und Ostseiten. In feuchten Klimagebieten stellt die Blätterwand vom Wein einen guten Regen- und damit Feuchtigkeitsschutz an der regenreichen Westseite des Hauses dar. Der Veitchii-Wein ist auch für Nordseiten geeignet. Meistens reicht *eine Pflanze* für die Wandbegrünung, denn eine nur teilweise Begrünung ist häufig viel eindrucksvoller als eine große Blätterwand. Mehrere Pflanzen erhalten einen Abstand von 3 bis 4 m.

Efeu – Hedera helix

Efeu ist ein *immergrünes Araliengewächs* und fühlt sich nur im Halbschatten bis Schatten und in luftfeuchten Gegenden wohl. Er braucht einen nahrhaften, humosen, kalkhaltigen **Boden**, kommt aber im Alter auch in trockneren Bodenverhältnissen fort.

Efeu ist mit Haftwurzeln versehen und erreicht Höhen bis 30 m. Nur am Anfang braucht er eine wiederholte Richtungsweisung, bald ist er als **Selbstklimmer** selbständig und muß nur noch überwacht werden, damit Fenster und Türen frei bleiben. An völlig glatten Pfeilern und Wänden kann er nicht gut emporklettern. An Bäume sollte man ihn nicht pflanzen.

Erst ab dem 8. bis 9. Standjahr erscheinen im Herbst grünliche Blütenstände und im darauffolgenden Jahr schwarze, giftige Beeren. Auch die anfangs typisch gelappten Blätter erhalten später eine ovale *Altersform.*

Schwachwüchsige Gartenformen vom Efeu, wie „Conglomerata Erecta" und „Sagittaefolia", sind für die Begrünung kleinerer Wandflächen, von Holzpfosten, Gartenleuchten und ähnlichem viel geeigneter und schöner.

Kriechender Pfaffenhut – Euonymus

Vom Pfaffenhut sind die Arten Euonymus fortunei „Coloratus", „Gracils" (weißbunt) und vegetus für eine *immergrüne*, niedrige – bis höchstens 2 m hohe – Wandbekleidung geeignet. Im Winter leuchten bei Euonymus fortunei vegetus viele rote *Beeren* aus dem grünen Laub heraus.

Die robusten Pflanzen fühlen sich auf humosem, frischem Boden im lichten *Halbschatten* am wohlsten. Trockene Südwände sind ungünstig für sie. Zur Begrünung der Grundmauer einer längeren Hauswand müßte im Abstand von etwa 1 m gepflanzt werden. Auch für das lockere Bewachsen einer Feldsteinmauer oder einer niedrigen Gartenampel ist der kletternde Pfaffenhut besonders gut geeignet.

1.3 Spreizklimmer

Echter Winterjasmin – Jasminum nudiflorum

Diese echte Jasminart hat lange vierkantige, rutenförmige Triebe mit kleinen *wintergrünen* Blättern und winterblühende leuchtendgelbe *Blüten*, die den Blüten der verwandten Forsythie ähnlich sind. Der Jasmin ist eine schöne Begrünung vollsonniger *Südwände* auf jedem durchlässigen, warmen Gartenboden in windgeschützter Lage.

Er muß an Drähten fächerförmig angebunden und ab und zu nach der Blüte etwas zurückgeschnitten und ausgeputzt werden. Jasmin erreicht in unseren Breiten höchstens 3 m Höhe.

Abbildung 74: Echter Jasmin an einer vollsonnigen Südwand

Kletterrosen

Die Kletterrosen nehmen eine besondere Stellung unter den kletternden Pflanzen ein und haben heute dank intensiver Züchtungsarbeit fast alle eine lange sommerliche *Blütezeit*. Sie bilden lange stachelige Triebe, die sich mit dem Haltegerüst und untereinander verzahnen. Sie müssen aber als Wandspalier, an Pergolen und hohen Zäunen doch sorgfältig angebunden werden. Sie eignen sich für Westseiten, bei genügend feuchtem Boden auch für Ostseiten und für nicht zu heiße, trockene Südseiten, ebenfalls zur Auflockerung von Zäunen und zum Überwachsen von Böschungen.

Rosen sollten zumindest auf leichtem und mittelschwerem **Boden** im Oktober/November gepflanzt werden, andernfalls im Frühjahr sowie der Boden offen ist. Der **Pflanzabstand** beträgt je nach gewünschter Dichte im ausgewachsenen Zustand 2 bis 4 m. Nach einem kräftigen *Pflanzschnitt* beschränkt sich der weitere Schnitt der Kletterrosen in der Hauptsache auf das Ausschneiden des alten, abgeblühten und erfrorenen Holzes nach den Winterfrösten und auf das gelegentliche Einkürzen zu langer Jungtriebe.

Obgleich die meisten Kletterrosen-Sorten heute winterfest sind, werden sie aus Vorsichtsgründen im Herbst *angehäufelt* und

Kletterrosen-Sorten

Sorte	**Blüte**	**Blütezeit**	**Höhe in m**
Gruß an Heidelberg, duftend	hellblutrot, gefüllt	öfter blühend	2 – 3
Blaze superior, stark kletternd	feurig-scharlachrot	VI – Herbst, öfter blühend	2,5 – 3
Flammentanz, absolut frosthart	blutrot, gefüllt	VI – VII	4 – 5
Solo, duftend, stark kletternd	dunkelrot	öfter blühend	2 – 3
Sympathie, starker Wildrosenduft	dunkelrot, reichblütig	VI – Herbst	3 – 4
Parkdirektor Riggers	blutrot, halbgefüllt	VI – Frost	3 – 4
Coral Dawn, duftend	korallenrosa, gefüllt	öfter blühend	2,5 – 3
Casino, Teerosenduft	zitronengelb, gefüllt	öfter blühend	2 – 2,5
Goldstern, buschig, robust, beste gelbe Sorte	tiefgoldgelb, gefüllt	öfter blühend	2 – 3
Golden Showers	zitronengelb, gefüllt	VI – Herbst	2 – 3
Leverkusen, winterhart	reingelb, gefüllt	VI – Herbst	3 – 4
Ilse Krohn superior, gut duftend, sehr frosthart	reinweiß, stark gefüllt	öfter blühend	2 – 3

bei Kahlfrost und starkem Winterfrost mit Stallmist abgedeckt und mit Fichtenreisig umsteckt. Die weiteren Pflanz- und Pflegemaßnahmen sind auf Seite 128 ff. zu ersehen.

Spreizklimmer im weiteren Sinne

➤ **Feuerdorn – Pyracantha coccinea**
Dieser *immergrüne* bedornte Strauch blüht im Mai/Juni und hat ab August einen herrlichen roten *Beerenschmuck*. Er wächst an Süd-, Südost- und Südwestwänden und bildet an einem Spaliergerüst eine bis 4 m hohe Begrünung. In strengen Wintern friert er häufig etwas zurück, treibt aber von unten wieder aus.

Abbildung 75:
Der Feuerdorn als immergrüne Wandbekleidung an der Südseite

➤ **Felsenmispel – Cotoneaster horizontalis, C. adpressus, C. conspicuus decorus, C. microphyllus und andere**
Diese flachwachsenden Felsenmispel-Arten können für eine 1 bis 2 m hohe Wandbegrünung in Sonne bis lichten Halbschatten etwa 30 cm von der Wand entfernt gepflanzt werden. Sie lehnen sich mit ihren starren Trieben an die Wand an und brauchen nicht angebunden zu werden. Der rote *Beerenschmuck* ab Spätsommer ist hervorzuheben.

Für eine schnelle Wandbegrünung mit reichem Blütenflor, aber ohne Dauerwirkung eignen sich **einjährige Schlinggewächse** wie Feuerbohnen, Prunkwinden und Glockenreben.

2. Klettergerüst

Alle Schlinggewächse benötigen im Gegensatz zu den Selbstklimmern an Hauswänden, Mauern und stärkeren Pfeilern ein Rankgerüst. Nur um dünne Gegenstände winden sie sich selbständig herum und bleiben fest daran haften. Für Spreizklimmer sind in jedem Falle ein Gerüst und ein Anbinden der Triebe erforderlich. Selbstklimmer brauchen nur gelegentlich durch Leiten der Triebe etwas Hilfe.

Ein Rankgerüst muß grundsätzlich eine Handbreit vom Mauerwerk entfernt angebracht werden. Dadurch geht auch hinter dem Laubwerk ein leichter Windzug, wodurch eine Durchfeuchtung der Hauswand verhindert und gleichzeitig die Schädlings-, Krankheits- und Ungeziefergefahr vermindert werden.

Das Gerüst sollte in der ganzen Aufmachung und Farbe unauffällig sein, zwar stabil, aber nicht zu gewaltig, damit die grünen und blühenden Pflanzen der Hauptblickpunkt sind. Es eignen sich Gerüste aus braunen oder grünen *Holzlatten* oder einfachen Drahtverbindungen, die an Mauerdübeln — bei längeren Drähten mit Hilfe von Spannschlössern — straff befestigt werden. *Mit Plastik überzogene Drähte* sind ohne Pflegeaufwand lange haltbar und im Winter wärmer als reiner Draht.

Schlingpflanzen, die für die **Begrünung eines Terrassenpfeilers** oder einer Dachrinne bestimmt sind, brauchen ebenfalls einige Längs- und in der Höhe Querdrähte, um daran emporklettern und in die Breite wachsen zu können. Dies gilt besonders für die Clematis, die sich mit ihren kleinen Rankorganen nur an dünnen Stützen festhalten und emporschlingen kann.

3. Pflanzung und Pflege

3.1 Pflanzung von Schling- und Kletterpflanzen

Die Pflanzung der Gehölze unter den Schling- und Kletterpflanzen erfolgt im Oktober oder im März bis April in ein etwa 50 cm tief gelockertes und mit Komposterde und feuchtem Torfmull verbessertes Pflanzloch. Für die **Düngung** zur Pflanzung eignen sich organisch-mineralische Volldünger oder als Vorratsdünger Thomaskali 10 + 20 (etwa einen 10 cm Ø Blumentopf voll) besonders gut. Schlechter Wasserabzug ist durch eine Schotterschicht im Untergrund zu beheben.

An Häusern und Mauern ist ein *Pflanzabstand von 30 cm vom Mauerwerk* zu wahren, damit die Pflanzen nicht allzu sehr unter Trockenheit leiden. Der oberirdische Pflanzenteil ist bei Schlingpflanzen anfangs mit einem Bambusstab an die Mauer zu leiten.

Pflanzung in eine Pflanzinsel im Plattenbelag von Wegen und Terrassen

Die Pflanzung von Klettergewächsen direkt an der Terrasse oder an einen Stützpfeiler auf der Terrasse muß besonders *sorgfältig* vorbereitet werden. Hierbei ist es nötig, zwei Terrassenplatten zu entfernen und an der Stelle ein nahrhaftes Pflanzbett herzustellen. Man muß die Erde mindestens 50 cm tief und 60 cm breit ausheben und mit Humus und Vorratsdüngern verbessern (siehe oben). Der Untergrund müßte in jedem Falle durch eine 15 bis 20 cm starke *Schotter- oder Kiesschicht* dräniert werden. Clematis lieben Kalk, so daß für sie eine Schicht Bauschutt oder eine Gabe Kalkmergel vorteilhaft ist.

Pflanzung in Kübel

Bei Terrassen oder Hauseingängen, die ein festes Fundament aus Beton haben, wo sich also kein Pflanzbett in der gewachsenen Erde anlegen läßt, muß man sich mit einem großen, mindestens 40 cm tiefen Kübel mit Abzugslöchern helfen. Zur Vermeidung von stehender Nässe und Luftmangel gibt man auf den Grund des Kübels eine circa 5 cm dicke Kies-, Blähton- oder Styromullschicht und auch einige Hände voll Styromull oder Hygromull der Erde bei. Als *Erdsubstrat* eignet sich besonders gut ein Gemisch von lockerer Erde und TKS 2, für die Nährstoffanreicherung zum Beispiel Hornoska Spezial.

Der Kübel wird am besten im Frühjahr mit dem Schlinggewächs bepflanzt. Durch das Hinzupflanzen einiger flachwurzelnder Einjahrsblumen, zum Beispiel Alyssum-Steinkraut, Iberis-Schleifenblume, Petunien, oder einer immergrünen Bodendecke erhält die Kübelpflanzung eine gute Abrundung.

3.2 Pflege von Schling- und Kletterpflanzen

Die Pflege von Schling- und Kletterpflanzen ist im wesentlichen der Pflege anderer Ziergehölze gleichzusetzen (siehe Seite 134).

Besondere Aufmerksamkeit muß allen Pflanzen im Kübel, unter einem Dachvorsprung, auf Pflanzinseln zwischen Plattenbelag und an der Ostseite des Hauses gewidmet werden, da hier leicht Wasser- und Nährstoffmangel eintreten können. Diese Pflanzen brauchen eine laufend feuchte Torfabdeckung, müssen häufig gewässert werden und vor allem in ihrer Jugendentwicklung vor Beginn und während der Wachstumszeit insgesamt mindestens drei flüssige Volldüngungen erhalten.

Die Pflege von **Spalierobst** kann auf Seite 409 nachgelesen werden. Ausführungen über Weinspaliere sind aus spezieller Fachliteratur zu entnehmen. Der Echte Wein eignet sich nur für warme Gegenden.

VIII. GARTENHECKEN

Hecken werden von alters her als grüne Abgrenzung auf dem Hofgelände und im Hausgarten verwendet. Ein lebender Abschluß wirkt immer freundlicher als ein nüchterner Zaun. Hinzu kommt bei den Hecken deren hoher Wert als **Nistgelegenheit für Vögel sowie als Wind-, Sicht- und Staubschutz.** Als Nachteile gegenüber Zäunen und Mauern sind der große Raumbedarf und der Entzug von Wasser und Nährstoffen aus dem Boden zu nennen, zwei Argumente, die im größeren ländlichen Garten zu keinem Problem zu werden brauchen. Soll mit der Abgrenzung ein sicherer Schutz gegen Geflügel und Wild verbunden werden, so ist zusätzlich ein 50 bis 80 cm hoher Maschendraht mit 30 bis 40 mm Maschenweite zu ziehen, der von den Heckensträuchern allmählich überwachsen wird.

1. Pflanzenauswahl

Bei der Auswahl der Heckenpflanzen ist einiges zu bedenken, denn allzuleicht sagt uns später ihre endgültige Höhe nicht zu, oder die Standortverhältnisse eignen sich nicht für die gewählte Pflanzenart. Das größte Übel wäre zwar, lange Strecken mit Liguster, Weißdorn, Hainbuchen oder anderen Arten, die einen strengen Schnitt verlangen, zu bepflanzen, ohne garantieren zu können, daß immer zur rechten Zeit jemand für diese schwere und lange Arbeit zur Verfügung steht. Die regelmäßige, zeitgebundene, viel Zeit beanspruchende Pflege von streng geschnittenen Hecken ist vor der Anlage einzukalkulieren.

Die Lösung liegt hier bei den **freiwachsenden Blüten- und Fruchthecken**, die wie die

Übersicht 22: Pflanzen für freiwachsende Hecken im Garten

Deutscher Name	Botanischer Name	Höhe m	Breite m	Abstand cm	Standort
Sommer-Spierstrauch	Spiraea bumalda	1	0,8	40	O – ◐, anspruchslos
Fingerstrauch	Potentilla fruticosa	1–1,5	0,6–1	30–50	O, durchlässiger Boden
Deutzie	Deutzia gracilis	bis 1	bis 1	40	O – ◐, feucht, mittelschw. Boden
Zierquitte	Chaenomeles japonica	bis 1	0,6	30–40	O – ◐, anspruchslos
Berberitzen	Berberis thunbergi	bis 1,5	1	30	O – ◐, anspruchslos
Falscher Jasmin	Philadelphus-Arten	0,8–3	0,6–2	30–100	O – ◐, für jeden Gartenboden
Spierstrauch	Spiraea albiflora, arguta, thunbergi, vanhouttei u.a.	1–2	1–2	40	O – ◐, anspruchslos
Wildrosen	Rosa rugosa u.a.	1–2	1–1,5	50–80	O, für mittlere Böden
Heckenkirsche	Lonicera ledebouri, tatarica	1,5–3	1,5–2	80–120	O – ●, anspruchslos
Zierquitte	Chaenomeles lagenaria	bis 2	1,2	60	O – ◐, anspruchslos
Forsythie	Forsythia intermedia	2	2	80–100	O, für jeden Gartenboden
Blutjohannisbeere	Ribes sanguineum	2	1,5–2	80–100	O – ◐, mittlere Böden
Felsenmispel	Cotoneaster acutifolius, dielsianus, divaricatus, sternianus	1,2–3	1,5–2	60–120	O – ◐, mittlere Böden
Deutzie	Deutzia scabra	2–3	2	80–100	O – ◐, nicht zu trockene Böden
Kornelkirsche	Cornus mas	2–3	2–3	100–120	O – ◐, humos, durchlässig
Pfaffenhut	Euonymus europaeus	2–4	2–3	100	O – ◐, anspruchslos, feucht
Immergrüne Arten:					
Heckenkirsche	Lonicera pileata	0,4–0,6	0,3–0,4	20–30	O – ◐, mittlere feuchte Böden
Mahonie	Mahonia aquifolium	bis 1,2	0,6–1	40–60	O – ●, mittlere Böden
Krüppelkiefer	Pinus montana-Arten	0,5–2	0,6–3	50–120	O, anspruchslos
Alpenrosen	Rhododendron	0,5–3	0,5–3	0,5–1,5	◐, anmoorig, kalkarm, Luftfeuchtigkeit
Berberitze	Berberis stenophylla, verruculosa	bis 1,5, bis 1	bis 1,5, bis 0,8	60–80, 40	O – ◐, geschützt
Kirschlorbeer	Prunus laurocerasus	bis 2	bis 2	80–120	O – ●, humos, tiefgründig
Feuerdorn	Pyracantha coccinea	2	1–1,5	60–80	O, warm, humos

O = Sonne, ◐ = Halbschatten, ● = Schatten

üblichen Ziersträucher nur einen gelegentlichen Auslichtungsschnitt verlangen. Durch ihre natürliche Wuchsform wirken sie viel auflockernder und fröhlicher als eine geschorene Hecke. Sie dürfen sich ihrer Art entsprechend frei entwickeln, weshalb bei der Auswahl die Wuchshöhen und -breiten besonders zu beachten sind (Übersicht 22).

Es können freiwachsene Hecken mit gleichartigen Sträuchern, aber auch **gemischte Hecken** gepflanzt werden, wozu Arten mit gleichen Höhen zusammengestellt werden müßten.

Beispiel: Forsythie – Forsythia intermedia, Blutjohannisbeere – Ribes sanguineum, Spierstrauch – Spiraea arguta, Weigelie – Weigelia Bristol Ruby.

Besonders wertvolle Hecken stellen **immergrüne Gehölze** dar, weil sie zu jeder Jahreszeit einen Schutz und einen grünen Rahmen bilden. Die meisten unter ihnen verlangen jedoch eine besonders milde, geschützte Lage und eine sorgfältige Bodenpflege beziehungsweise Bodenabdeckung und sind wenig landschaftsverbunden.

Sträucher, die für freiwachsende und streng geschnittene Hecken gewählt werden können, sind zum Beispiel Berberitzen, Zierquitten, Heckenkirschen, Kornelkirschen, Spiraeen, Falscher Jasmin und andere. Natürlich brauchen die freiwachsenden Hecken mehr Platz. Nur selten wird er auf dem Lande fehlen.

In sehr kleinen Gärten und dort, wo besonderer Wert auf eine ganz dichte, undurch-

Abbildung 76: Bis 1 m hohe freiwachsende Blütenhecke der Sommerspiräe – Spiraea bumalda „Anthony Waterer"

dringliche grüne Abschirmung gelegt wird, haben die **streng geschnittenen Hecken** ihre besondere Berechtigung (siehe Übersicht 23).

2. Anlage von Hecken

Bei der Anlage einer Hecke ist ihre Stellung zur Sonne zu berücksichtigen. Hekken in *Nord-Süd-Richtung* erhalten an beiden Seiten gleich viel Sonne und werfen wenig Schatten. Sie wachsen deshalb sehr gleichmäßig und sind leichter zu pflegen. Hecken in Ost-West-Richtung haben eine sehr warme Südseite, wo sich demzufolge häufig Schädlinge ansiedeln, und eine Schattenseite, von der sich alle Blätter und Blüten abwenden, und wo es leicht zu Kahlstellen kommt. Auch wachsen an der Nordseite vor der Hecke nur ausgesuchte Schattenpflanzen. Um diesen das Wachstum zu erleichtern, sollten Hecken mit der ungünstigen Ost-West-Richtung niedrig gehalten werden.

Pflanzung

Der Zeitpunkt und die Durchführung der Pflanzung sind ab Seite 128 nachzulesen. Der vorzubereitende Pflanzstreifen muß für Hecken bis zu 1 m Höhe 40 bis 60 cm breit und 30 bis 40 cm tief sein. Für Hecken über 2 m ist ein 1 bis 1,5 m breiter und 40 bis 50 cm tiefer Streifen zu lockern und mit Komposterde, feuchtem Torfmull und Vorratsdüngern zu verbessern. Um gutes, gleichmäßiges Pflanzmaterial zu bekommen, ist die *rechtzeitige Pflanzenbestellung* ratsam. Für strenge Hecken wird ein durchgehender Graben ausgehoben, in den die kräftigen, mehrmals verpflanzten Jungpflanzen einreihig nach der Schnur gepflanzt werden.

Übersicht 23: Pflanzen für geschnittene Hecken

Deutscher Name	Botanischer Name	Höhe m	Stück[1] lfd. m	Standort
Feldahorn	Acer campestre	1 – 2	4 – 6	O – ●, anspruchslos, kalkhaltig
Hainbuche	Carpinus betulus	1 – 4	4 – 6	O – ●, anspruchslos
Rotbuche	Fagus silvatica	1 – 4	4 – 6	O – ◑, gute tiefgründige Böden
Liguster	Ligustrum vulgare, ovalifolium (immergrün)	1 – 2	4 – 6 – 8	O – ●, anspruchslos
Lärche	Larix leptolepis	1,5 – 4	2 – 3	O, anspruchslos
Fichte	Picea omorica, pungens	2 – 3	2 – 3	O – O, mittlerer Boden

Ferner: Cotoneaster simonsi, wardi, dielsiana u.a., Lonicera pileata, Feuerdorn, Berberis thunbergi, Zierquitten, Hartriegel, Kornelkirschen, Falscher Jasmin, Spiräen u.a.

[1] Mehrmals verpflanzte Heckenpflanzen mittlerer Größe

O = Sonne, ◑ = Halbschatten, ● = Schatten

Pflanzschnitt

Der Pflanzschnitt beschränkt sich bei den freiwachsenden Hecken auf ein Einkürzen der jungen Triebe etwa um ein Drittel ihrer Länge. Jungpflanzen, die eine streng geformte Hecke ergeben sollen, werden kräftiger zurückgenommen und auf eine gemeinsame Höhe und Breite gebracht, um einen gleichmäßigen Austrieb zu erzielen. Sehr junge, schwache Pflanzen schneidet man auf einen 10 cm langen Stummel zurück, damit sie einen starken Trieb bilden und zügig in die Höhe und Breite wachsen.

3. Pflege von Hecken

Die Pflegemaßnahmen erstrecken sich auf das jährliche **Düngen**, zum Beispiel mit 50 bis 80 g/m^2 Volldünger im Frühjahr, auf gründliches **Wässern**, wenn es sich als notwendig erweist, und in der Hauptsache auf den **Schnitt.**

Schnitt der freiwachsenden Hecken

Blüten- und Fruchthecken benötigen keinen regelmäßigen Schnitt, sondern nur ein gelegentliches Auslichten im Abstand von etwa drei Jahren jeweils nach ihrer Blüte. Hierbei werden alte Triebe, die keine Wuchs- und Blühkraft mehr zeigen, direkt am Erdboden säuberlich abgeschnitten. Eine radikale **Verjüngung** ist grundsätzlich nur während der Ruhezeit an milden Wintertagen durchzuführen, indem man den ganzen Strauch bis kniehoch zurücknimmt. Sie lohnt sich nur bei gesunden, noch wüchsigen Sträuchern.

Abbildung 77: Die immergrüne Berberitze – Berberis verruculosa bildet undurchdringliche Hecken bis etwa 1,2 m Höhe, auch im Halbschatten

Abbildung 78: Heckenschnitt

1 Richtiger (konischer) Schnitt einer Laubholzhecke (links) und einer Nadelholzhecke (rechts).

2 Falscher Schnitt einer strengen Hecke (gerade Seitenwände), die Folge: die Hecke verkahlt von unten.

3 Freiwachsende Hecke vor und nach dem Schnitt (alle 2 bis 4 Jahre).

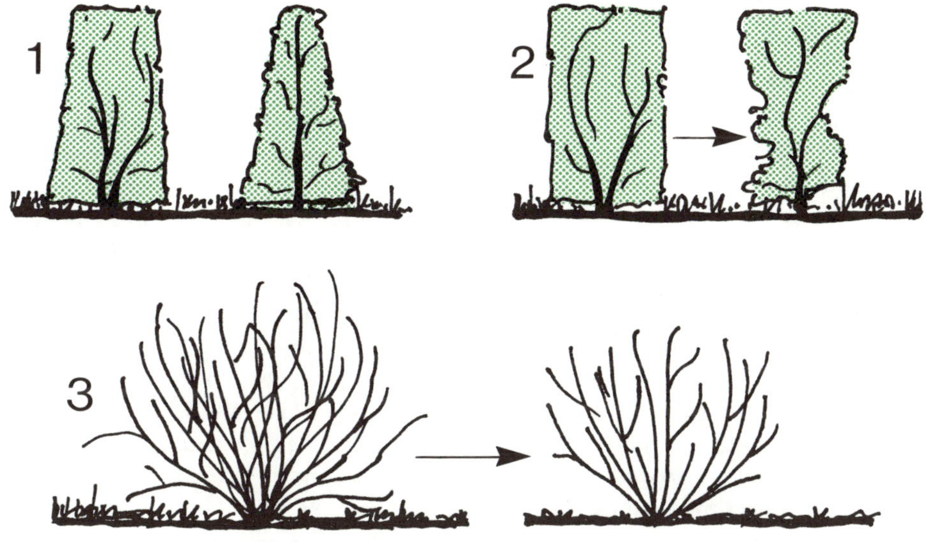

Abbildung 79: Für den zeit- und kraftaufwendigen Heckenschnitt stehen heute elektrische Heckenscheren zur Verfügung. Ein robuster Motor und gegenläufige Messer sollten zu ihrer Ausstattung gehören.

Schnitt der strengen Hecken

Bei den streng formierten Hecken ist der Schnitt wesentlich sorgfältiger zu erledigen. In ihrer Jugendzeit dürfen sie nur allmählich hochgezogen werden, andernfalls bleiben sie oben zu licht und dünn. Es ist ferner immer darauf zu achten, daß die Seitenwände nicht senkrecht, sondern nach oben hin schmaler werdend (konisch) verlaufen. Nur dann erhalten auch die unteren Heckenpartien genügend Licht und verkahlen nicht. Bei *Nadelholzhecken* muß die untere Breite besonders groß sein, und der Schnitt äußerst sorgfältig durchgeführt werden, weil hier einmal hineingeschnittene Löcher gar nicht oder nur sehr langsam wieder zuwachsen.

Man schneidet *immergrüne Hecken* im März/April und im August, *laubabwerfende Hecken* dagegen Ende Juni/Anfang Juli und ein zweites Mal im Winter. Einige Heckenpflanzen müssen dreimal und häufiger geschnitten werden, wenn sie einen sauberen Anblick geben sollen, zum Beispiel Liguster und Taxus. Der Heckenschnitt ist eine sehr zeit- und kraftaufwendige Arbeit. Robuste elektrische Heckenscheren sind hierbei eine große Hilfe.

Verjüngung

Eine alte verwahrloste oder zu mächtig gewordene strenge Hecke kann ebenso wie die freiwachsende eine radikale Verjüngungskur durchmachen. Ähnlich verfährt man, wenn Lücken und Kahlstellen in einer geschorenen Hecke zu beseitigen sind. Der Schaden ist nicht behoben, indem eine Jungpflanze einfach zwischen die alten Sträucher gesetzt wird, sie kann sich hier nicht behaupten. Man schneidet deshalb an beiden Seiten der schadhaften Stelle die gesunden alten Sträucher auf einen kurzen Stummel zurück, pflanzt besonders kräftige Jungpflanzen dazwischen, die man nur schwach zurückschneidet, und läßt alt und jung gemeinsam allmählich hochwachsen.

IX. RASEN

1. Anlage

1.1 Bodenvorbereitung

Der Rasen ist eine **starkzehrende Dauerkultur**, die neben einer guten Pflege sorgfältige Bodenvorbereitungsmaßnahmen verlangt. Die Tiefe der Bodenvorbereitung richtet sich danach, welche Aufgabe das zukünftige Rasenstück vorher zu erfüllen hatte. Eine festgetretene, steinige und mit Unkräutern durchsetzte Fläche sollte zwei Spatenstiche tief gelockert werden, wobei darauf geachtet werden muß, daß die tätige Oberkrume nicht mit der unteren Erdschicht ausgewechselt wird. Steine und Unkräuter – vor allem alle ausdauernden Arten – sind auszulesen, um sich die spätere Pflege zu erleichtern. Bei lockeren Gartenböden genügt eine 25 cm tiefe Bearbeitung mit dem Pflug oder Spaten.

Gleich in Verbindung mit der Bodenlockerung erfolgt die Bodenverbesserung mit organischen und mineralischen Vorratsdüngern. Die **Humusdüngung** gehört in jedem Falle in die Oberkrume. Es eignen sich verrotteter Stallmist, der im Herbst flach untergegraben wird, Komposterde sowie feuchter Torfmull in reiner oder gedüngter Form als Torfschnellkompost, Huminal, Manural usw., die man kurze Zeit vor der Aussaat in die oberen 10 bis 15 cm mit dem Kultivator einarbeitet. Die **Mineraldüngung** erfolgt nach der Tiefenlockerung auf das grobschollige Land mit 60 bis 100 g/m^2 eines chlorfreien Volldüngers und wird mit dem Kompost beziehungsweise Torf in die obere Erdschicht gleichmäßig eingearbeitet.

Das Land muß vor der Rasenaussaat genügend Zeit haben, sich zu setzen, damit der Same und die Keimpflänzchen guten **Bodenschluß** erhalten und weniger unter Trockenheit zu leiden haben.

1.2 Saatgut

Das Saatgut besorgt man im Fachhandel oder über die landwirtschaftliche Genossenschaft. Dabei ist der zukünftige Standort näher zu beschreiben, um für die jeweiligen Belichtungs- und Bodenverhältnisse sowie für seine spätere Aufgabe als Vorgarten-, Wohngarten-, Schatten-, Böschungs-, Bleichrasen usw. die richtige Mischung zu erhalten.

Man wird für die kleineren Flächen im Hausgarten gewöhnlich auf die **Spezialmischungen** im Handel zurückgreifen. Für den **Vorgartenrasen**, der nicht als Spiel- und Wohnfläche gedacht ist, wird meistens eine „Teppichrasenmischung" gewählt. Für den **Wohngarten** ist eine sogenannte „Tiergartenmischung" vorteilhafter, da dieser Rasen wirklich gebrauchsfähig ist und dennoch zierend wirkt. Für größere Rasenflächen lohnt es sich auch, die Rasenmischungen selbst herzustellen beziehungsweise vom Handel extra mischen zu lassen.

Beispiele für gute Gebrauchsrasen-Mischungen:

➤ *Sonnige Lage:*
50 % Rotschwingel,
20 % Deutsches Weidelgras,
15 % Fioringras,
15 % Gemeine Rispe.

➤ *Schattige Lage:*
60 % Gebogene Schmiele,
30 % Rotschwingel,
10 % Fioringras.

Sitzplätze im Rasen oder andere stark beanspruchte Stellen können durch Zusatz von Weißklee eine erhöhte Festigkeit erhalten. Je nach Bodengüte, Verwendungszweck und vor allem Samengüte rechnet man **25 bis 50 g Grassamen pro m^2**.

1.3 Aussaat

Die beste **Aussaatzeit** liegt zwischen Mitte April und Mitte Mai und im Spätsommer ab Ende August bis September. Am besten sät man nach Regenfällen, die die Erde gut durchfeuchtet, jedoch nicht verschlämmt haben. Das Land wird *sorgfältig planiert* und feinkrümelig hergestellt. Von nun an bewegt man sich auf der Fläche nur noch auf Trettbrettern, die unter den Füßen befestigt sind, oder auf langen Brettern, die bei den Aussaatarbeiten stückweise zurückverlegt werden. Denn jede Unebenheit, die jetzt entsteht, bleibt im Rasen und ärgert einen später sehr.

Um sich ein richtiges Bild von der erforderlichen Samenmenge für 1 m^2 machen zu können, zeichnet man sich am besten die Umrisse von 1 x 1 m = 1 m^2 einmal am Anfang auf und verteilt darauf zum Beispiel 30 oder 40 g Samen. Dieses *Muster* prägen wir uns ein, um die gleiche **Aussaatdichte** auf der übrigen Fläche anzuwenden. Der Samen wird bei windstillem Wetter dicht über der Erdoberfläche breitwürfig ausgesät, mit der eisernen Harke gleichmäßig flach eingehackt oder mit einer Igelwalze in den Boden gebracht. Danach ist mit Tretbrettern leicht anzutreten oder im großen anzuwalzen. An den Kanten wird als *sauberer Abschluß* eine flache Rille gezogen und fortlaufend gesät.

Das wichtigste bis zur Keimung ist das **Feuchthalten** des Bodens. Wenn zusätzlich bewässert werden muß, ist an eine *feine Zerstäubung* des Wassers zu denken, denn allzuleicht schlämmen die Samen zusammen, und es kommt eine sehr unregelmäßige Rasenfläche zustande. Ist der Rasen etwa 10 cm hoch geworden und beginnen die ersten Halme leicht umzuknicken, ist der **erste Schnitt** vorzunehmen, und zwar mit der Sense oder der Mähmaschine mit frisch geschärften Messern. Das geschnittene Gras wird abgeharkt. Danach wird sofort festgewalzt oder festgetreten. Alle weiteren Schnittarbeiten können mit der Maschine vorgenommen werden.

2. Pflege

Eine glatte Rasenfläche, die möglichst wenig Unterbrechungen durch Wege, Beete und Strauchpflanzungen hat, ist am leichtesten zu pflegen und wird deshalb heute für die meisten Gärten in Stadt und Land vorgezogen.

Der Rasen als grüner, ruhender Pol gibt auch dem kleinen Garten eine wirkungsvolle Weite und stellt das großzügige Bindeglied zwischen Haus, Sitzplatz, Wasser und der bunten Rahmenpflanzung dar. Auf einem richtigen Gebrauchsrasen findet das Wohnen, Spielen und Erholen der ganzen Familie statt.

Von seinem *Pflegezustand* hängt die Strapazierfähigkeit des Rasens ab. Sein optisches Aussehen entscheidet über die Gesamtwirkung des Gartens.

Die wichtigsten Rasen-Pflegemaßnahmen sind

- der Schnitt,
- die Düngung,
- die Bewässerung,
- die Durchlüftung,
- die Unkrautbekämpfung.

2.1 Rasenschnitt

Der Grasschnitt muß bei normaler Witterung *wöchentlich* mindestens einmal vorgenommen werden, wenn es sich um einen gepflegten, teppichartigen Rasen handelt. Kürzeres Schnittgut kann gut verteilt als Humusstoff liegen bleiben. Längeres Gras muß abgeharkt oder zweckmäßiger mit einem am Rasenmäher montierten *Fangkorb* aufgefangen werden, weil sonst der Rasen gelbe Flecken bekommt oder gar verschimmelt. Für größere Flächen sind die *Rasenkehrmaschinen* einiger Firmen zu empfehlen, zumal man mit diesen auch sehr bequem und schnell das Herbstlaub sowie Papier und kleine Zweige wegkehren kann.

Rasenmäher

Die wichtigste Anschaffung für die Rasenpflege ist jedoch eine gute Mähmaschine. Für kleine Flächen bis etwa 300 m^2 reichen gummibereifte, höhenverstellbare *Handmäher* aus. Auf größeren Rasenstücken werden *motorisierte Sichel- oder Spindelrasenmäher* zur Arbeitserleichterung eingesetzt. Ihre **Mähleistung** richtet sich in erster Linie nach der Schnittbreite und den Motoreigenschaften. Beispiele: 32 bis 35 cm Schnittbreite = circa 800 m^2/Stunde, 45 bis 48 cm Breite = 1 200 bis 1 400 m^2/Stunde, 55 cm Breite = circa 1 800 m^2/Stunde.

Spindelrasenmäher sind für den anspruchsvollen Rasen, der regelmäßig alle vier bis sieben Tage gemäht wird, besonders geeignet. Dagegen schneiden **Sichelrasenmäher** auch etwas höheres Gras gut ab und lassen sich auf ungleichmäßigeren Rasenflächen besser einsetzen. Rasenmäher mit starkem *Hinterradantrieb* bewältigen auch Steigungen bis zu 30 % aus eigener Kraft. Für die Pflege besonders schwieriger Flächen, zum Beispiel an Hängen und Böschungen, unter Büschen und Bänken und an Rasenkanten haben sich die *Flymo-Rasenmäher* gut bewährt. Diese arbeiten nach dem Luftkissenprinzip, das heißt sie schweben etwa 6 mm über dem Boden. Dadurch sind die Räder überflüssig geworden, und es ist eine völlig freie Manövrierbarkeit in jeder Richtung möglich.

Auf ununterbrochenen Rasenflächen in Hausnähe arbeitet man sich schnell mit einem *Elektromäher mit Kabel* ein, indem man vom Haus, also von der Steckdose beginnend, in Querrichtung zum Rasenende hin mäht. *Benzinmotormäher* sind auch in Hausferne einsatzbereit, bedürfen jedoch meist einer aufmerksameren Wartung und sind lauter. *Batteriemäher* befinden sich

Abbildung 80: Der Rasen als Bindeglied zwischen Haus, Sitzplatz und bunter Rahmenpflanzung

noch in der Entwicklung. Sie haben den Vorteil, daß sie sehr geräuscharm und unabhängig von Kabel und Steckdose arbeiten. Sie sind jedoch pünktlich mit einem elektrischen Ladegerät aufzuladen, und eine Ladung reicht je nach Rasenzustand und Motorleistung nur für eine mehr oder weniger begrenzte Rasenfläche. Bei der Auswahl eines Batteriemähers ist die Rasengröße ein entscheidender Faktor.

Vor der **Anschaffung einer Mähmaschine** sind eine gute *Beratung,* eine Vorführung verschiedener Typen und eine verbindliche Auskunft über einen guten *Kundendienst* Voraussetzungen.

Rasenkantenpflege

Eine wesentliche Arbeitserleichterung bei der Rasenpflege ist eine sogenannte **Mäh-**

Abbildung 81: Beispiel einer Geräteausstattung für die Rasenpflege im Hausgarten. Von links: Rasenlüfter, Rasenbesen, Rasenkantenstecher, Kehrmaschine, Elektro-Rasenmäher, davor Maulwurfsfalle, Gartenschlauch mit angeschlossenem Sprühschlauch

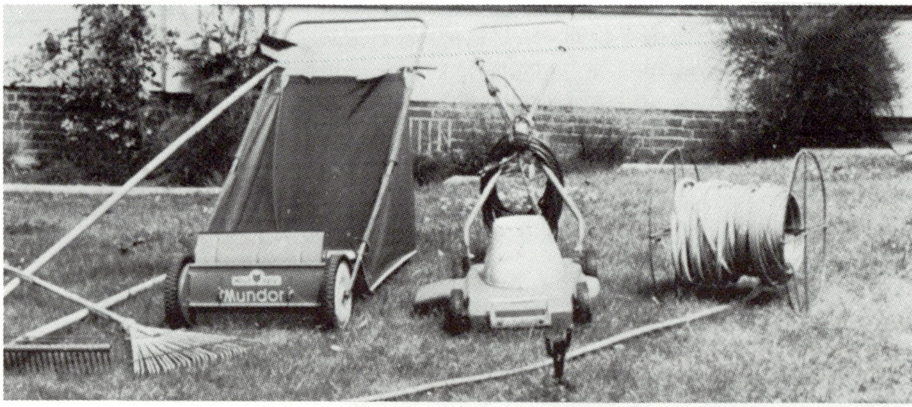

Abbildung 82: Mit dem Kantenstecher schneidet man Rasenkanten sauber senkrecht ab.

kante, die einen festen, sauberen Abschluß des Rasens zur benachbarten Pflanzung oder am Haus bildet. Diese bündig mit dem Rasen (nicht zu tief) verlegten schmalen Platten- oder Klinkerpfade ersparen die mühselige und langwierige Rasenkantenpflege. Auch der **Rasenkantenstecher** ist praktisch, aber das Entfernen der letzten Grasbürste am Rasenrand mit einer Kantenschere bleibt uns nach seiner Anwendung noch, wenn diese nicht geschickt mit dem Rasenmäher abgemäht werden kann.

2.2 Bewässerung und Düngung

Bewässerung

Während Trockenzeiten und dann vor allem nach dem Rasenschnitt muß der Rasen gründlich gewässert werden, womit eine Mineraldüngung verbunden werden kann. Für das Rasensprengen eignet sich besonders gut der gleichmäßig und schonend beregnende *Sprühschlauch*, der sehr einfach weitergezogen werden kann, ohne den Wasserhahn abstellen und auf die nasse Fläche treten zu müssen (siehe Seite 71).

Düngung

Ohne eine laufende, reichliche Nährstoffversorgung wird der Rasen bald hell und fleckig, und es treten Moose und Unkräuter auf, die mit kargerem Boden vorliebnehmen.

Die jährliche **Humusversorgung** besteht am besten aus einer 1/2 bis 1 cm starken Schicht gut verrotteter Komposterde oder aus ein bis zwei Säcken pro 100 m² Torf. Die günstigen *Zeitpunkte* sind hierfür der Herbst nach dem letzten Rasenschnitt und Anfang März. Der Humus muß in die Grasnarbe eingeharkt werden. Es ist beobachtet worden, daß sich *Mäuse* und *Maulwürfe* in der durch Humusanreicherung lockeren Grasnarbe häufig einstellen. Es hängt dann von der Rasengüte ab, ob auf eine Humusdüngung verzichtet werden kann oder eine schärfere Schädlingsbekämpfung durchgeführt werden muß.

Die Humusdüngung allein reicht für einen guten, strapazierfähigen Rasen, der laufend gemäht wird, nicht aus. Man gibt zusätzlich eine kräftige **Mineraldüngung**, die mengenmäßig von der Bodengüte und der Witterung abhängt.

Beispiele für die Mineraldüngung:

- Im Frühjahr: 100 bis 150 g/m² eines *Rasenspezialdüngers mit Langzeit-Wirkung*
- Im September: 40 g/m² Volldünger blau

- Im Frühjahr: 50 g/m² *Volldünger blau*
- Im Laufe des Sommers: 60 bis 100 g je m² in zwei bis drei Gaben im Wechsel Volldünger blau und Kalkammonsalpeter
- Im September: letzte Düngung mit 40 g/m² Volldünger blau

Der Rasen verlangt eine *schwach-saure Bodenreaktion*. Eine **Kalkdüngung** zum Beispiel mit 100 bis 150 g/m² Magnesiummergel im dreijährigen Turnus ist für viele Böden richtig.

2.3 Durchlüftung und Unkrautbekämpfung

Durchlüftung

Rasen verfilzt leicht, wodurch die Lebensbedingungen für die Ziergräser sehr ungünstig werden und Moos sowie verschiedene Unkräuter verstärkt auftreten. Deshalb sollte Rasen im frühen Herbst oder im Frühjahr mit einer *Eisenharke* oder praktischer mit einem *Vertikutiergerät* durchgeharkt werden, um eine Belüftung zu erreichen und Moos und abgestorbenes Gras zu entfernen.

In vielen ländlichen Gegenden werden vom Landhandel oder Geschäften mit gärtnerischen Bedarfsartikeln motorisierte Vertikutiergeräte ausgeliehen. Dieses Angebot sollten Gartenbesitzer mit größeren Rasenflächen ausnutzen, da die Handarbeit sehr anstrengend ist.

Unkrautbekämpfung

Unkrautwuchs im Rasen und vor allem das Aufkommen von Moos zeugen meist von ungünstigen Rasenmischungen für den betreffenden Standort, von schlechten Wasser- und Belichtungsverhältnissen, mangelnder Nährstoffzufuhr (vor allem Stickstoff) oder von zu tiefem Rasenschnitt. Die beste vorbeugende und direkte Bekämpfung besteht also darin, diese Grundübel zu beseitigen; chemische Unkrautbekämpfungsmaßnahmen haben sonst nur einen sehr kurzen Erfolg.

Die Anwendung von *Wuchsstoffmitteln* und von *Kalkstickstoff* gegen **breitblättrige Rasenunkräuter** beziehungsweise **Moos** kann auf den Seiten 436 und 435 nachgelesen werden.

Gegen eine Ausbreitung von **Moos** können nach dem Aussaatjahr eine Reihe spezieller zugelassener Handelspräparate zur Moosvertilgung angewendet werden. Wichtig für den Erfolg ist, daß die Gebrauchsanweisungen der Mittel genauestens beachtet werden und gleichzeitig mit der chemischen Bekämpfung eine Salpeterdüngung zur Förderung der Rasengräser durchgeführt wird. Statt dessen stehen auch **Moosvertilgungsmittel** kombiniert mit Dünger von mehreren Herstellerfirmen zur Verfügung.

3. Blumenwiese

Eine Blumenwiese im Garten zu haben, ist heute vieler Leute Wunsch. Es ist zu bedenken, daß sie nicht laufend betretbar ist und im Jahreslauf einen sehr unterschiedlichen Anblick bietet.

Die Blumenwiese besteht aus einer **Mischung von Gräsern** (etwa 75 %) wie Rotschwingel, Schafschwingel, Kammgras, Straußgrasarten und Wiesenrispe **und von vielen Kräutern**, zum Beispiel Schafgarbe, Margerite, Wiesenknopf, Mohn, Malve, Ehrenpreis, Bellis, Hunds- und Duftveilchen, Kornblume, Wiesensalbei, Bunte Kornwicke, Lein und Kleearten.

Die im Handel angebotenen Gräser-Kräuter-Mischungen enthalten eine hohe Anzahl verschiedener Kräuter, die nicht alle für die jeweilige Gegend und den Boden typisch sind. Nur solche Arten, denen der Standort zusagt, breiten sich aus und sind bei richtiger Behandlung dauerhaft.
Der Standort muß *nährstoffarm* und möglichst *gut besonnt* sein. Man kann Sand zur

Beispiele für die chemische Moosbekämpfung (nicht im Aussaatjahr)		
Wirkstoff	**Präparat**	**Aufwandmenge, Ausbringungsart**
Eisen-II-Sulfat	Frankol Moosvernichter, Moosvertilger „Schacht", Moostod u.a.	50 g/m² streuen oder mit 1 l Wasser/m² gießen
Eisen-II-Sulfat + Dünger	blitol Rasendünger mit Moosvernichter, Cornufera mit Moosvernichter u.a.	35 g/m² streuen
	Rasen-Moos-Ex-Kombi, Compo Moosvernichter u.a.	50 g/m² streuen
	Gabi Anti-Moos	33 ml/m² mit 1 l Wasser gießen
Chloroxuron	Gesamoos	0,6 g/m² spritzen

Abmagerung einarbeiten. Das Saatgut — **etwa 10 g/m²** — sollte gut gemischt werden, da sich die feinen Samen häufig unten in der Tüte absetzen. Die beste Aussaatzeit sind die Monate April und Mai, da ein Teil der Kräuter einjährig ist und sich nach der Blüte zum Herbst hin aussamen muß. Die Neueinsaat muß gleichmäßig feucht gehalten werden.

In bestehende, abgemagerte Rasenflächen kann eine reine **Kräutermischung eingesät** werden. Dazu wird die Grasnarbe mit einem Vertikutiergerät zerschnitten. Auf die sichtbare Erde sind die Kräuter auszusäen. Sehr viel erfolgversprechender ist die **Zwischenpflanzung vorgezogener Wiesenblumen** mit gutem Wurzelballen in ein mit feuchtem Mutterboden vorbereitetes Pflanzloch.

Der erste Schnitt erfolgt alljährlich im **Juni bis Juli** nach der Hauptblüte, **der zweite Schnitt** zum **Ende der Vegetationszeit**, wenn sich alle Kräuter ausgesamt haben.

DER GEMÜSEGARTEN

I. DER GESUNDHEITLICHE WERT DES GEMÜSES

Das Gemüse ist wegen seines beachtlichen Gehaltes an Vitaminen, Mineralstoffen, Geschmacks- und Ballaststoffen für die menschliche Ernährung besonders wertvoll. Folgende *wichtige Nährstoffe* des Gemüses sind hervorzuheben:

Vitamin A, das in der Pflanze nur als *Carotin* vorkommt, einer Vorstufe des Vitamins, ist vor allem in Möhren und in Spinat, Feldsalat, Brokkoli, Grünkohl, Mangold und Petersilienblättern enthalten. 100 g Möhren decken mehr als zwei Drittel unseres Tagesbedarfs. Das Vitamin A ist unter anderem für Sehfähigkeit in der Dämmerung und bei Nacht wichtig, und es kann deshalb eine durch Vitaminmangel bedingte Nachtblindheit durch eine Vitamin A-reiche Gemüsekost gemildert oder behoben werden. Vitamin A ist wasserunlöslich und hitzeunempfindlich.

Vitamin C, das der Mensch fast ausschließlich durch Obst und Gemüse zu sich nimmt, ist in hohem Maße in Paprika, Petersilienblättern, Brokkoli, Meerrettich, Grün-, Rosen- und Blumenkohl enthalten. 100 g eßbarer Anteil von Blumenkohl deckt etwa unseren Tagesbedarf an Vitamin C, Paprika weist doppelt so viel auf. Das Vitamin C ist für verschiedene Stoffwechselvorgänge im Körper lebensnotwendig und erhöht die Widerstandsfähigkeit des Menschen. Vitamin C ist wasserlöslich, so daß durch längeres Wässern des Gemüses und Fortgießen des Gemüsewassers hohe Verluste eintreten können.

Kalium nimmt der Mensch überwiegend aus pflanzlichen Nahrungsmitteln auf. Feldsalat, Spinat, Mangold, Sellerie, Rote Rüben, Schwarzwurzeln, Meerrettich, Grünkohl, Rosenkohl und Blumenkohl sind besonders reich an Kalium. Seine entwässernde Wirkung ist hervorzuheben.

Eisen, der wichtige Mineralstoff für die Blutbildung, ist in allen Gemüsearten enthalten. Besonders eisenhaltig sind aber die Blattgemüsearten, Dicke Bohnen, Rettich und Radies, Schwarzwurzeln und Artischocken.

Calcium nehmen wir am meisten mit Grünkohl, Spinat und Mangold auf, aber auch die meisten anderen Gemüsearten enthalten nennenswerte Calciummengen. Wichtigster Calciumträger ist allerdings die Milch. Calcium dient vor allem dem Knochenaufbau, weshalb auch besonders Kinder viel Gemüse essen sollten.

Ballaststoffe enthält das Gemüse in hohem Maße, da ein großer Teil der Kohlenhydrate im Gemüse in Form der schwer- beziehungsweise unverdaulichen Zellulose vorliegt. Bei unserer heute so viel ballastärmeren Ernährungsweise durch den hohen Verzehr von Weißmehlerzeugnissen, Süßigkeiten, süßen Getränken und verstärkt tierischen Lebensmitteln kommt dem ballastreichen Gemüse eine sehr hohe Bedeutung für eine gesündere Ernährung zu. Ballaststoffe regen die Darmtätigkeit an und sorgen für eine regelmäßige Verdauung.

Der hohe **Wassergehalt** des Gemüse-Erntegutes von durchschnittlich etwa 95 % des Pflanzenfrischgewichtes und die **Fruchtsäuren** des Gemüses wirken erfrischend und durstlöschend. Der hohe Wasseranteil macht jedoch auch deutlich, daß Gemüse durch unsachgemäße Ernte, Lagerung und längeren Transport schnell an Frische und damit an Qualität verlieren kann. Der Gemüseanbau und die Ernte im nahen eigenen Garten sind deshalb besonders wegen der Frische des selbstgeernteten Gemüses sehr vorteilhaft.

Der **Kaloriengehalt** beziehungsweise **Joulegehalt** des Gemüses ist sehr gering, da Gemüse einen hohen Wassergehalt hat, jedoch nur Spuren von Fett enthält und auch der Eiweißgehalt sehr niedrig liegt. Nur wenige Gemüsearten enthalten mehr als 50 kcal/100 g eßbarem Anteil beziehungsweise 209 kJ. Von unseren Gartengewächsen gehören dazu zum Beispiel grüne Erbsen (93 kcal/100 g), Schwarzwurzeln (74 kcal/100 g) und Artischocken (60 kcal/100 g). Zur Gegenüberstellung sei der Kalorienwert von 100 g mittelfettem Schweinefleisch = 280 kcal (1175 kJ) genannt.

So eignet sich jedes Gemüse für die Schlankheitsdiät. Andererseits wird klar, daß der Mensch die erforderliche tägliche Kalorienzufuhr (zum Beispiel 2000 bis 3000 Kalorien ein leicht bis mittelschwer arbeitender Erwachsener) nicht allein durch Gemüse erreichen kann. Nur eine gemischte Kost bedeutet gesunde Kost!

Der **Tagesverbrauch an Gemüse** sollte bei einem Erwachsenen bei mindestens 200 g, **besser bei 250 g** liegen.

Der jährliche Gemüseverbrauch pro Kopf der Bevölkerung liegt in der Bundesrepublik Deutschland zur Zeit bei rund 80 kg. In unseren Nachbarländern wird zum Teil wesentlich mehr Gemüse verzehrt: Niederlande 84 kg, Belgien/Luxemburg 83 kg, Frankreich 120 kg, Italien 155 kg.

Aus gesundheitlichen Gründen wäre es vorteilhaft, wenn auch bei uns mehr Gemüse gegessen würde. Wer einen eigenen Garten bewirtschaftet, wird sicher einen höheren Gemüseverzehr haben als viele andere, die auf einen Nutzgarten verzichten müssen oder wollen.

II. DIE ANLAGE DES GEMÜSEGARTENS

1. Lage

Die Gemüse verlangen alle einen gut besonnten, windgeschützten Standort, jedoch keine eingeschlossene, heiße Lage, da sie dort unter starkem Schädlingsbefall leiden. In Küstennähe sind an der West- und Nordseite Schutzhecken angebracht, im Landinnern sind die scharfen Ostwinde meist am gefürchtesten (siehe Seite 438). Bäume gehören nicht in den Gemüsegarten. Manchmal sind Hanglagen nicht zu vermeiden. Es sollten jedoch nur leichte Süd-, Südwest- oder Südosthänge für den Gemüsegarten gewählt werden. Steilere Hänge müssen terrassenförmig angelegt und leicht zu bewässern sein.

Ein Gemüsegarten sollte auf keinen Fall direkt an einer befahrenen Autostraße liegen, da die Bleiablagerungen von Autoabgasen gesundheitsschädlich sind. Durch eine Ziersträucheranpflanzung zur Straße hin kann die Bleiablagerung auf dahinterliegende Nutzpflanzen gemindert werden, besser ist jedoch die Einhaltung eines Mindestabstandes zwischen Straße und Nutzgarten von 20 m und mehr.

Der bäuerliche Gemüsegarten sollte möglichst in unmittelbarer Nähe vom Wirtschaftsausgang des Wohnhauses liegen, um die Gemüse und Kräuter direkt vor dem Gebrauch schnell und frisch in die Küche holen zu können. Die günstige Lage wirkt sich auch für die Pflege des Gartens vorteilhaft aus, weil man eine kleine Zeitlücke während der Hausarbeit leicht mit einer wichtigen Gartenarbeit füllen kann, wenn das Gartenland schnell zu erreichen ist. An eine praktische Anfuhrmöglichkeit von Stallmist muß ebenso gedacht werden.

Manche Bäuerinnen haben keinen ausgesprochenen Gemüsegarten am Haus, sondern nehmen den Gemüseanbau auf mehr oder weniger häufig wechselnden Stücken auf dem Acker beziehungsweise Feld vor. Diese Anbauart hat bei häufigem Standortwechsel den Vorteil einer verminderten einseitigen Bodenausnutzung und Schädlingsanhäufung. Auch wird hier die Unkrautbekämpfung durch die Bäuerin im allgemeinen großzügiger und damit weniger zeitaufwendig gehandhabt.

Bei dem **Gemüseanbau auf dem Acker** besteht aber die große Gefahr, daß allzuleicht Verwehungen von giftigen Schädlings- und Unkrautbekämpfungsmitteln vom Einsatz bei Feldfrüchten auf die Gemüsekulturen vorkommen. Diese können die empfindlicheren Gemüse schädigen und verlangen außerdem die strikte Einhaltung der Wartezeiten der angewandten Mittel auch bei dem Gemüse, die oft mit dem Erntezeitpunkt der verschiedenen Gemüsearten nicht vereinbar sind. Weitere Nachteile können hier außerdem die auf dem Acker öfter verwendeten chlorhaltigen Mineraldünger und die ungeschützte Lage am Feldrand zur befahrenen Straße hin darstellen.

2. Größe

Als primäre **Begrenzungsfaktoren** für die Gartengröße sind das Fehlen von geeignetem

Gartengelände und Mangel an Interesse am Garten anzusehen. Abgesehen davon richtet sich die Größe des Gemüsegartens in erster Linie nach folgenden Faktoren:

- Anzahl der Verpflegungspersonen im Haushalt
- Verzehrsgewohnheiten der Familie
- Standortverhältnisse (Klima, Lage, Boden)
- Arbeitswirtschaftliche Verhältnisse im Haushalt und Betrieb
- Verkehrslage und Einkaufsmöglichkeiten
- Gefrier- und Lagermöglichkeiten (siehe Seiten 319, 324).

Der Gemüseverbrauch eines Erwachsenen sollte täglich 200 g, besser 250 g betragen. Damit ist küchenfertig geputztes Gemüse gemeint. Diese Menge entspricht rund 325 g ungeputztem Gemüse aus dem Garten, da man im Durchschnitt aller Gemüsearten mit 30 bis 50 % *Putzabfall* rechnen muß. Der Putzabfall ist bei marktfertigem Gemüse im Handel geringer.

Der jährliche Gemüsebedarf beträgt demnach bei guter, abwechslungsreicher Gemüseversorgung:

90 kg pro Kopf geputztes Gemüse oder
rund 120 kg pro Kopf ungeputztes Gemüse aus dem Garten oder
rund 110 kg pro Kopf marktfertiges Gemüse vom Handel.

Kinder bis zu zehn Jahren brauchen etwa die Hälfte dieser Gemüsemenge.

Abbildung 83: Plan einer übersichtlichen Hofanlage eines landwirtschaftlichen Betriebes mit Gemüse-, Obst- und Wohngarten

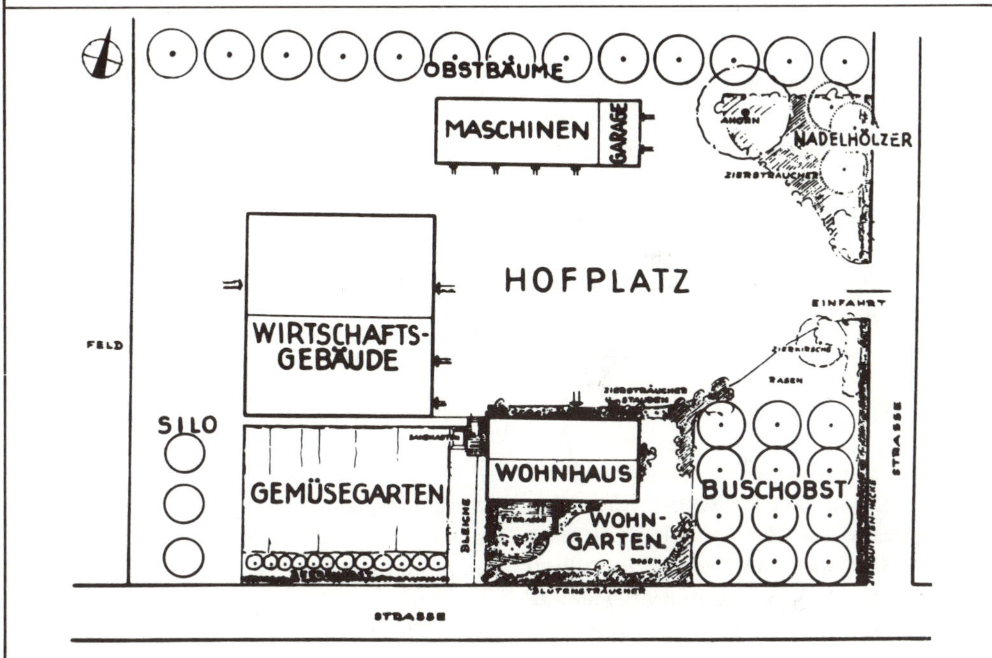

Man kann im Hausgarten bei mittleren Standortverhältnissen und *intensiver Flächennutzung* mit Vor-, Zwischen- und Nachkulturen zu verschiedenen Hauptkulturen (mindestens 40 % Doppelnutzung) mit mindestens **3 kg/m² Gemüseertrag** rechnen. **Für die Vollversorgung einer Person sind demnach 40 m² Gemüse- und Kräuterfläche erforderlich.** 120 kg : 3 = 40 m²

Die **Verzehrsgewohnheiten** der Familie sollten beim Gemüseanbau im eigenen Garten berücksichtigt werden. Jedoch darf es dabei nicht so weit gehen, daß besonders gesunde Gemüsearten, wie Möhren, Sellerie, Rote Rüben und die verschiedenen Salatarten, bei den Mahlzeiten fehlen, weil sie manche Familienmitglieder nicht mögen. Hier muß die Hausfrau ihre ganze Zubereitungskunst aufbieten, um alt und jung für eine gemischte Kost zu gewinnen.

Der Feingemüsebedarf von Kleinkindern und Kranken sowie der Bedarf spezieller Gemüse für Diätkost sind auch bereits bei der Wahl der Gartengröße zu berücksichtigen, wenn diese nicht durch Zukauf ausgeglichen werden.

Die Standortverhältnisse müssen häufig für den Anbau einzelner Gemüsearten als begrenzender Faktor angesehen werden, wenn man nicht ständig Mißernten in Kauf nehmen will.

In den norddeutschen Küstengebieten und in rauhen Gebirgslagen wird man zum Beispiel auf Tomaten, vielleicht auch auf Gurken und empfindliche Früh- und Wintergemüse verzichten müssen. Der Anbau von Paprika, Melonen, Artischocken, Auberginen ist nur in warmen Gegenden erfolgversprechend. Auf armen, leichten Böden wäre es falsch, sich alljährlich aufs neue mit dem anspruchsvollen Rosenkohl, Blumenkohl und Sellerie erfolglos abzumühen, anstatt diese Arten zu kaufen.

Andererseits kann der Hausgärtner in seinem kleinen Gartenreich durch Schutzpflanzungen, Hilfsmittel und spezielle Boden- und Pflanzenpflegemaßnahmen viel leichter *Standortverbesserungen* vornehmen als der Erwerbsgärtner. Darin liegt ein besonderer Reiz für den Hobbygärtner.

Die arbeitswirtschaftlichen Verhältnisse sind vor allem auf einem *landwirtschaftlichen Voll- und Nebenerwerbsbetrieb* für die Festsetzung der Gartengröße entscheidend. Auch auf bestem Boden muß eine Teilversorgung der Familie aus einem kleinen Garten angestrebt werden, wenn ein schlechter Arbeitskräftebesatz auf dem Betrieb, Krankheit der Hausfrau oder eine notwendige und lohnende außerbetriebliche Erwerbstätigkeit die Bearbeitung eines vollausreichenden Gartens nicht möglich machen oder zulassen.

Der jährliche Arbeitsaufwand im Gemüsegarten beträgt rund 30 Minuten pro m². Spürbare *Arbeitsspitzen* sind die Bestellungszeiten im März/April, Mitte bis Ende Mai und Juli sowie die Haupterntezeiten im Juni/Juli und im Oktober.

Eine Entschärfung von **Arbeitsspitzen** kann zum Beispiel durch eine Schwerpunktverschiebung bei der Gemüsearten- und -sortenwahl, durch den Verzicht von Folgesaaten von Spinat und Buschbohnen, durch die stärkere Ausnutzung von frischen Massenangeboten vom Gärtner, auf dem Wochenmarkt und im Geschäft und schließlich auch durch günstigen Einkauf von Gemüsekonserven herbeigeführt werden. Ein völliger Verzicht auf einen Gemüsegarten auf dem Bauernhof sollte eine Ausnahme sein.

Die Verkehrsverhältnisse und Einkaufsmöglichkeiten sind im ländlichen Raum sehr unterschiedlich und sprechen oft für den Eigenanbau von Gemüse. Im Landhaushalt sollte man in erster Linie das verhältnismäßig preiswerte *Grobgemüse*, wie Kohl, Porree und auch Zwiebeln und besonders empfindliche Arten in bezug auf die Standortverhältnisse und Pflegeansprüche zukaufen. Der eigene Anbau von großen Mengen Erbsen und Bohnen für die Verwertung müßte ebenfalls kritisch überlegt werden.

Geldwirtschaftliche Überlegungen

Die anschließende Berechnung stellt einen *Verfahrensvergleich* von Eigenerzeugung von Gemüse – im Durchschnitt aller Gemüsearten – und Kauf von Frischgemüse dar. Die unterstellten Kosten bei der Eigenerzeugung sind errechnete Durchschnittswerte für einen 220 m^2 großen Gemüsegarten einschließlich Wege und Kompostplatz. Diesen Kosten steht der Durchschnittspreis von 3,00 DM/kg

Abbildung 84: Arbeitsverlauf und Arbeitsspitzen im Nutzgarten im Vergleich zu Arbeitsspitzen in der Landwirtschaft

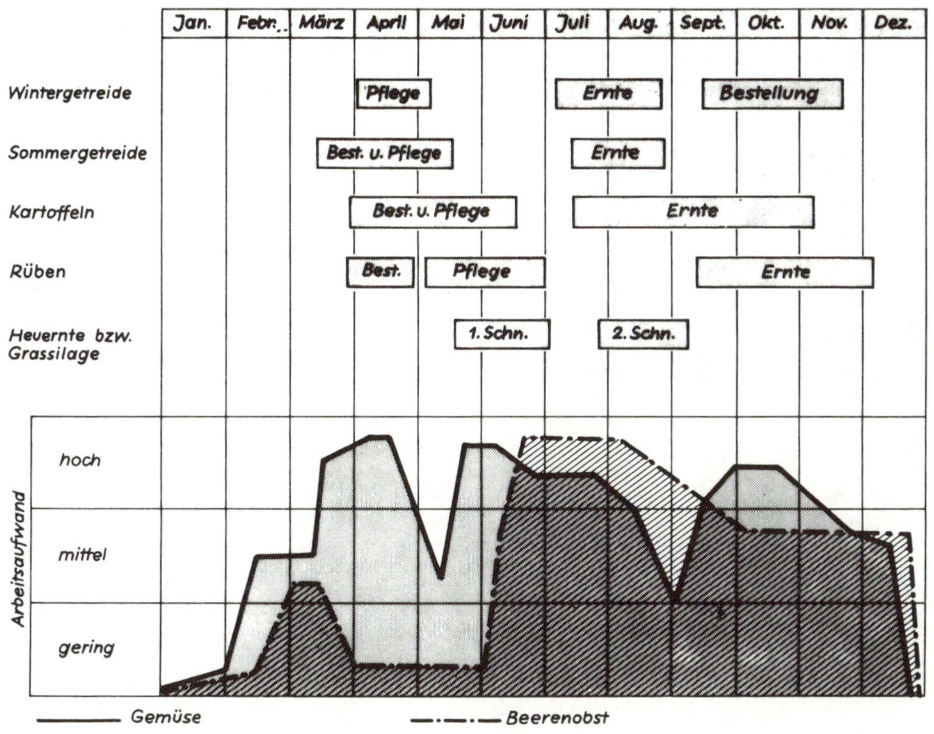

Übersicht 24: Zeit- und Kostenvergleich für Gemüse je m² und Jahr

Arbeitszeitbedarf:	– Bodenpflege, Düngung, Bestellung, Schädlings- und Unkrautbekämpfung, Ernte	30 Min./m²
	Arbeitszeit insgesamt	**30 Min./m²**
Kosten:	– Bodenverbesserung I. Tracht Stallmist 5 kg/m² (4,– DM/dt) II. Tracht Komposterde 5 kg/m²	0,10 DM/m²
	– Mineraldüngung (100 g/m² blauer Volldünger und 150 g/m² Kalkdünger alle zwei Jahre)	0,09 DM/m²
	– Pflanzenschutzmittel	0,07 DM/m²
	– Sämereien und Pflanzen	0,50 DM/m²
	– Geräte (Abschreibung auf zehn Jahre, Anschaffungskosten 315,– DM, Nutzfläche 220 m²)	0,14 DM/m²
	Kosten insgesamt	**0,90 DM/m²**

Vergleich:	**Eigenerzeugung**	**Kauf von Frischgemüse**
Kosten:	0,90 DM/m²	9,00 DM/m² (Ø 3,00 DM/kg)
Arbeitszeitbedarf:	30 Min./m²	––
Mehrkosten:	––	8,10 DM
Zeitersparnis:	––	30 Minuten

Arbeitsstundenverwertung:

$$\frac{\text{Mehrkosten (DM)}}{\text{Zeitersparnis (Min.)}} = \frac{8{,}10\ \text{DM}}{30\ \text{Min.}} = 0{,}27\ \text{DM/Min.} = \mathbf{16{,}20\ DM/Std.}$$

Erläuterungen:

- Für den Kauf von Frischgemüse wurde das nach den Verzehrsanteilen gewichtete Mittel von Verbraucherpreisen im Einzelhandel und auf Wochenmärkten der Monate Januar bis Dezember 1987 zugrunde gelegt (Niedersachsen).
- Der Zeitbedarf und die Fahrtkosten für den Einkauf wurden nicht berücksichtigt, obgleich sie im ländlichen Raum beachtlich sein können.
- Als durchschnittlicher Gemüseertrag wurden **3 kg/m²** zugrunde gelegt.

gekauftem Frischgemüse gegenüber. Aus diesem Zeit- und Kostenvergleich geht hervor, daß bei der Eigenerzeugung von Gemüse die Arbeitsstunde durchschnittlich mit rd. 16,20 DM zu bewerten ist.

Die aufgeführte Berechnung gibt Anhaltspunkte für arbeits- und geldwirtschaftliche Überlegungen und kann als Grundlage für eigene Zeit- und Kostenkalkulationen dienen. Man darf jedoch nicht verkennen, daß die Möglichkeit, im Sommer und Herbst laufend frisches Gemüse aus dem Garten holen und im Winter vom Vorrat eigener Gartenerzeugnisse leben zu können, und die Freude über die erfolgreiche, interessante Gartenbewirtschaftung nicht mit Geld aufzuwiegen sind.

Beispiel für die Größe eines Nutzgartens für die Vollversorgung eines 5-Personen-Haushaltes:

200 m²	Gemüse und Kräuter (40 m²/Person)
40 m²	Erdbeeren (8 m²/Person)
100 m²	Beerensträucher (20 m²/Person)
20 m²	Wege und Kompostplatz
360 m²	**Nutzgartenfläche insgesamt**

Die meisten Hausgärten bieten nur eine mehr oder weniger umfangreiche *Teilversorgung* der Familie. *Für den reinen Fein- und Frischgemüseanbau sind 20 bis 30 m² pro Person ausreichend.* Soll die Gemüsefläche noch kleiner gehalten werden, wäre es richtig, sich nach der Erdbeerfläche innerhalb des Gemüsegartens zu richten. Für eine gute Erdbeer-Vollversorgung legt man 8 m² pro Person zugrunde. Erdbeeren müssen von einem Stück zum nächsten „wandern" und sollten erst zeitigstens nach vier Jahren auf die gleiche Fläche gepflanzt werden.

Abbildung 85: **Ein Gemüsegarten, der eine günstige Lage und Größe sowie eine gute Einteilung hat**

Abbildung 86: Gemüsegarten, der maschinell bearbeitet werden kann

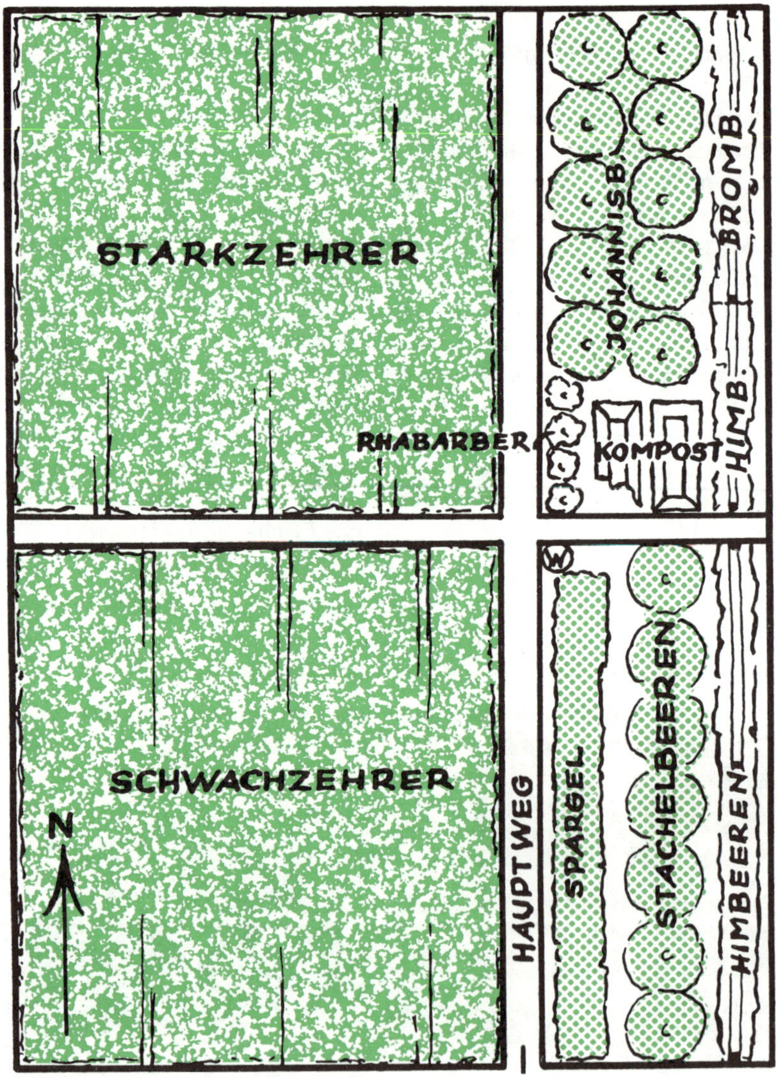

Abbildung 87: Gemüsegarten, der mit der Hand bearbeitet wird

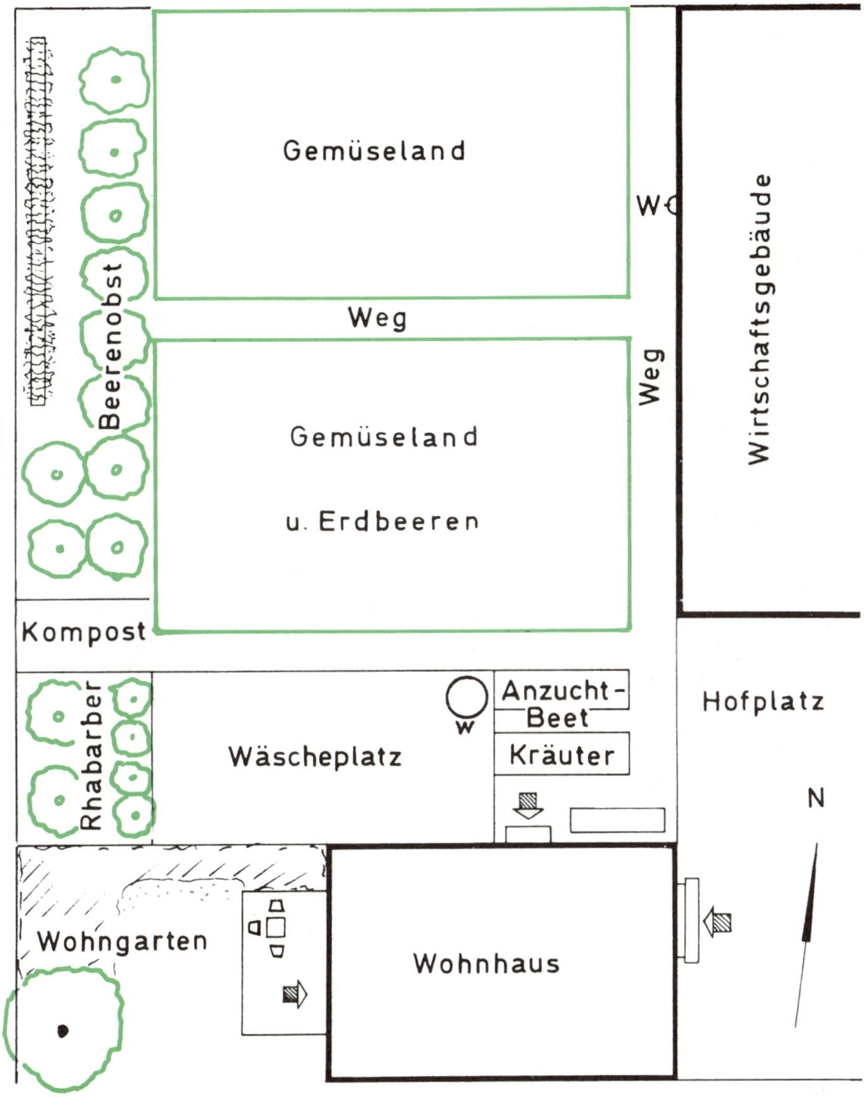

Beispiel für die Teilversorgung eines 5-Personen-Haushaltes aus dem eigenen Garten:

40 m^2	Erdbeeren (Vollversorgung)
120 m^2	Gemüse (Teilversorgung)
5 m^2	Kräuter (Vollversorgung)
75 m^2	Beerensträucher (Teilversorgung)
12 m^2	Weg und Kompostplatz
252 m^2	**Nutzgartenfläche insgesamt**

3. Einteilung

Der Gemüsegarten braucht eine sachliche, großzügige Aufteilung, um ebenso großzügig und einfach bearbeitet werden zu können. Er besteht aus der einheitlichen Gemüsefläche, dem angrenzenden Dauerquartier mit mehrjährigen Gemüsearten und den Beerensträuchern, einem Hauptweg und höchstens einem bleibenden Querweg. Gärten auf landwirtschaftlichen Betrieben, die *gepflügt* werden, sollten ein langgestrecktes Gemüsestück in Nord-Süd-Richtung haben, an dessen Längsseite das Dauerquartier liegt. An den beiden Stirnseiten müssen für die Arbeitsgeräte Wendemöglichkeiten sein. Sehr praktisch ist dort die Anlage eines *fliegenden Zaunes*, der zur maschinellen Bodenbearbeitung weggenommen wird, um auf einer angrenzenden Wiese oder einem Acker wenden zu können.

Bei Gemüseland, das nur *mit der Hand bearbeitet* wird, spielt die Form keine so große Rolle. Es sollte aber ebenso übersichtlich angelegt sein und das Dauerquartier am zweckmäßigsten am Gartenende haben.

➤ **Das Anzuchtbeet** für Gemüse- und Blumenjungpflanzen liegt am günstigsten an einem warmen, gut belichteten Platz in Hausnähe.

Ebenso muß ein vorhandenes feststehendes **Frühbeet** in unmittelbarer Nähe des Hauses, gut besonnt und besonders geschützt stehen.

➤ **Das Kräuterbeet** muß von der Küche am schnellsten erreichbar sein. Liegt der Garten zu weit ab vom Haus, dann sollten die Kräuter im hausnahen Blumengarten untergebracht werden.

➤ **Der Kompostplatz** muß eine zentrale Lage im Garten haben und sowohl vom gesamten Gemüseland als auch möglichst von der Küche gut erreichbar sein. Es ist Platz für mindestens zwei Komposthaufen (siehe Seite 74) und auch für die Lagerung von Torf vorzusehen.

➤ **Der Hauptweg** im Nutzgarten ist mindestens 80 cm, besser 1 m breit anzulegen, um auch ungehindert mit der Schubkarre darauf fahren und wenden zu können. Er könnte in einem kleinen Garten, in dem keine maschinelle Bearbeitung vorgenommen wird, einen *Zement-Plattenbelag* haben. Verläuft der Hauptweg am Gartenrand entlang, könnte er als *Grasweg* angelegt werden und im Zuge des Mähens des Zierrasens ab und zu mitgeschnitten werden. Als Rasenkante zum Gemüsegarten hin ist eine Mähkante aus schmalen Gartenplatten oder eine Zementeinfassung angebracht.

➤ **Schmale Seitenwege** im Gemüseland erhalten durch Abtreten eine Breite von 30 cm (siehe Abbildung 92). Sie sind nur entlang solcher Kulturen notwendig, die eine laufende, intensivere Pflege beziehungsweise Ernte verlangen, zum Beispiel Tomaten, Stangenbohnen, Reisererbsen.

- Die normale **Beetbreite** beträgt 1,10 bis 1,20 m. So kann man von beiden Seiten bequem bis zur Mitte reichen.

- Zu den **technischen Einrichtungen** im Nutzgarten gehören möglichst ein *Wasserbecken* mit *Wasseranschluß*, an dem das Blumen- und Gemüseanzuchtbeet liegen müßte und ein sicherer *Zaun* gegen Klein- und Großwild.

III. ANBAUPLANUNGEN IM GEMÜSEGARTEN

Die gut durchdachte und vorausschauende Planung im Gemüsegarten ist eine wichtige Voraussetzung dafür, daß mit verhältnismäßig geringem Zeit- und Kostenaufwand reiche und gesunde Erträge erzielt werden.

Bei der Planung und Ausführung der Gartenarbeiten hat man sich einerseits nach den Ansprüchen der verschiedenen Kulturen, nach dem Klima, der Witterung und der Jahreszeit sowie nach den Bodenverhältnissen zu richten. Zum andern müssen die Familienzusammensetzung und die arbeits- und betriebswirtschaftliche Situation in Haus und Hof berücksichtigt werden. Es gilt, zwischen allen Faktoren eine gute Harmonie herzustellen, denn hiervon hängen der Gartenerfolg und die Gartenfreude ab.

1. Planung der Fruchtfolge

Unter der Fruchtfolge versteht man die Aufeinanderfolge von Gemüsearten im Laufe von mehreren Jahren.

Für einen weitgehend verlustlosen Gemüseanbau ist die Einhaltung eines **Fruchtwechsels** unbedingt erforderlich, weil durch den aufeinanderfolgenden Anbau gleicher oder verwandter Pflanzen *(Monokultur)* erfahrungsgemäß der Ertrag zurückgeht. Die Ursachen dieser Erscheinung liegen darin begründet, daß sich bei einseitigem Anbau im Boden biologische, physikalische und chemische Vorgänge abspielen, die auf die Pflanzen der gleichen Art und Familie wachstumshemmend wirken. Man bezeichnet diesen ungünstigen Bodenzustand als Bodenmüdigkeit.

Ursachen der Bodenmüdigkeit

- **Chemische Veränderungen**

  Jede Pflanzenart entzieht dem Boden artspezifische Nährstoffe und gibt dem Boden durch die Wurzeltätigkeit arteigene Stoffe ab. So können zum einen durch *einseitigen Nährstoffentzug* der nacheinander angebauten Gemüse gleicher Art ein unharmonisches Nährstoffverhältnis im Boden und einseitiger Nährstoffmangel entstehen. *Beispiel:* Kalimangel bei wiederholtem Sellerieanbau oder bei der Fruchtfolge Sellerie – Möhren.

  Zum anderen erfolgt durch Monokultur eine *Anreicherung von artspezifischen Wurzelausscheidungen* im Boden, die auf nachfolgende Artgenossen wachstumshemmend wirken können. Besonders *selbstunverträgliche* Arten sind Erbsen, Gurken, Zwiebeln, Porree. Dagegen können Tomaten, Stangenbohnen und Dicke Bohnen bei guter Düngung mehrere Jahre auf derselben Stelle angebaut werden; sie sind *selbstverträglich.*

Biologische Veränderungen

Manche Gemüsearten werden besonders häufig und stark von Schädlingen und Krankheiten heimgesucht, die sich im Boden ansammeln, dort überdauern und bei nachfolgendem Anbau der gleichen Art oder verwandter Arten die neuen Kulturen aufs neue schädigen. Die *Anhäufung von Schädlingen* kommt zum Beispiel besonders schnell bei Kohl, Möhren, Zwiebeln, Porree, Petersilienwurzeln durch Gemüsefliegen vor. Die gefürchtetste Kohlkrankheit, die Kohlhernie, ist ein besonders klassisches Beispiel für die langjährige *Verseuchung* des Bodens *mit Krankheitserregern* und für die Notwendigkeit einer sehr weitgestellten Fruchtfolge.

Physikalische Veränderungen

Durch den einseitigen Anbau von sogenannten garebelastenden Pflanzenarten, die den Boden nur wenig beschatten und durchwurzeln, wie zum Beispiel Zwiebeln und Rote Rüben, treten *Bodenverdichtungen* und *Gareschwund* auf. Durch jährlichen Wechsel von Tief- und Flachwurzlern, durch die Einschiebung einer Gründüngung (siehe Seite 80), aber auch schon allein durch einen Intensivanbau mit Vor-, Zwischen- und Nachkulturen kann auf natürliche Weise die *Krümelstruktur* erhalten werden.

Der Fruchtwechsel und eine sinnvolle, weitgestellte Fruchtfolge verhindern die Bodenmüdigkeit, tragen dazu bei, daß die Nährstoffe im Boden auf gesunde und sparsame Weise ausgenutzt werden und stellen eine besonders wichtige vorbeugende Pflanzenschutzmaßnahme dar. Die Einhaltung der Fruchtfolge verlangt eine *planmäßige Bewirtschaftung des Gemüsegartens.* Hierbei sollte beachtet werden, daß die gleiche Gemüseart zeitigstens nach vier Jahren, besser erst nach fünf Jahren wieder auf dieselbe Stelle kommt (siehe Fruchtfolgeplan).

Gemüsearten und ihre Zugehörigkeit zu den Pflanzenfamilien

Kreuzblütler:
Radies, Rettich, Kohlrabi, Chinakohl, Brokkoli, Blumenkohl, Grünkohl, Rosenkohl, Rot-, Weiß- und Wirsingkohl, Meerrettich

Doldenblütler:
Möhre, Sellerie, Petersilie, Knollenfenchel, Pastinake

Schmetterlingsblütler:
Erbse, Busch- und Stangenbohne, Dicke Bohne, Feuerbohne

Liliengewächse:
Porree, Zwiebel, Schnittlauch, Knoblauch, Spargel

Gänsefußgewächse:
Spinat, Rote Rübe, Mangold

Korbblütler:
Kopf- und Schnittsalat, Endiviensalat, Eissalat, Chicorée, Zuckerhutsalat, Radicchio, Artischocke, Römischer Salat

Übersicht 25: Fruchtfolgeplan

1. Jahr		2. Jahr		3. Jahr		4. Jahr		5. Jahr	
1. Tracht	2. Tracht	2. Tracht	1. Tracht	1. Tracht	2. Tracht	2. Tracht	1. Tracht	1. Tracht	2. Tracht
Dicke Bohnen N = Porree	**Schwarzwurzeln**	**Schwarzwurzeln**	**Dicke Bohnen** N = Porree	Buschbohnen N = Rosenkohl	Erbsen N = Möhren, Blumenkohl	Tomaten	Frühkohl	**Dicke Bohnen** N = Porree	**Schwarzwurzeln**
Sellerie	Rote Rüben	Rote Rüben	Sellerie	Frühkohl	Zwiebeln	Zwiebeln	Gurken	Sellerie	Rote Rüben
Stangenbohnen	Erbsen N = Möhren, Blumenkohl	Erbsen N = Möhren, Blumenkohl	Stangenbohnen	Tomaten	Möhren	Möhren	Stangenbohnen	Stangenbohnen	Erbsen N = Möhren, Blumenkohl
Gurken	Möhren	Möhren	Gurken	Gurken	Rote Rüben	Buschbohnen N = Rosenkohl	Sellerie	Gurken	H = Blumenkohl N = Erdbeeren
Tomaten	Zwiebeln	Zwiebeln	Tomaten	Stangenbohnen	**Schwarzwurzeln**	Erbsen N = Möhren, Blumenkohl	H = Blumenkohl N = Erdbeeren	Tomaten	Erdbeeren
Frühkohl	Buschbohnen N = Rosenkohl	Buschbohnen N = Rosenkohl	Frühkohl	Sellerie	H = Blumenkohl N = Erdbeeren	Rote Rüben	Erdbeeren	Frühkohl	Erdbeeren N = Grünkohl
Erdbeeren N = Grünkohl	H = Blumenkohl N = Erdbeeren	Erdbeeren N = Grünkohl	N = Erdbeeren H = Blumenkohl	**Dicke Bohnen** N = Porree	Erdbeeren	**Schwarzwurzeln**	Erdbeeren N = Grünkohl	Möhren	Buschbohnen N = Rosenkohl
Erdbeeren			Erdbeeren		Erdbeeren N = Grünkohl		**Dicke Bohnen** N = Porree	Zwiebeln	

H = Hauptkultur, N = Nachkultur

Schnellwachsende Kulturen sind nicht berücksichtigt

Nachtschattengewächse:
Tomate, Paprika, Aubergine, Kartoffel

Kürbisgewächse:
Gurke, Kürbis, Melone, Zucchini

Baldriangewächse:
Feldsalat (Rapunzel)

Eiskrautgewächs:
Neuseeländer Spinat

Knöterichgewächs:
Rhabarber

2. Planung der Düngung

Die Nährstoffansprüche der verschiedenen Gemüsearten und die zur Verwendung kommenden Düngerarten sind für die Festsetzung des Düngeplanes ausschlaggebend.

2.1 Humusdüngung

Im Bauerngarten wird die Humusdüngung meistens durch *Stallmist*, in manchen Fällen auch durch *Gülle* vorgenommen (siehe Seite 77). Um den unterschiedlichen Nährstoffansprüchen der einzelnen Gemüsearten gerecht zu werden und der Einfachheit halber, sollte man in diesen Gärten eine **Zweifelderwirtschaft** betreiben, wodurch die Gemüsefläche eine Zweiteilung erfährt. Die Starkzehrer unter den Gemüsearten gehören in die 1. Tracht und erhalten eine Stallmistdüngung, während die Schwachzehrer auf das im Vorjahr mit Stallmist beziehungsweise Gülle gedüngte Land kommen, das heißt in die 2. Tracht.

Einteilung der Gemüsearten nach ihren Nährstoffansprüchen

Starkzehrer 1. Tracht	**Schwachzehrer 2. Tracht**
Tomaten	Schwarzwurzeln
Gurken	Möhren
Kürbis	Rote Rüben
Salatgewächse	Pastinaken
Stangenbohnen	Rettiche
Dicke Bohnen	Radies
Porree[1]	Erbsen
Sellerie[1]	Buschbohnen
Kohlgewächse	Zwiebeln

[1] Porree und Sellerie gehören auf vielen Böden in die 2. Tracht, weil sie auf frisch mit Mist gedüngtem Land zu sehr unter Schädlingen leiden. Die hohen Nährstoffansprüche sind durch eine gute Mineraldüngung auszugleichen.

Die meisten Arten unter den Schwachzehrern reagieren auf eine Stallmistdüngung sehr nachteilig: Wurzelgemüse zeigen eine schlechte Ausbildung der Speicherwurzeln, dafür vermehrte Faserwurzelbildung; Möhren die sogenannte Beinigkeit. Erbsen und Buschbohnen bilden weniger Früchte aus, gehen dafür mehr ins Laub. Wurzelgemüse und Zwiebeln leiden unter starkem Befall der Gemüsefliegen.

Der jährliche Wechsel von 1. und 2. Tracht auf dem Land und Verschiebungen innerhalb des Stark- und Schwachzehrerstückes ergeben, daß die jeweilige Gemüseart erst wieder nach vier bis sechs Jahren an die gleiche Stelle zu rücken braucht. Natürlich ist diese weitgestellte Fruchtfolge in einem kleinen Gemüsegarten sehr viel schwieriger einzuhalten als auf einem großen Gemüsestück.

In all den Gemüsegärten, in denen zwar eine Stallmistdüngung regelmäßig vorgenommen,

Übersicht 26: Düngeplan für einen Gemüsegarten

Düngungsarten	I. Tracht	II. Tracht
Humusdüngung Herbst	50 kg Stallmist auf 10 m^2 = 1 Schubkarre voll *oder* 2 bis 4 Säcke Düngetorf auf 100 m^2 *oder* Komposterde	Komposterde *oder* 2 bis 4 Säcke Düngetorf auf 100 m^2
Mineraldüngung *Grunddüngung* Frühjahr auf die grobe Scholle	60 bis 100 g/m^2 Volldünger blau	
oder Herbst oder 4 bis 6 Wochen vor der Bestellung	*oder* 50 bis 80 g/m^2 Kalkstickstoff 60 bis 80 g/m^2 Thomasphosphat 50 bis 80 g/m^2 Patentkali	als Vorratsdüngung
Kopfdüngung In der Hauptentwicklungszeit flächig zwischen die Pflanzen	20 bis 50 g/m^2 Volldünger blau in ein bis zwei Gaben, je nach Bedarf, vor allem den Starkzehrern *oder* 20 bis 50 g/m^2 Kalksalpeter oder Kalkammonsalpeter in ein bis zwei Gaben, vor allem dem Kohlgemüse	
Kalkdüngung Herbst, alle zwei bis 3 Jahre	150 g/m^2 Magnesiummergel oder Hüttenkalk auf leichten Boden *oder* 100 g/m^2 Magnesium-Branntkalk auf schweren Boden	

Die Düngermengen sind nur als **Richtwerte** anzusehen. In jedem Falle ist es richtiger, alle zwei bis vier Jahre (nach der Ernte im Herbst) **Bodenproben** aus dem Garten in einer Bodenuntersuchungsanstalt untersuchen zu lassen und nach den Angaben auf dem schriftlichen Untersuchungsergebnis die Düngung vorzunehmen.

aber die fachgerechte Wechseldüngung, also die Zweifelderwirtschaft nicht eingehalten wird, muß sich der Hausgärtner mit den oben beschriebenen nachteiligen Folgen mühen. Diesem kann man durch die ausschließliche Verwendung von *kompostiertem Mist* aus dem Wege gehen, denn die milde **Misterde** wird von allen Pflanzen gleich gut vertragen. Viele Landfrauen haben mit dieser Art der organischen Düngung beste Erfahrungen gemacht und gehen nicht mehr davon ab. Sie lassen sich im Zuge des allgemeinen Düngerfahrens auf dem Hofe zwischen November und Januar eine Fuhre Mist über den Gartenzaun werfen. Dort wird der Dünger mit einigen Erdzwischenschichten 1 m breit und 1 m hoch aufgesetzt und von einem faustdicken Erdmantel umgeben. In trockenen Sommern ist eine Bewässerung notwendig. Im darauffolgenden Herbst ist der Stallmist so weit vererdet, daß er ohne Bedenken für alle Kulturen Verwendung finden kann. Diese Methode der Humusdüngung macht eine gute Fruchtfolge aber nicht überflüssig.

Im Haus- und Kleingarten im außerlandwirtschaftlichen Bereich sowie in viehlosen landwirtschaftlichen Betrieben, in denen meistens kein organischer Wirtschaftsdünger wie Stallmist zur Verfügung steht, müssen *Kompost, Torf* oder *organisch-mineralische Handelsdünger* für die Humusdüngung verwendet werden (siehe Seite 83). Auch die *Gründüngung* ist eine gute Humusquelle, erfordert jedoch Anbaufläche (siehe Seite 80). In diesen Gärten ist eine Zweifelderwirtschaft nicht erforderlich, die Fruchtfolge aber unumgänglich.

2.2 Mineraldüngung

Bei der Mineraldüngung unterscheidet man im Gemüsegarten

- **die Grunddüngung,**
- **die Kopfdüngung** (Ergänzungsdüngung),
- **die Kalkdüngung.**

Die Höhe der Mineraldüngung richtet sich im besonderen Maße nach den Nährstoffbedürfnissen der einzelnen Gemüsearten und -sorten, nach der Bodenart und dem Nährstoffvorrat im Boden sowie nach dem Nährstoffgehalt der verwendeten Humusdünger (siehe Seite 81).

Die Starkzehrer könnten bereits im Zuge der **Grunddüngung** eine höhere Nährstoffgabe erhalten als die Schwachzehrer. Dies läßt sich besonders gut einrichten, wenn Stark- und Schwachzehrer jeweils zu einem Block zusammengefaßt werden, wie es bei der Stallmistdüngung angegeben wurde.

Die verschiedenen Nährstoffbedürfnisse können jedoch auch mit unterschiedlichen **Kopfdüngergaben** gedeckt werden. Hierbei ist einmal an die insgesamt höheren Bedürfnisse der Gemüse mit langer Wachstumszeit und zum anderen an die speziellen Nährstoffwünsche der Frucht-, Wurzel- und Blattgemüse zu denken. Die Kopfdüngung wird in ein bis zwei Gaben während der Hauptentwicklungszeit gezielt jeder einzelnen Kultur verabreicht, zum Beispiel Tomaten Ende Juni und Anfang August, Sellerie Anfang und Ende August.

3. Planung der Kulturfolge im Jahresablauf

Unter der Kulturfolge versteht man die **intensive Ausnutzung eines Gemüsestükkes** im Laufe *eines* Jahres durch Vor-, Zwischen- und Nachkulturen zu Hauptkulturen.

Nur wenige Garten-Gemüsearten sind Ganzjahreskulturen, wie zum Beispiel Schwarzwurzeln, Wintermöhren und Mangold. Die meisten erlauben vor, nach oder auch während ihrer Kulturzeit den zusätzlichen Anbau einer anderen, schnellwachsenden Gemüseart auf derselben Fläche. Diese intensive Ausnutzung des Gemüsegartens erfordert allerdings einen wohldurchdachten Anbauplan, gute Kenntnisse der Anbauzeiten und Sorten, eine richtige Düngung und Anbauerfahrungen in der entsprechenden Gegend. Es wird vom Hausgärtner mehr als im extensiven Gemüsebau eine *termingebundene Einsatzbereitschaft* verlangt. Der intensive Anbau birgt zwei wichtige *Vorteile* in sich. Einmal kann viel unnötige Grabe- und Hackfläche eingespart werden, wenn man etwa zwei Drittel des Landes doppelt nutzt. Auf diese Weise bleibt zum anderen der Boden während der ganzen Wachstumszeit beschattet und wird dadurch vor garezerstörendem Austrocknen und Verschlämmen, vor Erosion durch Wegspülen und Verwehungen und schließlich auch vor starkem Unkrautbewuchs bewahrt.

Bei der Planung von Kulturfolgen im Laufe eines Jahres muß man sich nach der Art, Sorte und Wachstumszeit der jeweiligen Hauptkultur richten. Diese hat in Hinsicht auf Anbauzeit und auf die Standfläche immer Vorrang vor den Vor-, Nach- und Zwischenkulturen.

- **Vorkulturen:** Schnellwachsende Gemüsearten wie Spinat, Radies, Rettiche, Kohlrabi und frühe Möhren, die vor einer Hauptkultur das Land ausnutzen. Es handelt sich hierbei um Hauptkulturen, die frostempfindlich sind (Tomaten, Gurken, Sellerie, Stangen- und Buschbohnen), oder um Spät- und Wintergemüse, die erst im Mai/Juni auf das Land brauchen (Rote Rüben, Spätkohl, Rosenkohl, Porree).

- **Nachkulturen:** Schnellwachsende Gemüsearten wie Herbst- und Winterspinat, Kopfsalat, Endiviensalat, Feldsalat, Radies, Rettich, Kohlrabi, frühe Möhren, Buschbohnen, Blumenkohl und Grünkohl, die ab Mitte Juli bis September ausgesät beziehungsweise ausgepflanzt werden und damit einer Hauptkultur (Frühkohl, Frühkartoffeln, Erbsen, Bohnen, Zwiebeln, Gurken) folgen.

- **Zwischenkulturen:** Schnellwachsende Gemüsearten wie Spinat, Salatarten, Kohlrabi, Radies, Rettich, die zwischen eine Hauptkultur oder an deren Rand gesetzt werden, solange diese noch nicht den vollen Platz beansprucht. Die Abstände der Hauptkulturen (Tomaten, Gurken, Stangenbohnen, Erbsen, Blumenkohl, Spätkohl) sind normal.

- **Mischkulturen:** Hierunter versteht man den *gemischten Anbau zweier gleichwertiger Gemüsearten*, die meist bis zu ihrer Ernte gemeinsam auf dem Land stehen

Abbildung 88:
Hauptkultur Stangenbohnen, Zwischenkultur Kopfsalat

und jede für sich den üblichen, vollen Platz beansprucht. Verfechter der Mischkulturen stellen unter anderem folgende Vorteile heraus: Gegenseitige Wachstumsförderung durch günstige Wurzel- und Sproßausscheidungen, bessere Nährstoffausnutzung im Boden, geringerer Schädlingsbefall. Der praktische Wert der Mischkulturen konnte bisher noch nicht so überzeugend dargelegt werden, daß diese Anbaumethode vorbehaltslos vorgeschlagen werden kann, zumal sie sich arbeitswirtschaftlich nachteilig auswirkt. Der Mischanbau erfordert eine vorsichtigere Boden- und Pflanzenpflege. Der Einsatz von chemischen Schädlingsbekämpfungsmitteln wird erschwert und ist bei unterschiedlichen Erntezeiten in vielen Fällen unmöglich. Den meisten Hausgärtnern ist es lieber, zum Beispiel einen ge-

Abbildung 89: Kulturfolgebeispiele im Laufe eines Jahres

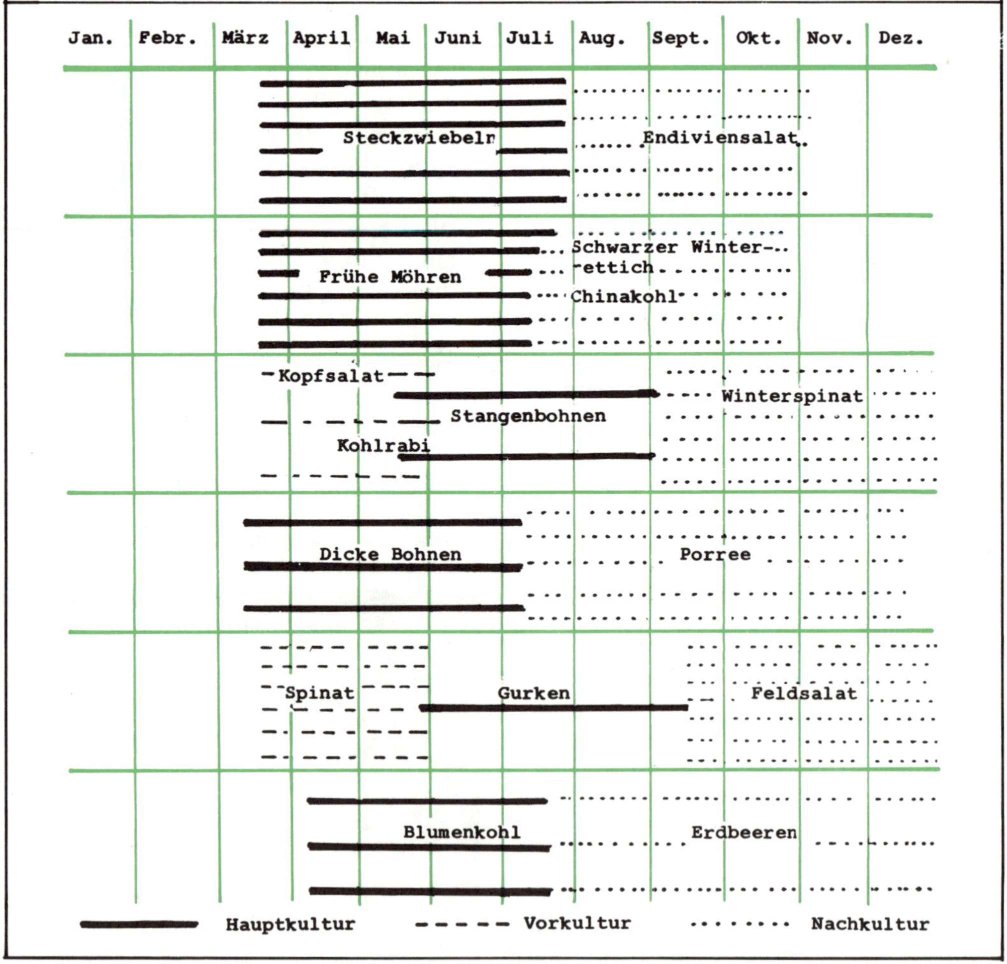

schlossenen Block Buschbohnen und einen einheitlichen Block Blumenkohl zu pflegen, als eine Mischpflanzung von beiden anzubauen.

4. Bestellungsplan

Im Bestellungsplan werden die Fruchtfolge und die intensive Kulturfolge für ein bestimmtes Anbaujahr miteinander kombiniert. Ein Bestellungsplan erleichtert dem Hausgärtner den intensiven Gemüseanbau und dient als Grundlage für den Samen- und Pflanzeneinkauf und für die eigene Jungpflanzenanzucht. Die Bestellungspläne der aufeinanderfolgenden Jahre müssen unter sich abgestimmt sein, um eine gute Fruchtfolge zu gewährleisten. Deshalb sind sie gut aufzuheben. *Erdbeeren* werden in den Gemüse-Bestellungsplan eingegliedert.

Abbildung 90:
Gemüsegarten für die Teilversorgung eines 6-Personen-Haushaltes in unmittelbarer Nähe des Wohnhauses

Bei der Anfertigung eines Bestellungsplanes ist unter anderem folgendes zu berücksichtigen (siehe auch Seite 231):

- **Windanfälligkeit** mancher Pflanzen, zum Beispiel Gurken, Buschbohnen, Erdbeeren. Sie sollten nicht an einer ungeschützten Windseite stehen, sondern möglichst zwischen höherwachsenden Arten, wie Stangenbohnen, Reisererbsen, Dicken Bohnen, gesetzt werden. Möhren werden dagegen in freier Lage weniger von der Möhrenfliege befallen.

- **Schattenunverträglichkeit** der meisten Gemüsearten, ein Grund, die Reihen möglichst in Nord-Süd-Richtung anzulegen, damit die hohen Arten keinen langen Schatten werfen. Leichten Halbschatten vertragen zum Beispiel Buschbohnen, Gurken, Spinat, Neuseeländer Spinat und Kürbis, jedoch mit einer Ertragseinbuße.

- **Späte Ernte der Wintergemüse**, wie zum Beispiel Porree, Grünkohl, Rosenkohl, Feldsalat, Wintersalat und -spinat. Sie stören im Herbst bei der Bodenbearbeitung. Dies kann man abschwächen, wenn diese Arten schon auf dem Bestellungsplan zusammengelegt werden, damit ein geschlossenes Stück zum späteren Graben im Winter oder Frühjahr verbleibt.

Bei der Erarbeitung eines Bestellungsplanes geht man am zweckmäßigsten in folgenden Schritten vor:

1. Aufzeichnung des Gartengrundrisses mit allen festen Gegebenheiten im Maßstab 1 : 100 (1 m = 1 cm) oder 1 : 50) (1 m = 2 cm) auf ein Stück Papier, möglichst Millimeterpapier.

Beispiel eines Bestellungsplanes für den Gemüsegarten eines 5-Personen-Haushaltes (Vollversorgung)

1. Tracht
H = Erdbeeren N = Knollenfenchel
H = Erdbeeren
H = Blumenkohl (früh) N = Erdbeeren Z = Kopfsalat
H = Frühkohl N = Buschbohnen (3. Satz)
V = Dicke Bohnen H = Porree
V = Pflück- und Schnittsalat H = Sellerie
V u. R. = Spinat H = Gurken (Traubengurken) N = Feldsalat
V u. R = Spinat H = Gurken
V u. Z = Kopfsalat H = Stangenbohnen

Weg, 1 m breit

2. Tracht
V = Buschbohnen (1. Satz) H = Rosenkohl (zwischen Bohnen pflanzen)
H = Buschbohnen (2. Satz) N = Grünkohl
H = Wintermöhren
H = Zwiebeln N = Herbstspinat und Endivien nach Steckzwiebeln und Schalotten
H = Markerbsen N = Kohlrabi, Kopfsalat
H = Markerbsen N = frühe Möhren, Winterrettich
H = Palerbsen N = Blumenkohl und Brokkoli
H = frühe Möhren N = Chinakohl
V = Kohlrabi, Radies, Rettich H = Rote Rüben
H = Schwarzwurzeln

← 14,5 m →

H = Hauptkultur, V = Vorkultur, N = Nachkultur, Z = Zwischenkultur, R = Randkultur

2. Einteilung des Landes in die 1. und 2. Tracht, das bedeutet je nach Verzehrsgewohnheiten, Einkaufsmöglichkeiten und Standortverhältnissen im Verhältnis um 50 : 50.

3. Berücksichtigung vorhandener Erdbeeren in der Gemüsefläche und Einordnung der Erdbeerneupflanzung. Der mehrjährige Erdbeeranbau erschwert die geordnete Fruchtfolge auf der Gemüsefläche, aber diese Beerenobstart ist im Gemüsegarten am besten aufgehoben, weil sie hier laufend die notwendige neue Anbaufläche erhält und damit „wandern" kann.

4. Wohlüberlegte Anordnung der Gemüse-Hauptkulturen auf den betreffenden Trachten unter der besonderen Berücksichtigung ihrer Windanfälligkeit, Schattenunverträglichkeit und des möglichen Erntezeitpunktes im Winter oder Frühjahr.

5. Zuordnung passender Vor-, Nach- und Zwischenkulturen zu den festgelegten Hauptkulturen einschließlich der Erdbeeren.

Eine wesentliche Hilfe bei der Erarbeitung eines Bestellungsplanes sind die Erfahrungen der vergangenen Gartenjahre. Ein **Gartentagebuch** mit wichtigen Eintragungen von Bestellungs- und Erntezeiten, über Sorten, Düngezeiten und -wirkungen, Schädlingsbefall und gezielten Pflanzenschutzmaßnahmen usw. ist eine wichtige Hilfe und zudem eine stets interessante Lektüre für den Hausgärtner. – Wechselnde Verzehrsgewohnheiten und eine geänderte Familienzusammensetzung sind bei dem jährlichen Bestellungsplan zu berücksichtigen. Auch sollte sich der Hausgärtner neuen Gemüsearten und -sorten gegenüber aufgeschlossen zeigen.

IV. VON DER SAAT BIS ZUR PFLANZUNG

Alle Gemüsearten außer zum Beispiel Spargel, Rhabarber und Steckzwiebeln werden ausgesät. Die einzelnen Arten und Sorten haben unterschiedlich lange Entwicklungszeiten und verlangen dadurch **bestimmte Aussaattermine.**

Besonders *wärmebedürftige Gemüsearten*, die zum Teil auch gleichzeitig eine lange Kulturdauer haben, wie Tomaten, Paprika, Sellerie, würden in unseren Breiten keine rechtzeitigen Erträge bringen, wenn sie nicht im Frühjahr unter Glas vorgezogen und nach den *Eisheiligen im Mai* als kräftige Jungpflanzen ins Freie gepflanzt werden. Andere besonders *frostempfindliche Arten*, wie Buschbohnen, Stangenbohnen, Gurken, Kürbis, dürfen zwar auch erst im Mai aufs Land, aber sie kommen noch rechtzeitig im Sommer bis Herbst zum Ertrag, wenn sie erst im Mai ausgesät werden.

Einige Gemüsearten lassen sich im Jungpflanzenstadium sehr gut umpflanzen und können durch ein *Pikieren* und *Verpflanzen* sogar eine Kräftigung erfahren, wenn es fachgerecht durchgeführt wird. Hierzu gehören verschiedene Salatarten, die meisten Kohlarten und Porree. Bei diesen macht man sich die Möglichkeit der Jungpflanzenanzucht un-

Übersicht 27: Saat- und Pflanztabelle für den Hausgarten

Gemüseart	Samenkornzahl je Gramm in Stück	Keimfähigkeit in Jahren	Keimdauer in Tagen	Aussaatzeit O = an Ort u. Stelle A = im Haus oder Anzuchtbeet	Reihenabstand x Abstand in der Reihe im Freiland in cm	Samenmenge in g je m² im Freiland	Pflanzzeit	Pflanzabstand in cm	Pflanzen in Stück	Erntezeit	Mittlere Erträge je m²
Buschbohnen	2 – 4	3 – 4	8 – 12	O Mai – 10. Juli	40 x 40	10 – 15	–	–	6 Horste	Juli – Okt.	1,5 – 2,5 kg
Stangenbohnen	1,5 – 4	3 – 4	8 – 12	O Mitte Mai – Anf. Juni	80 x 60	8 – 15	–	–	2 Horste	Juli – Sept.	2,5 – 4 kg
Dicke Bohnen (Puffb.)	0,4 – 1,4	4 – 5	6 – 10	O März	40 x 15, 40 x 40	20 – 25	März bei Vorkeimen	40 x 40	6 Horste	Juni – Juli	1,5 kg
Palerbsen	3 – 5	2 – 3	8 – 10	O März – April	30	20 – 30	–	–	–	Juni – Juli	1,5 kg
Markerbsen	3 – 5	2 – 3	8 – 10	O April – Anf. Mai	30	20 – 30	–	–	–	Juni – Juli	1,5 kg
Zuckererbsen	5 – 6	2 – 3	8 – 10	O März – April	30	20 – 30	–	–	–	Juni – Juli	1,5 kg
Gurken	35 – 50	6 – 8	6 – 8	A Ende April – Anf. Mai	–	–	Ende Mai – Anf. Juni	120 x 25 – 50	2 – 4	Aug. – Sept.	2 – 3 kg
				O Ende Mai – Anf. Juni	120, vereinzeln	0,5 – 1	–	–	2 – 3	Aug. – Sept.	2 – 3 kg
Kürbis	2 – 3	5 – 8	6 – 8	A Mitte April	–	–	Ende Mai	150 x 100	0,6	Sept. – Okt.	bis 40 kg
				O Mitte – Ende Mai	150	1,5	–	–	0,6	Sept. – Okt.	bis 40 kg
Zucchini	2 – 3	5 – 6	8 – 14	A Mitte April	–	–	Ende Mai	100	1	Mitte Juli – Oktober	3 – 4 kg
				O Mitte Mai Anf. Juni	100 x 80 – 100	0,5 – 1	–	–	1	Mitte Juli – Oktober	3 – 4 kg
Tomaten	300 – 360	4 – 6	12 – 18	A Anf. März, Gärtner	–	–	Ende Mai – Anf. Juni	100 x 60 oder 70 x 70 – 80 x 80	2	Juli – Sept.	3 – 5 kg
Zuckermais	3 – 6	2	8 – 10	A Ende April – Mai	–	–	Ende Mai – Juni	60 x 20	8	Aug. – Sept.	15 kg
				O Mai	60 x 20	3 – 4	–	–	8	Aug. – Sept.	15 kg
Kopfsalat, früh und Frühsommer	800 – 1000	4	10 – 12	A Ende Febr. – Anf. April	–	–	März – April – Mai/	25 x 20	20	Mai – Juni – Juli/	20 Stück
				Juli – Aug.	–	–	August	25 x 20	20	Sept.	20 Stück
Kopfsalat, Sommer	800 – 1000	4	10 – 12	A April – Juni	–	–	Mai – Juli	30 x 30	11,5	Juli – Aug.	11 Stück
Kopfsalat, Winter	800 – 1000	4	10 – 12	A Aug. – Sept.	–	–	Sept. – Okt.	25 x 15	30	Frühjahr	20 – 30 Stück
Eissalat	800 – 1000	4	10 – 12	A April – Mai	–	–	Mai – Anf. Juli	40 x 35	7	Juli – Sept.	6 – 7 Stück

Gemüseart	Samenkornzahl je Gramm in Stück	Keimfähigkeit in Jahren	Keimdauer in Tagen	Aussaatzeit O = an Ort u. Stelle A = im Haus oder Anzuchtbeet	Reihenabstand x Abstand in der Reihe im Freiland in cm	Samenmenge in g je m² im Freiland	Pflanzzeit	Pflanzabstand in cm je m²	Pflanzen in Stück je m²	Erntezeit	Mittlere Erträge je m²
Pflücksalat, Schnittsalat	800 – 1000	4	10 – 12	O März – April	20 – 25	1,5	–	–	–	April – Mai	
Feldsalat	950	3 –4	15 – 20	O Aug. – Mitte Sept.	15 – 20	1,5 – 2	–	–	–	Spätherbst – Frühjahr	1,5 – 2 kg
Radicchio	500 – 1000	6	6 – 10	O April – Mai/ Juni – Juli	25 x 20	1	–	–	16 – 20	Juni – Juli/ Herbst/Frühj.	15 Stück
Winterendivien	900	4 – 5	8 – 14	A Juni – Anf. Juli	–	–	Juli – Anf. Aug.	30 x 30	11,5	Okt. – Dez.	11 Stück
Zuckerhut	500 – 1000	3	8 – 14	O 20. Juni– 20. Juli	30 x 20 – 30	1	–	–	10 – 15	Okt. – Dez.	10 – 15 Stück (10 – 12 kg)
Chicoree (Wurzeln)	500 – 1000	5	8 – 14	O Anf. Mai	30 – 40 x 10	–	–	–	–	ab Okt.	20 – 25 kg je m² Treibfläche
Spinat	75 – 100	4 – 5	8 – 10	O März – April/Aug. – Sept.	20	4 – 6	–	–	–	Mai – Juni/ Okt. – Frühj.	1,5 – 2 kg
Neuseeländer Spinat	10	3 – 5	16 – 28	A Mitte März – Ende April	in Töpfen	–	Mitte Mai – Mitte Juni	100 x 50	2	bis Mitte . Okt.	3 kg
Mangold	40 – 90	4 – 6	10 – 15	O März – April	30, vereinzeln	2 – 4	–	–	–	ab Juni	5 – 7 kg
Knollenfenchel	130 – 160	2 –3	15 – 22	O Juni – Juli	40 x 20 – 30	15 – 20	–	–	8 – 12	Okt. – Nov.	2 – 2,5 kg
Möhren, früh und mittelfrüh	800 – 1000	3 – 4	14 – 21	O März – Mitte April/	20	1	–	–	–	Juni – Juli	3 – 4 kg
				Ende Juni – Mitte Juli	20	1	–	–	–	Sept. – Okt.	3 – 4 kg
Wintermöhren	800 – 1000	3 – 4	14 – 21	O Ende April – Mai	25 – 30, verziehen	0,5 – 0,8	–	–	–	Oktober	5 – 8 kg
Wurzelpetersilie	750	2 – 3	14 – 28	O März – April	25, verziehen	0,8 – 1	–	–	–	Oktober	2 – 3 kg
Pastinaken	200	1 – 2	15 – 20	O März – April	30, vereinzeln	2 – 3	–	–	–	Oktober	3 kg
Rote Rüben	40 – 60	4 – 6	8 –14	O Anf. Juni	25 – 30, vereinzeln	2 – 4	–	–	–	Sept. – Okt.	3 – 4 kg
Schwarzwurzeln	90	1 – 2	12 – 18	O März – Anf. April	25, verziehen	1	–	–	–	Okt., Winter	1,5 – 2 kg

Gemüseart	Samenkornzahl je Gramm in Stück	Keimfähigkeit in Jahren	Keimdauer in Tagen	Aussaatzeit O = an Ort u. Stelle A = im Haus oder Anzuchtbeet	Reihenabstand x Abstand in der Reihe im Freiland in cm	Samenmenge in g je m^2 im Freiland	Pflanzzeit	Pflanzabstand in cm	Pflanzen in Stück je m^2	Erntezeit	Mittlere Erträge je m^2
Knollensellerie	2000	3 – 6	15 – 26	A Anf. März, Gärtner	–	–	Ende Mai – Anf. Juni	40 x 40	6	Okt. – Nov.	2,5 – 3 kg
Radieschen	100 – 120	4 – 5	5 – 8	O März – Aug.	15	6 – 10	–	–	–	Mai – Sept.	
Rettich, früh	100	4 – 5	6 – 8	O März – Anf. Aug.	10 – 20, vereinzeln	4 – 6	–	–	–	Mai – Sept.	
Sommerrettich	100	4 – 5	6 – 8	O Mai – Juli	40 x 30	2 – 4	–	–	–	Ende Juni – Sept.	2 – 4 kg
Winterrettich	100	4 – 5	6 – 8	O Anf. – Mitte Juli	25 – 30 x 20	2 – 4	–	–	–	Oktober	2 – 3 kg
Saatzwiebeln	200 – 220	2 – 3	14 – 26	O Ende Febr. – Anf. April	20 – 25, verziehen	0,8 – 1	–	–	–	Aug. – Sept.	3 – 4 kg
Steckzwiebeln/ Schalotten	–	–	–	–	–	70 – 100 g Steckgut	März – Anf. April	20 x 10	50	Juni/Juli	2,5 – 4 kg/ 1,5 kg
Porree (Sommer u. Winter)	150	2 – 3	10 – 14	A März – April	–	–	April/Mai – Juli	30 x 10/ 30 x 15	18 – 22	Aug. – Sept./ ab Oktober	5 kg
Blumenkohl	290 – 380	4 – 5	5 – 8	A Febr. – Juni	–	–	April – Mitte Juli	40 x 40, 50 x 40	5 – 6	Juni – Okt.	2 – 4 kg
Brokkoli	300 – 400	4 – 5	5 – 8	A April – Anf. Juni	–	–	Mitte April – Mitte Juli	50 – 60 x 40 – 50	6	Mitte Juli – Anf. Aug./ Oktober	2 – 3 kg
Chinakohl	600 – 650	4 – 5	5 – 8	O um 20. Juli	30 – 40 x 25 – 30	–	–	–	8 – 12	Okt. – Nov.	3 – 10 kg
Frühkopfkohl	250 – 390	4 – 5	5 – 10	Febr. (Gärtner)	–	–	April	40 x 40	6	Juni – Juli	3 – 5 kg
Herbstkopfkohl	250 – 390	4 – 5	5 – 10	A März – April	–	–	Mai	50 x 50	4	Sept. – Okt.	4 – 6 kg
Dauerkopfkohl	250 – 390	4 – 5	5 – 10	A April – Anf. Mai	–	–	Mai – Anf. Juni	50 – 60 x 50	3 – 4	Okt. – Nov.	4 – 7 kg
Rosenkohl	340 – 420	4 – 5	6 – 8	A Ende April – Anf. Mai	–	–	Juni	50 x 50 – 60 x 60	3 – 4	Nov. – Dez.	1,0 kg
Grünkohl	250 – 400	4 – 5	5 – 8	A Mai – Anf. Juni	–	–	Juli	40 x 40	6	Nov. – Jan.	2,0 kg
Kohlrabi (früh)	260	4 – 5	5 – 8	Febr. (Gärtner)/ Juli A.	– –	– –	April August	20 x 20 20 x 20	25 25	Juni/ Sept.	25 Stück 25 Stück
Kohlrabi (mittelfr.)	260	4 – 5	5 – 8	A April – Mai	–	–	Mai – Juni	30 x 25	13	Juli – Aug.	13 Stück
Kohlrabi, Blauer Speck	260	4 – 5	5 – 8	A Juni	–	–	Anf. – Mitte Juli	40 x 30	8	Oktober	2,5 kg

ter *Glas* oder *Folie* und ab März/April auf einem gesonderten *Anzuchtbeet* im Garten zunutze. Dadurch gewinnt man bei Frühgemüse viel Zeit und bei Sommer- und Herbstgemüse Platz auf dem Land, weil die drei- bis sechswöchige Jungpflanzenanzucht auf einem speziellen Anzuchtbeet erfolgt.

Viele Gemüsearten lassen sich gar nicht oder nur mit unnötigem Aufwand verpflanzen und werden an Ort und Stelle im Garten ausgesät, zum Beispiel Möhren, Schwarzwurzeln, Pastinaken, Radies, Rettich, Feldsalat, Pflück- und Schnittsalat, Mangold, Spinat, Buschbohnen, Stangenbohnen, Erbsen, Säzwiebeln, Rote Rüben.

Bei Kopfsalat, Gurken und Dicken Bohnen wird es unterschiedlich gehandhabt. Säzwiebeln und Rote Rüben können ebenfalls vorsichtig gepflanzt werden. Dies geschieht zuweilen, um Lücken in den Saatreihen aufzufüllen.

Man unterscheidet also **Saatgemüse** und **Pflanzgemüse.** Hierauf ist bei der Saat- und Pflanztabelle für den Hausgarten (siehe Seite 242) und bei der Besprechung der einzelnen Kulturen zu achten.

1. Saatgut

Die Benutzung von hochwertigem Saatgut ist eine wichtige Voraussetzung für einen erfolgreichen Gemüseanbau im Garten. Hierbei zu sparen, ist sicher ein „Sparen am falschen Ende". Beim Sameneinkauf ist vor allem auf die Sorte, auf das Alter und die Herkunft des Samens zu achten.

1.1 Saatguteigenschaften

Die wichtigsten inneren Eigenschaften des Samens sind die *Sortenechtheit* und eine *gute Keimfähigkeit*, für die uns die deutlich beschriftete Samenpackung mit genauer Angabe der Art, Sorte und Abfüllfirma bürgen muß. Gutes Saatgut zeigt als äußere Eigenschaft eine hohe *Reinheit*, das heißt es ist frei von Schmutz und Unkrautsamen, hat einen frischen, artentypischen Geruch und frische Farbe.

1.2 Sameneinkauf

Saatgut sollte *keinesfalls* über mehrere Jahre *auf Vorrat* gekauft werden, da manche Arten sehr schnell ihre Keimfähigkeit verlieren (siehe Übersicht 27). Bei Schwarzwurzeln, Zwiebeln, Porree, Pastinaken und Erbsen kommt es am meisten darauf an, daß nur frisches, das heißt im Vorjahr gewonnenes Saatgut zur Aussaat gelangt. Man muß davon ausgehen, daß gutes, frisches Gemüsesaatgut eine **70- bis 80 %ige Keimfähigkeit** aufweist. Beim Einkauf von besonders feinen Sämereien, die direkt ins Freie gesät werden, wie Möhren, Petersilie, Feldsalat und Kopfsalat (falls dieser an Ort und Stelle ausgesät wird), sollte man einen Sicherheitsfaktor einkalkulieren und etwa 20 % mehr Saatgut besorgen.

Im Handel werden folgende Saatgutarten angeboten:

- **Standardsaatgut:** Es enthält alle Korngrößen und wird nach Gewicht, in Portionen oder in Stückzahl lose oder in Portionstüten verkauft.
- **Kalibriertes Saatgut:** Ausgesiebtes Saatgut mit bestimmter, größerer Korngröße und

besonders guter Keimfähigkeit. Es ist teurer als Normalsaatgut, aber der Mehrpreis lohnt sich.

- **Pilliertes Saatgut:** Hochwertiges kalibriertes Saatgut, das mit einer Hüllmasse umgeben ist und dadurch eine einheitliche Größe von 2,5 bis 3,5 mm hat. Diese Saatgutform wurde für die Maschinenaussaat feiner Samen entwickelt, erleichtert aber auch die Aussaat von Hand. Pillensaatgut darf nur 1 bis 3 cm tief ausgesät werden und muß nach der Saat festen *Bodenschluß* bekommen und *stets feucht gehalten* werden. Trocknet der Boden aus, sind die Auflaufergebnisse unbefriedigend. Pilliertes Saatgut ist teurer als die beiden vorgenannten Saatgutarten.

Saatgutverpackungen

Der Hausgärtner kann beim Sameneinkauf unter verschiedenen Saatgutpackungen wählen, die sich in der Güte und Aufmachung und natürlich im Preis unterscheiden. Leider enthalten viele Packungen viel zu große Mengen an Samen einer Sorte für den Garten. Auch in den Portionstüten sind je nach Art und Sorte unterschiedliche Gewichtsmengen und Kornanzahl enthalten, so daß die einzukaufende Samenmenge für das jeweilige Gartenstück sehr schlecht einschätzbar ist. *Eigene Erfahrungen*, die man im *Gartentagebuch* vermerkt hat, sind die beste Hilfe für jeden Gärtner.

Es gibt unter anderem folgende Saatgutverpackungen:

- *Keimschutzgroßpackung* und *Keimschutz-Normalpackung*, häufig mit Angabe des Mindesthaltbarkeitsdatums.

- *Säschachtel* (Erbsen, Bohnen), aufwendige Verpackung, die sich kaum lohnt.

- *Saatbänder* (zum Beispiel Möhren, Rettich, Radies, Kräuter), 3 x 2,5 m Länge. Sie bestehen aus dünnem Zellstoff oder wasserlöslichem Kunststoffgewebe, in das Saatgut einzeln eingearbeitet ist. Das Saatband wird in flache Rillen auf dem vorbereiteten Beet gelegt, angegossen und mit feuchter Erde bedeckt. Das Beet muß feucht gehalten werden. Möhren, Radies und Rettich brauchen meist nicht mehr vereinzelt zu werden. Saatbänder sind verhältnismäßig teuer.

Die deutlich lesbare Angabe des Haltbarkeitsdatums auf der Saatgutpackung ist nach dem geltenden Saatgutverkehrsgesetz nicht erforderlich. Die Beizung des Saatgutes muß auf der Packung vermerkt sein.

Rechtzeitige Planung und früher Sameneinkauf geben einem die Sicherheit, daß bewährte, gängige Sorten noch nicht ausverkauft sind. Häufiges Nachfragen im Samenfachhandel und bei der Genossenschaft nach empfohlenen *neuen* Sorten führt dazu, daß diese in das Angebot aufgenommen werden.

1.3 Verbrauch von Samenvorrat

Es läßt sich nicht immer vermeiden, daß ein Saatgutvorrat vom Vorjahr vorhanden ist, der noch verbraucht werden soll. Um keinen Mißerfolg mit Restsaatgut zu erleben, sollte man vor der Aussaat eine Keimprobe vornehmen, um sich über die Keimfähigkeit und damit über die Aussaatdichte im klaren zu sein.

Keimprobe

Es wird auf einen flachen Teller durchfeuchtetes, dickes Löschpapier gebreitet und darauf eine bestimmte Anzahl von Samen einzeln ausgelegt. Nach dem Zudecken mit feuchtem Löschpapier stellt man die Keimprobe an einen warmen Ort, hält sie gleichmäßig feucht und wertet sie nach einigen Tagen aus. Haben sich zum Beispiel von 20 Samenkörnern 15 Keimlinge gut entwickelt, so hat der Same eine Keimfähigkeit von 75 % und ist noch wert, ausgesät zu werden. Liegt die Keimfähigkeit unter 50 %, sollte auf eine Aussaat verzichtet werden.

Saatgutlagerung

Die Lagerung des Saatgutes hat in einem kühlen, frostsicheren, trockenen und dunklen Behälter zu erfolgen, nämlich dort, wo der Same ohne Schaden in seiner Samenruhe verharren kann. Je feuchter die Umgebung ist, desto stärker geht die Keimfähigkeit zurück und der Krankheitsbefall durch Pilze nimmt zu.

2. Saatgutbeizung

Zum Sameneinkauf sollte gleichzeitig der Kauf eines Beizmittels gehören. Es stehen heute für den Gemüsebau weitgehend ungefährliche Mittel, auf organischer Grundlage aufgebaut, zur Verfügung.

Beizmittel

Metiram-Mittel:	Phytox-Super
Thiram-Mittel:	AAtiram

Diese Mittel töten schädliche Pilzsporen am Samen ab, bieten Schutz gegen Sämlingskrankheiten und wirken auflauf- und wachstumsfördernd. Auf alle Fälle sollten Erbsen, Bohnen, Gurken, Spinat und Rote Rüben gebeizt werden. Aber auch bei Möhren, Zwiebeln, Schwarzwurzeln, Radieschen, Rettichen und Kohl erweist sich das Beizen als vorteilhaft. Die *auflauffördernde Wirkung* macht sich bei älterem Samen und solchem, der in schlechteren Bodenverhältnissen fortkommen muß, besonders günstig bemerkbar.

Beizverfahren

Der Hausgärtner wendet die **Überschußbeizung** an. Dafür wird eine kleine Messerspitze voll Beizmittel mit dem Samen in ein verschließbares Glas gegeben. Der Same wird in dem verschlossenen Behälter eine Weile geschüttelt und danach auf einem alten Sieb von dem überschüssigen Beizpulver getrennt. Der behandelte Same kommt in die Originalsamenpackung zurück, die einen Vermerk über die Beizung erhält. Die Aussaat kann sofort, aber auch einige Zeit später erfolgen.

Das meiste Saatgut im Handel ist heute ungebeizt. Samen in Säschachteln werden manchmal fertig gebeizt angeboten.

3. Aussaat an Ort und Stelle

3.1 Vorbereitung der Aussaat im Garten

Sobald im Frühjahr das Land so weit abgetrocknet ist, daß die Erde nicht mehr an den Schuhen und Geräten kleben bleibt, und sich der Boden genügend erwärmt hat, kann mit den ersten Aussaaten im Freiland begonnen

Abbildung 91: Mit dem Kultivator wird die grobe Winterscholle eingeebnet

Abbildung 92: Für empfindliche Beetkulturen wird ein Weg getreten

Abbildung 93: Die Harke stellt das feinkrümelige Saatbeet her

Abbildung 94: Mit dem Reihenzieher sind schnell die Reihen markiert und flache Rillen gezogen

Abbildung 95: Ein „Kleingewächshaus" für die Aussaat im Haus von empfindlichen Gemüse-, Gewürz- und Blumenpflanzen

werden. Die grobschollige Winterfurche wird mit Kultivator, Krail oder Doppelharke zerkleinert und eingeebnet. Mit der Harke ist das feinkrümelige Saatbeet herzustellen. Hierfür gilt der **Grundsatz: Je feiner der Same, desto feiner die Erdoberfläche.** Die Bodenvorbereitung für die Aussaat von Nachkulturen im Laufe des Sommers erfolgt durch flaches Graben oder besser nur mit Kultivator und Harke.

Die Reihenmarkierung kann nach der Schnur mit einem Harkenstiel oder mit dem praktischen, arbeitssparenden Reihenzieher vorgenommen werden. Zwischen den meisten Kulturen sind keine Trittwege erforderlich. Sie haben nur bei Kulturen, die eine intensive Pflege verlangen (Tomaten, Gurken) oder eine längere Erntezeit haben (Stangenbohnen, Reisererbsen), eine Berechtigung.

Abbildung 96: Aussaat mit Saatbändern

Übersicht 28: Reihenanzahl bei 1,20 m Beetbreite für Aussaaten und Pflanzungen

Reihenabstand	Anzahl der Reihen	Beispiele
15 cm	8	Radies, früher Rettich, Feldsalat
20 cm	6	früher Kopfsalat, Schnittsalat, Rettich, Säzwiebeln, Kohlrabi, Porree
25 cm	5	Sommerkopfsalat, Kohlrabi, Winterrettich, Steckzwiebeln, frühe Möhren, Schwarzwurzeln, Rote Rüben, Endivien, Porree, Radicchio
30 cm	4	Wintermöhren, Kohlrabi, Pastinaken, Sommerkopfsalat, Mangold, Chinakohl
40 cm	3	Buschbohnen, Dicke Bohnen, Grünkohl, Blumenkohl, Frühkopfkohl, Brokkoli, Sellerie, Chicoree, Paprika
50 bis 80 cm	2	Fenchel, Sellerie, Blumenkohl, Rosenkohl, Spätkopfkohl, Tomaten, Stangenbohnen, Zuckermais, Neuseeländer Spinat, Auberginen
über 80 cm	1	Gurken, Melonen, Kürbis, Spargel, Rhabarber, Artischocken

3.2 Saatweisen

Reihensaat: Samen werden fortlaufend und gleichmäßig ausgesät. Alle Pflanzen erhalten ein gleiches Maß an Licht, Luft und Feuchtigkeit. Sämtliche Pflegearbeiten sind hier einfach.

Die Anwendung von pilliertem Saatgut und von Saatbändern erleichtert diese Aussaatarbeiten, verteuert sie zwar auch.

Breitsaat: Samen werden breitwürfig verteilt. Samenaufgang, Belichtung usw. sind ungleichmäßig, alle Pflegemaßnahmen kompliziert. Sie ist für die Freilandaussaat außer bei Radieschen abzulehnen.

Stufensaat: Samen werden reihenmäßig einzeln in Löcher gelegt. Kommt im Garten nur für Rettiche und bedingt für Buschbohnen in Frage.

Dippelsaat: Reihenmäßige Aussaat von jeweils zwei Samenkörnern zusammen, zum Beispiel Rüben auf dem Feld, Rote Rüben.

Horstsaat: Samen werden horstweise, das heißt in Gruppen zu etwa fünf Stück in größerem Abstand ausgelegt, zum Beispiel Buschbohnen.

Tellersaat: Samen werden tellerförmig in Gruppen in größerem Abstand ausgesät, zum Beispiel Stangenbohnen um die Bohnenstangen.

Markiersaat: Schnellkeimende Samen (Radies, Salat, Spinat) werden langsamkeimenden (Möhren, Zwiebeln) hinzugegeben, damit die Saatreihen schneller sichtbar sind und bald gehackt werden kann.

Abbildung 97: Fachgerechte Aussaat von Gemüse an Ort und Stelle mit der Hand und mit einer kleinen Sämaschine

Grundsätze für die Aussaat:

1. Freilandsaaten mit den Fingern, nicht mit der Tüte ausführen.

2. Nicht zu dicht säen, da sonst später Licht- und Luftmangel eintreten. Feine Samen mit Sand mischen.

3. Nicht zu tief säen, da Samen bei Luftmangel faulen. Den Samen nur bis zu seiner dreifachen Stärke mit Erde bedecken. Ausnahme: Erbsen.

4. Samen mit langer Keimzeit eine Markiersaat untermischen, jedoch nicht so viel, daß die Hauptsaat von dieser bedrängt wird.

5. Nach dem Schließen der Saatrillen mit dem Harkenrücken oder einer leichten Saatwalze andrücken, um einen Bodenschluß herzustellen. Besonders wichtig bei Möhren, Zwiebeln, Feldsalat, Saatbändern.

6. Aussaaten an Ort und Stelle gewöhnlich nicht gießen. Ausnahme bei pilliertem Saatgut und bei Petersilie.

7. Einige Aussaaten müssen vereinzelt werden, sobald die Pflanzen außer den Keimblättern zwei bis vier Laubblätter gebildet haben; danach gießen.

4. Jungpflanzenanzucht

Gemüsearten mit einer längeren Jugendentwicklung werden vorgezogen, bevor sie auf das freie Land kommen. Die frostempfindlichen unter ihnen verleben ihre Anzuchtzeit im Haus oder Frühbeet und werden in diesen Wochen in der Regel vom Gärtner kultiviert. Alle unempfindlicheren Arten, wie mittelfrüher und später Salat und Kohlrabi, Spätkohl, Grünkohl, Rosenkohl und Porree, können ohne Schwierigkeiten im eigenen Garten auf einem Saatbeet angezogen werden.

4.1 Jungpflanzenanzucht im Garten

Das **Anzuchtbeet** im Garten gehört an einen warmen, geschützten, aber gut belichteten Platz *in Hausnähe*. Es ist zweckmäßig, einen Wasserhahn direkt dabei zu haben, weil die Aussaaten und Jungpflanzen gleichmäßige Feuchtigkeit verlangen. Die *Bodenverbesserung* erfolgt nicht mit Mist oder Gülle, sondern mit milder, verrotteter Komposterde und feuchtem Torfmull. Letzterer ist sehr wichtig für die Bildung guter Wurzelballen. Auf dem Saatbeet ist ebenfalls die *Reihensaat* (6 bis 8 cm Abstand) für den Pflanzenwuchs und die Pflegearbeiten am vorteilhaftesten. Die Zeit von der Saat bis zur Pflanzung beläuft sich im Frühjahr auf vier bis sechs Wochen, im Frühsommer und Sommer auf vier bis drei Wochen.

4.2 Jungpflanzenanzucht im Haus

Die eigene Jungpflanzenanzucht von Frühgemüse und von den wärmebedürftigen Arten, die erst nach den letzten Maifrösten in den Garten kommen dürfen, ist zwar recht aufwendig, gehört aber zu den besonderen Freuden mancher Hausgärtner. Für größere Gärten lohnt sich sogar der Aufwand, wenn Zeit und Einrichtungen dafür zur Verfügung stehen, da die Preise der Jungpflanzen in den

Gärtnereien und auf den Wochenmärkten wegen der damit verbundenen Handarbeit und Energiekosten hoch sind.

Die Pflanzenanzucht in Saat- und Pflanzgefäßen *am Fensterbrett im Wohnhaus ist problematisch*, da die Jungpflanzen infolge Lichtmangels schnell lang und geil werden. Sie müßten nach dem Keimen in den Saatgefäßen oder Töpfen bald in ein temperiertes *Gewächshaus* oder *Frühbeet* gebracht werden, wenn sie nicht dort bereits ausgesät werden konnten.

Als **Kultursubstrate** für die Aussaat und die Weiterkultivierung eignen sich zum Beispiel ein Gemisch aus gesunder *Komposterde*, *feuchtem Torf* und *Sand*, käufliche *Blumenerde* und Sandzusatz und auch das Torfkultursubstrat *TKS 1*. Für die Aussaat von Neuseeländer Spinat, Gurken und Kürbis sowie für das *Pikieren* aller oben genannten Gemüsearten mit Ausnahme der Dicken Bohnen sind die im Fachhandel erhältlichen *Torftöpfe* verschiedener Größen und die Jiffi-Torfquelltöpfe hervorragend geeignet. Die Pflanzen werden darin später ausgepflanzt, ohne eine Wachstumsstockung durchmachen zu müssen.

Die Jungpflanzenanzucht im Frühbeet und unter Folie ist in den nächsten Kapiteln beschrieben.

Anzuchtzeiten und Gefäße für die Pflanzung in den Garten

Gemüsearten	Aussaat	Pflanzung
Tomaten, Paprika, Sellerie, Auberginen, Artischocken	Mitte bis Ende März in Saatschalen oder -kisten, pikieren in Torftöpfe	nach den Maifrösten
Neuseeländer Spinat	Anfang bis Mitte April je zwei Korn in Torftöpfe, Same 24 Stunden vorquellen, später vereinzeln	nach den Maifrösten
Gurken, Kürbis	Mitte bis Ende April in Torftöpfe je zwei Korn, später vereinzeln	nach den Maifrösten
Frühe Sorten von Kopfsalat, Kohlrabi, Blumenkohl	Ende Februar bis Mitte März in Saatkisten oder Frühbeet, pikieren in Torftöpfe oder Frühbeet	April
Dicke Bohnen (zur Verfrühung)	Mitte bis Ende Februar in Kisten in hellen, kühlen Räumen	März bis Anfang April

Jungpflanzen mit kräftigem *Wurzelballen* und gesundem, gedrungenem Wuchs sind das Ziel der Anzucht. Unter Glas oder Folie angezogene Pflanzen sind in der letzten Woche vor dem Auspflanzen in den Garten allmählich *abzuhärten.* Eine flüssige *Startdüngung,* zum Beispiel mit 20 bis 30 g/10 l Wasser Alcrisal auf einen Quadratmeter drei bis vier Tage vor dem Auspflanzen (danach die Pflanzen gründlich mit klarem Wasser abbrausen) und durchdringendes *Angießen* am Vorabend des Pflanztages tragen zu einem guten Anwachsen und zügigen Weiterwachsen auf dem endgültigen Standort im Garten wesentlich bei.

5. Pflanzung

Zeitpunkt der Pflanzung

Die Auspflanzung von vorgezogenen Jungpflanzen erfolgt am günstigsten an einem trüben Tag, in der wärmeren Jahreszeit in den kühlen Abendstunden. Die Zeit zwischen dem Herausnehmen der Pflanzen aus dem Anzuchtbeet und dem Pflanzen sollte möglichst kurz sein, um zu vermeiden, daß die zarten Jungpflanzen schlapp werden. Gekaufte Ware ist bis zur Auspflanzung am gleichen Tage locker in feuchter Umhüllung in einem kühlen Raum aufzubewahren.

Pflanzenqualität

Jungpflanzenware muß unbeschädigt und frei von Krankheiten und Schädlingen sein. Sowohl selbstangezogene als auch zum Kauf angebotene Pflanzen sollte der Hausgärtner daraufhin kritisch prüfen, um keine späteren Enttäuschungen und Ansteckung auf andere Pflanzen zu erleben. Vor allem Kohl- und Salatjungpflanzen können unter der sogenannten *Schwarzbeinigkeit* – einer Keimlingskrankheit – leiden. Diese ist an schwarzen Wurzeln einschließlich Wurzelhals zu erkennen. Befallene Pflanzen sind ungeeignet und müssen aus der eigenen Anzucht sorgfältig aussortiert werden und gehören in die Mülltonne. Kohljungpflanzen haben manchmal kleine Knöllchen an ihren Wurzeln. Schneidet man diese auf, erkennt man die weißen Larven des *Kohlgallenrüßlers* darin. In frühem Befallsstadium lohnt es sich bei kräftigen Pflanzen, die Larven zu entfernen, die aufgeklappte Galle wieder zu schließen und zu pflanzen.

Pflanzware darf nicht überständig sein, das heißt so weit entwickelt, daß sie das Umpflanzen kaum übersteht, es sei denn, sie wurde rechtzeitig in große Töpfe gepflanzt und kann mit großem Wurzelballen in den Garten kommen. Durch Lichthunger vergeilte oder durch Platz- und Nährstoffmangel unterernährte Setzlinge sind für die Weiterkultur meistens ungeeignet.

Pflanztechnik

Am gebräuchlichsten ist im Hausgarten die *Dreieckspflanzung* auf Lücke (Verbandspflanzung), weil bei dieser die Fläche am besten ausgenutzt wird. Bei maschineller Bodenbearbeitung werden die Rechteck- und Quadratpflanzung vorgezogen, weil man dabei in zwei Richtungen arbeiten kann.

Das Land sollte so locker und feucht sein, daß ohne Schwierigkeiten *mit der Hand* gepflanzt werden kann. Nur in schweren und steinigen Böden und bei Pflanzen mit langem Wurzelwerk nimmt man eine *Pflanzschaufel* (für Pflanzen mit Wurzelballen) oder ein *Pflanzholz* (für Pflanzen ohne Wurzelballen, zum Beispiel Kohl, Porree) zu Hilfe. Sellerie und Salat sind sehr flach und fest zu pflanzen. Dagegen gehören Tomaten, Gurken und Kohl (außer Kohlrabi) recht tief in die Erde, weil sie in der Lage sind, durch Erd- und Feuchtigkeitsreiz auch am unteren Sproßende Wurzeln zu bilden, die für die erhöhte Wasser- und Nährstoffaufnahme sehr wichtig sind. Porree kürzt man vor dem Pflanzen an Wurzel und Sproß etwas ein und muß besonders tief gepflanzt werden.

Nach dem Pflanzen wird vorsichtig und gezielt mit Gießkanne (nicht brausen) oder mit schwachem Schlauchstrahl angegossen und über den Gießrand trockene Erde gezogen, damit der Boden am Wurzelhals nicht verkrustet. Das festgetretene Land ist wieder aufzulockern.

Abbildung 98: Pflanzung von Blumenkohl als Hauptkultur und Kopfsalat als Zwischenkultur

V. FOLIENEINSATZ IM GEMÜSEGARTEN

Der Folieneinsatz im Hausgarten zum Zwecke des Vorverlegens der Bestellungsarbeiten und damit auch der Ernte im Frühjahr sowie der Ernteverlängerung im Herbst ist sicherlich für die meisten Hausgärtner als Hobby anzusehen, in rauhen Höhenlagen und im feuchtkühlen, windigen norddeutschen Küstenraum als besonders nützliches Hobby.

1. Folientunnel

Folientunnel sind als einfache, transportable Kleinfrühbeete gedacht. Sie sind im Handel in verschiedenen Breiten und Längen, zum Beispiel 0,60 m und 1,30 m breit und jeweils 2,50 m lang, zu erhalten. Die Tunnel bestehen aus starker, durchsichtiger, heller Polyäthylenfolie (PE-Folie), die im Abstand von etwa 60 cm an stabilen, rostgeschützten Drahtbügeln befestigt ist. Die etwa 10 cm überstehenden Drahtenden werden in den Boden gesteckt, der Folienabschluß ist am besten mit Erde anzuhäufeln und in windigen Gegenden zusätzlich mit einigen Steinen zu befestigen. Zum Abdichten der Tunnelenden sind Abschlußbögen aus dem gleichen Material erhältlich. Beliebig viele Tunnelteile können aneinander gereiht werden.

Natürlich kann man sich derartige Tunnel in einfacher Art mit Hilfe von kräftigen Drahtbügeln, sauberer heller Folie und Wäscheklammern auch selber herstellen.

Auf- und Abbau des Folientunnels

Ein Folientunnel ist von einer Person leicht aufgebaut. Der vorgesehene Standort im Garten wird normal vorbereitet und fertig eingsät beziehungsweise bepflanzt. Darauf wird rund um den Beetrand mit dem Spaten eine etwa 20 cm tiefe Rille ausgeworfen. Nach dem Tunnelaufbau ist der Folienabschluß senkrecht in die Rille einzulegen und mit Erde anzuhäufeln. Nach jedem Abbau und im Herbst muß die Folie tüchtig abgespritzt und getrocknet werden, um die größtmögliche Lichtdurchlässigkeit zu erhalten. Als kleines Paket ist der Tunnel über Winter sehr platzsparend wegzustellen.

Nutzung des Folientunnels

Der Folientunnel ist als Wanderfrühbeetkasten anzusehen und als Hilfsmittel zur **Ernteverfrühung** und als **Kälteschutz** am Ende der Vegetationszeit im Hausgarten interessant. Der *Verfrühungseffekt* bei Kopfsalat (zum Beispiel Sorten Blondine, Maikönig), Pflücksalat, Spinat, Radieschen (zum Beispiel Cherry Belle), Rettich (zum Beispiel Ostergruß), Kohlrabi (zum Beispiel Primavera, Lanro) und Blumenkohl (zum Beispiel Erfurter Zwerg) klappt auch im Hausgarten gut. Man kann mit einer Ernteverfrühung bis zu zwanzig Tagen rechnen, vor allem, wenn die Frühjahrswitterung für die Pflanzen im Freiland ungünstig ist.

Kohlrabi, Blumenkohl, ferner auch der erste Buschbohnensatz werden nur in den ersten Wochen bedeckt, um sie als Jungpflanzen vor Kälte oder sogar Frost zu schützen. Danach müssen sie allmählich an die Außentemperaturen durch viel Lüften gewöhnt werden, bis der Schutz völlig entfernt wird. Der Folientunnel lohnt sich vor allem auch für die Gurkenkultur als **Starthilfe** in der kritischen Zeit ihrer Jugendentwicklung.

Als besonderes Hobby ist die Ernteverfrühung eines Teiles der **Erdbeeren** anzusehen. Hierbei muß durch Öffnen der Abschlußteile an den Tunnelenden während der Erdbeerblütezeit der Bienenflug gewährleistet sein, damit die Blüten befruchtet werden.

Einen weiteren Vorteil bietet der Folientunnel durch die Ermöglichung einer **Ernteverlängerung im Herbst.** Der Folienschutz wird zum Beispiel bei Kopfsalat, Kohlrabi und besonders bei spätem Blumenkohl und Endiviensalat in der letzten Kulturzeit, also vor Anbruch der kalten Herbstnächte, aufgestellt. Auch Herbst- und Winterspinat und Feldsalat entwickeln sich darunter schneller

Abbildung 99: Erste Bestellung im zeitigen Frühjahr mit Salat, Kohlrabi und Radieschen für die Bedeckung mit einem Folientunnel. Am Rand wird eine Rille gezogen, um die Folienenden darin mit Erde zu bedecken.

Abbildung 100: Das Klein-Gewächshaus ist fertig aufgestellt

Abbildung 101: Das gleiche Beet zwei Wochen später. Die Pflanzen haben sich unter der Folie schon gut entwickelt, während das freie Land wegen ungünstiger Witterung noch nicht bestellt werden konnte. Die Pflanzen verlangen in den Frühjahrswochen keinerlei Pflege; später muß ab und zu gegossen werden.

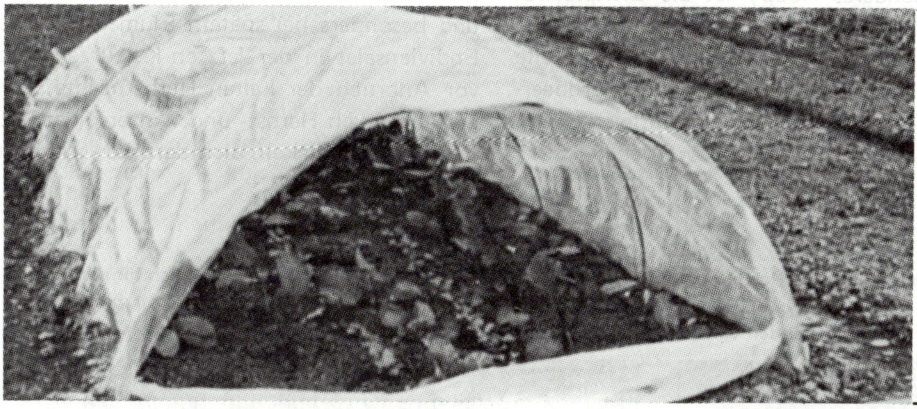

und können unabhängig von der Spätherbstwitterung länger geerntet werden.

Schließlich erfüllt der Folientunnel einen guten Zweck bei der **Gemüse- und Sommerblumenanzucht** im März/April und bei der **Anzucht von Zweijahrsblumen** im Mai.

Wenn man sich mit einem Folientunnel erst einmal gut eingearbeitet hat, möchte man ihn im Garten nicht mehr missen. **Zwei Beispiele** für das gute Ausnutzen eines *wandernden Tunnels* mögen zur Anregung dienen:

➤ *März:* Kohlrabi, Kopfsalat, Radies; *April/Anfang Mai:* Blumenkohl; *Mai/Juni:* Gurken, *August:* letzter Satz Buschbohnen; *September:* Salat, Kohlrabi; *Oktober:* Endivien; *November/Dezember:* Gemüseeinschlag.

➤ *März:* Spinat; *April:* Gemüse- und Blumenaussaaten; *Mai:* Erdbeeren; *Juni:* Gurken; *September:* Rettich, Radies, Salat; *Oktober:* Blumenkohl, Chinakohl.

Pflegearbeiten im Folientunnel

Die *Pflanzenpflege* ist unter dem Tunnel schwieriger als in einem richtigen Frühbeet, da bei dem Frühbeet die einzelnen Fenster leichter hochgehoben beziehungsweise abgenommen werden können. Dafür braucht man die Pflanzen unter der weniger licht- und wärmedurchlässigen Folie weniger zu gießen und vor Sonne zu schützen. Die ersten Aussaaten im Frühjahr beziehungsweise Salat- und Kohlrabipflanzen kommen meist bis zur Ernte im April ohne eine zusätzliche *Bewässerung* aus.

Ebenso ist im Oktober/November unter der Folie das Gießen nicht notwendig. In der wärmeren Jahreszeit muß die Folie an den Enden und an den Längsseiten zum Gießen hochgeschoben werden, wenn nicht vorsichtig mit dem Schlauch gespritzt wird. *Gelüftet* wird bei Bedarf auf die gleiche Weise.

2. Flachfolien

Transparente, gelochte oder geschlitzte Gartenbaufolien und neuerdings auch Gartenflies finden im Hausgarten zur **Ernteverfrühung** von gesäten und gepflanzten Gemüsearten, Sommerblumen und Blumenstauden zunehmenden Einsatz. Der Verfrühungseffekt liegt je nach Witterung, Folienart und Bedeckungsdauer zwischen ein bis drei Wochen.

Neben dem **Witterungsschutz** bieten Flachfolien auch **Schutz vor Wildverbiß, Taubenfraß und begrenzt auch vor Insektenbefall**, zum Beispiel Gemüsefliegen.

Flachfolien-Arten

- **Lochfolie:** 0,05 mm starke Polyäthylen-Folie, am günstigsten mit 500, für Blattgemüse mit 750 Löchern pro m^2. Mindestens dreijährige Mehrfachnutzung möglich. Gefahr von Schlagschäden durch Wind am höchsten.
- **Schlitzfolie:** sogenannte **„wachsende Folie"** mit ca. 30 000 Schlitzen pro m^2, die sich mit dem Größerwerden der Pflanzen öffnen, so daß der Luftaustausch und die Wasserdurchlässigkeit immer mehr zunehmen. Mindestens zweijährige Mehrfachnutzung möglich.
- **Vlies:** sehr leichtes vernetztes Gewebe aus Kunststoffasern, z.B. „Agryl P 17". Vorteile sind die hohe Luft- und Wasserdurchlässigkeit und die geringe Gefahr von Schlagschäden bei den Pflanzen. Geringe Mehrfachbenutzung durch leichte Verschmutzung.

Abbildung 102:
Lochfolie über frühem Kohlrabi und Blumenkohl

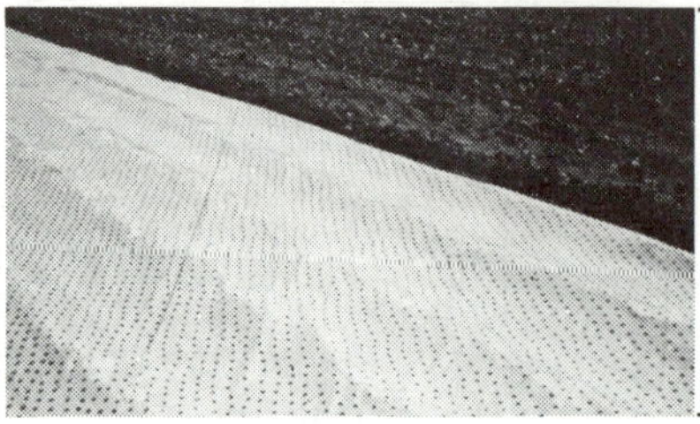

Flachfolien werden im Fachhandel von der Rolle für größere Flächen und speziell für den Haus- und Kleingärtner in Kleinpackungen angeboten. Für die *Wiederverwendung* sollten sie gesäubert, trocken und dunkel bei unter 25°C aufbewahrt werden. Unbrauchbare Folien gehören auf die Mülldeponie.

Verwendung der Flachfolie im Hausgarten

Der Folieneinsatz lohnt sich – vor allem in rauhen Lagen – für alle Aussaaten und Pflanzungen von Frühgemüse, von Gurken, Zucchini, Melonen und Kürbisarten, für Frühkartoffeln und Sommerblumenaussaaten.

Günstige Bedeckungsdauer:

- Märzaussaaten von Radies und Rettich, Kohlrabipflanzungen bis zur Ernte
- Kopf- und Eissalat bis zum Beginn der Kopfbildung
- Blumenkohl und Kopfkohl bis zum Beginn der Blumen- bzw. Kopfbildung
- Spinat, Möhren, Erbsen bis zur Bildung der ersten Laubblätter
- Gurken, Zucchini und ähnliches die ersten zwei bis vier Wochen
- Einjahresblumen bis zur kräftigen Jungpflanzenbildung

Die Flachfolien werden auf die fertig bestellten Gartenstücke verlegt, und zwar so locker, daß sie im Winde leicht rollen können. Die Abdeckung wird rundherum eingegraben, das leichte Vlies kann auch mit Brettern und Steinen beschwert werden. Man muß für die Folienbefestigung an allen Seiten 30 bis 40 cm Rand rechnen, damit genügend Folie zum späteren Nachgeben bleibt. Das Abdeckmaterial muß an einem trüben Tage abgenommen werden.

VI. DAS FRÜHBEET

Durch ein Frühbeet läßt sich in der Pflanzenanzucht sowie bei Blumen- und Gemüsekulturen sehr viel mehr erreichen als im Freien. Die erfolgreiche Bewirtschaftung eines Frühbeetes verlangt aber **gute Kenntnisse** in der Pflanzenpflege und bedeutet in jedem Falle eine große Belastung für den Betreuer. Das ist im bäuerlichen Garten fast immer die vielbeschäftigte Hausfrau, und deshalb ist vor der Anlage eines Frühbeetkastens gründlich zu prüfen, ob diese **Mehrbelastung** auf dem landwirtschaftlichen Betrieb vertretbar ist. Handelt es sich doch nicht nur um eine Mehrarbeit, sondern vor allem darum, daß man jederzeit für die laufenden Arbeiten am Kasten bereit sein muß, da sie von der Witterung und dem Pflanzenzustand abhängig sind.

1. Frühbeetanlage

Man unterscheidet zwei Frühbeetarten:

- **der feststehende Kasten,**
- **der Wanderkasten.**

Beide können im Hausgarten von Nutzen sein und Erfolg und Freude bringen.

Abbildung 103: Ein Kleinfrühbeet in Kunststoffausführung für die ersten Gemüse- und Blumenaussaaten, für die Übersommerung von Kakteen und anderen Topfpflanzen sowie für die Verspätung von Gemüse im Herbst.

Im Handel werden eigens für den Hobbygärtner entwickelte, mehr oder weniger aufwendige *Kleinfrühbeete* mit allerhand Zubehör angeboten. Sie sind vor allem für die Gemüse- und Blumen-Jungpflanzenanzucht brauchbar, bei größerem Format auch für die Verfrühung und Verspätung von Gemüse und für die Übersommerung von Topfpflanzen.

Im Folgenden werden *stabile, herkömmliche Frühbeete* und deren Nutzung behandelt, die für einen größeren Haus- und Bauerngarten besonders geeignet sind.

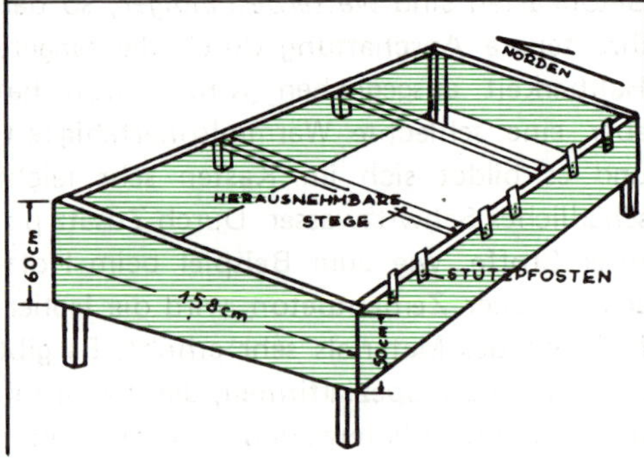

Abbildung 104:
Frühbeetkasten aus Holz

1.1 Feststehender Kasten

Für die feste Frühbeetanlage muß der sonnigste und geschützteste *Platz* in der Nähe des Hauses gewählt werden. Das Grundwasser soll unter dem Kasten mindestens 1 m tief stehen. An der Stelle darf auch wegen mangelnden Abflusses von Regen- oder Schmelzwasser keine stauende Nässe entstehen. Die Kästen erhalten eine *Ost-West-Richtung*, wobei die Längsseite nach Süden hin ein leichtes Gefälle bekommt. Damit wird ein besserer Einfallswinkel für die Sonne erreicht, und das Regenwasser läuft schnell ab. Die Bearbeitung erfolgt normalerweise von der höheren Nordseite; hier ist also ein breiterer *Arbeitsweg* erforderlich.

Frühbeet aus Holz

Der feststehende Kasten wird stabil gebaut, vor allem dann, wenn er als eigentliches Mistbeet Verwendung finden soll. Das in der Anschaffung billigste Material ist Holz (von Kiefer, Tanne, Fichte, Lärche). Es sind 3 bis 4 cm dicke Bohlen zu verwenden, die vor dem Zusammenbau mit einem pflanzenunschädlichen Mittel *imprägniert* werden müssen. Holz hat den *Vorteil*, daß es als schlechter Wärmeleiter die Wärme im Kasten nur wenig nach außen abgibt, dagegen den großen *Nachteil*, daß es sehr gepflegt werden muß und dennoch eine relativ kurze Lebensdauer hat.

Wie aus der Zeichnung (Abbildung 104) zu ersehen ist, sind neben den Seiten- und Kopfbrettern vier drei- oder vierkantige Eckpfosten in einer Stärke von 8 bis 10 cm nötig. Um dem Frühbeet genügende *Standfestigkeit* zu verleihen, sind die Pfosten in der Erde auf Ziegelsteine zu stellen, oder sie müssen mindestens 60 cm tief in die Erde eingegraben werden. Ferner ist es zweckmäßig, überall dort, wo die Fenster mit ihren Längsseiten zusammenstoßen, rund 4 cm breite Querlatten anzubringen, die herausnehmbar sind. Damit wird ein besserer Luftabschluß gewährleistet, die Fenster bekommen eine bessere Auflage und der ganze Kasten einen guten Halt. An der unteren Kastenseite sind von außen je Fenster zwei Stützpfosten oder in der gesamten Kastenlänge eine Anstoßlatte anzunageln, damit die Fenster beim Hochheben nicht abrutschen.

Frühbeet aus Beton

Betonkästen sind *wetterbeständiger*, so daß ihre teuere Anschaffung durch die längere Haltbarkeit ausgeglichen wird. Beton hat aber eine schlechte Wärme-Isolierfähigkeit, und es bildet sich im Kasten sehr leicht schädliches Schwitzwasser. Durch Zusatz poröser Stoffe, wie zum Beispiel beim Holzzement oder Zementbeton, wird die Isolierfähigkeit des Materials sehr erhöht. Es gibt heute mehrere Spezialfirmen, die die einzelnen Kastenteile liefern, und sie können ohne fachmännische Hilfe an Ort und Stelle zusammengesetzt werden.

Frühbeetfenster

Das Frühbeetfenster läßt man sich vom Tischler aus *Kiefernholz* – gut imprägniert – anfertigen oder man bezieht das genormte *„Deutsche Normalfenster“* in einer Größe von 1,50 x 1 m. Häufig haben auch Erwerbsgärtnereien gebrauchte Fenster an Hausgärtner abzugeben.

Zur **Verglasung** wird gewöhnlich das drei oder vier Millimeter starke *„Blankglas“* genommen. Für kleine Frühbeete im Hausgarten eignen sich auch *Plexiglas* und helle *Folien* als Glasersatz. Sie haben den Vorteil, daß sie billiger und unzerbrechlich sind; Folien haben aber den großen Nachteil, daß sie leicht zerreißen, verschmutzen, sich verziehen und so leicht sind, daß die Fenster beschwert oder besser am Kasten befestigt werden müssen. Natürlich reichen auch der Wärmeeinfang und die Lichtdurchlässigkeit nicht an die des Glases heran. Dennoch stellt der Kunststoff auch auf diesem Gebiete des Gartenbaues eine beachtliche Hilfe dar.

Abbildung 105:
Normalfenster mit einschiebbaren Scheiben

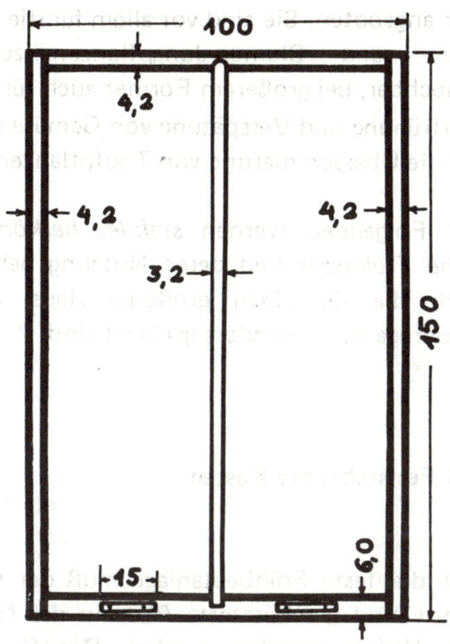

1.2 Wanderkasten

Der *bewegliche Kasten*, der im Laufe des Jahres zu verschiedenen Stellen des Gartens wandern soll, muß leicht und handlich, aber dennoch stabil sein. Je einfacher er zu bedienen ist, desto häufiger wird er für schutzbedürftige oder wärmeliebende Pflanzen im Garten gebraucht. Im Hausgarten kann man sowohl herkömmliche *Holzkästen* in vereinfachter Form für Wanderkästen benutzen als auch die verschiedenen, in den letzten Jahren entwickelten *Kunststoffkästen* sowie Kombinationen verschiedener Baustoffe.

2. Herrichten eines Mistbeetes

Unter dem Mistbeet versteht man ein warmes oder halbwarmes Frühbeet, das mit Stallmist und im erweiterten Sinne auch mit Stroh, Laub oder anderem organischen Material gepackt wurde. **Die Erwärmung entsteht durch die Arbeit von unzähligen Bakterien und anderen Bodenkleinlebewesen,** die zu ihrem Leben temperierte Luft, Feuchtigkeit, Stickstoff, Kohlenstoff und verschiedene Mineralstoffe brauchen. Sie bauen die organischen Stoffe des Packmaterials ab und dabei wird Wärme frei.

Es ist wichtig, die Packarbeit im richtigen Zeitpunkt zu beginnen und schnell und fachgerecht durchzuführen, damit möglichst wenig Wärme verlorengeht. Dann kann man mit einer **sechs- bis achtwöchigen Wärmewirkung** rechnen. Die Zeitdauer richtet sich nach der Stärke der Packung, dem Packmaterial und nach den Außentemperaturen. Man wird in der zweiten Februarhälfte bis Anfang März einen warmen und später im März einen halbwarmen Frühbeetkasten herrichten, damit im April die Sonne die Erwärmung übernehmen kann, ohne daß die Pflanzen im Kasten eine Wachstumsstockung durch Kälteeinwirkung erleiden müssen.

2.1 Warme Kästen

Das beste **Packmaterial** ist *Pferdemist*. Er muß frisch sein und im Verhältnis etwas mehr Stroh als Dung enthalten. Für einen warmen Kasten muß das Frühbeet 60 bis 80 cm tief ausgeschaufelt werden, denn es ist eine 50 bis 60 cm hohe Mistschicht erforderlich. Auf den Grund wird eine 5 cm starke trockene *Laubschicht* ausgebreitet. Darauf folgt das lagenweise Einschichten des Düngers, der zuvor eine Temperatur von 20°C angezeigt hat. Hierbei ist jede Gabel mit Mist aufzuschütteln und jede Schicht von 15 bis 20 cm gleichmäßig anzutreten, wobei auf das sorgfältige Auffüllen der Ränder und Ecken besonders zu achten ist. Kurzer und dadurch fester aufeinanderliegender Mist wird erst angetreten, wenn die beabsichtigte Packhöhe erreicht ist. Die oberste Düngerschicht ist mit einer dünnen *Laub- oder Torfdecke* zu versehen, damit die Ammoniakdämpfe des Mistes abgebunden und ein Hindurchwachsen der Pflanzenwurzeln in den Mist sowie umgekehrt von Düngerpilzen in die Pflanzenerde verhindert werden.

Nun wird das Mistbeet schnell mit Fenstern und Matten zugedeckt und rundherum durch einen dicken **Mistumschlag** vor der Außenkälte geschützt. Nach einigen Tagen hat sich der Dünger soweit erwärmt (20°C), daß die Erde aufgetragen werden kann. Für die Jungpflanzenanzucht sowie Kulturen von Radieschen, Spinat und anderen flachwurzelnden Arten reicht eine **Erdschicht** von 10 bis 15 cm. Salat, Möhren, Kohlrabi und Blumenkohl brauchen dagegen die Erdschicht 15 bis 30 cm hoch. Die Erde muß genau waagerecht liegen. Je nach der Höhe der anzubauenden Kultur ist ein **Luftraum** von 15 bis 30 cm Höhe, in der Mitte gemessen, notwendig. Die **Kulturerde** sollte aus guter Gartenerde, alter abgelagerter, völlig verrotteter Misterde und etwas Sand bestehen. Fehlt in den ersten zwei Jahren nach der Frühbeetanlage noch die Mistbeeterde, dann könnten feuchter Torfkompost und gesunde Gartenerde im Verhältnis 1 : 1 genommen werden. Die Erde darf nicht zwei oder mehrere Jahre für die gleichen Kulturen verwendet werden. Entweder es wird *Fruchtwechsel* betrieben, oder man tauscht die Erde aus. Wenn die Erde einige Tage nach dem Einfüllen warm genug ist, und die Dämpfe durch kurzes *Lüften* abgezogen sind, kann die **Bestellung** des Mistbeetes vorgenommen werden.

2.2 Halbwarme Kästen

Diese erhalten eine **geringere Mistpackung** von 30 bis 40 cm Höhe, oder der Mist wird mit Laub oder Stroh gestreckt. Das Laub muß im Herbst trocken zusammengeharkt und trocken überwintert worden sein. Hartlaubige Arten, wie Eichen und Kastanien, sind hierfür ungeeignet.

Soll Stroh als **Streckmaterial** dienen, so ist es vorher in lauwarmem Wasser einzuweichen. Dem Wasser sind auf 100 Liter 3 kg schwefelsaures Ammoniak, 3 kg Patentkali und 1,5 kg Superphosphat zuzusetzen. Nach dem sorgfältigen Mischen von Mist und Stroh im Verhältnis von 1 : 5 werden Haufen angelegt, die zum Packen verwendbar sind, sobald ein Thermometer in 30 cm Tiefe etwa 35°C Wärme anzeigt.

Für Hausgärten, die gar keinen Mist zur Verfügung haben, sind reines Stroh oder Laub ein brauchbarer Ersatz.

3. Frühbeetausnutzung

3.1 Jungpflanzenanzucht

Im Garten kann ein Teil der **Jungpflanzen von Gemüse und Blumen** im eigenen Frühbeet angezogen werden. Jedoch sollte man bei der Planung eine klare Grenze zwischen den Pflanzenarten setzen, die besonders empfindlich sind, eine sehr lange Anzuchtzeit brauchen und deshalb besser vom Gärtner angezogen werden, und denen, die ver-

Abbildung 106: Warm gepacktes Mistbeet

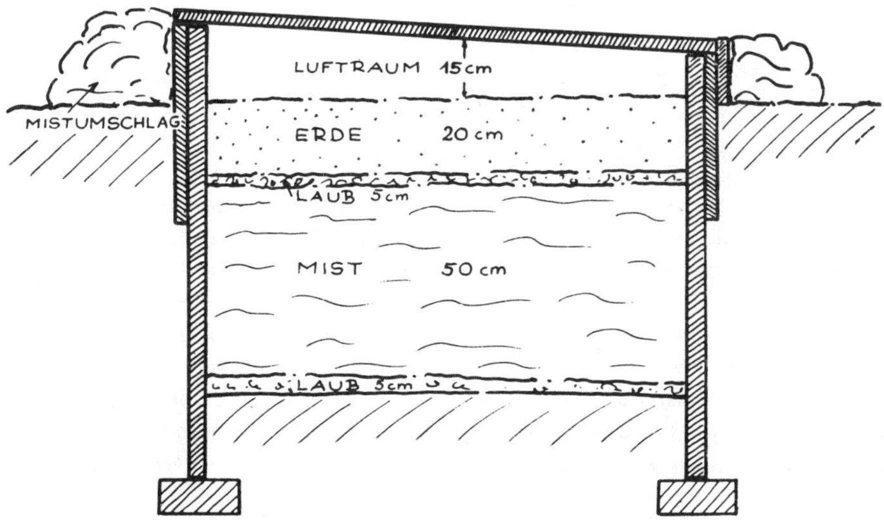

hältnismäßig einfach und ohne großen Aufwand an Zeit und Kenntnissen anzuziehen sind. Die Anzucht von Sellerie und Tomatenpflanzen sowie von anspruchsvollen Beetpflanzen, wie Salvien, Ageratum, Nelken usw., überläßt man gewöhnlich den *Gärtnereien.*

Für die **Märzaussaat** in das gepackte Mistbeet kommt die Aussaat von Frühkohl, Kohlrabi und Salat für die Aprilpflanzungen in Frage. Die Aussaat erfolgt in *Querreihen,* Abstand 6 cm. Die Reihenmarkierung nimmt man am besten mit einer kantigen Leiste vor. Die Linie wird mit dem Handrücken flach nachgezogen. Den Samen verteilen wir mit Hilfe von Zeigefinger und Daumen recht dünn und gleichmäßig in die Rillen. Wir streichen die Rillen mit der Hand leicht zu, drükken sie mit einem Brettchen an und übergießen die Aussaaten vorsichtig mit einer 3 Liter-Kanne mit feiner Brause. Bis zur Keimung hält man die Aussaaten *dunkel,* doch sowie sich die ersten Keimblättchen zeigen, decken wir tagsüber die Matten ab. Im Laufe der folgenden Zeit wird allmählich immer mehr *gelüftet*, bis die Pflanzen einige Tage vor dem Auspflanzen regelrecht *abgehärtet* werden, indem man anfangs zeitweise, in den letzten beiden Tagen für ständig das Fenster abnimmt.

Durch das **Pikieren** erhält man besonders kräftige Pflanzen mit gutem Wurzelballen. Hierbei werden die Sämlinge vorsichtig aus dem feuchten Saatbeet herausgenommen und im Abstand von 4 x 4 oder 5 x 5 cm mit Hilfe eines Stöckchens neu aufgepflanzt. Die Wurzeln müssen dabei gerade in die Erde kommen und die Keimblätter direkt über der Erdoberfläche stehen. Lange Wurzeln stutzt man etwas, damit eine bessere Wurzelballenbildung vor sich geht. Die pikierten Pflanzen sind anzugießen und in den ersten Tagen bei Sonne zu schattieren.

Für spätere Kohl- und Salataussaaten sowie für die Sommerblumenanzucht genügt ein **lauwarmes Mistbeet.** Später arbeitet man mit sogenannten **kalten Kästen** ohne Mistpackung.

Obgleich man in der wärmeren Jahreszeit ohne Frühbeet auskommt, weil ein geschütztes Anzuchtbeet im Freiland ausreicht, sollte ein vorhandener fester oder beweglicher Frühbeetkasten **auch im Sommer** tüchtig ausgenutzt werden. Innerhalb seiner schützenden Wände haben die Jungpflanzen immer eine bessere Anfangsentwicklung und können individueller gepflegt werden. Es sei an die Anzucht der Zweijahrsblumen von Ende Mai bis in den Juli hinein, an die Anzucht verschiedener Staudenarten im Juni/Juli, an die Gemüseanzucht späterer Sorten und an die Stecklingsvermehrung einiger Blumen- und Gehölzarten erinnert.

3.2 Gemüsetreiberei

Sie verlangt gute Fachkenntnisse und ganz besonders „genügend Zeit zur rechten Zeit". Im Hausgarten werden am erfolgreichsten die Salat-, Kohlrabi- und Radieschentreiberei im Frühjahr und der Gurken-, Melonen- und Paprikaanbau im kalten Kasten ab Anfang Mai durchgeführt. Ebenso sind die Frühtreiberei von Spinat und Möhren möglich, aber sehr zeit- und platzaufwendig. Die Behandlung von Treibkulturen ist in der entsprechenden *Fachliteratur* nachzulesen.

3.3 Sonstige Nutzungsmöglichkeiten

Der kalte Kasten und der Wanderkasten können im Laufe des Sommers als **Erholungsstätte für viele Topfpflanzen** und vor allem für Kakteen einen guten Dienst erfüllen. Überflüssige Frühbeetfenster sind im Sommer als Schutzwände vor **Tomaten** an einer Wand verwendbar. Im Herbst können wir in den Kästen den letzten Satz Salat, Endivien, Feldsalat, Kohlrabi, Radies und Spinat kultivieren. Die Fenster werden aufgelegt, wenn die Nächte beginnen kalt zu werden. Ebenso ist es möglich, halbfertige Blumenkohl- und Endiviensalatpflanzen, die kurz vor dem Frost vom Land in den Kasten umgepflanzt wurden, darin fertig zu kultivieren. Der Blumenkohl muß bereits kleine Blumen zeigen und beide Pflanzenarten brauchen **zur Weiterkultur** einen guten Wurzelballen. An warmen Tagen ist gut zu lüften.

So kann das Frühbeet dazu verhelfen, bis Weihnachten und noch darüber hinaus Frischgemüse aus dem eigenen Garten zu haben. Schließlich ist es als **Winterlager** für verschiedene Gemüsearten zu gebrauchen. Sind es zuerst die Tomaten, die darin in Torf eingebettet nachreifen, so kommen ab Oktober/November die Wurzel- und Kohlgemüse hinzu (siehe Seite 324).

VII. DIE KULTUR DER GEMÜSEARTEN

Bei der Besprechung der einzelnen Gemüsearten werden nur Angaben über spezielle Ansprüche, Anbauzeiten und -methoden, Pflegearbeiten sowie Krankheiten und Schädlinge und deren Bekämpfung gemacht. Allgemeine Angaben zum Gemüseanbau sind aus den vorangegangenen und folgenden Kapiteln zu ersehen. Die Gemüsesorten sind in einer **Sortenliste** zusammengestellt (siehe Seite 326 ff.).

1. Blattgemüse

Die Blattgemüse sind alle sehr schnellwachsend und werden mit Ausnahme des Chicoree und Neuseeländer Spinates nur als Vor-, Nach- und Zwischenkulturen angebaut. Bei kluger Überlegung und guten Sortenkenntnissen ist es möglich, die Familie das ganze Jahr hindurch mit frischem Salat- und Spinatgemüse zu versorgen und somit sehr gesund zu ernähren. Von allen Arten eignen sich nur Spinat und Mangold für die Haltbarmachung durch Einfrieren oder Konservieren. Es sind deshalb vor allem vom Kopfsalat laufend **Folgesaaten** vorzunehmen.

Die Salatgemüse verlangen eine sonnige Lage und kräftigen, humusreichen Boden mit ausreichender Feuchtigkeit und einer neutralen Bodenreaktion. Sie sind besonders kali- und stickstoffbedürftig. Reichliches Wässern und eine möglichst flüssige Kopfdüngung lohnen sie mit zügigem Wachstum und guten Erträgen. Jauche und Gülle dürfen nicht gegeben werden. Komposterde und Torf sowie organisch-mineralische Handelsdünger sind als Humusdünger besonders geeignet. Die Mineraldüngung sollte in kleineren Gaben verabreicht werden.

1.1 Kopfsalat

Kopfsalat ist ein typischer *Lückenfüller* im Garten und sollte in kleinen Sätzen von März/April bis August fortlaufend gepflanzt werden. Der Salat muß pünktlich geerntet werden und knackig frisch auf den Tisch kommen. Nur der dicke, schwere Kopf des robusten Eis- oder Krachsalates kann ganz oder auch als angebrochener Kopf etwa bis zu einer Woche im Folienbeutel im kühlen Keller oder Gemüsefach des Kühlschrankes aufgehoben werden.

Der Erfolg dieser verbreitetsten Salatart hängt in erster Linie von der richtigen **Sortenwahl** für die verschiedenen Jahreszeiten ab.

Anbauzeiten

➤ **Für den Sommer** kommen nur hitzebeständige, das heißt *schoßfeste Sorten* in Betracht, die in Jahreszeiten mit kurzen Tagen in die generative Phase übergehen (Kurztagspflanzen). Hierzu gehören zum Beispiel die Sommer-Kopfsalatsorten Kagraner Sommer, Groso, Benita, Brauner Trotzkopf und der Eissalat. Eine gleichmäßige, gute Bodenfeuchtigkeit ist bei Sommersalat besonders wichtig.

Aussaat: Mai bis Juni
Pflanzung: Juni bis Juli, 30 x 30 cm
Ernte: Juli bis August

➤ **Im Frühjahr und für die Herbsternte** müssen kälteunempfindliche Sorten gewählt werden, die an langen Sommertagen in die Blütenphase eintreten (Langtagspflanzen). Hierzu gehören die Frühjahrssorten, zum Beispiel Viktoria-Typen und Maikönig (auch für Anbau unter Glas und Folie) sowie die Herbstsorten, zum Beispiel Wunder von Voorburg (Syn.Silvester), Mona, Neckarriesen, Benita und Eissalat.

Aussaat: Februar bis März
Pflanzung: März bis April, 25 x 20 cm
Ernte: Mai bis Juni

Aussaat: Juli bis August
Pflanzung: August, 25 x 20 cm
Ernte: September

➤ **Für den Frühsommeranbau** wählt man am besten Sorten, die zwischen den beiden vorgenannten Gruppen liegen und in bezug auf ihre Qualität meist besonders wertvoll sind. Hierzu gehören zum Beispiel die Sorten Attraktion, Hilde, Neckarriesen und die bereits erwähnten Groso, Mona, Wunder von Voorburg.

Aussaat: März bis April
Pflanzung: April bis Mai, 25 x 25 cm
Ernte: Juni bis Anfang Juli

➤ **Für den Winteranbau** eignen sich nur frostharte Sorten wie Maiwunder und Winterbutterkopf. Sie bringen nur in milden Lagen befriedigende Ernten. Man pflanzt Wintersalat in 10 cm tiefe Rillen und muß bei Kahlfrost mit Reisig, überbauter Folie oder Glas abdecken.

Aussaat: Ende August bis Anfang September
Pflanzung: September bis Anfang Oktober, 25 x 15 cm
Ernte: April bis Anfang Mai

Kopfsalat wird gewöhnlich vorgezogen und an Ort und Stelle gepflanzt. Für die **Anzucht** sind im Frühjahr fünf Wochen, später drei bis vier Wochen zu rechnen. Die Jungpflanze darf nicht überständig sein, nicht gestutzt werden, nur sehr flach, aber fest in die Erde kommen und beim Angießen nicht verschlämmt werden. Die Entwicklung von der Pflanzung bis zur Ernte dauert im Frühjahr und Herbst fünf bis sechs Wochen, im Sommer vier bis fünf Wochen, bei **Eissalat** grundsätzlich etwa zwei Wochen länger.

Bei Kopfsalat ist auch eine **Direktaussaat** an Ort und Stelle möglich. Der Reihenabstand beträgt 25 cm, die Samentiefe nur etwa 2 cm. Nach 14 Tagen ist auf einen Abstand von 20 bis 30 cm in der Reihe – je nach Sorte – zu vereinzeln. Bei dieser Anbaumethode sind die *Platzansprüche* für längere Zeit und ein *Mehrverbrauch an Samen nachteilig.*

Krankheiten und Schädlinge an den verschiedenen Salatarten

Salatfäule: Blätter schlappen, Wurzelhals fault ab. Befallene Pflanzen mit Wurzelballen vernichten. Vorbeugend Pflanzen nicht zu feucht halten. Blätter und Wurzelhals müssen nach dem Gießen vor dem Abend abgetrocknet sein. Fruchtwechsel treiben.

Falscher Mehltau: Auf Blattunterseite weißer Belag, Blätter sterben ab. Pflanzen vernichten. Vorbeugend nicht zu feucht halten.

Erdraupen, Drahtwürmer, Engerlinge: Diese Bodenschädlinge bevorzugen Salat! Pflanzen schlappen insgesamt. Befallene Pflanzen sofort mit Wurzelballen entfernen, dabei die Larven aus dem Ballen und dem Boden heraussuchen und abtöten.

Schnecken: Unregelmäßige Fraßstellen an Blättern und Wurzelhals. Biologische Bekämpfung (siehe Seite 445) oder käufliches Schneckenkorn abends an den Rand der Salatpflanzung breitwürfig 10 Korn/m^2 oder in kleinen Häufchen streuen. Tote Schnecken morgens ablesen und in Mülltonne.

1.2 Schnittsalat

Diese Salatart liefert die ersten grünen Salatblätter einer **Frühjahrsaussaat,** da bereits vier bis sechs Wochen nach der Freilandaussaat im März/April geerntet werden kann. Die Aussaat erfolgt in Reihen im Abstand von 15 cm, sobald der Boden offen ist oder auch schon unter Folie ab Anfang März. Auch bei Schnittsalat sind **Folgesaaten,** der Familiengröße entsprechend, empfehlenswert. Das Land für die spätere Pflanzung von Tomaten und Sellerie sowie für Bohnenaussaaten Anfang bis Mitte Mai ist hierfür besonders geeignet.

1.3 Pflücksalat

Auch diese Salatart bildet wie der Schnittsalat *keinen Kopf*, sondern es werden nur die Blätter am bis 60 cm hohen Mitteltrieb gepflückt und wie Kopfsalat angerichtet. Die Ernte kann zwei- bis dreimal wiederholt werden. Hierzu gehört auch der **Eichblattsalat.**

Pflücksalat wird **ab April** im Reihenabstand von 20 bis 25 cm an Ort und Stelle **ausgesät** und später auf 15 cm vereinzelt. Etwa sechs Wochen später kann die erste Pflücke der unteren, stärker ausgebildeten Blätter stattfinden. Gutes Feuchthalten und eine kleine, am besten flüssige Kopfdüngung von 20 g/10 l Wasser Blaukorn, Alcrisal oder ähnlichem auf 1 m^2 fördert deutlich die Entwicklung weiterer lohnender Ernteerträge.

Pflücksalat ist eine geeignete **Vorkultur** vor Tomaten, Gurken, Sellerie, Stangenbohnen sowie eine gute **Zwischenkultur** zwischen Gurken, Rosenkohl, Artischokken und Neuseeländer Spinat zur Zeit der ersten Kulturwochen dieser Hauptkulturen.

1.4 Winterendivien

Diese Salatart wird noch viel zu wenig angebaut, obgleich sie sehr gehaltreich ist und eine günstige **Nachkultur** darstellt. Die Aussaat erfolgt Ende Juni bis spätestens Anfang Juli auf das Anzuchtbeet, möglichst in *zwei Folgen*. Vier Wochen später kann man im Abstand von 30 x 30 cm auszupflanzen (lange Blätter stutzen). Die weitere Vegetationszeit dauert etwa drei Monate.

Das Ziel der Endivienkultur sind gesunde, gut *gebleichte*, zarte Köpfe. Wenn die Pflanzen vollherzig, aber noch nicht ganz ausgewachsen sind, das ist zwei bis drei Wochen vor der Ernte, müssen an einem trokkenen Tage die Köpfe mit Gummibändern oder Bast geschlossen werden. Sie sollen in die **Bleiche** hineinwachsen! Zweckmäßigerweise wird man die Bindearbeiten auf mehrere Tage verteilen, damit auch in Abständen geerntet werden kann. Durch engeres Pflanzen schieben sich die Pflanzen gegenseitig hoch und bleichen ebenfalls. Allerdings erhält man bei dieser vereinfachten Bleichmethode nur 2. Qualität und muß mit Ausfällen durch Fäulnis rechnen. Die Ernte beginnt ab Anfang Oktober.

Sollten noch unfertige Endivienköpfe vom Frost bedroht werden, holt man sie mit feuchtem Wurzelballen, aber trockenen Blättern in einen Kellereinschlag und kultiviert sie dort fertig oder man bedeckt sie mit einem Folientunnel oder Wander-Frühbeetkasten an Ort und Stelle.

1.5 Sommerendivien – Bindesalat – Römischer Salat

Diese alte Salatart ist weitgehend unbekannt, obgleich die Kultur verhältnismäßig einfach ist. Im Gegensatz zum verwandten Kopfsalat bildet der Bindesalat längliche, lockere Köpfe, die sich je nach Sorte ausreichend selbst schließen wie „Kasseler" und „Pariser gelber" oder zum Zwecke des besseren **Bleichens** oben zugebunden werden. Die großen stumpfgrünen Blätter schmecken herber als Kopfsalat.

Bindesalat *verträgt die Sommerhitze* gut und schießt nicht schnell in Blüte, ist aber etwas kälteempfindlich im Frühjahr. Die Aussaat erfolgt Mitte April auf ein geschütztes Anzuchtbeet oder in Saatkisten im Haus. Mitte Mai wird im Abstand von mindestens 30 x 30 cm an Ort und Stelle gepflanzt. Auch die Direktaussaat ist im Mai bis Anfang Juni möglich. Nach etwa drei Monaten ist er dann erntereif.

Abbildung 107: Römischer Salat

Der Römische Salat darf wegen der **Gefahr des Mehltaubefalls** nicht zu feucht gehalten werden. Eine *Grunddüngung* mit mindestens 60 g/m² und eine Ergänzungsdüngung kurz vor dem Schließen der Reihen mit 20 bis 30 g/m² eines blauen Volldüngers fördern das flotte Wachstum.

1.6 Feldsalat – Rapunzel

Feldsalat enthält von allen Salatarten am meisten *Eisen* und *Kalium.* Zudem ist die kleinblättrige Gemüseart infolge der mühsamen Ernte im Handel alljährlich sehr teuer. Dies sind wichtige Gründe, Feldsalat viel mehr im Hausgarten anzubauen.

Anbau

Feldsalat ist eine willkommene **Nachkultur** nach Bohnen, Saatzwiebeln, Gurken usw. Die Aussaat erfolgt am besten in Reihen im Abstand von 15 cm ab August bis spätestens 15. September. Für die Herbsternte ist die Augustaussaat richtig. Die spätere Aussaat führt zur Winter- und Frühjahrsernte. Am besten sät man in *zwei Sätzen.* Man sät flach und nicht zu dicht (bis 2 g/m²) und klopft fest an, damit der Same einen guten *Bodenschluß* erhält und damit feucht liegt.

Feldsalat ist sehr *anspruchslos.* Er braucht als Nachkultur keine zusätzliche Düngung, jedoch einen humusreichen, feuchten, aber dabei keinesfalls einen sauren Boden. Bei Augustsaaten ist es häufig erforderlich, die Saat anzugießen und weiterhin gleichmäßig feucht zu halten.

Vor dem Frost muß einige Male gehackt und gejätet werden, damit die Pflanzen kräftig und unkrautfrei in den Winter gehen. Zehn bis zwölf Wochen nach der Saat kann mit dem Schneiden begonnen werden, wobei darauf zu achten ist, daß der Sproß zusammenhängend bleibt. Eine leichte Reisigdecke ermöglicht auch winterliche Ernten.

Krankheiten

Falscher Mehltau: Erkennbar an weißem Überzug an den Blattunterseiten und Fäulnis. Die Sorte „Vit" gilt als mehltauresistent.

Grauschimmel: Der Sproß wird gelb-braun und fault weg.

Beide Krankheiten treten bei zu dichter Saat am ehesten auf und können in nassen Wintern zu großen Verlusten führen.

1.7 Chicoree

Chicoree ist ein **Zichoriengewächs,** dessen Stammform die wilde Wegwarte ist. Durch Zufall entdeckte man im vorigen Jahrhundert in Belgien die Möglichkeit des Treibens der *Wurzelzichorie*, aus der ein Kaffee-Ersatz hergestellt wird. Es entwickelte sich daraus eine besondere Spezialität des belgischen und holländischen Erwerbsgemüsebaues. Chicoree wird etwa vom September bis März vor allem als Importware im Handel angeboten und konkurriert mit dem verwandten Endiviensalat auf dem Markt. Auch in unseren Hausgärten ist der Chicoreeanbau gut möglich und seine Treiberei im Haus ohne allzugroße Umstände durchführbar.

Die Treibzichorie ist zweijährig und entwickelt im ersten Jahr eine *Rübe* mit Blattschopf, im zweiten Jahr normalerweise die Blüte. Durch die Treiberei der Rübe im Herbst des ersten Jahres bildet die Pflanze einen zweiten Sproß (botanisch eine Knospe), der als **roher Salat** oder **gekochtes Gemüse** verwendet wird. Wie alle Zichoriengewächse enthält Chicoree Bitterstoffe, die eine fördernde Wirkung auf die Verdauung und das Blutgefäßsystem ausüben. Der besonders bittere Strunk wird bei der Zubereitung von unten mit einem spitzen Messer herausgeschnitten.

Ansprüche

Chicoree stellt an Klima und Boden keine hohen Ansprüche, so daß er in fast allen Gegenden im Garten angebaut werden kann. Sehr schwere Böden müßten durch Torf und Sand bis in tiefere Schichten lockerer gemacht werden, damit sich glatte, unverzweigte Rüben bilden. Auf leichten, besonders durchlässigen Böden muß vor allem im August und September in regenarmen Zeiten gewässert werden. Stallmist gehört zur Vorfrucht. Eine Volldüngung von 60 g/m² im Frühjahr und zwei Kopfdüngungen mit je 20 bis 30 g je m² Volldünger blau vor dem Schließen des Bestandes ergeben eine gute Ernährung. Vorsicht ist bei zu viel Stickstoff geboten.

Anbau im Garten

Die **Aussaat** erfolgt direkt an Ort und Stelle während der ersten beiden Maiwochen (Zeitraum einhalten!) im Reihenabstand von 30 bis 40 cm, etwa 3 cm tief fortlaufend. Wenn die Sämlinge 5 bis 8 cm hoch sind, wird auf einen Abstand in der Reihe von 8 bis 10 cm *vereinzelt.*

Die **Ernte** liegt im Oktober/November, wenn die Blätter vergilben und absterben. Die Rüben werden mit der Grabegabel aufgenommen und vorteilhaft einige Tage mit den noch verbliebenen Blättern an einem schattigen Ort aufgestapelt, damit die Blätter endgültig einziehen. Danach sind die *Rüben* vorsichtig zu *putzen*, wobei der Sproßteil daumenbreit über der Wurzel abgeschnitten wird. Rüben mit einem Durchmesser unter 3 cm eignen sich nicht für die Treiberei und werden *aussortiert.*

Treiberei im Haus

Die Treiberei kann sofort nach der Ernte mit dem ersten Treibsatz beginnen und *in mehreren Folgen* fortgeführt werden. Rüben, die nicht sofort getrieben werden, müssen an einem kühlen, aber frostfreien Ort in feuchte Erde eingeschlagen werden.

Abbildung 108:
Ernte von Chicoree im Garten und Gewinnung von Wurzeln für die Treiberei

Die Temperatur des **Treibraumes** muß mindestens 12°C, nicht mehr als 18°C betragen. Als **Treibgefäße** eignen sich Kisten,

Eimer, feste Kartons mit Folienschutz und Wasserabzug, die eine Tiefe von circa 40 cm haben. Man kann sich solche Behälter auch leicht zusammenzimmern. In einem temperierten dunklen **Keller** ist durch einfachen Holzverschlag ein Treibplatz schnell geschaffen.

Die Packung wird folgendermaßen vorgenommen:

- 1. Eine 10 cm hohe Erd-Torf-Sand-Mischung auf den Boden des Gefäßes.
- 2. Senkrechtes Einschichten einer Lage Rüben dicht an dicht.
- 3. Eine 5 cm starke Erdschicht auffüllen und mit Wasser einschlämmen.
- 4. Mit einer 15 bis 20 cm hohen sandigen Erdschicht vollständig abdecken.
- 5. Erde mittelfeucht halten.

Es ist bei speziellen Sorten auch eine Treiberei ohne Erdbedeckung, dafür mit einer *dunklen Folienabdeckung* möglich. Die erste Methode gelingt häufig besser. Hat man für diese genügend Behälter, kann man nach der Ernte in einem Schub die Packungen einschließlich Erdabdeckung erledigen und nach und nach die Treibsätze von einem kühlen Aufbewahrungsort zum Treiben in den temperierten Raum holen.

Die **Treibzeit** dauert je nach Temperatur vier bis fünf Wochen. Die gebleichten weißgelben Sprosse werden von der Rübe abgebrochen und im Laufe der folgenden Woche verzehrt. Da Chicoree im Handel teuer ist, kann die eigene Treiberei *recht lohnend* sein.

1.8 Zuckerhutsalat – Fleischkraut

Der Zuckerhutsalat ist wie Chicoree eine **Zichorienart**, die bei uns immer mehr Freunde findet. Der Name Zuckerhut wurde von der Schweizer Sorte „Vatters Zuckerhut" abgeleitet. In Süddeutschland nennt man ihn Fleischkraut.

Im Gegensatz zu Chicoree bildet der Zuckerhutsalat bereits etwa vier Monate nach der Aussaat erntereife, große, feste *Köpfe*, dem Chinakohl ähnlich im Aussehen und in der Verwertung als frischer Salat und Kochgemüse.

Ansprüche

Zuckerhutsalat verlangt einen sonnigen, windgeschützten Platz und einen humosen Gartenboden. An das Klima stellt er keine besonderen Ansprüche. Ein milder Herbst wirkt sich ertragssteigernd aus. Er kann als *Nachkultur* in der 1. und 2. Tracht stehen und braucht bis zum Schließen des Pflanzenbestandes zwei Kopfdüngungen mit 20 bis 30 g/m^2 Volldünger blau. Der Boden ist für diese blattreiche Gemüseart gut feucht zu halten.

Anbau

Die **Aussaat** erfolgt am besten an Ort und Stelle in der zweiten Junihälfte. Er eignet sich somit als Nachkultur zum Beispiel nach Dicken Bohnen, Palerbsen, frühen Möhren. Der Reihenabstand sollte mindestens 30 cm, nach dem *Verziehen* der Abstand in der Reihe ebenfalls 30 cm betragen. Fleischkraut kann im Herbst Frost bis zu -8° vertragen, so daß die **Erntezeit** in manchen Jahren bis in den November hineinreicht.

Durch Überbauen des Beetes mit Glas oder heller Folie kann die Erntezeit noch wesentlich verlängert werden. In der warmen Mittagszeit muß man etwas lüften, eventuell auch etwas gießen. Die Pflanzen können auch mit gutem Wurzelballen aufgenommen und im abgedeckten Frühbeet oder im hellen Keller eingeschlagen werden, wodurch wie bei Endivien, Chinakohl und anderen eine *Ernteverspätung* erreicht wird.

1.9 Radicchio

Radicchio ist eine *Zichoriensalatart*, die runde Rosetten mit knackigen, weinroten Blättern bildet. In Italien ist Radicchio ein alltäglicher Salat bei Tisch, während er sich bei uns nur langsam verbreitet. Er wird nur roh als Salat angerichtet – zerpflückt oder wie Chicoree geschnitten – und da er recht würzig-herb schmeckt, am besten im Gemisch mit anderem frischen Salat und Obstscheiben.

Radicchio ist auch für den Hausgärtner in unseren Breiten als frischer Winter- und Frühjahrsalat interessant, da er wie alle Zichorienarten keine besonderen Standortansprüche stellt. Die Erntezeit ist von der Sortenwahl und Aussaatzeit abhängig.

Anbau

Die Aussaat erfolgt am besten direkt an Ort und Stelle im Reihenabstand von 25 cm fortlaufend. Später wird er in der Reihe auf 20 cm vereinzelt. Im Laufe der Hauptwachstumszeit wird neben der üblichen Grunddüngung im Frühjahr eine Kopfdüngung von etwa 30 g/m^2 Volldünger blau gegeben.

Anbauzeiten:

Aussaat Mai – Ernte Juni/Juli, Sorte „Palla Rossa"
Aussaat Mitte Juni – Ernte Herbst, Sorte „Palla Rossa"
Aussaat April – Ernte Juli, Sorte „Roter Veroneser"
Aussaat Mitte bis Ende Juli – Ernte Frühjahr, Sorte „Roter Veroneser".

Sicherheitshalber werden die Wintersorten in der kalten Jahreszeit mit Fichtenreisig abgedeckt. Dies gilt nicht nur für Kahlfrostlagen. Im zeitigen Frühjahr kann durch den Überbau eines Folientunnels die Ernte vorverlegt werden.

Die Ernte darf nicht bei Frost erfolgen. Man schneidet die Rosetten mit einem Stück der Wurzel ab, damit sie bis zum Verbrauch zusammenhängend bleiben.

1.10 Spinat

Spinat ist ein besonders eisenreiches Gemüse und enthält außerdem überdurchschnittlich viel Kalium, Vitamin A, B_2 und C. Es ist wichtig zu wissen, daß Spinat sofort nach der Zubereitung verzehrt werden muß und Reste nicht mehr aufgewärmt und verbraucht werden sollten. Bei dem Aufwärmprozeß kann sich das im Spinat immer enthaltene Nitrat (Stickstoffverbindung) in gesundheitsschädliches Nitrit umwandeln. Vor allem Säuglinge und Kleinkinder sind gefährdet. Ernährungswissenschaftler raten, daß Säuglinge vor dem 5. Lebensmonat keinen Spinat bekommen sollten, die nächste Zeit am besten nur aus Babykonserven. Diese Umstände sollten aber nicht darüber hinwegtäuschen, daß Spinat bei richtiger Verwendung ein wertvolles, gehaltreiches Gemüse ist und auf den Speiseplan gehört.

Ansprüche

Spinat kann auf jedem Gartenboden angebaut werden mit Ausnahme sehr harter flachgründiger Böden und saurer Moorböden. Infolge seiner nicht allzugroßen Lichtbedürfnisse ist er auch als *Unter- und Zwischenkultur* geeignet.

Spinat hat einen Luxusverbrauch an Nährstoffen und ist in seiner Hauptwachstumszeit für eine schnellwirkende flüssige Volldüngung dankbar. Jede einseitige Stickstoffdüngung und die Verwendung physiologisch saurer Dünger (siehe Seite 101) sowie Stallmist- oder Güllegaben vor dem Anbau sind zu unterlassen. Spinat verträgt *chlorhaltige* Mineraldünger.

Anbau

Zwei Schwierigkeiten gibt es bei dem Spinatanbau:

- Spinat schießt als typische Langstagspflanze im Frühsommer und Sommer in Blüte. Das Schießen wird durch Hitze, Wasser- und Nährstoffmangel und durch trockene Winde begünstigt. Alle Spinatsorten sind für den Sommeranbau ungeeignet.

- Spinat wird bei zu feuchtem Wetter und zu engem Stand leicht vom Falschen Mehltau befallen und dadurch unbrauchbar. Die Saatgutmenge von 5 bis 6 g/m^2 sollte deshalb nicht überschritten werden. Eine chemische Bekämpfung dieser Krankheit sollte am Spinat nicht vorgenommen werden.

Die Aussaat erfolgt in Reihen fortlaufend, Reihenabstand 20 cm. Der Boden muß sich vor der Aussaat gut gesetzt haben. Auch ist darauf zu achten, daß der Same durch Anklopfen der Erde nach der Aussaat einen guten Bodenschluß erhält.

Wichtige **Pflegearbeiten** sind die Unkrautbekämpfung durch Hacken und die Bewässerung bei Trockenheit.

Die Ernte erfolgt durch Abschneiden mit dem Messer, wenn sich fünf bis sechs Laubblätter voll entwickelt haben. Spinat sollte sofort verwertet werden und nicht länger liegen. Im Landhaushalt wird in größeren Gärten häufig aus arbeitswirtschaftlichen Gründen im Frühjahr ein großer Schub Spinat ausgesät und im Mai bis Anfang Juni in einem Zuge für den späteren Verbrauch eingefroren.

Anbauzeiten:

Frühjahrsspinat:
Aussaat Ende Februar bis Mitte April in zwei bis drei Folgen. Der erste Satz kann gut unter Flachfolie oder unter einem Folientunnel kultiviert werden. Ernte Ende April bis Juni. Der Anbau von Frühjahrsspinat ist am verbreitetsten.

Herbstspinat:
Aussaat Anfang August, gut feucht halten. Ernte Oktober.

Abbildung 109: Spinat „Wiremona"

Winterspinat:
Aussaat September, bei Kahlfrost im Winter mit Fichtenreisig abdecken. Ernte ab April, bei günstigem Wetter oder unter Folienschutz schon im März.

1.11 Neuseeländer Spinat

Diese Spinatart ist wenig bekannt, obgleich sie einen besonders herzhaften Geschmack hat, denkbar einfach zu kultivieren ist und die Spinatlücke im Sommer füllt. Der Spinat stellt an Lage und Boden keine besonderen Ansprüche, verträgt sogar lichten Halbschatten, braucht aber für die laufende Triebentwicklung viel Feuchtigkeit und im Juli/August ein bis zwei flüssige Kopfdüngungen mit je 20 g/10 l Volldünger blau pro Pflanze.

Neuseeländer Spinat ist frostempfindlich, hat eine schlechte Keimfähigkeit und eine Keimzeit von knapp drei Wochen. Diese Umstände sind vom Hausgärtner leicht zu überwinden, da für einen mittleren Haushalt nur *insgesamt vier bis sechs Pflanzen* angezogen zu werden brauchen.

Die Aussaat erfolgt Anfang April in torfhaltige Garten- oder Blumenerde zum Beispiel in Torftöpfe oder Jiffy-Torfquelltöpfe. Man sollte wegen der schlechten Keimfähigkeit etwas mehr Samen aussäen. Restsamen gibt man am besten benachbarten Hausgärtnern, denn die kleinste Samenportion im Handel enthält leider viel mehr Samen als man selbst braucht.

Die Töpfe werden am Fenster im Haus oder im Mistbeet warm und feucht gehalten.

Die Pflanzung wird nach den letzten Maifrösten und dem Abhärten der Jungpflanzen im Abstand von mindestens 100 x 50 cm vorgenommen, entweder eine Reihe auf ein Normalbeet oder als Lückenpflanzung zum Beispiel am Kompost.

Die Ernte beginnt Ende Juni/Anfang Juli und zieht sich bis zum Frost hin. Man schneidet ausgewachsene Blätter und zarte, etwa 10 bis 15 cm lange Triebspitzen und verwendet sie in der Küche wie den gewöhnlichen Spinat.

Häufige Ernten und das Ausknipsen der Blütenansätze fördern den jungen Triebnachwuchs des Neuseeländer Spinats.

1.12 Mangold

Mangold ist eine *Ganzjahreskultur*, die im Sommer fortlaufend geerntet wird und infolge ihrer Frosthärte auch überwintern und im folgenden Frühjahr weiter geerntet werden kann. Allerdings leidet sie im Winter häufig unter Fäulnis.

Die Standortansprüche gleichen denen aller Blattgemüsearten. Mangold verträgt *chlorhaltige* Dünger.

Anbau

Die Aussaat erfolgt im April. Von Mangold werden die jungen Blätter wie Spinat, die breiten Blattrippen älterer Blätter wie Schwarzwurzeln verwendet. Nach dem

Verwendungszweck richtet sich die **Anbaumethode**. *Schnittmangold* – zum Beispiel die Sorte Lukullus – erhält einen Reihenabstand von 30 cm, wird weitläufig in der Reihe ausgesät und nicht vereinzelt. Dagegen ist *der Rippenmangold*, wie die Sorten Glatter Silber und Krauser Silber, in der Reihe auf 25 bis 30 cm zu vereinzeln.

Die Ernte beginnt acht bis zehn Wochen nach der Aussaat und kann etwa alle zwei bis drei Wochen wiederholt werden, wenn die Herzblätter dabei geschont werden. Für einen mittleren Haushalt reicht **1 m² Anbaufläche** für Schnittmangold.

1.13 Gemüse- oder Knollenfenchel

Fenchel ist eine alte Heil- und Gewürzpflanze, die aus Vorderasien und dem Mittelmeergebiet stammt. Man unterscheidet heute Gewürz- und Gemüsefenchel. Die Pflanze ist eine mehrjährige Staude, die zu den *Doldenblütlern* gehört und wie ihre Verwandten – zum Beispiel Dill, Kümmel, Möhren – an den feingefiederten, frischgrünen Blättern zu erkennen ist und ein starkes, typisches Aroma ausstrahlt.

Der Gemüsefenchel wird einjährig kultiviert, und man verwertet von ihm die fleischigen Verdickungen der Blattstiele von den unteren Blättern, sogenannte Scheinknollen. Aufgrund seines hohen Mineralstoff- und Vitamingehaltes ist Knollenfenchel ein gesundes Gemüse für Salat und als gekochte Gemüsebeilage und auch als Diätgemüse für Magenkranke geeignet. Der durch ätherische Öle bedingte typische, milde Fenchelgeschmack trägt zu seiner Beliebtheit bei.

Ansprüche

Gemüsefenchel gedeiht auf jedem tiefgründigen, kalkhaltigen, humosen Gartenboden. Er gehört zu den Schwachzehrern, die nicht direkt auf ein mit Stallmist gedüngtes Land kommen sollen, und verlangt vor der Aussaat im Sommer als Nachkultur eine chlorfreie Volldüngung von 50 bis 60 g/m². In Klimagebieten mit langem und mildem Herbst wird man auch im Hausgarten gute Anbauerfolge verzeichnen können.

Anbau

Die Aussaat muß bei den meisten bei uns angebotenen Sorten pünktlich zwischen dem 1. und 10. Juli erfolgen. Der Reihenabstand beträgt 40 bis 50 cm. In der Reihe wird auf 20 bis 30 cm verzogen. Bei zu früher Aussaat schoßen die Pflanzen und sind nicht mehr als Gemüse zu verwenden. Die Vorkultur und spätere Auspflanzung ist zwar möglich, doch besteht neben einem Anwachsrisiko die Gefahr der erhöhten Schosserbildung durch die Wachstumsstokkung beim Umpflanzen.

Da die jungen Pflanzen leicht von *Schnekken* heimgesucht werden, muß hier meistens eine Bekämpfung einsetzen. Reichen Fangschalen mit Bier nicht aus, ist Schneckenkorn an die Ränder des Beetes, notfalls auch dazwischen zu streuen.

Während der Wachstumszeit wird der Boden gelockert, gut gewässert und Mitte bis Ende August mit einer Kopfdüngung mit 30 g/m² Kalksalpeter oder Volldünger versehen. Erst wenn die Tage deutlich kürzer werden, schwellen die Knollen an. Sie werden ab Mitte September angehäufelt, damit sie gut *bleichen* und zart bleiben.

Ernte und Lagerung

Die Ernte erfolgt im Oktober, bevor es kälter als –2 bis –4°C wird. Die Knollen werden am Wurzelhals abgeschnitten, die Blattstiele unter Schonung der zarten Herzblätter auf kurze Stummel zurückgenommen. Gute Ernten im Hausgarten bringen ein Knollengewicht von etwa 200 g.

Gemüsefenchel kann für einige Wochen mit Wurzeln und Herzblättern im frostfreien *Erdeinschlag* im Dunkeln gelagert werden.

2. Kohlgemüse

Das Kohlgemüse ist eine sehr formenreiche Gemüsegruppe, die laufend Abwechslung in den Küchenzettel bringen kann, zumal fast alle Arten reich an Vitaminen, Mineralstoffen und Ballaststoffen sind. Das **Erntegut** beim Kopfkohl ist ein gestauchter, starkverdickter Sproß, ähnlich beim Chinakohl, während beim Rosenkohl die zu kleinen Röschen verdickten gestauchten Seitentriebe geerntet werden. Grünkohl liefert gekrauste Blätter, Seiten- und Spitzensprosse, die nach der 1. Ernte aus Blattachseln auch begrenzt nachwachsen können (Sprossenkohl). Blumenkohl und Brokkoli sind in gewisser Weise ein Blütengemüse. Beim Kohlrabi erntet man den zur Knolle verdickten oberirdischen Stengel.

Kopfkohl, Grünkohl und Rosenkohl zählt man zum **Grobgemüse**, und sie sind wegen ihres hohen Ballaststoffgehaltes auch nicht für jedermann bekömmlich. Durch Frosteinwirkung werden Grünkohl und Rosenkohl nicht nur schmackhafter, sondern auch zarter und leichter verdaulich. Blumenkohl, Brokkoli, Kohlrabi und Chinakohl gehören zum gut bekömmlichen **Feingemüse**, wovon Chinakohl und Blumenkohl (ohne Strunk) nur einen sehr geringen Ballaststoffanteil haben und sich deshalb auch für Schonkost und manche Diätarten eignen.

Ansprüche

Die Kohlgemüse stellen an das *Klima* keine hohen Bedingungen, dagegen sind sie in Hinsicht auf die Boden- und Nährstoffverhältnisse das anspruchsvollste Gemüse. Sie lieben luftfeuchtes See- und Niederungsklima und eine freie Lage und verlangen als *Starkzehrer* mittelschwere bis schwere, nährstoffreiche, tiefgründige *Böden* in gutem humosen Zustand. Eine *Stallmistdüngung* im Herbst und eine *kräftige Volldüngung* sollten vorausgegangen sein. Der Boden muß sich in einem *guten Kalkzustand* befinden. Auf leichten, trockenen Böden kann man durch tüchtiges *Wässern* und Düngen am ehesten Kohlrabi, Grün- und Wirsingkohl kultivieren. In bezug auf ihre Bodenansprüche könnte man folgende Reihenfolge aufstellen: Blumenkohl (am anspruchsvollsten), Rosenkohl, Brokkoli, Rotkohl, Weißkohl, Chinakohl, Wirsing, Kohlrabi, Grünkohl.

2.1 Allgemeine Anbau- und Pflegemaßnahmen bei Kohlgemüse

Im Hausgarten sollte man auch bei geeigneten Standortverhältnissen in den meisten Fällen auf den Anbau von mittelspätem und spätem Kopfkohl verzichten, da dieser im Handel immer preiswert angeboten wird und viel Platz im Garten beansprucht. Eine begrenzte Anzahl Frühkohl anzupflanzen wäre meist günstig. Blumenkohl hat nur auf guten Böden als Vor- und Nachkultur einen Sinn. Rosenkohl ist ebenfalls im guten Gartenboden anbauwert, weil er ein wichtiges und teures Wintergemüse ist. Auf Grünkohl, Brokkoli und Chinakohl sollte man auf nährstoffreichen Böden nicht verzichten, da sie wertvolle Nachkulturen auf im Sommer freiwerdenden Stücken sind. Früher und mittelfrüher Kohlrabi ist auf vielen Gartenstücken eine willkommene Vor-, Zwischen- und Nachkultur. Der späte Winterkohlrabi lohnt sich wegen seines stets hohen Preises im Handel und der einfachen Kultur in jedem Garten.

Alle Kohlgemüsearten mit Ausnahme des Chinakohls werden im Hausgarten am besten als *Pflanzgemüse* angebaut. Frühe Kopfkohl-, Blumenkohl- und Kohlrabijungpflanzen für die Pflanzung im April – Kohlrabi auch schon im März – werden am besten beim Gärtner als Erd- oder Torftopfware gekauft, es sei denn, man kann sie im eigenen Mistbeet oder Kleingewächshaus für den eigenen Garten vorkultivieren.

Aussaat

Aussaaten für Pflanzungen ab Mai können ohne allzugroße Mühe auf einem geschützten *Anzuchtbeet* im Garten, im März bis Anfang April am günstigsten anfangs unter einem Folientunnel, vorgenommen werden (siehe Seite 257 ff.). Kohl kann man auf dem Anzuchtbeet recht gut breitwürfig aussäen und auf humosem, feuchtem Boden (Kompost, Torf) sowie bei weiter Saat (bis 4 g/m^2) auf das Pikieren verzichten. Das Saatbeet ist gleichmäßig feucht zu halten, um zügiges Wachstum und ein Eindämmen des Erdflohbefalls zu erreichen. Eine flüssige *Startdüngung* vor dem Auspflanzen an Ort und Stelle ist bei Kohl besonders wichtig.

Pflanzung

Die Pflanzung der kräftigen Setzlinge erfolgt etwa vier bis fünf Wochen nach der Aussaat, möglichst bei feuchtem Wetter. Die Setzlinge sollen mit Ausnahme der Kohlrabipflanzen etwas tiefer gepflanzt werden als sie vorher standen. Sind in den vorangegangenen Jahren Schäden durch Kohlfliegen aufgetreten, ist eine vorbeugende Pflanzlochbehandlung zum Beispiel mit Hora-Saatgutpuder B ratsam. Auch Kohlkragen helfen vorbeugend.

Pflege

Die allgemeinen Pflegemaßnahmen bei Kohlgemüse erstrecken sich auf wiederholtes Hacken und häufiges kräftiges Wässern, auf das Anhäufeln vier bis sechs Wochen nach der Pflanzung mit Ausnahme des Chinakohls und Kohlrabis und auf ein bis zwei Kopfdüngungen mit je 30 bis 50 g/m^2 eines chlorfreien Volldüngers bei Kopfkohl, Blumenkohl, Brokkoli, Rosenkohl und Grünkohl in der jeweiligen Hauptwachstumszeit.

Die vielen Kohlschädlinge zwingen den Hausgärtner, laufend den *Pflanzenbestand* zu *beobachten* und rechtzeitig vorbeugende und direkte Bekämpfungsmaßnahmen durchzuführen.

Krankheiten und Schädlinge

Kohlhernie: Diese hartnäckige Pilzkrankheit zeigt sich bereits an jungen Kohlsetz-

Abbildung 110: Zuckerhutsalat, im Aussehen dem Chinakohl ähnlich

Abbildung 111: Zucchini schmecken am besten, wenn sie 15 bis 25 cm lang sind

Abbildung 112: Bleichsellerie der Sorte „Goldgelber selbstbleichender Blancato"

Abbildung 113: Knollenfenchel gewinnt auch in Mitteleuropa immer mehr Freunde

lingen durch schwache Wurzelanschwellungen. Später kümmern und welken die Pflanzen, und es kommt nicht zur Ausbildung des Erntegutes. An herausgezogenen älteren Pflanzen stellt man unregelmäßige, kropfartige Wurzelverdickungen fest (Klumpfußkrankheit), die beim Durchschneiden keine Fraßhöhlen und Larven des Kohlgallenrüßlers aufweisen. Werden die kranken Pflanzen nicht rechtzeitig entfernt und verbrannt oder in die Mülltonne getan, zerfallen die befallenen Wurzeln, und der Boden wird auf vier bis sechs Jahre mit den Sporen des Pilzes verseucht.

Bekämpfung: Vorbeugend durch *Kalkung* vor Kohlanbau eine neutrale bis schwachsaure Bodenreaktion erreichen, stauende Bodennässe beseitigen, weitgestellte *Fruchtfolge* treiben. Bei starker Verseuchung ist auf den Anbau aller Kohlarten und der Kreuzblütler unter den Gründüngungspflanzen zu verzichten und sind Kreuzblütler unter den Unkräutern im Garten sofort zu vernichten.

Kohlfliege: Junge Kohlpflanzen verfärben sich bleigrau, welken und sterben ab. Die Wurzeln sind von weißen Maden zerstört; bei Rosenkohl fressen die Maden in den Röschen. Kohlfliege legt ab Ende April ihre Eier an den Stengelgrund der Kohlpflanzen. Der Schädling tritt im Laufe des Sommers in drei Generationen auf.

Bekämpfung: Auf Anzuchtbeeten vor der Saat je m^2 zum Beispiel 20 g eines Bromophos-Streumittels flach einarbeiten. Beim oder kurz nach dem Pflanzen 1 g eines Bromophos-Streumittels an den Stengelgrund streuen. Dabei das Mittel am einfachsten im Verhältnis 1 : 20 mit trockenem Sand mischen und einen Teelöffel voll an den Wurzelhals geben. Man kann auch acht bis zehn Tage nach dem Auspflanzen wiederholt mit einem zugelassenen Kohlfliegenmittel angießen. Die Mittel dürfen nicht in das Pflanzenherz gelangen. *Wartezeiten auch bei Zwischenkulturen beachten.*

Erdflöhe: An Keimblättern und jungen Laubblättern verursachen kleine schwarze oder gelbgestreifte, springende Käfer siebartigen Fenster- und Lochfraß. Auf leichten Böden und bei sonnigem, trockenem Wetter ist der Befall besonders stark.

Bekämpfung: Vorbeugende Saatgutbehandlung zum Beispiel mit Nexit stark möglich. Durch häufiges *Hacken* und ständiges *Feuchthalten* kann der Befall eingeschränkt werden. Eine Flächenbehandlung zum Beispiel mit E 605 Staub sollte nur als letzte Notmaßnahme erfolgen (14 Tage *Wartezeit*).

Kohldrehherzmücke: Ab Juni verkrüppeln die Herzblätter durch Saugschäden einer kleinen weißen Made, besonders bei Blumenkohl. Man kann ab Ende Mai bis zum Schließen der Köpfe vorbeugend wiederholt zum Beispiel mit Unden in das Herz der Pflanzen spritzen oder stäuben. *Wartezeit beachten!*

Kohlblattlaus: Vor allem nach längerer Trockenzeit im Spätsommer treten an den Blattunterseiten Kolonien von graugrünen, mehlig bepuderten Blattläusen auf. Die Blätter rollen sich nach unten, die Pflanzen kümmern. Bekämpfung durch Spritzen oder Stäuben zum Beispiel mit Actellic oder Unden möglich. *Wartezeiten beachten!*

Kohlweißling, Kohleulen, Kohlmotte: Raupen fressen einzeln oder in Gruppen an den

Blättern, ab Mitte Juli größere Schäden möglich. *Bekämpfung:* Raupen rechtzeitig absammeln. *Biologische Bekämpfung* der Raupen des Kohlweißlings und der Kohlmotte mit Bacillus-thuringiensis-Präparat möglich. *Chemische Bekämpfung* durch Stäuben oder Spritzen mit Fraßgiften, bevor sich die Raupen in den Kopf beziehungsweise in die Blume eingebohrt haben.

2.2 Spezielle Anbau-, Pflege- und Erntemaßnahmen bei den einzelnen Kohlgemüsearten

Kopfkohl

Anbaudaten für Kopfkohlarten

		Entwicklungszeiten in Tagen		
		Weißkohl	Wirsingkohl	Rotkohl
Frühkohl:	Pflanzung April 40 x 40 cm Abstand	60 – 70	50 – 60	70 – 80
Herbstkohl:	Pflanzung Mai 50 x 50 cm Abstand	100 – 110	100 – 120	130 – 140
Spätkohl: (Lagerkohl)	Pflanzung Anfang Juni 50 bis 60 x 50 cm Abstand	130 – 150	130 – 150	140 – 150

Ernte

Kopfkohl ist erntereif, wenn sich die Umblätter etwas verfärben und sich der Kopf aus ihnen heraushebt. Frühe Sorten platzen leicht, wenn sie nicht rechtzeitig geerntet werden. Durch leichtes Anrucken der Pflanzen, wobei die Wurzeln gelockert und zum Teil abgerissen werden, ist eine gewisse Verzögerung des Erntetermins möglich.

Frühkohl läßt sich nach der Ernte nur zwei bis drei Wochen in einem kühlen Raum aufheben. Herbstkohl kann in einem etwas längeren Zeitraum geerntet und gelagert werden. Herbstsorten vom Weißkohl sind vor allem für die *Sauerkrautbereitung* geeignet. Die Spätsorten läßt man zum guten Ausreifen recht lange im Garten, bis sie je nach Beginn des Frostes im Oktober/November im Keller, in Scheunen, Gruben oder Mieten für den Winterverbrauch gelagert werden.

Blumenkohl

Blumenkohl verlangt einen besonders tiefgründigen, feuchten, humosen Boden in bestem Garezustand. Er ist beim Frühjahrsanbau die *wärmebedürftigste Kohlart* und wird deshalb in vielen Gebieten besser nicht vor Mitte bis Ende April ausgepflanzt oder anfangs unter Folie geschützt. Jede Wachstumsstockung während der Jungpflanzenanzucht und im Garten zum Beispiel durch Trockenheit, stehende Nässe oder Nährstoffmangel ist zu vermeiden. Der Pflanzabstand beträgt 40 x 40 bis 50 x 50 cm.

Anbauzeiten für Blumenkohl

Aussaat	Pflanzung	Ernte	Sortenbeispiele
Februar (Gärtner)	Mitte bis Ende April	Ende Juni/Anfang Juli	Aristokrat, Delfter Markt, Malinus, Fortados
April (unter Folie, auf Anzuchtbeet)	Mai	Juli/Anfang August	Delfter Markt, Lecerf
Anfang bis Mitte Juni (Anzuchtbeet)	Anfang bis Mitte Juli	September/Oktober	Flora Blanca

Blumenkohl ist während seines Wachstums aufmerksam zu beobachten. Wenn der Blumenansatz zu erkennen ist, müssen bei den meisten Sorten zwei bis drei Umblätter nach innen geknickt werden, damit die Blume fest, weiß und gesund heranwächst. Es ist pünktlich und fortlaufend zu ernten, denn allzuschnell werden die Blumen unansehnlich und gehen in Blüte und werden unbrauchbar.

Brokkoli

Brokkoli ist ein früher Vorfahr unseres heutigen Blumenkohls und wird schon seit Jahrhunderten in Italien angebaut. Diese Kohlart hat einen besonders hohen Gehalt an Vitamin A und C und an Mineralstoffen bei sehr niedrigem Kaloriengehalt. Sie wird wie Blumenkohl zubereitet.

Die dunkelgrünen bis violetten Blütenknospen bilden keinen festen Kopf. Deshalb ist Brokkoli äußerst transportempfindlich und als Frischgemüse nur selten in guter Qualität im Handel sondern mehr als Gefrierkonserve. Dies ist ein Grund, Brokkoli bei guten Bodenverhältnissen im eigenen Garten anzubauen. Leider wird er häufig von *Kohlfliegen* und *Kohlhernie* heimgesucht.

Ansprüche und Anbauweise sind mit denen des Blumenkohls gleichzusetzen. Neben einer Stallmistdüngung im Herbst oder einer anderen kräftigen organischen Düngung und einer mineralischen Grunddüngung von 60 bis 100 g/m^2 eines chlorfreien Volldüngers im Frühjahr zur Vorkultur braucht Brokkoli ein bis zwei Kopfdüngungen mit 30 bis 40 g/m^2 Volldünger oder Kalkammonsalpeter kurz vor und nach der ersten Ernte.

Abbildung 114:
Brokkoli mit gut ausgebildetem Mitteltrieb

Brokkoli eignet sich besonders gut zum **Anbau** nach schnellwachsenden Vor- und Hauptkulturen, wie Kopfsalat, Spinat, frühe Erbsen, Möhren und Dicke Bohnen. Die Aussaat kann von April (am besten unter Folie) bis Anfang Juni auf einem *Anzuchtbeet* erfolgen. Vier bis sechs Wochen später wird im Abstand von 50 x 50 cm gepflanzt. Als letzter Pflanztermin gilt der 15. Juli.

Die Ernte des Brokkoli beginnt, wenn sich die ersten blaugrünen Knospen am Mitteltrieb gebildet haben. Diese werden mit 10 bis 20 cm langem Stiel abgeschnitten. Ältere Stiele werden bei der Zubereitung geschält und in Stücke geschnitten und mit den Knospen gekocht. Durch den Wegschnitt des Mitteltriebes bilden sich aus den Blattachseln neue Triebe mit erntereifen Knospen.

Aufgeblühte Knospen muß man sofort entfernen, sie können nicht verwertet werden. Die Pflanzen sind deshalb laufend zu beobachten und im richtigen Zeitpunkt — insgesamt etwa dreimal — bis zum Frost zu ernten.

Rosenkohl

Rosenkohl kann leicht im Garten auf einem *Anzuchtbeet* im April bis spätestens Anfang Mai ausgesät werden und muß in der ersten Junihälfte im Abstand von 50 x 50 oder 60 x 40 cm gepflanzt werden. Als besonders nährstoff- und wasserbedürftiges Gemüse braucht er zwei Kopfdüngungen im August/September und einen gleichmäßig feuchten Boden.

Die Ernte sollte erst nach dem ersten Frost beginnen. An milden Tagen nach der ersten Frostzeit geht die Rosenentwicklung oft noch deutlich weiter. Rosenkohl verträgt Frost bis $-15^{\circ}C$. Der Ertrag liegt etwa bei 1 kg/m^2.

Rosenkohl darf nicht entblättert und nur dann entspitzt werden, wenn bis Ende September noch kein Rosenansatz erfolgt ist.

Grünkohl — Braunkohl

Grünkohl ist die *anspruchsloseste Kohlart* und eine geeignete *Nachkultur* nach frühen Hülsenfrüchten, Möhren, Steckzwiebeln und Salat. Sein besonders hoher Vitamingehalt ist hervorzuheben. Er hat die geringsten Lichtansprüche aller Kohlarten und ist in Gegenden mit milderen Wintern meist völlig frosthart.

Die Aussaat erfolgt breitwürfig oder in Reihen auf ein *Anzuchtbeet* im Mai bis Anfang Juni. Im Juli wird im Abstand von 40 x 40 cm ausgepflanzt. Nach dem ersten Frost beginnt man mit der Ernte, die sich bis tief in den Winter hineinziehen kann. Abgeerntete Pflanzen bilden im Frühjahr junge Sprosse, die das erste frische Gemüse aus dem Garten liefern können, den sogenannten *Sprossenkohl.*

Chinakohl

Chinakohl hat in den letzten Jahren den Speisezettel der Familienhaushalte und Großküchen erobert wie kein anderes „neues" Gemüse. In China wird er nachweislich schon seit dem 5. Jahrhundert kultiviert; daher stammt auch die Bezeichnung „Pekingkohl". Nach Europa kam er vor rund 80 Jahren aus den USA. In zunehmendem Maße wird er nun auch im deutschen Erwerbsgemüsebau und in unseren Hausgärten angebaut.

Chinakohl ist ausgesprochen küchenfreundlich, da er sauber in die Küche kommt und wenig Abfall hat. Ein mittlerer Kopf von rund 800 g reicht für vier Personen. Reste bleiben, eingewickelt in Folie, bis zu zehn Tagen im Gemüsefach des Kühlschrankes frisch. Der bekömmliche Kohl kann sowohl roh als Salat als auch gegart ähnlich wie Wirsingkohl vielseitig verwendet werden.

Der Anbau von Chinakohl ist im Hausgarten nur als *Nachkultur* mit strikter Termineinhaltung um den 20. Juli möglich, da nur an kürzeren Tagen Köpfe gebildet werden. Spätere Aussaaten sind jedoch wegen einer zu kurzen Kulturdauer bis zum Beginn der stärkeren Fröste ebenfalls ungünstig.

Vor der Bestellung des Chinakohls erhält der Boden eine kräftige chlorfreie Volldüngung: 60 bis 80 g/m^2. Eine Kopfdüngung ist bei dieser Kohlart nicht nötig.

Die Aussaat erfolgt an Ort und Stelle in Reihen mit 30 bis 40 cm Reihenabstand. Später wird auf 30 cm in der Reihe vereinzelt. Der Befall von *Erdflöhen* muß beobachtet und bekämpft werden. Wenn im Juli noch nicht genügnd Platz im Gemüsegarten vorhanden ist, kann die Aussaat auch auf einem Saatbeet erfolgen mit anschließender Pflanzung Mitte August. Es haben sich verschiedene Hybridsorten, zum Beispiel Hongkong und Nagaoka-Typen mit unterschiedlicher Entwicklungszeit bewährt.

Die Ernte beginnt ab Oktober. Bis zu den stärkeren Frösten unter -5°C kann nach und nach für den Frischverzehr geerntet werden. Unter einem Folientunnel geht es manchmal bis Weihnachten im Garten gut. Im *Erd- oder Sandeinschlag* (mit Wurzeln) in einem kühlen, frostfreien Raum hält sich Chinakohl noch eine weitere Zeitlang.

Kohlrabi

Kohlrabi ist eine wichtige *Vor-, Zwischen- und Nachkultur* mit laufenden Folgesätzen im Garten. Es sind frühe, mittelfrühe und späte Sorten zu unterscheiden, wie aus der Anbautabelle zu ersehen ist. Die *Platzansprüche* liegen bei den frühen Sorten bei 20 bis 25 cm, bei den Sommer- und Herbstsorten bei 30 bis 35 cm. Die neuere Sorte *Superschmelz* verlangt 60 x 60 cm Abstand und bildet sehr große und zarte Knollen. Diese Sorte kann von März bis Mai ausgesät, jeweils vier Wochen später ausgepflanzt und nach weiteren 12 bis 15 Wochen geerntet werden.

Kohlrabi wird durch Wassermangel holzig und platzt bei plötzlichem Wasserüberschuß. Deshalb muß er einen humushaltigen, gleichmäßig feuchten Standort bekommen, um ein zügiges Wachstum zu erreichen.

Alle Kohlrabisorten halten sich nicht lange nach der Ernte und müßten bei einem Über-

Anbauplan für Kohlrabi

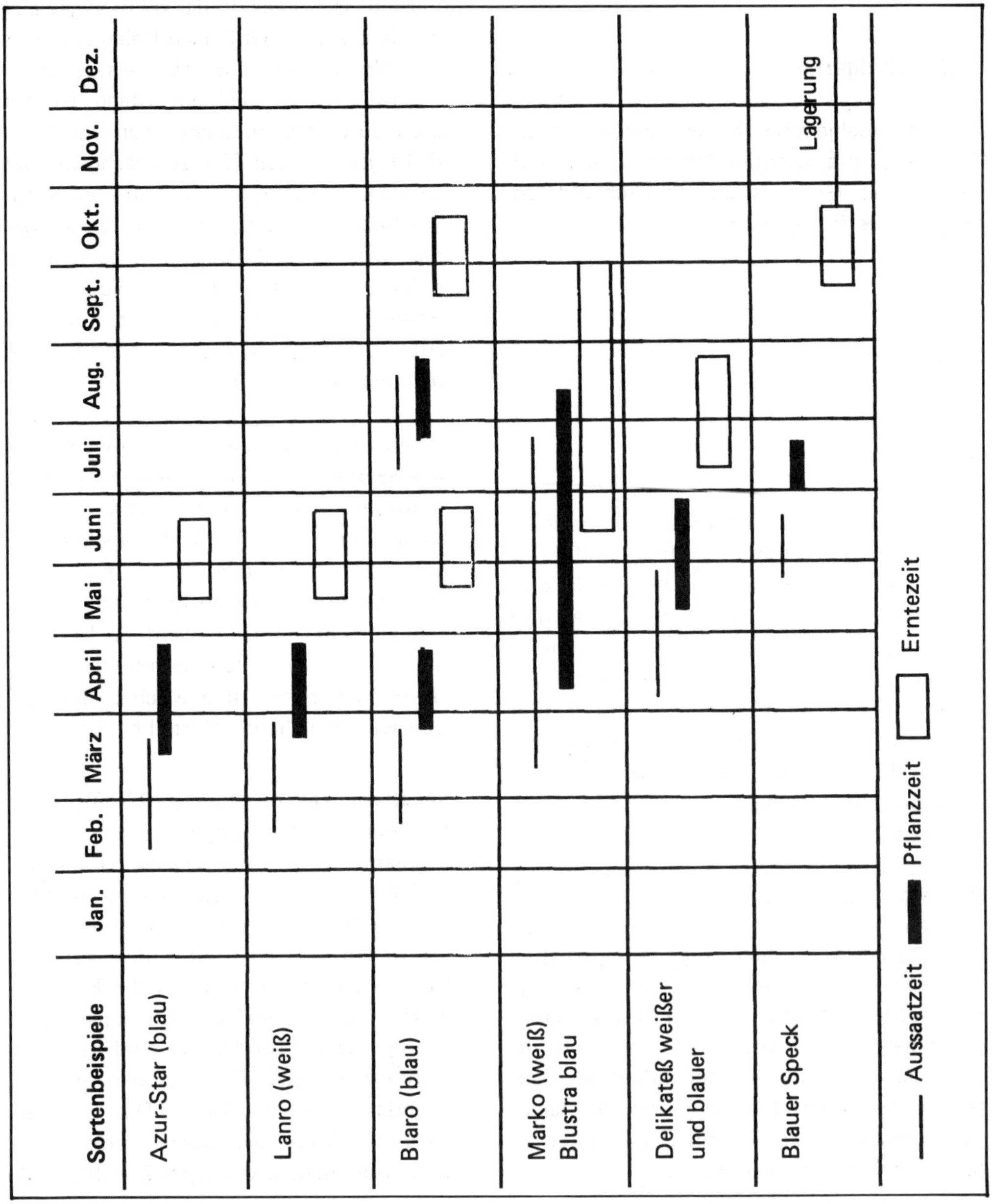

angebot eingefroren werden. Nur die Wintersorte Blauer Speck läßt sich etwa bis Weihnachten im Einschlag in einem frostfreien, kühlen Vorratsraum oder in einer Miete lagern.

3. Zwiebelgemüse

Alle Zwiebelgemüse haben einen hohen Nährwert, sind wichtige Vitaminträger und wegen ihres Gehaltes an ätherischen Ölen ein gesundes Würzgemüse.

3.1 Küchenzwiebel

Ansprüche

Zwiebeln verlangen warme, humusreiche, tiefgründige Böden in alter Kraft mit neutraler Bodenreaktion. Ungünstig sind schwere, harte Böden, feuchte Lagen und ein hoher Grundwasserstand, das heißt humusarme Ton- und Marschböden sowie nasse, saure Moorböden. Weiterhin sind eine frische Stallmist- oder Gülledüngung vor dem Anbau, Salpeterdüngung und chlorhaltige Düngemittel für Zwiebeln schädlich.

Dagegen tragen folgende Anbau- und Pflegemaßnahmen zu einer erfolgreichen Zwiebelkultur stark bei: *Fruchtfolge*, zum Beispiel nach Gurken, Tomaten, Sellerie; sorgfältige *Unkrautbekämpfung*; die Erhaltung einer gleichmäßigen, mittleren *Feuchtigkeit*; gründliche tiefe Bodenbearbeitung im Herbst, aber im Frühjahr nur eine oberflächige Bodenlockerung, weil die Zwiebeln einen festen *Bodenschluß* verlangen.

Anbauarten

➤ **Säzwiebeln:** Die *Aussaat* erfolgt sofort im Frühjahr. Die Samen dürfen höchstens fingerbreit mit Erde bedeckt werden und müssen gut angeklopft oder angewalzt werden. Wegen der langen Keimdauer (bis ein Monat) ist eine *Markiersaat* angebracht. Bei zu dichtem Stand ist auf 5 cm zu verziehen. Lücken können mit zu dicht gestandenen Pflanzen nachgepflanzt werden. Die *Pflege* macht in den ersten Wochen viel Arbeit, dafür werden sie weniger von der Gelbstreifigkeit befallen. In milden Gegenden gedeiht die *„Weiße Frühlingszwiebel"*, eine Art, die im August ausgesät wird, draußen überwintert und im Mai erntereif ist.

➤ **Pflanzzwiebeln:** Man kann Zwiebeln auf ein *Saatbeet* oder im Frühbeet im Februar/März aussäen und im April im Abstand von 20 bis 25 x 8 cm *auspflanzen*. Sie sollen etwas tiefer, als sie im Saatbeet standen, in den Boden kommen und am Laub etwas gestutzt werden. In stark verunkrauteten Böden kann diese Methode für die ersten Anbauwochen einen arbeitswirtschaftlichen Vorteil haben.

➤ **Steckzwiebeln:** In schweren Böden, feuchten Klimagebieten und in kalten Frühjahren sind diese geeigneter als Sä- und Pflanzzwiebeln. Sie werden im März bis Anfang April im Abstand von 20 x 8 bis 10 cm in 3 cm tiefe Rillen gesteckt. Hierbei dürfen sie nicht in die Erde gedrückt werden, weil sie sich dann später wieder heben, sondern es sind mit dem Harkenstiel oder Reihenzieher entsprechende Rillen zu ziehen. Die Zwiebelspitzen müssen die Sonne sehen können, sagt man. Die jungen Zwiebeln sollen haselnußgroß, nicht aber schon walnußgroß sein. Steckzwiebeln sind in den Samengeschäften sehr teuer und haben oft schon die gefürchtete *Gelbstreifigkeit* (Virus) in sich.

Ernte und Lagerung

Der **Erntezeitpunkt** ist gekommen, wenn das Zwiebellaub auf natürlichem Wege vergilbt und abstirbt. Nur bei sehr feuchter Witterung ist es angebracht, den Reifeprozeß durch Umknicken der Blätter zu beschleunigen. Die reifen Zwiebeln zieht man mit der Hand aus und läßt sie einige Tage in der Sonne, bei feuchtem Wetter in einem luftigen Schuppen, nachtrocknen. Beschädigungen durch eiserne Erntegeräte beeinträchtigen die Haltbarkeit. Vor dem Lagern sind die Zwiebeln von Erde und Schmutz zu befreien und entweder 2 bis 3 cm oberhalb der Verdickung abzudrehen oder zum Aufhängen mit ihren Blättern zu Zöpfen zusammenzuflechten.

Der **Lagerraum** muß luftig und kühl sein. Gesunde, gut ausgereifte Zwiebeln können bis $-8^{\circ}C$ Kälte vertragen, nur dürfen sie in gefrorenem Zustand nicht berührt werden, weil die Druckstellen nach dem Auftauen sofort in Fäulnis übergehen.

3.2 Schalotten

Diese rötlich-braune Zwiebelart vermehrt sich durch **Brutzwiebeln**. Sie wird wie Steckzwiebeln kultiviert und ist im Juli erntereif. Das *Steckgut* muß hier aus gut ausgebildeten Zwiebeln natürlicher Größe bestehen. Für 1 m^2 rechnet man 1 Pfund. Der Boden für Schalotten darf nicht naß sein, sondern warm und gut besonnt. Schalotten sind sehr *gut lagerfähig.*

Meist werden im Handel keine besonderen Sorten angeboten. Dänische und russische *Sorten* haben größere Zwiebeln.

3.3 Perlzwiebel – Perllauch

Sie ist eine *Porreeart*, die durch Kappen am Blühen verhindert und zur **Brutzwiebelbildung** gezwungen wird. Wegen ihres guten Geschmacks und ihrer kleinen, runden Form wird sie im Haushalt gern für Essiggemüse, Soßen usw. im Ganzen gebraucht.

Die **Steckzeit** liegt im August, Abstand 20 x 5 cm, Tiefe 5 cm. Im darauffolgenden Juli kann das entstandene Zwiebelnest aufgenommen und sortiert werden. Die mittlere Größe kommt in die Küche, die größeren Zwiebeln werden im August als neue Mutterzwiebeln gesteckt, ganz kleine lohnen nicht die Putzarbeit und werden weggeworfen.

Krankheiten und Schädlinge der Zwiebeln

Gelbstreifigkeit: Kranke Pflanzen bekommen beulige Blätter, die gelbgestreift werden und absterben. Steckzwiebeln und Schalotten sind besonders gefährdet. Es ist eine *Viruserkrankung*, die nur durch Vernichten der befallenen Pflanzen, gute *Fruchtfolge* und möglichst gesundes Steckgut niedergehalten werden kann.

Zwiebelbrand: Befällt junge Säzwiebeln und bringt sie zum Absterben. Fruchtfolge einhalten, kalken, befallene Pflanzen verbrennen oder in die Mülltonne.

Übersicht der Zwiebelanbauzeiten

Aussaat	August	Ernte Ende Mai	– Weiße Frühlingszwiebeln
Aussaat	März	Ernte Juni	– Weiße Frühlingszwiebeln
Stecken	März	Ernte ab Ende Juni	– Schalotten
Stecken	März	Ernte ab Ende Juni	– Steckzwiebeln (Stuttg. Riesen)
Stecken	August	Ernte Juli	– Perlzwiebeln
Pflanzung	April	Ernte Juli/August	– Vorgezogene Pflanzzwiebeln
Aussaat	März/April	Ernte August/September	– Säzwiebeln (Zittauer gelbe)

Zwiebelfliege: Der Befall ist daran zu erkennen, daß die Herzblätter welken und absterben und im Zwiebelkörper und an den Wurzeln weiße Maden sichtbar sind. Der Schaden kann an jungen Pflanzen verheerend sein, da mehrere von einer Fliegenmade vernichtet werden, ältere Pflanzen faulen. Stallmist- und Güllegaben sind direkt vor dem Zwiebelanbau zu vermeiden.

Vorbeugende Bekämpfung:

1. *Saatgutbehandlung:* zum Beispiel mit Nexion-Saatgutpuder; bei starkem Befall nicht ausreichend.

2. *Reihenbehandlung:* mit der Saat oder unmittelbar nach dem Auflaufen zum Beispiel mit Nexion-Streumittel genau nach Gebrauchsanweisung streuen.

Ein ausreichender Schutz vor der Zwiebelfliege durch eine Mischkultur Zwiebeln – Möhren konnte von Wissenschaft und Praxis bisher nicht bewiesen werden.

3.4 Porree – Lauch

Der Porree ist ein wichtiges Würz- und Kochgemüse, vor allem für die vitaminarme Winterzeit. Man kann ihn in der kalten Jahreszeit je nach der gewählten Sorte laufend aus dem Garten, vom Einschlag im Freien oder aus dem Sandeinschlag im Keller herbeiholen.

Ansprüche

Als **Starkzehrer** verlangt Porree einen humusreichen, fetten Boden, viel *Feuchtigkeit* und zusätzlich gute *Düngergaben.* Verrotteter Stallmist ist ihm sehr zuträglich, allerdings ist davon abzusehen, wenn die Zwiebelfliege und Lauchmotte im Garten überhandnehmen. Neben einer kräftigen Grunddüngung vor der Bestellung sollten in der Hauptwachstumszeit – August/September – zwei Kopfdüngungen mit je 30 g/m^2 eines blauen Volldüngers gegeben werden.

Porree ist wegen seines starken Wurzelwerkes eine sehr günstige Vor- und Nachfrucht zu garebelastenden Gemüsearten, wie zum Beispiel Rote Rüben.

Anbau

Es ist der Sommerporree vom Winterporree zu unterscheiden. Durch die Auswahl verschiedener Sorten (siehe Seite 333 f.) und Anbauzeiten kann Porree fast das ganze Jahr hindurch zum Würzen von Suppen und Salaten und für Gemüsegerichte zur Verfügung stehen.

➤ **Sommerporree** wird im April im Abstand von 20 x 10 cm gepflanzt und ab Juli verwertet. Die Pflanzen hierfür werden entweder beim Gärtner gekauft oder vom Hausgärtner unter Glas oder unter einem Folientunnel selbst angezogen.

➤ Für den **Winterporree** liegt im Garten der *Pflanztermin* gewöhnlich zwischen Mai und Mitte Juli; für 100 gute Pflanzen ist 1 g Saatgut erforderlich. Etwa acht Wochen vor dem vorgesehenen Pflanztermin ist auf einem *Saatbeet* zu säen. Winterporree pflanzt man mit einem Pflanzholz im Abstand von 30 x 15 bis 20 cm in 15 cm tiefe *Rillen*, wobei Wurzeln und Sproß etwas eingekürzt werden. Einige Hausgärtner benutzen wie im Erwerbsgartenbau für die Porreepflanzung besondere Pflanzeisen oder den Spaten.

Beim sommerlichen Hacken werden die Rillen allmählich zugezogen. *Im Spätsommer häufelt man den Porree an* und wiederholt diese Arbeit mehrmals, damit ein recht langer Teil des Schaftes gebleicht wird. Die ausgesprochenen Wintersorten Carentan und Brabanter können im Freien überwintern, sei es auf dem Lande, sei es geputzt und an Sproß und Wurzeln gestutzt im abgedeckten Einschlag, um jederzeit davon in die Küche holen zu können.

Schädlinge

Zwiebelfliege an Porree: Bei jungen Pflanzen vergilbt der Herztrieb, sie welken und sterben ab. Größere Pflanzen können ebenfalls durch Fäulnis eingehen. Am Pflanzengrund sind weiße Maden zu erkennen. *Bekämpfung:* zum Beispiel Unden-Spritzpulver nach Gebrauchsanweisung spritzen, vier Tage *Wartezeit beachten.*

Lauchmotte: An den Blättern sind helle Miniergänge bis zum Pflanzengrund zu erkennen. Die weißgelben Räupchen von zwei Generationen der Lauchmotte verursachen im Mai/Juni und von Ende Juli bis Ende August den Schaden, wodurch Fäulnis auftritt und die Pflanzen absterben können. *Bekämpfung* mit Roxion oder terrasan-Blattlaus-Spritzmittel, die im Abstand von zehn bis vierzehn Tagen wiederholt sorgfältig ins Herz der Pflanzen gespritzt werden müssen. *Wartezeit* von 14 Tagen *beachten.*

Lauchmotten verursachen häufig **auch bei Zwiebeln** großen Schaden.

4. Hülsenfrüchte

Hülsenfrüchte, die im Garten als beliebtes Gemüse angebaut werden, sind **Leguminosen** und gehören zur Familie der *Schmetterlingsblütler*. Sie alle leben mit sogenannten *Knöllchenbakterien* in Symbiose (Lebensgemeinschaft), welche in der Lage sind, Luftstickstoff zu binden, der bei ihrem Absterben zur Blütezeit ihrer Wirtspflanzen diesen zugute kommt. Die Bakterien dringen vom Boden über die Wurzelhaare in die äußeren Wurzelschichten der Pflanzen ein und regen ihren Wirt durch Stoffwechselprodukte an, Wurzelknöllchen zu bilden, die man an den Bohnen- und Erbsenwurzeln mit bloßem Auge gut erkennen kann.

Allgemeine Ansprüche

Die Hülsenfrüchte brauchen deshalb nur eine geringere Stickstoffgabe als sogenannte *Startdüngung* im Frühjahr vor der Bestellung oder wenn die Pflanzen handhoch sind, zum Beispiel 30 g/m² Kalkammonsalpeter. Im übrigen erhalten sie eine mittlere Phosphorsäure-/Kali-Düngung vor der Bestellung, zum Beispiel mit Thomaskalk und Patentkali oder einem stickstoffarmen Volldünger.

Alle Arten verlangen eine *neutrale Bodenreaktion.*

Weitere Bodenansprüche und die Klimabedingungen sind bei den einzelnen Hülsenfruchtarten unterschiedlich.

Alle Hülsenfrüchte sollten vor der Aussaat gebeizt werden.

4.1 Buschbohnen

Ansprüche

Buschbohnen sind empfindlich gegen Kälte und Wind. Sie dürfen deshalb erst nach den letzten Maifrösten an die Erdoberfläche gelangen und brauchen einen etwas geschützten Platz im Garten. In Gegenden mit frühem Herbstanfang muß die letzte Aussaat spätestens Anfang Juli erfolgen. Sie können lichten Halbschatten vertragen.

Sie gedeihen am besten auf lockerem, humosem Boden in *2. Tracht*. Schwere, leichtverkrustete Böden müssen mit Torf und Komposterde verbessert werden, zumindest die Saatstellen.

Anbau

Der Samenfachhandel bietet sehr viele verschiedene Buschbohnensorten an, deren Hülsen sich in Länge, Form, Querschnitt und Farbe unterscheiden und zudem unterschiedlich gefärbte Samenkörner aufweisen. Es kommen jährlich neue Sorten hinzu, alte werden verbessert oder aus dem Handel genommen. *Hauptzuchtziele sind Krankheitsresistenz gegen verschiedene Bohnenkrankheiten und eine gute Gefrierfähigkeit.*

Sowohl der Erwerbsgärtner als auch der Hausgärtner müssen deshalb das Samenangebot von Buschbohnen alljährlich kritisch prüfen und eigene Erfahrungen auswerten.

Gelbe Wachsbohnen sind meist etwas zarter, aber in feuchten Jahren und auf schwerem Boden krankheitsanfälliger.

Buschbohnen können etwa ab 10. Mai in mehreren Folgesätzen bis etwa zum 10. Juli im Garten ausgesät werden. Die Mindestkeimtemperatur liegt bei 10°C, deshalb sollte man in einem kühlen, feuchten Mai etwas Geduld haben und den ersten Aussaattermin besser noch einige Tage hinausschieben. Auch müssen die Keimlinge zum zügigen Wachstum Wärme von mindestens 12°C haben, andernfalls brauchen sie in kritischen Nächten eine Abdeckung mit Töpfen, Hauben oder Folie.

Abbildung 115:
Buschbohnen werden am besten horstweise ausgesät und kurz vor der Blüte angehäufelt

Buschbohnen werden im Abstand von 40 x 40 cm *horstweise* zu je fünf bis sieben Korn oder reihenweise mit 5 cm Abstand in der Reihe ausgesät. Die Horstsaat führt vor allem in windreichen Gegenden zu besseren Erträgen. Die Saattiefe darf nur 2 bis 3 cm betragen, andernfalls fault der Same leicht.

Bohnen sind mehrmals zu hacken und kurz vor der Blüte *anzuhäufeln*. Damit erhält die Pflanze einen besseren Stand, und an die Wurzeln können mehr Luft und Feuchtigkeit gelangen. Vor allem in den Monaten Juni und Juli ist häufig bei Trockenheit zu wässern.

Ernte

Die Ernte beginnt bei Frühsorten nach neun bis zehn Wochen.

Es ist wöchentlich zwei- bis dreimaliges Pflücken erforderlich, wobei sehr sorgfältig alle pflückreifen Hülsen ausgesucht werden müssen, sonst läßt der Ertrag sofort nach. Einen guten Pflücker erkennt man daran, daß die Bohnenpflanzen nach der Erntearbeit genauso aufrecht und ordentlich dastehen wie vor der Ernste.

Abbildung 116: **Stangenbohnengerüst mit federnden Stahldrahtstangen**

Die grüne, fadenlose Sorte Neckarkönigin eignet sich sehr gut sowohl zum Einfrieren als auch zum Einkochen.

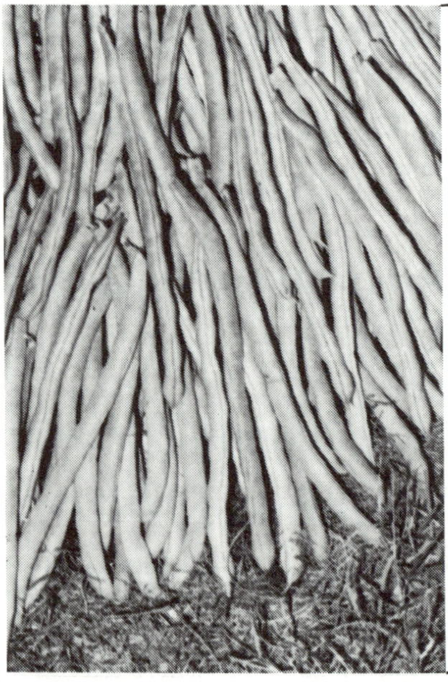

4.2 Stangenbohnen

Ansprüche

Sie sind anspruchsvoller als Buschbohnen. Zum ersten verlangen sie mehr Wärme und dürfen nicht vor den letzten Spätfrösten Mitte bis Ende Mai ausgelegt werden. Zum zweiten gehören sie als **Starkzehrer** in die 1. Tracht, und der Boden sollte möglichst im vorausgegangenen Herbst eine Stallmistdüngung oder im Frühjahr eine gute Kompostgabe oder organisch-mineralische Düngung erhalten haben. Außerdem sind eine Volldüngung im Frühjahr und eine Kopfdüngung zu Beginn der Blütezeit von insgesamt etwa 100 g/m^2 Blaukorn angebracht. Die Bodenfeuchtigkeit muß in den Sommermonaten gleichmäßig hoch gehalten werden.

Anbau

Der Anbau von Stangenbohnen ist leider sehr stark zurückgegangen, weil man die Arbeit und Ausgaben für das **Gerüst** scheut. Man kann von ihnen aber höhere Erträge pro Quadratmeter erzielen als von Buschbohnen und damit Platz sparen. Sie sind sehr *selbstverträglich,* so daß es möglich ist, das Grundgestell einige Jahre auf der gleichen Stelle zu lassen und nur jährlich die Stangen kurz vor der Aussaat neu zu stecken.

Hierfür eignen sich nicht rostende (feuerverzinkte), federnde *Stahlstangen* besonders gut. Ihr verhältnismäßig hoher Anschaffungspreis wird durch ihre fast unbegrenzte Haltbarkeit, ihre Sauberkeit, ihre raumsparende Lagerungsmöglichkeit und ihren festen Stand auf dem Beet ausgeglichen (siehe Abbildung 116).

Um jede Stange werden sieben bis acht Bohnen flach gelegt und angedrückt; häufig sind Lücken nachzulegen. Der Stangenabstand beträgt 80 x 60 cm auf einem 1,20 m breiten Beet. In der ersten Zeit müssen die Ranken etwas geleitet werden, wobei zu beachten ist, daß Stangenbohnen *Linkswinder* sind. Die **Ernte** erfolgt fünf- bis achtmal, dabei dürfen wie bei Buschbohnen keine pflückreifen Hülsen hängenbleiben.

4.3 Feuerbohnen – Prunkbohnen

Ansprüche

Feuerbohnen sind eine sehr anspruchslose, unempfindliche Bohnenart, die in rauhen Gebirgslagen und feuchten Gegenden ein ausgezeichneter Ersatz für Stangenbohnen sein kann. Sie haben wie diese lange Windesprosse, die an Stangen, Zäunen oder anderen Gerüsten Halt finden müssen. Das **Gerüst** muß stabil und bis 2,50 m hoch oder entsprechend breit sein, da Feuerbohnen starkwüchsiger als Stangenbohnen sind.

Anbau

Die Aussaat erfolgt erst ab Mitte Mai auf Normalbeete im Reihenabstand von 90 cm bis 1 m und im Abstand in der Reihe von 80 cm horstweise je vier bis fünf Korn. Als Sorten kommen die leuchtend rotblühende „Preisgewinner“ mit gesprenkeltem Korn und die weißkörnigen „Weißen Riesen“, „Emergo“ und „Desiree“ (ohne Fäden) in Frage.

Die insgesamt hohe **Ernte** beginnt etwas später als bei Stangenbohnen ab August bis

Anfang September und zieht sich bis zum Frost hin.

4.4 Dicke Bohnen – Puffbohnen

Ansprüche

Dicke Bohnen sind sehr kälteunempfindlich, vertragen Frost bis $-4^{o}C$ und können deshalb als erste Gemüseart im Frühjahr im Garten angebaut werden. Sie verlangen einen nährstoffreichen, feuchten, tiefgründigen Boden in **erster Tracht.** Durch einen ausreichenden Humusgehalt muß in harten Böden für Wasserabzug gesorgt werden. Ihr aufrechter, stabiler Wuchs gibt ihnen die Fähigkeit, als *Windschutzpflanzen* innerhalb des Gemüsegartens in der ersten Hälfte des Gartenjahres von Nutzen zu sein, zumal sie selbst eine offene Lage lieben.

Anbau

Die Bodenvorbereitung erfolgt bei diesem *Starkzehrer* möglichst durch Stallmist im Herbst und durch eine chlorfreie Volldüngung mit 60 bis 80 g/m^2 im Frühjahr.

Die Aussaat erfolgt möglichst noch im März fortlaufend in Reihen, Abstand 40 x 10 bis 15 cm, oder horstweise, je vier Korn im Abstand von 40 x 40 cm. Der Same ist sehr hartschalig und kann durch zwölfstündiges Vorquellen zum schnelleren Keimen gebracht werden. Dicke Bohnen kann man gut im Februar in größeren, flachen Kisten vorziehen und im März bereits als Jungpflanzen aufs Land bringen.

Dem ertragsmindernden Befall von *Schwarzen Bohnenläusen* sollte durch die Wahl eines freien Standortes, zeitige Aussaat, laufendes Feuchthalten und Entspitzen der Pflanzen über dem obersten Blütenstand, wenn sie die ersten Hülsen bilden, vorgebeugt werden.

Wenn die Pflanzen handhoch sind, erhalten sie eine Kopfdüngung mit etwa 30 g/m^2 Volldünger, bald danach werden sie *angehäufelt*. Bei Trockenheit muß unbedingt kräftig gewässert werden.

Ernte

Drei bis vier Monate nach der Aussaat ist Erntezeit. Die Hülsen werden zur Zeit der *Milchreife* des Korns geerntet. Man muß etwa dreimal durchpflücken. Der Abfall ist durch die dicken Hülsen sehr hoch.

Die **Sorten** der Dicken Bohnen unterscheiden sich in der Blütenfarbe: schwarz gefleckt oder weiß und in der Kornfarbe nach dem Kochen: braun, grün oder weiß. Die Braunfärbung ist für das Auge zwar nachteilig, im Geschmack sind diese Sorten aber kräftiger.

Krankheiten und Schädlinge an Bohnen

Brennfleckenkrankheit: Die Hülsen, später auch der Same und der ganze Sproß bekommen dunkelumrandete braune Flecken. *Bekämpfung* durch Auswahl resistenter Sorten, Fruchtwechsel, Beizen und bei nassem Wetter durch vorbeugende, wiederholte Spritzungen zum Beispiel mit Polyram-Combi oder Phytox-Super.

Fettfleckenkrankheit: An Blättern und Hülsen glasige Flecken, Hülsen verkrüppeln. Durch gute Sortenauswahl und Beizen vorbeugend bekämpfen.

Grauschimmel an Buschbohnen: In niederschlagsreichen Wochen faulen Blätter, Stengel und Hülsen, auf den Faulstellen erkennt man grauen Pilzrasen. Bei zu engem Stand und Stickstoffüberdüngung ist die Gefahr größer. *Chemische Bekämpfung:* Vorbeugend wiederholte Spritzungen während der Blüte mit Ronilan (sieben Tage *Wartezeit).*

Schwarze Bohnenlaus: Stäuben oder Spritzen zum Beispiel mit Unden, Spruzit-Nova, während der Blüte mit Pirimor Granulat. *Wartezeiten beachten!*

4.5 Erbsen

Es werden drei Erbsenarten unterschieden:

➤ **Palerbse** (Schalerbse, Kneifelerbse)
Der Same ist kugelig und glatt, die Schale der trockenen Erbse gelbgrün. In der Palerbse sind die Kohlenhydrate in Form von Stärke enthalten, deshalb schmecken sie leicht mehlig, vor allem wenn sie nicht pünktlich gepflückt wurden. Sie ist als *Frisch- und Trockenerbse* verwendbar, läßt sich jedoch nicht so gut einfrieren wie die Markerbse. Palerbsen sind nicht kälteempfindlich und können *ab März* ausgesät werden.

➤ **Markerbse** (Runzelerbse)
Der Same liegt in der Hülse eng zusammen und ist eckig, getrocknet runzelig. Die Kohlenhydrate sind in der Markerbse vorwiegend in Form von Zuckerstoffen enthalten. Deshalb haben sie einen süßen Geschmack und werden qualitativ höher bewertet. *Für die Konservierung* und vor allem *zum Einfrieren* sind sie *besser* geeignet als Palerbsen, als Trockenerbse dagegen ungeeignet, da sie schwer quillt und nicht weich wird. Markerbsen sind im Keimlingsstadium kälteempfindlich und dürfen deshalb erst *ab Mitte April* ausgesät werden.

➤ **Zuckererbse**

Sie hat süße, zarte Hülsen, denen die zähe Innenhaut fehlt. Man genießt die junge Hülse ganz, bevor sich die Samen ausbilden. Der richtige Erntezeitpunkt ist gut abzupassen. Die Aussaat kann *ab März* erfolgen, da Zuckererbsen verhältnismäßig unempfindlich sind.

Ansprüche

Erbsen kommen in jedem Gartenboden fort, wenn sie eine freie, sonnige Lage und durchlässigen Boden erhalten. Sie stehen als **Schwachzehrer** in 2. Tracht und reagieren auf eine Stallmist- und zu hohe Stickstoffdüngung mit schlechtem Fruchtansatz.

Anbau

Erbsen sind ein typisches *Saatgemüse*, das je nach Art in Folgen von März bis Ende April, in ungünstigen Frühjahren bis Anfang Mai an Ort und Stelle ausgesät wird. **Sommersaaten leiden sehr unter Mehltau.**

Es gibt sehr viele anbauwürdige Erbsensorten im Handel, deren *Gefrierfähigkeit* von vielen Hausfrauen besonders beachtet wird. Außerdem ist die endgültige *Standhöhe* der einzelnen Erbsensorten sehr wichtig. Die Flächennutzung und Ernteerträge sind bei hohen Erbsen viel besser als bei Buscherbsen.

Erbsen sollten vor der Aussaat gebeizt werden.

➤ **Buscherbsen** bis 40 cm hoch, Reihenabstand 40 cm. Sie brauchen kein Haltegerüst. Auf schweren Böden, in feuchten Gegenden und bei viel Regen faulen die Pflanzen und Früchte leicht, so daß ein hoher Ernteausfall sein kann.

➤ **Reisererbsen,** man sät zwei Reihen im Abstand von 25 bis 30 cm auf ein 70 cm breites Beet. Das zweckmäßigste *Haltegerüst* ist ein der Sorte entsprechend hoher *Maschendraht* in Beetmitte.

Erbsen werden wie eine lose Perlenschnur in eine 5 bis 8 cm tiefe Furche gelegt. Zwei bis drei **Folgesaaten** im Abstand von zwei bis drei Wochen sind bei allen Arten ratsam. 10 bis 15 cm hohe Erbsenpflanzen sind *anzuhäufeln*, wobei man die Außenseiten der Reisererbsen höher anhäufelt, damit sie sich nach innen zum Gerüst orientieren. Bei drohendem *Vogelfraß* wird zum ersten Male angehäufelt, wenn die ersten Spitzen an das Licht kommen.

Die Ernte beginnt je nach Sorte nach 70 bis 80 Tagen. Die Pflanzen sind mehrmals durchzupflücken. Man pflückt die Hülsen vorsichtig mit beiden Händen, ohne die Pflanzen zu beschädigen oder zu lockern.

Krankheiten und Schädlinge

Brennfleckenkrankheit: siehe Bohnenkrankheiten.

Erbsenblattrandkäfer: Ab Mitte April Käferfraß an Blättern, ab Mitte Mai Wurzelzerstörung durch Larvenfraß. Bei kaltem Wetter

Abbildung 117: Der einfachste und haltbarste Halt für hohe Erbsen ist Maschendraht

kann die Erbse die Schwächung oft nicht überwinden. Wiederholt spritzen oder stäuben zum Beispiel mit Unden, E 605 oder Bromophosmitteln. *Wartezeiten beachten!*

Erbsenwickler: Es entstehen „madige" Erbsen. Bekämpfung zum Beispiel mit Actellic, Spruzit-Nova, Unden im Juni. Nicht in die Blüte spritzen. *Wartezeiten beachten.*

5. Fruchtgemüse

Alle Fruchtgemüsearten haben eine *hohe Wärmebedürftigkeit* gemeinsam, so daß für sie die Bestellungszeit im Garten erst nach den letzten Spätfrösten im Mai bis Anfang Juni liegen darf. Dieser Zeitraum bildet dadurch die zweite *Arbeitsspitze* innerhalb der Vegetationsperiode im Garten, zumal es sich in erster Linie um besonders sorgfältig auszuführende Pflanz- und Aussaatarbeiten handelt, die zum Teil mit zeitaufwendigem Pflanzeneinkauf verbunden sind.

Auch die weiteren Kulturarbeiten müssen am Fruchtgemüse fachgerecht und sehr sorgfältig durchgeführt werden, können aber auch zu stolzen Erfolgen des Hausgärtners führen.

5.1 Gurken

Gurken gehören wie die nachfolgenden Gemüsearten Melonen, Kürbis und Zucchini zu den *Kürbisgewächsen* (Cucurbitaceae), die als einjährige Nutzpflanzen lange Ranken und vielsamige, fleischige, sehr wasserhaltige Beerenfrüchte bilden. Daraus ist zu schließen, daß alle Kürbisgewächse *viel Platz* und *reichlich Wasser* beanspruchen. Sie stammen alle aus tropischen oder subtropischen Gebieten. Das einzige einheimische Kürbisgewächs ist die manchmal recht lästige Zaunrübe als Unkraut.

Ansprüche

Gurken stellen sehr hohe Ansprüche an das Klima, den Boden und die Nährstoffversorgung.

Klimaansprüche

Nur in klimatisch begünstigten Gebieten wird man ohne besondere Schutzmaßnahmen eine volle Gurkenernte erreichen. Während der kritischen Anfangsentwicklung ist die Kultur unter dem *Folientunnel* besonders empfehlenswert, noch besser in einem *Frühbeet*, denn die Mindestkeimtemperatur liegt beim Gurkensamen bei 12°C und eine zügige Jungpflanzenentwicklung ist nur bei Temperaturen über 10°C möglich.

In rauhen Lagen und im feuchtkühlen norddeutschen Raum sind eine **Gurkenvorkultur** im warmen Raum und die Pflanzung Ende Mai/Anfang Juni sicherer, zumal sich dadurch die Ernte um etwa zwei Wochen verfrüht und sich nicht so lange in den feuchten, kühlen Herbst hineinzieht. Auf dem Land sollte man durch benachbarte hohe Kulturen für Windschutz sorgen.

Bodenansprüche

Der Boden muß humusreich, locker und warm sein. Es lohnt sich auf schweren, kalten Böden und dürftigen Sandboden der zusätzliche Aufwand, den Gurken durch eine *Mistpackung* einen **„warmen Fuß"** zu schaffen. In der Beetmitte wird ein 30 cm breiter und ebenso tiefer Graben ausgehoben, mit einer 15 cm dicken Pferdemistpackung gefüllt und mit einem feuchten Torf-Erde-Gemisch zugedeckt.

Für leichte Böden eignet sich dazu mehr ein Gemisch von Pferde- und Rindermist oder reiner Rindermist, damit der Pflanzgrund feuchter ist. Nach drei bis fünf Tagen hat sich die Erde über der Packung erwärmt und kann mit Gurken besät oder bepflanzt werden.

Nährstoffansprüche

Gurken sind **Starkzehrer** und brauchen vor allem ausreichende Kali- und Phosphorsäuregaben für eine gute Fruchtentwicklung und Reifebeschleunigung. Mit Stickstoff ist vorsichtig umzugehen. Salpeterdünger und chlorhaltige Kali- oder Volldünger sind zu vermeiden.

Der Boden sollte im Herbst vorher möglichst eine Stallmistdüngung, andernfalls im Frühjahr verrottete Komposterde, Torfschnellkompost, gedüngte Torfhandelsdünger oder organisch-mineralische Handelsdünger (zum Beispiel Hornoska Spezial) erhalten. Eine langsam und gleichmäßig fließende Nährstoffquelle beziehungsweise die Mineraldüngung in zwei bis drei Etappen von je 30 bis 40 g/m^2 Volldünger blau sind wesentlich besser als eine zu kräftige Grunddüngung.

Anbau

Gurken können sowohl an Ort und Stelle ausgesät als auch vorgezogen und danach gepflanzt werden. **Die Aussaat** erfolgt *bei schwerem Boden* recht günstig auf einem kleinen *Erddamm* in der Beetmitte, damit das überschüssige Regenwasser schnell ablaufen kann. *Auf leichten Böden* bewährt sich die Aussaat *in flache Mulden*, um darin das Regenwasser aufzufangen. Der Same wird in 3 bis 5 cm tiefe Rillen im Abstand von 3 cm fortlaufend oder im Abstand von 20 bis 30 cm in Gruppen zu drei bis vier Stück ausgelegt.

Später werden die Jungpflanzen auf 20 bis 50 cm vereinzelt und insgesamt nur kräftige Sämlinge belassen. Notfalls muß durch Umpflanzung einiges reguliert werden. Nach dem Verziehen sollte man gleich zu lange Jungpflanzen bis zu den unteren Laubblättern *anhäufeln* und alle bei Trockenheit angießen. Lange Salat- und Senfgurkensorten erhalten den größeren Abstand.

Zur **Gurkenpflanzung** sind die Samen Ende April bis Anfang Mai in Kisten, Töpfe oder ins Frühbeet auszulegen, warm zu halten und nach der Keimung sehr hell zu stellen. Sie werden ab Ende Mai abgehärtet und mit zwei kräftigen Laubblättern außer den Keimblättern und gutem Ballen bei warmer Witterung ausgepflanzt und vorsichtig angegossen.

Die **Gurkenpflege** erstreckt sich auf häufiges flaches Auflockern in der ersten Zeit, auf das Anhäufeln und auf durchdringendes Gießen mit abgestandenem Wasser, wenn Trockenheit herrscht. Immer ist der Wurzelhals vor Feuchtigkeit zu schützen. Um die Verzweigung der Ranken anzuregen, kann über dem 5. Blatt gestutzt werden. Bodenabdekkung durch schwarze Folie ist günstig.

Die Erntezeit ist sortenunterschiedlich und richtet sich nach dem Verwendungszweck. Man schneidet die Früchte ab, ohne die Ranken zu schädigen. Es wird empfohlen, nur von einem Teil der Gurkenpflanzen ausgereifte Senfgurken zu gewinnen, das übrige Gurkenstück aber so rechtzeitig Anfang bis Mitte September abzuräumen, daß danach zum Beispiel noch Feldsalat als Nachkultur angebaut werden kann.

Gurkentypen

Traubengurken = Essiggurken:
6 bis 9 cm lang, häufig durchernten.

Einlegegurken = Delikateßgurken:
10 bis 15 cm lang, sollten nicht zu dick werden, häufig durchernten.

Salatgurken:
25 cm lang und länger, möglichst schlank mit geringem Kerngehäuse.

Senfgurke = Schälgurke:
30 cm und länger, walzenförmig, dickfleischig.

Manche Gurkensorten eignen sich für mehrere Verwendungszwecke. Man sollte *beim Sameneinkauf auf Krankheitsresistenz achten.*

Krankheiten und Schädlinge

Echter Mehltau: In der zweiten Halbzeit der Kultur entstehen weiße Überzüge auf beiden Blattseiten. Er tritt in feuchtwarmen Jahren stärker auf und wird durch einseitige Stickstoffdüngungen begünstigt. *Bekämpfung* zum Beispiel mit Netzschwefel-Mitteln, Euparen, Saprol, Morestan, Bayleton spezial lohnt nur bei frühem Auftritt.

Gurkenkrätze der Früchte und Gurkenwelke: Durch Beizen des Samens, Fruchtfolge, guten Kalkzustand des Bodens und richtige Kulturmaßnahmen verhüten.

Rote Spinne: Blätter sind hellgesprenkelt, vergilben und vertrocknen, blattunterseits feines Gespinst erkennbar. Auftreten besonders bei trockener, warmer Witterung. *Vorbeugende Bekämpfung:* Bei Trockenheit mit klarem Wasser spritzen. *Chemische Bekämpfung* zum Beispiel mit Detia Malathion-Emulsion (4 Tage Wartezeit) möglich.

Bitterwerden der Gurken: Wird begünstigt zum Beispiel durch Temperaturschwankungen, unregelmäßige Wasser- und damit auch Nährstoffversorgung, durch zu starke Sonnenbestrahlung (in Südlagen besser lichter Halbschatten), Beschädigung der Ranken, zu spätes Ernten. Die Züchtung bemüht sich um bitterfreie Sorten.

5.2 Melonen

Es gibt zwei Melonenarten:

- **Die Wassermelone:** Ziemlich große, runde bis ovale Früchte, nicht duftend, weniger süß; Blätter tief eingeschnitten. *Sorten:* zum Beispiel Crimson Sweet, Sperling's Sweety.
- **Die Zuckermelone:** Kleine bis mittelgroße Früchte, zur vollen Reifezeit duftend, süß; Blätter rund. *Sorten:* zum Beispiel Sperling's Honigtopf, Orange Ananas.

Durch die Züchtung weniger empfindlicher *Hybridsorten* ist der Melonenanbau für den Hausgärtner interessanter geworden. Im luftfeuchten, sonnenärmeren norddeutschen

Raum und in höheren Lagen ist die Melonenkultur jedoch weiterhin nur im *Kleingewächshaus* oder warmen *Frühbeet* erfolgversprechend. Auch in anderen Gebieten ist der *Folieneinsatz* durch Überbauen eines Tunnels in den ersten Wochen nach der Pflanzung und durch Bodenabdeckung mit schwarzer Folie zwecks besserer Bodenerwärmung ratsam.

Ansprüche

Die Ansprüche der Melonen liegen noch wesentlich höher als die der Gurken. Sie ist wärmebedürftiger während ihrer gesamten Kulturzeit und hat einen sehr hohen Licht- und Sonnenscheinbedarf. Deshalb braucht sie den sonnigsten und geschütztesten Gartenplatz und dazu einen humusreichen, warmen Boden.

Anbau

Melonen müssen *im Warmen angezogen* werden. Man sät sie Mitte April einzeln in Ton- oder Torftöpfe und stellt sie warm, nach der Keimung zusätzlich sehr hell bei gleichmäßiger Feuchtigkeit. Ende Mai ist die zeitigste Auspflanzzeit im Abstand von 50 cm, eine Reihe auf ein Normalbeet.

Die Bodenvorbereitung, Düngung und weitere Bodenpflege entsprechen den Angaben bei den Gurken. Einige schwachkonzentrierte flüssige Düngungen mit wasserlöslichem Volldünger sind vorsichtig vorzunehmen, wenn die Pflanzen beginnen, kräftig zu wachsen.

Die Fruchtbildung erfolgt an Seitentrieben. Man regt die Seitentriebbildung durch das Entspitzen des Haupttriebes über dem fünften oder sechsten Blatt an. Auch die nun entstehenden Seitentriebe entspitzt man ebenfalls nach dem fünften Blatt. An einer Pflanze läßt man nur fünf bis sechs Früchte heranreifen, weitere Fruchtansätze werden ausgekniffen. Als saubere, trockene Unterlage schiebt man ein Brett oder eine Glasplatte unter die Melonen.

Krankheiten und Schädlinge: siehe bei Gurken.

5.3 Kürbis

Kürbis ist ebenfalls sehr frostempfindlich, deshalb darf er erst nach den letzten Maifrösten in den Garten kommen und muß rechtzeitig vor den ersten Herbstfrösten geerntet und ins Haus geholt werden. Gut zubereitetes Kürbiskompott ist für manche eine besondere Delikatesse.

Kürbis kann im Haus vorgezogen werden – man braucht für einen mittleren Haushalt **nur zwei Pflanzen** – oder er wird Mitte Mai an einer sonnigen Ecke im Garten direkt ausgesät. Die blattreichen Ranken vom Kürbis könnten sehr vorteilhaft den einmal umgesetzten Kompost beschatten und damit über Sommer feucht halten. Er darf aber als starker Nährstoff-Fresser keinesfalls auf dem Kompost, sondern nur in genügendem Abstand *an den Fuß des Komposthaufens* gesetzt werden.

Der Pflanzgrund wird mit Stallmist oder feuchtem Torf verbessert, in der ersten Zeit öfter gegossen und von Unkraut befreit. Der Haupttrieb wird über dem fünften Blatt entspitzt. Wenn der Fruchtansatz zu erkennen ist tut man gut, die fruchtenden Ranken drei Blatt über dem Fruchtansatz zu stutzen und unfruchtbare Ranken möglichst ganz zu entfernen. *Einer Pflanze läßt man drei bis fünf Früchte.*

5.4 Zucchini

Zucchini oder Courgette, wie sie in Frankreich genannt werden, sind in wärmeren Ländern Europas schon längst in größerem Umfange im Anbau. In Deutschland findet man sie dagegen erst seit einigen Jahren im Handel und auch in den Gärten. Kleiner Kürbis heißen sie eigentlich, wenn man das Wort Zucchini aus dem Italienischen übersetzt. Jedoch haben sie äußerlich eher Ähnlichkeit mit Gurken. Ihr weißes Fruchtfleisch ist jedoch weniger wäßrig und fester. Zucchini ist im Vergleich zu Gurken besser verdaulich und magenfreundlicher und kann deshalb auch roh besser vertragen werden. Sein Kaloriengehalt ist mit 17 kcal = 71 kJ je 100 g sehr gering.

Ansprüche

Abgesehen davon, daß er wie seine Artverwandten frostempfindlich ist, sind seine Wärmeansprüche den Sommer über geringer. Er kommt in unseren Gärten in warmer, sonniger Lage gut fort. Der Boden muß wie bei Gurken humusreich, locker und gleichmäßig feucht sein. Auch die Düngung ist wie bei Gurken vorzunehmen: Stallmist im Herbst, chlorfreie Grunddüngung mit 50 bis 80 g je m^2 Volldünger blau im Frühjahr und zwei Kopfdüngungen mit dem gleichen Volldünger in Höhe von insgesamt 50 g/m^2 im Juli und August.

Anbau

Zucchini wird wie Gurken entweder ab Mitte April in Töpfen *vorgezogen* oder nach den Maifrösten an Ort und Stelle in humusreiche, feuchte Erde *ausgesät.* **Für einen mittleren Haushalt reichen zwei bis drei Pflanzen.** Er kann wie Kürbis an den Fuß des Komposthaufens gepflanzt oder gesät werden, ein Stück des Gurkenbeetes einnehmen (Abstand 1 m in der Beetmitte) oder auf einem anderen besonnten Stück 2 bis 3 m^2 erhalten.

Zucchini eignet sich in seiner ersten Entwicklungszeit für den Anbau unter einem *Folientunnel*, ebenso ist eine Bodenabdekkung mit schwarzer Folie vorteilhaft für eine einfachere Bodenpflege und bessere Bodenerwärmung. Er macht in einem gepflegten Garten sein gutes Fortkommen aber nicht davon abhängig.

Die **Ernte** der Zucchini beginnt etwa Mitte Juli und erstreckt sich bis zu den ersten Frösten. Die Früchte sollten nicht auswachsen, denn die größeren schmeken weniger gut als die kleinen. Man erntet am besten 15 bis 20 cm, höchstens 25 cm lange Früchte, 5 bis 8 kg/m^2.

Zucchini können roh oder gegart, vor allem im Gemisch mit Tomaten, Paprika, Zwiebeln, Auberginen verzehrt werden. Sie eignen sich am besten zum Kochen und Ausbacken, als Salat oder Bestandteil von Eintöpfen.

5.5 Tomaten

Sonnengereifte Tomaten aus dem eigenen Garten sind der Wunsch und der Stolz eines jeden Hausgärtners. Sie schmecken im Freien gereift und frisch aus dem Garten auch wirklich am besten. Der Tomatenanbau ist jedoch zeitaufwendig und längst nicht in allen Klimaräumen und Jahren erfolgreich.

Ansprüche

Klimaansprüche

Der Tomate gehört der sonnigste, geschützteste Platz im Garten. Im norddeutschen Raum und in rauhen Höhenlagen muß durch Schutzmaßnahmen und besondere Anbaumethoden das Kleinklima ihres Standorts „versüdlicht" werden. Sie steht hier am günstigsten an sonnigen Südmauern, an der Sonnenseite von Hecken und Zäunen. Besonders wohl ist ihr, wenn sie durch schräg gestellte Frühbeetfenster oder ein vorgezogenes Hausdach vor Regen geschützt ist. Sie verlangt Lufttrockenheit, aber eine hohe gleichmäßige Bodenfeuchtigkeit.

Bodenansprüche

Die Tomate gedeiht am besten auf humosen, sandigen Lehmböden mit *neutraler Reaktion*. Sie ist *selbstverträglich* und kann bei guter Ernährung mehrere Jahre auf der gleichen Stelle angebaut werden. Die Verbesserung des großen Pflanzloches mit Komposterde, Mistkompost oder Torfschnellkompost ist wichtig. Neben der Grunddüngung sind zwei Kopfdüngungen im Juli und Anfang August, bei gutem Fruchtansatz eine dritte Kopfdüngung Ende August erforderlich, so daß insgesamt 100 bis 150 g/m^2 eines blauen Volldüngers verabreicht werden.

Anbau

Man pflanzt am besten gesunde, kräftige und gedrungene *Jungpflanzen vom Gärtner*. Es sollte eine bewährte **frühe Sorte** sein, die eine gute Ausreife der meisten Früchte im Garten vor den ersten Herbstfrösten verspricht. Die Pflanzung erfolgt nicht vor *Ende Mai*, da Tomaten sehr frostempfindlich sind.

Man unterscheidet zwei Anbaumethoden bei Stabtomaten:

Einreihiger Beetanbau: Beetbreite 1 m, eine Mittelreihe; Abstand in der Reihe 60 cm, Anbinden der Pflanzen an einem Pfahl oder an dicken Schnüren (am Wurzelhals befestigen) oder Stahldrahtstangen, die an einem 1,50 m hohen Mitteldraht befestigt werden.

Zweireihiger Beetanbau: Beetbreite 1,20 m; Abstand 70 x 70 cm (an Mitteldraht) oder 80 x 80 cm (zur Pyramide).
Anbinden der Pflanzen an praktischen *Stahldrahtstangen*, die man an einem Mitteldraht befestigt oder zu dritt schräg zu Pyramiden oben zusammenbindet.

Buschtomaten brauchen keinen Halt. Sie werden im Abstand von 60 x 40 cm gepflanzt. Sie haben wegen ihrer Fäulnisempfindlichkeit in unserem Klima wenig Bedeutung.

Tomaten müssen tief gepflanzt und später *angehäufelt* werden, da sie an ihren unteren Sproßteilen durch Erd- und Feuchtigkeitsreiz zusätzliche Wurzeln bilden können, wodurch die Wasser- und Nährstoffaufnahme verbessert wird. Nach dem Einschlämmen zieht man trockene Erde über den Gießrand und deckt den Pflanzengrund mit feuchtem Torfmull, Stroh, strohigem Stallmist oder dunkler Folie ab.

Pflege

Tomaten sind die pflegebedürftigste Gemüseart. Es müssen laufend die *Geize* in den Blattachseln ausgebrochen werden, denn man zieht im Hausgarten am besten **eintriebige Pflanzen,** da sie eher fruchten. Im August werden die Pflanzen über dem vierten bis sechsten Fruchtstand gestutzt. Je ungünstiger der Klimaraum, die Sommerwitterung und der Gartenstandort sind, desto eher und tiefer ist zu köpfen, um die Reife zu beschleunigen.

Stabtomaten sind laufend anzubinden, oft zu gießen, ohne die Blätter zu befeuchten, und zu hacken. Das Platzen der Früchte kann durch die Einhaltung einer gleichmäßigen Bodenfeuchtigkeit verhindert werden. Die unteren, meist von Krankheiten besonders befallenen Blätter können bis zur Höhe von etwa 30 cm entfernt werden.

Vorbeugende Bekämpfung der Tomatenkrankheiten

Zu den allgemeinen Pflegemaßnahmen an Tomaten gehört die *vorbeugende Bekämpfung* der **Kraut- und Braunfäule,** die sich auch bei der verwandten Kartoffel verheerend auswirken kann. Tomatenblätter und -früchte bekommen braune Flecken, die zu Fäulnis führen und die Ernte verderben. In luftfeuchten Gegenden und in feuchten Sommern tritt die Krankheit am stärksten auf. Jede zusätzliche Befeuchtung der oberirdischen Pflanzenteile muß verhindert werden. Helle Plastikhauben über den Tomatenpflanzen halten zwar den Regen ab, darunter kann es jedoch auch recht mulmig und feucht werden.

Die *vorbeugende chemische Bekämpfung* besteht aus wiederholten Spritzungen ab Mitte Juni im 14-tägigen Abstand zum Beispiel mit Antracol, Polyram-Combi und zugelassenen Kupfermitteln. *Sellerie* verlangt gegen die Blattfleckenkrankheit die gleichen Spritzungen, und so ist es praktisch, ihn neben die Tomaten zu pflanzen. Besonders die Blattunterseiten und der Stengelgrund sind bei beiden Pflanzenarten tüchtig zu benetzen.

Ernte

Die Ernte muß laufend und rechtzeitig erfolgen. Unreife Tomaten sind vor dem Frost zu pflücken und an einem warmen, dunklen Ort oder eingepackt in trockenem Torf oder weißem Papier nachzureifen. Man kann auch die ganze Pflanze ausreißen und zur Nachreife an einem geschützten Ort aufhängen.

5.6 Paprika

Die Ansprüche des Paprika an das Klima sind noch wesentlich höher als die der Tomate, so daß der Anbau bei uns nur im *Gewächshaus* und *Frühbeet* sinnvoll ist. Nur in ausgesprochenen Weinbaugebieten kann der Gartenanbau zu wirklichen Erfolgen führen.

Die Anzucht muß man meistens selbst vornehmen, weil die Gärtnereien selten Paprikajungpflanzen Ende Mai anbieten. Es wird um den 20. März in Saatkästen gesät, später in Torftöpfe einzeln pikiert. Die Raumtemperatur muß anfangs über 22°C, später um 20°C betragen.

Die Pflanzung erfolgt Ende Mai auf sehr humusreichen, nahrhaften Boden im Abstand von 40 x 40 cm unter Glas oder heller, sauberer Folie. Die Pflanzen sind während der gesamten Kulturdauer bis zum Herbst gleichmäßig zu gießen, in Abständen von etwa vier Wochen nach dem ersten Fruchtansatz zweimal mit je 30 g/m² Volldünger blau zu düngen und ganz besonders vor Wind zu schützen.

Die Paprikaernte beginnt meist Anfang August und zieht sich bis zum Frost hin.

5.7 Zuckermais

Zuckermais ist eine kleine Abart des Futtermaises und damit eine *einjährige Gräserart.* Die Pflanze ist einhäusig. Die männlichen Blüten befinden sich als Rispen am oberen Stengelteil, während die weiblichen Kolbenblüten, von sogenannten Lieschen (Scheidenblättern) umhüllt, seitlich am Stengel sitzen. Aus diesen treten zur Blütezeit die langen Griffel als Büschel heraus, die alle durch den Wind bestäubt werden müssen. Nur bei voller Bestäubung können alle Samenanlagen befruchtet werden, so daß der reife Kolben voll mit Körnern besetzt ist.

Die reifen Körner vom Zuckermais haben einen verhältnismäßig hohen Zuckergehalt und sind dadurch recht *kalorienreich*. Milchreife Körner und auch zarte ganze Maiskolben werden gedünstet oder gegrillt verzehrt. Die Körner schmecken auch roh vom Kolben gegessen.

Ansprüche

Zuckermais wächst überall dort, wo auch Futtermais in der Gegend gedeiht. Er sollte allerdings im Garten einen recht warmen, sonnigen Standort bekommen. Extrem trockene oder feste, nasse Böden sind nicht geeignet. Der Boden sollte nährstoff- und humusreich sein und muß vor allem zur Zeit der Befruchtung, das ist nach dem Schieben der Griffelbüsche, gut feucht gehalten werden.

Mais muß zügig wachsen. Dies kann durch eine Stallmistdüngung im Herbst, eine mineralische Grunddüngung im Frühjahr und ein bis zwei Kopfdüngungen mit je 20 g/m² eines blauen Volldüngers im Juli und durch wiederholtes Durchhacken erreicht werden.

Anbau

In günstigen Gegenden sollte Zuckermais Anfang Mai an Ort und Stelle auf ein sonniges Gartenstück ausgesät werden: Saattiefe 4 bis 6 cm, Reihenabstand 60 cm, Abstand in der Reihe 8 bis 10 cm einzeln oder alle 20 cm drei Korn, später auf 20 cm vereinzeln. Um die Bestäubung zu gewährleisten, sollte Mais mindestens dreireihig angebaut werden. Zuckermais muß in weitem Abstand von Futtermais stehen. Da Zuckermais eine hohe Keimtemperatur benötigt, ist in kühleren Gegenden eine *Vorkultur* in Töpfen im Haus, Frühbeet oder unter dem Folientunnel zu empfehlen. Gesät wird Ende April. Ende Mai ist der beste Pflanztermin.

Ernte

Die Ernte beginnt Anfang August bei *„Milchreife“*, das heißt, wenn beim Eindrücken der noch weichen Körner mit dem Fingernagel der Saft herausspritzt. Dann werden auch die bärtigen Griffel braun und sterben ab. Die Erntezeit zieht sich etwa vier Wochen hin, wobei man je Pflanze drei bis vier Kolben erntet, die je 200 bis 300 g wiegen. Mais eignet sich *auch zum Einfrieren.*

6. Wurzelgemüse

Die verschiedenen Wurzelgemüse liefern wie keine andere Gemüsegruppe ohne Anbauschwierigkeiten **wertvolles Frischgemüse** das ganze Jahr hindurch und sind für uns als Rohkost und als gegartes Gemüse unentbehrlich. Möhren haben von allen Gemüsearten den höchsten Gehalt an Carotin, der Vorstufe von Vitamin A, und sind deshalb auch besonders für die Säuglingskost und die Ernährung älterer Menschen wertvoll. Die leicht verdaulichen Schwarzwurzeln gehören in den meisten Fällen zur Krankenkost. Sellerie ist als Würzgemüse, aber auch als Salat- und Kochgemüse von der Küche nicht wegzudenken.

Die vielen Vorzüge der Wurzelgemüsearten führen dazu, daß ihnen im Hausgarten ein breiter Raum gegeben wird. Der Hausgärtner deckt zu Recht seinen Bedarf an Möhren, Rettich, Radies und Wurzelpetersilie selbst. Auch Rote Rüben sind anbaumäßig und vom Platzbedarf her kein Problem. Der Anbau von Knollensellerie sollte nur auf guten, nährstoffreichen Gartenböden vorgenommen, andernfalls im Herbst preiswert eingekauft und möglichst im eigenen Haushalt gelagert werden.

Ansprüche

Wurzelgemüse gedeiht am besten in tiefgründigen, humosen, warmen, kalkhaltigen, sandigen Lehmböden bis *lehmigen Sandböden.* Das Land darf weder steinig und hart noch zu naß sein. Besonders wichtig ist die Tatsache, daß alle Wurzelgemüsearten außer Sellerie nicht direkt nach einer Stallmistdüngung angebaut werden dürfen, sondern in die 2. Tracht gehören. Für die Düngung eignen sich besonders gut die altbekannten Vorratsdünger Kalkstickstoff, Thomasphosphat und Patentkali. Sellerie und Rote Rüben reagieren noch besser auf Chlorkali als auf Patentkali, da sie chlorliebend sind. Alle physiologisch sauren Dünger sollten sonst vermieden werden. Während der Hauptwachstumszeit der Lagergemüse (Juli bis Ende September) sind ein bis zwei Kopf-

Anbauzeiten von Möhren im Hausgarten

Aussaat	Ernte	Verbrauch	Sortenbeispiele
Februar unter Folientunnel	Mai	sofort	Frühbund, Suko, Amsterdamer Treib, Kundulus
März/April, evtl. unter Folie	Juni/Juli	sofort	wie oben, Decora, Pariser Markt, Forto, Nanco und Nandor F1-Hybr.
April	Juli/August	sofort	Rotin, Marktgärtner, Forto, Nandor
Ende April/Anfang Mai	Oktober	Winter	Lange rote stumpfe ohne Herz, Rothild
Mai	September/Oktober	Herbst bis Januar	Nantaise Typ Marktgärtner, Juwarot
Ende Juni bis Mitte Juli	Oktober	sofort	Kundulus, Frühbund

düngungen angebracht. Ein *guter Humusgehalt* durch Torf und Komposterde fördert den gleichmäßigen, flotten Wuchs der Wurzeln und verhindert das schnelle Verholzen oder Platzen.

6.1 Möhren

Anbau

Möhren kann man bei richtiger Wahl der Anbauzeiten und Sorten, bei Vorhandensein einer geeigneten Lagereinrichtung und in ungünstigen Frühjahren durch die Verfrühung unter Folie das ganze Jahr hindurch als selbsterzeugtes Frischgemüse zur Verfügung haben. Kleine, runde Möhren bezeichnet man als **Karotten.**

Es sind frühe (Reihenabstand 20 cm), mittelfrühe (25 cm) und späte **Möhrensorten** (30 cm) zu unterscheiden. Einige Sorten wie Rotin, Juwarot und Rothild haben einen besonders hohen *Carotingehalt.*

In humosen, sandigen Böden sind die Möhrenwurzeln besonders schön glatt und wohlgeformt, während sie auf harten, schweren Böden leicht vielbeinig werden und viele Faserwurzeln bilden. Besonders harte Lehm- und Marschböden sollten für die Dauer durch Sandzufuhr durchlässiger gemacht werden.

Möhren haben einen besonders *feinen Samen,* weshalb das Saatbeet sehr feinkrümelig vorbereitet werden muß. Sie werden deshalb auch leicht zu dicht gesät. Entweder man mischt den *Samen mit trockenem Sand* oder man benutzt *pilliertes Saatgut*, wenn man sich für die Aussaat nicht sehr viel Zeit nehmen kann. Frühe Möhren brauchen bei sorgfältiger Aussaat nicht verzogen zu werden, bei den späten Sorten ist ein *Vereinzeln* auf 4 bis 6 cm unbedingt erforderlich. Die entstehenden Löcher sind dabei wieder mit der Hand zu schließen, die vereinzelten Reihen zu gießen.

Um während der langen Keimdauer von etwa drei Wochen und länger schon ein- bis zweimal durchhacken zu können, gibt der Hausgärtner der Möhrensaat eine **Markiersaat** bei, *am besten Spinat*, der bald nach dem Aufgehen der Möhren vorsichtig herausgezogen und auf den Kompost geworfen wird. Radieschen als Markiersaat müssen schnell geerntet werden, Salat sollte unbedingt als Jungpflanze rechtzeitig auf ein anderes Stück verpflanzt werden und nicht die Möhren ständig bedrängen.

Pflege

Möhren werden nur *an Ort und Stelle in Reihen ausgesät* und brauchen für die Keimung einen guten *Bodenschluß* durch Anklopfen der Saatreihen. In trockenen Zeiten muß gewässert werden, weil sonst die Wurzeln leicht

Abbildung 118:
Mittelfrühe Sorte „Forto“

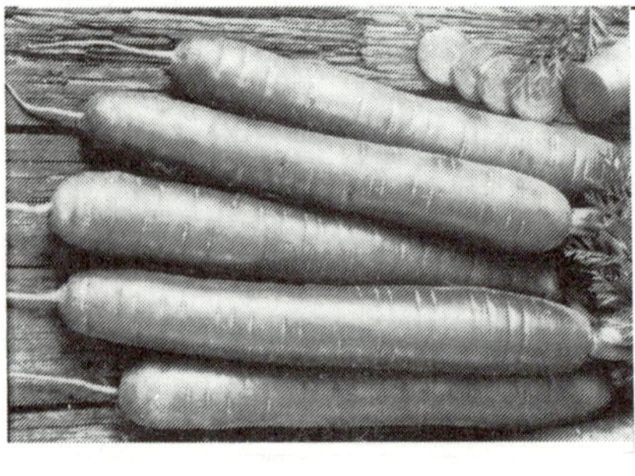

verholzen. Je gleichmäßiger die Bodenfeuchtigkeit gehalten wird, desto zarter bleiben die Wurzeln und um so weniger ist ein Platzen der Möhren zu befürchten. *Späte Wintermöhren* erhalten neben der Grunddüngung vor der Bestellung im Juni/Juli eine Kopfdüngung von etwa 40 g/m^2 eines Volldüngers blau.

Ernte

Frühe Möhren, die als erste im Frühjahr oder als Nachkultur Ende Juni bis Mitte Juli gesät werden, sind pünktlich zu ernten und laufend zu verbrauchen. Andernfalls nimmt häufig der Schaden durch *Möhrenfliegen* überhand. Dagegen sollten die *Wintermöhren* solange wie möglich auf dem Land bleiben, weil sie gerade in den kühlen Herbsttagen noch tüchtig wachsen und ausreifen. Die gute Ausreife von Lagermöhrensorten erkennt man an der rotbraunen Verfärbung des Laubes; sie sind haltbarer auf dem Lager.

Schädlinge

Möhrenfliege: Der Befall wird am frühzeitigen Verfärben und Absterben des Möhrenlaubes erkannt. Die Wurzeln sind madig, bekommen einen bitteren Geschmack und halten sich nicht. März- und Juliaussaaten werden weniger befallen.

Vorbeugende Maßnahmen sind wichtig: Den Möhren einen offenen, freien Standort geben, durch weitläufige Aussaat das Verziehen möglichst verhindern. Nach dem Vereinzeln und dem Abernten der Markiersaat die Löcher schließen und angießen.

Chemische Bekämpfung: Kurz vor der Aussaat ein Bromophos-Streumittel nach Vorschrift gleichmäßig ausstreuen und 3 bis 6 cm tief einarbeiten. Bei Wintermöhren die Behandlung vor dem Schließen der Reihen wiederholen. Nach der Saat können ebenfalls Streumittel ausgebracht oder ein Dimethoatmittel auf feuchten Boden gegossen werden. Die Gebrauchsanweisungen und die unterschiedlichen *Wartezeiten sind genau zu beachten*, auch bei Radies und Rettich als Markiersaaten.

6.2 Wurzelpetersilie

Die Wurzelpetersilie sollte in jedem Garten als überaus gesundes **Würzgemüse** in kleinen Mengen angebaut werden. Sie beansprucht die gleichen Standort- und Pflegeansprüche wie die Möhre, so daß sie am besten direkt neben Wintermöhren ausgesät wird, allerdings bereits ab Anfang April. Da Wurzelpetersilie ebenfalls durch *Fliegenbefall* leicht madig und häufig völlig untauglich wird, sollte auch hier eine vorbeugende Schädlingsbekämpfung vorgenommen werden (siehe Möhrenfliege).

6.3 Rote Rüben — Rote Bete

Rote Rüben wünscht man sich wohlgeformt, mittelgroß mit durchgehend dunkelrotem, zartem Fleisch. Soll sie rund sein, wählt man die bewährte Sorte Rote Kugel, schätzt man mehr die Rübenform, ist die Sorte Formanova vorzuziehen. Form und Größe hängen vor allem vom Vereinzeln und vom Anbautermin ab.

Anbau

Die Aussaat erfolgt im Garten im Reihenabstand von 25 bis 30 cm, und zwar für die Winterversorgung erst Anfang Juni, nachdem das Land schon Salat, Kohlrabi oder Rettich und Radies als Vorkultur trug. Frühe Aussaaten, die bis zum Herbst auf dem Land bleiben, entwickeln zu große Rüben, die leicht platzen, faulen und unansehnlich werden. Die Jungpflanzen sind auf etwa 6 bis 8 cm zu *vereinzeln.*

In manchen Gärten ist es üblich, Rote Rüben auf einem Anzuchtbeet vorzuziehen und im Juni/Juli zu pflanzen. Es bedeutet eine Mehrarbeit und bei heißem Wetter ein Risiko, weil die weichen Pflänzchen schlecht anwachsen. Andererseits ist das Land für eine andere Kultur länger frei. Zumindest ist es lohnend, Lücken in den Saatreihen mit verzogenen Pflanzen zu füllen.

Ernte

Rote Rüben sind frostempfindlich und *müssen im Herbst als erste von allen Lagergemüsearten geerntet werden*. Bei den Ernte- und Einlagerungsarbeiten sind die Rüben sehr zu schonen, da sie leicht „bluten" und Faulstellen bekommen. Die Blätter sind am besten daumenbreit über der Rübe abzuschneiden.

Abbildung 119:
Rote Rüben „Rote Kugel"

6.4 Pastinaken

Die Pastinake ist eine weiße, nach unten zugespitzte Rübe, etwa in der Größe von großen Wintermöhren und nur in wenigen Gegenden bei uns bekannt. Sie wird gegart in der Küche verwertet.

Sie stellt die gleichen **Boden- und Klimaansprüche** wie Möhren und kommt im luftfeuchten Meeresklima und auf kultivierten Moorböden besonders gut fort.

Der Anbau von Pastinaken gleicht dem der Wintermöhren, nur die **Aussaat** muß bereits im April erfolgen. Bei zu dünner Saat bleiben oft Lücken, weil der Same eine kurze und schlechte Keimfähigkeit hat. Andererseits muß bei zu dichtem Stand in den Reihen auf 10 bis 15 cm *vereinzelt* werden.

Pastinaken können in Mieten, Gruben oder im Keller im Sandeinschlag aufbewahrt werden, aber auch auf dem Lande bleiben, da sie *frosthart* sind.

6.5 Schwarzwurzeln

Schwarzwurzeln sind wegen des verhältnismäßig hohen Kohlenhydratgehaltes die *kalorienreichste Wurzelgemüseart*. Als Kranken- und Diätgemüse sind sie fast unentbehrlich, zumal sie gleichzeitig als Delikatesse gelten und mit Spargel verglichen werden.

Ansprüche

Sie verlangen einen sehr tiefgründigen und tief gelockerten, steinlosen, leichten Boden in alter Kraft. Frische Stallmistgaben sind ebenso nachteilig wie längere Bodentrockenheit. Deshalb sind Komposterde und feuchter Torfmull als organische Bodenverbesserer besonders günstig. Wegen der langen Kulturzeit muß in Etappen gedüngt werden, zum Beispiel eine Handvoll (60 g/m²) Blaukorn vor der Bestellung und je 20 g/m² Blaukorn im Juni und August. Langsamwirkende organisch-mineralische Düngemittel sind sehr geeignet, wenn sie genügend Kali enthalten.

Anbau

Schwarzwurzeln sollten ebenso wie Dicke Bohnen das erste Gemüse sein, das im zeitigen Frühjahr im Garten ausgesät wird: Reihenabstand 25 cm. Es muß alljährlich frischer Same verwendet , nur flach in 2 bis 3 cm tiefe Rillen gesät und gut angeklopft werden. Im Mai/Juni wird auf 4 bis 6 cm in der Reihe *vereinzelt*. Im Laufe des Sommers ist bei Trockenheit zu wässern und sind laufend vereinzelte Blütenansätze auszubrechen.

Ernte und Lagerung

Schwarzwurzeln vertragen Kälte bis –20°C, so daß sie bis zum Verbrauch im Garten bleiben könnten, wenn man sie nicht vor *Wühlmäusen* bewahren muß. In rauhen Lagen mit langen Frostperioden ist es in jedem Falle besser, sie im Oktober/November im Keller in feuchten Torf oder in Gruben im Freien in feuchten Sand einzuschlagen.

Bei der Ernte ist in etwas schwereren Böden neben der Schwarzwurzelreihe ein *Graben* auszuheben. Man lockert von dort mit der Grabegabel die Wurzeln und zieht sie vorsichtig senkrecht heraus. In leichten, lockeren Böden reicht oft ein kräftiges Lockern durch Einstich der Grabegabel von oben neben der Reihe. Schwarzwurzeln brechen leicht, deshalb sollte man sich bei der Ernte Zeit lassen!

Krankheiten

Echter Mehltau: Weißer Belag auf den Blättern. Schnelle Bekämpfung durch wiederholte Spritzungen zum Beispiel mit Morestan oder einem Schwefel-Präparat.

Falscher Mehltau: Weißer Belag vor allem blattunterseits. Bekämpfung durch wiederholte Spritzungen zum Beispiel mit Funguran bringt Teilerfolge.

6.6 Sellerie

Vom Sellerie gibt es drei Arten

- **Der bekannte Knollensellerie**
- **Der Schnittsellerie**, speziell für Würzzwecke mit starker Blattbildung und fehlender Knolle.
- **Der Bleichsellerie** mit kräftigen, fleischigen Blattstielen, die durch Furchenpflanzung, Anhäufeln oder einen Folien- oder Wellpappkragen während des Heranwachsens *gebleicht* und zu frischem Salat und zu Gemüsegerichten zubereitet werden. Es gibt auch selbstbleichende Sorten. *Die Aussaat muß im März in eine Handkiste erfolgen*, später ist zu pikieren und etwa Ende Mai auszupflanzen im Abstand von 40 x 30 cm. Die weitere Kultur gleicht der des Knollenselleries.

Knollensellerie

Ansprüche

Sellerie ist vom Wurzelgemüse die anspruchsvollste Art. Er gedeiht am besten im feuchten Küstenklima und auf kräftigen, *humusreichen Lehmböden.* Das Grundwasser sollte für seine Wurzeln erreichbar sein, oder wir müssen vor allem von Juli bis September reichlich wässern. Die Selleriedüngung wird unterschiedlich durchgeführt. In manchen Böden hat man nach einer Mistdüngung gute Erfolge, meistens zeigen sich aber viele Nachteile, wie schlechte Knollenbildung zugunsten einer reichen Faserwurzelbildung, starker Befall der Blattfleckenkrankheit und von *Gemüsefliegen.* Die Verwendung von Misterde ist bei Sellerie besonders vorteilhaft. Er verlangt außerdem eine kräftige Grunddüngung. Kali und Phosphorsäure sind besonders wichtig und ein bis zwei Kopfdüngungen mit je 30 bis 40 g/m^2 Volldünger von Juli bis September. *Er ist chlorliebend!*

Anbau

Die Jungpflanzen werden am besten fachmännisch im warmen, hellen Gewächshaus angezogen und nach den letzten Maifrösten beim *Gärtner* gekauft. Sie müssen einen kräftigen Wurzelballen und einen gedrungenen, straffen Wuchs haben. Überständige Jungpflanzen schossen später genau so schnell wie solche, die zu früh gepflanzt wurden und unter Spätfrost litten.

Die Pflanzung erfolgt also erst Ende Mai bis Anfang Juni im Abstand von 40 x 40 cm. Es ist flach und doch fest zu pflanzen, wobei darauf zu achten ist, daß die Büschelwurzel gut verteilt in die Erde kommt, und die Herzblätter völlig frei bleiben, weil sonst die Knollenbildung gefährdet ist. Am besten gelingt die Pflanzung in einem humosen Boden und *mit der Hand.*

Auch bei den sommerlichen **Pflegearbeiten** ist ständig darauf zu achten, daß die Knollen *nicht angehäufelt* werden. Auch ist es nicht günstig, gesunde Blätter vom Knollensellerie für Würzzwecke in die Küche zu holen. Es ist vorteilhafter, hierfür einige zusätzliche Pflanzen im Abstand von 20 bis 30 cm auf das Kräuterbeet zu pflanzen.

Die Sellerieernte schiebt man im Herbst so lange wie möglich hinaus, weil an den kühlen Herbsttagen noch ein deutlicher Knollenzuwachs und die gute Ausreife erfolgen.

Krankheiten

Blattfleckenkrankheit: Blätter bekommen braune Flecke mit hellem Rand. Bei feuchter Witterung verbreitet sich die Krankheit schnell, Blätter sterben ab, die Knollenbildung wird gehemmt. Befallene Blätter sind abzupflücken und in den Müll zu geben oder zu verbrennen.

Die Bekämpfung ist nur vorbeugend wirksam: Fruchtwechsel einhalten, gute Kaliversorgung des Bodens, Samen beizen, nach Vorjahrsbefall im Garten vorbeugend ab Mitte Juni alle zwei bis drei Wochen mit Antracol oder einem zugelassenen Kupfermittel spritzen.

Knollenschorf: Auf den Knollen bilden sich braune Flecken, die verkorken und aufreißen, oft entsteht eine Gürtelbildung. Als Folge tritt häufig Lagerfäule auf.

Vorbeugende Bekämpfung: Weitgestellte Fruchtfolge, gute Kalkversorgung des Bodens, pünktliche Bodenlockerung, Entfernen kranker Pflanzen.

6.7 Rettich

Rettich hat einen besonderen *gesundheitlichen Wert,* da er sich durch seine harntreibende Wirkung als Diätkost bei Herzleiden und Gelenkrheumatismus, aber auch bei Leber- und Gallenleiden eignet Seine Schärfe hängt von seinem Senfölgehalt ab und dieser wiederum von den Wachstumsbedingungen im Garten und von der Sorte.

Ansprüche

Rettiche verlangen einen humosen, nährstoffreichen Boden und eine gleichmäßige Wasserversorgung. Die meisten Gartenböden können durch Kompost- und feuchte Torfgaben sowie durch pünktliches Gießen anbauwürdig für Rettich gemacht werden. Auf leichten, trockenen Böden und bei Hitze werden Rettiche scharf und pelzig, auf schweren, festen Böden werden sie beinig und schwarz. Stallmist und Kalk dürfen nicht direkt vor dem Anbau gegeben werden; Rettich gehört in die **2. Tracht.**

Rettiche können je nach Sorte oval, walzenförmig und rund, die Außenhaut kann weiß, rosa-violett, blau, rot oder braun-schwarz sein. Die Gartenernte beginnt nach erster Aussaat im März – eventuell unter Folie – im Mai und kann sich durch laufende *Folge-*

Sortenbeispiele und Anbauzeiten für Rettich

Sorten	Entwicklungszeit	Aussaat	Ernte
Ostergruß (rosa), Pax (weiß), Rex (weiß), Neckarruhm (rot u. weiß), Abstand 20 x 8 cm	45 – 55 Tage	Anfang April bis Mai, Folgesaaten bis Anfang August	Mitte Mai, in Folgen bis September
Minowase Spring Cross F^1-Hybride, Abstand 40 x 30 cm	50 – 60 Tage	Mai und Mitte Juli bis Mitte August	Ende Juni/Juli, September
Minowase Summer Cross F^1-Hybride, Abstand 40 x 30 cm	50 – 60 Tage	Juni bis Anfang August fortlaufend	August bis Ende September
Münchener Bier, Abstand 25 x 20 cm	95 Tage	Anfang bis Mitte Juli	Oktober, bis Dezember einlagern
Runder schwarzer Winter, Abstand 30 x 20 cm	110 Tage	Anfang Juli	Oktober, einwintern

saaten bis zum Oktober hinziehen. Einige wertvolle, im Handel stets teure Wintersorten lassen sich bis zur zweiten Winterhälfte lagern.

Anbau

Rettich wird als *Vor-, Zwischen- oder Nachkultur* angebaut. Die Aussaat erfolgt in Reihen. Die Samen werden weitläufig in flache Rillen gesät oder im Abstand von 8 bis 15 bis 20 cm zu je zwei bis drei Stück etwa 2 cm tief gestupft. Bei beiden Methoden ist später zu vereinzeln, wobei die Wintersorten den weitesten Abstand von 20 cm erhalten.

Die große Gefahr des Pelzig- und Holzigwerdens muß durch laufendes Feuchthalten und rechtzeitiges Ernten verhindert werden.

Schädlinge an Rettich und Radieschen

Erdflöhe: Von der Aussaat an gut feucht halten, viel hacken.

Kohlfliege und Kohlhernie: siehe Kohlschädlinge.

6.8 Radieschen

Sie verlangen im Frühjahr und im Herbst eine milde, offene Lage, im Sommer dagegen schattige, feuchte Stellen. Die ersten **Aussaaten** können Mitte bis Ende März erfolgen und darauf könnten alle 10 bis 14 Tage bis Ende August *Folgesaaten* an Beeträndern, zwischen langsamwachsenden Kulturen und als Markiersaaten vorgenommen werden. Im Hausgarten sind immer nur kleinste Mengen auf einmal auszubringen, weil Radieschen sehr schnell überständig werden.

Aussaatmethoden

- **Übliche Reihensaat**, 2 g/m², 15 cm Reihenabstand.

- **Das Stupfen:** Hierbei könnte man sich einer Holzharke ohne Stiel oder eines ähnlichen selbstangefertigten Holzgestells bedienen. Die Zinken werden 2 bis 3 cm tief in die Erde gedrückt und die Löcher mit je zwei Samen belegt. Der Reihenabstand beträgt 15 cm.

- **Breitsaat** (4 g/m²) auf ein torfhaltiges Beet, möglichst in der Nähe einer Wasserstelle, um es bequem laufend feuchthalten zu können. Die Samen werden mit der Harke eingehackt. Sie kommen dadurch etwas unterschiedlich tief in den Boden und sind auch unterschiedlich schnell fertig. Das ist im Hausgarten sehr günstig.

Radieschen müssen zügig wachsen, andernfalls sind sie schnell madig, schießen vorzeitig und werden pelzig und hohl. Laufendes Feuchthalten und fleißiges Lockern sind deshalb die wichtigsten Pflegemaßnahmen.

Der Anbauerfolg hängt auch von der Sortenwahl für die jeweilige Jahreszeit ab.

Schnellwüchsige Sorten für Frühjahrs- und Herbstanbau: Frühwunder, Cherry Belle, Saxa, Parat, Rota, Scharo, Delikat.

Sommersorten: Champion, Riesenbutter, Eiszapfen.

7. Dauergemüse

7.1 Rhabarber

Rhabarber ist ein **Staudengewächs**, das zur Familie der *Knöterichgewächse* gehört und seine urspürngliche Heimat in Ostasien hat. Während er von altersher als Heilpflanze Verwendung fand, ist seine Verwertung in der Küche für Kompott, Saft, Most und süße Speisen noch nicht sehr lange bei uns üblich. Die Säure der Rhabarberstiele wirkt erfrischend und blutreinigend und übt einen fördernden Einfluß auf die Verdauungstätigkeit aus.

Ansprüche

Rhabarber wächst in jedem kultivierten Gartenboden, es ist nur für eine genügende Tiefgründigkeit, Feuchtigkeit und Nährstoffversorgung sowie für einen guten Kalkzustand zu sorgen. Die großen Blätter und fleischigen Wurzeln geben für diese Ansprüche eine Erklärung.

An das Klima stellt Rhabarber keine besonderen Ansprüche. Er kommt im Sommer mit lichtem Halbschatten aus.

Anbau

Da Rhabarber mehrjährig ist, gehört er in das **Dauerquartier** des Gartens, damit er bei großflächigen Bodenbearbeitungsmaßnahmen nicht im Wege steht. Der Boden wird im Herbst vor der Pflanzung tief gelockert und mit einer kräftigen *Stallmistgabe* und am besten mit mineralischen *Vorratsdüngern* versehen, zum Beispiel je m^2 50 g Kalkstickstoff, 50 g Thomasphosphat, 80 g Patentkali. Stattdessen können auch verrottete *Komposterde* und feuchter Torf sowie 80 bis 100 g/m^2 eines chlorfreien Volldüngers als Frühjahrsdüngung verwendet werden.

Ein bis zwei Rhabarberpflanzen genügen für die gute Versorgung einer Person. Die besten Pflanzzeiten sind der Oktober und Februar bis Anfang März. Man pflanzt im Abstand von 1 m und spart dabei nicht mit Komposterde und feuchtem Torf für das Pflanzloch und die Bodenabdeckung nach der Pflanzung. Ein pflanzwürdiges Teilstück ist etwa 1 kg schwer, hat mindestens drei gut ausgebildete Wurzeln und eine gut sichtbare gesunde Knospe. Der Pflanzkopf soll nur 3 bis 4 cm mit Erde bedeckt sein.

Nach sechs bis acht Standjahren gehen Ertrag und Erntequalität merklich zurück. Dann könnte man im Laufe von zwei Jahren je die Hälfte der Stauden aufnehmen und kräftige Teilstücke von den besten Mutterpflanzen neu aufpflanzen. Durch die *stufenweise Verjüngung* entsteht kein so großer Ernteverlust.

Man kann jungen Pflanzenbestand nicht immer nur aus eigenen alten Rhabarberstauden-Pflanzungen aufbauen. Vielmehr sollte man sich auch immer wieder um neue Sorten bei Baumschulen oder Gärtnereien bemühen, die häufig farblich und geschmacklich die alten übertreffen.

Man unterscheidet folgende Arten und Sorten:

- Rotstielig – rotfleischig (Blutrhabarber): zum Beispiel Loher Blut, Elmsjubiläum, Elmsgigant.

- Rotstielig – grünfleischig:
  zum Beispiel Suttons Rhabarber, Kruskroop.

- Grünstielig – grünfleischig:
  zum Beispiel Viktoria.

Rotstielige und rotfleischige Sorten haben eine besonders gute Qualität, während die grünstieligen Sorten ertragreicher sind.

Pflege

Die Bodenpflege sollte durch *Mulchen* vereinfacht werden. Gedüngt wird nach der Ernte mit 50 g/m² Volldünger und anschließend wird gewässert. Hinzu kommen eine jährliche mittlere Stallmistgabe im Herbst und eine Volldüngung von 30 bis 50 g/m² im Frühjahr. Im Laufe des Sommers sind alle Ansätze von *Blüten auszubrechen.*

Ernte

Sie beginnt im *April* des zweiten Standjahres und zieht sich jeweils *bis Ende Juni* hin. Eine längere Erntezeit schwächt die Pflanzen zu sehr, auch sind die Stiele dann zu oxalsäurehaltig und schlecht bekömmlich. Es sollten nie mehr als ein Drittel der vorhandenen Stiele auf einmal gezogen werden. Die beste Eßqualität haben die Stiele bei einem Blattalter von 10 bis 35 Tagen. Der *Ernteertrag* beläuft sich jährlich auf 5 bis 7 kg pro Pflanze.

Eine **Ernteverfrühung** von etwa 10 bis 18 Tagen wird erreicht, wenn ein Teil der Pflanzen im März mit Kisten, Körben oder Folie umbaut wird und einen Mistumschlag erhält; im Bauerngarten leicht zu machen. Auch unter *Schlitzfolie* ist eine Rhabarberverfrühung möglich.

Rhabarberblätter sind giftig und dürfen nicht verzehrt werden.

7.2 Bleichspargel

Bleichspargel ist ein *Luxusgemüse*, das wenig Nährstoffe und Kalorien beziehungsweise Joule enthält, jedoch für viele *Diäten* (nicht Nierendiät) geeignet ist. Spargel ist im Handel stets teuer und nur begrenzt im Angebot, da diese Gemüsekultur sehr arbeitsaufwendig ist, viel Fläche beansprucht und das Erntegut sehr schnell an Qualität einbüßt.

Auch für den Hausgärtner ist die Spargelkultur eine Liebhaberei, die aber viel Freude bereitet und auch stolze Erfolge bringen kann. **Für eine gute Spargelversorgung rechnet man 20 Pflanzen je Person.**

Bleichspargel wird entweder in der herkömmlichen Methode mit Erddämmen angebaut oder unter schwarzem Folientunnel kultiviert.

Ansprüche

Spargel liebt eine *warme, windgeschützte Lage* und gehört als mehrjährige **Staudenpflanze** an den sonnigsten Platz im **Dauerquartier**. Die Spargeldämme sollten wegen der gleichmäßigeren Sonneneinstrahlung in Nord-Süd-Richtung verlaufen.

Spargel verlangt einen sehr durchlässigen, leichten und neutral wirkenden *Boden*, das heißt, die Humus-, Sand- und Kalkanteile müssen im Boden sehr hoch sein. Die meisten Gartenböden kann man durch Zufuhr geeigneter Mengen von Torf, Sand und kohlensauren Kalk spargelanbauwürdig machen. Bleichspargel unter einem Folientunnel kann auch auf schwerem Boden zu Erfolg führen. Liegt der *Grundwasserstand* höher als 2 m, so wird vorteilhaft eine Drainage eingebaut. Im Herbst wird das Land 50 bis 60 cm tief *rigolt* und mit Vorratsdüngern versehen, zum Beispiel 60 g Thomasphosphat, 60 g Chlorkali und je nach vorhandener Bodenreaktion bis 200 g kohlensaurer Kalk pro m^2.

Anbau mit Spargeldämmen

Spargelpflanzen werden als **einjährige Jungware** von einer *Spezialgärtnerei* bezogen. Die landwirtschaftlichen Dienststellen und Gartenbauvereine geben Auskunft über gute Bezugsquellen. Man muß die Pflanzen rechtzeitig am Jahresanfang bestellen.

Bewährte **Sorten** sind Huchels Leistungsauslese, Schwetzinger Meisterschuß, Ruhm von Braunschweig.

Die Pflanzzeit liegt zwischen Ende März und Mitte April. Der Reihenabstand beträgt 1,40 bis 1,60 m, der Abstand in der Reihe 40 bis 50 cm. Es werden Gräben in einer Breite und Tiefe von 40 cm ausgehoben. Den Erdaushub setzt man längs des Grabens hügelartig auf. Nachdem die Grabensohle aufgelockert wurde, bringen wir eine 10 bis 15 cm starke Schicht gut verrotteten Stallmistes darauf, die 5 cm hoch mit Komposterde bedeckt wird. Jede Pflanzstelle markieren wir mit einem Stock und versehen sie mit einem kleinen Erdhügel. Die einjährigen Spargelpflanzen werden nun auf den Hügel gesetzt, ihre Wurzeln in beide *Längsrichtungen* der Spargelreihe ausgebreitet – sonst wachsen später viele Stangen an den Außenkanten des Beetes heraus und bleiben zu kurz – und 5 cm mit Erde bedeckt. Zwischen Wurzelknospen und Erdoberfläche muß ein Abstand von 15 cm bleiben.

Abbildung 120: Spargelpflanzung

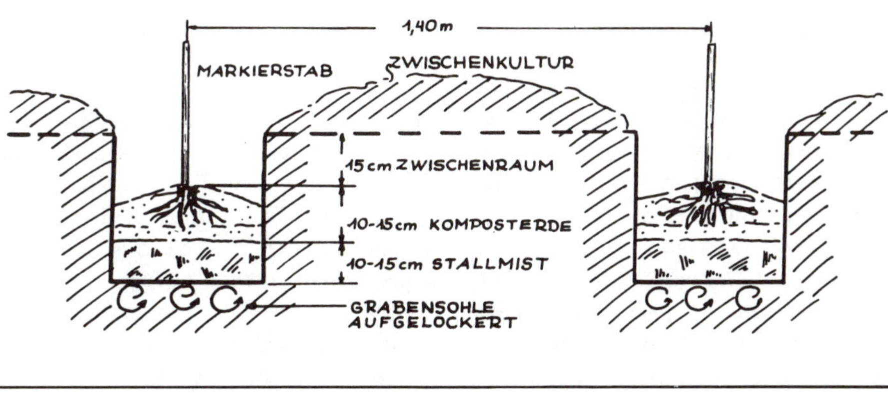

Pflege

- *Während des ersten Sommers* hält man die Beete locker, sauber und feucht. **Im Juni werden Lücken mit vorher bereits mitbestellten Reservepflanzen gefüllt.** Man kann schon im ersten Jahr nach dem Austrieb an trüben Tagen leichte flüssige Düngungen verabfolgen. Hierfür eignen sich aufgelöste Volldünger. Die Erdwälle werden mit Zwischenkulturen ausgenutzt. Im Oktober schneidet man das abgestorbene Laub tief am Boden weg und verbrennt es. Danach erhalten die Beete eine Stallmistabdeckung, die im Frühjahr vorsichtig untergegraben wird, wobei die Gräben zur Hälfte einzuebnen sind.

- *Im zweiten Jahr* wiederholen sich die genannten Pflegearbeiten, und die Gräben werden zugefüllt. Im Laufe des Winters erhalten die Pflanzen die nun alljährlich wiederkehrende Grunddüngung, zum Beispiel je 80 g/m² Kalkstickstoff, Thomasphosphat und Chlorkali oder im Frühjahr 80 bis 100 g/m² Volldünger.

- *Im dritten Jahr* können kräftige Anlagen bis spätestens Ende Mai geerntet werden. Hierzu werden Anfang April über die Pflanzreihen 20 cm hohe Wälle gezogen, die man nach der Ernte wieder einebnet.

- *Im vierten Jahr* setzt die eigentliche **Ernte** ein. Die Wälle sind nun 40 cm hoch aufzuwerfen und sorgfältig zu glätten, damit man das Emporwachsen der Spargelköpfe rechtzeitig erkennt. Diese werden mit der Hand vorsichtig freigelegt und ohne den Wurzelstock zu beschädigen mit langem Spargelmesser abgestochen. *Um Johanni ist die Ernte zu beenden*. Wir ebnen die Dämme ein und geben mehrere Kopfdüngungen in flüssiger Form. Diese Düngung ist entscheidend für die nächstjährige Ernte und sollte möglichst mit *kalibetonten Volldüngern* vorgenommen werden, zum Beispiel Fertisal, Hakaphos spezial.

In den folgenden Jahren müssen bestimmte Arbeiten immer wiederkehren:

1. Anfang April Spargeldämme aufwerfen.
2. Nach der Ernte Beete einebnen.
3. Nach der Ernte flüssige Kopfdüngungen geben oder 100 bis 150 g/m² Volldünger in zwei Gaben.
4. Im Spätherbst Spargelkraut tief am Boden abschneiden und verbrennen.
5. Im Spätherbst Beete mit leichter Mistdecke, Komposterde oder Torf versehen.
6. Winterliche Grunddüngung.

Bleichspargel unter Folie

Statt in den für Bleichspargel bisher typischen Erdwällen kann Spargel auch unter einem 40 cm hohen **schwarzen Folientunnel** gebleicht werden. Der Folienüberbau ist verhältnismäßig einfach mit Hilfe von Drahtbügeln selbst zu erstellen. Nur in freier, windiger Lage ist die Haltbarkeit begrenzt.

Die Pflanzung und Pflege des Spargels unter Folie gleichen den oben gemachten Angaben bis auf die Ausführungen über das Aufwerfen und Einebnen der Erdwälle. Die Folienabdeckmethode hat die *Vorteile*, daß auch auf schweren, festeren Böden Bleichspargel angebaut werden kann, und daß der Erntezeitpunkt der einzelnen Stangen unter der Folie nicht so eng begrenzt ist. Der Spargel ist allerdings nicht so gleichmäßig und zart.

7.3 Grünspargel

Die Grünspargelkultur ist die viel ältere Anbaumethode von Spargel und in südeuropäischen Ländern und Nordamerika von jeher üblich. In Deutschland wurde im vorigen Jahrhundert das Anhäufeln der austreibenden Spargelstangen von den Holländern übernommen, um einen vollkommen weißen Spargel zu erhalten.

Grünspargel hat durch seinen Gehalt an Vitamin C und Provitamin A einen höheren gesundheitlichen Wert. Auch humusreiche lehmige Böden sind für seine Kultivierung geeignet. Die Pflege- und Erntearbeiten sind beim Grünspargel wesentlich einfacher als beim Bleichspargel mit Erddämmen.

Ansprüche

Grünspargel liebt ebenfalls einen warmen, geschützten Standort im Garten und braucht einen durchlässigen humusreichen Boden. *In Spätfrostlagen* und ungünstigen Frühjahren erleidet der erste Austrieb *Frostschaden*, wenn er nicht schnell vorübergehend einen Folienschutz erhält. Die Nährstoffansprüche und Düngemaßnahmen sind bei den beiden Spargelanbaumethoden gleich.

Anbau

Die Pflanzung des Grünspargels wird ebenfalls mit *einjährigen Jungpflanzen* aus einer Spezialgärtnerei Ende März bis Anfang April vorgenommen. **Man braucht für die gute Versorgung eines mittleren Haushaltes um 80 Pflanzen**, die in ihrer Vollertragszeit 15 bis 20 kg/Jahr Ertrag bringen.

Im Reihenabstand von 1,20 m werden die Pflanzen im Abstand von 40 cm in der Reihe in 15 cm tiefe und etwa 20 cm breite Mulden gepflanzt, wobei die Wurzeln nach allen Seiten gleichmäßig ausgebreitet und einige Zentimeter mit Erde bedeckt werden. Die Pflanzgräben werden bis zum Herbst des zweiten Jahres allmählich eingeebnet.

In den ersten beiden Jahren wird auch der Grünspargel nicht geerntet, damit er sich erst einmal zu einer kräftigen Pflanze entwickelt. Die abgestorbenen Triebe sind im Herbst über dem Erdboden abzuschneiden und wegen der Krankheitsgefahr sofort zu vernichten.

Im dritten Jahr entfällt das beim Bleichspargel übliche Aufschütten der Spargeldämme wie auch in den folgenden Jahren. Der Grünspargel wächst auf ebenem Boden, und die grünen Triebe werden direkt über der Erdoberfläche abgeschnitten. Dies erfolgt im dritten Anbaujahr bis Anfang Juni, in den folgenden Jahren bis Johanni. Die günstigste Stangenlänge zum Schnitt liegt zwischen 15 und 25 cm.

Für Grünspargel können die gleichen **Sorten** wie für den Bleichspargel genommen werden. Besser ist, **spezielle Grünspargel-Sorten** zu wählen wie Spaganiva, Schneewittchen, Merrygreen.

Krankheiten und Schädlinge an Spargel

Spargelrost: Kranke Pflanzen werden im Sommer gelb und sterben ab. Das Laub ist zu verbrennen. Falls in der Umgebung Rost aufgetreten ist, Junganlagen ab Mitte Mai und Ertragsanlagen ab Mitte Juli in Abständen von 10 bis 14 Tagen zwei- bis dreimal mit Dithane Ultra oder Polyram-Combi spritzen.

Spargelfliege: Sie legt ab Mitte April ihre Eier an die Spargelpfeifen. Larven dringen bis zum Wurzelstock vor und richten großen Schaden an. Es müssen pünktlich alle Triebe geerntet werden. Neuanlagen vorbeugend mit Roxion wiederholt behandeln. Befallene Triebe sind so tief wie möglich auszustechen und zu verbrennen.

Spargelhähnchen und Spargelkäfer: Fressen am Laub. Mit Insektenmitteln gut zu bekämpfen, wenn laufend beobachtet wird.

7.4 Artischocken

Die Artischocke ist ein prächtiges, **mehrjähriges Distelgewächs** mit großen fiederteiligen, weißfilzigen Blättern und blauvioletten, imposanten Blüten. Man erntet jedoch die vollentwickelten *Knospen* kurz vor der Blüte, wovon der fleischige Blütenboden und fleischige Verdickungen der dachziegelartig angeordneten Hüllblätter eine besondere Delikatesse für Feinschmecker sind. Artischokken werden gekocht verzehrt.

Ansprüche

Artischockenpflanzen kommen nur in *Weinbaugebieten* ohne allzugroße Gefahren durch den Winter. Eine befriedigende Ernte ist von einem geschützten, warmen Standort und einem sonnigen Sommer abhängig. Der Boden muß reichlich mit Komposterde und möglichst mit gut verrottetem Stallmist versorgt werden. Die Mineraldüngung müßte aus einer kräftigen chlorfreien Grunddüngung und ein bis zwei Kopfdüngergaben bestehen.

Sehr wichtig ist ein **Winterschutz**. Man kann die Artischocke in Hinsicht des Winterschutzes mit dem Pampasgras vergleichen. Bei beiden Stauden sollte man den oberirdischen Blattschopf im Herbst zusammenbinden zum Schutze der zarten Knospen im Innern und nach dem *Anhäufeln* mit einem dicken Kranz von strohigem Stallmist, Stroh und Laub umgeben.

Anbau

Artischocken können als Staude zwar durch Teilung vermehrt werden, die **Aussaat** ist aber günstiger. Sie erfolgt im März in Töpfe im Haus. Später wird in einen größeren Topf umgetopft und nach den Maifrösten mit gutem Wurzelballen auf die Mitte eines Normalbeetes im Abstand von 1 m ausgepflanzt. Im ersten Jahr kann das Beet mit Randkulturen verschiedener Gemüsearten zusätzlich ausgenutzt werden.

Im zweiten Jahr beginnt im Sommer die **Ernte.** Man kann bei kräftigen Pflanzen mit vier bis acht Knospen pro Jahr rechnen. Im Herbst müssen die Blütenstengel direkt über dem Boden abgeschnitten werden. Nach spätestens vier Jahren läßt der Ertrag wesentlich nach, und die Pflanzen müssen ersetzt werden.

VIII. DIE GEMÜSELAGERUNG

Der Erfolg der Gemüseeinlagerung hängt nicht nur von der richtigen Auswahl des Lagerplatzes und den Lagerfaktoren ab. Ebenso wichtig sind alle Kulturmaßnahmen, die am Vorratsgemüse im Garten durchgeführt wurden. Ohne eine gute Sortenwahl, die Einhaltung der richtigen Aussaat- und Pflanztermine, einen pünktlichen Pflanzenschutz, eine fachgerechte Bodenpflege im Laufe des Sommers, eine gute Ausreife des Erntegutes und schließlich ohne die nötige Sorgfalt bei den Erntearbeiten werden unsere Bemühungen bei den Einlagerungsarbeiten kaum belohnt werden.

1. Vorbereitung der Gemüse

Das Gemüse soll schon einen Tag vor der Einlagerung geerntet worden sein, damit es vorher gut abtrocknen kann. Wichtig sind das sorgfältige Putzen und Sortieren.

Putzen vor der Einlagerung

Unter Putzen sei nicht Waschen verstanden, jedoch das Entfernen von Erde und Schmutz. Den *Möhren* dreht man das Laub ab. Bei *Roten Rüben* und *Schwarzwurzeln* bleiben daumenbreit die Blattstiele stehen, damit die Wurzeln nicht ausbluten. Die Blätter von *Kohlrabi* und *Sellerie* werden vollständig entfernt, ebenso sind hier die Wurzeln kurz zurückzuschneiden. Sollen Sellerie und *Petersilienwurzeln* im Winter Suppengrün liefern, läßt man ihnen die Herzblätter. Vom *Kopfkohl* werden die schlechten Blätter und für die Lagerung in Mieten und auf Horden auch die Wurzelstrünke entfernt.

Sortieren vor der Einlagerung

Bei der Sortierung kommen alle *beschädigten Pflanzen*, sei es durch uns bei den Erntearbeiten oder durch Schädlinge, in die zweite Sortierung und müssen als erste verbraucht werden. Auch die *Sortierung in Sorten* ist bei manchen Gemüsearten wichtig. Die Möhrensorte „Marktgärtner" hält sich zum Beispiel nicht so lange wie die „Lange rote stumpfe ohne Herz". Beim Porree übertrifft die Sorte „Carentan" die Sorte „Elefant" in der Haltbarkeit. Alle Herbstsorten vom Kopfkohl müssen selbstverständlich vor den harten Wintersorten in die Küche.

2. Einlagerung im Vorratsraum

Die Einlagerung von frischem Gemüse, Obst und von Kartoffeln in geeigneten Keller- oder anderen Vorratsräumen ist für die Hausfrau am bequemsten, da sie dort das Lagergut schnell und – vom Frost unabhängig – jederzeit für den Verbrauch entnehmen kann.

2.1 Lagerbedingungen für Frischvorräte im Vorratsraum

- **Temperatur: + 2 bis + 6°C, keinesfalls unter 0°C**
- **Relative Luftfeuchtigkeit: um 85 %**
- **dunkel, luftig**

In jedem Vorratsraum für Frischvorräte sollten ein **Thermometer** und ein **Hygrometer** (Luftfeuchtigkeitsmesser) angebracht sein, um eine genaue Kontrolle der Lagerbedingungen vornehmen zu können.

Besonders wichtig ist die Möglichkeit einer laufenden Frischluftzufuhr, gewöhnlich durch ein Fenster – mit Fliegendraht versehen –, besser aber zusätzlich durch einen kleinen **Ventilator**, der ohne allzu große Kostenanstrengungen in der Außenwand eingebaut werden kann.

Zu hohe Luftfeuchtigkeit kann durch Aufstellen von *Schalen mit ungelöschtem Kalk* vermindert werden. Zeigen dagegen Gemüse, Obst und Kartoffeln erste Welkeerscheinungen, so ist wiederholtes leichtes *Besprengen des Bodens* mit Wasser oder das Aufstellen von Schalen mit Wasser oder feuchtem Moos ratsam.

In unzureichend kühlen und zu trockenen Vorratsräumen hat man durch die Verwendung von durchsichtigen **Folienbeuteln** die Möglichkeit, Wurzel- und Kohlgemüse bei Temperaturen um + 10°C für längere Zeit frisch zu halten.

Es empfiehlt sich sehr, Gemüse und Kartoffeln einerseits und Lagerobst andererseits getrennt voneinander in gesonderten Räumen zu lagern. Wenn dies nicht möglich ist, sollte offen gelagertes Obst nicht direkt neben Kartoffeln und offen gelagertem Gemüse untergebracht werden.

Vor der Einlagerung sind die Vorratsräume und Einrichtungsgegenstände alljährlich im Herbst gründlich zu reinigen, der Fußboden mit heißem Sodawasser, Seifenlauge oder einer 0,5 %igen Formalinlösung zu scheuern und die Wände und Decke alle ein bis zwei Jahre frisch zu kalken. Der alte Sand vom Gemüseeinschlag im Vorjahr muß durch neuen, sauberen ersetzt werden.

2.2 Lagermethoden für Frischvorräte im Vorratsraum

Wurzelgemüse und Winterkohlrabi

Wintermöhren, Winterrettich, Pastinaken, Sellerie, Petersilienwurzeln, Rote Rüben, Schwarzwurzeln und Winterkohlrabi werden nach dem fachgerechten Putzen und Sortieren am besten in einem mittelfeuchten **Sandeinschlag** gelagert. Hierzu benutzt man saubere Kisten oder man baut kleine Mieten, die der Ordnung halber mit Ziegelsteinen eingefaßt werden. Auf die Sohle kommt als erstes eine Schicht Sand, darauf eine Lage Gemüse dicht an dicht, es folgt eine zwei- bis dreifingerbreite Sandschicht, darauf die nächste Lage Gemüse und so fort. Von einem Teil der Sellerieknollen und Petersilienwurzeln könnte man während der ersten Wintermonate laufend etwas Suppengrün gewinnen, wenn man ihnen beim Putzen einige Herzblätter beläßt und sie beim Einsanden mit der Sproßseite nach oben, zur Seite nach außen gepackt werden, derart, daß die Herzblätter frei bleiben.

Kleinere Mengen Wurzelgemüse können auch zum Beispiel in verschlossenen sauberen **Tongefäßen, Milchkannen** und sauberen, alten Mülltonnen aus Metall aufgehoben werden. Hierbei sollte man selbst Erfahrungen sammeln, zum Beispiel auch dabei, ob die Frische der Wurzeln in dem Gefäß besser erhalten bleibt mit Sandzugabe oder ob auf Sand verzichtet werden kann.

Wurzelgemüse läßt sich wie Lagerobst auch in lebensmittelechten **Folienbeuteln** lagern.

Kopfkohl

Lagersorten von Weiß-, Rot- und Wirsingkohl halten sich im Vorratsraum über viele Wochen. Einmal können die Köpfe mit Umblättern an den etwas gekappten Strünken an einer dicken Schnur reihenweise oder über einer Stange paarweise **aufgehängt** werden. Die trockenen Umblätter schützen hierbei den inneren Kopf vor dem Austrocknen. Zum anderen läßt sich Kopfkohl sehr gut mit einem etwa 5 cm langen Strunkansatz und nur zwei bis drei Umblättern **liegend** auf Horden, Regalen, Kohlreutern und in Kisten lagern.

Chinakohl

Fertig kultivierter Chinakohl hält sich einzeln und eng verpackt in heller, dünner **Folie**, die oben geöffnet ist, bis Januar recht gut. Er wird in Flachsteigen oder auf Horden gelagert. Sollte im Herbst Frost überraschend eintreten und noch unfertiger Chinakohl wie auch Bleichsellerie, Endiviensalat und Zuckerhutsalat (dieser verträgt Frost bis -8°C) im Garten stehen, so besteht die Möglichkeit, diese Blattgemüsearten im Keller weiter zu kultivieren. Die Pflanzen müssen hierzu mit gutem Erdballen im hellen Keller **in Sand** oder in ein Sand-Erdgemisch eingeschlagen und angegossen werden.

Zwiebeln

Zwiebeln werden am trockenen Laub gebündelt aufgehängt oder ohne Laub in offenen Kartons oder trockenen Kisten in ein bis zwei Lagen liegend aufbewahrt.

Porree

Porree hält sich wesentlich frischer im Einschlag im Freien. Ein Teil der Ernte könnte auch im Keller in einen **Erd-Sandeinschlag** (Abstand ca. 5 cm) gepackt werden, damit man auch bei Frostwetter jederzeit heran kann.

3. Aufbewahrung im Freien

Der Trend, wieder mehr Gemüse und Obst im eigenen Garten anzubauen, hat sowohl für viele Bäuerinnen als auch für andere Haus- und Kleingärtner zur Folge, daß sie größere Erntemengen als Frischvorräte nach alten Methoden in Mieten, Gruben und Gräben im Freien einwintern müssen, da häufig die Vorratsräume nicht ausreichen.

Bei sachgerechter Lagerung im Freien bleibt das Gemüse besonders frisch und saftig. Es fallen keine oder nur sehr geringe Lagerkosten an, und meistens steht auch genügend Lagerfläche zur Verfügung. Nachteile sind die begrenzten Möglichkeiten der Regulierung der Temperatur und Luftfeuchtigkeit und der Kontrolle des Lagergutes bei allen Lagermethoden im Freien sowie die Gefahr von Mäusebefall. Auch ist zu bedenken, daß bei Frost die Entnahme von Vorräten nicht möglich ist.

3.1 Voraussetzungen für die Lagerung im Freien

Die Lagerung im Freien muß an einem geschützten, trockenen Platz mit niedrigem Grundwasserspiegel erfolgen. Die **windgeschützte Nordseite** eines Gebäudes ist besonders gut geeignet, da hier weniger Temperaturunterschiede als an der Südseite herrschen und weder die kalten Ostwinde noch der Regenschlag an der Westseite den Lagerplatz ständig beeinflussen.

Wegen der schwierigen Kontrolle des Lagergutes ist es besonders wichtig, daß nur gesunde, unbeschädigte Erntefrüchte verwendet werden. Wegen des drohenden **Mäusebefalls** sollte zusätzlich zu einer dicken Sandschicht engster **Maschendraht** auf die Mieten- und Grubensohle gelegt und am Rand bis 20 cm über die Erdoberfläche hochgezogen werden.

Um schnell auf Witterungsschwankungen und damit auch auf Kälteeinbrüche reagieren zu können, sollte ein schneller Zugriff zum Abdeckmaterial (Stroh, verrotteter Stallmist, Laub) jederzeit möglich sein. Die Anschaffung eines **Mietenthermometers** ist empfehlenswert.

3.2 Lagermethoden im Freien

Lagerung in Mieten

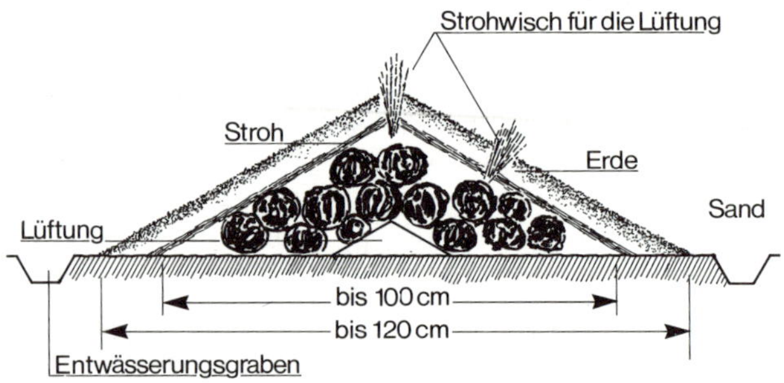

Lagerung in Mieten geeignet für: Wurzel- und Knollengemüse, Kopfkohl und Kohlrabi, Kartoffeln

- Höhe ca. 1 m, Breite bis 1,20 m, Kohl auch breiter
- Die Mietensohle mit einer 5 cm dicken Sandschicht bedecken
- Zur Belüftung in der Mitte der Miete auf den Boden dachförmig Bretter oder Dachziegel stellen bzw. Dränagerohre legen
- Sandzwischenschichten bei Wurzel- und Knollengemüse: 20 – 30 cm Gemüse – 5 – 10 cm Sand
- Nach oben und an den Längsseiten Lüftungslöcher durch Strohwische oder Rohre bilden, die nur bei stärkerem Frost mit Erde abgedeckt werden
- Das Gemüse mit Stroh und einer 5 – 10 cm dicken Erdschicht abdecken. Je nach Froststärke wird zusätzlich mehr oder weniger stark bedeckt, zum Beispiel mit Stroh, strohigem Stallmist, trockenem Laub
- Lagertemperatur in der Miete + 1°C bis + 8°C (Mietenthermometer)
- 25 bis 30 cm breiten Graben zum Abzug für das Regenwasser anlegen
- Miete nur an frostfreien Tagen öffnen.

Lagerung in Gruben (Erdmiete)

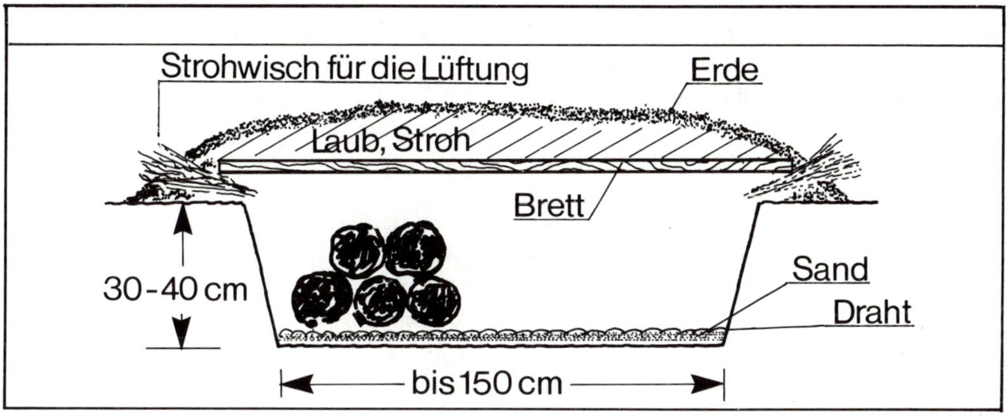

Geeignet für: Wurzel- und Knollengemüse, Kopfkohl, hartschalige Apfelsorten

- Tiefe 30 bis 40 cm, Breite bis 150 cm
- Zum Schutz vor Mäusen die Grube mit engmaschigem Draht auslegen
- Zum Schutz vor Fäulnis und Regenwürmern eine 5 cm dicke Sandschicht auf die Grubensohle ausbringen
- Wurzel- und Knollengemüse mit Sandzwischenschichten, Kopfkohl ohne Sand
- Bei Äpfeln (hartschalige Wirtschaftssorten) auf die Grubensohle eine 5 – 10 cm trockene, geruchsfreie Torfmullschicht; Abdeckung der eingeschichteten Äpfel mit Tannenreisig
- Lüftungslöcher durch Rohre oder Strohwische bilden
- Abdeckung mit Brettern, Stroh und Erde; Mist- oder Laubumschlag bei starkem Frost
- Grube nur an frostfreien Tagen öffnen

Lagerung in Gräben

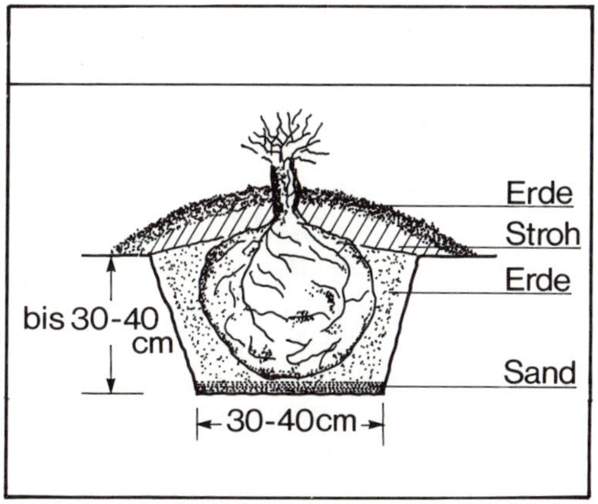

Geeignet für: Kopfkohl, Porree

- Tiefe 30 bis 40 cm, Breite 30 bis 40 cm
- Zum Schutz vor Fäulnis und Regenwürmern Grabensohle mit Sand bedecken
- Kohlköpfe mit Umblättern und Wurzeln mit den Strünken nach oben einschlagen, die Köpfe dürfen sich nicht berühren
- Porree mit Wurzeln nach unten dicht an dicht einschlagen

Lagerung im Frühbeetkasten

Geeignet für: Wurzel- und Knollengemüse, Kopfkohl, Winterkohlrabi und Porree sowie zum Fertigkultivieren im Spätherbst von Chinakohl, Zuckerhutsalat, Bleichsellerie, Endivien

- Wurzel- und Knollengemüse und Winterkohlrabi in Sand einschlagen
- Kopfkohl mit Wurzelballen, Porree mit gestutztem Sproß und Wurzeln in Erde einschlagen
- Endivien, Bleichsellerie, Zuckerhutsalat, Chinakohl zum Nachkultivieren mit Wurzelballen in Erde einsetzen
- Abdeckung der Fenster mit Styroporplatten oder Brettern, Strohmatten, bei großer Kälte Mistumschlag

Als Ersatz für ein Frühbeet kann jede größere Kiste dienen, die in die Erde eingesenkt und nach dem Einsanden des Lagergemüses mit Brettern, Strohmatten und bei starkem Frost zusätzlich mit Laub, Stroh oder strohigem Stallmist abgedeckt wird.

4. Das Einfrieren von Gemüse

Gefriergut	**Vorbehandlung nach dem Putzen und Zurichten**	**Mögliche Lagerdauer[1] Monate**	**Sortenbeispiele**
Blumenkohl	2 min. einzelne Röschen vorkochen[2], 4 min. ganzer Kopf vorkochen. für Salat garkochen, Blanchierwasser Ascorbinsäure oder Zitronensäure zusetzen	8 – 10	Zarte, feste, reinweiße Blumen, z.B. von Alpha, Erfurter Zwerg, Delfter Markt, Flora Blanca, Früher Globus, Malinus, Neckarperle, Nevada, Opal
Brokkoli	2 min. vorkochen	9 – 12	Gem, Greenia, Primo, Sparko
Buschbohnen	3 min. vorkochen für Salat garkochen	9 – 12 3	Fadenlose, fest-, aber zartfleischige, wie Dublette, Dufrix, Favorit, Grana, Marona, Meteor, Pergonsa, Pokal, Prelude, Saxa, Wade
Stangenbohnen	3 min. vorkochen	9 – 12	Neckarkönigin
Dicke Bohnen (Puffbohnen)	3 – 4 min. vorkochen	9 – 12	Biblos, Con amore, Dreifachweiße, Expreß, Staygreen, Gruno
Erbsen	2 min. vorkochen	9 – 12	Markerbsen: Wunder von Kelvedon, Gravita, Juwel, Lancet, Linga, Sprinter
Grünkohl	1 – 2 min. vorkochen	8 – 10	Frosty, Halbhoher grüner mooskrauser, Lerchenzungen, Niedriger grüner mooskrauser

Gefriergut	Vorbehandlung nach dem Putzen und Zurichten	Mögliche Lagerdauer[1] Monate	Sortenbeispiele
Gurken	für Gemüse schälen, Kerngehäuse entfernen und in fingerdicke Stücke schneiden, 2 min. vorkochen	8 – 10	Delikateß, Meresto, Mervita, Hokus, Riesen-Schäl
	für Salat ganz mit Schale oder 1 bis 2 cm dicke Scheiben roh einfrieren	5 – 6	Feste Früchte mit kleinem Kerngehäuse
Kohlrabi	3 min. vorkochen	8 – 10	Zarte Knollen von Azur-Star, Blaro, Blauer Delly, Blauer Speck, Optimus, Prila (weiß), Primavera, Prinovit (weiß), jung und zart, nicht holzig
Möhren	2 min. zerkleinerte, 4 min. ganze Möhren vorkochen	8 – 10	Wurzeln mit gleichmäßiger Struktur, roter Färbung, ohne ausgebildetes Herz, z.B. von Frühbund, Erstling, Juwarot, Marktgärtner, Nantaise, Pariser Markt, Rotin, Signal
Rosenkohl	3 min. vorkochen	9 – 12	Festgeschlossene glatte, gut gefärbte Röschen von Abunda, Citadel, Frigostar, Harola, Hilds-Ideal, Lunet, Widora
Rote Rüben	3 min. zerkleinerte, 20 – 30 min. ganze Rüben vorkochen	10 – 12	Rote Kugel
Spargel	3 – 4 min. vorkochen	6 – 9	Alle anbauwürdigen Sorten in frischem, festem, aber zartem Zustand
Spinat	2 min. vorkochen, passieren oder hacken	10 – 12	Der richtige Erntezeitpunkt ist entscheidend. Kamenita, Matador, Monnopa, Montaku, Spica, Vital, Wiremona
Suppengrün	2 – 4 min. vorkochen	6	Kräuter, Möhren, Porree, Sellerie
Tomatenmark	10 min. dämpfen, passieren	10 – 12	Feste, fleischige Sorten
Küchenkräuter	kleinschneiden, portionsweise verpacken	8 – 10	Jung geerntete Kräuter
Pilze	3 min. vorkochen, Blanchierwasser Zitronensäure oder Ascorbinsäure zusetzen	6 – 8	Champignons, Pfifferlinge, Steinpilze, andere feste Röhrlinge

[1] Geruch und Geschmack befriedigend bis gut

[2] vorkochen = blanchieren

Empfehlenswerte Gemüsesorten für den Hausgarten (Beispiele)

(+ = zum Tiefgefrieren besonders geeignet)

Buschbohnen

a) Grünhülsige, fadenlose Sorten:

+ Pfälzer Juni:	Sehr früh, schnellwüchsig, breite, lange Hülsen, weißkörnig, besonders widerstandsfähig.
+ Fori (= Favorit):	Früh, zarte, mittellange, runde Hülsen, marmoriertes Korn, guter Ertrag. Auch für Juli-Aussaaten.
+ Maxi:	Früh, hoher Ertrag, neuartiger Bohnentyp mit aufrechtem Wuchs und über dem Laub hängenden, 18 – 20 cm langen, runden Hülsen.
Filetty:	Früh, ertragreich, Filetbohne mit sehr feinen, runden, dunkelgrünen Hülsen, nicht anfällig für Brennfleckenkrankheit und Virus.
+ Dufrix (verbesserte Saxa):	Mittelfrühe Brechbohne, gerade, schmale Hülsen, gleichzeitige Reife, leicht zu pflücken, guter Ertrag, widerstandsfähig.
Sotexa (Sabo, Processor):	Mittelfrüh bis mittelspät, lange, breitovale Hülsen, weißkörnig, guter Ertrag, schnelle Abreife.
+ Grandessa:	Mittelspäte Schnittbohne, lange flachovale Hülsen, weißes Korn, ertragreich und widerstandsfähig gegen Krankheiten.
+ Doppelte holländische Prinzeß:	Mittel bis spät, kurze, schmale Hülsen, gut geeignet für Küstenklima, sehr stark krankheitsanfällig.

b) Fadenlose Wachsbohnen:

+ Wachs Goldimmens:	Früh bis mittelfrüh, goldgelb, mittellang, ertragreich und widerstandsfähig.
+ Wachs Goldetta: (verbesserte Wachs Beste von Allen)	Mittelfrüh, schlanke, lange Hülse, leuchtendgelb, Hülsen sind hoch angesetzt, leicht zu pflücken.
+ Wachs Erato:	Mittelfrüh, sehr zarte Hülsen, hoher Ertrag auch unter ungünstigen Bedingungen.

Stangenbohnen

a) Grünhülsige, ohne Fäden:

+ Neckarkönigin:	23 – 28 cm lang, mittelspät bis spät, starkwüchsig, runde, fleischige, zarte Hülsen. Qualität und Ertrag gut bis sehr gut, etwas anfällig gegen Brennflecken, führende Sorte.
+ Hilda:	24 – 26 cm lang, breithülsig, mittelfrüh, schnelle Abreife.

b) Gelbhülsige, ohne Fäden:

+ Neckargold:	20 – 23 cm lang, mittelspät bis spät, fleischige, runde Hülsen, guter Ertrag.

Große Bohnen – Dicke Bohnen

+ Dreifach weiße:	Früh, niedrig, lange Hülsen, weißes Korn, das auch beim Kochen weiß bleibt. Muß früh gepflückt werden, mittlerer Ertrag.
+ Con amore:	Früh, langhülsig, weißkörnig, sehr ertragreich, braunkochend.
+ Gruno:	Verbesserung von „Hangdown", mittelfrüh, sehr lange Hülsen, grünes Korn mit schwarzem Nabel, das auch beim Kochen grün bleibt. Mittlerer Ertrag.
+ Feligreen:	Mittelfrüh, guter Ertrag, grüne, zarte Bohnen, nach dem Kochen grün bleibend.

Palerbsen (Schalerbsen)

Mignon:	Sehr früh, 35 – 60 cm hoch, lange Hülsen, sehr aromatisch, ertragreich, dunkelgrünes Korn.
Kleine Rheinländerin:	Früh, 35 – 50 cm hoch, ertragreich, dunkelgrünes Korn.
Überreich:	Früh bis mittelfrüh, 80 cm hoch, lange, breite Hülsen, grünkernige Konservensorte.

Markerbsen

Lorka:	Früheste Markerbse, 60 – 80 cm hoch, lange Hülsen, süßes Korn.

Resi:	Sehr früh, 50 cm hoch, winterhart, zum Ausprobieren: Aussaat Ende September – Mitte Oktober, Reifezeit: Anfang bis Mitte Juni, kurze Hülsen mit feinem Korn, süßer Geschmack, zum Naschen und Einkochen, auch zur Frühjahrsaussaat geeignet.
+ Mingomark:	Früh, 30 cm hoch, standfest, dunkelgrünes Korn, guter Ertrag.
+ Salout (verbesserte Wunder von Kelvedon):	Früh, 60 cm hoch, hoher Ertrag, kommt ohne Drähte aus.
+ Gloriosa:	Früh, 40 – 60 cm hoch, standfest, aromatisch, reich- und sichertragend, dunkelgrünes Korn.
+ Lancet:	Mittelfrüh, 60 – 80 cm hoch, lange Hülsen, ertragssicher und gut, dunkelgrünes Korn.
+ Markana:	Mittelspät, große, dunkle Hülsen, stützt sich durch die vielen Ranken recht gut selbst, bei Regenwetter bessere Qualität durch Drahtgerüst. Leichtes Pflücken, geringer Blattanteil, wenig krankheitsanfällig.
+ Senator:	Mittelspät, 70 – 90 cm hoch, dichtgefüllte schnabelförmige Hülsen, reichtragend.
+ Siegerin:	Mittelspät, 60 – 70 cm hoch, standfest, ertragreich, lange Hülsen, aromatisches Korn.
+ Juwel:	Mittelspät, 60 – 80 cm hoch, standfest, lange Hülsen, sichere Ernten, anspruchslos und widerstandsfähig, hellgrünes Korn.

Zuckererbsen

+ Zuga:	Früh, bis 60 cm, standfest, süß, ertragreich.
Denise:	Früh, 60 cm hoch, hoher Ertrag, mittellange Hülsen ohne Pergaminhaut.
+ Rheinische Zucker:	Mittelfrüh, 60 – 70 cm hoch, standfest, angenehm süß.
+ Edula:	Mittelfrüh, 80 – 100 cm, süß und aromatisch, dickfleischige Hülsen.

Gurken

Vorgebirgstrauben:	Kurze Essiggurke, anfällig für Gurkenkrätze und Gurkenmosaik.

Hokus:	Einlegegurke, resistent gegen Gurkenmosaik und krätzefrei. Sehr geeignet für Gewürzgurke.
Mepram F_1-Hybride:	Einlegegurke, glatte schlanke Früchte, schnellwüchsig, ertragreich, bitterfrei.
Mervita (verbesserte Delikateß):	Bitterfrei, ertragreich, mittellang, schlank, dunkelgrün und fest, kleines Kerngehäuse. Eine Freilandgurke für alle Zwecke: als Einlegegurke, als Salzgurke, im jungen Zustand auch als Traubengurke, später als Salatgurke verwendbar.
Tomara:	Einlegegurke, sehr ertragreich, bitterfrei, mehltauresistent.
Moneta:	Salatgurke, mittelfrüh, lange, schlanke, walzenförmige Früchte mit kleinem Kerngehäuse und glatter Schale, reichtragend.
Chinesische Schlangen:	Bis 45 cm lang, gute Salatgurke.
Riesen Schäl:	Bis 50 cm lang, walzenförmig, dickfleischig mit kleinem Kerngehäuse, gelb ernten, Senfgurke.

Kürbis

Riesenmelonen:	Sehr gute Einmachsorte, große, gelbe, genetzte Früchte.

Zucchini

+ Camaro:	Sehr früh, reichtragend, widerstandsfähig gegen Gurkenvirus.
+ Tarmino F_1-Hybride:	Frühreifend, nicht virusanfällig.
+ Seneca Squash-Hybride:	Früh, glänzend dunkelgrüne Früchte, recht robust.
+ Gold Rush:	Früh bis mittelfrüh, goldgelb, sehr ertragreich.
+ Black Beauty:	Mittelfrüh, dunkelgrün, ertragreich.

Spaghetti-Kürbis

+ Bologneser:	Zartgelbe, länglich-runde Früchte.

Blumenkohl

+ Erfurt prima:	Sehr früh, wenig frostempfindlich, feste, mittelgroße Köpfe.

+ Alpha-Typen:	Früh bis mittelfrüh, große, feste Blumen, muß bedeckt werden, robust und anspruchsvoll.
+ Fortados:	Frühjahrs- bis Herbstanbau, wenig schoßempfindlich, gut selbstdeckend.
+ Flora Blanca:	Spät, sehr große, feste, schwere Blumen, die durch die Umblätter gut gedeckt werden. Pflanzung Anfang Juli. Ernte Oktober bis Ende November.
+ Lecerf:	Für Sommer- und Herbstanbau, selbstdeckend.

Grünkohl

+ Lerchenzungen:	Halbhoch, guter Geschmack, recht frosthart.
+ Halbhoher grüner krauser:	Stamm Westo oder Stamm Wundergrün vorziehen, gute Kräuselung, vor allem für Herbsternte, nicht so frosthart.

Kohlrabi

Primavera:	Weiß oder blau, sehr frühe Sorte, für Folientunnel besonders geeignet. Kleinlaubig, mittelgroße, abgeplattete Knolle.
+ Lanro:	Früh bis mittelfrüh, weiße, große, plattrunde, zarte Knolle, schoßfest.
+ Delikateß blauer:	Für frühen Freiland- und Sommeranbau, tiefblaue, mittelgroße Kohlrabi.
+ Blaro:	Mittelspät bis spät, blau, zart, als Nachkultur besonders geeignet.
+ Optimus:	Gute Sorte für Sommer- und Herbstanbau, blaue, flachrunde Knolle, recht platz- und schoßfest.
+ Superschmelz:	Langsam wachsend, zarte, weiße Riesenknolle, die nicht holzig wird, schoßfest.
Blauer Speck:	Für den Spätanbau als Nachkultur im Juli, lagerfähig.

Rosenkohl

+ Abunda:	Lange Entwicklungszeit, Pflanzung spätestens Ende Mai/Anfang Juni. Mittelgroße, geschlossene Rosen, mittlere Frosthärte.

+ Acropolis F_1-Hybride:	Früh, Ernte ab Ende Oktober, mittelhoch, mittelgroße, feste Rosen, guter Ertrag.
+ Wilhelmsburger:	Früh, halbhoch, gelbgrün, feste, mittelgroße Rosen, Pflanzung Ende Mai/Anfang Juni.
+ Citadel F_1-Hybride:	Mittelhoch, Reife November – Februar.
+ Lunet F_1-Hybride:	Mittelfrüh, feste, mittelgroße Rosen, sehr ertragreich.
+ Hilds Ideal:	Spät, für den Wintergebrauch, erfordert zeitige Aussaat von Mitte April bis Ende Mai, kräftiger und gesunder, halbhoher Rosenkohl.

Saatgut von F_1-Hybriden ist teurer als anderes Saatgut; es braucht außerdem ein sorgfältig vorbereitetes Saatbeet.

Rotkohl

Frührot, Mohrenkopf, Marner Septemberrot, Marner Lagerrot.

Weißkohl

Erstling (Spitzkohl), Hispi (Spitzkohl), Marner Allfrüh, Marner Frühseptember, Marner Lagerweiß, Dauerweiß.

Wirsing

Vorbote (früh), Eisenkopf (früh), Marner Grünkopf (mittelfrüh), Vertus (spät).

Chinakohl

Aussaaten um den 20. Juli, da sonst kein Kopf gebildet wird.

Hongkong F_1-Hybride:	Raschwachsend, gleichmäßiger, spitzovaler Kopf.
Trescher Island:	Gute Lagerfähigkeit.
Cantoner Michihili:	Guter Geschmack, gute Haltbarkeit.
Nippon Früh F_1-Hybride:	Ovalrunde, gedrungene, feste Köpfe, Ernte im Spätherbst, Lagerung bis in den Winter.
Tokyo King F_1-Hybride:	Ca. 45 cm hohe und 2,5 kg schwere, feste Köpfe, gute Haltbarkeit bei Einlagerung in einem kühlen, frostfreien Raum.

Broccoli

+ Corvet F_1-Hybride:	Kulturdauer 60 – 65 Tage, dunkelgrüne Färbung, erntet gleichmäßig ab, 3 – 5 Ernten,

3 Schnitte aber am günstigsten. Broccoli wird von Kohlfliegen und Kohlhernie heimgesucht.

+ Sparko:	Mittelfrüh, gute Seitensproßbildung, Ernte von Mitte Juli bis zum Herbst, sehr große, gleichmäßig reifende Köpfe.
+ Atlantic:	Mittelspät, nach der Ernte der Hauptknospe ist eine fortlaufende Ernte der Seitenknospen möglich.

Möhren, Karotten

+ Kundulus (verbesserte Pariser Markt):	Frühe, runde **Karotte**, zart, gleichmäßig tiefrot.
+ Nantaise:	(z.T. mit Typenbezeichnung, z.B. Frühbund, Marktgärtner, Tip-Top). Früh bis mittelfrüh, halblang bis lang, abgestumpft, Rübenkopf oftmals grünlich.
+ Nantaise Typ Forto:	Besonders für den Anbau unter weniger günstigen Bedingungen geeignet.
+ Nandor:	Früh, sehr carotinreich, hoher Ertrag, zylindrische, halblange, abgestumpfte Möhren.
+ Nanco F_1-Hybride:	Frühe, gleichmäßige und schnellwüchsige Möhre, lang-zylindrisch, gut abgestumpft, besonders robust und ertragreich.
Titan:	Früh, schnellwachsend, für den Verzehr im Sommer und Frühherbst, lange und zarte Rübe.
+ Rotin:	Mittelfrüh, Nantaise ähnlich, jedoch ohne wesentliche Verfärbung des Rübenkopfes und höherer Karotingehalt.
+ Juwarot:	Mittelspät, halblang, abgestumpft, rotorange, mit besonders hohem Karotingehalt, lagerfähig.
Lange rote stumpfe ohne Herz:	Spät, walzenförmig, rot, Ertrag und Haltbarkeit sehr gut, auf gute Typen achten (Typ Nord, kein Vergrünen im Herz).

Pastinaken

Halblange:	Weiße, keilförmige, dicke Rüben, kälteunempfindlich.

Porree

+ Suprella:	Für Herbst- und Winterernte, langschaftig.
+ Elefant:	(z.T. mit Typenbezeichnung, z.B. Sperling's Genita) Herbst- und Wintersorte, kann noch spät gepflanzt werden.
+ Herbstriese Typ Anjou:	Herbst- und Winterernte, langer Schaft, für Suppen und Gemüse geeignet.
+ Tropital (verbesserte Früher Sommer):	Frühe Schaftbildung, hoher Weißanteil, guter Sommer- und Herbstporree.
Winterreuzen (Riesen):	Langschaftig, hoher Ertrag, milder Geschmack, geeignet zur Überwinterung.
Carentan:	Gute Wintersorte, ertragreich, geeignet zur Überwinterung.

Petersilie

+ Schnittpetersilie Mooskrause:	Dunkelgrün, vor allem zum Verzieren.
+ Hamburger Schnitt:	Besonders aromatisch, zum Würzen.
Wurzelpetersilie:	Halblange.

Radies

Frühwunder:	Früh, dunkelrot, zart, rechtzeitig ernten.
Cherry Belle:	Schnellwachsend, zart, rund, kirschrot.
Parat:	Knolle größer, rund, rot, auch im Sommer geringe Neigung zum Pelzigwerden.
Bamba:	Halblang, rot mit weißter Spitze, nicht pelzig.
Sora:	Sommerradies, für den Freilandanbau von Frühjahr bis zum Herbst, groß und fest, wird nicht pelzig.
Eiszapfen:	Spät, lang und weiß, kräftiges Laub.

Rettich

Ostergruß rosa:	Schnellwachsend (6 Wochen), mittellang, oval, für Frühjahrsaussat.
Rex:	Mittelfrüh, halblang, weiß, mild, kaum pelzig, für Frühjahrs- und Sommeranbau.

Minowase Sommer Cross F_1-Hybride:	Japanischer Riesenrettich, armdick, mildwürzig, reinweiß, bis zu 50 cm lang, für sandige und tiefgründige Böden. Aussaat: Juni bis August, Entwicklungszeit: 7 – 8 Wochen.
Münchner Bier:	Mittelspät, als Nachkultur im Juli/August, oval, weiß.
Runder schwarzer Winter:	Spät, Nachkultur; Aussaat Mitte Juli, lagerfähig.

Rote Rüben

Rote Kugel (Spezialzucht):	Für die Herbsternte und Einlagerung. Aussaat Anfang Juni.
Forono (verbesserte Formanova):	Pfahlförmige Rübe, dadurch dichtere Saat und sehr hoher Ertrag möglich, wenig Abfall.

Kopfsalat

Victoria (= Blondine, Typ King):	Früheste Sorte für Freiland, groß, hellgrün, kaum Abfall.
Maikönig:	Frühe, ertragssichere Standardsorte, mittelgroß bis groß, fest, gelbgrün mit rötlichen Blatträndern.
Appia:	Frühjahrs- und Sommersorte, schoßfest, sehr große, feste Köpfe, mehltauresistent.
Attraktion:	Mittelfrüh, Kopf mittelgroß, sehr fest, hellgrün, sehr gute Frühsommer- bis Sommersorte.
Kagraner Sommer:	Gut hitzebeständiger Sommersalat, groß, fest, hellgrün, zart.
Benita:	Für Sommer- und Spätsommeranbau, mehltauresistent, virusfest, große Köpfe.
Silvester:	Guter Herbstsalat, groß, fest, hellgrün, sehr zart, gesund. Aussaat Ende Juli.
Winter Butterkopf:	Aussaat August – September, winterhart in günstigen Gegenden, virusfrei.

Eis- oder Krachsalat

Fulton:	Anbau Frühsommer, mittelgrün, kleinköpfig, zartes Blatt.

Calmar: Anbau Frühsommer, nicht so kraus wie andere Sorten, gut auf anmoorigen Böden, mehltauresistent.

Great Lakes 118: Anbau Frühsommer bis Spätsommer, absolut schoßfest, nicht frostbeständig.

Ithaca: Anbau Sommer bis Herbst, dunkelgrün.

Laibacher Eis: Anbau Sommer und Frühherbst, rötlich gefärbte Blattränder, schoßfest.

Pflücksalat und Schnittsalat

Salli: Aussaat ab März, von den Rosetten werden zunächst die unteren Blätter nach Bedarf gepflückt. Das Herzblatt bleibt stehen und liefert immer neue Salatblätter. Erntezeit von Mai bis August.

Amerikanischer Brauner: Früh, hellgrünes, dunkelbraun getuschtes Blatt, spätschießend.

Lollo Rossa: Früh, mittelgroß, gekrauste Blätter mit roten Spitzen, spätschießend.

Roter Eichblattsalat, Typ Ruby Red: Früh, gleichmäßig rotbraun gefärbt, optisch besonders ansprechend.

Gelber Eichblattsalat, Typ Korbfüller: Früh, bildet einen offenen Kopf mit vielen zarten Blättern, die einzeln gepflückt werden.

Römischer Salat (Bindesalat)

Crato: Aussaat ab April, bildet langovale Köpfe, selbstschließend, lange haltbar bei kühler Lagerung.

Pariser Gelber: Aussaat ab April, ausreichend selbstschließend.

Feldsalat (Rapunzel)

Dunkelgrüner Vollherziger: Kleinblättrig, gute Frosthärte.

Vit: Resistent gegen Mehltau, raschwüchsig, rundblättrig, dunkelgrün.

Zuckerhutsalat

Vatters Zuckerhut: Bis zu 40 cm hohe, ovale, sehr feste Köpfe,

	äußerst widerstandsfähig gegen Witterungseinflüsse, bis Dezember haltbar.
Sperling's Kristallkopf:	Tütenförmige, fest geschlossene Köpfe, im Einschlag bis Februar haltbar.

Radicchio

Palla Rossa:	Schnellwachsend, Aussaat Mitte Juni bis Mitte Juli, Ernte Sommer bis Spätherbst, frostanfällig, rote Köpfe mit weinroten Blättern und weißen Rippen.
Roter Veroneser:	Winterhart, kann unter einer Reisigdecke überwintern, Aussaat Mitte Juli, Ernte Frühjahr.

Chicoree

Edellof, Delvo, Produktiva:	Treiberei mit Erdabdeckung.
Brüsseler Witloof Zoom, Secosa, Terosa:	Treiberei unter dunkler Folie.

Winter-Endivien

Escariol grüner (auch Typ Brevo):	Kräftig grüne, große, gut haltbare Köpfe, die sich auch im Einschlag gut halten.
Bubikopf:	Gewellte, vollherzige, grüne Köpfe, die recht gut selbst bleichen.
Golda:	Selbstbleichend, recht widerstandsfähig gegen Nässe.
Sperling's Jeti:	Schnellwachsend, dichtgefüllte, schwere Köpfe, selbstbleichend.

Mangold

Lukullus:	Blatt- und Rippenmangold, breitovale, gekrauste Blätter, Zubereitung wie Blattspinat.
Glatter Silber:	Rippen- oder Stielmangold, breite, besonders zarte, weiße Rippen, Verwendung wie Schwarzwurzeln oder Spargel.

Spinat

+ Wiremona:	Für alle Anbauzeiten, zart, gesund, gute Winterhärte.
+ Matador:	Für alle Anbauzeiten, starkwüchsig, große ge-

	wellte Blätter, in denen sich Schmutz festsetzt, robust, spätschießend.
+ Frühemona:	Besonders für Frühjahrsanbau, schnellwachsend, zart, recht gesund.
+ Monnopa:	Für Frühjahrs- und Herbstaussaat, winterhart, mehltaufrei, guter Ertrag.
+ Andros F_1-Hybride:	Für April- bis Augustaussaat, sehr hoher Ertrag, resistent gegen Mehltau und Vergilbungsvirus.

Neuseeländer Spinat

Ertragreicher Sommerspinat, laufende Ernte der ca. 10 – 15 cm langen Triebspitzen. Aussaat in Töpfe im März/April, Pflanzung nach den Maifrösten, 50 – 80 cm Abstand.

Knollenfenchel

Im Hausgarten günstige Aussaat zwischen 10. und 20. Juli als Nachkultur.

Latina:	Mittelhoch, würziger Geschmack.
Süßer Bologneser:	Breitrunde, feste Knollen, Aussaat im Juli.
Wädenswil:	Starkwachsend, schoßfest, Anbau auch im Frühjahr möglich.
Zefa Fino:	Schoßfest, auch für Frühjahrsanbau geeignet.

Schwarzwurzeln

Hoffmanns Schwarze Pfahl:	Lange, walzenförmige, dicke, glatte Wurzeln; zweijährige Kultur.
Einjährige Riesen:	Lange, gute Wurzeln.

Knollensellerie

Magdeburger Markt:	Große, halbkugelige, gelblichweiße Knolle, mittelleichtes Hohlwerden, geringes Platzen, ziemlich starkes Schossen, anfällig für Schorf, gute Lagerfähigkeit.
Monarch:	Große, breitrunde Knollen, beim Kochen weißbleibend, schoßfest, gut lagerfähig, ertragreich.
Volltreffer:	Runde, mittelgroße bis große Knollen, beim Kochen weißbleibend, festes Fleisch; kurze Entwicklungszeit, daher auch noch nach Frühkartoffeln, gute Haltbarkeit.

Bergers weiße Kugel (verbesserte Wiener Markt):	Große, schwere, kugelige Knolle, schoßfest, widerstandsfähig gegen Blattflecken.
Dolvi:	Große, weiße Knollen, beim Kochen weißbleibend, unempfindlich gegen Blattflecken, Rost und Schorf.

Bleichsellerie

Goldgelber selbstbleichender Blancato:	Mittelfrüh, Blattstiele goldgelb, lang, glatt, dick.
Goldener Schuß:	Lange, aromatische, hellgelbe Stiele.

Tomaten

Vollendung:	Früheste Sorte, Frucht mittelgroß, glatt, rund, wohlschmeckend. Für Hausgärten besonders geeignet.
Moneymaker Spezialzucht (Typ Hellfrucht):	Mittelfrüh, Frucht rund, leuchtendrot, festfleischig, mittelgroß.

Fleischtomate

Lucy:	Starker Wuchs, gleichmäßige Form, rund, resistent gegen Mosaikvirus.
Master F_1-Hybride:	Runde, glatte Früchte, gesund, kräftiger Wuchs.
Super-Marmande:	Riesengroße, fleischige, mehrkämmerige Früchte, die mehrmals gekerbt sind, sehr ertragreich.

Bei den Fleischtomaten sollte man nur 3 – 4 Tomaten je Trieb belassen, damit sie ausreichend groß werden. Im Sortiment gibt es neben den runden Formen auch längliche (ovale) Tomaten in rot oder gelb.

Zwiebeln

Zittauer Gelbe:	Beste Säzwiebel, gute Lagerfähigkeit.
Stuttgarter Riesen:	Gute Sä- und Steckzwiebel.
Weiße Frühlingszwiebeln:	Aussaat August – Ernte Ende Mai oder Aussaat März – Ernte Juni. Zwiebeln klein, flachrund, feinschalig und mild; begrenzt haltbar. Zum Einlegen.

Schalotten:

Holländische, gelbe Pflanzschalotten:	Größer als Steckzwiebeln, sehr lagerfähig.

Zuckermais

Goldprinz:	Frühreifend, große goldgelbe Kolben.
Honeycomb F_1-Hybride:	Lange, goldgelbe Kolben, sehr hoher Zuckergehalt.

Bleichspargel

Huchels Leistungsauslese:	Selektion aus 'Ruhm von Braunschweig', hoher Ertrag, gute Qualität, geeignet für etwas schwerere Böden.
Schwetzinger Meisterschuß:	Sehr hoher Ertrag, dicke Stangen, geschlossene Köpfe, ausgezeichnete Qualität.

Grünspargel

Merrygreen:	Dicke und zartbleibende Stangen, ertragreich, mittelgrün mit geringem violetten Anflug, für durchlässige Böden.
Spaganiva:	Ertragreich, 20 – 25 cm lange Stangen ernten, Köpfe werden nicht blau, höherer Anteil an schmalen Stangen.

Alle Sorten vom Bleichspargel eignen sich ebenfalls zur Grünspargelkultur.

Rhabarber

a) Rotstielig-rotfleischig:

Loher Blut (Holsteiner Blut):	Mittlerer bis hoher Ertrag, besonders gute Qualität, weinroter Stiel, rotes Fleisch, milder Geschmack.
Elmsjubiläum:	Dunkelroter Stiel, Fleisch rosakarmin, dunkelroter Saft, würzig aromatisch.

b) Rotstielig-grünfleischig:

Suttons Rhabarber:	Ertrag hoch, gelblich-grüne Fleischfarbe, sehr guter Geschmack.
Kruskoop:	Rote Stiele, rahmweiße bis grünliche Fleischfarbe, rosaroter Saft, sehr würzig.

IX. DAS KRÄUTERBEET

Den wichtigsten heimischen Gewürz- und Heilkräutern sollte man in jedem Garten einen Platz geben, denn sie sind wertvolle Träger von appetitanregenden Geschmackstoffen und von Vitaminen und haben alle außerdem die Fähigkeit, die Speisen verdaulicher zu machen und heilende Vorgänge im Körper auszulösen. Die altbewährte Würzkunst ist leider bei vielen Menschen verlorengegangen, statt dessen „versalzen" sie sich ihr Leben mit übermäßigen Mengen des so leicht schädlichen Kochsalzes.

1. Anlage des Kräuterbeetes

Da es unter den Kräutern ein- und zweijährige sowie ausdauernde Pflanzen gibt, ist es zweckmäßig, hierfür ein kleines **Dauerbeet** am Rande des Gartens in der Nähe der Küche anzulegen. So bleibt diese „Kräuterecke" mehrere Jahre ungestört, und man kann die übrige Gartenfläche ungehindert bearbeiten. Alle drei bis vier Jahre sollte das Kräuterbeet einen neuen Platz bekommen. Die Kräuter mit Staudencharakter werden dabei geteilt und neu aufgepflanzt. **4 bis 5 m² können einen 6-Personen-Haushalt mit Kräutern zum Frischverbrauch und Haltbarmachen laufend versorgen.**

2. Kräuterarten

➤ **Einjährig:**

Bohnenkraut, 10 g
Borretsch (Gurkenkraut), 10 g
Dill, 10 bis 15 g
Kerbel, 100 g
Kresse
Basilikum, 15 Stück oder eine Portion
Majoran, 15 Stück oder eine Portion

➤ **Zweijährig:**

Petersilie, 10 g

➤ **Stauden:**

Beifuß, 1 Stück
Estragon, 1 Stück
Liebstöckel, 1 Stück
Pimpinelle, 1 Stück
Schnittlauch, 10 bis 15 Stück
Thymian, 2 Stück
Weinraute, 1 Stück
Zitronenmelisse, 2 Stück

Die Mengenangaben sind für einen mittleren Haushalt gedacht.

Einjährige Kräuter

Von *Dill, Kresse, Kerbel, Borretsch und Bohnenkraut* müssen wir mehrere **Folgesaaten** im Frühjahr und im Laufe des Sommers bis August vornehmen, weil diese Arten schnell zur Blüte kommen und nicht mehr neu durchtreiben. Dill und Borretsch säen sich leicht selbst aus und können lästige Unkräuter werden. Darum lassen wir nur vom Dill so viele Pflanzen, wie zum Gurkeneinlegen benötigt werden, zur Blüte und Samenreife kommen. Mit Ausnahme des Bohnenkrautes und Dills werden die bisher genannten einjährigen Kräuter nur frisch als *Salat- und Soßengewürze* gebraucht.

Majoran und Basilikum sind als Jungpflanzen wärmebedürftig und dürfen erst nach den Maifrösten ausgepflanzt werden. Man kauft am besten einige Pflanzen beim Gärtner oder auf dem Wochenmarkt. Beide Arten sind getrocknet zum Wursten, aber auch frisch als *Würze zu Gemüse und Fleisch* zu gebrauchen.

Zweijährige Kräuter

Petersilie wird im zeitigen Frühjahr und möglichst noch einmal Ende Juli für die Überwinterung im Freien oder in Blumentöpfen ausgesät. Der Same hat eine lange Keimzeit und braucht gleichmäßige Feuchtigkeit zum Keimen. Die glattblättrige Art, zum Beispiel die Sorte „Hamburger Schnitt", ist viel aromatischer als die krause, welche eigentlich nur zum Garnieren verwendet werden sollte.

Kräuterstauden

Schnittlauch eignet sich gut als Einfassungspflanze für die Kräuterecke. Er muß regelmäßig geschnitten werden, damit er immer wieder gut durchtreibt und nicht zur Blüte kommt. Alle drei Jahre sollten die Pflanzen geteilt und neu aufgepflanzt werden. Die Vermehrung durch Aussaat im März/April ist ebenfalls einfach; die jungen Pflanzen werden später büschelweise an Ort und Stelle gepflanzt.

Estragon ist eine wüchsige Staude, die im Herbst gut zurückgeschnitten und öfter geteilt werden muß. Die jungen Triebe werden frisch *zu Salaten, für Kräuteressig oder zum Gurkeneinlegen* verwendet.

Liebstöckel ist eine starkwüchsige Staude mit tiefgehenden Wurzeln, deren Blätter frisch und getrocknet *Suppen und Soßen einen maggiähnlichen Geschmack* geben. Durch häufige Teilung verhindern wir, daß die Pflanze zu mächtig wird.

Thymian gibt es einjährig und als Halbstrauch. Man pflanzt besser den ausdauernden Thymian, der in geschützter Lage auf leichterem Boden gut gedeiht. Ein regelmäßiger Rückschnitt zwingt ihn zu buschigem Austrieb. Er läßt sich vielseitig zu *Gemüse- und Fleischspeisen* verwenden.

Zitronenmelisse kann leicht durch Aussaat oder Teilung vermehrt werden; häufig findet man unter alten Pflanzen genügend Sämlinge. Ihre Blätter verleihen frisch oder getrocknet nicht nur *Speisen einen zitronenähnlichen Geschmack*, sondern ergeben auch einen *beruhigenden, wohlschmeckenden Tee.*

Von den übrigen Kräuterstauden ist die **Pimpinelle** ein gutes *Salatkraut*, während **Weinraute** (nur getrocknet), **Salbei, Ysop** und **Beifuß**, in kleinsten Mengen angewandt, *Fleisch-, Fisch- und Gemüsegerichte* würzen. Oregano ist ein typisches Gewürz der südländischen Küche für Pizza, Soßen, Lamm.

Bei den Stauden lohnt sich im allgemeinen eine eigene Anzucht durch Aussaat nicht, sondern wir kaufen uns fertige Jungpflanzen oder bitten einen Nachbarn um Teilstücke der verschiedenen Arten.

3. Pflege des Kräuterbeetes

Alle Kräuter lieben einen sonnigen Standort und frischen, humosen Boden. Zur *Bodenverbesserung* verwenden wir Kompost und feuchten Torf und vermeiden Stallmist oder Gülle. Die *Mineraldüngung* erfolgt wie im Gemüsegarten. Eine zu starke Stickstoffgabe vermindert die Würzkraft der Kräuter. Im Sommer erhalten vor allem all die Arten, die viel Blattmasse bilden sollen, wie die Salatkräuter und Pfefferminz eine zusätzliche *Bewässerung.* Sehr vorteilhaft ist bei allen ausdauernden Arten eine *Bodenabdeckung* mit feuchtem Torf.

Eine **Schädlingsbekämpfung** ist bei Kräutern kaum möglich, da sie laufend geerntet werden. Läusebefall, auch den Pfefferminzrost, wird man mit rechtzeitigen Pflegemaßnahmen, wie Bodenlockerung und dauerndem Feuchthalten sowie mit rechtzeitigem Ernten begegnen.

Im Laufe des Sommers sind allen Stauden unter den Kräutern fortwährend die *Blüten abzubrechen. Im Herbst* werden sie handbreit über dem Boden *abgeschnitten*. Vor den Winterfrösten decken wir die kälteempfindlichen Arten, wie Pfefferminz, Estragon und Thymian, mit Tannenreisig leicht ab. Oregano braucht ebenfalls eine Winterabdeckung und wird erst im Frühjahr zurückgeschnitten.

4. Ernte der Kräuter

Die Ernte der Kräuter erfolgt möglichst, wenn ihre Würzkraft am stärksten ist.

Dies ist bei **Blattkräutern** wie Melisse, Beifuß, Salbei, Kerbel, Thymian und Pfefferminze kurz vor der Blüte der Fall. Bohnenkraut, Borretsch, Dill, Estragon und Oregano werden außerdem während der Blütezeit geerntet. Von diesen können auch die Blütenblätter mitverwendet werden. Die übrigen Blattkräuter erntet man laufend. Geschnittene Blattkräuter sollten sofort verbraucht oder haltbar gemacht werden. Sie bleiben nur kurze Zeit in einem Gefäß mit frischem Wasser oder gewaschen und gut abgetropft in einem Frischhaltebeutel im Kühlschrank frisch.

Samenkräuter werden entweder zur Zeit der Vollreife frühmorgens, zum Beispiel Kümmel, oder kurz vor der Ausreife, zum Beispiel Koriander und Senf, geerntet. Beide Verfahren verhindern das Ausfallen der Samen beim Pflücken.

5. Haltbarmachen der Kräuter

➤ **Trocknen:** Bis auf wenige Ausnahmen, wie Borretsch, Kerbel, Kresse und Portulak, lassen sich alle Arten gut trocknen. Hierzu müssen sie bei trockenem Wetter in den Vormittagsstunden geerntet werden. Die Blätter werden entweder gleich abgezupft, wie bei den meisten Stauden, und auf Horden oder sauberes Papier im Schatten im Freien oder auf dem luftigen Dachboden ausgebreitet, oder das Schnittgut wird dünn gebündelt und frei aufgehängt. Das Trocknen im Backofen darf nur bei niedrigen Temperaturen (35 bis 50°C) erfolgen; die Tür muß dabei einen Spalt offen bleiben.

Als **Regel** für das Trocknen gilt: Alle Kräuter, die mitgekocht werden, sind gut geeignet; zum Beispiel Majoran, Oregano, Thymian, Beifuß, Liebstöckel. Für die Teebereitung trocknet man unter anderen Zitronenmelisse, Pfefferminze, Salbei und Kamille.

Die **Aufbewahrung des Trockengutes** erfolgt möglichst luftabgeschlossen und im

Die **Aufbewahrung des Trockengutes** erfolgt möglichst luftabgeschlossen und im Dunkeln, also in schließbaren Gläsern, Dosen oder Beuteln. Gefüllte Leinenbeutel müssen öfter nachgeprüft werden.

➤ **Einsalzen:** Die Kräuter werden nach dem Waschen auf einem Porzellanteller fein geschnitten und dann schichtweise mit Salz in Steingutgefäße gepackt. Für 1 kg Kräuter rechnet man 200 bis 250 g Salz. Die Speisen dürfen natürlich vorher nicht gesalzen werden. Dieses Verfahren ist *nicht besonders empfehlenswert*, da der Salzgehalt in den Speisen bei Verwendung von eingesalzenen Kräutern stark erhöht wird. Ziel der Zubereitung von Kräutern soll aber gerade das Einsparen von Salz sein.

➤ **Einlegen in Öl:** Die Kräuter werden nach dem Waschen und guten Abtropfen kleingeschnitten, in Gläser gefüllt und fingerdick mit Öl begossen. Die Gläser sind gut verschlossen kühl und dunkel aufzubewahren. Das Kräuteröl kann für Salate verwendet werden.

➤ **Einlegen in Essig:** Hierbei füllt man etwa eine Handvoll Blätter oder Zweige einer oder mehrerer Kräuterarten in eine Flasche und gießt 1 l guten *Weinessig* hinzu. Branntweinessig ist dafür zu scharf. Fest verschlossen wird die Flasche dann für etwa zwei Wochen auf die sonnige Fensterbank gestellt, anschließend kühl und dunkel aufbewahrt. Besonders geeignet dafür sind Basilikum, Estragon und Zitronenmelisse.

➤ **Einfrieren:** Das Einfrieren eignet sich vor allem für Petersilie, Dill und Zitronenmelisse. Die gewaschenen Kräuter können entweder kleingeschnitten in der *Eiswürfelschale* in Wasser eingefroren werden oder trocken in *Gefrierbeuteln*. Je trockener sie eingefroren werden, desto einfacher ist eine portionsweise Entnahme. Häufig verwendete Kräutermischungen sollte man gleich zusammen einfrieren.

Übersicht 29: Küchen- und Heilkräuter

Art	Aussaatmonat		Lebens-dauer	Abstand in cm R = Reihe	Höhe cm
	T F	O + S			
Basilikum	III–IV	V	⊙	25 x 25	30 – 60
Beifuß	III	V	♃	40 x 40	100 – 150
Bohnenkraut		IV–V	⊙	R = 25	20 – 40
Borretsch-Gurkenkraut		IV–VII	⊙	20 x 25	40 – 60
Dill		ab IV	⊙	R = 20	50 – 100
Estragon	Pflanzung	IV	♃	50 x 50	60 – 100
Fenchel		IV–V	♃	30 x 40	100 – 150
Kerbel		III–VI	⊙	R = 15	30 – 40
Liebstöckel-Maggikraut	Pflanzung	IV	♃	60 x 100	150
Majoran	III–IV	IV–IV	⊙	20 x 20	30 – 50
Petersilie		III	⊙⊙	15 x 10	20
Pfefferminz	III		♃	30 x 30	60 – 80
Pimpinelle		III	♃	30 x 30	30 – 40
Salbei	III		♃	30 x 40	50 – 70
Sauerampfer		III	♃	30 x 40	80
Schnittlauch	II–III	V	♃	15 x 20	30
Thymian		IV	♃	20 x 20	30
Zitronenmelisse	Pflanzung	IV	♃	30 x 40	50 – 80

Zeichenerklärungen: T F = Aussaat in Töpfe im Haus oder ins Frühbeet; O + S = Aussaat an Ort und Stelle; ⊙ = einjährig; ⊙⊙ = zweijährig; ♃ = mehrjährig

Lage und Sonstiges	Ernte	Verwendung
frostempfindlich, geschützt, sonnig, humusreichen Boden	Juli bis August vor der Blüte	Suppe, Soßen, Fleisch, Fisch, Verdauungstee
sonnig und kalkhaltigen Boden	trocknen, im 2. Jahr nach Aussaat, bevor Knospen aufbrechen abschneiden und trocknen	Geflügel, Braten, Soßen, Tee
sonnig und humusreich	Blätter vor der Blüte frisch verwenden oder trocknen	Suppen, Bohnengerichte, Kartoffelsalat, Gurken, Magentee
Folgesaaten alle 4 Wochen, Bienenpflanze	nur frische Blätter	Salat und Soßen, Aalsuppen
Folgesaaten alle 4 Wochen, keine Staunässe	kurz vor der Blüte trocknen, auch einfrieren	Salat, Gurken, Soßen, Pilze, Frikadellen, Magentee
deutschen Estragon, nicht säen, viel Feuchtigkeit	bestes Aroma während der Knospe und Blüte	Soßen, Majonaise, Salat, Kräuterblätter, Gurken
sonnig, kalkhaltig und nährstoffreich	frisches und trockenes Laub, Samen ausklopfen	Salat, Gurken, Sauerkraut, Soßen, Backwerk, Verdauungstee
Folgesaaten, feucht	vor der Blüte schneiden, frisch verwenden	Salat, Suppen, Soßen, Kräuterbutter, enthält viel Vitamine
Windschutz, schattig, 1 Staude genügt	frische Blätter und getrocknete	Suppen, Gemüse, Soßen, Fleisch, Geflügel
sonnig, geschützt, leichter Boden	vor der Blüte schneiden und trocknen, treibt neu aus	Sparsam verwenden, Braten, Soßen, Hülsenfrüchte, Erkältungstee
lockeren humosen Boden, feucht	gekrauste, frische Blätter oder Wurzeln	Suppen, Gemüse und Salat, auch einfrieren
sonnig, bildet Ausläufer	Blätter langsam trocknen, frische Triebspitzen	Frische Blätter für Braten, Tee für Magen und zur Beruhigung
sonnig	frische getrocknete Blätter	Soßen, Salat und Suppen
kalkliebend, erst im 2. Jahr volles Aroma	vor der Blüte Blätter trocknen, frische Triebspitzen	Fisch bes. Aal und Braten, Tee gegen Halskrankheiten
Vorliebe für feuchten nährstoffreichen Boden	vor der Blüte Blätter frisch	in kleinen Mengen in Suppen und Salat
nährstoffreichen, tiefgründigen feuchten Boden, für Beeteinfassung	vor der Blüte	Suppen, Soßen, Salate, anregend auf Magentätigkeit
geringe Ansprüche an Boden, sonnig, Winterschutz	vor der Blüte frische und trockene Blätter	Suppen, Fleisch, Hustenmittel
sonnig, Sämlinge, wachsen langsam	vor dem Aufblühen frisch	Salat, Obstsuppen, Fisch, Fleisch- und Wildgerichte

DAS BEERENOBST

I. ERDBEEREN

Die Erdbeere ist als einziges Obstgewächs eine **Staude** mit tiefer Faserwurzel und starker Ausläuferbildung. Sie gehört zur großen Familie der *Rosengewächse.* Der stark verdickte Blütenboden stellt die fleischig-saftige Erdbeerfrucht dar, auf deren Oberfläche die kleinen Samen als Nüßchen mehr oder weniger tief eingebettet sind.

Erdbeeren enthalten nur *36 Kalorien* beziehungsweise 150 Joule pro 100 g frische Früchte und sind damit die kalorienärmste, aber wasserreichste heimische Obstart. Von den wichtigsten Mineralstoffen enthält sie pro 100 g eßbarem Fruchtanteil circa 140 mg Kalium, 30 mg Phosphor, 25 mg Calcium und 0,9 mg Eisen. Der Vitamin C-Gehalt liegt bei über 60 mg pro 100 g frische Früchte. Mit dieser Menge können drei Viertel unseres Tagesbedarfs an Vitamin C gedeckt werden.

1. Ansprüche an Klima, Lage und Boden

Erdbeeren können in fast allen Gegenden Deutschlands im Hausgarten angebaut werden, da sie sehr anpassungsfähig sind. Sie gedeihen am besten im gemäßigten **Klima.**

Abbildung 121: Erdbeer-Grauschimmel (Botrytis-Fäule) kann in zu engen Pflanzenbeständen und bei feuchter Witterung unter den reifenden Früchten großen Schaden anrichten.

Strenge Kahlfröste im Winter sowie trockene, heiße Sommer sind für sie sehr schädlich. **Lagen**, die alljährlich von Spätfrösten heimgesucht werden, sind ungeeignet, leichte Südhänge vor allem für frühe Sorten besonders günstig. Während der Fruchtentwicklung und im Winter sind Erdbeeren sehr empfindlich gegen scharfe Winde, so daß eine Umpflanzung oder Zwischenpflanzung von Beerensträuchern oder hohen Gemüsearten als Windschutz empfehlenswert ist.

Erdbeeren können als Unterkultur unter jungen Obstbäumen angebaut werden, da ihnen leichter Halbschatten zusagt und dieser die Früchte vor Sonnenbrand schützt. In stärker beschatteten Lagen muß jedoch mit einer späteren Ernte und mit größeren Schäden durch Fäulnis, Schnecken, Tausendfüßler und Kellerasseln gerechnet werden. Ältere Obstbaumpflanzungen und Erdbeeren lassen sich aus diesem Grunde nicht miteinander verbinden, zumal es auch auf Kosten der notwendigen Pflegemaßnahmen an den Obstbäumen gehen würde.

Die Erdbeeren lieben einen feuchten, mittelschweren bis leichten, nährstoffreichen Boden, der eine schwachsaure Reaktion hat. Ein hoher Humusgehalt im Boden ist für den Erfolg der Erdbeerkultur entscheidend.

2. Anbau

2.1 Anbauarten

Die häufigste Anbauart für Erdbeeren ist die **Reihenpflanzung** mit einheitlichen Reihenabständen von 80 bis 100 cm je nach Wuchskraft der Sorten. Der Abstand in den Reihen beträgt 25 bis 30 cm. Eine andere Anbaumöglichkeit ist die **Bandpflanzung**, die sich bei schwachwachsenden Sorten im Hausgarten bewährt hat. Hier werden im Abstand von 25 cm zwei Reihen gepflanzt, und nach einem Meter folgt das zweite Band. In den Reihen stehen die Pflanzen im Abstand von 15 bis 20 cm im Verband. Im ersten Jahr nach der Pflanzung ist das Land noch nicht voll ausgenutzt. Die Zwischenräume können mit Salat, Kohlrabi, Spinat oder anderem bestellt werden.

Eine zweite Möglichkeit der intensiveren Ausnutzung und des Erzielens höherer Erträge im ersten Erntejahr ist das Pflanzen der Erdbeeren in der halben Reihenentfernung. Nach der ersten Ernte wird jede zweite Reihe aufgenommen, so daß wir für das zweite und vielleicht dritte Erntejahr den üblichen Reihenabstand von 80 bis 100 cm haben. Diese sogenannte **kombinierte Anbaumethode** ist für einen intensiv bewirtschafteten Hausgarten die empfehlenswerteste, weil sie die Vorzüge der mehrjährigen und der viel diskutierten einjährigen Erdbeerkultur in sich vereinigt.

Der intensive **einjährige Erdbeeranbau** lohnt sich nur für besonders frühe, warme Lagen (zeitige Jungpflanzenentwicklung) und bewährte Frühsorten wie Früherntе und Regina, aber auch für die starkwachsende Sorte Senga-Sengana, deren mehrjähriger Bestand oft so dicht ist, daß bei ungünstiger Witterung ein hoher Prozentsatz der Früchte fault. Im bäuerlichen Hausgarten wird sich die einjährige Erdbeerkultur nur in sehr verunkrauteten – besonders mit Wurzelunkräutern durchsetzten – Böden einführen, weil für die jährliche Gesamtneupflanzung im Juli/August meist die Zeit fehlt.

Die Kulturdauer einer Erdbeeranlage sollte nicht länger als drei Jahre währen.

Bei frühen und mittelfrühen Sorten lohnt sich nur ein **zweijähriger Anbau**, da bei älteren Pflanzen die Erntemenge und die Qualität der Früchte deutlich nachlassen. So werden wir also in jedem Jahr mindestens ein Drittel der Erdbeeren nach der Ernte aufnehmen und eine gleichgroße Fläche an anderer Stelle im Garten, wo mindestens vier Jahre keine Erdbeeren gestanden haben, mit kräftigen Jungpflanzen neu bebauen.

Um Abbauerscheinungen durch *Bodenmüdigkeit* sowie durch tierische und pilzliche Schädlinge vorzubeugen, sollte man etwa alle vier bis fünf Jahre neues Pflanzgut von einem anerkannten Erdbeer-Vermehrungsbetrieb kaufen. In der übrigen Zeit können aus der eigenen Erdbeeranlage Jungpflanzen gewonnen werden.

2.2 Bodenvorbereitung

Das zukünftige Erdbeerstück wird nach Aberntung der Vorkultur (zum Beispiel Hülsenfrüchte, Blumenkohl oder Frühkartoffeln) gegraben, mit 50 g/m^2 eines blauen *Volldüngers* verbessert und eingeebnet. Den erforderlichen *Stallmist* sollte man möglichst schon der Vorkultur geben. Ein wertvoller Erdbeerdünger ist *Torfschnellkompost*, der vor der Pflanzung in die oberste Erdschicht eingearbeitet wird.

Es ist darauf zu achten, daß sich der Boden vor der Erdbeerpflanzung genügend gesetzt hat.

2.3 Pflanzung der Erdbeeren

Die beste Pflanzzeit für Erdbeeren liegt zwischen Mitte Juli und Mitte August.

Je zeitiger die Pflanzung im August abgeschlossen wurde, eine desto höhere Ernte hat man schon im folgenden Jahr. Am geeignetsten sind trübe Tage und die Abendstunden.

Die Wurzeln werden nicht eingekürzt. Die Pflanzung erfolgt mit der Hand oder mit der Pflanzschaufel, wobei darauf zu achten ist, daß die Pflanze mit ausgebreiteten, geraden Wurzeln in die Erde kommt und fest angedrückt wird. Pflanzt man sie zu tief, so verfault die Mittelknospe, steht sie zu hoch, so vertrocknet oder erfriert der Wurzelhals. Nach dem vorsichtigen Angießen tut man gut, trockene Erde über den Gießrand zu ziehen, damit der Boden nicht verkrustet.

3. Sorten

Senga Pantagruella: Früh, hoher Ertrag. Große, feste, kegelförmige Früchte von mittlerem Geschmack. Mittelstarker Wuchs, anfällig für Grauschimmel.

Elvira: Früh bis mittelfrüh, hoher Ertrag. Große, kegelförmige, feste, hellrote Früchte, wohlschmeckend. Mittelstarker Wuchs, wenig Laub; im Juli pflanzen. Wenig Grauschimmel, aber anfällig für Mehltau.

Korona: Früh bis mittelfrüh. Sehr große, glänzend dunkelrote, saftige, weiche Früchte mit rotem Fleisch und sehr gutem Aroma. Zum Gefrieren nicht geeignet. Wuchs sehr stark, sehr ertragreich, im 2. Jahr oft kleinfrüchtiger.

Induka: Mittelfrüh, mittelhoher Ertrag. Mittelgroße, kegelförmige, dunkelrote, druckfeste Früchte mit rotem saftig-säuerlichem Fleisch. Mittelstark wachsend, leicht zu pflücken, im 2. Jahr kleinfrüchtiger. Anfällig für Grauschimmel. Gefriergeeignet.

Senga Sengana: Mittelfrüh und ertragreich. Früchte mittelgroß, rund, weich, mit dunkelrotem Fleisch; sie werden zum Ende der Erntezeit hin kleiner. Starkwüchsig, deshalb nicht zu eng pflanzen. Sehr anfällig für Grauschimmel, Weißfleckenkrankheit, Wurzel- und Stengelfäule. Zum Einfrieren gut geeignet.

Elsanta: Mittelfrüh, sehr guter Ertrag. Früchte gleichmäßig groß, rund mit rotem, festem, aromatischem Fleisch, leicht zu pflücken. Wenig anfällig für Fruchtfäule. Zum Einfrieren gut geeignet.

Tenira: Mittelfrüh, guter Ertrag. Mittelgroße, kegelförmige, leuchtendrote, feste Früchte mit rotem, sehr aromatischem Fleisch. Mittelstarker Wuchs, gut zu pflükken, zeitig pflanzen. Wenig Grauschimmel, aber leicht Rote Spinne. Gefriereignung gut.

Tago: Spät, mittlerer Ertrag. Große, kegelförmige, feste, organgerote Früchte mit frischem Geschmack. Starkwachsend, zeitig pflanzen. Wenig Grauschimmel. Gefriergeeignet.

Ostara: Immertragende Sorte mit guter Haupternte im Juli/August und mittlerer Herbsternte. Mittelgroße, kegelförmige, leuchtendrote Früchte mit aromatischem Geschmack. Kräftiger Wuchs, mittlere Anfälligkeit für Grauschimmel. Als Zusatzsorte sehr geeignet.

Monatserdbeeren: Rügen, Baron Solemacher.

Abbildung 122:
oben: Senga Sengana als Beispiel einer Sorte mit tief im Laub verborgenen Blüten.
unten: Regina, ein Vertreter der Sorten mit deutlich über dem Laub stehenden Blüten.

4. Vermehrung

Die Vermehrung der großfrüchtigen Erdbeeren erfolgt durch **oberirdische Ausläufer**, die sich nach der Ernte in großer Zahl an den Mutterpflanzen bilden. Wenn zur Zeit der Ausläuferbildung sehr trockenes Wetter herrscht, der Boden verkrustet ist oder die Pflanzen von Schädlingen befallen sind, verhärten die Jungpflanzen und stellen ihr Wachstum ein. Wir müssen also für eine zusätzliche *Bewässerung* sorgen und vor allem den Boden lockerhalten, was wir mit einer Schicht feuchtem *Torfmull* am besten erreichen.

Für die Jungpflanze ist es günstig, wenn sie so lange wie möglich mit der Mutterpflanze verbunden ist, aber letztere leidet sehr darunter und kommt im folgenden Jahr nicht zu einem Höchstertrag. Deshalb und um eine gleichmäßige Entwicklung der Ausläufer zu erreichen, ist es auch üblich, die Jungpflanzen, wenn sie die ersten Wurzelspitzen zeigen, von der Mutterpflanze zu trennen und auf ein gesondertes Beet im Abstand von 10 x 15 cm *aufzupikieren*. Das Beet wird vorher mit feuchtem Torf und Komposterde verbessert und in den ersten Tagen nach dem Pikieren bei Sonnenschein schattiert. Nach zwei bis drei Wochen sind die Ausläufer pflanzfertig.

Eine andere sehr praktische Maßnahme, um den größten Teil der älteren Erdbeerpflanzen zu schonen, ist, etwa ein Fünftel der normalen Anbaufläche als *Mutterquartier* zu bestimmen. Dieses wird nach der Ernte mit einer feuchten Torfabdeckung versehen, mit dem übrigen Stück gut abgedüngt und bei Trockenheit einige Male bewässert. Die Pflanzung kann direkt vom Mutterbeet aus erfolgen. Das kleine Stück dient also in erster Linie der Vermehrung, während bei den anderen Erdbeerreihen laufend die Ranken entfernt werden, um für die nächstjährige Ernte Kraft zu sparen.

Die richtige *Auswahl der Ausläuferpflanzen* für eine Neupflanzung ist eine Streitfrage. Es ist falsch zu sagen, die der Mutterpflanze am nächsten stehende Ausläuferpflanze sei grundsätzlich die beste. Sie ist oft die stärkste, hat aber auch am ehesten die Krankheiten und Schädlinge des Mutterstockes übernommen. Es lohnt sich die zusätzliche Mühe, während der Erdbeerblüte besonders kräftige und blühwillige Pflanzen und während der Ernte besonders ertragreiche Mutterpflanzen mit einem Stab zu kennzeichnen, um von dort die Jungpflanzen für die neue Erdbeeranlage zu gewinnen.

Da erblich alle Ausläuferpflanzen einer Mutterpflanze gleich sind, richtet sich die Auswahl nur nach den guten Eigenschaften der Mutter und nach der Stärke und Gesundheit der jungen Pflanze.

5. Pflegemaßnahmen

Die junge Erdbeerpflanzung entwickelt sich am besten in einem unkrautfreien, lockeren und feuchten Boden. Es könnte also eine *Bewässerung* notwendig sein, ebenso ist mehrmaliges *flaches Hacken* erforderlich.

Die praktischste Bodenpflegemethode ist im ländlichen Hausgarten die Bodenabdeckung mit strohigem Mist im Herbst, wovon im Laufe des Winters die Dungstoffe ausgewaschen werden und das saubere Stroh im kommenden Frühjahr als Fruchtunterlage dient.

In Spätfrostlagen darf für die Bodenbedeckung kein Torf verwendet werden, weil hierdurch die *Blütenfrostgefahr* erhöht wird.

Im Laufe des Sommers sollten alle Ausläufer, sofern man sie nicht zur Jungpflanzengewinnung benutzen will, so zeitig wie möglich abgeschnitten werden. Im Herbst stechen wir am Rand der Reihen sorgfältig mit dem Spaten entlang, entfernen das Unkraut in den Reihen, säubern die Zwischenräume und lockern sie mit der Grabegabel vorsichtig auf, bevor der Boden frisch abgedeckt wird.

Jede tiefe Bodenlockerung muß unterbleiben, um die flachen Wurzeln zu schonen.

Düngungsvorschlag für die Erdbeerpflanzen

- Als *Grunddüngung* vor der Pflanzung wurden bereits angegeben:
  50 kg/10 m² (1 Schubkarre) Stallmist
  50 g/m² Volldünger (blau)

- *Kopfdünger* im ersten Frühjahr vor Beginn der Laubentwicklung:
  40 – 50 g/m² Volldünger (blau)

- *Düngung ein- und mehrjähriger Pflanzungen:*
  50 – 80 g/m² Volldünger (blau) sofort nach der Ernte
  20 – 30 g/m² Volldünger (blau) im September oder im Frühjahr vor der Laubentwicklung.

- *Humuszufuhr* durch eine jährliche *Bodenabdeckung* mit strohigem Mist, Torf oder ähnlichem.

Für die Erdbeerdüngung sind nur chlorfreie Dünger zu wählen, denn die Erdbeere gehört zu den chlorempfindlichen Pflanzen. Ebenso sollte eine direkte Kalkdüngung zu Erdbeeren unterbleiben.

6. Ernte

Der *Durchschnittsertrag* liegt bei Erdbeeren bei 50 kg/a. Wir pflücken möglichst in den frischen Morgenstunden und bringen die Beeren schnell in einen kühlen Raum. Erdbeeren werden mit Kelch und kurzem Stiel geerntet.

Abbildung 123: Erdbeerpflanzung nach der herbstlichen Säuberung der Gassen und dem Schmalstechen der Reihen.

Mehrere Erdbeersorten lassen sich durch *Gefrieren* sehr gut haltbar machen, zum Beispiel Induka, Senga Sengana, Elsanta, Tago, Tenira.

7. Krankheiten und Schädlinge

Grauschimmel (Botrytis-Fäule): Diese weit verbreitete Erdbeerkrankheit kann bei feuchter Witterung unter den reifenden Früchten großen Schaden anrichten. Auch eine zu starke Stickstoffdüngung kann den Grauschimmelbefall fördern. Fruchtunterlagen von Stroh, Holzwolle, Torfstreu, Folien und anderen hemmen die Verbreitung. *Vorbeugende Spritzungen* mit Euparen oder Ronilan, Rovral, Pomarsol forte, am Anfang und Ende der Blütezeit. Dabei sind die Pflanzen und die Zwischenräume mit mindestens 25 l Brühe je ar gründlich zu benetzen.

Blatt- oder Weißfleckenkrankheit: *Wiederholte Spritzungen* mit Vitigran (höchstens 2 Anwendungen) vom Wachstumsbeginn bis zum Anfang der Fruchtausbildung und im Spätsommer.

Mehltau: Blattunterseits mehliger Überzug, Blätter stellen sich aufrecht, verfärben sich rötlich und sterben vorzeitig ab. *Bekämpfung* mit Netzschwefel oder Karathane.

Erdbeermilbe: Herzblätter kräuseln sich, verkrüppeln, Pflanzen gehen zurück. Keine Ableger von ihnen gewinnen. Vor der Blüte und nach der Ernte zum Beispiel mit Thiodan 35 flüssig oder Thiodan 35 Spritzpulver bekämpfen.

Rote Spinne: Diese Spinnmilbe saugt blattunterseits und schwächt die Pflanzen erheblich. *Wiederholte Spritzungen* zum Beispiel mit Rogor 40 L oder Roxion, jedoch nicht in die Blüte.

Erdbeerblütenstecher und Erdbeerstengelstecher: Beide Schädlinge werden mit Insektiziden, zum Beispiel E 605, Unden, Bromophosmitteln vor der Blüte oder Thiodan während der Blüte bekämpft.

Schnecken: Sie fressen abends und nachts. Um die Pflanzung einen 30 cm breiten Streifen *Ätzkalk* streuen oder zum Ködern an mehreren Stellen Schalen mit Bier etwa zwei Drittel in die Erde einlassen, öfter erneuern. *Chemische Bekämpfung* mit Schneckenkorn, in Häufchen ausgelegt oder zwischen den Pflanzen breitwürfig ausgestreut (10 Körner je m^2). Die Mittel verlieren bei Feuchtigkeit ihre Wirkung, also wiederholen.

Abbildung 124: **Blattverkrümmungen als deutliches Zeichen für Milbenbefall**

II. JOHANNISBEEREN

Johannisbeeren gehören wie die Stachelbeeren zu den Steinbrechgewächsen (Saxifragaceae).

Sie wirken durch den besonders hohen Gehalt an Fruchtsäuren sehr erfrischend und sind wertvolle Mineralstoffträger. Die schwarzen Johannisbeeren zeichnen sich durch den höchsten Vitamin C-Gehalt von 170 mg/100 g Früchte unter allen in- und ausländischen Obstarten aus. Der *Energiegehalt* liegt bei Johannisbeeren etwa zwischen 45 und 55 kcal = 185 bis 235 kJ pro 100 g Früchte.

Alle Johannisbeeren haben ein feinverzweigtes, oberflächiges *Wurzelsystem,* worauf bei allen Bodenpflegemaßnahmen Rücksicht zu nehmen ist. Während die schwarzen Johannisbeeren bereits an einjährigen Trieben *Fruchtholz* entwickeln, bilden rote und weiße Sorten vor allem an kräftigem zwei- und dreijährigem Holz den besten Fruchtansatz.

Die Ertragssicherheit wird durch Fremdbestäubung, das heißt Zusammenpflanzung verschiedener Sorten, erhöht. Dies gilt besonders für alle schwarzen Johannisbeeren.

1. Ansprüche

Es gibt in Deutschland wohl kaum einen Garten, in dem bei richtiger Sortenwahl und den nötigen Pflegemaßnahmen Johannisbeeren nicht gedeihen würden. Bis zu einer Höhe von 800 m ü.M. können die Erträge zumindest befriedigend sein. Ein niederschlagreiches **Klima** mit einer Mindest-Jahresniederschlagsmenge von 600 mm sagt ihnen am meisten zu. Andernfalls ist vor allem in der Zeit vom Austrieb bis zur Ernte einige Male zu *wässern.* Man sollte den Johannisbeeren einen freien, **sonnigen Stand** geben, denn hier erhält man frühe, gute Ernten, süße Früchte und hat weniger Krankheiten und Schädlinge zu befürchten.

Schwarze Johannisbeeren sind im Holz und in der Blüte *frostempfindlich*. Deshalb sind Südhänge für sie nachteilig, weil hier im Frühjahr der Austrieb sehr zeitig beginnt, und dann die Blüten dem Spätfrost leicht zum Opfer fallen. In Moorgebieten ist aufgrund von Spätfrostgefahr auf geeignete Sorten zu achten. Auch das *Rieseln* der heranreifenden Früchte ist in manchen Fällen auf zu niedrige Temperaturen während der Blüte und der ersten Fruchtentwicklungszeit zurückzuführen.

Alle Johannisbeeren lieben einen lockeren, humusreichen und gleichmäßig feuchten, schwachsauren **Boden.** Stehende Nässe und extrem schwere und kalte Böden sind ungünstig. Humushaltige Sandböden, sandige Lehmböden, aber auch anmoorige Böden sind gleichermaßen geeignet.

2. Anbauarten

2.1 Sträucher

Die älteste und auch heute noch verbreitetste Erziehungsmethode bei Johannisbeeren ist die Strauchform. Sie ist bei straff aufrecht wachsenden Sorten ohne Nachteil in bezug auf die Ernte der unteren Zweigpartien und die Bodenbearbeitung. Die Unkrautbekämpfung nahe am Strauch bedeutet aber immer eine Schwierigkeit und verlangt fast ausschließlich Handarbeit, wenn keine Bodenabdeckung durchgeführt wird.

2.2 Stämme

Die zweite, jüngere Anbauform ist die Pflanzung von Fuß- oder Kniestämmchen und Halb- und Hochstämmen. Alle Johannisbeer-Stammformen haben den entscheidenden Nachteil der geringen Standsicherheit und der starken Astbruchgefahr. Die Johannisbeerzweige sind namentlich bei vollem Fruchtbehang zu schwer, die Kronen brechen vor allem in windreichen Gegenden auseinander oder an der Veredlungsstelle direkt unterhalb der Krone völlig ab. In unkrautreichen Böden haben Fußstämmchen mit einer Stammlänge von 20 bis 40 cm eine gewisse Bedeutung.

2.3 Hecken

Die heckenartige Erziehungsweise von Johannis- und Stachelbeeren ist die jüngste Anbauweise. Sie ist im Erwerbsgartenbau verbreitet, weil man sich die Möglichkeit einer fast vollmechanischen Bodenpflege, einer Vereinfachung des Schnittes und Erleichterung der Ernte bei einer Beerenobsthecke zunutze machen will. Auch für den Hausgarten ist diese Anbauart geeignet.

Die Heckenerziehung verursacht allerdings höhere Anlagekosten, weil ein *Drahtgerüst* angebracht werden muß, die Pflege- und Erntearbeiten sind aber unvergleichlich einfacher. Die Pflanzreihen sollten in *Nord-Süd-Richtung* verlaufen, um eine gleichmäßige Belichtung zu gewährleisten.

Im Abstand von 5 bis 6 m werden starke Pfähle gesetzt, die etwa 1,80 m aus dem Boden ragen. Dann sind im Abstand von 40 cm 4 bis 5 Spanndrähte (2,5 mm Durchmesser) zu ziehen und sehr stramm an den Pfosten zu befestigen. Der Pflanzabstand beträgt in der Pflanzzeile 1 bis 1,2 m, die Reihenentfernung 2 bis 2,3 m. Jeder Strauch behält 5 bis 6 Triebe, die bei der Pflanzung auf etwa 30 cm zurückgeschnitten und steil fächerformig an den Draht gebunden werden. In den späteren Jahren ist beim Schnitt der fächerförmige Aufbau zu berücksichtigen. Günstige starke Triebe werden an den Draht gebunden, verbleibende schwächere Triebe brauchen meist nur hinter den Draht gesteckt zu werden. Der Auslichtungs- und Ertragsschnitt sind im Prinzip wie bei der freien Straucherziehung durchzuführen.

Für diese Anbauform eignen sich alle bewährten Sorten.

3. Sorten

3.1 Rote Sorten

Heros: Früheste Sorte. Schwacher, leicht überhängender Wuchs, Fruchttriebe verkahlen leicht (Schnitt). Gute Bodenverhältnisse und Pflege sind Bedingung, dann aber sehr fruchtbar. Die langen Trauben sind leicht zu ernten. Spätfrostgefährdet.

Red Lake: Ernte mittelfrüh und sehr reich. Starker, aufrechter Wuchs, sehr früh blühend, deshalb für spätfrostgefährdete Lagen nicht geeignet. Lange, bequem zu pflückende Fruchttrauben, die dicht mit großen, leuchtendroten Beeren besetzt sind.

Rote Vierländer – Syn. Erstling aus Vierlanden: Die Ernte setzt etwa 6 Tage nach Heros ein und ist sehr gut. Ziemlich starker, aufrechter Wuchs, kräftige Verzweigung, deshalb weniger Rückschnittarbeiten erforderlich. Die Sorte hat langgestielte und lange

Trauben mit mittelgroßen, dunkelroten Beeren von süßsäuerlichem, aromatischem Geschmack.

Rondom: Mittelspät, ertragreich und leicht zu pflücken. Der Wuchs ist breitaufrecht; anspruchslos.

Heinemanns Rote Spätlese: Ernte 30 bis 40 Tage nach Heros und kann sich bis in den September hineinziehen; leichte Erntearbeiten. Der Wuchs ist stark, aber breitausladend und leicht auseinanderfallend. Durch regelmäßigen Schnitt auf nach oben stehende Augen ist dem Ausbrechen schwerer und

Abbildung 125: Johannisbeeren „Jonkherr van Tets". Frühe bewährte Sorte mit roten, säuerlichen Beeren.

Abbildung 126: Johannisbeeren „Rote Vierländer"

Abbildung 127: Silvergieters schwarze Johannisbeere

junger Triebe vorzubeugen. Für den Rohgenuß sehr sauer, *für die Verwertung* wegen ihrer guten Gelierfähigkeit, des hohen Vitamin C-Gehaltes und der sehr guten Erträge von großer Bedeutung.

3.2 Weiße Sorten

Weiße Versailler: Frühe Reifezeit. Diese empfehlenswerteste weiße Sorte für den Hausgarten ist anspruchslos, ertragreich, leicht zu ernten und geschmacklich sehr gut. Mittelstarker, aufrechter Wuchs. Blüte frostgefährdet, da recht früh.

3.3 Schwarze Sorten

Silvergieters Schwarze: Die Reife setzt zwei Tage nach Heros ein. Nachteilig ist die Frostempfindlichkeit des Holzes und der frühen Blüte. Die Früchte sind groß, süß und mildaromatisch, für den Rohgenuß sehr geschätzt. Sie sitzen an langen, langgestielten Trauben, die sich gut pflücken lassen. Ertrag gut.

Rosenthals Langtraubige Schwarze – Syn. Boskoops Riesen: Mittelfrühe Sorte, die anspruchsloser an den Boden ist. Sie hat einen strengeren, säuerlichen Geschmack, weshalb sie mehr für die Verwertung geeignet ist. Neigt zum Rieseln.

Roodknop: Ihr Wert liegt in der geringen Frostempfindlichkeit des Holzes und der Blüte, im hohen Vitamin C-Gehalt und den sicheren, guten Erträgen. Leider sind die Trauben kurz gestielt und müssen rechtzeitig gepflückt werden. Geschmacklich gleicht sie der Rosenthals.

Josta-Beere: Es handelt sich um eine Kreuzung aus Schwarzer Johannisbeere x Stachelbeere. Blütezeit mittelfrüh, Reife Anfang bis Mitte Juli. Große schwarze, recht wohlschmeckende Beeren an kurzen Trauben, mit gutem Vitamin-C-Gehalt. Die Putzarbeit ist wegen der dünnen Fruchthaut schwieriger als bei Stachelbeeren. Die Sträucher sind recht anspruchslos und gesund, starkwüchsig und reichtragend sowie stachellos.

Bei den einzelnen Johannisbeersorten sind leider verschiedene Typen im Handel, die in ihrem Wert beträchtlich voneinander abweichen. Deshalb ist es besonders wichtig, das Pflanzgut in Qualitäts-Obstbaumschulen einzukaufen, weil man hier unter Garantie auf Sortenechtheit geprüfte und anerkannte Ware erhält, die mit dem Markenetikett versehen ist.

4. Schnitt

Entsprechend den verschiedenen Entwicklungsstadien der Johannisbeerpflanzen sind folgende vier Schnitte zu unterscheiden:

- Der Pflanzschnitt: im Herbst oder Frühjahr nach der Pflanzung.
- Der Aufbauschnitt: in den folgenden zwei bis vier Jahren.
- Der Ertragsschnitt: in allen späteren Jahren.
- Der Verjüngungsschnitt: bei gesunden, alternden Sträuchern.

4.1 Pflanzschnitt

Für alle genannten Anbaumethoden belassen wir an den Jungpflanzen fünf bis sechs kräftige Triebe, die in günstiger Verteilung stehen, und schneiden diese sehr kurz, auf etwa 20 bis 30 cm, auf nach außen stehende Augen zurück.

4.2 Aufbau- oder Erziehungsschnitt

Es werden alle zu dicht stehenden und nach innen wachsenden Triebe entfernt, um von Anfang an einen lichten Busch zu bekommen. Ferner sind die Verlängerungen der Leittriebe um 1/2 bis 1/3 zurückzuschneiden, womit eine Stärkung des Strauchgerüstes angestrebt und eine Verzweigung angeregt werden. Schwächer wachsende Pflanzen schneidet man im allgemeinen mehr, starkwachsende weniger zurück.

4.3 Ertragsschnitt

Es ist zu bedenken, daß rote und weiße Johannisbeeren den besten Ertrag am zwei- und dreijährigen Holz haben. Wir erkennen es an der braunen Farbe, der guten Verzweigung und der hohen Anzahl von Blütenknospen. Dieses muß also geschont werden, während vom älteren Holz alljährlich ein großer Teil entfernt wird. Es sollten nicht mehr als *sechs bis acht Grundtriebe* belassen werden. Junge Bodentriebe sind als Nachwuchs wichtig. Wir wählen von ihnen zwei bis vier kräftige, am günstigsten stehende Triebe zur weiteren Gerüstbildung aus und kürzen sie um die Hälfte auf ein Auge ein, das in eine Lükke gerichtet ist. Alle anderen *Bodenschößlinge* werden tief am Erdboden säuberlich weggeschnitten.

Nun ist die umstrittene Frage zu klären, ob ein jährlicher *Rückschnitt der Triebspitzen* von Johannisbeeren erforderlich ist, um eine Verzweigung und damit die Bildung von Jungholz anzuregen. Dies ist grundsätzlich bei Heros und Weiße Versailler anzuraten, weil diese ohne eine Schnitthilfe wenig Verzweigungen bekommen und leicht auseinanderbrechen. Der regelmäßige **Ertragsschnitt** besteht hier darin, von den Haupttrieben die Spitzen auf vier bis sechs Augen des letztjährigen Austriebes einzukürzen. Es ist allerdings auch von Vorteil, die längsten Jahrestriebe der übrigen Sorten etwa um ein Drittel zurückzuschneiden. Nur bei schwarzen Johannisbeeren ist im allgemeinen ein Fruchtholzschnitt nicht zweckmäßig. Alle schlenkrig gewachsenen Außenäste sollte man auf nach oben gerichtete Augen schneiden, um einen strafferen Wuchs zu fördern.

Bei dem jährlichen Ertragsschnitt der „erwachsenen" Johannisbeer- und Stachelbeersträucher könnte man die Arbeit in folgenden Stufen durchführen:

➤ 1. **Wegschnitt** der meisten fünfjährigen und aller noch **älteren Bodentriebe** (tief am Boden!). Als Schnittwerkzeuge sind hierzu eine Iduna-Säge und eine scharfe Astschere mit 50 bis 80 cm langen Griffen sehr geeignet.

➤ 2. **Wegschnitt zu dicht stehender Verzweigungen** des verbleibenden jüngeren Holzes und von beschädigten und kranken Trieben (Man spricht davon: alles was sich kreuzt und reibt).

➤ 3. **Auswahl von zwei bis vier** diesjährigen kräftigen und günstig stehenden **Bodentrieben** und diese um die Hälfte über einer Knospe einkürzen, die in eine Strauchlücke oder nach außen gerichtet

Vor dem Schnitt

Abbildung 128: Ertragsschnitt bei Johannisbeeren

Nach dem Schnitt

ist. Alle anderen Bodenschößlinge werden tief am Boden weggeschnitten. Das können vor allem bei Stachelbeeren sehr viele sein.

4. **Rückschnitt der jungen Triebspitzen** bei Stachelbeeren und zumindest bei solchen Johannisbeersorten, die ohne eine Schnitthilfe wenig Fruchtholz bekommen. Man kürzt die Astverlängerungen auf vier bis sechs Knospen des letztjährigen Austriebs.

Wichtige Schnittregeln:

Beerensträucher sollten jedes Jahr ausgelichtet werden, damit genügend Licht und Luft in die Sträucher gelangen können.

Der Schnitt sollte ab September vorgenommen und spätestens im Dezember abgeschlossen werden.

Schwächer wachsende Sträucher schneidet man stärker, starkwachsende Sorten weniger zurück.

Stammformen von Johannis- und Stachelbeeren müssen durch einen kräftigen, besonders sorgfältigen Auslichtungs- und Rückschnitt alljährlich zur Holzerneuerung angeregt werden, da bei ihnen die ständige Verjüngung durch die Bildung junger Bodentriebe nicht möglich ist.

4.4 Verjüngungsschnitt

Ältere Sträucher, die in ihrer Trieb- und Ertragsleistung nachlassen, kann man durch *kräftigen Rückschnitt* in das alte Holz und *zusätzliches Düngen* zu erneuter Wuchsfreudigkeit und damit zu besserem Fruchtansatz

Abbildung 129:
Verjüngungsschnitt bei Johannisbeeren

anregen. Es ist klug, nicht alle Sträucher im gleichen Jahr dieser Radikalkur zu unterziehen, weil im darauffolgenden Jahr nur mit einer ganz geringen Ernte gerechnet werden kann. In den ersten zwei bis drei Jahren nach der Verjüngung ist nach dem Prinzip des Aufbauschnittes zu verfahren.

Der Strächerschnitt ist eine Arbeit für milde Wintertage bei Temperaturen von über 4°C. Alle unnötigen Wunden sind zu vermeiden. Bei der Entfernung von Verzweigungen und ganzer Äste am Boden dürfen keine Stumpen stehen bleiben, um Fäulnis und das Eindringen des Glasflüglers zu verhindern. Große Wunden sind zweckmäßig mit *Baumteer* zu bestreichen. Als praktische *Schneidewerkzeuge* sind eine zweischneidige Gartenschere, eine Gartenhippe, die Iduna-Säge und eine Astschere mit 50 bis 80 cm langen Griffen zu nennen.

5. Krankheiten und Schädlinge

Blattfallkrankheit an Johannis- und Stachelbeeren: Blätter bekommen etwa ab Juni rundliche, braune Flecken, sie rollen sich nach oben zusammen und fallen meist schon im Juli/August ab. *Bekämpfung:* Krankes Laub entfernen. Spritzung nach der Ernte, nach starkem Befall im Vorjahr auch schon vor und nach der Blüte mit Euparen (14 Tage Wartezeit).

Blattrandkrankheit: Blätter verfärben sich vom Rand her braun, rollen sich nach oben zusammen und fallen ab. Die *Ursache* ist Kalimangel oder die Verwendung chlorhaltiger Dünger.

Säulenrost: Blattunterseits anfangs gelbrote Pusteln, später braune Verfärbung und bei starkem Befall vorzeitiger Blattfall. Besonders an schwarzen Sorten. *Bekämpfung:* Wiederholte Spritzungen mit Polyram-Combi, Delan flüssig und anderen nach der Blüte und direkt nach der Ernte im Abstand von vierzehn Tagen.

Grüne Johannisbeerblattlaus: Sie saugt vor allem an Triebspitzen, die sich krümmen und oft verkümmern. *Bekämpfung:* Spritzen oder Stäuben z.B. mit Unden, Spruzit, Parexan, Bromophos-Mitteln.

Schildläuse verschiedener Art: Sie setzen sich am Holz fest und schwächen es durch Saugen stark. *Bekämpfung:* Mechanisch durch Abbürsten, chemisch durch Spritzungen kurz vor Knospenaufbruch im Frühjahr zum Beispiel mit Austriebsspritzmittel Nexion Öl, während der Wachstumszeit mit Unden, jedoch nicht während der Blüte.

Johannisbeerglasflügler: Schädigt im Mark des Holzes. *Bekämpfung:* keine Stumpen stehen lassen, welkende und abgestorbene Triebe tief abschneiden und verbrennen. Das Mark muß an der Schnittwunde gesund weiß sein. Spritzung im Juni, z.B. mit E 605.

Johannisbeergallmilbe: Dieser gefährliche Schädling hat in den Gärten sehr zugenommen. Die Knospen besonders von schwarzen Johannisbeeren, aber auch oft von roten Sorten schwellen im Sommer gallenartig an und treiben im folgenden Frühjahr nicht mehr aus. Erreger sind unzählige winzige Milben, die in den Knospen überwintern und zur Blütezeit weiterwandern. *Bekämpfung:* Sorgfältiges Absammeln und Vernichten der befallenen Rundknospen, in schweren Fällen ganze Triebe am Boden wegschneiden. Chemische Bekämpfung zum Beispiel mit Thiodan vor, während und sofort nach der Blüte möglich.

Abbildung 130:
Rundknospe der Johannisbeergallmilbe

Abbildung 131: Pflanzung von Beerensträuchern: Johannisbeeren, Stachelbeeren, Heidelbeeren

Pflanzschnitt:

- 5–6 kräftige Triebe in günstiger Verteilung belassen
- auf 20–30 cm zurückschneiden
- am besten im Frühjahr nach der Pflanzung (auch bei Herbst-Pflanzung)

Wurzelschnitt:

- nur verletzte (1) und zu lange (2) Wurzeln einkürzen

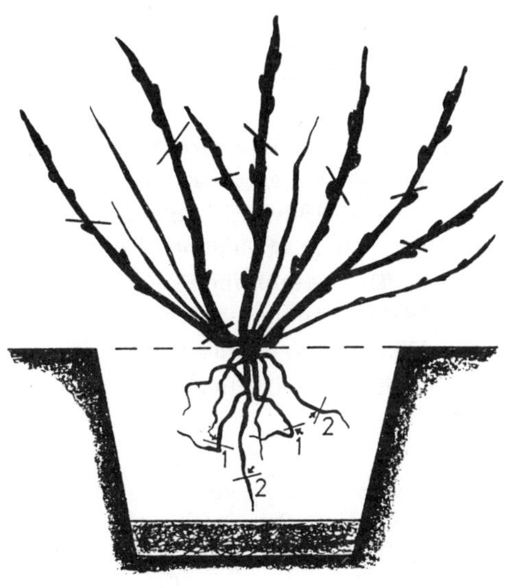

Abbildung 132: Links: Typisches Erscheinungsbild von Kalimangel bei einem Johannisbeerblatt
Rechts: Bäuerlicher Nutzgarten mit Gemüseland und geschlossenem Beerensträucherquartier

III. STACHELBEEREN

Stachelbeeren haben wie Johannisbeeren *echte Beerenfrüchte*, die im Reifezustand je nach Sorte gelb, weißlich, grün oder rot, teils behaart oder glatt sind. Dünnschalige Sorten platzen leicht bei Vollreife und Regen. Der Gehalt an Vitamin A und Vitamin C sowie an dem Mineralstoff Kalium ist recht beachtlich. Mit *43 Kalorien* = 180 Joule pro 100 g frische Früchte gehören Stachelbeeren zu den kalorienarmen Obstarten.

1. Ansprüche

Stachelbeeren werden in jedem Garten ihr Fortkommen finden und befriedigende Erträge liefern, wenn ihnen ein heller bis leicht halbschattiger **Standort** und ein humushaltiger, gut mit Nährstoffen versorgter **Boden** geboten werden. Eine leicht saure *Bodenreaktion* um pH 6 sagt ihnen am meisten zu.

Zu den größten Feinden der Stachelbeere zählen stauende Nässe, Chlor und Wurzelunkräuter.

2. Erziehungsmethoden

Die am weitesten verbreitete Erziehungsmethode ist auch bei den Stachelbeeren die **Strauchform**. Die schwach- und mittelstarkwachsenden Sorten verlangen einen *Abstand* von 1,50 x 1,50 m, während man den starkwachsenden Massenträgern — vor allem auf schweren Böden — zweckmäßigerweise 2 x 2 m Abstand gibt. Stachelbeerbüsche verunkrauten sehr leicht, ein Grund, sie auch im Bauerngarten mehr als Stammform oder Hecke anzubauen. Für die Heckenerziehung genügt ein Abstand von 1 m in der Reihe. Alle übrigen Maßnahmen unterscheiden sich nicht von denen, die bei einer Johannisbeerhecke zu treffen sind (siehe Seite 354).

Stammformen von Stachelbeeren sind für den Hausgarten in jeder Höhe geeignet. Die Krone wird dadurch mehr oder weniger hoch über den Erdboden gehoben und ein Verunkrauten der Wurzeln ist sehr viel leichter zu verhindern. Die Edelsorten sind hier auf eine geeignete Unterlage veredelt worden. Die Veredlungsstelle liegt meist direkt unter der Krone. Sie ist durch Wind sehr gefährdet, weshalb für alle Stammhöhen ein *Stützpfahl* nötig ist. Er wird vor dem Pflanzen gesetzt und muß im Gegensatz zum Kern- und Steinobst in die Krone hineinragen, damit der Stamm und einige Zweige an den Pfahl gebunden werden können. Bei Stachelbeerhochstämmen lohnt sich auch ein Haltegerüst, bestehend aus drei Pfählen, die in Kronenhöhe mit Querlatten verbunden werden, worauf die Äste ruhen. Der Pflanzabstand sollte bei Stammformen mindestens 1,25 m, besser 1,50 m betragen. Stachelbeerkniestämmchen mit einer Stammhöhe von 30 bis 40 cm lassen sich auch gut für die **Hecken**erziehung verwenden.

3. Sorten

3.1 Gelbfrüchtige Sorten

Hönings Früheste: Holz und frühe Blüte etwas frostanfällig. Ernte sehr früh und gut. Früchte goldgelb, dünnschalig, sehr behaart, platzen leicht. Der Strauch ist anfällig gegen Blattranddürre und Blattfleckenkrankheit, dagegen weniger gegen Mehltau. Verlangt nährstoffreichen, humosen Boden. Für den Rohgenuß, aber auch zum Einmachen sehr beliebt.

Gelbe Triumph: Ernte 12 Tage nach Hönings, sehr gut. Auspflücken lohnt sich, um größere Früchte zu erzielen. Frucht oval, glatt, wenig aromatisch. Für trockene Böden weniger geeignet. Mehltauanfällig. Bester gelbfrüchtiger Massenträger, vor allem Grünpflücke für die Konservierung.

Weitere gelbe Sorten: **Lauffener Gelbe, Resistenta.**

3.2 Weiß- und grünfrüchtige Sorten

Weiße Neckartal: Ernte acht Tage nach Hönings, guter Ertrag. Früchte mittelgroß, rund, dünnschalig, behaart, aromatisch, süßsäuerlich. Laub mehltauanfällig, sonst recht gesund. Bewährte frühe Sorte, vor allem für Rohgenuß.

Weiße Triumph (Typ Hansa): Ernte dreizehn Tage nach Hönings, regelmäßige, hohe Erträge, Früchte mittelgroß, aromatisch, dünnschalig, aber platzfest. Die Sorte ist anspruchslos, gesund und sehr fruchtbar. Für Grünpflücke und Rohgenuß.

Grüne Kugel: Mittelfrüh, sehr große, runde, wohlschmeckende Früchte; ertragreich. Mehltauanfällig.

Weitere weiße und grüne Sorten: **Weiße Kristall, Lady Delamere, Robustenta.**

3.3 Rotfrüchtige Sorten

Maiherzog: Ernte sieben Tage nach Hönings, guter Ertrag. Früchte mittelgroß, rund, dunkelrot, sehr aromatisch.. Anspruchslose, bewährte Frühsorte.

Rote Triumph: Ernte spät. Hohe Erträge, Früchte groß, rund bis oval, süß-säuerlich, Schale etwas säuerlich. Gute rote Massensorte, besonders für Grünpflücke.

Weitere rote Sorten: **Mauks Früheste Rote Rote Orleans, Rote Preis.**

4. Schnitt

Beim Stachelbeerschnitt gelten die gleichen Grundsätze wie bei der Johannisbeere. Stachelbeeren haben von Natur einen dichteren Wuchs. Hinzu kommt ein stärkeres Regenerationsvermögen, denn die **Sträucher** bilden meist im Laufe des Jahres sehr viele Bodenschößlinge. Schließlich stört die stachelige Bewehrung der Pflanzen, vor allem bei den Erntemaßnahmen. Diese Gesichtspunkte sind beim Schnitt zu berücksichtigen. Es ist also jährlich stark auszulichten und unter den jungen Bodentrieben gründlich aufzu-

Abbildung 133:
Stachelbeeren „Weiße Triumph"

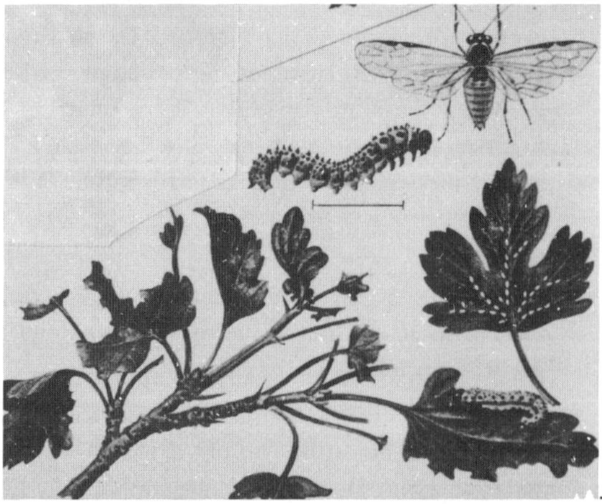

Abbildung 134:
Stachelbeerblattwespe mit Schadbild

räumen; nur zwei bis drei der stärksten bleiben stehen und werden um die Hälfte zurückgeschnitten. **Stachelbeerstämmchen** müssen durch besonders regelmäßigen Rück- und Auslichtungsschnitt zur Holzerneuerung angeregt werden, da bei ihnen eine stetige Verjüngung durch Heranziehen junger Bodentriebe fortfällt.

Eine wichtige vorbeugende Maßnahme gegen den Stachelbeermehltau ist das alljährliche Einkürzen der jungen Triebspitzen um etwa ein Drittel im Herbst. Das abgeschnittene Holz muß sofort eingesammelt und vernichtet werden.

Abbildung 135:
Schadbild des Stachelbeermehltaus

5. Krankheiten und Schädlinge

Amerikanischer Stachelbeermehltau: Diese gefährlichste Stachelbeerkrankheit überwintert in den Triebspitzen. Der Befall ist an mehlig überzogenen Trieben, Blättern und Früchten zu erkennen. Die Triebspitzen krümmen sich korkenzieherartig. Schlecht ausgelichtete und einseitig mit Stickstoff überdüngte Pflanzen sind anfälliger, während eine gute Kaliversorgung kräftigend wirkt. *Bekämpfung:* Befallene Triebspitzen sowie abgefallene Blätter und Früchte vernichten. Vor dem Laubaustrieb mit Netzschwefel spritzen. Nach dem Austrieb ein bis zwei Spritzungen mit organischen Mitteln, zum Beispiel Morestan, Saprol. Wartezeiten beachten. Vorbeugend alljährlich junge Triebspitzen einkürzen.

Stachelbeeren werden ferner von der **Blattfleckenkrankheit** und **Blattrandkrankheit** befallen (siehe Seite 360).

Stachelbeerblattwespe: Raupenähnliche grau-grüne Larven fressen in großer Schar die Blätter bis auf die Blattrippen kahl, wodurch die Pflanzen sehr geschwächt werden. Zwischen April und August treten zwei bis drei Generationen auf. Da der Fraß gewöhnlich in der Strauchmitte beginnt, und der Kahlfraß sehr schnell fortschreitet, sind die Sträucher gut zu *beobachten. Bekämpfung:* zum Beispiel mit Unden, Nexion, E 605 oder Pyrethrum-Derris-Mittel; wirkt sehr schnell.

Außerdem treten besonders in trockenen Jahren **Blattlaus-** und **Schildlausarten** auf, die mit organischen Phosphorverbindungen, Diazinon-Mitteln und anderen zu bekämpfen sind. Wartezeiten vor der Ernte beachten!

IV. GARTENHEIDELBEEREN

Gartenheidelbeeren sind großfrüchtige Kultursorten der amerikanischen Heidel- oder Blaubeere. Sie gehören der vielseitigen Familie der *Erikagewächse* an und gedeihen wie ihre Artgenossen, das Heidekraut und die Blau- und Preiselbeeren in unseren Wäldern, aber auch wie die meisten Rhododendron-Arten in den norddeutschen Gärten auf anmoorigem Boden am besten. Die *Früchte* sind bis 1,5 cm groß, je nach Sorte von hell- bis dunkelblauer Farbe und meist weißfleischig. Im Aroma sind manche Sorten recht gut, wenn sie auch das der Waldheidelbeeren nicht ganz erreichen. Der Anbau von Gartenheidelbeeren ist als zusätzliches Hobby anzusehen.

1. Ansprüche

Der Anbau dieser Kulturheidelbeeren wird immer in engeren Grenzen bleiben, weil der Erfolg von den Bodenverhältnissen sehr abhängig ist. Der **Boden** muß stark sauer sein, einen pH-Wert um 4,5 haben. Am besten eignen sich Hochmoorböden dafür, aber auch sandige Böden mit feuchtem Untergrund, die eine starke Bodensäure aufweisen, sind günstig. Ferner ist eine gleichmäßige, gute *Wasserversorgung* für die Pflanzen wichtig. Deshalb scheiden trockene Böden und solche mit stauender Nässe aus. Der *Grundwasserstand* sollte höchstens 80 cm hoch sein. Gartenheidelbeeren gedeihen am besten im ausgeglichenen **Meeresklima**, das sich durch kühle Sommer und milde Winter auszeichnet. Sie sollten einen windgeschützten und mäßig sonnigen Standort erhalten.

Überall wo Rhododendren und Gartenazaleen ein gutes Fortkommen finden und reichlich blühen, wird auch die Kultur der Gartenheidelbeeren zu befriedigendem Erfolg führen.

2. Sorten

Bluetta: Frühe Reife Mitte bis Ende Juli. Mittelgroße, feste, hellblaue, bereifte Früchte mit sehr gutem Geschmack; guter Ertrag. Mittelstarker, aufrechter Wuchs.

Bluecrop: Reife Ende Juli; regelmäßige, gute Erträge. Mittelgroße, feste, dunkelblaue, bereifte Früchte. Frosthart und recht robust.

Ama: Reife Ende Juli, sehr ertragreich. Kleine, bereifte, dunkelblaue, wohlschmeckende Früchte. Gesunder, starker Wuchs.

Zur Ertragssteigerung ist es erforderlich, mindestens zwei verschiedene Sorten von Gartenheidelbeeren anzupflanzen.

3. Pflanzung und Pflege

Die **Pflanzung** erfolgt am besten im Herbst. Das Land wird gut gelockert und erhält eine kräftige Vorratsdüngung. Die im Durchschnitt 1,50 m hohen Büsche brauchen einen Standraum von mindestens 3 m^2, besser aber 4 m^2.

Die beste **Bodenpflege** können wir bei den Heidelbeeren durch eine dicke *Bodenabdeckung* mit organischem Material erreichen. Im September und im Frühjahr wird mit sauer wirkenden *Mineraldüngern* gedüngt. Das **Nährstoffbedürfnis** ist hoch. Als Richtwerte können folgende Gesamtmengen pro m^2 im Jahr gelten:

50 g Schwefelsaures Ammoniak
➤ 40 g Superphosphat
60 g Schwefelsaures Kali oder
➤ 100 g eines Volldüngers.

Zur Erreichung eines gesunden Wuchses und einer gleichmäßigen hohen Ernte ist ein regelmäßiger **Überwachungsschnitt** erforderlich. Hierbei werden die Sträucher ausgelichtet und die stärksten Triebe etwas eingekürzt. Es müssen laufend junge Bodentriebe nachgezogen werden. Ein Fruchtholzschnitt und ein zu starker Schnitt ist bei Heidelbeeren nicht angebracht.

Gartenheidelbeeren haben keine erwähnenswerten **Schädlinge.**

V. HIMBEEREN

Himbeeren gehören wie die nah verwandten Brombeeren der *Rosenfamilie* an. Sie haben botanisch gesehen Sammelfrüchte, die aus zahlreichen auf dem Blütenboden zusammengewachsenen Steinfrüchten bestehen und nacheinander reifen. Während bei der Himbeere der Blütenboden bei der Ernte am Fruchtstiel haften bleibt, pflückt man Brombeeren mit dem inneren Blütenboden. Reife Himbeeren sind wegen ihres intensiven typischen Aromas und des günstigen Verhältnisses von Fruchtsäure und Fruchtzucker vor allem für den Rohgenuß, aber auch für die Gefrierkonservierung und für die Saft-, Gelee- und Marmeladenherstellung sehr geeignet. Ein geringer *Kaloriengehalt von 40 kcal* pro 100 g Früchte und ein hoher Mineralstoffgehalt zeichnen sie aus. Als sehr empfindliches *Weichobst* ist der Anbau im eigenen Garten besonders lohnend.

Himbeeren zählt man zu den sogenannten *Halbsträuchern*, denn ihre Triebe (Ruten) sind nur zwei Jahre lebensfähig. Die Trieberneuerung erfolgt aus Wurzelknospen, die sich bei den Sorten verschieden zahlreich an der Mutterpflanze und ihren Wurzelausläufern bilden. Die Ruten schließen ab Mitte August ihr Triebwachstum ab und verholzen von oben nach unten fortschreitend. Im folgenden Jahr entstehen in den Blattachseln an der oberen Triebhälfte blütentragende Kurztriebe. Nach der Ernte sterben die zweijährigen Ruten ab. Die Schweizer Züchtung *Romy* bildet schon am diesjährigen Holz Nebentriebe, an denen sich vom Juli bis zum Frost laufend Früchte bilden.

1. Ansprüche

An das Klima stellen die Himbeeren keine besonderen Ansprüche, gehören sie doch zu unseren heimischen Waldpflanzen. Der **Standort** sollte gut belichtet sein, denn

Sonne fördert ihr gesundes Wachstum und den süßen aromatischen Wohlgeschmack der Früchte. Die Kultursorten verlangen einen nährstoffreichen, stark humosen und gleichmäßig feuchten *Boden*. Schwere Marsch- und Lehmböden müssen mit Torfmull locker gemacht werden und durch eine gleichmäßige *Bodenabdeckung* mit Humusmassen die nötige Bodengare erhalten. Ebenso können auch leichte Geest-, Heide- und Moorböden mit Stallmist, feuchtem Torf und Gründüngung anbauwürdig für Himbeeren und durch späteres Mulchen, gute *Nährstoffversorgung* und *Bewässerung* ertragreich gemacht werden.

Ein hoher Kaligehalt im Boden, verbunden mit gleichmäßiger Feuchtigkeit, ist der beste Schutz vor der gefährlichen Rutenkrankheit, während ein hoher Stickstoffspiegel und kalkhaltige Dünger die Krankheit unterstützen. Himbeeren verhalten sich wie alle Beerensträucher chlorfeindlich und verlangen eine schwachsaure Bodenreaktion.

2. Sorten

Schönemann: Wuchs sehr stark, lange, dicke, grau-braune Ruten. Blüte und Ernte spät, 10 Tage nach Preußen. Frucht sehr groß, stumpf-kegelförmig, fest. Fruchtfarbe und Saft dunkelrot, von aromatischem, süßsäuerlichem Geschmack. Wegen ihrer guten und gesunden Wüchsigkeit, ihrer guten Widerstandsfähigkeit gegen Frost, Virus, Rutenkrankheit und Grauschimmel an den Früchten und der besonderen Eignung für die Verwertung (auch für das Gefrieren) bei sehr gutem Ertrag kann die Sorte für den Hausgarten und für den Großanbau sehr empfohlen werden.

Preußen: Der Anbauwert dieser alten Sorte hat durch hohe Krankheitsanfälligkeit, schlechte und starke Typenverunreinigung sehr nachgelassen. Früchte und Saft sind hellrot, sehr süß und aromatisch. Zum Gefrieren weniger geeignet. Sie bevorzugt tiefgründige, ausreichend feuchte Böden.

Malling Promise: Pflanzen sind wüchsig mit reger Ausläuferbildung, anspruchslos und recht widerstandsfähig gegen Krankheiten. Die großen, festen, dunkelroten Früchte lassen sich sehr gut pflücken und sind gut zum Einfrieren geeignet. Der Ertrag ist gut.

Malling Exploit: Diese Sorte ist eine Verbesserung der vorgenannten. Der kräftige, recht gesunde Wuchs, die gute Fruchtqualität und der sichere, gute Ertrag sind Gründe, diese englische Neuheit zu empfehlen.

Veten: Beachtliche Neuzüchtung, mittelstark bis starkwachsend, große, mittelrote Früchte mit vollem Aroma.

Romy: Immertragende Sorte ab Juli bis zum Frost. Bildet viele, etwa 80 cm hohe Wurzelschosse, kein Gerüst nötig. Ertrag am diesjährigen und einjährigen Holz. Soll die Ernte an jungen Trieben hoch sein, so sind im Sommer laufend die abgetragenen Ruten abzuschneiden und nach dem ersten Frost alle übrigen Triebe zu entfernen. Wird eine besonders frühe Ernte bevorzugt, so sind einige junge Triebe den Winter über zu belassen, die im nächsten Jahr zeitig fruchten. Damit fällt aber der Schutz gegen die Rutenkrankheit weg, der bei einem totalen Wegschnitt der Ruten im Herbst bei der Sorte Romy gegeben ist, denn der Erreger dieser Krankheit überdauert am überwinterten Holz. Die Früchte sind groß, dunkelrot und sehr aromatisch. Für den Hausgarten ist Romy als Zusatzsorte geeignet.

Alle Himbeersorten sind *selbstfruchtbar* und brauchen keine Fremdbestäubung durch eine andere Sorte.

Das Pflanzenmaterial für eine Himbeerneupflanzung sollte von einem anerkannten Beerenobst-Vermehrungsbetrieb bezogen werden, dessen Verkaufsware auf Sortenechtheit und Gesundheit geprüft wurde und virusfrei ist.

Wurzelschosse als Jungpflanzen aus dem eigenen Himbeerbestand und aus Nachbars Garten sind meistens nicht frei von der Himbeerrutenkrankheit und vom Mosaikvirus, zwei sich schnell ausbreitende, stark schwächende Holzkrankheiten.

3. Pflanzung und Pflege

Die **Himbeerpflanzung** erfolgt am besten im *Herbst*, andernfalls im zeitigen Frühjahr unter größter Schonung der weißen Triebknospen unterhalb des Wurzelhalses, von denen die primäre Entwicklung am neuen Standort abhängt. Diese Bodenknospen müssen mindestens 5 cm unter der Erde liegen.

Der *Pflanzabstand* beträgt 1,50 bis 1,80 m x 40 bis 50 cm. Die starkwachsende Sorte Schönemann steht im Hausgarten am zweckmäßigsten im Reihenabstand von 1,60 m und mit dem Abstand von 50 cm in der Reihe. Die Sorte Romy verlangt dagegen 80 cm bis 1 m Abstand in der Reihe.

Nach der Pflanzung werden die Himbeerruten auf 30 bis 50 cm – auf leichtem Boden kürzer – zurückgenommen. In den späteren Jahren werden Himbeeren normalerweise nicht geschnitten. Ein *Einkürzen* der Triebe hätte einen verminderten Ertrag zur Folge, denn aus den obersten Knospen gehen die schönsten Früchte hervor. Nur wenn die Triebenden erfroren, zurückgetrocknet oder krank sein sollten, ist auf ein gesundes Auge zurückzuschneiden.

Sogleich nach der Ernte müssen die abgetragenen, zweijährigen Ruten entfernt werden, damit wir der Verbreitung der Rutenkrankheit vorbeugen und den Jungtrieben mehr Licht und Platz zur Verfügung steht.

In *älteren Anlagen* ist während der Vegetationszeit unter den Ausläufern gründlich aufzuräumen. Nur die besten werden gehü-

Abbildung 136:
Himbeeren „Schönemann"

tet, falls eine Vermehrung vorgesehen ist. Von den Jungtrieben belassen wir einer jeden Pflanze sechs bis acht der kräftigsten. Sie sollten einen Abstand von 12 bis 15 cm haben.

Im Sommer nach der Pflanzung muß ein **Himbeergerüst** angebracht werden. Hierzu sind im Abstand von 6 bis 8 m starke Pfähle einzurammen, an die in einer Höhe von 60 cm und 1,20 m je eine 15 bis 20 cm breite Querlatte befestigt wird. An diesen Querlatten wird beiderseits starker Draht gespannt. Zwischen die beiden parallellaufenden Drahtpaare biegen wir die Ruten ohne sie anzubinden (Abbildung 137).

4. Krankheiten und Schädlinge

Himbeerrutenkrankheit (Rutensterben): Ende Juni entstehen in Knospennähe und vor allem am unteren Rutenteil blauviolette, später weißlich-graue Flecken. An diesen Stellen platzt die Rinde auf und schält sich ab. Die Blätter verfärben sich hell, die befallenen Ruten sterben spätestens im nächsten Frühsommer ab. Der Pilz wird durch kranke Pflanzenreste und durch Gallmilben übertragen. *Bekämpfung:* Für gesundes Pflanzgut sorgen, abgetragene Triebe nach der Ernte schnell entfernen, die Pflanzen ausreichend mit Kali versorgen, gleichmäßige Feuchtigkeit durch dicke **Mulchschicht** aus Stroh oder strohigem Stallmist erhalten (siehe Seite 67).

Mosaikvirus: Die Blätter verfärben sich unregelmäßig gelb und kräuseln sich. Auch andere Viruserkrankungen können Himbeeren befallen. Wuchs und Ertrag gehen merklich zurück.

Himbeerkäfer: Weiße Larven fressen in der Frucht und machen sie für den Rohgenuß unbrauchbar. *Bekämpfung:* Kurz vor und zu Beginn der Blüte mit Thiodan (21 Tage Wartezeit), im Hausgarten günstiger z.B. mit Parexan (3 Tage Wartezeit) spritzen. Man kann die kleinen Käfer während des Blütenknospenstadiums und der Blütezeit an den Triebspitzen erkennen. In den kühlen Morgenstunden sind sie noch klamm, und es gelingt häufig, sie durch ruckartiges Schütteln auf einem darunter ausgebreiteten Tuch oder einer Folie einzusammeln und danach zu vernichten.

Abbildung 137: Praktisches Himbeergerüst

VI. BROMBEEREN

Brombeeren gibt es in vielen Gegenden an Waldrändern, Feldwegen, in kultivierten Moorgebieten und anderen trockenen Gegenden wild. Diese aromatischen mineralstoffreichen Wildfrüchte werden von Stadt- und Landmenschen für den Rohgenuß und für die Herstellung vor allem von Marmelade und Gelee in der Landschaft gepflückt. Deshalb und wegen ihrer starken Bestachelung sind Brombeeren in den Gärten nicht so sehr verbreitet wie die übrigen Beerenobstarten.

Es gibt *aufrechtwachsende und rankende Kultursorten* von Brombeeren. Während die erste Gruppe den gleichen Wuchscharakter wie die Himbeeren hat, bilden die rankenden Brombeeren mehrere Meter lange Ruten, die einige Jahre alt werden können, wenn sie der Frost verschont. Mit ihrer starken Bewehrung sind die Pflanzen in der Lage, sich an Gegenständen festzuhalten, nur die schweren Haupttriebe müssen geleitet und angeheftet werden. Unterlassen wir diese Arbeit, so würden sich die rankenden Langtriebe später auf den Boden neigen, Wurzeln treiben und sogenannte Wandersprosse bilden. An den rankenden Brombeeren bilden sich lange Seitentriebe, aus deren Seitenknospen sich die Blütenstände entwickeln. Wie ihre Artgenossen, die Himbeeren, verjüngen sich einige Sorten ständig durch neue Bodentriebe.

Die *Ernte* beginnt je nach Sorte ab Ende Juni. Bei den rankenden Sorten zieht sie sich bis zum Frost hin, während die aufrechtwachsenden wie die Himbeeren eine kurze Erntezeit haben und ab August mit der Holzausreife beginnen (z.B. Wilsons Frühe).

1. Ansprüche

Brombeeren bevorzugen einen warmen, sonnigen Standort. Die Pflanzen sind im übrigen äußerst genügsam und nehmen auch mit einem humosen Sandboden vorlieb.

Ein nasser Standort und rauhe Windlagen sind für Brombeeren wegen der Frostempfindlichkeit, vor allem der rankenden Sorten, ungünstig.

2. Sorten

Theodor Reimers: Reife Anfang August bis Mitte September. Mittelgroße, weiche, sehr aromatische Früchte, guter Ertrag. Wuchs sehr stark mit bestachelten langen Ranken und Geiztrieben. Intensiver Schnitt sowie eine Humusdecke und ein zusätzlicher Schutz mit Tannenreisig als Frostschutz sind erforderlich.

Black Satin: Ernte von August bis Oktober. Große, weiche, glänzend schwarze, aromatische Früchte, hohe Erträge. Kräftiger Wuchs mit dicken, stachellosen Ranken.

Black Thornfree: Späte Reife ab Ende August bis Ende Oktober; die letzten Früchte werden in Norddeutschland und in Gebirgslagen nicht mehr reif. Sehr große, feste, geschmackvolle Früchte, zum Herbst schlechter werdend; guter Ertrag. Starke, stachellose Ranken, die relativ frosthart sind.

Alle Sorten sind selbstfruchtbar.

3. Pflanzung und Pflege

Die Pflanzung der frostempfindlichen Brombeeren sollte nach den Winterfrösten im März erfolgen. Nach dem *Wurzelschnitt* werden sie unter Schonung der Bodenknospen in humusreiches Erdreich gepflanzt, gut angegossen und anschließend mit organischem Material wie Stroh, Laub, Torf, dem auch Rasenschnitt beigemengt sein kann, dick abgedeckt. Bei der Pflanzung werden bei allen Sorten nur vier bis sechs *Bodentriebe* belassen und diese auf 30 bis 40 cm *zurückgeschnitten.*

Pflanzabstände:

- Nichtrankende Sorten
  2 m Reihenabstand, 0,80 m in der Reihe
- Rankende Sorten
  2 m Reihenabstand, 3 bis 4 m in der Reihe.

Im Hausgarten werden rankende Brombeeren im allgemeinen nur einreihig an einem Gerüst, am Zaun oder an einer Hauswand angebaut. Der Abstand sollte an Wänden mindestens 4 m, bei der Sorte Thornless Evergreen, die viele Gartenfreunde gefunden hat, besser noch weiter sein.

Die wichtigsten **Pflegemaßnahmen** sind bei Brombeeren eine ständige Bodenabdeckung und ein sorgfältiger Schnitt, verbunden mit dem Anbinden der Triebe an ein stabiles Gerüst.

Das stabile *Drahtgerüst* für Brombeeren muß 1,80 m hoch sein. Der unterste Draht ist in 60 cm Höhe über dem Erdboden zu spannen, die weiteren zwei bis drei Drähte folgen nach oben hin im Abstand von 50 bis 60 cm.

Der Schnitt *der aufrechtwachsenden Sorten* ist einfach, da nur ein Einkürzen der Langtriebe auf etwa 1,80 m und das Auslichten der Bodentriebe auf sechs bis acht Stück pro Pflanze erforderlich sind. Ein intensiver Sommerschnitt ist nicht nötig.

Die rankenden Sorten müssen einen Winter- und Sommerschnitt erfahren. Wird er nicht konsequent durchgeführt, so haben wir bald eine furchtbare Wildnis, der man kaum noch Herr werden kann, und die Freude an den Brombeeren geht verloren.

Im Ertragsstadium dürfen jeder Pflanze nur fünf bis sechs junge Bodentriebe belassen werden, die fächerförmig und gut verteilt am

Abbildung 138:
Brombeeren „Wilsons Frühe"

Gerüst angebunden werden müssen. Überzählige Ruten, schwache junge und abgetragene Triebe sind jährlich konsequent tief am Boden zu entfernen. Die während des Sommers sich aus den Blattachseln der diesjährigen Hauptruten bildenden Seitentriebe (Geiztriebe) werden ab einer Länge von 30 bis 40 cm – das ist ab Ende Juni der Fall – auf die untersten ein bis zwei Blätter mit gesunden Achselknospen zurückgenommen. Treiben diese noch im gleichen Sommer aus, werden diese jungen Triebe ebenfalls auf ein Blatt eingekürzt.

Brombeerruten sollten nicht älter als 4 Jahre werden, während die Lebensdauer der ganzen Pflanze etwa 12 bis 15 Jahre beträgt.

Eine wirksame **Frostschutzmaßnahme** ist im Herbst das Herunterlegen der Brombeerruten auf den Boden und die Abdeckung mit Stroh, strohigem Stallmist oder dichtem Fichtenreisig. Im Frühjahr sind die älteren Tragruten und die ausgewählten jungen Bodentriebe wieder sorgfältig hochzubinden.

Krankheiten und **Schädlinge** befallen Brombeeren selten.

VII. DIE ANLAGE UND PFLEGE DES BEERENOBSTQUARTIERES

Beerenobst ist wegen seines Wohlgeschmakkes und wegen seiner Bedeutung für die gesunde Ernährung aller Altersgruppen ein beliebtes und unentbehrliches Nahrungsmittel.

Sein besonderer Wert liegt bei dem geringen Energiegehalt, aber hohen Anteil an Ballaststoffen verbunden mit einem beachtlichen Gehalt an wichtigen Mineralstoffen und Vitaminen.

Viele Hausfrauen ohne ein eigenes Gartenstück beneiden den Hausgärtner um die Möglichkeit, dieses leicht verderbliche Weichobst in frischem, appetitlichem Zustande für den gesunden Rohgenuß und die vielen Verwertungsmöglichkeiten aus dem nahen Garten in die Küche holen zu können.

Die Frische der Beerenfrüchte aus dem nahen Garten, das Naschen vom Strauch, die weitgehende Möglichkeit einer selbständigen Terminfestsetzung der Kulturarbeiten und die verhältnismäßig einfachen Pflegemaßnahmen sowie die derzeit hohen Preise für Beerenobst machen den Eigenanbau lohnend.

1. Planung

Das Strauchbeerenobst wird im *Bauerngarten* am zweckmäßigsten in einem geschlossenen Quartier zusammengepflanzt. Hier kann es eine weitgehend einheitliche Pflege erfahren und ist andererseits kein Hindernis bei der Bewirtschaftung des Gemüsegartens. Es eignet sich als Windschutz und Wärmefang für das weniger robuste Gemüse und für die Erdbeeren und gleichzeitig als Abschlußpflanzung des Nutzgartens zum Feld oder zum Ziergarten hin. Eine allseitige Umpflanzung des Gemüsegartens mit Beerensträuchern ist jedoch unvorteilhaft, weil man sich dadurch für viele Jahre an die derzeitige Gemüsegartengröße bindet.

Im kleineren *Haus- und Schrebergarten* können Beerensträucher auch zur Wegeinfassung und Abpflanzung des Kompostplatzes oder als Schutzhecke am Sitzplatz verwendet werden.

Brombeeren, Himbeeren und Beerenobsthecken werden nach Möglichkeit in Nord-Süd-Richtung gepflanzt, um eine bessere und gleichmäßigere Belichtung der Pflanzen zu erreichen. Johannis-, Stachel- und Heidelbeeren in Strauchform pflanzen wir am vorteilhaftesten im Viereck oder Rechteck, weil dadurch die Bodenpflege vereinfacht wird. Alle Beerensträucher sind als Unterkultur unter Bäumen unpassend, sie verdienen einen lichten Platz in unserem Garten, den sie allein voll ausnutzen dürfen.

Erdbeeren müssen ihrem Wuchscharakter entsprechend im Garten wandern und damit in den Fruchtfolgeplan des Gemüselandes eingegliedert werden, wobei zu bedenken ist, daß sie zeitigstens nach vier Jahren wieder auf ein ehemaliges Erdbeerstück gepflanzt werden sollten. In den ersten zwei Jahren nach der Strauchobstpflanzung und ersten vier Jahren nach der Baumobstpflanzung können sie in diesen Anlagen als Unterkultur angebaut werden.

Die *Lebensdauer* der Pflanzen sollte bei Erdbeeren drei Jahre, bei Him- und Brombeeren fünfzehn Jahre und bei Johannis- und Stachelbeeren zwanzig Jahre nicht überschreiten.

Die Anzahl der Beerenobstpflanzen und die Größe der Anbaufläche richten sich im Hausgarten nach folgenden Faktoren:

- Leistung der Pflanzen
- Obstverbrauch im Haushalt
- Arbeitswirtschaftliche Verhältnisse
- Einkaufs- und Verkehrsmöglichkeiten
- Lagermöglichkeiten.

Die Leistung der Pflanzen hängt von den Standortverhältnissen (Klima, Lage, Boden, weitere Umwelteinflüsse), von der Sorte und Jungpflanzenqualität sowie von der Pflanzenpflege ab, die in den vorangegangenen Abschnitten erläutert wurde.

Bei den Berechnungen in Übersicht 30 sind gute Anbau- und Pflegeverhältnisse zugrunde gelegt worden, ohne die ein eigener Beerenobstanbau wohl kaum vertretbar ist. Bei den Ernteergebnissen handelt es sich um Durchschnittserträge im Ertragsalter der Pflanzen.

Der Obstverbrauch im Haushalt hängt von der Zahl der Verpflegungspersonen und von den Verzehrsgewohnheiten der Familie ab.

In dem Beispiel einer Beerenobstvollversorgung pro Person aus dem eigenen Garten (siehe Übersicht 32) sind insgesamt *25 kg Beerenobst pro Jahr für eine Vollverpflegungsperson* zugrunde gelegt worden, und zwar für den Verbrauch als Frischobst, für die

Gefrierkonservierung sowie für die Herstellung von Marmelade, Gelee, Saft und Most. Diese 25 kg sind auf die Hauptbeerenobstarten verteilt worden, wobei von Erfahrungswerten der Ernährungswissenschaft und von Landfrauen ausgegangen wurde. Brombeeren und Heidelbeeren sind nicht berücksichtigt. Bei deren Anbau kann die Produktion der anderen Arten eingeschränkt werden. Auch durch die Verarbeitung von Wildfrüchten, wie Blaubeeren, Preiselbeeren, Holunderbeeren, kann der Beerenobstanbau reduziert werden.

Die Verzehrsgewohnheiten sind letztlich entscheidend für den Anbau der *einzelnen* Obstarten. Wichtig ist jedoch, daß die Gesamtversorgung gesichert ist.

Bei einer vollen Selbstversorgung aus dem eigenen Garten sind 6 bis 8 m^2 für Erdbeeren und circa 20 m^2 für das Strauchbeerenobst je Vollverpflegungsperson zu rechnen.

Die arbeitswirtschaftlichen Verhältnisse sind vor allem für die Bäuerin von entscheidender Bedeutung, wenn sie eine Beerenobstanlage plant. Ihre laufende Mitarbeit bei der tierischen Produktion bedeutet eine mehr oder weniger ständige betriebliche Belastung. Die Hilfe bei der pflanzlichen Erzeugung hat dagegen deutliche Arbeitsspitzen im Außenbetrieb zur Folge, die sich mit dem Arbeitsverlauf in einer Beerenobstanlage nicht immer vertragen.

Die **Arbeitszeit** für die laufende Pflege und für die Ernte des Beerenobstes beläuft sich im Durchschnitt der Arten und Anbaujahre auf 15 bis 20 Minuten pro m^2 und Jahr.

Übersicht 30: Beerenobstanbau

Beerenobstart	Abstand in m		Standfläche in m^2	Ertrag im Ø in kg/Pflanze	Arbeitsleistung bei der Ernte in kg/Stunde[1]
	Reihen	in der Reihe			
Johannisbeeren, rot	2	2	4	5,0	5 – 6,5
Johannisbeeren, schwarz	2 – 3	2 – 3	4 – 6	2,0	3,5 – 4,5
Stachelbeerbusch	2	2 – 1,5	3 – 4	5,0	4 – 6
Stachelbeerstamm	1,5	1,5	2,25	3,0	4 – 6,5
Gartenheidelbeeren	1,5 – 2	1,5 – 2	2,25 – 4	4,0	5
Himbeeren	1,5 – 2	0,5	0,75 – 1	0,6	3 – 4,5
Brombeeren, aufrecht	1,5 – 2	0,8 – 1	1,2 – 2	2,0	4 – 5
Brombeeren, rankend	2	4	8	5,0	5 – 6
Erdbeeren, mehrjährig	0,8	0,25	0,20	1,0/m^2	3 – 6,5

[1] einschließlich Rüstzeiten

Etwa *50 % der gesamten Arbeitszeit werden für die Beerenobsternte* gebraucht, die von Juni bis August anfällt. Zur gleichen Zeit muß das Weichobst schnell verwertet werden. In diesen Zeitraum fallen auch landwirtschaftliche Arbeitsspitzen durch die Rübenpflege, Heuernte und Frühkartoffelernte sowie die Versorgung von Urlaubsgästen, die damit auf manchen Höfen der begrenzende Faktor eines Beerenobstanbaues sein können. Es ist jedoch zu berücksichtigen, daß durch die kluge Sortenauswahl eine gut verteilte Erntezeit oder eine Verschiebung der Ernte erreicht werden kann. Außerdem ist zu bedenken, daß die Straucherbeerenobsternte an regelmäßig geschnittenen und gesunden Pflanzen besonders schnell vorgenommen werden kann.

Der Strächerschnitt, die Bodenpflege und eine eventuelle chemische Unkrautbekämpfung können in arbeitsarmen Zeiten erledigt werden und stellen somit keine ungünstige Belastung dar.

Die Einkaufs- und Verkehrsmöglichkeiten sind bei Planungen für eine Beerenobstanlage kritisch zu überprüfen. Während vor allem auf *Wochenmärkten* in den Städten und ländlichen Zentralorten über eine längere Zeitspanne von Juni bis August Beerenobst angeboten wird, ist die Versorgung in den peripheren Gebieten meistens schlecht.

Die Bewohner dieser Gegenden haben durch längere Anfahrten zum Einkauf mit manchmal recht umständlichen Vorbereitungen hierfür finanzielle und zeitliche Mehrbelastungen. Abgesehen davon, läßt die Güte dieses empfindlichen und leicht verderblichen Weichobstes im Handel häufig zu wünschen übrig. Die Möglichkeit der Selbstpflücke in Erwerbsobstanlagen ist dagegen eine gute Lösung für den größeren Bedarf für die Vorratshaltung.

Die Lagermöglichkeiten für die Bevorratung von Beerenobst sind vor allem in städtischen Haushaltungen ein begrenzender Faktor. Konserviertes Beerenobst muß im *Gefriergerät* beziehungsweise in einem *kühlen Vorratsraum* gelagert werden, die im Landhaushalt meist – wenn auch nicht immer ausreichend – vorhanden sind.

Die anschließende *Berechnung* stellt einen Verfahrensvergleich mit Eigenerzeugung von roten Johannisbeeren und Kauf von frischen Beeren dar, aus dem der Arbeitszeitbedarf und die Kosten für die Eigenerzeugung sowie die Einsparung von Arbeitszeit und die Kosten je eingesparte Arbeitsstunde durch den Kauf der Beerenfrüchte hervorgehen.

Aus dem Zeit- und Kostenvergleich geht hervor, daß bei der Eigenerzeugung von roten Johannisbeeren die Arbeitsstunde mit 16,80 DM zu bewerten ist. Dies zeigt, daß sich ein Eigenanbau aus finanzieller Sicht lohnt.

Im Vergleich dazu wird die Arbeitsstundenverwertung im Haushalt in weiteren Arbeitsbereichen auf Seite 378 angegeben.

Übersicht 31: Zeit- und Kostenvergleich für Strauchbeerenobst je m^2 und Jahr

Beispiel: Rote Johannisbeeren (Standfläche 4 m^2/Strauch)

Arbeitszeitbedarf:	– Schnitt (16 Min./Strauch)	4 Min./m^2
	– Bodenpflege, Düngung (alle 2 Jahre Stallmist, Bodenabdeckung, 2 x Volldüngung)	2–4 Min./m^2
	– Schädlingsbekämpfung	1–2 Min./m^2
	– Ernte	8–10 Min./m^2
	Arbeitszeit insgesamt	**15–20 Min./m^2**
Kosten:	– Bodenverbesserung	
	Stallmist (alle 2 Jahre 5 kg/m^2 4,00 DM/dt)	0,10 DM/m^2
	Stroh (1 Hochdruckballen zur Bodenabdeckung ca. 1,50 DM/20 m^2	0,08 DM/m^2
	– Mineraldüngung (90 g/m^2 blauer Volldünger und jährlicher Kalkanteil bei 3jährigem Düngeturnus)	0,08 DM/m^2
	– Pflanzenschutzmittel	0,06 DM/m^2
	– Nutzungsabhängige Abschreibung von Dauerkulturen (4,75 DM/Strauch) auf 10 Jahre	0,12 DM/m^2
	Kosten insgesamt circa	**0,44 DM/m^2**

Vergleich:	**Eigenerzeugung**	**Kauf von frischem Beerenobst**
Kosten:	0,44 DM/m^2	6,00 DM/m^2 (Ø 6,00 DM/kg)
Arbeitszeitbedarf:	0,20 Min./m^2	–––
Mehrkosten:	–––	5,56 DM/m^2
Zeitersparnis:	–––	20 Minuten

Arbeitsstundenverwertung:

$$\frac{\text{Mehrkosten (DM)}}{\text{Zeitersparnis (Min.)}} = \frac{5{,}56\ \text{DM}}{20\ \text{Min.}} = 0{,}28\ \text{DM/min.} = \mathbf{16{,}80\ DM/Std.}$$

Erläuterungen:

– Für den Kauf von frischem Beerenobst wurde das ungefähre Mittel von Verbraucherpreisen im Einzelhandel und auf Wochenmärkten der Monate Juni bis August 1987 zugrunde gelegt (Niedersachsen).

– Der Zeitbedarf und die Fahrtkosten für den Einkauf wurden nicht berücksichtigt, obgleich sie im ländlichen Raum beachtlich sein können.

– Als durchschnittlicher Beerenobstertrag wurden **1,0 kg/m^2** zugrunde gelegt.

Andere Arbeitsbereiche zum Vergleich	Arbeitsstundenverwertung
Erdbeeren:	
Eigenerzeugung mit eigener Pflanzenvermehrung – Kauf von frischen Erdbeeren	ca. 11,50 DM
Eigenerzeugung mit Pflanzenzukauf – Kauf von frischen Erdbeeren	ca. 5,10 DM
Erdbeermarmelade:	
Eigene Erzeugung und eigene Herstellung – Kauf von Marmelade	ca. 10,90 DM
Wäsche trocknen:	
Auf der Leine/im Ablufttrockner	ca. 4,80 DM
Geschirr spülen:	
Von Hand/mit Maschine	ca. 1,30 DM

Beispiel für die Verwertung und Lagerung von 25 kg Beerenobst/Person/Jahr:

35 %	Rohverbrauch:	8,75 kg frische Beerenfrüchte	= kein Lagerraum
20 %	Einfrieren:	5,00 kg Früchte	= 8 l Nutzinhalt im Gefriergerät
20 %	Marmelade/Gelee: 5 kg Rohfrüchte ergeben 10 kg Marmelade. Das sind 22 Gläser à 450 g = 0,6 m^2 Regalfläche.	5,00 kg Früchte	= 0,6 m^2 Regalfläche
25 %	Saft/Most: 6,25 kg ergeben ca. 3,5 l Saft. Das sind 5 Flaschen à 0,7 l Inhalt = 0,15 m^2 Standfläche.	6,25 kg Früchte	= 0,15 m^2 Standfläche

2. Pflanzung von Beerensträuchern

Die Beerensträucherpflanzung erfolgt im *Herbst oder Frühjahr*. Die rechtzeitige Herbstpflanzung hat den Vorteil, daß die Pflanzen noch vor dem Winter mit dem Boden gut in Verbindung kommen und schon einige neue Wurzeln bilden, mit denen sie Feuchtigkeit aufnehmen können. Auf leichten Böden, die im Frühjahr schnell austrocknen, ist die Herbstpflanzung vorzuziehen. Durch die Frühjahrspflanzung können keine Frostschäden auftreten, in rauhen Lagen, auf schweren Böden und für schwarze Johannisbeeren und Brombeeren wichtig. Die Pflanzung sollte jedoch im März vor dem Knospenspitzen abgeschlossen sein.

2.1 Bodenvorbereitung

Die Bodenvorbereitung für die Pflanzung von Beerensträuchern besteht aus einer guten Bodenlockerung und einer wohlüberlegten Humus- und Nährstoffzufuhr.

Obgleich die Beerenobstpflanzen Flachwurzler sind, ist eine *40 cm tiefe Bodenlockerung* notwendig, damit die Wurzeln genügend Luft erhalten und sie sich reich verzweigen können. Im Hausgarten werden wir entweder 40 cm tief rigolen oder, wenn das Stück günstig liegt und groß genug ist, mit dem Pflug 40 cm tief lockern. Bei Einzelpflanzungen genügt es, große Pflanzlöcher auszuheben. Wichtig ist in jedem Fall, daß der Ober- und Unterboden nur in sich gelockert, die Schichten aber nicht vermischt oder gar gewechselt werden.

Die Höhe der Nährstoffzufuhr muß sich nach den Standortverhältnissen richten. Einerseits ist eine *Humusdüngung* erforderlich, wofür auf dem Lande in erster Linie Stallmist genommen wird, nämlich etwa 6 dt je a, etwa zwölf gehäufte Schubkarren auf 100 m^2. Sehr günstig wirkt sich auch eine Bodenverbesserung durch Kompost sowie Düngetorf oder Torfschnellkompost aus, und zwar etwa drei bis vier Ballen je 100 m^2. Die Humusdüngung erfolgt nicht während der Tiefenlockerung, sondern kurz vor der Pflanzung durch flaches Einarbeiten in die Oberkrume.

Der Vorratsdüngung mit *Mineraldüngern* sollte das Ergebnis einer chemischen Bodenuntersuchung zugrunde gelegt werden, denn sie muß eine gezielte, fachgerechte Grunddüngung für die mehrjährigen Beerensträucher sein.

Das folgende **Düngungsbeispiel** kann deshalb nur ein Anhaltspunkt sein:

- 50 – 60 g je m^2 Kalkstickstoff
- 50 – 60 g je m^2 Thomasphosphat
- 70 – 80 g je m^2 Patentkali (kein Chlorkali)

Statt dieser langsam wirkenden Vorratsdünger können circa 80 g je m^2 Volldünger (blau) oder circa 100 g je m^2 eines organisch-mineralischen Düngers (zum Beispiel Hornoska Spezial) verwendet werden.

Die Mineraldüngung erfolgt direkt vor der Pflanzung und wird bis 20 cm tief in den Boden eingebracht.

2.2 Pflanzware

Die Pflanzware besorgen wir uns über unseren Gärtner oder direkt von einer **Qualitätsbaumschule.** Das Markenetikett verbürgt für Sortenechtheit, Gesundheit und guten Pflanzenbau. Wir wählen folgendes Pflanzengut:

Johannisbeeren:	Sträucher mit 5 bis 7 Trieben, Stammformen 1. Qualität mit 4 und mehr Trieben
Stachelbeeren:	Sträucher mit 5 bis 7 Trieben, Stammformen 1. Qualität mit 6 und mehr Trieben
Gartenheidelbeeren:	Sträucher mit Ballen, z.B. 50 bis 60 cm Verkaufshöhe
Himbeeren:	Einjährige Ruten, etwa 100 cm lang
Brombeeren:	Einjährige oder zweijährige, verpflanzte Ableger, 1. Qualität

Übersicht 32: Beispiel einer Beerenobstvollversorgung pro Person aus dem eigenn Garten

Beerenobstart	Sortenbeispiele	Pflanzgut	Abstand in m	Anbaufläche in m²/je Stck.	Ertrag/kg Pflanze
Erdbeeren (im Gemüsegarten)	Induka, Senga Sengana, Elsanta, Tenira, Tago	gut bewurzelte Ableger	0,40 x 0,25	0,10 im 2. Jahr 0,20	1,0/m²
Johannisbeeren, rot und weiß	Red Lake, Heros, Rote Vierländer, Heinemanns Rote Spätlese, Weiße Versailler	Sträucher mit 5 – 7 Trieben	2 x 2	4	5
Johannisbeeren, schwarz	Silvergieters Schwarze, Rosenthals Langtraubige, Daniels September	Sträucher mit 5 – 7 Trieben	2,5 x 2	5	2
Stachelbeeren	Hönings Früheste, Weiße Neckartal, Weiße und Rote Triumph, Grüne Kugel	Sträucher mit 5 – 7 Trieben oder Stammformen 1. Qualität	1,5 x 2 1,5 – 1,5	3 2,25	5 bis 5
Himbeeren	Schönemann, Malling Exploit Romy	Einjährige Ruten, ca. 1 m lang	0,5 x 1,5 1 x 1,5	0,75 1,5	0,6

Bemerkungen: Die Erdbeeren sind bei diesem Beispiel im Abstand von 0,40 x 0,25 cm gepflanzt worden. Sofort nach der ersten Ernte wird jede 2. Reihe entfernt, so daß die Hälfte aller Erdbeeren einjährig, die andere Hälfte zweijährig angebaut wird.

Verbrauch je Person in kg	Pflanzenanzahl je Person in Stück	Anbaufläche für 1 Person in m²	Anlagekosten in DM der Pflanzen für 1 Person		Lebensdauer in Jahren
			Einzelpreis ca.	Gesamtpreis ca.	
6	im Ø von 2 Jahren 45 Stück	6	25 Stück 15,00	27,00	1 – 3
8	1,5	6	5,45	8,20	15 – 20
2	1	5	5,45	5,45	15 – 20
5	1	3	7,15 12,45	7,15	15 – 20
4	7	6	3,20 (virusfrei)	22,40	12 – 15
25 kg		26 m²		ca. 70,20 DM	

2.3 Pflanzarbeiten;

Nach Ankunft der Baumschulware sollte möglichst sofort gepflanzt werden, andernfalls müssen die Pflanzen in einen kühlen, schattigen Erdeinschlag kommen,

Für die Pflanzung wird ein doppelt so breites und tiefes *Pflanzloch* ausgehoben wie das Wurzelwerk groß ist. Man tut gut, zur Förderung der Faserwurzelbildung in jede Grube eine Schaufel voll feuchten *Torf* oder verrotteten Kompost zu geben und diese mit der Erde zu vermischen. Alle Wurzeln kürzt man etwas ein, breitet sie flach aus und pflanzt sie fest und so tief, wie sie vorher in der Baumschule gestanden haben. Die Strauchpflanzung ist eine Arbeit für zwei Personen.

Bei der Pflanzung ist grundsätzlich anzugießen. Der *Pflanzschnitt* erfolgt sofort nach der Pflanzung, spätestens aber im Frühjahr danach.

3. Pflege der Beerensträucher

3.1 Bodenpflege

Wir unterscheiden **zwei Arten der Bodenpflege** bei Beerensträuchern:

- das Offenhalten des Bodens
- die Bodenabdeckung (Mulchen)

Die offene Bodenpflege kommt vor allem in jungen Anlagen in Frage, in denen noch als Zwischenkultur Erdbeeren oder Gemüse angebaut werden können. In den späteren Jahren ist die Bodenbearbeitung sehr umständlich und zeitraubend. Auch sind die Arbeiten im offenen Boden zeitgebunden, weil die Witterung und der Unkrautwuchs den Termin bestimmen. Jede Bodenbearbeitung muß sehr flach erfolgen, um das Wurzelwachstum der Sträucher nicht zu stören. Im Herbst sollte nicht tiefer als 15 cm, in Strauchnähe flacher, gegraben werden. Im Frühjahr wird das Land ganz flach mit dem Kultivator bearbeitet und eingeebnet. Im Laufe des Sommers muß die offene Anlage mehrere Male flach durchgehackt oder gefräst werden, um Unkrautansammlungen zu unterdrücken.

Die zeitsparende Mulchmethode paßt in einen Bauerngarten besser hinein. Hier ist zu unterscheiden die Bodenabdeckung durch am Ort erzeugte Humusmassen von der Abdeckung mit herangeschafftem organischem Material.

Im ersten Fall handelt es sich um die *Einsaat von Gründüngungspflanzen,* wie Senf, Phacelia, Wicken, Lupinen. Günstige Aussaatzeiten sind das zeitige Frühjahr und die ersten Tage nach der Beerensträucherernte. Der erste Satz wird vor der Ernte abgehauen, und als Bedeckung unter den Sträuchern benutzt. Nach flacher Bearbeitung kann nach der Beerenernte eine zweite Einsaat in den Zwischenräumen erfolgen, die als winterliche Bodenabdeckung dient. Ausreichende Bodenfeuchtigkeit und gute Nährstoffversorgung sind für den Erfolg der Gründüngung Voraussetzung. Die Methode hat in Grünlandbetrieben und auf Neuland seine Bedeutung, eignet sich aber auch für jeden Hausgarten.

Die Bodenabdeckung mit organischem Material, wie Getreidestroh, Kartoffelstroh, Heu, Laub, Gras oder gut verrotteter strohiger Mist, hat für den Bauerngarten die größte Bedeutung. Die Methode ist am billigsten und für die vielbeschäftigte Bäuerin am einfachsten (siehe Seite 66). Bei *Wühlmausvorkommen* muß leider auf die Bodenabdeckung verzichtet werden.

3.2 Düngung

Organische Düngemittel können im Beerensträucherquartier entweder im Herbst in die obere Schicht eingearbeitet oder als Abdeckschicht auf das Land gebracht werden. Während die Mulchdecke jährlich ergänzt wird, ist die ausgesprochene Humusdüngung in die oberen Bodenschichten nur im zwei- bis dreijährigen Turnus notwendig.

Beispiele für die Humusdüngung pro Ar (100 m²) im Beerensträucherquartier:

- 5 dt verrotteter Stallmist (1 Schubkarre voll auf 10 m²)
- oder 2 – 4 Säcke feuchter Torf
- oder 2 Ballen Torf, zu Torfschnellkompost verarbeitet
- oder Komposterde.

Als wertvolle Ergänzung zur Humusdüngung muß eine jährliche **Mineraldüngung** hinzukommen. Dabei ist auf den richtigen Zeitpunkt und die Auswahl verträglicher Düngerarten und -mengen zu achten.

Das Ergebnis von *chemischen Bodenuntersuchungen* im drei- bis vierjährigen Turnus sollte für die Festlegung der Düngermengen maßgebend sein. Nur danach kann entschieden werden, ob Volldüngergaben richtig sind oder ob durch die Verwendung von Einzeldüngern Nährstoffdefizite (z.B. Kali, Magnesium) bzw. Nährstoffüberschuß (z.B. Phosphor) ausgeglichen werden müssen. Bei einem harmonischen, speziell für die Beerensträucher geeigneten Nährstoffverhältnis im Boden kann folgende **Mineraldüngung pro Quadratmeter** erfolgen:

- 50 – 60 g Volldünger (blau) im zeitigen Frühjahr
- und 40 – 50 g Volldünger (blau) kurz nach der Blüte, spätestens sofort nach der Ernte.

Die Verwendung von organisch-mineralischen Düngern richtet sich nach den Herstellerangaben. Auf die Kali- und Magnesiumdüngung ist bei Beerensträuchern besonders gut zu achten. Die Volldüngung wird flächig zwischen den Sträuchern gleichmäßig ausgestreut und muß vor allem im Frühsommer bis Sommer und auf gemulchter Fläche mit einer kräftigen *Wassergabe* verbunden werden, damit der Mineraldünger in den Boden gut eindringt.

3.3 Unkrautbekämpfung

Beerensträucher:

Im Frühjahr gegen auflaufende Unkräuter auf feuchten, noch unkrautfreien Boden streuen, zum Beispiel mit Gesatop 2 Granulat, Simazin 2 Granulat.

Ab 1. Standjahr im Winter Kerb 50 W einarbeiten gegen einkeimblättrige Unkräuter, Vogelmiere, Kleiner Ampfer, Landwasser-Knöterich.

Ab 3. Standjahr vor dem Gehölzaustrieb der Johannisbeeren gegen auflaufende Unkräuter zum Beispiel Ustinex Z (auch hemmend gegen Moos) oder Prefix (auch hemmend gegen Giersch) ausbringen.

Ab 4. Standjahr im Winter oder Frühjahr Casoron G gegen Unkräuter.

Die Sträucher und benachbarten Kulturen dürfen von den Mitteln nicht getroffen werden. Schwarze Johannisbeeren und Stachelbeerstämme sind empfindlich.

Erdbeeren:

Da Erdbeeren im Gemüsegarten wandern und zudem frisch gepflanzte Erdbeeren und einige Sorten sehr empfindlich sind, sollte die chemische Unkrautbekämpfung nur im äußersten Notfall und besonders vorsichtig vorgenommen werden.

In Ertragslagen im Herbst oder Frühjahr vor Wachstumsbeginn gegen auflaufende Unkräuter spritzen zum Beispiel mit Tenoran, Venzar, Gesatop 50, Simazin 50 oder streuen zum Beispiel mit Gesatop 2 Granulat, Simazin-Granulat.

Der Beerenobstschnitt, die Bekämpfung von Krankheiten und Schädlingen sowie spezielle Pflegemaßnahmen sind in den vorangegangenen Abschnitten besprochen worden.

DAS BAUMOBST

Zum einheimischen Baumobst gehören:

- das Kernobst: Äpfel, Birnen, Quitten
- das Steinobst: Süßkirschen, Sauerkirschen, Pfirsiche, Aprikosen, Pflaumenarten wie echte Pflaumen, Zwetschen, Renekloden, Mirabellen
- das Schalenobst: Walnüsse, Mandeln.

I. DER GESUNDHEITLICHE WERT DES BAUMOBSTES

Das Kern- und Steinobst spielt in der gesunden Ernährung eine bedeutende Rolle, da es neben Gemüse und Beerenobst zu den wichtigsten Trägern von Vitaminen und Mineralstoffen gehört. Bei den *Vitaminen* handelt es sich vor allem um die Arten A, B_1, B_2 und C, bei den *Mineralstoffen* um Kalium, Calcium, Phosphor, Eisen, Magnesium und Natrium. Aprikosen enthalten besonders viel Vitamin A und Kalium, während Pfirsiche reich an Eisen sind. Der Vitamin C-Gehalt liegt bei Äpfeln am höchsten, schwankt jedoch je nach Sorte zwischen 3 und über 30 mg/100 g Frucht und ist auch von den Standortbedingungen und der Jahreswitterung abhängig. Die Sorten Gelber Edelapfel, Berlepsch, Ontario und Goldparmäne sind besonders reich an Vitamin C, doch leider im Anbau weniger günstig.

Von großer Bedeutung ist auch die *Zellulose* im Obst, die als unverdaulicher Ballaststoff die Funktion der Verdauungsorgane im menschlichen Körper anregt. Pflaumen sind besonders reich an Ballaststoffen.

Die erfrischende und belebende Wirkung des Kern- und Steinobstes durch den hohen *Wassergehalt*, den Gehalt an *Fruchtsäuren* und den spontan energiespendenden *Fruchtzucker* sowie der geringe *Kaloriengehalt* von unter 60 kcal in 100 g eßbarem Anteil (250 kJ) sind weitere Gründe für den hohen gesundheitlichen Wert dieser einheimischen Obstarten. Wegen des Mangels an Eiweiß und Fetten sind die Früchte des Kern- und Steinobstes auch für die meisten Diätformen besonders geeignet.

Das Schalenobst, wozu alle Nüsse und Mandeln gezählt werden, ist dagegen sehr energiereich, da es nur wenig Wasser, aber reichlich *Eiweiß* und besonders viel *Fett* enthält. Sein verhältnismäßig hoher Gehalt an *Vitaminen* der B-Gruppe und an den *Mineralstoffen* Kalium, Calcium, Phosphor und Eisen sowie die verdauungsfördernde Wirkung der Nüsse durch den hohen Gehalt an Ballaststoffen sind als positiv herauszustellen.

Der Tagesverbrauch an Obst sollte insgesamt mindestens 250 g pro Person betragen; das sind zum Beispiel zwei mittelgroße Äpfel.

Ein Teil des Gesamtverbrauches wird durch den Verzehr von Beerenobst und Südfrüchten gedeckt. Je mehr Obst im eigenen Garten angebaut werden kann, um so höher ist auch der Verbrauch dieser gesunden Lebensmittel.

II. BAUMOBST IM GARTEN

Die Gartengröße sowie das Interesse am Obstbau und genügende Anbau- und Pflegekenntnisse des Hausgärtners sind die ausschlaggebenden Faktoren für die Entscheidung zum Anbau von Baumobst im Hausgarten.

Die hohen Platz- und Belichtungsansprüche des Baumobstes lassen nur in größeren Hausgärten einen Anbau zu. Der zweistöckige Anbau: Baumobst mit Unterkulturen wie Beersträucher, Gemüse und Zierpflanzen ist nur für eine begrenzte Zeit während der ersten drei bis sechs Standjahre des Obstes möglich.

Auf einem landwirtschaftlichen Betrieb faßt man das Baumobst am zweckmäßigsten in einem geschlossenen *Obstgarten* zusammen, der für die volle Selbstversorgung eines 6-Personen-Haushaltes nur etwa 650 m^2 groß zu sein braucht. Hochstämmige Süßkirschen, Äpfel und Birnen eignen sich auch als charakteristische Einzelbäume und Schattenspender im größeren Wohngarten, auf dem Hofplatz oder am Kompostplatz. Walnüsse sind nur für große Gärten als Solitärbäume geeignet. Pflaumenhalbstämme bilden eine günstige Randpflanzung an Wegen und an der Hofeinfahrt.

Ein Quittenbusch kann in jede größere Rahmenpflanzung eines Ziergartens eingegliedert werden. Für eine fruchttragende Hausbegrünung an Südwänden sowie geschützten West- und Ostseiten bieten sich Birnen, Sauerkirschen, Pfirsiche und Aprikosen als Spalierobst an. Schließlich sei auf die mögliche Grenzbepflanzung zwischen Zier- und Nutzgarten und zum Nachbarn hin durch Obsthecken hingewiesen.

Der Anbau von Mandeln, Aprikosen und Pfirsichen muß auf besonders warme Gebiete in Deuschland beschränkt bleiben.

Obstbäume gedeihen und fruchten nur bei sachkundiger Pflege, die aber ohne große Schwierigkeiten zu erlernen ist, wenn man sich mit Interesse in das Leben der Bäume hineindenkt und sich den neuesten Erkenntnissen des Obstbaues gegenüber laufend aufgeschlossen zeigt. Die häufigste Ursache für den schlechten Allgemeinzustand von Obst im Hausgarten sind mangelnde Obstbaukenntnisse. Im Bauerngarten kommt die Überalterung des Baumbestandes hinzu.

So müßte in vielen ländlichen Gärten durch umfangreiche *Rodungsaktionen* der alte, kranke Baumbestand von einem jungen, zweckmäßigen Obstgarten abgelöst werden.

Die Vereinfachung der Anpflanzung und Pflege durch die Wahl niedriger Baumformen, robuster, aber schmackhafter Sorten und günstiger Bodenpflegemaßnahmen wie Mulchen und Gründüngung bedeutet Zeitersparnis und bessere Erträge, was sich in mehr Freude am Obst im eigenen Garten ausdrückt.

In der Übersicht 33 ist als Beispiel der jährliche Kern- und Steinobstbedarf eines ländlichen Haushaltes mit sechs Personen zusammengestellt. Der hohe Anteil an Kernobst dient in erster Linie dem Frischverbrauch. Das Steinobst hingegen wird zum überwiegenden Teil für die Verarbeitung und Vorratshaltung verwendet, ebenso sämtliche Quitten. Ein Teil der Äpfel und Sauerkirschen ist für die Süßmostherstellung bestimmt. Pfirsiche und Aprikosen sind wegen ihrer hohen Wärmeansprüche nicht berücksichtigt worden.

Nur bei günstigen Standortbedingungen und großem Interesse am Obstbau sollte man eine derartig volle *Selbstversorgung* anstreben. Für die meisten landwirtschaftlichen Betriebe und Hausgärtner ist eine *Teilversorgung* aus dem eigenen Garten richtiger.

Abbildung 139: Reichtragender Apfelbusch mit bodennaher, pflegeleichter Krone

Besonders edle Apfelsorten, wie zum Beispiel Cox Orangen Renette, Goldparmäne, Gravensteiner, Golden Delicious, die meisten Birnen und vielleicht auch einen Teil der Steinobstarten kauft man in diesem Falle zu.

Übersicht 33: Jährlicher Obstverbrauch und zur Erzeugung notwendige Anbaufläche für sechs Personen

Obstart	Durchschnittlicher Ertrag je Baum und Jahr in kg	Verbrauch je Kopf/kg	Pflanzenbedarf	Anbaufläche für 6 Personen
Äpfel	30	40	8 Buschbäume	200 m²
Birnen	20	10	3 Buschbäume	80 m²
Pflaumenarten	20	12	4 Halbstämme	120 m²
Süßkirschen	20	5	2 Halbstämme	128 m²
Sauerkirschen	15	10	4 Buschbäume	100 m²
Quitten	20	3	1 Buschbaum	16 m²
		rund 80 kg	**22 Stück**	**644 m²**

Übersicht 34: Beispiel einer Obstpflanzung für die Teilversorgung eines mittleren Landhaushaltes

Anzahl	Obstart	Sorte	Genußreife	Baumform	Abstand
1	Apfel	Stark Earliest	VIII	Busch	5 x 5 m
1	Apfel	Jamba	VIII	Busch	5 x 5 m
1	Apfel	Ingrid Marie	XI – XII	Busch	5 x 5 m
1	Apfel	Boskoop	XII – III	Busch	5 x 5 m
1	Apfel	Jonathan	XII – III	Busch	5 x 5 m
1	Birne	Williams Christ	IX	Busch	5 x 4 m
1	Birne	Conference	X – XI	Busch	5 x 4 m
1	Zwetsche	Bühler Frühzwetsche	VIII	Halbstamm	5 x 6 m
2	Zwetschen	Hauszwetsche	IX	Halbstamm	5 x 6 m
1	Mirabelle	Mirabelle von Nancy	VIII – IX	Halbstamm	5 x 6 m
1	Sauerkirsche	Morellenfeuer	mittelfrüh	Busch	5 x 4 m
2	Sauerkirschen	Schattenmorelle	spät	Busch	5 x 4 m
1	Süßkirsche	Große Prinzessinkirsche	mittelfrüh	Hoch- oder Halbstamm	8 – 10 m
1	Süßkirsche	Hedelfinger Riesenkirsche	spät	Hoch- oder Halbstamm	8 – 10 m
1	Quitte	Champion	X – XI	Busch	4 m

Abbildung 140: Beispiel eines Obstgartens auf dem Bauernhof

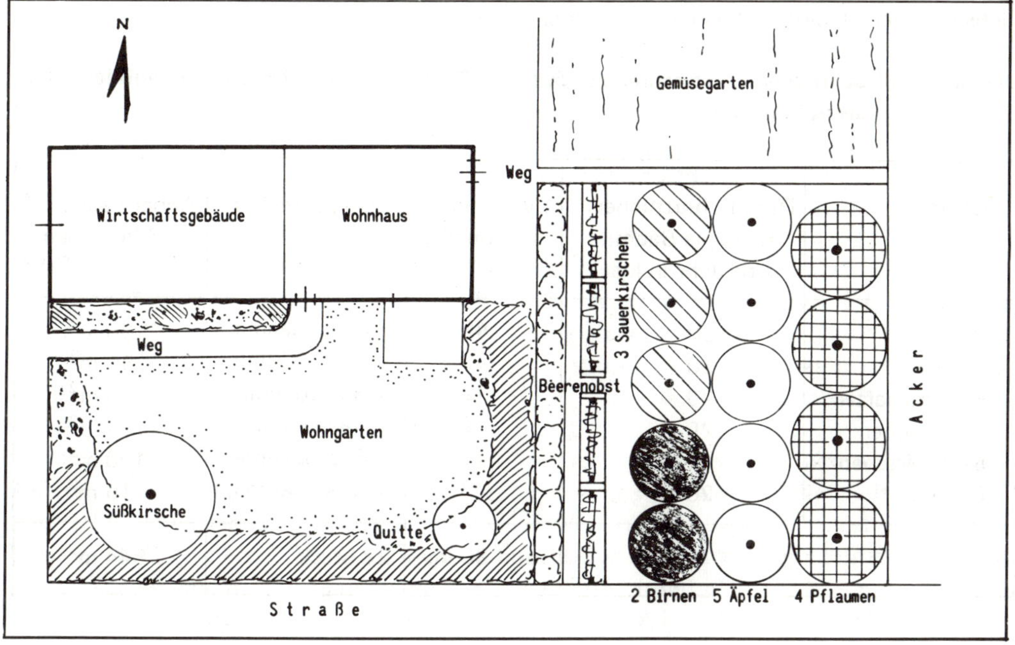

III. DIE ANSPRÜCHE DES OBSTES

1. Klima

Von den Klimafaktoren sind Temperatur, Niederschlag, Luftfeuchtigkeit, Sonnenschein und Wind für den Obstbau von größter Bedeutung.

Die **Wärmeansprüche** liegen bei der Mandel und Weinrebe, der Aprikose, dem Pfirsich und den edlen Winterbirnen besonders hoch. Außerhalb des ausgesprochenen Weinklimas sollten diese Arten mit großer Vorsicht und nur an geschützte warme Stellen gepflanzt werden. Wärmeliebend sind nach der Reihenfolge ihres Wärmeanspruchs edle Frühbirnen, Quitten, Walnüsse, edle Winteräpfel, Süßkirschen, Mirabellen, Pflaumen und Zwetschen. Geringe Wärmeansprüche stellen Sommer- und Herbstbirnen, Äpfel und Sauerkirschen.

Gebiete mit einer *durchschnittlichen Sommertemperatur von 14 bis 20°C* sind am besten geeignet. Somit fallen in Deutschland nur extrem rauhe Gebirgslagen, vor allem über einer Höhe von 1000 m über NN, für den Obstbau im allgemeinen aus. In unserem Land treten sehr häufig *Winterfrost-*

und *Spätfrostschäden* auf. Plötzliche Temperaturstürze und Temperaturen unter -18 °C haben meist Frostschäden am Holz zur Folge. Im zeitigen Frühjahr können auch geringe Minustemperaturen zu Schäden an den Baumstämmen und dicken Astpartien führen, wenn durch starke Unterschiede zwischen den Tages- und Nachttemperaturen Spannungen in der Rinde und damit Frostrisse entstehen. Quitten, Pfirsiche und Walnüsse sind im Holz am empfindlichsten. Guter Boden- und Stammschutz verringern die Gefahr. Sauerkirschen zeigen sich als sehr frosthart. Die frühe Blüte der Aprikosen ist besonders gefährdet.

Der *Hauptregenfall* wird vom Obst während der Vegetationszeit von Mai bis September verlangt. In dieser Zeit ist besonders in warmen Sommern häufig zusätzlich zu wässern. Der Apfel findet an der Küste und in Flußniederungen die besten Entwicklungsmöglichkeiten, weil er den höchsten Bedarf an *Niederschlägen* und *Luftfeuchtigkeit* hat. Weniger anspruchsvoll in bezug auf die Feuchtigkeit sind der Reihe nach Pflaumen, Birnen, Süßkirschen, Pfirsiche, Aprikosen und Sauerkirschen. Als günstiger, ausnutzbarer *Grundwasserstand* für Obstbäume ist auf leichten Böden eine Tiefe von 1 m, auf schweren bis 2 m anzusehen. Weniger als 80 cm sind unvorteilhaft. Man kann zu hohem Grundwasserstand durch Hügelpflanzungen ausweichen.

2. Lage

Die örtliche Lage bestimmt maßgeblich das **Kleinklima** in einem Obstgarten, wovon die Regelmäßigkeit guter Ernteerträge abhängen kann. Obstgehölze wünschen eine geschützte Stelle im Gegensatz zu einer offenen oder völlig eingeschlossenen Lage. Offene Gartenstücke sind dem **Wind** schutzlos ausgesetzt, der die Wärme- und Feuchtigkeitsverhältnisse sehr negativ beeinflussen kann und bei Obstbäumen Astbrüche und starken Fruchtfall verursacht. In eingeschlossenen Lagen herrscht eine zu geringe Luftbewegung, wodurch eine erhöhte Schädlingsplage und Frostgefahr drohen. Am günstigsten ist es, wenn der Obstgarten zum Westen hin einen guten Schutz durch einen nahen Wald oder eine Windschutzpflanzung erhält und außerdem vor kalten Ost- und Nordwinden abgeschirmt ist.

Spätfrostlagen eignen sich nicht für die Obstpflanzung. Es handelt sich vor allem um Talsenken, in denen sich im Frühjahr Kaltluftseen bilden und um enge, tiefe Täler, durch die ständig kalte Luftströmungen ziehen. Ebenso sind Gelände nahe von feuchten Wiesen und Sümpfen wegen der Blütenfrostgefahr ungeeignet. In Zweifelsfällen sollte man vor der Anlage einen Fachmann zu Rate ziehen.

3. Boden

Jeder umfangreicheren Neuanlage eines Obstgartens sollte eine **Bodenuntersuchung** bis zu einer Tiefe von 1 m vorausgehen. Die physikalische Beschaffenheit des Ober- und Unterbodens, der Wasserstand (Grundwasserstand, Flutstand), der pH-Wert und der Nährstoffgehalt müssen geprüft werden. Eine Staffelung von sandigem Lehmboden in der Oberkrume zu schwererem Lehm in der Tiefe ist am günstigsten. Kiesuntergrund sowie Bodenverdichtungen sind ungeeignet. Vergleichsweise kann man sagen, daß Pfirsiche, Aprikosen und Walnüsse in Weinbaugebieten ihr bestes Fortkommen finden, Äpfel,

Birnen, Süßkirschen und empfindliche Pflaumenarten auf Rüben- und Weizenböden, während robuste Pflaumen sowie Zwetschen und Sauerkirschen mit Roggen- und Haferböden vorlieb nehmen. Naßkalte, schlecht durchlüftete Böden sind besonders für Aprikosen, Pfirsiche, Quitten, Walnüsse und Birnen ungeeignet. Das Kernobst verlangt eine leicht saure **Bodenreaktion** (pH 6,5 – 5). Die Steinobstarten können je nach Bodenart einen etwas höheren Kalkgehalt vertragen (bis pH 7).

Sumpfgebiete und nasse Moorböden sind ebenso ungeeignet wie trockene, nährstoffarme Sandböden sowie undurchlässige, kalte Lehm- und Tonböden. Durch stauende Nässe im Boden treten viele Krankheiten, wie Krebs, Spitzendürre und Gummifluß auf.

Die höchsten **Nährstoffansprüche** stellt der Apfel. Ihm folgen Birnen, Quitten, Süßkirschen, Walnüsse, weiterhin Pflaumen, Pfirsiche, Aprikosen und Sauerkirschen.

IV. DIE AUSWAHL DER BAUMFORMEN, UNTERLAGEN UND SORTEN

1. Baumformen

Bei einer Obstneupflanzung kann unter verschiedenen Baumformen gewählt werden. Sie unterscheiden sich rein äußerlich in der Stammlänge und Wuchsstärke, woraus sich einerseits eine unterschiedliche Lebensdauer und Ertragszeit, zum anderen verschiedene Möglichkeiten bei den Anbau- und Pflegemaßnahmen und in der Unternutzung des Geländes ergeben.

Der Hochstamm (1,60 bis 2 m Stammlänge) ist sehr starkwüchsig, kommt im 8. bis 12. Standjahr in die Ertragszeit und erreicht eine Lebensdauer von über 60 Jahren. Die hohe Krone ist dem Wind sehr ausgesetzt, braucht einen weiten Standraum; die Kronenpflege und Erntemaßnahmen sind sehr erschwert. An Wirtschaftswegen und auf Viehweiden hat die Baumform noch eine Berechtigung, in Obstgärten ist sie zu unpraktisch. *Geeignet für* Äpfel, Birnen, Süßkirschen und Walnüsse.

Der Halbstamm – Mittelstamm (1,20 bis 1,60 m) hat hinsichtlich der Pflege und Windbruchgefahr dem Hochstamm gegenüber einige Vorteile. *Geeignet für* Jungviehweiden und Geflügelausläufe beziehungsweise, Äpfel, Birnen, Süßkirschen, Pflaumen, Zwetschen und Walnüsse.

Der Viertelstamm – Niederstamm (1 bis 1,20 m) ist ebenfalls starkwüchsig und von langer Lebensdauer, wegen seiner niedrigen Krone aber sehr viel leichter zu pflegen und zu ernten. Er ist weniger pflegebedürftig als der Buschbaum, braucht keinen Baumpfahl und beginnt im dritten bis vierten

Standjahr mit den ersten Erträgen. Er ist für langjährige Obstpflanzungen im Bauerngarten für alle Obstarten mit Ausnahme der Sauerkirschen und Pfirsiche gut *geeignet.*

Der Buschbaum (40 bis 80 cm) verlangt ein Viertel des Standraumes eines Hochstammes, beginnt im dritten Standjahr mit regelmäßigen Erträgen feiner Qualität und wird 20 bis 40 Jahre alt. Auf schwächer wachsenden Unterlagen brauchen sie alle einen Baumpfahl. Die bodennahe Krone erleichtert alle Pflegemaßnahmen am Baume – ein wesentlicher Grund, dem Buschbaum im Hausgarten den Vorrang zu geben. Mit Ausnahme von Walnüssen, Süßkirschen und Pflaumenarten sind alle Obstarten für diese Baumform sehr *gut geeignet.*

Der Buschbaum kann als freiwachsender Busch, als *Spindelbusch, Heckenpflanze* und *Spalier* gezogen werden.

2. Unterlagen

Ein Obstbaum, den die Baumschule als Markenware verkauft, ist aus zwei verschiedenen Pflanzen entstanden, die bei dem *Veredlungsvorgang* – dem Okulieren (Augenverpflanzung) oder dem Pfropfen (Reiserverpflanzung) – zu einer Lebensgemeinschaft miteinander verbunden worden sind.

Von der Auswahl der richtigen Unterlage hängt sehr viel ab, denn sie beeinflußt die Wuchsstärke und Lebensdauer des Obstbaumes ebenso wie den Ertragsbeginn und die Höhe, Qualität und Regelmäßigkeit der Erträge.

Es werden die **Sämlingsunterlagen** von den ungeschlechtlich vermehrbaren Unterlagen unterschieden. Die aus Samen gezogenen Unterlagen zeichnen sich durch eine starke Wuchskraft, eine gute Standfestigkeit und lange Lebensdauer aus. Sie bewirken eine spätere Fruchtbarkeit sowie eine bessere Widerstandsfähigkeit vor allem gegen Frost und Trockenheit. Sie werden für Hochstämme, Halbstämme und Viertelstämme, beim Steinobst zum Teil auch für Niederstämme benutzt.

Vegetativ vermehrbare Unterlagen sind mehr oder weniger schwachwüchsiger und kurzlebiger. Beim Kernobst nennt man sie deshalb auch Zwergunterlagen. Bei Äpfeln gibt es verschiedene Typen mit unterschiedlichem Wuchscharakter. Je schwachwüchsiger die Unterlage ist, desto höhere Ansprüche stellt sie an den Boden.

Der Hausgärtner sollte bei dem Pflanzeneinkauf in der Baumschule eine Erklärung über die Boden- und Windverhältnisse und den Standraum abgeben, damit die Unterlagenwahl mit Sicherheit standortgerecht getroffen wird.

Folgende Obstunterlagen kommen heute für den Hausgarten in der Hauptsache in Betracht:

Apfelunterlagen

Sämling (starkwachsend) für Hoch-, Halb- und Viertelstämme.

Typ M 11	(starkwachsend) für Viertelstämme und für Buschbäume von mittelstark- und schwachwachsenden Sorten; an Boden anpassungsfähig.
Typ M 4	(mittelstarkwachsend) für Buschbäume, Hecken und Spindelbüsche von schwachwachsenden Sorten auf mittleren Böden.
Typ M 7	(mittelstarkwachsend) für Buschbäume, Hecken und Spindelbüsche von mittelstarkwachsenden Sorten auf mittlerem Boden
Typ MM 106	(mittelstarkwachsend) für Buschbäume und Hecken von mittelstarkwachsenden Sorten auf leichten bis mittelschweren, auch trockeneren Böden.
Typ 26	(schwachwachsend) für Buschbäume, Hecken, Spindelbüsche und Spaliere auf leichten bis guten Böden.

Birnenunterlagen:

Sämling (starkwachsend) für Hoch-, Halb- und Viertelstämme, Spaliere.

Quitte Typ A (schwachwachsend) für Buschbäume, Spindelbüsche und Hecken.

Quittenunterlagen:

Quitte Typ A für Buschbäume.

Süßkirschenunterlagen:

Sämlinge der Vogelkirsche (starkwachsend) für Hoch- und Halbstämme.

Vogelkirsche F 12/1 (mittelstarkwachsend) für Halb- und Viertelstämme.

Sauerkirschenunterlagen:

Sämlinge der Vogelkirsche für Buschbäume, Hecken und Spaliere auf besseren Böden.

Vogelkirsche Typ F 12/1 für Buschbäume, Hecken und Spaliere auf mittleren Böden.

Sämlinge von Prunus mahaleb für Buschbäume, Hecken und Spaliere auf leichten Böden.

Pflaumenunterlagen:

Mehrere Sämlingsunterlagen und vegetative Unterlagen im Handel.

Pfirsichunterlagen:

Sämling für Buschbäume auf warmen, leichten Böden.

Pflaumentyp für Buschbäume auf schwereren, feuchten Böden.

Aprikosenunterlagen:

Sämling für Viertelstämme, Büsche und Spaliere.

Übersicht 35: Obstsorten

Sorte	Standortansprüche		Anfällig für
	Klima und Lage	Boden	
Apfelsorten			
Stark Earliest	geschützt	nahrhaft	–
Mantet	warm für frühe Reife	leicht bis mittelschwer, durchlässig	Krebs, Mehltau, Schorf
Jamba	geschützt	feucht, nährstoffreich	Krebs, Schorf
James Grieve (auch rote Form)	geschützt	feucht, nährstoffreich	Schorf in feuchten Jahren
Dülmener Rosenapfel	anspruchslos, aber windgeschützt	leicht bis schwer, durchlässig	–
Alkmene	anspruchslos	leicht bis mittelschwer, nahrhaft, durchlässig	Stippigkeit
Ingrid Marie	luftfeucht, anspruchslos	nahrhaft, durchlässig	Monilia, etwas Krebs
Freiherr von Berlepsch (auch rote Form)	warm, geschützt	warm, nahrhaft	Krebs, Mehltau, Schwefel
Jonathan	warm	nahrhaft, feucht, durchlässig	Mehltau
Schöner aus Boskoop und Roter Boskoop	geschützt	nährstoffreich, feucht	Frost, etwas Schorf und Blutlaus
Schöner aus Nordhausen	auch für rauhere Lagen	feucht, ziemlich anspruchslos	etwas Schorf
Gloster	keine besonderen Ansprüche	durchlässig	Schorf, Krebs
Birnensorten			
Clapps Liebling	windgeschützt, auch höhere Lagen	nahrhaft, gleichmäßig feucht	etwas Schorf
Frühe aus Trévoux	geschützt, ziemlich unempfindlich	warm, nahrhaft	recht widerstandsfähig
Williams Christbirne	geschützt	nahrhaft	Schorf
Gellerts Butterbirne	auch höhere Lagen	anspruchslos	–
Conference	windgeschützt, mild	nahrhaft	Schwefel, Kupfer
Alexander Lucas	warm, geschützt	nahrhaft, feucht	

Wuchsstärke	Blütezeit	Ertrag	Genuß-reife	Bemerkungen
mittel	früh	früh, gut	VIII	Guter Ersatz für empfindlichen Klarapfel
mittelstark	früh	mittel, nicht regelmäßig	VIII	Sehr gute Fruchtqualität, aber druckempfindlich, nicht lagerfähig
mittelstark	mittelfrüh	früh, gut	VII – IX	Ähnlich wie James Grieve, besser lagerfähig.
mittel	mittelspät	früh, hoch, sehr sicher	IX – X	Regelmäßiger Schnitt, verjüngen, sehr wohlschmeckend.
mittelstark, breit	mittelfrüh	gut	IX – XII	Widerstandsfähiger Tafel- und Wirtschaftsapfel, regelmäßig schneiden.
stark, später schwach	früh	früh, gut	IX – XI	Aromatischer Geschmack, gering lagerfähig, regelmäßig gut auslichten.
stark	mittelfrüh	früh, sehr gut, sicher	XI – II	Geeigneter Cox-Ersatz, besonders im Norden. Roter Weihnachtsapfel. Nicht auf Typ IX.
stark	spät	früh, mittel	XII – III	Schwacher Rückschnitt, besonders auf Typ IV und IX. Sehr wohlschmeckend.
schwach	mittelspät	früh, hoch, regelmäßig	XII – IV	Verlangt sorgfältige Pflege, nicht auf Typ IX.
sehr stark	mittelfrüh	spät, mittel, periodisch	I – IV	Windfest, Pollenspender nötig. Sehr guter Koch- und Eßapfel.
mittelstark	mittelfrüh	früh, hoch, regelmäßig	XI – IV	Regelmäßiger Schnitt, wohlschmekkend, für Bauerngärten gut geeignet.
stark	mittelspät	gut	I – IV	Guter Winterapfel, Unterlage M 9, geringer Schnittaufwand.
stark	mittelspät	hoch, regelmäßig	VIII – IX	10 Tage vor Vollreife ernten, gute Eß- und Einmachbirne. Wenig Rückschnitt, aber gut auslichten.
mittel	mittelfrüh	gut, regelmäßig	VIII – IX	Erfrischender Wohlgeschmack.
mittel	mittelfrüh	früh, gut, regelmäßig	VIII – X	Regelmäßig scharf schneiden. Beste Herbstsorte.
stark	mittelspät	spät, hoch, regelmäßig	IX – X	Gut auslichten, wenig Rückschnitt, Robuste Sorte.
mittel	mittelfrüh	früh, hoch, regelmäßig	X – XI	Für Viertelstamm und Busch, Ersatz für die Köstliche von Charneu.
mittel	früh	früh, gut, regelmäßig	XI – XII	Gute Weihnachtsbirne

Sorte	Standortansprüche	
	Klima, Lage	Boden
Quittensorten		
Portugiesische Birnenquitte	geschützt	nahrhaft, warm
Champion	anspruchslos	warm, humos
Riesenquitte von Lescovac	anspruchslos	warm, humos
Süßkirschensorten		
Kassins Frühe	etwas geschützt	nahrhaft, sonst anspruchslos
Große Prinzessin	geschützt	durchlässig
Hedelfinger Riesenkirsche	anspruchslos	leicht, durchlässig
Schneiders späte Knorpelkirsche	anspruchslos	warm, nahrhaft
Große schwarze Knorpelkirsche	anspruchslos	nahrhaft
Sauerkirschsorten		
Frühe Ludwigs	anspruchslos Sonne – Halbschatten	nahrhaft
Morellenfeuer (Kelleriis Nr. 16)	Sonne – Halbschatten	nahrhaft, humos
Schattenmorelle	anspruchslos Sonne – Halbschatten	nahrhaft, nicht zu feucht
Pflaumensorten		
The Czar	anspruchslos	nahrhaft, feucht
Lützelsachser Frühzwetsche	mild	anspruchslos
Bühler Frühzwetsche	geschützt	nahrhaft, humos
Borsumer Zwetsche	anspruchslos	nahrhaft, humos
Hauszwetsche	anspruchslos	nahrhaft, humos
Graf Althanns Reneklode	anspruchslos	wenig Ansprüche
Große, grüne Reneklode	geschützt, warm	nahrhaft, warm
Mirabelle von Nancy	geschützt, warm	nahrhaft, warm

Anfällig für	Reifezeit	Fruchteigenschaften
–	ab Oktober Verwertung	Frucht goldgelb mit gelbem, aromatischem Fleisch.
–	ab Oktober Verwertung	Frucht birnenförmig, hellgelb, behaart, mittelgroß mit hellem, aromatischem Fleisch
–	ab Oktober Verwertung	Frucht apfelförmig, hellgelb, sehr groß.
Blütenfrost	1. – 2. Kirschenwoche	Herzkirsche, schwarzrot, groß, fest
Gummifluß, Spitzendürre	4. Kirschenwoche	Bunte Knorpelkirsche, groß, festfleischig. Nicht für sehr feuchte Böden geeignet.
Gummifluß	5. Kirschenwoche	Dunkle Knorpelkirsche, groß, würzig, platzt leicht
Monilia, Kirschfliege	5. – 6. Kirschenwoche	Dunkle Knorpelkirsche, groß, fest, wohlschmeckend.
–	5. Kirschenwoche	Schwarzrote Knorpelkirsche,saftig.
–	2. – 4. Kirschenwoche	Mittelgroß, leuchtend hellrot, Saft farblos, angenehm säuerlicher Geschmack. Hohe Erträge.
–	3. – 5. Kirschenwoche	Mittelgroß mit kleinem Stein, dunkelrotes Fleisch, ertragreich.
Monilia (Schnitt!), Schorf	5. – 6. Kirschenwoche	Dunkelrot, groß, fest, stark färbender Saft, ertragreich. Beste Einmachsorte.
–	Anfang VIII	Dunkelblaue Pflaume, groß, rundoval. Fleisch gelblich, fest, saftig, steinlösend. Auspflücken!
–	VIII	Frucht groß, blau, Fleisch steinlösend, wohlschmeckend. Hoher Ertrag.
–	VIII	Frucht dunkelblau, groß, Fleisch grün-gelb, fest, steinlösend. Ertrag früh und gut.
–	IX	Schwarzblau, groß, süß und würzig. Gut steinlösend.
Blütenfrost	Mitte IX – X	Dunkelblau, mittelgroß, oval, fest. Gut steinlösend. Beste Verwertungsfrucht.
–	Ende VIII – IX	Blaurot marmoriert, groß, rund. Fleisch gelb, saftig, aromatisch, steinlösend.
–	VIII – IX	Frucht groß, gelblich-grün, sehr süß und saftig. Unregelmäßiger Ertrag. Für Frischverzehr und Konservierung.
Frost	VIII	Gelb-rot, mittelgroß, festes Fleisch, süß, steinlösend.

Sorte	Standortansprüche	
	Klima, Lage	Boden
Pfirsichsorten		
Amsden	anspruchslos, mild	anspruchslos, warm
South Haven	warm	warm, humos
Rekord von Alfter	mild	ziemlich anspruchslos
Roter Ellerstädter (Kernechter v. Vorgebirge)	warm	warm, locker
Aprikosensorten		
Ambrosia	warm, ziemlich anspruchslos	warm, nahrhaft
Ungarische Beste	recht anspruchslos	warm, nahrhaft
Aprikose von Nancy	warm	warm, nahrhaft

3. Sorten

Bei der Sortenauswahl sind die Ansprüche an Klima, Lage und Boden, die Widerstandsfähigkeit gegen Krankheiten und Frost, die Befruchtungsverhältnisse und die Verwertungsmöglichkeiten zu beachten.

Weiterhin sollte man mehr denn je an die *Pflegebedürftigkeit* der einzelnen Sorten denken, um sich späteren Ärger und ein vorzeitiges Absterben der Bäume zu ersparen. Da man in einem bäuerlichen Obstgarten und auch in den meisten anderen Hausgärten sehr häufig die erforderlichen Pflanzenschutz-, Düngungs- und übrigen Pflegemaßnahmen nicht pünktlich und so korrekt durchführen kann, weil Zeit und genügende Kenntnisse fehlen, ist es besser, auf die empfindlichen Sorten, die allerdings meistens zu den besten gehören, zu verzichten. Hierbei ist bei den Äpfeln an Cox Orangen Renette, Goldparmäne, Golden Delicious und Winterglockenapfel, an besonders edle Winterbirnen und empfindliche Pfirsichsorten gedacht. Es gibt genügend andere gute, harte Sorten, die letzten Endes mehr befriedigen.

Über die Befruchtungsverhältnisse bei den Obstarten und -sorten muß man sich gegenauer informieren.

Es sind *zwei Gruppen zu unterscheiden:*

- **Selbstfruchtbare Sorten.** Durch Bestäubung mit sorteneigenem Pollen können normale Früchte gebildet werden. Selbstfruchtbare Sorten können also in sortenreinen Beständen gepflanzt werden.
- **Selbstunfruchtbare Sorten.** Für die Ausbildung normaler Früchte ist die Bestäubung mit fremdsortigem Pollen erforder-

Anfällig für	Reifezeit	Fruchteigenschaften
Blütenfrost	Mitte VII – VIII	Frucht mittelgroß, grün-gelb mit roter Backe, Fleisch weißgelb, saftig, wenig würzig, schlecht steinlösend.
Blütenfrost	Ende VIII	Frucht groß, goldgelb mit roter Backe, saftig, gut steinlösend.
Blütenfrost	Ende VIII – IX	Frucht groß, gelb mit roter Backe. Fleisch gelb, saftig und würzig, steinlösend.
Blütenfrost	Mitte IX	Frucht mittelgroß, gelbweiß mit roter Backe. Fleisch weiß-gelb, saftig, fest, steinlösend. Reift in Norddeutschland oft nicht gut aus.
Winter- und Blütenfrost	Ende VII bis Anfang VIII	Frucht groß, grüngelb mit roter Backe, platzt leicht. Fleisch gelb, saftig, aromatisch.
Winter- und Blütenfrost	VIII	Frucht groß, gelb. Fleisch gelborange, saftig, aromatisch, steinlösend.
Winter- und Blütenfrost	VIII	Frucht groß, orangegelb.

lich. Der Obstgarten muß also aus mehreren Sorten bestehen. Dabei ist zu beachten, daß nicht alle Apfel- und Birnensorten gleich gute Pollen haben, bei Süßkirschen und Pflaumen es sogenannte Verträglichkeitsgruppen von zwei bis sechs Sorten gibt, die nur untereinander fruchtbar sind. Hier ist es also nur möglich, mit Pollen ganz bestimmter Sorten normale Früchte zu erhalten.

Die *Pollenspender* sollten höchstens einen Abstand von 80 bis 100 m von der Hauptsorte haben und müssen zur gleichen Zeit wie diese blühen. Wenn die Hauptgruppe ein schlechter Pollenspender ist, müssen verschiedene Sorten als Pollenspender eingestreut werden, damit sich diese untereinander bestäuben und zu guten Erträgen kommen.

Apfel: in der Regel sind alle Sorten selbstunfruchtbar.
Gute Pollenspender: Jamba, Klarapfel, Oldenburg, Cox, Ingrid Marie, James Grieve, Nordhausen, Laxtons, Ontario, Berlepsch, Jonathan.
Schlechte Pollenspender: Boskoop, Gravensteiner, Kaiser Wilhelm, Bohnapfel, Jacob Lebel, Biesterfelder.

Birne: Bis auf Ausnahmen selbstunfruchtbar.
Gute Pollenspender: Frühe von Trévoux, Köstliche von Charneu, Williams Christbirne, Clapps Liebling, Gellerts Butterbirne, Conference, Madame Verté.

Schlechte Pollenspender: Alexander Lucas, Pastorenbirne.

Abbildung 141: **Reicher Behang an einem Apfelbusch der Sorte Freiherr v. Berlepsch**

Quitte: Selbstfruchtbar: Portugiesische Birnenquitte, Champion, Riesenquitte von Lescovac.

Süßkirsche: Verträglichkeitsgruppen (Sorten, die sich gegenseitig bestäuben), zum Beispiel:

1. Kassins Frühe, Große Prinzessin, Hedelfinger, Schneiders späte Knorpelkirsche.
2. Maibigarreau, Büttners rote Knorpelkirsche, Schneiders späte Knorpelkirsche.

Sauerkirsche: Selbstfruchtbar: Schattenmorelle, Frühe Ludwigs, Morellenfeuer.

Pflaumen:
Selbstfruchtbar: The Czar, Bühler Frühzwetsche, Wangenheims Frühzwetsche, Borsumer Zwetsche, Hauszwetsche, Mirabelle von Nancy.
Selbstunfruchtbar: Zimmers Frühzwetsche, Graf Althans Reneklode, Große, grüne Reneklode und andere.

Pfirsich: Selbstfruchtbar: Alle in der Aufstellung angegebenen Sorten.

Aprikose: Alle Sorten der Aufstellung selbstfruchtbar.

V. DIE PFLANZUNG

Die beste Pflanzzeit liegt im allgemeinen im Herbst, und zwar ab Ende Oktober, weil die Obstbäume bis zum Frühjahr schon an ihren Wurzeln einen Wundverschluß und die ersten jungen Faserwurzeln bilden und im April gleich freudig austreiben. Nur Pfirsische, Aprikosen und Wallnüsse werden grundsätzlich im März bis Mitte April gepflanzt, ebenso alle übrigen Obstarten, wenn es sich um sehr rauhe Höhenlagen oder extrem nasse, dichte Böden handelt.

1. Vorbereitungsmaßnahmen

➤ Neupflanzung

Einer größeren Obstpflanzung sollte eine wohlüberlegte *Planung* vorausgehen, handelt es sich doch um Gewächse, die uns Jahrzehnte Freude und Gewinn bringen sollen. Es ist klug und weitsichtig, sich eine kleine *Lageskizze* anzulegen, um sich die Pflanzarbeiten zu erleichtern und für spätere Jahre die Sorten und Unterlagen an ihrem genauen Standort zu wissen.

Pflanzabstände

Apfel:	
Hochstamm	8 – 10 m
Halbstamm	8 – 10 m
Viertelstamm	6 – 8 – 10 m
Buschbaum	5 – 6 m
Spindelbusch	2,5 – 3 m
Hecke	2,5 m
Süßkirsche:	
Hochstamm	8 – 10 m
Halbstamm	8 – 10 m
Viertelstamm	8 m
Sauerkirsche:	
Busch	4 – 5 – 6 m
Hecke	2,5 – 3 m
Spalier	4 m
Birnen:	
Hochstamm	6 – 8 m
Halbstamm	6 – 8 m
Viertelstamm	6 – 8 m
Buschbaum	4 – 5 m
Spindelbusch	2,5 – 3 – 4 m
Hecke	2,5 m
Spalier	5 m
Quitte:	
Busch	4 – 5 m
Pflaumen:	
Halbstamm	5 – 6 – 8 m
Viertelstamm	5 – 6 – 8 m
Pfirsich:	
Busch	5 m
Spalier	4 m
Aprikose:	
Busch	6 – 7 – 8 m
Walnuß:	
Hochstamm	15 – 10 m

Die Pflanzabstände haben sich nach den Bodenverhältnissen und den Wuchsstärken der Obstarten, Sorten und Unterlagen zu richten. Auf schwereren, nährstoffreichen und feuchten Böden sind die weiteren Abstände zu wählen.

In einem geschlossenen Obstgarten nimmt man am zweckmäßigsten eine *Quadrat-* oder *Rechteckpflanzung* vor, weil diese eine unkompliziertere Bodenbearbeitung mit Maschinen möglich machen. Bei beabsichtigtem Einsatz einer Bodenfräse ist ein 2 bis 4 m, bei Schleppereinsatz ein 8 m breiter *Wendestreifen* an den Wendeseiten vorzusehen.

➤ Nachpflanzung

Die Nachpflanzung in älteren Obstbeständen muß gut überlegt werden, denn allzuleicht erhält man dadurch eine sehr uneinheitliche Pflanzung mit Bäumen verschiedener Ertrags- und Abgangszeiten. Wenn es möglich ist, sollte man nicht dauernd Ergänzungspflanzungen vornehmen, sondern sich eher entschließen, eine vollständige Neuanlage an anderer Stelle vorzunehmen. Alte, abgetragene Bäume müssen rechtzeitig weichen, doch suchen wir für den Nachwuchs einen neuen ausgeruhten Standort aus, auf dem viele Jahre kein Obst stand. Ist das aus Platzmangel nicht möglich, so muß man zumindest unter den Obstarten einen Fruchtwechsel betreiben, zum Beispiel Kernobst nach Steinobst, Kern- und Steinobst nach Beerenobst, Beerenobst nach Kern- und Steinobst.

1.1 Bodenvorbereitung

Die Bodenvorbereitung für eine Obstanlage beginnt mit der richtigen Auswahl der *Vorfrucht* und deren kräftiger Düngung. Als Vorfrucht eignet sich weniger das Getreide. Eine Gründüngung ist sehr vorteilhaft. Wenn die Vorfrucht mit einer kräftigen Stallmistgabe und den üblichen *Vorratsdüngern* Thomasphosphat und Patentkali versorgt wurde, ist eine Düngung direkt vor der Pflanzung nicht mehr nötig. Andernfalls sind vor der Lockerung des Bodens 80 bis 100 g Patentkali und 60 bis 100 g Thomasphosphat je m^2 flächig auszustreuen. Bei der Pflanzung in Grasland oder vereinzelter Bäume im Garten sowie in sehr armen Böden ist es zweckmäßig, den Oberboden vom Erdaushub des Pflanzloches mit Komposterde oder feuchtem Torf, 1 kg Thomasphosphat, 1 kg Patentkali und je nach der Bodenreaktion mit kohlensaurem Kalk zu vermischen. Stallmist wird nur der Vorfrucht gegeben und später zur Bodenabdeckung und -verbesserung genommen.

Die wichtigste Bodenvorbereitungsmaßnahme ist die gründliche *Tiefenlockerung* der Pflanzstellen. Für die Aufpflanzung eines geschlossenen Obstgartens ist die flächige Bodenlockerung mit Pflug und Untergrundhaken oder Untergrundschar am zweckmäßigsten. Bei der Lockerung dürfen die Bodenschichten nicht miteinander getauscht, sondern nur in sich gelockert werden. Im Hausgarten werden meistens Einzellochpflanzungen durchgeführt. Unter normalen Verhältnissen ist für starkwüchsige Bäume eine *Pflanzgrube* von 1 m Breite und Länge und 60 cm Tiefe, für Büsche 60 x 60 cm Größe und 40 bis 50 cm Tiefe erforderlich. Die Grubensohle wird zusätzlich gelockert. Nachdem der Erdaushub mit den Düngemitteln und der Komposterde vermischt wurde, füllt man die Grube wieder zu, wobei die Unter- und Oberschicht in die gleiche Lage zurückkommen und wartet auf den richtigen Pflanztermin.

1.2 Pflanzeneinkauf

Der Pflanzenkauf von langlebigen Obstgehölzen ist Vertrauenssache.

Das Pflanzgut muß sorten- und unterlagenecht sein, ein gesundes, der Unterlage entsprechendes kräftiges Wurzelwerk und einen glatten, genügend starken Stamm aufweisen sowie eine gesunde Krone mit einer genügenden Anzahl von gut ausgebildeten Kronenästen haben.

Nur bei anerkannter **Qualitätsware**, die mit dem *Markenetikett* des Bundes Deutscher Baumschulen ausgezeichnet ist, können wir mit Sicherheit damit rechnen, daß diese Bedingungen erfüllt sind. Es kommt weniger darauf an, in welcher Entfernung die Baumschule vom Kunden liegt, sondern vielmehr auf die richtige Auswahl der Arten, Sorten und Unterlagen für die vorhandenen Standortverhältnisse und auf die richtige Pflanzung und weitere Pflege. Nur für Pflanzungen in extremeren Lagen und auf weniger günstigen Böden sollte man die Obstgehölze in unmittelbarer Nähe des Wohnortes besorgen. Die rechtzeitig bestellten Obstbäume werden nach ihrer Ankunft sofort ausgepackt, eingeschlagen und möglichst bald gepflanzt.

1.3 Stützgerüste

Baumpfahl

Der Baumpfahl hat die Aufgabe, den Baum vor schiefem Wuchs und vor Windbruch zu schützen. Er kann bei jungen Pfirsichen und Quitten auch die Gefahr der Stammschäden durch Frost verringern. Je windgefährdeter die Lage, je länger der Stamm und je schwachwüchsiger die Baumunterlage sind, um so notwendiger ist ein Baumpfahl.

Folgende Baumarten brauchen einen Pfahl:

- Hoch- und Halbstamm von Apfel und Birne für die ersten 10 bis 15 Jahre.
- Apfelbusch auf Unterlage M 9, M 26, M 7, M 4 und Birnenbusch für immer.

Der Baumpfahl muß bei Spindelbüschen insgesamt 2,25 bis 2,50 m lang sein und in die Krone hineinreichen. Bei allen anderen Baumformen soll der starke Pfahl eine Hand breit unter dem Kronenansatz enden. Alle Pfähle sind gut zu imprägnieren und mindestens 60 cm in die Erde zu rammen.

Baumpfähle werden grundsätzlich *vor dem Pflanzen* eingeschlagen. Sie gehören an die Hauptwindseite, auf hängigem Gelände hangabwärts. Zwischen Baum und Pfahl muß ein fußbreiter Abstand bleiben. Die Befestigung erfolgt mit dicken Stricken oder alten Fahrraddecken, niemals aber mit Draht oder scharfen Schnüren.

Heckengerüst

Obsthecken, deren Kronen zu sogenannten *Längskronen* formiert werden, brauchen zeit ihres Lebens ein kräftiges *Drahtgerüst*. Dieses wird grundsätzlich *vor dem Pflanzen* errichtet, um Schäden an den jungen Bäumen zu verhindern. Das Gerüst besteht aus 2,50 m langen imprägnierten Holzpfählen mit einem oberen Pfahldurchmesser von 7 bis 8 cm oder aus Beton- beziehungsweise Eisenpfählen, die 70 cm tief in den Boden gerammt werden. Die Endpfosten müssen etwas länger und stärker sein und gehören wegen der besseren Spannung etwas schräg in den Boden und müssen mit Hilfe von Gegenstreben fest verankert werden. Der Abstand der Pfähle sollte etwa 6 m betragen. In Höhen von 60, 120 und 180 cm wird an der dem Hauptwind zugekehrten Pfahlseite der starke, am besten plastikummantelte (grün) Draht mit Hilfe von Drahtspannern stramm angebracht.

Auch die schwachwachsenden sogenannten **„Schlanken Spindeln"**, die sich durch sehr kurzes, an der Mittelachse spindelartig angeordnetes Fruchtholz auszeichnen, können an einem derartigen Gerüst Halt finden, wenn die Bäumchen nicht einzeln an Pfählen befestigt werden.

2. Pflanzarbeiten

Die Pflanzarbeiten müssen zu zweit, besser noch zu dritt ausgeführt werden.

Unmittelbar vor der Pflanzung erhalten die Bäume einen **Wurzelschnitt**, wobei alle beschädigten Teile entfernt, alle übrigen Seitenwurzeln frisch angeschnitten werden. Die Schnittstellen sollen erdwärts gerichtet sein. Beim Pflanzen breitet man die Wurzeln in ihrer natürlichen Lage glatt aus und füllt alle Zwischenräume mit lockerer Erde und feuchtem *Torfmull* aus. Durch leichtes Rütteln des Baumes verschwinden die letzten Hohlräume im Boden. Alsdann wird vorsichtig angetreten, angegossen und der letzte Teil lockere Erde aufgefüllt. Man pflanze Obstbäume etwa eine Hand breit höher, als sie in der Baumschule standen, so daß der verdickte Wurzelhals etwa 10 bis 15 cm über dem Erdboden steht. Durch späteres Nachsacken erhält er nach einiger Zeit seine richtige Höhe an der Erdoberfläche.

Der größte Pflanzfehler ist ein zu tiefes Pflanzen!

3. Maßnahmen nach dem Pflanzen

Abdeckung der Baumscheiben

Die Abdeckung der Baumscheiben mit strohigem Mist, feuchtem Torfmull oder anderem lockeren *organischen Material* ist für ein sicheres Anwachsen der Bäume sehr förderlich. Leider muß sie in vielen Gärten wegen der drohenden *Wühlmausgefahr* in den Herbstmonaten unterbleiben, weil sich die Tiere im Winter unter die schützende Bodendecke verkriechen und an den Wurzeln großen Schaden anrichten. In den Frühjahrs-, Sommer- und Herbstmonaten wandern sie dagegen in die Gemüsegärten und auf das Feld, wo ihnen zu dieser Zeit reichere Beute zufällt. Frisch gepflanzte Pfirsiche und Aprikosen brauchen in den ersten Jahren im Winter zusätzlich einen **Stammschutz** aus Stroh oder Tannenreisig.

Abbildung 142: Apfelhecke an einem stabilen Drahtgerüst

Abbildung 143:
Frischgepflanzter Obstbaum mit stabilem Baumpfahl und gut abgedeckter Baumscheibe

Wildschadenverhütung

In den meisten Fällen müssen junge Obstbäume auf dem Lande vor Wildverbiß geschützt werden. Einzelbäume versieht man 60 cm hoch mit einer *Drahthose* oder mit käuflichen *Plastikspiralen* gegen Kaninchenschaden. Geschlossene Obstgärten erhalten zweckmäßiger einen stabilen, 1,50 m hohen *Drahtzaun*. An diesen wird in Bodennähe ein engmaschiges Drahtgewebe angeflochten, das etwa 30 cm in den Boden eingegraben ist, um die Anlage vor Kaninchen wie vor größerem Wild zu schützen. In schneereichen Gegenden muß daran gedacht werden, eine höhere Umzäunung anzubringen, beziehungsweise die Drahthosen bei Schnee höher zu ziehen.

Schutz vor Weidevieh

Zum Schutz vor Weidevieh verwendet man am besten drei starke Pfähle, die in entsprechendem Abstand vom Baum eingerammt und miteinander durch Latten oder Stacheldraht verbunden werden. Als Kronenschutz befestigt man an die Pfähle schräg nach außen gerichtete Latten und schafft an deren Ende ebenfalls eine Verbindung durch Holzleisten oder Draht.

Der Pflanzschnitt wird im nächsten Abschnitt behandelt.

VI. DIE OBSTBAUMPFLEGE

1. Schnitt

Unter dem Schnitt versteht man verschiedene mechanische Eingriffe des Menschen in die natürliche Wachstumsentwicklung und Fruchtbildung der Baumkronen unserer Kulturobstarten. Dabei bedient man sich verschiedener Werkzeuge, wie Säge, Schere und Messer, und einiger Hilfsmittel, zum Beispiel Stützen, Bänder, Klammern, Spreizhölzer, Drähte.

Das Ziel des Obstbaumschnittes ist, einen Gleichgewichtszustand zwischen der vegetativen und generativen Entwicklung der Pflanzen zu erreichen und bis in das Alter zu erhalten. Wir streben dabei möglichst früh einsetzende, aber lang anhaltende und reiche, regelmäßige Fruchterträge von guter Qualität an. Der Obstbaumschnitt ist nicht nach einem Schema zu erlernen. Praktische Schnittkurse sind hierfür die wertvollste Hilfe. Außerdem sind aufmerksame Beobachtungen und ein gutes Einfühlungsvermögen in das Leben der Obstpflanzen besonders wichtig, um zu einem wirtschaftlichen Erfolg zu kommen.

Die Schnittarbeiten an den eigenen Bäumen sollten über Jahre hinweg von derselben Person durchgeführt werden, weil diese durch Erfahrungen die verschiedenen Arten und Sorten mit ihren unterschiedlichen Wuchseigenschaften am besten kennt.

1.1 Zeitpunkt des Schneidens

Der **Erziehungs-** und **Auslichtungsschnitt** am *Kernobst* und an den *Pflaumenarten* wird während der *Winterruhe* bei Temperaturen von über $-5^{\circ}C$ vorgenommen. Der Rück- und Auslichtungsschnitt bei *Süß-* und *Sauerkirschen* kann in milden Klimaräumen im Nachtwinter, etwa Ende Februar bis Anfang März, in weniger günstigen Lagen im Sommer nach der Ernte erfolgen. Ein scharfer Verjüngungsschnitt ins alte Holz ist bei den Kirschen im Sommer richtig, damit sich die größeren Wunden noch vor dem Winter schließen. *Pfirsiche* erhalten während oder kurz nach der Blütezeit den erforderlichen Fruchtholzschnitt und werden ebenso wie die empfindlichen *Walnüsse* im August ausgelichtet. Der *Aprikosenschnitt* fällt in den Nachwinter.

Ein **zusätzlicher Sommerschnitt** in starkwüchsigen, durch viel Grünwuchs verdichteten Baumkronen aller Obstarten und -sorten wird bei jungen Bäumen bereits im Juni bis Mitte Juli durchgeführt. An älteren Bäumen kann dieser Grünschnitt von Mitte Juli bis Ende August erfolgen.

1.2 Technik des Schneidens

Ein sauberer glatter Schnitt, wie er für eine schnelle Wundverheilung erforderlich ist, kann nur mit einem scharfen Gerät durchgeführt werden. Für das Stutzen junger Triebe, zum Beispiel beim Schnitt der Sauerkirschen und Pfirsiche sowie für das saubere Nachschneiden größerer Wunden, ist eine scharfe **Gartenhippe** ein geeignetes Gerät. Mit der **Gartenschere** werden jüngere Triebe und Zweige zurückgeschnitten oder entfernt. Beim Rückschnitt einjähriger Triebe setzt man die Schere gegenüber der Knospe in Höhe der Knospenmitte an und schneidet schräg zur Knospenspitze, ohne die Knospe

Abbildung 144:
Rückschnitt bei Jungtrieben. Rechts und links falsch, in der Mitte richtig.

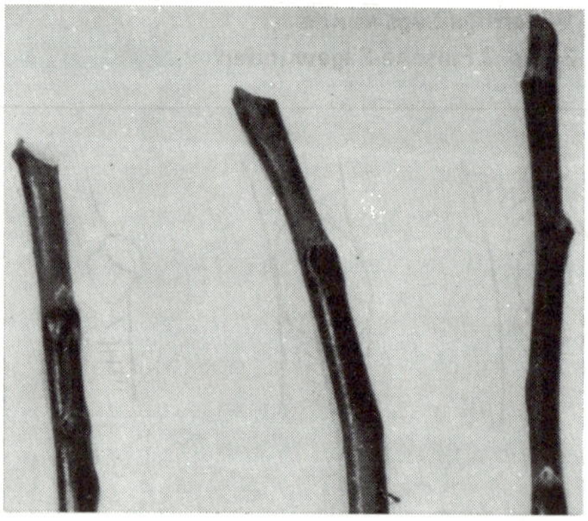

zu beschädigen (Abbildung 144). Stärkere Zweige lassen sich sehr viel leichter mit der Schere wegschneiden, wenn gleichzeitig mit der freien Hand der Trieb zur Scherenspitze gedrückt wird.

Die Säge führt einen weniger glatten Schnitt aus und soll deshalb nur bei stärkeren Zweigen und Ästen eingesetzt werden, die mit der Schere nicht mehr entfernt werden können. Für den Obstbaumschnitt sollte man sich eine handliche **Bügelsäge** mit praktisch verstellbarem Sägeblatt anschaffen. Durch richtiges Ansetzen der Säge muß vermieden werden, daß man weder eine zu lange tiefe Wunde verursacht, noch einen Aststumpf stehen läßt (Abbildung 145). Stärkere Äste müssen als erstes an der unteren Seite, etwa 5 cm vom endgültigen Schnitt entfernt, einige Zentimeter tief angesägt werden, weil dadurch ein Abriß des Astes verhindert wird.

Wundpflege

Nach dem Glattschneiden der Wundränder mit dem Messer werden größere Schnittflächen mit kaltflüssigem *Baumwachs* in Salben- oder Pastenform bestrichen. Bei Pfirsichen, Aprikosen, jungen Süßkirschen und beim Pflanzschnitt aller Obstarten ist es richtig, alle Schnittflächen mit Baumwachs zu behandeln. Große Wunden, zum Beispiel Wildschäden, Frostrisse, Frostplatten und Fäulnisherde müssen nach dem sauberen Ausschneiden eine wiederholte Behandlung mit Wundwachs oder Wundteer erfahren.

Abbildung 145:
Arbeit mit der Säge
1 Richtige Sägewunde
2 und 3 Falsche Sägewunden

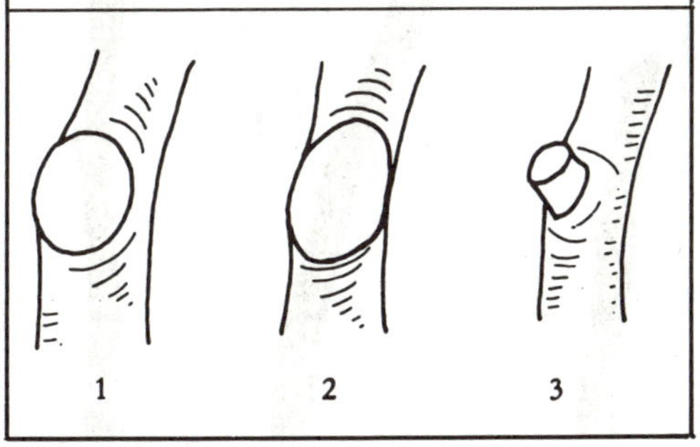

1.3 Durchführung des Schnittes

Die erste Schnittarbeit beginnt sofort oder spätestens im ersten Winter nach der Pflanzung mit dem Pflanzschnitt. In der folgenden Zeit macht ein Obstbaum im wesentlichen drei Alters- und Entwicklungsstufen durch, die jeweils verschiedene Schnittmaßnahmen fordern. Der Schnitt hat sich außerdem nach der beabsichtigten Kronenform zu richten. Spezielle Schnittmaßnahmen sind in entsprechender *Fachliteratur* nachzulesen.

- **Der Pflanzschnitt**
- **Der Erziehungsschnitt in der Jugend**
- **Der Überwachungs- und Ertragsschnitt in der Ertragszeit**
- **Der Verjüngungsschnitt im Alter.**

Pflanzschnitt

Mit einem fachgerechten Pflanzschnitt wird bezweckt, daß zwischen der beschädigten Wurzelkrone und dem unbeschädigten Sproß ein Gleichgewicht hergestellt und der junge Austrieb angeregt wird. Gleichzeitig bedeutet der Pflanzschnitt die erste Erziehungsmaßnahme an der Baumkrone.

Rundkrone

Wir ziehen die *freiwachsenden Obstbäume* zu einer Rundkrone, die einen durchgehenden **Mitteltrieb** (Stammverlängerung) und vorerst drei, bei der Zwetsche und Süßkirsche höchstens vier Seitentriebe (Hauptäste) hat. Diese verbleibenden vier bis fünf Triebe bilden das Kronengerüst, an dem sich in den folgenden Jahren weitere Seitentriebe zweiter und dritter Ordnung entwickeln. Die **drei Hauptäste** sollen in einer gleichmäßigen Verteilung um den Mitteltrieb angeordnet und möglichst gleich stark sein.

Bei *Äpfel, Birnen, Pflaumen* und *Süßkirschen* werden die Hauptäste um die Hälfte bis ein Drittel auf ein nach außen stehendes Auge zurückgeschnitten, derart, daß ihre Schnittstellen möglichst eine waagerechte Ebene (Saftwaage) bilden. Bei sehr eng wachsenden Sorten und Arten (Birnen) ist es vorteilhaft, steil wachsende Seitentriebe mit einem Holz abzuspreizen. Der Mitteltrieb wird eine gute Handspanne über den Seitentrieben zurückgenommen. Grundsätzlich muß beim Pflanzschnitt der Konkurrenztrieb, das ist der dem Mitteltrieb am nächsten stehende Trieb, entfernt werden; es sei denn, er soll die Stammverlängerung bilden, weil der eigentliche Mitteltrieb zu schwach ist oder ungünstig steht und weggeschnitten werden muß. Ein bis zwei Nebentriebe, welche nicht zum Aufbau des Kronengerüstes gebraucht werden, nicht zu dicht stehen und eine waagerechte Stellung einnehmen, können bei jungen Apfelbüschen ungeschnitten verbleiben und bringen nach zwei bis drei Jahren die ersten Früchte.

Pfirsiche und *Sauerkirschen* erhalten einen besonders kräftigen Pflanzschnitt. Von den

Abbildung 146: Pflanzschnitt für die Erziehung von Rundkronen
1. Apfelbusch, 2. Sauerkirsche, 3. Pfirsich

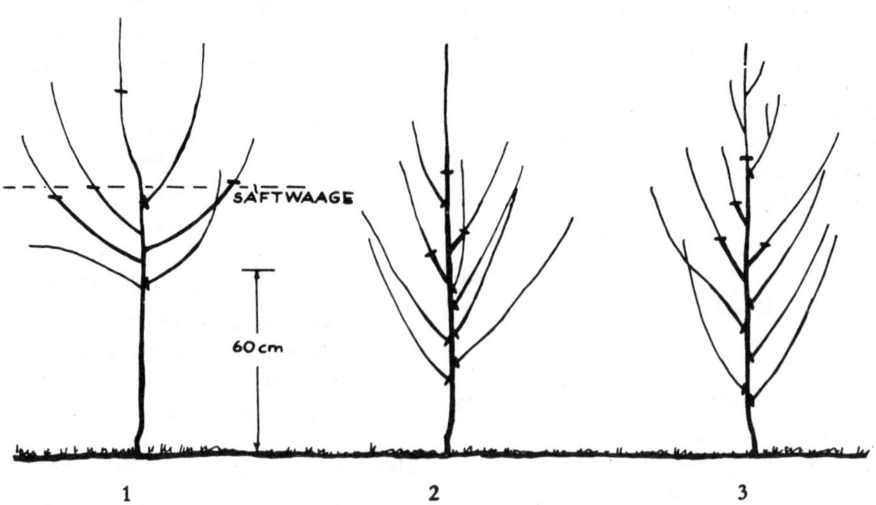

vielen Seitentrieben am jungen Baum werden bis zu einer Stammhöhe von 60 cm alle entfernt, von den darüber stehenden ebenfalls nur drei kräftige gelassen und auf ein bis zwei Augen zurückgeschnitten.

Längskrone

Die Erziehung von Buschbäumen für *Heckenanlagen* und *Spaliere* muß bereits bei dem Pflanzschnitt beginnen. Die Baumkrone wird nicht mit drei bis vier Hauptästen rund, sondern mit nur **zwei Haupttrieben** neben dem **Mitteltrieb** (Stammverlängerung) flach zu einer Längskrone (Palmette) formiert. Die beiden Hauptäste werden etwa um ein Drittel auf eine nach außen stehende Knospe, die Stammverlängerung um eine Hand breit darüber eingekürzt. Einige weitere Nebenäste können ungeschnitten am Drahtgerüst der Hecke waagerecht gebunden werden, zu dicht stehende Triebe entfernt man ganz.

Erziehungsschnitt

Der Erziehungsschnitt wird jährlich so lange durchgeführt, bis der Baum ein kräftiges Kronengerüst und das Ertragsalter erreicht hat. Dàs ist bei Buschbäumen nach etwa vier bis sechs Jahren, bei Hochstämmen nach acht bis zwölf Jahren der Fall.

Die wichtigsten erzieherischen Schnittmaßnahmen sind folgende:

1. Zu dicht über- und nebeneinander stehende **Seitentriebe 1. Ordnung** werden entfernt. Die zweite Serie von drei bis vier Seitenästen 1. Ordnung an der Stammverlängerung soll einen Abstand von 70 cm bei Büschen, von 120 cm bei Hochstämmen über der unteren Hauptastgruppe haben.
2. Von den **Seitenästen 2. Ordnung** werden nur die nach innen wachsenden und die zu eng stehenden entfernt. Die verbleibenden sollen einen Abstand von mindestens 50 cm voneinander haben.
3. Die **Konkurrenztriebe** an der Spitze der Stammverlängerung und der Seitenastverlängerungen sind grundsätzlich zu entfernen.
4. Der **letztjährige Trieb an der Spitze** der Stammverlängerung, der Seitenäste 1. Ordnung und der starkwüchsigen, aufrecht wachsenden Seitentriebe 2. Ordnung wird etwa um ein Drittel auf eine nach außen stehende spitze Triebknospe zurückgeschnitten. Es ist falsch, grundsätzlich jeden Seitentrieb einzukürzen, weil damit jeder Trieb zum starken Austrieb angeregt und die Fruchtbarkeit verzögert wird.
5. *Einjährige Langtriebe* von Apfelbüschen, die für den Kronenaufbau nicht gebraucht werden, aber bleiben können, weil sie weder zu schwach sind noch zu eng stehen, läßt man ungeschnitten. Sie bilden sich während der folgenden zwei bis drei Jahre zu ertragreichen Fruchtzweigen um, wenn man sie im Spätsommer ihres Entstehungsjahres durch Herunterbinden in eine waagerechte Lage bringt. Diese Maßnahme stellt die Hauptarbeit bei den so früh- und reichtragenden Obsthecken dar.

Stammausschläge und **Wurzelschößlinge** müssen laufend an der Ansatzstelle entfernt werden.

Während der Jugendentwicklungszeit der Bäume sollte auch der Hausgärtner bei dichten Rund- und Längskronen einen behutsamen **Sommerschnitt** (Grünschnitt) vornehmen, um eine bessere Belichtung der inneren Astpartien zu erreichen und die Kraftverschwendung des Baumes für unnötige Triebe zu mindern. Je stärker der Grünwuchs und je schwächer der Fruchtbehang, um so wichtiger ist der Sommerschnitt und um so kräftiger muß er ausfallen. **Es werden entfernt:**

- Konkurrenztriebe an Stammverlängerung und Haupttästen
- Nach innen wachsende und zu dicht stehende Seitentriebe
- Stammausschläge
- Von Mehltau oder der Spitzendürre befallene Triebspitzen.

Überwachungsschnitt

Während der Ertragszeit ist jährlich oder in Ausnahmen im Abstand von zwei Jahren ein Auslichtungsschnitt und Ertragsschnitt durchzuführen, dessen Stärke sich nach den Wuchseigenschaften und nach den Lichtansprüchen der einzelnen Obstarten und -sorten richtet.

Äpfel und **Birnen** müssen sehr sorgfältig überwacht werden, um die Bäume gut im Trieb und fruchtbar zu erhalten. **Quitten** und **Pflaumen** verlangen einen weniger strengen Schnitt, da sie sich von Natur nicht so stark verzweigen. **Süßkirschen** sind sehr licht zu halten, um große Früchte zu bekommen. Besonders sorgfältig müssen Sauerkirschen und Pfirsiche behandelt werden, einmal weil sie viel Blattmasse bilden und deshalb in die Krone wenig Licht eindringen kann, zum anderen weil sie ohne einen jährlichen Rückschnitt an ihren unteren Astpartien schnell verkahlen.

Für alle Obstarten gilt gleichermaßen, daß wir den erwachsenen Bäumen mehr dadurch helfen, ihnen jährlich einige zu dicht stehende starke Äste wegzuschneiden als viele kleine Nebenzweige.

Statt des Rückschnittes in der Jugendzeit ist nun der **Wegschnitt die Hauptarbeit**. Bei Bäumen, die zu hoch werden sowie bei Sauerkirschen und Pfirsichen ist es möglich, durch Kappen beziehungsweise Wegschnitt des Mitteltriebes die Krone niedriger und lichter zu halten.

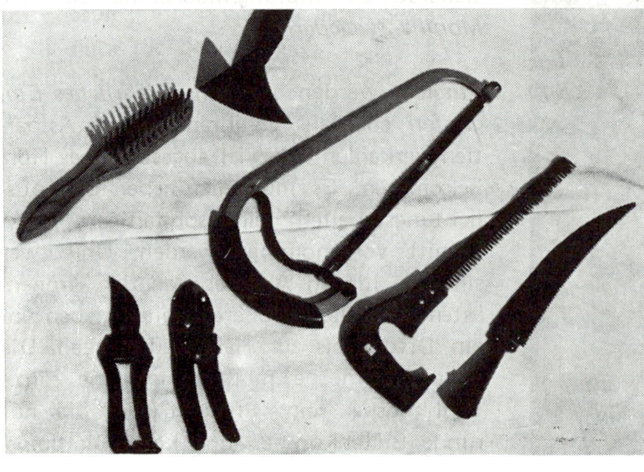

Abbildung 147: Geräte für die Obstbaumpflege: Für die Stammpflege Drahtbürste und Baumkratzer, für den Schnitt Gartenscheren und Sägen

Mit der Auslichtungsarbeit muß die **Verjüngung des Fruchtholzes** einhergehen. Dies ist eine ausgesprochene Facharbeit, die nur durch jährliche Beobachtungen an den zu pflegenden Obstbäumen und durch praktische Übungen unter fachmännischer Anleitung richtig gelernt werden kann. Blütenknospen befinden sich mehr an Kurztrieben, bei vielen Apfelsorten typisch am sogenannten Quirlholz oder an Fruchtspießen, bei Kirschen an kurzen Bukett-Trieben. Sie sind meist an ihrer mehr runden, dickeren Form zu erkennen, während Blatt- und Triebknospen länglich und schmaler sind.

Abbildung 148:
Der gesunde, straffe Wuchs dieses Sauerkirschenbusches ist das Ergebnis eines jährlichen, fachgerechten Schnittes.

Kernobst und alle Pflaumenarten haben die besten Früchte an zwei- und dreijährigem Fruchtholz. Dieses ist beim Auslichtungsschnitt zu schonen. Fruchtanlagen an altem Holz bringen keine Qualitätsfrüchte hervor.

Durch Wegschnitt alter Äste im Zuge der Auslichtung und Rückschnitt älterer Fruchtzweige auf jüngere Seitentriebe kann eine laufende Fruchtholzverjüngung erreicht werden.

Für den **Ertragsschnitt bei Sauerkirschen** muß man wissen, daß vor allem bei den Schattenmorellen die Knospenaugen nur ein Jahr austriebsfähig sind und deshalb die zweijährigen Triebe verkahlen. Wir kennen alle die langen, hängenden Zweige bei den Schattenmorellen, an deren Spitzen ein schwacher junger Trieb, einige Blätter und Früchte gebildet werden, während sie im Innern völlig tot erscheinen. Durch einen *regelmäßigen jährlichen Rückschnitt* auf einjährige (noch grüne) Seitentriebe und deren Stutzen erreicht man einen alljährlich immer wiederkehrenden starken, gesunden Austrieb, an dem sich ein Jahr nach seiner Entstehung die besten Früchte bilden. Diese Schnittbehandlung ist auch die sicherste Bekämpfungsmaßnahme gegen die *Monilia-Zweigdürre*.

Pfirsiche würden ohne unser *jährliches Eingreifen* ebenfalls an ihren unteren Astpartien verkahlen und viel abgestorbenes Holz bekommen. Es muß hier neben den Auslichtungsarbeiten ein sorgfältiger Rückschnitt vorgenommen werden. Und zwar sind die jungen Austriebe an den Kronenästen und allen größeren Seitentrieben um ein Drittel bis zur Hälfte zu stutzen. Die neue Endknospe muß immer eine spitze Laubknospe sein. Pfirsichtriebe, die nur runde Blütenknospen und keine Blattknospen haben, bezeichnet man als „falsche Fruchttriebe"; sie müssen entfernt werden. Die „wahren Fruchttriebe", bei denen jeweils eine Blattknospe zwischen zwei Blütenknospen steht, werden etwas eingekürzt.

Wird man vor die Aufgabe gestellt, vernachlässigte oder gar verwahrloste, aber noch wüchsige Bäume, instand zu bringen, so ist die Schnittarbeit auf zwei Jahre zu verteilen und eine Nachbehandlung unbedingt erforderlich.

Diese Bäume werden in zwei Etappen gründlich ausgelichtet unter Schonung von jüngerem Fruchtholz. Die Pflanzen reagieren auf den plötzlichen scharfen Schnitt mit der Bildung vieler starker Wasserschoße, von denen die meisten entfernt werden müssen.

Verjüngungsschnitt

Nach der Hauptertragszeit stellt sich bei den Bäumen eine *Erschöpfung* ein, die an einem merklich schwächeren Austrieb und am Rückgang der Ernten zu erkennen ist. Während man bei Hochstämmen diese Erscheinung erst nach etwa 40 Jahren beobachten kann, tritt sie bei Niederstämmen schon nach zwanzig bis dreißig Jahren, bei besonders schwachwüchsigen Bäumen noch eher auf. Durch eine fachgerechte Verjüngung kann eine Wiederbelebung der Obstbäume erreicht werden. Ihr muß eine starke Kronenauslichtung vorausgehen. Darauf werden Kronenäste und Nebenäste bis tief in das alte Holz zurückgenommen, und zwar möglichst auf einen jungen Seitenast, der dann nach dem Rückschnitt die Führung übernimmt. Der neue Austrieb ist wie eine junge Krone zu behandeln.

Mit der Verjüngung muß eine kräftige Düngung verbunden werden.

2. Bodenpflege

Im Obstbau kann man unter **drei Hauptmöglichkeiten** von Bodenpflegemaßnahmen wählen:

- **Offenhalten und Bearbeiten des Bodens**
- **Bodenabdeckung (Mulchen)**
- **Obstbau mit Grasunterkultur**

2.1 Offenhalten und Bearbeiten des Bodens

Für eine **schonende Bodenbearbeitung** stehen heute Kultivatoren und Hackgeräte verschiedener Systeme zur Verfügung. Eine alljährliche Tiefenbearbeitung mit Pflug oder Spaten ist weder erforderlich noch richtig, weil dadurch die wichtigsten Wurzelpartien für die Ernährung der Bäume immer wieder beschädigt werden. Durch das ständige Offenhalten des Bodens und die damit verbundene fortwährende Bodenlockerung findet eine rege Bakterientätigkeit im Boden statt, die dazu führt, daß die organische Substanz des Bodens einem schnellen Abbau unterliegt. Diesem Humusschwund ist durch regelmäßige Zufuhren von Stallmist, Komposterde und/oder feuchtem Torf zu begegnen.

Der völlige Verzicht auf gelegentliche Tiefenlockerungen birgt die Gefahr in sich, daß sich Bodenverdichtungen und Nährstoffestlegungen einstellen.

Die **Gründüngung** ist eine wertvolle Methode der Bodenpflege in offengehaltenen Obstanlagen, denn die meisten Gründüngungspflanzen sind gute Humusspender und haben die Fähigkeit, eine biologische Tiefenlockerung und einen Aufschluß von Nährstoffen in den tieferen Bodenschichten zu erreichen.

So kommen wir zu der sogenannten **„kombinierten Methode"**, bei der der Boden bis Ende Juni durch Hacken offengehalten wird und anschließend eine Ansaat von *Gründüngungspflanzen* (siehe Seite 80). *erhält. Ab Juli* wirkt sich der vermehrte Wasserentzug durch die Gründüngungspflanzen bei normaler Witterung nicht mehr nachteilig für die Obstgehölze aus. Im Gegenteil, in regenreichen Gebieten verhilft er sogar dazu, daß die Bäume eine bessere Holzausreife erlangen.

Der **Anbau von Unterkulturen** ist *bei Buschobst* nur in den ersten zwei bis vier, *bei höheren Baumformen* während der ersten vier bis sechs Standjahre vertretbar. Auf jeden Fall sind aber dann Unterkulturen unangebracht, wenn eine intensive chemische Schädlingsbekämpfung bei den Obstkulturen durchgeführt wird.

2.2 Bodenabdeckung (Mulchen)

In Obstgärten auf dem Lande ist das Mulchverfahren mit Stroh und strohigem Mist eine besonders praktische und preiswerte Bodenpflegemaßnahme (siehe Seite 65).

In wühlmausgefährdeten Gärten ist besonders im Winter darauf zu achten, daß die Baumstämme freibleiben, wenn nicht sogar ganz auf das Mulchen verzichtet werden muß. Andernfalls verweichlicht die Rinde und wird in besonders starkem Maße von den Schädlingen heimgesucht. Schwachwachsende Obstarten und -sorten sind am meisten gefährdet.

2.3 Obstbau mit Grasunterkultur

Der Obstbau auf Grasland ist auf dem Lande von altersher sehr verbreitet, fallen doch hier alle zeitaufwendigen Bodenbearbeitungsmaßnahmen weg. Je stärker wir allerdings zu den niedrigen Baumformen streben, mit desto mehr Überlegungen müssen wir den Grasobstbau treiben. Es ist zu bedenken, daß Gras viel Feuchtigkeit und Nährstoffe braucht.

Ein Obstbau im Grasland ist deshalb nur dann erfolgversprechend, wenn eine jährliche Niederschlagsmenge von mindestens 800 mm anfällt oder ein günstiger Grundwasserstand und hohe Luftfeuchtigkeit vorliegen sowie zusätzliche Bewässerung und Volldüngungen erfolgen.

Durch **häufigen Grasschnitt** wird außerdem die Entwicklung der Graswurzeln gehemmt, so daß dem Boden dadurch weniger Feuchtigkeit entzogen wird. Man läßt das Gras nur handhoch wachsen, schneidet es demnach je nach den Standortverhältnissen und der Witterung fünf- bis zwölfmal während einer Vegetationszeit und läßt es im Interesse der Obstgehölze in möglichst gleichmäßiger Verteilung als Mulchstoff liegen. Für den Grasschnitt in Buschanlagen eignen sich motorisierte *Sichel-Rasenmäher* gut.

Auf Grasland gedeihen in erster Linie Pflaumen, Zwetschen, Mirabellen und Renekloden, ferner Süßkirschen, Aprikosen und alle Kernobstarten auf stark wachsenden Unterlagen. Nur in den ersten fünf bis acht Standjahren sind bei diesen Arten **Baumscheiben** offenzuhalten. Schwach wachsende Äpfel-, Birnen- und Quittenbäume sowie Sauerkirschen und Pfirsiche sind gegen Untersaaten, die bis zum Stamm reichen, sehr empfindlich. Hier sind große Baumscheiben oder -streifen während der ganzen Kulturdauer erforderlich.

3. Düngung

Die Obstbaumdüngung wird in manchen Hausgärten sehr vernachlässigt, sicherlich weil die Festlegung der Düngermengen und im Grasobstbau auch das Einbringen des Mineraldüngers sehr schwierig sind. Der Nährstoffbedarf ist einmal vom Alter und von der Leistung, zum anderen von der Obstart abhängig. Natürlich spielen auch die Sorten und Unterlagen eine Rolle.

Die rechtzeitige und ausreichende Nährstoffzufuhr und anhaltende Bodenverbesserung durch Humusstoffe sind aber im Verein mit den übrigen Pflegemaßnahmen wichtige Voraussetzungen für die Gesunderhaltung der Bäume und für regelmäßige, reiche und hochwertige Erträge.

3.1 Nährstoffbedarf

Mineraldüngung

Die Nährstoffe sollen im Verhältnis von etwa 2 : 1 : 3 (N : P : K) zur Verfügung stehen. Die schnellwüchsigen Sauerkirschen und Pfirsiche, die auch eine besonders große Blattmasse bilden, verlangen einen hohen Stickstoffanteil. Äpfel und Birnen brauchen im Verhältnis am wenigsten, Pfirsiche am meisten *Kalk*. Man sollte auch beim Baumobst *keine chlorhaltigen Düngemittel* verwenden.

Eine Kontrolle über die im Boden vorhandenen Nährstoffe sollte alle drei bis vier Jahre durch amtliche **Bodenuntersuchungen** vorgenommen werden. Außerdem helfen uns Beobachtungen über die Wachstumsäußerungen der Bäume, die richtigen Düngermengen zur rechten Zeit zu geben. Stark treibenden und dabei schlecht fruchtenden Bäumen sollte einmal ein Teil vom *Stickstoff* entzogen werden. Pflanzen mit schwachem Triebwachstum fehlt es dagegen meistens an Stickstoff. Kränklichen Bäumen kann man häufig mit einer extra *Kaligabe* auf die Beine helfen. In verwahrlosten Anlagen sollte man es nicht versuchen, in einem Jahr den nötigen Nährstoffspiegel zu erreichen. Hier kann nur durch allmähliche Verbesserung eine ständig steigende Dauerleistung erlangt werden.

Humusdüngung

Die Humusdüngung ist für alle Obstarten von unschätzbarem Gewinn, weil der Humus neben seiner lockernden, wärmenden Eigenschaft die Vorteile eines guten Speichers hat, der laufend leicht aufnehmbare Nährstoffe an die Pflanzenwurzeln abgibt. Auch hier sind es wieder die Obstarten mit kurzer Entwicklungszeit (Sauerkirschen, Pfirsiche, Buschobst), die regelmäßige Humusdüngungen am nötigsten haben.

Für die praktische Düngung können als Mittelwerte folgende Faustzahlen pro m² gelten:

60 – 100 g	Kalkstickstoff oder Kalkammonsalpeter	*oder* 100 – 150 g Volldünger
60 – 100 g	Thomasphosphat	
80 – 100 g	Patentkali	

Im dreijährigen Turnus:

150 – 200 g	kohlensaurer Kalk auf leichten Böden
oder	
100 g	Magnesium-Branntkalk auf schweren Böden

100 kg/a	Stalldung, jährlich
oder	
300 kg/a	Stalldung im dreijährigen Turnus.

Eine Bodenverbesserung durch Komposterde und feuchten Torfmull oder Torfschnellkompost für den Oberboden ist jederzeit angebracht.

3.2 Düngezeitpunkt

Die jährliche **Grunddüngung** erfolgt in den Obstgärten im Herbst oder Winter. Außerdem ist es in vielen Jahren sehr förderlich, **Termindüngungen** durchzuführen. Die insgesamt zu düngende Nährstoffmenge wird so eingeteilt, daß zwei Drittel im Winter und ein Drittel im Frühsommer beziehungsweise Sommer gegeben werden.

Folgende *Termindüngungen* können in Frage kommen:

Bei mangelnder Triebfreudigkeit einzelner Bäume oder der ganzen Anlage streut man kurz vor dem Austrieb im März/April Salpeterdünger. Zur Förderung der Blütenknospenbildung für die nächstjährige Ernte sollte im Zeitraum von Ende Mai bis spätestens Mitte Juni eine Volldüngung erfolgen. Diese Termindüngung ist nach einer guten Obstblüte und bei Obstbäumen, die zum periodischen Tragen neigen, besonders wichtig. In überaus guten Ertragsjahren kann eine Düngung mit Superphosphat und Patentkali im Juli/August dazu beitragen, daß sich die Bäume nicht erschöpfen, sondern gekräftigt in den Winter gehen.

3.3 Düngetechnik

In Obstgärten mit offenem oder gemulchtem Boden wird der Mineraldünger mit der Hand oder mit dem Düngerstreuer gleichmäßig *über die ganze Fläche* verteilt und eingehackt. Man darf dabei nicht den Fehler begehen, nur um den Baumstamm herum zu düngen, denn die Ernährungswurzeln liegen zum größten Teil etwas innerhalb und außerhalb der Kronentraufe. Die Düngermengen für geplante oder vorhandene *Unterkulturen* müssen für sich berechnet werden, allerdings kommt man etwa mit der Hälfte der üblichen Menge aus. Meistens leidet eine der beiden Kulturen, weil bei zweistöckigem Anbau eine genaue Nährstoffkontrolle unmöglich ist.

Für Obstbäume im Grasland hat das oberflächige Ausstreuen von Mineraldünger wenig Erfolg, weil die Gräser den größten Teil festhalten und selbst verbrauchen. Die Dünger müssen also *in die tieferen Bodenschichten* geführt werden. In sehr niederschlagsreichen Gegenden genügt es meist, die Grasnarbe mit einer Egge zu bearbeiten und auf die aufgeritzte Grasfläche den Dünger breitwürfig auszustreuen. Mit dem nächsten Regen gelangt er in die Tiefe. In den übrigen Gebieten sind im Gartenobstbau *Furchen- oder Lochdüngungen* durchzuführen, da es sich normalerweise nicht lohnt, Düngelanzen oder Unterflur-Düngegeräte zu kaufen. *Im Bauerngarten* lassen sich mit dem Pflug sehr leicht ständig oder vorübergehend offengehaltene Furchen ziehen, die den Dünger für die gesamte Fläche aufnehmen. Die Streifen werden zwischen den Obstbaumreihen zur Hälfte außerhalb, zur Hälfte innerhalb der Kronentraufen in einer Breite von 1 bis 1,5 m angelegt. Die Lochdüngung ist sehr viel umständlicher und zeitraubender. Im Abstand von 1 m werden unter der Kronentraufe 30 cm tiefe Löcher mit dem Spaten ausgehoben und mit Nährlösungen gefüllt. Bei jeder Düngung im Grasland müssen 25 % der Düngermengen aufgeschlagen werden.

4. Bewässerung

In trockenen Jahren kann durch rechtzeitige Bewässerung die Obsternte erheblich gesteigert und eine ausreichende Triebleistung erreicht werden. Am notwendigsten hat sich diese Maßnahme bei Äpfeln, Pflaumen, Pfirsichen und Aprikosen erwiesen sowie bei Obst im Grasland und auf sehr leichten, durchlässigen Böden. Die wichtigsten **Bewässerungszeiten** liegen zum ersten kurz vor oder während der *Blüte*, vor allem für die Bäume, die sehr reichlich blühen, aber nur einen mäßigen Trieb zeigen. Zum zweiten stellt sich bei uns häufig im *Juni/Juli* eine Trockenperiode ein, ebenso im *August,* und wir können durch Bewässerung einem zu starken vorzeitigen Fruchtfall vorbeugen und die Fruchtgröße günstig beeinflussen. Für die Bewässerungsarbeiten sind die *Morgen-* und *Abendstunden* zu bevorzugen.

Die **Durchführung** der Bewässerung wird bei einzelnen Bäumen mit der *Gießkanne* oder einem *Schlauch* vorgenommen. Stehen die Obstbäume in weiterer Entfernung von Wasserzapfstellen oder anderen Wasserstellen, lohnt es sich, das Wasser in *Jauchewagen* zu befördern. Um Wasserverluste zu verhindern, legt man etwas außerhalb der Kronentraufe Gräben an, in denen sich das Wasser staut. Fest geschlämmter Boden muß nach dem Abtrocknen aufgelockert werden. Abgedeckte Böden trocknen kaum aus.

5. Schädlingsbekämpfung

Es würde weit über den Rahmen des Buches hinausgehen, hier die Vielzahl der Obstbaumschädlinge einzeln zu besprechen. Als *Leitgerüst* wird ein kleiner Spritzkalender für den Hausgarten mit folgenden allgemeinen **Hinweisen** angegeben:

➤ 1. **Vor Beginn der Nachwinterspritzung** sind wichtige Entrümpelungs- und Pflegemaßnahmen durchzuführen: Roden alter, kranker, wertloser Bäume; gründliches Auslichten der Kronen mit anschließender guter Wundpflege; Entfernen von Raupennestern und Fruchtmumien; Stammpflege durch Abkratzen der Borke (verbrennen!).

➤ 2. **Die Nachwinterspritzung** ist für den Hausgarten eine besonders *wichtige* Schädlingsbekämpfungsmaßnahme. Sie richtet sich gegen Überwinterungsstadien schädlicher Insekten und bereits vorhandene Fertiginsekten, wie Frostspanner, Apfelblattsauger, Gespinstmotten, Knospenwickler, Blatt- und Schildläuse an Kern-, Stein- und Beerenobst außer Erdbeeren. Die Spritzung erfolgt *zur Zeit des Knospenschwellens bis zum Knospenaufbruch im Frühjahr*. Stamm, Äste und Zweige sind gründlich rundherum zu benetzen, damit der Wirkstoff auch in die versteckten Schlupfwinkel der Schädlinge eindringt. Vorhandene Rot- und Weißdornbäume oder -hecken sind am besten mitzubehandeln, weil diese Überwinterungsstätten der Obstbaum-Gespinstmotten sind. Faustzahl für den Spritzbrühebedarf: Kronendurchmesser des Baumes in Metern mal zwei = erforderliche Literzahl.

Das Bromophos-Austriebsmittel Nexion-Öl ist auch speziell gegen die *Sitkafichtenlaus* an Nadelgehölzen zugelassen. Zum Beispiel die Mittel Eftol-Öl und Folidol-Öl-Spritzmittel sind auch gegen allgemeine Gehölzschädlinge wie Gespinstmotten, Wolläuse, Schildläuse, Rosenzikaden und andere zugelassen.

Abbildung 149:
Befall von Blattläusen an einer Apfelblütenknospe. Die Schädlinge sind während dieses Knospenstadiums des Baumes durch die Vorblütespritzung zu bekämpfen.

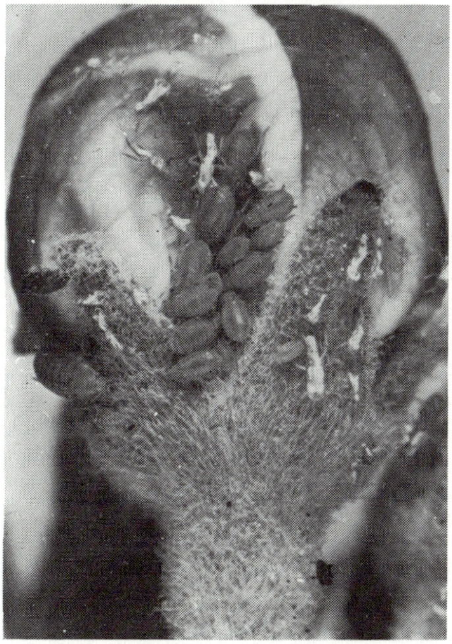

➤ 3. Bei den **Vor- und Nachblütespritzungen** sind alle Teile der Krone mit einem gleichmäßigen, dünnen Belag zu versehen. Es sind etwa zwei Drittel der winterlichen Spritzbrühmenge erforderlich. Bei Verwendung giftiger Pflanzenschutzmittel müssen die festgelegten *Wartezeiten*, die selbstverständlich auch für die Unterkulturen gelten sowie die *Bienenschädlichkeit* der meisten Insektenmittel beachtet werden.

➤ 4. **Mischungen** von Spritzmitteln sollten nur nach vorheriger Beratung durchgeführt werden.

➤ 5. **Haustiere und Weidevieh** sind während und kurz nach den Spritzarbeiten aus dem Obstgarten fernzuhalten.

➤ 6. **Schwefelempfindliche Apfelsorten:** Klarapfel, James Grieve, Oldenburg, Cox, Jonathan, Berlepsch, Laxtons Superb, Grahams, Ontario und andere.

Kupferempfindliche Arten und Sorten: alle Pfirsichsorten, Birne: Conference und andere.

Sonderratschläge für den Hausgarten

Obstbaumkrebs

Vor allem Apfelbäume, seltener Birnbäume sind durch den Obstbaumkrebs gefährdet. Diese hartnäckige *Pilzkrankheit* verhindert durch stetig neues Zerstören des Rindengewebes das natürliche Heilen (Überwallen) von Wunden am Holz. Krebs wird durch stehende Nässe, einseitige Stickstoffdüngung, besondere Sortenanfälligkeit und mangelnde Wundpflege begünstigt und kommt vor allem auf nassen und kalten Standorten vor.

Stark befallene Bäume oder Äste sind zu entfernen und zu verbrennen, da auch leicht gesunde Bäume infiziert werden. Einzelne Krebswunden sind wiederholt bis tief in das gesunde Holzgewebe auszuschneiden und mit *Baumwachs*, Baumteer oder einer Wundtinktur zu behandeln.

Kräuselkrankheit des Pfirsichs

An den Triebspitzen kräuseln sich die Blätter, verfärben sich rötlich, vertrocknen und fallen ab. Sachgemäßer *Rückschnitt*, Auslichten und Verjüngen der Bäume sind neben Spritzungen gute Bekämpfungsmaßnahmen dieser verbreiteten *Pilzkrankheit.*

Spitzendürre bei Sauerkirschen – Monilia

Besonders bei kühler, feuchter Witterung während der Blütezeit erfolgt die Infektion durch den *Pilz*, besonders bei Schattenmorellen. Die Triebe fangen von den Triebspitzen her an zu vertrocknen, die Blüten und Blätter verwelken und bleiben trocken an den Triebspitzen hängen.

Befallene dürre Zweige sind kurz nach der Blüte, spätestens sofort nach der Ernte bis circa 20 cm tief ins gesunde Holz zurückzuschneiden und zu verbrennen. Die beste vorbeugende Maßnahme ist der regelmäßige alljährliche *Auslichtungs- und Rückschnitt.*

Die Krankheit tritt gelegentlich auch bei Pflaumen und Aprikosen auf.

Fruchtfäule bei Kern- und Steinobst – Monilia

Reifende Früchte bekommen braune Faulstellen mit weißen Sporenlagern, die in Ringen angeordnet sind. Die Früchte trocknen am Baum ein und fallen später ab oder bleiben als *Fruchtmumien* hängen. Bei Kernobst können die Früchte von innen her verfaulen (Mohrenköpfe). Spritzungen sind unwirksam. Da der *Pilz* nur durch Wunden in Früchte eindringen kann, sind Verwundungen aller Art zu vermeiden und die Entstehung von Schorfrissen und Obstmadenfraßlöchern bei den Früchten durch Spritzungen zu verhüten.

Obstschorf

Besonders in luftfeuchten und niederschlagsreichen Gegenden ist der Schorfbefall sehr groß und dem Obstanbauer kaum möglich,

Abbildung 150:
Schadbild von Obstbaumkrebs an Apfelholz

Abbildung 151:
Spitzendürre bei Sauerkirschen

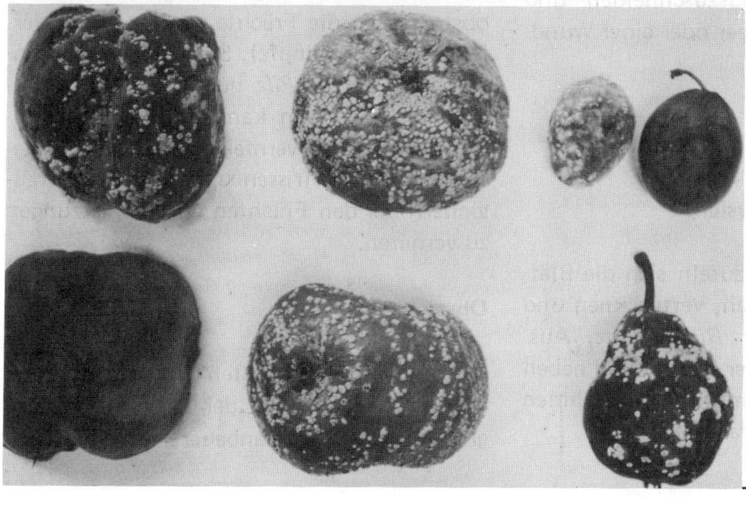

Abbildung 152:
Fruchtfäule – Monilia bei Kern- und Steinobst

ohne *mehrere Spritzungen* „saubere" Früchte zu erhalten. Viele edle Sorten werden besonders stark befallen und sollten bei Verzicht auf genügend Spritzungen nicht angebaut werden.

Die Blätter bekommen braungraue, samtige *Flecken*, die sich rasch vergrößern; die Blätter fallen ab. Die Früchte (Apfel, Birne) weisen zur Erntezeit große, verkorkte Risse und schwarze Flecken auf (Frühschorf). Bei Birnen können auch die Zweigspitzen und Stiele infiziert werden, was zum Abfallen der Früchte führt. Werden die Früchte zur Erntezeit befallen, dann treten schwarze, glänzende Flecken erst im Lager auf (Lagerschorf).

Abbildung 153: Obstschorf an Äpfeln und Birnen

Abbildung 154: Apfelmehltau

Apfelmehltau

Junge Triebspitzen und Blütenstände werden vor allem bei warmer Witterung im Frühjahr von einem dicken, weißen Belag überzogen und verkümmern. In kleineren Obstbaumbeständen im Hausgarten ist diese *Pilzkrankheit* durch laufende Beobachtung und rechtzeitigen *Wegschnitt der befallenen Triebspitzen* in Schach zu halten. Mulchen und ausreichende Kaliversorgung sind gute vorbeugende Maßnahmen.

Rote Spinne

Schädling saugt an den Blattunterseiten, Blätter vertrocknen vorzeitig und fallen ab. Der große Schaden muß durch spezielle Bekämpfungsmaßnahmen verhütet werden. Bei den *Vor-* und *Nachblütespritzungen* organische Phosphorverbindungen (zum Beispiel E 605, Basudin) wiederholt verwenden. Außerdem stehen Spezialmittel zur Verfügung, zum Beispiel Kelthane, Malathion, Morestan, Roxion.

Frostspanner

Blätter, Blütenknospen und Früchte von Kernobst und Steinobst mit Ausnahme des Pfirsichs, weisen im Frühjahr einen starken *Fraßschaden* auf. Bei den Blättern bleibt häufig nur noch die Mittelrippe stehen, wodurch der Baum stark geschwächt wird. Besonders gefährdet sind Obstbäume in der Nähe von Eichen und auf leichten Böden.

Zur Bekämpfung können ab Mitte Oktober 12 bis 15 cm breite *Leimringe* um Baumstämme, untere Äste und Stützpfähle angelegt werden, um die im Herbst am Stamm aufwärts wandernden flugunfähigen Weibchen zu fangen. Damit die Leimringe glatt anliegen und nicht unterwandert werden, muß die Borke vorher gut abgekratzt werden.

Gespinstmotten

Besonders in dichten Obstanlagen, in denen wenig geschnitten wird, schädigen die *Raupen* der verschiedenen Gespinstmotten. Die Blätter und Triebe werden stark versponnen und zerfressen. Eine Bekämpfung ist durch die Nachwinterspritzung (siehe Seite 417) mit Folidol-Öl-Spritzmittel möglich. Wichtig ist, daß in Zukunft regelmäßig ausgelichtet wird.

Apfelwickler – „Obstmade"

Die Früchte sind von innen stark zerfressen und mit einer braunen Masse (Kot) angefüllt. Im Inneren befindet sich meist eine weißliche *Larve*. Da vom Apfelwickler meist zwei Generationen am Kernobst schädigen, muß die Bekämpfung bereits vorbeugend erfolgen. Die erste *Spritzung* sollte sechs bis sieben Wochen, die zweite zehn bis elf Wochen nach der Blüte vorgenommen werden (zum Beispiel Rogor, Roxion, Celathion). Dadurch werden die Falter, Eier und Raupen vernichtet.

Wühlmäuse

Der Schaden wird als erstes deutlich durch das Vertrocknen der Triebspitzen. Die Bäume bleiben im Wachstum zurück und lassen sich leicht aus dem Boden ziehen, da die Wurzeln abgefressen werden. Der *Fraßschaden* kann so stark sein, daß er zum Absterben der Pflanzen führt.

Junge Obstbäume können durch das 60 bis 80 cm tiefe Eingraben eines Maschendrahtes (1,5 cm Maschenweite) vor dem Wurzelfraß geschützt werden. Zur Bekämpfung eignen sich außerdem *Wühlmausfallen*, Fertigköder und Räucher- beziehungsweise Begasungsmittel. Alle Maßnahmen sind um so wirksamer, je mehr Nachbargrundstücke mitbehandelt werden.

Frostschäden

Starke Temperaturschwankungen im Spätwinter und zeitigen Frühjahr führen vor allem bei Vorhandensein einer Schneedecke zu Spannungen in der Rinde von Baumstämmen und dicken Ästen, so daß *Frostrisse* auf dem dunklen Holzkörper entstehen. Durch *Kalken der Stämme* und unteren Astpartien, bei den besonders empfindlichen Pfirsichen durch *Stammumkleidungen* mit Stroh und Maschendraht oder Holzlatten kann Frostschäden vorgebeugt werden. Deshalb sollte auch der *Baumpfahl* an die Südseite des Stammes.

Frostwunden müssen sorgfältig ausgeschnitten und mit *Wundwachs* oder -teer bestrichen werden.

6. Unkrautbekämpfung

Ab 1. Standjahr:
Gegen auflaufende Unkräuter im Frühjahr auf unkrautfreien Boden *streuen:* zum Bei-

Abbildung 155: Abgestorbener Obstbaum durch Wühlmausfraß

spiel Gesatop 2 Granulat, Simazin-Granulat. Gegen Gräser, einschließlich Quecke sowie Vogelmiere, Kleiner Ampfer und Knöterich-Arten im Winter nach Beginn der Vegetationsruhe (November bis März) bei feuchter und kühler Witterung *spritzen:* zum Beispiel Kerb 50 W.

Ab 4. Standjahr:
Gegen auflaufende und vorhandene Unkräuter (auch hemmend gegen Giersch, Winden, Disteln, Brennesseln, Quecke) im Winter oder Frühjahr *streuen:* zum Beispiel Casoron G (nur unter Kernobst).

Die gleichmäßige Verteilung von Streumitteln wird durch Vermischen mit trokkenem Sand erleichtert. Vor jeder Anwendung von chemischen Unkrautbekämpfungsmitteln sind die Gebrauchsanweisungen genau durchzulesen. Benutzte Geräte sind gründlich zu reinigen.

Übersicht 36: Spritzkalender für Kernobst, Pflaumen und Zwetschen

Spritzzeit	Mittel[1]	Bekämpft werden
Nachwinterspritzung während des Knospenschwellens	z.B. Eftol-Öl-Spritzmittel, Folidol-Öl-Spritzmittel, Austriebsspritzmittel Nexion Öl	Überwinterungsstadien von Blattläusen, Schildläusen, Frostspannern, Spinnmilben, Fruchtschalen- und Knospenwickler
	z.B. Antracol, Polyram-Combi, Kupfermittel	Schorf
Vorblütespritzung spätestens kurz vor dem Aufblühen der frühesten Sorten etwa Mitte April	z.B. Netzschwefel oder	Schorf, Mehltau
	andere schwefelhaltige Pilzmittel oder	Schorf
	organische Pilzmittel, z.B. Antracol, Dithane Ultra, Pomarsol forte, Euparen, Rubigan	Mehltau, Schorf
	z.B. Morestan	Mehltau, Spinnmilben
	Zusätzlich bei Insektenbefall: z.B. Ekamet, Parexan, Spruzit flüssig, Basudin 40 Spritzpulver, Unden, Rogor, Roxion, Bromophos-Mittel	Blattläuse, Frostspanner, Blattsauger, Raupen, Käfer
	Bei Unterkulturen Wartezeiten beachten!	
Kurznachblütespritzung sofort nach dem Abfallen der Blütenblätter etwa Mitte bis Ende Mai	z.B. Netzschwefel oder	Schorf, Mehltau
	andere schwefelhaltige Pilzmittel oder	Schorf, Mehltau
	organische Pilzmittel s. Vorblütespritzung	Schorf
	Zusätze bei Insektenbefall: s. Vorblütespritzung	Apfel- und Birnensägewespe, Pflaumensägewespe, Blattläuse, Rote Spinne
	Bei Unterkulturen Wartezeiten beachten!	

Sommerspritzung Bei Kernobst Früchte walnußgroß im Juni, bei Pflaumen und Zwetschen Ende Juli bis Anfang August	z.B. Rogor, Roxion, Decis flüssig, Basudin 40 Spritzpulver	Apfelwickler (Obstmade), auch an Birnen, Pflaumenwickler (Pflaumenmade), Fruchtschalenwickler

Spritzkalender für Süß- und Sauerkirschen

Spritzzeit	Mittel[1]	bekämpft werden
Nachwinterspritzung während des Knospenschwellens	z.B. Eftol-Öl, Folidol-Öl-Spritzmittel, Austriebsmittel Nexion Öl B. Delan flüssig, Polyram-Combi	Überwinterungsstadien von Blattläusen, Frostspannern, Schildläusen, Spinnmilben u.a. Schrotschußkrankheit
Kurzvorblütespritzung (eventuell während der Blüte ohne Zusatz von Insektenmitteln wiederholen)	z.B. Delan flüssig, Polyram-Combi, Antracol z.B. Saprol z.B. Dithane Ultra z.B. Parexan, Spruzit flüssig, Ekamet, u.a.	Sprühfleckenkrankheit, Schrotschußkrankheit Monilia-Spitzendürre Schorf Blattläuse, Raupen
Nachblütespritzung	z.B. Delan flüssig, Polyram-Combi	Schrotschuß- und Sprühfleckenkrankheit

[1] Außer den als Beispiel genannten Mitteln gibt es noch eine Reihe weiterer zugelassener Mittel, die dieselbe Wirksamkeit haben. Sie sind im amtlichen Pflanzenschutzmittelverzeichnis aufgeführt.

Spritzkalender für Pfirsiche

Spritzzeit	**Mittel**[1]	**bekämpft werden**
Nachwinterspritzung während des Knospenschwellens	z.B. Austriebsspritzmittel Nexion-Öl, Eftol-Öl, Folidol-Öl-Spritzmittel z.B. Ortho Difolatan	Überwinternde Schadinsekten Kräuselkrankheit
Spritzung kurz vor oder kurz nach der Blüte	z.B. Parexan, Spruzit, Pirimor, Unden, Dimethoat-Mittel u.a. *Wartezeiten beachten!*	Blattläuse, Rote Spinne
Spritzungen nach der Blüte	z.B. Delan flüssig z.B. Spruzit flüssig, Parexan, Unden, Roxion, Rogor u.a.	Kräuselkrankheit Blattläuse u.a. saugende Insekten

[1] Außer den als Beispiel genannten Mitteln gibt es noch eine Reihe weiterer zugelassener Mittel, die dieselbe Wirksamkeit haben. Sie sind im amtlichen Pflanzenschutzmittelverzeichnis aufgeführt.

VII. DIE ERNTE UND LAGERUNG VON OBST

1. Ernte

Steinobst

Der richtige Erntezeitpunkt ist bei den meisten Steinobstarten und -sorten gekommen, wenn die Früchte ihre sorteneigentümliche Farbe zeigen. Wenn es die Zeit erlaubt, sollte man vor allem die wertvolleren Sorten auspflücken, weil damit die Qualität der nachreifenden Früchte erheblich gesteigert wird. Alle *Pflaumenarten* zeigen den Erntetermin durch den Hauptfruchtfall an. Die späte Hauszwetsche sollte erst dann gepflückt werden, wenn ein Teil der Früchte beginnt, an der Stielgegend leicht zu schrumpfen, da sie dann den höchsten Zuckergehalt hat.

Am sorgfältigsten hat die *Pfirsichernte* zu geschehen. Wenn die Grundfarbe der Früchte von Grün ins Gelb übergeht, sollten wir durch leichten Druck an der Stielgegend laufend prüfen, ob sie die richtige Weiche erreicht haben. Man pflückt Pfirsiche am besten gleich in ausgepolsterte flache Horden, in denen sie bis zum Verbrauch bleiben. Für das übrige Weichobst sind Spankörbe, Plastikeimer und kleine Weidenkörbe geeignete *Pflückbehälter.*

Abbildung 156:
Zweckmäßige Gefäße für Beeren, Stein- und Kernobst

Kernobst

Bei dem Kernobst müssen wir zwischen der Ernte der frühen und späten Sorten unterscheiden. *Frühe Apfel- und Birnensorten* geben ihre Pflückreife durch einen deutlichen Farbumschlag ins Gelbliche und durch plötzlich einsetzenden Fruchtfall an. Sie werden im Gegensatz zum Winterobst nur wenige Tage vor ihrer Genußreife geerntet. Da sie im Innern schnell mehlich werden, ist ein Auspflücken der reifsten Früchte unbedingt anzuraten.

Das *Winterobst* ist pflückreif, wenn sich die Mehrzahl der Früchte durch leichtes Abbiegen nach oben vom Fruchtholz löst, ohne es zu beschädigen. Die Verfärbung der Kerne und der Fruchtschale ist bei weitem nicht immer ein entscheidendes Zeichen für die Pflückreife. Die Ernte des Lagerobstes hat besonders sorgfältig vor sich zu gehen, da jede Druckstelle ein Fäulnisherd auf dem Lager wird. Wir greifen die Äpfel und Birnen mit der ganzen Hand, halten den Zeigefinger an den Fruchtstiel und biegen die Früchte vorsichtig ab.

Einen guten Pflücker erkennt man daran, daß unter dem Baum so gut wie kein Fruchtholz liegt!

Für die Kernobsternte sind gepolsterte Weidekörbe oder große Plastikeimer und im großen Flachstiegen oder Kisten die richtigen *Pflückbehälter.*

2. Lagerung

Der Lagerung von Winterobst muß zum ersten eine sorgfältige Sortierung der Früchte und zum anderen eine gründliche Reinigung der Lagerbehälter und des Lagerraumes vorausgehen.

Wichtige Regeln für die offene Obstlagerung in Vorratsräumen:

- Geerntetes Obst vor der Einlagerung einige Stunden *abschwitzen* lassen.
- Nur unbeschädigte, *einwandfreie* Früchte einlagern.
- Äpfel und Birnen *getrennt* voneinander, nicht gemischt lagern.
- *Sortenweise* getrennt voneinander pakken, um eine Reifebeschleunigung der späteren Sorten zu verhindern.
- Obst nicht mit starkriechenden Gemüsearten wie Sellerie und Zwiebeln, nicht mit Sauerkraut, Kartoffeln und Kohlen zusammen einkellern, da sie deren Geruch leicht annehmen.
- Obstbehälter nicht mit Zeitungspapier auslegen, da der Geschmack der Früchte durch die Druckerschwärze beeinträchtigt wird.
- Die *Lagertemperatur* darf nicht über 10 bis 12°C gehen. 2 bis 4°C sind am günstigsten. Bei Frostgefahr ist das Obst gut abzudecken.
- Die *Luftfeuchtigkeit* sollte bei 80 bis 85 % liegen, um das Schrumpfen der Früchte zu verhindern. Zu hohe Luftfeuchtigkeit kann durch Aufstellen von Schalen mit Kalk verhindert werden. Durch Besprengen des Bodens kann die Luftfeuchtigkeit erhöht werden.
- Es ist laufend für *Frischluft* zu sorgen, gewöhnlich durch ein Fenster, besser aber zusätzlich durch einen kleinen *Ventilator* in der Außenwand, der ohne allzugroße Kostenanstrengungen in jeden Keller eingebaut werden kann.

Obstlagerung in geschlossenen Folienbeuteln

In weniger geeigneten Lagerräumen hat man durch die Verpackung in Folienbeutel die Möglichkeit, auch bei etwas höheren Temperaturen und bei zu niedriger Luftfeuchtigkeit Winteräpfel und -birnen für längere Zeit aufzuheben. Hierzu eignet sich 0,02 bis 0,05 mm starke *PE-Folie*.

Die gute Haltbarkeit des Lagerobstes liegt darin begründet, daß in den Folienbeuteln durch die Atmung der Früchte eine Erhöhung des Kohlendioxydgehaltes verbunden mit einer gleichzeitigen Verminderung des Sauerstoffgehaltes eintritt. Durch die Zusammensetzung dieser „Lagerluft" wird die Atmungsintensität des Obstes und damit der Reifungsprozeß herabgesetzt. Infolge der geringen Wasserdampfdurchlässigkeit der Folie entsteht im Lagerbeutel eine verhältnismäßig hohe Luftfeuchtigkeit, wodurch das Schrumpfen der Früchte weitgehend verhindert wird. Zur Förderung der Gasdurchlässigkeit ist es erforderlich, nach etwa zwei Wochen Lagerzeit die geschlossenen Beutel mit einigen dicken *Nadelstichen* zu versehen.

Lagermöglichkeiten in Folie:

- Folienbeutel mit Familien-Wochenrationen von 2 bis 5 kg, auf Stellagen im kalten Vorratsraum gelagert.

- Obstkisten oder -horden mit Folie auskleiden. Nach dem vorsichtigen Einfüllen des Obstes wird die Folie zugebunden.
- Obstkisten oder ganze Stapel in Foliensäcke einschieben.

Voraussetzungen für einen guten Lagererfolg in Folienbeuteln:

1. Die Früchte müssen etwa 8 Tage vor der normalen Pflückreife vorsichtig geerntet werden.
2. Es dürfen nur lagerfähige Sorten und unbeschädigte, mittelgroße Früchte sortenweise in Folie verpackt werden. Übergroße und überreife Früchte sind ungeeignet.
3. Die Einlagerung soll frühestens zwei Tage nach der Ernte erfolgen. Die Beutel dürfen erst nach der Temperaturangleichung der Früchte an die des Lagerraumes geschlossen werden.
4. Günstige Lagertemperatur: 8 bis 12°C. Etwas höhere Temperaturen werden in perforierten Beuteln vertragen.
5. Die Folienpackungen sollten laufend kontrolliert, nicht bewegt und erst geöffnet werden, wenn sich die Genußreife durch die sortentypische Verfärbung der Früchte bemerkbar macht.
6. Nach Öffnen der Folienbeutel muß das Obst einige Stunden ausdünsten.
7. Die Früchte müssen innerhalb der folgenden zehn Tage verzehrt werden.

Obstmieten

Bei übergroßem Obstreichtum können robuste, lagerfeste, hartschalige *Äpfel* auch in Obstmieten im Freien untergebracht werden. Die Mietensohle liegt 20 bis 40 cm unter der Erdoberfläche und wird mit trockenem, geruchsfreiem Torfmull ausgefüttert. Die Abdeckung der eingeschichteten Äpfel erfolgt mit Tannenreisig und bei Frost zusätzlich mit einer Erdschicht. Die Entlüftung der Obstmieten erfolgt wie bei Gemüsemieten.

3. Das Gefrieren von Obst

Gefriergut	Vorbehandlung nach Putzen	Mögliche Lagerdauer Monate	Bemerkungen
Äpfel	nur als Apfelstücke ohne Schale und Kerngehäuse 2 – 3 min. vorkochen mit Zuckerlösung bedekken (540 g Zucker auf 1 l Wasser)	8 – 12	wenig bräunende Sorten verwenden, feste Früchte
Apfelmus	weich dämpfen, passieren, 80 – 100 g Zucker auf 1 kg	8 – 10	säuerliche Früchte bevorzugen
Aprikosen	1/2 min. in kochend Wasser, schälen, entsteinen; mit Zuckerlösung bedecken (820 g auf 1 l), Ascorbin- o. Zitronensäure zugeben	8 – 10	wenig bräunende, feste Sorten und reife Früchte mit fester Haut bevorzugen
Birnen	siehe Äpfel	8 – 10	feste Sorten wie z.B. Alexander Lucas, Williams Christ
Brombeeren	einzeln vorgefrieren, evtl. mit Streu- oder Puderzucker (100 – 200 g auf 1 kg Beeren) zuckern und sofort gefrieren	10 – 12	feste, süße Früchte wählen

Gefriergut	Vorbehandlung nach Putzen	Mögliche Lagerdauer[1] Monate	Bemerkungen
Erdbeeren	siehe Brombeeren	8 – 12	feste, rotfleischige Sorten, wie Asieta, Induka, Macherauchs Späternte, Marieva, Senga Sengana, Senga Precosa, Vigerla
Heidelbeeren	siehe Brombeeren	10 – 12	vollreife, feste Früchte wählen
Himbeeren	siehe Brombeeren	10 – 12	dunkelrote, festfleischige Sorten wie z.B. Winklers Sämling, Schönemann, Malling Exploit
Johannisbeeren rot und schwarz	siehe Brombeeren	8 – 12	alle guten Sorten geeignet
Kirschen, sauer	mit oder ohne Stein einfrieren; mit Streu- oder Puderzucker (200 g auf 1 kg Kirschen) oder mit Zukkerlösung (820 g auf 1 l) bedeckt gefrieren	10 – 12	dunkle, festfleischige Sorten und Früchte, Schattenmorelle besonders geeignet
Kirschen, süß	mit oder ohne Stein einfrieren; mit Streu- oder Puderzucker (100g auf 1 kg Kirschen) oder mit Zukkerlösung (410 g auf 1/2 l) bedeckt gefrieren	8 – 10	dunkle, festfleischige Sorten wie Hedelfinger Riesen, schwarze Knorpelkirsche
Mirabellen	nicht entsteinen, mit Streuzucker (100 g auf 1 kg Früchte) oder mit Zuckerlösung (820 g auf 1 l) bedeckt gefrieren	6 – 8	feste, nicht leicht bräunende Sorten verwenden wie Nancy
Obstsäfte	mit oder ohne Zucker gefrieren	10 – 12	
Pfirsiche	1/2 min. in kochendes Wasser, schälen, entsteinen; mit Zuckerlösung (820 g auf 1 l) bedecken, Ascorbin- o. Zitronensäure zugeben	8 – 10	festfleischige Sorten wie z.B. Elberta, Pirol, Rekord aus Alfter, Roter Ellerstädter
Rhabarber	roh oder als Kompott gefrieren	8 – 10	feste Stangen verwenden, rotstielig
Stachelbeeren	unreife Beeren 2 –3 min. vorkochen, reife Beeren mit Streuzucker (200 g auf 1 kg Beeren) oder Zukkerlösung (540 g auf 1 l) gefrieren	10 – 12	grüne Sorten, feste Früchte. Alicante, Grüne Kugel, Loretts Triumph, Weiße Neckartal
Zwetschen	ganze Früchte ohne Zucker, halbierte und entsteinte Früchte evtl. mit Streuzucker oder Zuckerlösung (540 g auf 1 l) gefrieren	10 – 12	feste, dünnschalige Sorten, vor allem Hauszwetsche
Geruch und Geschmack befriedigend bis gut			

DER PFLANZENSCHUTZ IM HAUSGARTEN

Alle Maßnahmen, die dazu dienen, den Pflanzen gute Wachstumsbedingungen zu geben, wie eine wohlüberlegte Standort- und Sortenauswahl, richtige Fruchtfolge und weitere Anbaumaßnahmen, pünktliche, fachgerechte Boden- und Pflanzenpflegemaßnahmen und eine gezielte Pflanzenernährung, sind der wichtigste Pflanzenschutz. Die volle Ausnutzung dieser umweltfreundlichen Verfahren stellt die biologische Grundlage des Pflanzenbaues dar. Je besser ein Hausgärtner die pflanzenbaulichen Maßnahmen begründen und anwenden kann, um so verantwortungsbewußter handelt er aus ökologischer Sicht.

Außer den oben genannten Kulturmaßnahmen, die in den vorangegangenen Kapiteln dieses Buches besprochen wurden, sind eine pünktliche Unkrautbekämpfung, ausreichender Windschutz und ebenso Frostschutzmaßnahmen wichtige Voraussetzungen für das gesunde und kräftige Gedeihen unserer Gartengewächse.

Jedoch sind all diese vorbeugenden Pflanzenschutzmaßnahmen des Hausgärtners unter ungünstigen Umständen nicht ausreichend, um seine Gartenkulturen vor Schädlingen und Krankheiten genügend zu bewahren. Dann ist als letzte Hilfsmaßnahme die direkte Schädlingsbekämpfung zu sehen. Bevor wir aber im Garten zur Giftanwendung schreiten, sollten alle Möglichkeiten der giftlosen Schädlingsbekämpfung durch mechanische und biologische Verfahren ausgenutzt werden.

Die Verknüpfung aller eine Gartenkultur fördernden Einzelmaßnahmen, bei der die bewußte Ausnutzung der umweltfreundlichen Anbau- und Pflegemaßnahmen und alle natürlichen Begrenzungsfaktoren im Vordergrund stehen, bezeichnet man als **Integrierten Pflanzenschutz.**

Im Folgenden werden die Unkrautbekämpfung, der Wind- und Frostschutz sowie Möglichkeiten der Schädlingsbekämpfung ohne Giftanwendung und mit chemischen Mitteln für den Hausgarten behandelt.

Abbildung 157: Integrierter Pflanzenschutz = Verbindung von Einzelmaßnahmen im Hausgarten

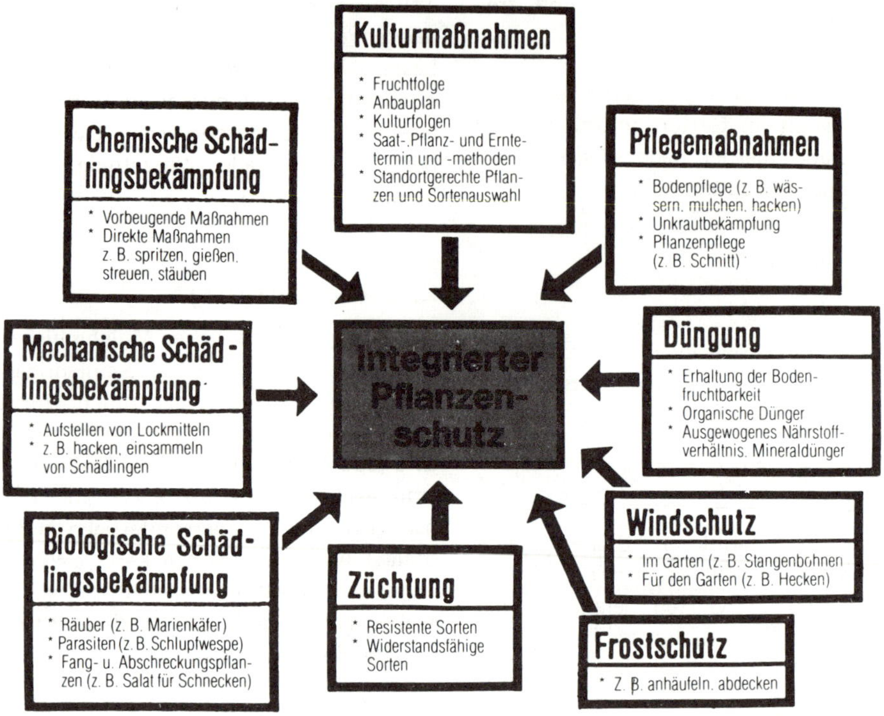

I. UNKRAUTBEKÄMPFUNG

Unkräuter entziehen dem Gartenboden Wasser und Nährstoffe, die den Pflanzen zugute kommen sollen, und machen den jungen Kulturpflanzen das nötige Licht während ihrer Keimung und Jugendentwicklung streitig. Einige Unkrautarten sind Überträger oder Brutstätten von gefürchteten Schädlingen im Garten.

Wir unterscheiden **einjährige und ausdauernde Unkräuter.** Während die erste Gruppe wegen ihrer hohen Samenzahl, der jahrelangen Keimfähigkeit und der schnellen

Verbreitung lästig ist, fürchten wir die mehrjährigen, weil sie ein weit verzweigtes Wurzelgeflecht haben, von dem kleine Einzelteile selbständig weiterwachsen und treiben können.

Die Unkrautbekämpfung ist eine sehr zeitraubende Arbeit im Garten, und man sucht deshalb gerade hierbei nach Wegen, Kraft und Zeit einsparen zu können.

1. Hacken

Die Hackarbeiten müssen zur rechten Zeit und mit praktischen Geräten durchgeführt werden.

Einjährige Samenunkräuter sind vor ihrer Blüte zu vernichten, damit es zu keiner Samenbildung kommen kann. Blühende Unkräuter sollten möglichst nicht auf den Komposthaufen im Garten gelangen, weil sich während der ersten Lagerzeit noch die Samen ausbilden und diese dann jahrelang keimfähig bleiben.

Wurzelunkräuter trifft man in den Frühjahrswochen am empfindlichsten, wenn sie ihre Hauptkraft in den jungen Austrieb legen. Wenn um diese Zeit ihre oberirdischen Teile laufend abgehackt werden, erleiden sie eine große Schwächung und ersticken zum Teil im eigenen Saft. Scharfe, leichte *Ziehhacken* und *Rollkrümler* leisten hierbei die beste Arbeit. Stark von Wurzelunkräutern durchsetzte Böden müssen im Herbst mit der *Grabegabel* tief durchgearbeitet werden, wobei möglichst alle Wurzelteile sorgfältig herauszulesen sind.

2. Bodenabdeckung

Bei einer genügend dicken **Mulchschicht** können sich auf die Dauer keine einjährigen Unkräuter halten. Viele der zähen Wurzelunkräuter durchwachsen die Bodendecke; sie sind jedoch aus dem lockeren Boden wesentlich leichter herauszuziehen und können nach einiger Zeit des sorgfältigen Auslesens besiegt werden. *Stallmist* kann als Abdeckmaterial ungünstig sein, weil oft viele Unkraut- und Getreidesamen darin enthalten sind (siehe Seite 77).

3. Chemische Unkrautbekämpfung

Die Unkrautbekämpfung mit chemischen Mitteln spielt in der Landwirtschaft und im

Abbildung 158:
Der Wellenjäter ist ein gutes Gerät für die Unkrautbekämpfung

Erwerbsgartenbau eine größere Rolle. Ihre Durchführung ist **im Hausgarten sehr begrenzt,** einmal weil sich der Aufwand für die kleinen Gartenflächen kaum lohnt, zum anderen, weil das Gelingen von vielen Faktoren abhängig ist, so daß die Hausfrau lieber zur Hacke greift. Bei der Anwendung von chemischen Mitteln sind neben der Bodenart meist die Zustandsstufen der Pflanzen, die Jahres- und Tageszeit, die Sonnenbestrahlung, die Temperatur, der Feuchtigkeitsgehalt des Bodens und der Blattoberflächen usw. zu beachten. Deshalb sind in erster Linie die chemischen Mittel gegen Unkräuter auf Wegen und Plätzen für den Hausgarten interessant, jedoch eine Bodenbelastung.

Bei vorsichtiger Anwendung könnte man einige Präparate im Hausgarten auch unter Baumobst, Beerenobst, im Ziergarten und bei Spargel anwenden. **Im Gemüsegarten sollte man auf den Einsatz chemischer Mittel in der Regel verzichten**, haben wir es hier doch mit sehr empfindlichen und verschiedenartigen krautigen Pflanzen und verhältnismäßig kleinen Flächen zu tun. Eine Ausnahme besteht lediglich bei der Anwendung von *Kalkstickstoff* als Unkrautmittel. Auch bei Erdbeeren bleibt die chemische Unkrautbekämpfung im allgemeinen Erwerbsanlagen vorbehalten, zumal hier durch die Bodenabdeckung eine recht gute und dabei giftlose Niederhaltung des Unkrautes erreicht werden kann.

Im Folgenden sind nur die für den Hausgarten wichtigsten Präparate genannt. Die chemischen Unkrautmittel = **Herbizide** werden in folgende Gruppen eingeteilt:

- Berührungs- oder Kontaktmittel
- Systemische Mittel

3.1 Berührungsmittel

Diese Mittel gelangen in erster Linie über die Blätter in das Pflanzengewebe und vernichten es durch Verätzung. Zu der Gruppe gehören unkrautvernichtende Mineraldünger, Mineralöle und andere chemische Verbindungen. Der Mineraldünger Kalkstickstoff und einige Unkrautvernichtungsmittel ohne Dauerwirkung können auch vom Hausgärtner als Hilfen bei der Unkrautbekämpfung genutzt werden.

Kalkstickstoff

Kalkstickstoff hat neben seiner nährstoffliefernden, bodenverbessernden und pflanzenhygienischen Wirkung auch eine wertvolle unkrautbekämpfende Wirkung. Der Wirkstoff ist das giftige *Cyanamid*, das sich bei Kalkstickstoff in Gegenwart von Wasser bildet, bevor sich diese Stickstoffverbindung weiter zu Harnstoff, Ammoniak und schließlich zum pflanzenaufnehmbaren Salpeter umsetzt. Trockenheit und Kälte verlangsamen, feuchtwarme Witterung beschleunigt die Umsetzung. Sie ist nach frühestens

Abbildung 159:
Praktische Ausbringung von Kalkstickstoff auf kleinen Flächen

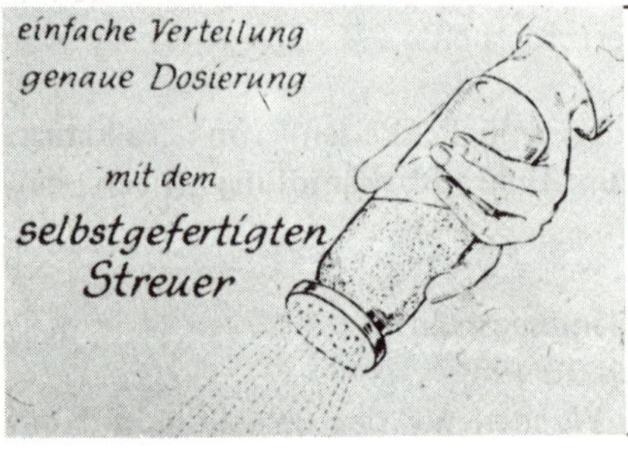

drei Tagen und spätestens bei hohen Kalkstickstoffgaben nach drei Wochen vollzogen. Kalkstickstoff wirkt also nur kurze Zeit ätzend auf keimendes und gerade auflaufendes Unkraut, allerdings auch auf junge Gemüse- und Blumensaaten, wenn die wirksame Cyanamidphase bis zum Keimen der Saat noch nicht abgeklungen ist. Er hinterläßt keine schädlichen Rückstände im Boden.

Bei gründlicher flacher Einarbeitung ist folgende **Wartezeit** zwischen Kalkstickstoff-Ausbringung und Aussaat der Kulturpflanze zu empfehlen:

20 g/m² = 4 – 6 Tage Wartezeit
40 g/m² = 8 – 12 Tage Wartezeit
60 g/m² = 12 – 18 Tage Wartezeit

Im Hausgarten verwendet man am besten den staubfreien, fein granulierten **Spezial-Kalkstickstoff**, den es in blauen Originalbeuteln zu 5 kg im Handel gibt. Man kann ihn von Hand oder mit einer selbst angefertigten Streudose (Glas mit durchlöchertem Blechdeckel) gut verteilen. Man sollte beim Streuen alte Kleidung anhaben, keine offenen Wunden haben und unmittelbar vor und nach der Arbeit auf keinen Fall Alkohol trinken.

Zur Zeit der Anwendung sind trockene Pflanzenbestände und ein frischfeuchter Boden erforderlich.

Anwendungsmöglichkeiten von Kalkstickstoff zur Unkrautbekämpfung (flach einarbeiten):

➤ **Im Gemüsegarten:**
30 bis 50 g/m²
Drei Wochen vor der Bestellung auf das gegrabene Land. In wintermilden Gebieten und bei leicht verunkrautetem Boden kann schon im Herbst das gegrabene Land mit 50 g/m² Kalkstickstoff bestreut werden. Danach ist im Frühjahr nur eine flache Bodenlockerung sinnvoll.

➤ **Zu Spargel:**
30 g/m²
Während der Stechzeit, wenn Unkräuter auflaufen.
80 bis 100 g/m²
Nach dem Stechen in zwei Gaben im Abstand von zwei bis vier Wochen, vor allem gegen Melde, Vogelmiere, Franzosenkraut.

➤ **Zu Obst- und Ziergehölzen** (außer Moorbeetpflanzen):
40 bis 50 g/m²
Im zeitigen Frühjahr, nicht unmittelbar an die Triebe und Stämme und nicht auf feuchte Blätter der Gehölze. Bei Bodenabdeckung *vor* dem Mulchen streuen.

➤ **Zu Rasen:**
40 bis 50 g/m²
10 bis 14 Tage vor der Neueinsaat.
20 bis 30 g/m²
Zwischen Frühjahr und Herbst als Flächenbehandlung nur auf älteren Rasenflächen. Unbedingt auf gleichmäßige Verteilung achten!

Chemische Unkrautbekämpfungsmittel ohne Dauerwirkung

In diese Gruppe der Berührungsmittel gehören zum Beispiel die zugelassenen Präparate „Spezial Unkrautvernichter" verschiedener Firmen.

Diese Mittel wirken sehr schnell auf alle grünen Pflanzenteile, man bezeichnet ihre Anwendung deshalb auch als *„chemisches Mähen“*. Die Wirkung hält jedoch nicht an. Unterirdische Teile von mehrjährigen Unkräutern bleiben meist unbeschädigt, so daß nach dem Neuaustrieb Spritzwiederholungen erforderlich sind. Da auch alle grünen Teile von den Kulturpflanzen abgetötet werden können, muß an die Spritze eine Abschirmvorrichtung angebracht werden und sind Verwehungen unbedingt zu vermeiden.

Die Verwendung dieser Mittel im Hausgarten sollte sich *beschränken* auf die Unkrautbekämpfung auf *Wegen* und *Plätzen*, an *Böschungen, Zaunstreifen* und auf verunkrauteten Flächen, die kurzfristig in Nutzung genommen werden sollen.

3.2 Systemische Mittel

Diese Mittel werden von den ober- oder unterirdischen Pflanzenteilen aufgenommen und mit dem Saftstrom im Pflanzenkörper weiterbefördert. Sie haben zum Teil den Berührungsmitteln gegenüber den Vorteil, daß sie auch Wurzelunkräuter abtöten.

Wuchsstoffmittel gegen Unkräuter im Rasen

Die Wirkungsweise der Wuchsstoffmittel beruht in erster Linie darauf, daß schmalblättrige Gräser und Getreide höhere Wirkstoffmengen vertragen können als die meisten Unkräuter. Daraus geht hervor, daß die vorgeschriebenen Konzentrationen genau eingehalten werden müssen. Der Wirkstoff wird von den breitblättrigen Unkräutern (Löwenzahn, Wegerich, Gänseblümchen) vor allem über das Blatt aufgenommen, greift störend in die Wachstumsvorgänge der Pflanze ein und bringt sie zum Absterben. Die Unkräuter sind im Jugendstadium am empfindlichsten.

Die Anwendung kann von Mai bis Anfang September einige Zeit nach einem Rasenschnitt erfolgen. Rasenflächen mit Blumenzwiebeln dürfen erst ab Juni/Juli behandelt werden. Die beste Wirkung stellt sich bei warmem, wüchsigem Wetter von mindestens +5°C ein. Es darf kein Frost folgen. Große Tröpfchengröße der Spritz- oder Gießbrühe und der Gebrauch von eisen- und kalkfreiem Wasser sind wichtig. Das vorherige Walzen oder scharfe Durchharken hat sich als vorteilhaft erwiesen. Nur auf sehr verunkrautetem Rasen ist eine Ganzflächenbehandlung, die mit einer Salpetergabe für den schnelleren Grasnarbenschluß kombiniert werden sollte, ratsam. Andernfalls ist eine Nesterbekämpfung vorteilhafter.

Auf eine sehr vorsichtige Anwendung der Wuchsstoffmittel und auf die *sorgfältige Reinigung der Geräte* nach Beendigung der Spritzarbeiten sei besonders hingewiesen. Spritze, Gießkanne und andere Geräte sind nach dem Gebrauch sofort gründlich durchzuspülen, mit Wasser aufzufüllen, dem 1 g/l Aktivkohle zugesetzt wurde, und so über Nacht stehen zu lassen.

Mittelbeispiele:

Bi-Hedonal, Celatox-Kombi-flüssig, Dikofag Kombi, Herbamix-DM 500, Hora-Combi und andere.

Beispiele für die chemische Unkrautbekämpfung auf Wegen, Plätzen und unter Gehölzen

Unkrautbekämpfungsmittel (Beispiele)	**Anwendung gegen**
1. *Wege und Plätze ohne Baumbewuchs*	
Ustinex Pa flüssig, Ustinex Z, Vorox Plus u.a.	Unkräuter einschl. Moosarten und Algen (Plattenbelag)
2. *Wege und Plätze mit Baumbewuchs*	
Vorox Unkrautvertilger, Compo Total-Unkrautvernichter	Unkräuter
Ustinex Pa flüssig, Ustinex Z, Vorox Plus	Unkräuter einschl. Moosarten und Algen
3. *Ziergehölze*	
Gesatop 50, Gesatop 2 Granulat, Simazin 50, Simazin 2 Granulat	auflaufende Unkräuter
Afalon, Aresin	vorhandene und auflaufende Unkräuter
Kerb 50 W, Eptam 5 Granulat	Quecke, Gräser
Casoron G, Domatol, Prefix	auflaufende Unkräuter, Wurzelunkräuter
4. *Obstgehölze*	
Gesatop 50, Gesatop 2 Granulat, Simazin 50, Simazin 2 Granulat	auflaufende Unkräuter
nur bei Kernobst und Johannisbeeren: Prefix, Casoron G	auflaufende Unkräuter, Wurzelunkräuter
nur bei Kern- und Steinobst: Kerb 50 W	Quecke, Gräser

Die Unkrautbekämpfung erfolgt im Frühjahr vor dem Austrieb. Die Wirkung dieser Mittel hält im allgemeinen mindestens bis zum Herbst an.

Bei der Anwendung chemischer Unkrautbekämpfungsmittel ist zu beachten:

- Auf extrem durchlässigen Böden, zum Beispiel reinen Sandböden, und auf anmoorigen Böden sollte man auf eine chemische Unkrautbekämpfung verzichten.
- Im Gemüsegarten sollte man auf den Einsatz chemischer Unkrautbekämpfungsmittel gänzlich verzichten.
- Auf Staudenbeeten keine chemischen Unkrautbekämpfungsmaßnahmen durchführen!
- Beerensträucher dürfen von den Mitteln nicht getroffen werden. Schwarze Johannisbeeren und Stachelbeerstämme sind empfindlich.
- Bei Baumobst ist ein Abstand zum Stamm von 30 – 50 cm einzuhalten.
- Einige Ziergehölze sind empfindlich gegen bestimmte Mittel, deshalb Gebrauchsanweisungen genau durchlesen. Vorsicht bei Flachwurzlern!
- Auf Rasen ist unbedingt auf eine gleichmäßige Mittelverteilung zu achten. Die Gefahr von Verwehungen ist hier besonders groß; deshalb bei Spritzungen mit Abschirmvorrichtung arbeiten.
- Der vorgeschriebene Ausbringungszeitpunkt, die Konzentration und die Aufwandmenge sind unbedingt einzuhalten. Besonders wichtig bei der Anwendung von Wuchsstoffmitteln im Rasen.
- Die gleichmäßige Verteilung von Streumitteln wird durch Vermischen mit trockenem Sand erleichtert.
- Eine chemische Unkrautbekämpfung unter Gehölzen ist erst im 3. Jahr, besser im 4. Jahr nach der Pflanzung vorzunehmen. Nur wenige Mittel können schon ab 1. oder 2. Standjahr eingesetzt werden.
- Nach Beendigung der chemischen Unkrautbekämpfung sind Spritzen, Gießkannen und andere Geräte sofort gründlich durchzuspülen.
- Nach der chemischen Unkrautbekämpfung sollte für eine längere Zeit eine Bodenbearbeitung der behandelten Fläche unterbleiben.

II. WINDSCHUTZ

Vor allem in ländlichen Gebieten ist sehr oft eine Windschutzpflanzung für den Hausgarten erforderlich, um Gartenboden und Kulturpflanzen vor den Unbilden der Witterung zu schützen. Dies trifft besonders für *Gärten auf landwirtschaftlichen Betrieben* in Einzelhoflage, für die meisten Bauerngärten in Norddeutschland und in rauhen Gebirgsgegenden und für Gartenanlagen in jungen Siedlungsgebieten zu. Während in Küstennähe die fast ständigen West- und Nordwestwinde abgeschwächt werden müssen, brauchen die Gärten im Binnenland auch Schutz vor kalten Ostwinden.

Wenn zum Beispiel durch Neubauten, Gebäudeabriß, im Zuge einer Straßenverbreiterung oder eines Ausbaues von Wasserläufen vorhandener notwendiger Schutz verlorenging, sollte sofort eine Ersatzpflanzung vorgenommen werden. Vor jeder Beseitigung von Schutzgehölzen müssen die möglichen Folgen für den Boden, die Gartenpflanzen, das Landschaftsbild und den Naturhaushalt mit Tier- und Pflanzenwelt kritisch geprüft werden. **Es ist sehr viel schneller etwas abgeholzt als herangewachsen!**

1. Zweck des Windschutzes

Mit einer geeigneten Windschutzpflanzung kann für den Garten folgendes erreicht werden:

- **Schutz der Pflanzen** vor Entwurzelung, Beschädigungen der Sproßteile, Fruchtfall beim Baumobst, übermäßiger Verdunstung – dadurch Trockenschäden und Wachstumsstockungen, erhöhter Kälte- und Frostgefahr.
- **Schutz des Bodens** vor Verwehungen (Erosion) und Austrocknung.
- **Verbesserung des Kleinklimas,** zum Beispiel durch Schutz vor übermäßiger Verwehung des bodenbürtigen CO_2, vor Verminderung der wichtigen Taubildung und vor Kaltluftschäden.
- **Verbesserung der Nist-, Schutz- und Nahrungsmöglichkeiten der Kleintierwelt,** besonders vieler nützlicher Vogelarten vor allem durch die Anpflanzung dorniger und beerentragender Wild- und Ziersträucher, zum Beispiel Wildrosen, Schlehen, Vogelbeeren (Eberesche), Vogelkirschen, Feuerdorn, Felsenmispeln.
- **Verbesserung der Bienenweide** durch Auswahl nektarspendender und pollentragender Gehölze, zum Beispiel Ahornarten, Weidenarten, Robinien, Erlen, Vogel- und Traubenkirschen, Haselnuß, Faulbaum, Kornelkirschen, Lärchen.
- **Bereicherung der Landschaft** und des Wohnortes durch standortgerechte Pflanzenauswahl.

Der primäre Zweck einer Windschutzanlage ist die **Windbremsung.** Starke und böige Winde sollen abgeschwächt und beruhigt werden. Es darf allerdings keine völlige Windruhe und damit eine eingeschlossene Lage geschaffen werden, denn in dieser herrscht eine erhöhte Schädlingsgefahr.

2. Schutzwirkung

Die Schutzwirkung richtet sich nach dem *optischen Aufbau* des Hindernisses (siehe Abbildung 160).

Entscheidend sind

- **die Dichtigkeit der Anlage,**
- **die Höhe der Anlage.**

Geschlossene **Mauern** haben die größte Dichtigkeit und fangen die gesamte Windmenge ab. Sie wird durch den Stau mit überhöhter Geschwindigkeit nach oben gedrängt und stürzt sich hinter der Mauer wirbelartig auf den Boden. Die Schutzzone ist bei undurchlässigen Hindernissen sehr gering, und die starken Luftbewegungen an der Luv- und Leeseite sind äußerst ungünstig.

Lockere, durchlässige **Pflanzungen** lassen im günstigen Falle etwa 40 bis 50 % des Windes in verminderter Geschwindigkeit durchstreichen und führen den übrigen Teil des Windes nach oben ab. Der durchgehende Windteil bildet hinter dem Schutzstreifen ein Polster, auf dem der über den Schutz wirbelnde Wind abgleitet. Die *Schutzzone* ist bei optimalen Windschutzpflanzungen mindestens zehn- bis fünfzehnmal so lang, wie die Anlage hoch ist.

Mauern und kahle Erdwälle stellen schlechte Schutzanlagen dar, während lokkere, gemischte Baum- und Strauchpflanzungen mit standortgerechten Gehölzen ein guter Boden- und Pflanzenschutz und eine Bereicherung der Landschaft sind.

3. Planung eines Windschutzes

Die Standortverhältnisse und die Gartengröße sind entscheidend, ob eine größere Schutzanlage außerhalb des Gartengeländes erforderlich ist oder ob eine kleine Pflanzung am Rande und innerhalb des Gartens ausreicht. In jedem Falle dürfen die Schutzgehölze nicht durch starke Durchwurzelung des Gartenbodens die Bodenbearbeitung sowie die Wasser- und Nährstoffversorgung der Kulturpflanzen erschweren und keinen ungünstigen Schattendruck ausüben.

Einige Gehölzarten, die als *Überträger von tierischen Schädlingen und Pilzkrankheiten* den entsprechenden Kulturpflanzen gefährlich werden können, gehören *nicht* in die Windschutzpflanzung, zum Beispiel:

- Weißdorn — Überträger des Feuerbrandes und anderer Obstschädlinge
- Heckenkirsche, Vogelkirsche — Überträger der Kirschfruchtfliege in Kirschengebieten
- Pfaffenhut, Wasserschneeball — Zwischenwirt der Schwarzen Rübenlaus in Rübenanbaugebieten.

Abbildung 160: Wirkung von verschiedenen Schutzanlagen. Links: Ungünstige Wirbelwirkung durch eine Mauer. Rechts: Günstige Schutzwirkung durch eine lockere Hecke.

Schutzpflanzungen außerhalb des Gartens

Zur Planung größerer Schutzpflanzungen um die gesamte Hof-, Siedlungs- oder Kleingartenanlage sollte man unbedingt einen *Fachmann* hinzuziehen. Hier muß in vielen Fällen der Windschutz vor allen übrigen Anpflanzungen heranwachsen, um die Voraussetzungen für das sichere Gedeihen der Kulturpflanzen zu schaffen. Am besten bewähren sich solche Gehölzarten für die Schutzanlage, die in der natürlichen Umgebung wild wachsen und sich dort zu kräftigen Bäumen und Büschen entwickeln.

In der Praxis werden für ausgesprochene Windschutzstreifen am häufigsten *drei- bis vierreihige Mischpflanzungen* angelegt, die aus einer Baumreihe bestehen, deren Stammraum durch unterständige und vorgelagerte Sträucher geschlossen wird. Bei dieser Anbauform sind schädliche Lücken, die wie Winddüsen wirken, sehr selten. Eine organische Bodenabdeckung begünstigt in den ersten Jahren deutlich das Wachstum. Wildschutz kann erforderlich sein.

Schutzpflanzungen innerhalb des Gartens

Für schmale Schutzpflanzungen am Garten kommen in erster Linie freiwachsende *Blüten- und Fruchthecken* in Frage (siehe Seite 207). Die erforderliche Heckenhöhe ist aus der zu schützenden Gartenfläche zu errechnen. Eine 2 m hohe Hecke hat zum Beispiel eine etwa 15 bis 20 m lange Schutzwirkung.

Innerhalb des Gemüsegartens können durch *Zwischenpflanzungen hoher Pflanzenarten*, wie Stangenbohnen, Dicke Bohnen, Reisererbsen, die wärmebedürftigen Gurken und die windanfälligen Buschbohnen und Erdbeeren einen wirksamen Schutz bekommen.

Beispiele

Mischpflanzung auf günstigem Standort

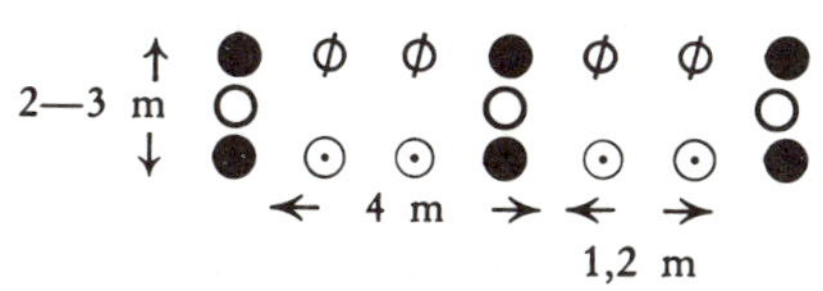

○ Stieleiche — Quercus robur
⊙ Haselnuß — Corylus avellana
● Schneeball — Viburnum opulus
∅ Salweide — Salix caprea

Mischpflanzung auf geringerem Standort

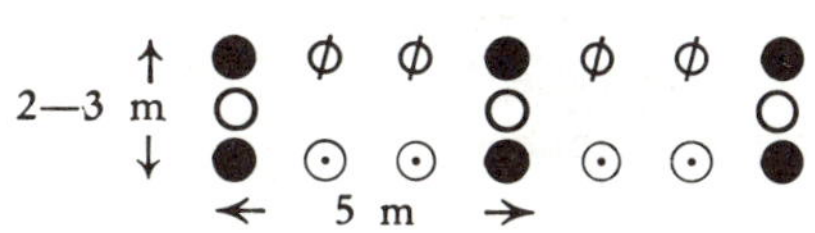

○ Graupappel — Populus canescens
⊙ Sanddorn — Hippophae rhamnoides
● Wildrose — Rosa rugosa
∅ Purpurweide — Salix purpurea

Abbildung 161: Dreireihige Windschutzpflanzung an einem landwirtschaftlichen Betrieb

III. FROSTSCHUTZ

Im Gartenbau sind strenge Winterfröste, Spätfröste im April/Mai und Frühfröste im Herbst sehr gefürchtet, weil sie großen Schaden an Holz und Wurzeln, an krautigen Pflanzenteilen, Blüten und Früchten anrichten können.

Winterfröste

Winterfröste sind um so gefährlicher, je weniger Schnee liegt. In ausgesprochenen *Kahlfrostlagen* (selten Schneefall, aber Kälte und Wind) müssen alljährlich besondere vorbeugende Schutzmaßnahmen getroffen werden. Schäden durch strenge Fröste kommen häufig bei Pfirsichen, Aprikosen, Wein, bestimmten Sorten anderer Obstarten, Erdbeeren, bei den immergrünen Gehölzen und einigen frostempfindlichen laubabwerfenden Gehölzen, wie Waldrebe, Rosen, Buddleien, bei im Freien überwinternden Gemüse, Zweijahrsblumen, Blumenknollen und empfindlichen Blumenstauden vor. Diese Arten müssen in gefährdeten Gebieten vom Anbau ausgeschlossen werden, im übrigen aber einen Winterschutz durch Umstecken und Abdekken mit Tannenreisig, strohigem Mist, Laub, Torf oder Rindenmulch erhalten.

Winterfrostschäden werden zum Beispiel durch falsche Düngung (zu viel Stickstoff, zu wenig Kali und Kalk), durch zu späte Stickstoffgaben (schlechte Holzausreife), mangelnde Wasserzufuhr im September (immergrüne Gehölze) und vor allem durch falsche Arten und Sortenwahl für den jeweiligen Standort begünstigt.

Spätfröste

Spätfröste *im Frühjahr* vernichten Obst- und Ziersträucherblüten, junge Triebe und Jungpflanzen von frostempfindlichen Gemüsen, Einjahrsblumen und Stauden. Schon bei -1°C muß man hier teilweise mit Totalverlusten rechnen. Die Spätfrostgefahr ist in bestimmten Geländen besonders groß, so in Talsohlen, Kesseln und Mulden, weil sich in diesen tieferen Geländeteilen die schwere Kaltluft ansammelt; es kommt zu *„Kaltluftseen"* und *„Frostlöchern"*. Weiterhin können Geländeeinschnitte als Kaltluftwege bezeichnet werden. Eine erhöhte Spätfrostgefahr besteht auf Gartenland, das neben Getreidefeldern, Wiesen, Kleeschlägen und jungem Waldgelände steht und das stark verunkrautet, gemulcht oder frisch gelockert ist, weil hier die Abkühlung in klaren, kalten Nächten am stärksten ist. Dagegen sind Hanglagen und Gelände in der Nähe einer größeren, mindestens 1 m tiefen Wasserstelle weniger frostgefährdet.

Im Erwerbsgartenbau werden Spätfröste durch Geländebeheizung, Frostschutzberegnung, Räuchern, Nebeln und erhöhte Windbewegung abgewehrt. Im Hausgarten lohnen sich diese teuren Maßnahmen nicht, und man muß *vorbeugende Maßnahmen* durch richtige Platzwahl, Auswahl unempfindlicher Arten und Sorten und durch Bedecken empfindlicherer Kulturen treffen. Die Abdeckung erfolgt am wirkungsvollsten mit Stroh, Rohrmatten oder Säcken. Papier und Folien geben bei mehreren Minusgraden keinen ausreichenden Schutz. Einzelne Pflanzen, zum Beispiel Buschbohnen und Gurken, können auch mit Tontöpfen bedeckt werden. Weiterhin eignen sich Frühbeetfenster, käufliche Glasglocken, Glaszelte und Wachspapierhauben als Bedeckungsmaterial. Die Abdeckung ist tagsüber zu entfernen und darf des Nachts die gefährdeten Pflanzenteile nicht berühren. Auf den Nutzen des Wanderkastens wurde bereits hingewiesen (siehe Seite 263).

Frühfröste

Frühfröste *im Herbst* gefährden viele unserer Gartenfrüchte und machen dem Blütenflor ein Ende. Rechtzeitige Erntemaßnahmen, vor allem bei Kürbis, Tomaten, Roten Rüben und Möhren sowie beim gesamten Obst bewahren den Hausgärtner vor Schaden. Noch unfertige Kulturen, zum Beispiel Herbstsalat, Endiviensalat, Blumenkohl, oder Blumen, an denen wir noch länger Freude haben wollen, zum Beispiel Winterastern, werden zum Beispiel mit überbauter Folie abgedeckt. Meistens handelt es sich vorerst nur um einige wenige Frostnächte, und danach folgen noch viele wärmere Herbsttage und -nächte.

Zusammenfassend sei nochmals betont, daß im Hausgarten vorbeugende Frostschutzmaßnahmen zu treffen sind, von denen die richtige Arten- und Sortenauswahl für das entsprechende Gebiet an erster Stelle stehen muß. Als zweites ist eine wohlüberlegte Platzauswahl zu treffen, um ausgesprochenen Froststellen aus dem Wege zu gehen. Durch Verbesserung des Kleinklimas (Windschutz und anderes) und Bedecken von gefährdeten Kulturen können Gefahren verringert werden. Die Frostwarnungen des Deutschen Wetterdienstes sind für den Gärtner eine wertvolle Hilfe.

IV. SCHÄDLINGSBEKÄMPFUNG OHNE GIFTANWENDUNG

Das stärkere Umweltbewußtsein hat in jüngster Zeit dazu geführt, daß man sich wieder vieler „altmodischer" Verfahren zur Abwehr und Beseitigung von Gartenschädlingen und mancher Nützlinge erinnert und nach neuen umweltfreundlichen Möglichkeiten sucht. Es ist erstaunlich, wieviele gute Ideen hierbei entwickelt werden und wie sich diese unter den Haus- und Kleingärtnern wie ein Lauffeuer verbreiten. Es handelt sich hierbei vor allem um mechanische und im weitesten Sinne biologische Maßnahmen, die zwar meist mehr Handarbeit verlangen, aber keine schädlichen Rückstände hinterlassen und Nützlinge schonen.

Ebenso bemühen sich *Wissenschaft und Forschung* sehr verstärkt um die Entwicklung direkter biologischer Bekämpfungsmethoden, und es bleibt abzuwarten, welche Bedeutung dieser Zweig der Schädlingsbekämpfung einmal in der landwirtschaftlichen und gärtnerischen Praxis erlangen wird.

1. Mechanische Schädlingsbekämpfung

- **Einsammeln** von kranken Blättern bei Rosen (laufend), Fruchtmumien auf und unter Obstbäumen (im Herbst und Winter), kranken Ernteresten im Gemüsegarten.
  Vernichten durch Hausmüllbeseitigung oder Verbrennen.

- **Absammeln** von Raupen, Käfern, Schnekken (laufend).
  Zum Beispiel mit kochendem Wasser abtöten.

- **Abpflücken** der Rundknospen mit Johannisbeergallmilben an Schwarzen Johannisbeeren im Spätwinter bis kurz vor der Blüte.
  Vernichten durch Hausmüllbeseitigung.

- **Abschneiden** befallener Triebspitzen (laufend). Zum Beispiel Läuse bei Beersträuchern, Obstbäumen, Rosen, Ziersträuchern, Dicken Bohnen; Gespinste der Obstbaumgespinstmotte; Mehltau bei Obstbäumen, Stachelbeeren, Rosen; Spitzendürre (Monilia) bei Sauerkirschen, Mandelbäumchen; Krebsbefall bei Baumobst.
  Vernichten durch Hausmüllbeseitigung oder Verbrennen.

- **Scharfer Wasserstrahl** gegen Läuse und ähnliche tierische Schädlinge.

- **Leimringe** an Obstbäumen von September bis Dezember gegen Frostspanner, Blutläuse, Ameisen. Leimringe sind im Handel erhältlich.
  Vernichten durch Verbrennen oder Hausmüllbeseitigung.

- **Fanggürtel** aus Wellpappe (gerillte Seite zum Stamm) oder Strohseilen an Kernobst im September gegen die Larven des Apfelwicklers (Obstmade). Der Fanggürtel wird in Brusthöhe nur am oberen Rand fest an den Stamm gebunden. Die Larven verkriechen sich von unten zwischen Borke und Wellpappe und verpuppen sich dort.
  Vernichten durch Ablesen und Verbrennen.

➤ **Himbeerkäfer** kurz vor und während der Himbeerblüte in frühen Morgenstunden auf eine feste Unterlage abklopfen und vernichten.

➤ **Erdflöhe** an jungen Gurken, Radieschen, Rettich:
- Abwehren durch ständiges Feuchthalten des Beetes,
- Fangen mit einem Leimbrett, das etwa 50 cm über den Pflanzen entlang geführt wird.

➤ **Kohlfliege:** Abwehren der Eiablage durch Umlegen des Wurzelhalses mit Plastikkragen, die auch im Handel erhältlich sind.

➤ **Schnecken:**
- Einsammeln unter ausgelegten alten Brettern, unter denen sie sich gern verkriechen.
- Fangen in ebenerdig eingegrabenen Schalen mit Bier oder durch Zwischenstreuen von trockenem Sägemehl oder -spänen, vor allem zwischen Erdbeeren.

Vernichten mit kochendem Wasser.

➤ **Wespen** in Obstbäumen: Fangen in aufgehängten Flaschen, die mit Bier und Obstsaft halb gefüllt sind.

➤ **Wühlmäuse:**
- Fangen in Fallen
- Fangen in 1/4 gefüllten Wassereimern, die über Nacht ebenerdig in den Boden eingegraben sind.

➤ **Schadvögel:** Abwehren durch Vogelabwehrnetze.

➤ **Wild:** Abwehren durch einen vollständigen engmaschigen Zaun, 1,50 m hoch, in schneereichen Gegenden höher.

Diese Vorschläge sind nur als *Beispiele* und speziell für den *Garten* anzusehen. Weitere Möglichkeiten sind in den vorangegangenen Kapiteln besprochen worden.

2. Biologische Schädlingsbekämpfung

2.1 Biologische Schädlingsbekämpfung durch Nützlinge

Unter der biologischen Schädlingsbekämpfung im engeren Sinne werden direkte biologische Methoden verstanden, die entweder in der freien Umgebung durch natürliche Schädlingsfeinde (Nützlinge) fortwährend vorkommen oder die vom Menschen durch gezüchtete Nützlinge durchgeführt werden.

Biologische Verfahren mit Nützlingen durch den Menschen

Die Forschung bemüht sich verstärkt, biologische Bekämpfungsverfahren zu entwickeln, indem man **künstliche Massenzuchten von Krankheitserregern und von räuberischen oder parasitisch lebenden Nutzinsekten** vornimmt, um sie gezielt zur Vernichtung von Schädlingen einzusetzen. So werden bereits *Schlupfwespen* und *Raubmilben* gegen Weiße Fliegen und Spinnmilben im Gewächshaus sowie sogenannte *Bacillus thuringiensis-Präparate* gegen Raupen eingesetzt. Amtlich zugelassen ist derzeit das „Bio-Präparat“ Dipel auf Basis Bacillus thuringiensis gegen freifressende Schmetterlingsraupen bei Kohl, Kernobst, Steinobst und Ziergehölzen (ausgenommen Eulen- und Nonnenraupen).

Außerdem sind sogenannte **biotechnische Verfahren** in der Entwicklung, wozu die Anwendung von Lock-, Abschreck- und Hemmstoffen gehört.

Biologische Schädlingsbekämpfung durch Nützlinge im Garten

Im Garten gibt es viele natürliche Schädlingsfeinde, vor allem unter den Säugetieren, Vögeln, Insekten und Spinnentieren, die durch ihr räuberisches oder parasitäres Verhalten bei der Schädlingsbekämpfung eine wertvolle Hilfe sein können. Sie zählen neben klima- und standortbedingten Einflüssen zu den wichtigen *natürlichen Begrenzungsfaktoren* im Garten, die eine Übervermehrung von Schädlingen erschweren und verhindern. Durch Verbesserung ihrer Lebensbedingungen und weitgehenden Schutz ihres Lebens sollten wir uns diese Nützlinge zu Bundesgenossen machen.

➤ Der **Igel** geht in der Dämmerung auf Nahrungssuche und lebt unter anderen von Schnecken, Raupen, Engerlingen, Drahtwürmern und Mäusen. Durch Liegenlassen von Laub- und Reisighaufen an sicheren Gartenstellen sollte ihm der Hausgärtner Unterschlupf für den Winterschlaf bieten. Dort darf er bis zur Paarungszeit im März keinesfalls gestört werden.

➤ **Frösche** und **Kröten** sind zwar manchen Menschen recht unsympatisch, aber sie leben vorwiegend von Nacktschnecken, Würmern und allerlei Insekten, die Gemüse, Blumen und Erdbeeren schädigen. Nicht die Kröte frißt die schönsten Erdbeerfrüchte, sondern die Schnecken, die von der Kröte noch nicht vertilgt wurden.

➤ **Fledermäuse** sind ebenfalls emsige Insektenfresser in der Dämmerung und bei Nacht. Man sollte sie an ihren Tages- und Winterschlafplätzen in Scheunen, Speichern usw. nicht stören.

➤ **Nützliche Vögel** im Garten sind vor allem Höhlenbrüter, wie Meisen, Rotschwanz, Fliegenschnäpper, Baumläufer, Kleiber, Spechte, und unter den freibrütenden Arten die Rotkehlchen, Grasmücken, Zaunkönige, Finken, Laubsänger und Lerchen. Amseln, Stare, Drosseln und Spatzen ernähren sich zwar auch von Gartenschädlingen, aber sie können wegen ihres Fraßes an Obst, Samen, jungen Gemüsepflanzen und manchen Frühjahrsblumen auch sehr lästig werden.

Richtig durchgeführter *Vogelschutz* erhält uns die Singvögel im Garten, zum Beispiel das Anbringen von Nistkästen, die gleichzeitig Winterschlafplätze für Vögel sein sollen, rechtzeitiges Aufstellen von Vogeltränken im Frühjahr und geeigneten Futterplätzen im Frühwinter, aber vor allem die Anlage von früchtetragenden Hecken und von Quirlschnitt in Büschen. *Übertriebener Ordnungs- und Putzsinn im Garten läßt viele nützliche Vögel abwandern!*

➤ **Nützliche Insekten** haben ihre Bedeutung als Räuber und Parasiten.

– **Räuber**, die Schädlinge fressen, sind zum Beispiel *Marienkäfer* und ihre Larven, Larven der *Florfliegen*, Larven der *Schwebfliegen*, *Laufkäfer* und ihre Larven, *Ohrwürmer*, *Raubwanzen* und

Abbildung 162:
Marienkäfer bei der Läusevertilgung

Raubmilben. Eines dieser Insekten und Raubmilben kann hunderte von Blattläusen sowie schädliche Spinnmilben (Rote Spinne) und kleine Raupen verzehren. Das nützliche Werk dieser Räuber kann man oft mit dem bloßen Auge, zumindest aber mit der Lupe an von den genannten Schädlingen befallenen Pflanzenteilen erkennen. Nach einer Beobachtungszeit von einigen Tagen sollte erst entschieden werden, ob die räuberische Tätigkeit der Nützlinge ausreicht oder ob durch mechanische oder chemische Maßnahmen die Schädlinge bekämpft werden müssen, um das gesunde Pflanzenwachstum und die Ernte zu sichern.

– **Parasiten** wie *Schlupfwespen* stechen mit ihrem langen Legestachel Blattläuse, Blutläuse, Schmetterlingseier, Raupen und Puppen an und legen darin ein Ei ab. Nach wenigen Stunden schlüpft innerhalb des Schädlings die Larve aus dem Ei und entwickelt sich dort bis zur Verpuppung. Aus der ausgefressenen Blattlaus tritt die nächste Generation der Schlupfwespe heraus und das „Naturdrama" beginnt von neuem durch die nächste Eiablage. Die letzte Generation der Wespe im Jahr überwintert als Larve in dem ausgefressenem Schädling.

Die nützlichen Insekten und Spinnentiere werden durch Doldenblütler, Phacelia und allerlei Gebüsch im Garten angezogen.

2.2 Biologischer Pflanzenschutz durch Pflanzen und pflanzliche Hilfsmittel

Hierunter werden Schutz- und Bekämpfungsmaßnahmen im Garten verstanden, die mit Hilfe von lebenden Pflanzen oder mit pflanzlichen Präparaten vorgenommen werden.

Nachbarschaftswirkungen bei Pflanzen

Ausgeschiedene Duft- und Wurzelstoffe von Pflanzen können eine gewisse Schädlings- und Krankheitsabwehr für Nachbarpflanzen bewirken. Die Erfahrungen hierüber sind jedoch sehr unterschiedlich und exakte wissenschaftliche und praktische Untersuchungen auf diesem Gebiet des biologischen Pflanzenschutzes liegen kaum vor. So muß jeder Hausgärtner am besten selbst Erfahrungen sammeln.

Zur Vernichtung von *Erdraupen, Engerlingen* und *Drahtwürmern* im Boden, die durch Wurzelfraß reihenweise Kohlpflanzen zunichte machen können, hat sich auch die Zwischenpflanzung einzelner Salatpflanzen als **Fangpflanzen** bewährt. Die Schädlinge bevorzugen Salat, wandern von dort aber zum Kohl, wenn sie nicht rechtzeitig vernichtet wurden. Sowie die Fangpflanze Salat durch den Wurzelfraß beginnt zu welken, ist sie mit Erdballen herauszunehmen. Dabei können die Erdraupen usw. leicht aus

Folgende **Beispiele** von Nachbarschaftswirkungen sind unter anderem bekannt:

Schädlinge/Krankheiten	Nachbarpflanze mit Abwehrwirkung
Erdflöhe an Kohlarten, Rettich, Radies, Schnittlauch	Kopf- und Schnittsalat als Zwischenpflanzung, Kresse neben Schnittlauch auf Kräuterbeet
Kohlweißling an Kohlarten	Sellerie als Mischkultur zu Blumenkohl und Kopfkohl
Läuse und Ameisen bei Rosen und anderen Pflanzenarten	Tagetes, Salbei, Lavendel als Unter- beziehungsweise direkte Nachbarpflanzen
Nematoden bei Erdbeeren, Kohl, Rosen	Ringelblumen (Calendula), Tagetes, Senf als Zwischen- und Randsaat
Wühlmäuse	Wolfsmilch, Kaiserkronen, Knoblauch zum Beispiel neben Blumenzwiebeln, auf Baumscheiben junger Obstbäume
Grauschimmel, zum Beispiel bei Erdbeeren	Knoblauch, Zwiebeln, Porree, Schnittlauch als Zwischenpflanzung

Boden und Wurzelballen vom Salat herausgelesen und vernichtet werden.

Pflanzliche Pflege- und Bekämpfungsmittel

Reine pflanzliche Präparate, die zur Stärkung der Kulturpflanzen und zum Teil gleichzeitig zur vorbeugenden oder direkten Schädlingsbekämpfung verwendet werden, kommen vor allem bei der biologisch-dynamischen Wirtschaftsweise zum Einsatz. Die Erfahrungen mit ihnen sind sehr unterschiedlich.

Als die zwei wichtigsten Kräuter für die Pflanzenpflege gelten die *Brennessel* und der *Ackerschachtelhalm* (Zinnkraut). Von beiden gibt es käufliche Präparate. Sie sind miteinander mischbar. Die Selbstherstellung ist für den Hausgärtner verhältnismäßig einfach.

- **Brennesseljauche:** 1 kg frische Brennnesseln (während der Blüte gewonnen) mit 10 l Wasser ansetzen, eventuell Zusatz von etwas Hornmehl, Stallmist und ähnlichem, zehn bis zwölf Tage unter mehrmaligem Umrühren zu Jauche vergären lassen. Es wird empfohlen, die fertige Jauche mehrmals während der Wachstumszeit im Garten mindestens 1 : 10 verdünnt als Gießwasser oder 1 : 20 verdünnt als Spritzmittel zur *Pflanzenstärkung* und Wuchsförderung und zur Unterstützung des Rotteprozesses für den Komposthaufen zu verwenden.

- **Kaltwasserauszug von Brennesseln:** 1 kg frische Brennesseln in 10 l kaltem Wasser 12 bis 24 Stunden lang stehenlassen, danach abgießen und unverdünnt wiederholt **zur Pflanzenstärkung** spritzen oder gießen.

- **Ackerschachtelhalmjauche:** 1 kg frischer grüner Schachtelhalm in 10 l Wasser im Plastikeimer verjauchen (siehe oben) und zur *Pflanzenstärkung* und Bekämpfung von schädlichen *Bodenpilzen* im Frühjahr und Herbst auf die Anbaufläche im Gemüse-, Blumen- und Beerenobstgarten gießen, am besten bei Sonnenschein vor der Mittagshitze. Für die vorbeugende Bekämpfung von *Pilzkrankheiten* an Gemüse- und Obstpflanzen wird ebenfalls Ackerschachtelhalm-Brühe in einer Verdünnung von 1 : 5 empfohlen. Sie sollte mehrmals im Abstand von einigen Tagen erfolgen und periodisch wiederholt werden. Bei ungünstigem Wetter und starker Pilzvermehrung reicht diese Bekämpfungsmethode nicht aus. Die im Schachtelhalm enthaltene *Kieselsäure* bewirkt die Erhöhung der Widerstandskraft der behandelten Pflanzen.

- **Weitere Kräuter** mit gesundheitsfördernder Wirkung auf manche Kulturpflanzen sind zum Beispiel Wurmfarn, Rainfarn, Adlerfarn, Kamille, Knoblauch, Wermut und Löwenzahn. Sie hinterlassen keine schädlichen Rückstände. Hierüber ist in entsprechender Literatur nachzulesen.

- **Reine Pyrethrum- und Rotenon- (Derris)-Mittel** sowie **Quassia** gehören ebenfalls zu den pflanzlichen Bekämpfungsmitteln, die jedoch *tödliche Insektengifte* sind.

Pyrethrum ist ein Auszug aus den Blüten südosteuropäischer, afrikanischer und westasiatischer Margeritenarten (Chrysanthemum cinerariaefolium).

Rotenon wird aus den Wurzeln tropischer Leguminosenarten gewonnen.

Quassia gewinnt man aus dem tropischen Bitterholz.

Pyrethrum- und Rotenonmittel werden einzeln oder miteinander kombiniert, jedoch ohne weitere Zusatzstoffe im Handel vertrieben. Sie sind Kontakt- und Fraßgifte für Insekten, starke Fischgifte, für den Menschen weitgehend ungefährlich. Anwendungsvorschriften und Wartezeiten sind genau zu beachten.

Pyrethrum und Rotenon sind außerdem in Kombination mit einem chemischen Zusatzstoff zum Beispiel unter den Namen blitol Insektenfrei, Spruzit Nova flüssig und Staub, Substral Pflanzenschutz Spray, Rotenol-Emulsion und Staub als amtlich zugelassene Pflanzenschutzmittel gegen saugende und zum Teil auch beißende Insekten im Handel. Auch bei diesen Mitteln sind die Wartezeiten und weitere Anwendungsvorschriften genauestens einzuhalten.

V. SCHÄDLINGSBEKÄMPFUNG MIT CHEMISCHEN MITTELN

In diesem Kapitel werden wichtige grundsätzliche Angaben zu chemischen Bekämpfungsmitteln und deren Anwendung und Verteilung im Hausgarten gemacht. Spezielle vorbeugende und direkte Bekämpfungsmaßnahmen sind bei der Besprechung der einzelnen Kulturen nachzulesen. Die Angaben erheben keinen Anspruch auf Vollständigkeit. Wer sich noch genauer informieren will, sollte sich an das zuständige *Pflanzenschutzamt* wenden oder das *amtliche Pflanzenschutzmittelverzeichnis* erwerben.

Im Hausgarten sollte man mit chemischen Bekämpfungsmitteln sehr *sparsam* umgehen und möglichst bienenunschädliche Präparate ohne oder mit sehr kurzer Wartezeit (siehe Seite 462) sowie geringer Giftigkeit bevorzugen. Alle zu ergreifenden Maßnahmen sind nur verantwortbar und führen zum Erfolg, wenn sie zum richtigen Zeitpunkt, *gezielt* mit den gegen die jeweils zu bekämpfenden Krankheiterreger und Schädlinge zugelassenen Mitteln und Verfahren unter strenger Beachtung der Gebrauchsanweisung durchgeführt werden.

1. Chemische Bekämpfungsmittel

Seit 1968 dürfen Pflanzenschutzmittel nur eingeführt oder vertrieben werden, wenn sie von der *Biologischen Bundesanstalt für Land- und Forstwirtschaft geprüft* und im Einvernehmen mit dem Bundesgesundheitsamt *zugelassen* sind. Diese Zulassung wird nur erteilt, wenn unter der Berücksichtigung der angegebenen Vorsichtsmaßnahmen die Gesundheit von Mensch und Tier nicht gefährdet wird und auch sonst keine schädlichen Auswirkungen auf die Umwelt zu befürchten sind. Sie ist höchstens auf zehn Jahre befristet und kann jederzeit widerrufen werden, wenn sich neue Erkenntnisse ergeben haben.

Auf den Verkaufspackungen und -behältnissen müssen in deutlicher Schrift folgende Angaben sein:

- Bezeichnung des Mittels (Handelsname),
- die Zulassungsnummer,
- Name oder Firma des im Geltungsbereich des Gesetzes ansässigen Herstellers, Einführers oder Vertriebsunternehmens,
- Art und Menge der wirksamen Bestandteile im Mittel,

Abbildung 163:
Auf den Packungen der Pflanzenbehandlungsmittel müssen die Zulassungsnummern und das Zulassungszeichen der Biologischen Bundesanstalt aufgedruckt sein.

- Zweck, Art und Zeit der Anwendung, die aufzuwendende Menge und Konzentration, nach der Anwendung einzuhaltende Wartezeiten und ein Hinweis auf die Gefahren, die bei der Anwendung auftreten können,
- das Verfallsdatum bei Mitteln mit zeitlich beschränkter Haltbarkeit.
- die von der Biologischen Bundesanstalt vorgeschriebenen Angaben.

Durch die *„Höchstmengenverordnung Pflanzenbehandlungsmittel"* (zuletzt novelliert am 13. 6. 1978) ist zum **Schutz des Verbrauchers** im einzelnen festgelegt, welche Pflanzenschutzmittelrückstände auf oder in Lebensmitteln pflanzlicher Herkunft vorhanden sein dürfen, ohne daß dadurch die menschliche Gesundheit gefährdet wird. Jeder Obst- und Gemüseerzeuger ist demnach bei der Anwendung von Pflanzenschutzmitteln verpflichtet, die vorgeschriebenen Konzentrationen, Aufwandmengen und Wartezeiten genau einzuhalten, um eine Überschreitung der zulässigen Höchstmengen von Mittelrückständen im Erntegut völlig auszuschließen.

Ein völliges Verbot besteht unter anderem für Präparate, welche die Stoffe Arsen, Blei, Camphechlor (Toxaphen), Dieldrin, DDT, Hexachlorbenzol, Tetrachlorkohlenstoff sowie Captan enthalten

Viele Pflanzenbehandlungsmittel sind für Haus- und Nutztiere gefährlich, und es ist besonders im **Bauerngarten** darauf zu achten, daß keine Flächen oder Gegenstände mit giftigen Mitteln behandelt werden, die vom *Vieh* erreicht werden können. Die meisten Mittel gegen Insektenschädlinge sind auch für *Bienen*, manche auch für *Fische* und *Vögel* schädlich. Die Gefahren für Bienen und Fische müssen auf den Mittelpackungen angegeben sein.

1.1 Einteilung der chemischen Bekämpfungsmittel

Die chemischen Mittel setzen sich aus folgenden Bestandteilen zusammen:

- Wirkstoff, organische oder anorganische Verbindung, die den Anwendungsbereich des Mittels entscheidet.
- Haft-, Netz- und Lösungsmittel, die Wirksamkeit und Anwendung des Mittels verbessern.
- Träger-, Streck- und Farbstoffe.

Einteilung der Mittel nach dem Wirkungsbereich

zum Beispiel:

Mittel gegen Pilzkrankheiten	– Fungizide
Mittel gegen schädliche Insekten	– Insektizide
Mittel gegen Milben	– Akarizide
Mittel gegen Nematoden	– Nematizide
Mittel gegen Schnecken	– Molluskizide
Mittel gegen Nagetiere	– Rodentizide

Einteilung der Mittel nach ihrer Wirkungsweise

Über einige Unterschiede in der Wirkungsweise von Mitteln muß der Hausgärtner ebenfalls Bescheid wissen, um auch in dieser Hinsicht eine gezielte chemische Schädlingsbekämpfung vorzunehmen.

Unterschiede bei Mitteln gegen tierische Schädlinge:

Zum Beispiel:

Kontaktmittel:
Sie wirken ätzend auf die vorhandenen Schädlinge.
Systemische Mittel:
Sie werden in den Leitungsbahnen der Pflanzen transportiert und haben oft eine langanhaltende Wirkung gegen Läuse und Spinnmilben.
Fraßmittel: Ködermittel, die zum Beispiel von Schnecken und Wühlmäusen gefressen werden.
Begasungsmittel: zum Beispiel gegen Wühlmäuse.

Unterschiede bei Mitteln gegen Pilzkrankheiten:

Vorbeugende Mittel:
Die meisten Fungizide haben nur eine vorbeugende Wirkung und müssen deshalb vor dem Krankheitsbefall wiederholt zur Anwendung kommen.

Heilende Mittel:
Hiervon gibt es nur wenige, die aber auch nur während der Inkubationszeit, also vor dem Krankheitsausbruch wirken.

Einteilung der Mittel nach der Anwendungsmethode

Für den Hausgarten kommen vor allem folgende in Frage:

➤ *In aufgelöster Form*
Spritz- beziehungsweise Sprühmittel, Gießmittel

➤ *In trockener Form*
Stäubemittel, Streumittel, Beizmittel

➤ *In fester Form zum Begasen*
Begasungs- und Räuchermittel

Die auf der Mittelpackung angegebene Ausbringungsart ist unbedingt einzuhalten, um Mißerfolge, Pflanzenverbrennungen und andere Nachteile zu vermeiden. So darf zum Beispiel ein Spritzpulver nicht verstäubt oder ein Stäubemittel nicht aufgelöst und gespritzt werden.

Einteilung der Mittel nach ihren Gifteigenschaften

Bisher wurden in allen Bundesländern die giftigen Pflanzenschutzmittel durch Verordnungen über den Handel mit Giften und den Verkehr mit giftigen Pflanzenschutzmitteln nach dem Giftigkeitsgrad ihrer Wirkstoffe auf Mensch und Tier in drei Giftabteilungen eingeteilt.

Rund 75 % aller Pflanzenschutzmittel gehörten 1979 in der Bundesrepublik Deutschland keiner Giftabteilung an. Hierzu gehören zum Beispiel die meisten organischen Pilzbekämpfungsmittel, reine Kupfer- und Schwefelmittel, Bromophosmittel sowie Derris-Pyrethrum-Mittel.

In Angleichung an die Richtlinien der Europäischen Gemeinschaft ist eine **Neuordnung des Giftrechts** in der Bundesrepublik erfolgt. Nach dem neuen Giftrecht müssen Gifte im Handel mit **Gefahrensymbolen** gekennzeichnet sein (schwarzer Aufdruck auf orangegelbem Grund).

Giftige Pflanzenschutzmittel dürfen nicht an Personen unter 18 Jahren abgegeben werden.

T

Giftig

C

Ätzend

Xn

Gesundheitsschädlich

Xi

Reizend

Die Abgabe von Giften mit dem Kennbuchstaben T ist nur gegen Empfangsschein und nach Eintragung in ein Giftbuch gestattet. Sie sollten im Hausgarten gar nicht verwendet werden.

Bienengefährlichkeit der Mittel

Jeder Hausgärtner muß unbedingt wie Erwerbsgärtner und Landwirte die Angaben über die Bienengefährlichkeit auf den Mittelpackungen beachten und darf mit bienengefährlichen Mitteln niemals blühende Kulturpflanzen oder Kulturpflanzen neben blühenden Wild- oder Unkrautpflanzen behandeln. Obgleich über 80 % der angebotenen chemischen Pflanzenschutzmittel bienenungefährlich sind, schädigen doch die Mehrzahl der Insektenmittel auch die Bienen.

Von den Mitteln gegen beißende und saugende Insekten sind zum Beispiel Beosit, Thiodan, Spruzit, Rotenol, Parexan, Derro, Derrothan, blitol Insektenfrei *bienenunschädlich*. Nur diese dürfen während der Blütezeit der zu behandelnden Kulturpflanzen oder benachbarter Kulturen angewendet werden, jedoch auch nur *morgens* und *abends* und nicht während des Hauptbienenfluges am Tage.

1.2 Aufbewahrung der chemischen Bekämpfungsmittel

Jeder Hausgärtner muß sich in einem abschließbaren Schrank, Schubfach oder einer Kiste eine kleine **Pflanzenschutzapotheke** einrichten, wenn er chemische Mittel benutzen will. Die Mittel sind unter sicherem Verschluß und getrennt von Nahrungs- und Futtermitteln aufzubewahren. Sie dürfen nur in Originalpackungen aufgehoben, auf keinen Fall in andere Gefäße umgefüllt werden. Leere Mittelpackungen und -behälter müssen unbrauchbar gemacht und der amtlichen Hausmüllbeseitigung mitgegeben werden.

Der **Aufbewahrungsraum** muß frostfrei, kühl und trocken sein.

Zur Pflanzenschutzapotheke gehören außerdem alte Handschuhe, Maßgefäße und als Gedächtnisstütze ein kleines **Tagebuch**, aus dem die einzelnen angewendeten Mittel, die Anwendungszeiten und wichtigen Wartezeiten hervorgehen.

Beispiel für Eintragungen in ein Gartentagebuch

Kulturart	Schädling	Mittel	Angewandt am:	Ende der Wartezeit am:
Wintermöhren	Möhrenfliege	Nexion Streumittel	25. April	23. Mai
Knollensellerie	Blattflecken-Krankheit	Polyram-Combi	10. August (letzte Wiederholung)	7. September

2. Durchführung von Bekämpfungsmaßnahmen mit chemischen Mitteln

Der Umgang mit chemischen Pflanzenschutzmitteln erfordert auch vom Hausgärtner hohe Verantwortung, größte Sorgfalt und genügend Kenntnisse über Schädlinge, Bekämpfungsmittel, Pflanzenschutzgeräte und Vorsichtsmaßnahmen bei der Mittelanwendung. *Fachlichen Rat* erteilen die Pflanzenschutzämter in den einzelnen Bundesländern und auch manche städtischen Gartenämter und Gartenbauvereine.

Vor dem Griff zum chemischen Mittel sollte man prüfen, ob tatsächlich nur dadurch wirtschaftliche Verluste im Nutzgarten und gravierende Wachstumsstörungen an den Nutz- und Zierpflanzen zu verhüten sind. Chemische Bekämpfungsmaßnahmen gegen Insektenschädlinge sind für Mensch und Umwelt besonders problematisch.

2.1 Anwendungsarten

Spritzen

Das Ausbringen von Spritzmitteln ist eine umständlichere Anwendungsmethode als fast alle anderen Möglichkeiten, aber für die Bekämpfung oberirdischer Schädlinge – vor allem der Pilzkrankheiten – besonders wirkungsvoll und zu empfehlen.

Für das *Ansetzen der Spritzbrühe* braucht man Ruhe und Zeit. Die Gebrauchsanweisungen auf den Mittelpackungen sind genau zu befolgen, um Pflanzenschäden und Mißerfolge zu vermeiden. Die Spritzbrühe darf nur im Freien zubereitet werden, und zwar in eigens dafür bestimmten Behältern und mit Hilfe von exakten Meßgeräten mit ccm-Einteilung, die im Samenfachhandel erhältlich sind. Löffel, Tassen und dergleichen sind als Meßbecher zu ungenau. Es sollte in jedem Falle nur soviel Spritzbrühe angesetzt werden, wie unmittelbar gebraucht wird.

Pulverförmige Spritzmittel sind mit der Briefwaage genau abzuwiegen und im Pflanzenschutzeimer zunächst mit etwas Wasser *anzuteigen*, gut zu verrühren und erst dann mit der notwendigen Wassermenge auf die erforderliche Konzentration zu verdünnen. Auch flüssige Spritzmittel sollen nach dem genauen Abmessen mit einem Meßbecher zuerst in kleinerer Wassermenge gut verrührt werden. Das Einfüllen in das Spritzgerät sollte durch ein *Sieb* erfolgen. Jedes Verschütten ist bei diesen Arbeiten zu vermeiden! *Kinder und Haustiere müssen ferngehalten werden.*

Die erforderliche *Ausbringmenge pro m²* ist nur selten auf den Kleinpackungen angegeben. Als Richtlinien können für den Gemüsegarten gelten:

- 0,5 Liter/10 m² Spritzbrühe bei einem Pflanzenbestand bis 50 cm Höhe.
- 1 Liter/10 m² Spritzbrühe bei einem dichten Pflanzenbestand und bei Pflanzen über 50 cm Höhe.
- Bei der Behandlung von Einzelpflanzen ist dann genügend Spritzbrühe ausgebracht, wenn der Spritzbelag zusammenzufließen beginnt, zum Beispiel ein 2 bis 3 m hoher Busch = 1 bis 2 l Spritzflüssigkeit.

Angesetzte Spritzbrühe darf nicht unbeaufsichtigt und niemals über längere Zeit – zum Beispiel über Nacht – im Spritzgerät stehengelassen werden.

Es wird grundsätzlich nicht bei stärkerem Wind, nie gegen den Wind und möglichst in den Morgen- oder Abendstunden gespritzt. Temperaturen unter +10°C und über +20°C sind für die meisten Pflanzenschutzmittel ungeeignet. Eine gleichmäßige Verteilung der Spritzflüssigkeit auf der Ober- und Unterseite der Blätter, auf den Trieben und gegebenenfalls Früchten – bei der Bekämpfung von Pilzkrankheiten mit möglichst feiner Düse – ist ausschlaggebend für den Bekämpfungserfolg.

Nach Beendigung des Spritzvorganges sind alle Geräte mit klarem Wasser gut auszuspülen. Spritzdüsen sind mit scharfem Wasserstrahl zu reinigen. Sie dürfen auf keinen Fall mit dem Mund ausgeblasen werden. Das Reinigungswasser bringt man zwischen den behandelten Pflanzen oder auf einem Kiesweg aus, keinesfalls in Gräben oder in die Kanalisation.

Spritzgeräte

Für die Verteilung der Spritzflüssigkeit kann man sich bei der Bekämpfung der Tomatenkrankheiten und notfalls auch des Erdbeergrauschimmels mit einer Gießkanne behelfen. Doch für andere Spritzarbeiten ist zur feineren und gleichmäßigeren Verteilung eine handliche Gartenspritze unentbehrlich. Für eine kurze, örtlich begrenzte Bekämpfung an Blumenbeeten, Rosen, einzelnen Sträuchern und auf kleineren Gemüseflächen stehen 2,5 l fassende *Handspritzen* bekannter Pflanzenschutzgeräte-Firmen zur Verfügung (circa 40,– DM). Sie sind sehr praktisch und schnell einsatzbereit (siehe Abbildung 164). Größere Schädlings- und

Praktische Beispiele zur Herstellung bestimmter Konzentrationen:

1 %	=	100 g	oder	100 cm³	auf 10 l Wasser
0,1 %	=	10 g	oder	10 cm³	auf 10 l Wasser
0,5 %	=	50 g	oder	50 cm³	auf 10 l Wasser
0,01 %	=	1 g	oder	1 cm³	auf 10 l Wasser

Unkrautbekämpfungsaktionen im Hausgarten werden aber zweckmäßiger mit einem schulter- oder rückentragbaren *Drucksprühgerät* vorgenommen. Bei diesem wird nach dem Einfüllen der Spritzbrühe vor der Spritzarbeit Luft zugepumpt. Nach Bedienung eines Hebels drückt die verdichtete Luft die Spritzbrühe selbsttätig aus dem Stahlrohr. Leichte, handliche Drucksprühgeräte mit 5 l-Plastikbehälter sind schon für circa 80,– DM erhältlich. Rückentragbare 10 l-*Hochleistungsspritzen* mit Stahlblechbehälter kosten um 180,– DM. Die Anschaffung lohnt sich für einen größeren Obstgarten.

Werden die Spritzarbeiten von der Frau ausgeführt, dann sollten die Geräte nicht über 8 l fassen. An alle rücken- und schultertragbaren Spritzgeräte können *Aufsatzrohre* angeschraubt werden, wodurch die Entfernung vom Arbeitenden zum Gift größer wird.

Sprühen

Abgesehen von der Möglichkeit, mit großen rücken- oder schultertragbaren *Sprühgeräten* in größeren Hausgärten zu arbeiten, bietet der Handel auch gebrauchsfertige Sprühmittel in *Sprühdosen* für kleine Pflanzenschutzmaßnahmen an. Die einfache Handhabung verleitet zum schnellen, auch zum vorschnellen Gebrauch.

Es ist bei der Verwendung von Sprühdosen darauf zu achten, daß windstilles Wetter herrscht und der Abstand zur Pflanze 50 cm beträgt, um Pflanzenschäden zu vermeiden.

Gießen

Manche Bodenschädlinge können mit zugelassenen Gießmitteln oder mit auch zum Gießen zugelassenen Spritzmitteln behandelt werden. Ebenso dürfen manche systemischen

Abbildung 164:
Diese und ähnliche Handspritzen sind für schnelle Pflanzenschutzmaßnahmen an einzelnen Pflanzen oder kleinen Pflanzengruppen sehr geeignet. Hier werden Rosenläuse mit einer Schmierseifenlösung bekämpft.

Mittel an die Pflanzen gegossen werden. Hierfür werden *Gießkannen* mit feiner Düse verwandt. Diese müssen nach der Bekämpfungsmaßnahme besonders sorgfältig gereinigt werden.

Stäuben

Stäuben ist bequemer als Spritzen. Man ist unabhängig von Wasserbeschaffungsmöglichkeiten, aber noch abhängiger von windstillem Wetter als beim Spritzen. Auf taufeuchten Pflanzenteilen bleibt der Staub besonders gut haften, deshalb ist der Morgen die beste Bekämpfungszeit.

Stäubemittel werden in geschlossenen Pflanzenbeständen gewöhnlich in einer *Aufwandmenge* von 2,5 g/m^2 angewandt.

Stäuben ist am ehesten *für die Bekämpfung fressender Insekten* wie Raupen und Käfer angebracht.

Stäubegeräte

Soweit es sich um kleine Abpackungen handelt, werden diese vielfach in gebrauchsfertigen *Stäubedosen* verkauft. Die meisten im Handel angebotenen Stäubegeräte für den Hausgarten befriedigen nicht in ihrer Staubverteilung.

Streuen

Die Anwendung von Streumitteln kann flächig, in die Saatrillen oder gezielt an die einzelne Pflanze erfolgen. Die Gebrauchsanweisungen müssen genau befolgt werden, um die erwünschte Wirkung zu erreichen. Vor dem flächigen Streuen sollte man sich mit der angegebenen Aufwandmenge pro m^2 wie vor dem Düngerstreuen ein *Streubild* anfertigen und nach diesem Muster weiterarbeiten.

2.2 Grundsätze für die Durchführung chemischer Bekämpfungsmaßnahmen

1. Arbeiten mit Pflanzenschutzmitteln sollen nur von geistig und körperlich geeigneten Personen durchgeführt werden, weder Kinder noch Jugendliche sind dafür geeignet, Lehrlinge nur unter ständiger Aufsicht.
2. Als erstes die Gebrauchsanweisungen und Vorsichtsregeln auf den Packungen lesen und beachten.
3. Die festgesetzten Wartezeiten (Karenzzeiten) beachten — das ist die Zeit zwischen der letzten Mittelanwendung und der Ernte — und prüfen, ob sie mit dem gewählten Mittel eingehalten werden kann.
4. Während der Blütezeit der zu bekämpfenden oder benachbarten Kulturen sowie naher Unkräuter darf nicht mit bienengefährlichen Mitteln gespritzt, gesprüht oder gestäubt werden.
5. Alle Mittel nicht während des Bienenfluges anwenden, sondern morgens oder abends.
6. Haustiere sind zu schützen.
7. Verwehungen auf Nachbar- und Unterkulturen sind zu vermeiden. Vorsichtshalber auch hier die vorgeschriebenen Wartezeiten einhalten.

8. Während der Arbeit ist alte Kleidung zu tragen, die an Hals, Handgelenken und Füßen eng abschließt. Handschuhe, Kopfbedeckung und festes Schuhwerk sind wichtig. Besondere Vorsichtsregeln bei einzelnen Mitteln beachten.

9. Essen, Trinken, Rauchen und Alkoholgenuß vor, während und nach der Arbeit sind sehr gefährlich und zu unterlassen.

10. Machen sich während oder nach der Arbeit Kopfschmerzen, Übelkeit, Schwindelgefühle bemerkbar, ist sofort ein Arzt zu Rate zu ziehen.

11. Verunreinigte Haut und Kleidung sofort waschen.

12. Reste von Spritzbrühen, Mitteln und Verpackungsmaterial dürfen niemals achtlos weggespült beziehungsweise weggeworfen werden, sondern sind der kommunalen Abfallbeseitigung beziehungsweise einer Sonderabfallbeseitigungsanlage zu übergeben.

13. Geräte müssen nach der Arbeit gründlich gereinigt und trocken aufbewanrt werden.

Gute Kenntnisse über die Lebens- und Entwicklungsvorgänge im Garten und in der Umwelt, fachgerechte und pünktliche Kulturmaßnahmen und das ständige Beobachten des biologischen Geschehens im Garten sind die wichtigsten Voraussetzungen für gesundes Pflanzenwachstum und für Erfolg und Freude des Hausgärtners.

Übersicht 37: Möglichkeiten des Einsatzes von chemischen Bekämpfungsmitteln im Hausgarten (Beispiele)

Anwendung gegen	Beispiele von Pflanzenschutzmitteln
1. Pilzkrankheiten	
1.1 Pilzkrankheiten an Samen, Blumenzwiebeln und -knollen	
Blumensamen	*Trockenbeizung:* Polyram-Combi (–)*
Gemüsesamen (Erbsen, Bohnen, Zwiebeln, Gurken u.a.)	*Trockenbeizung:* AAtiram, auch auflauffördernd (Xi)*, Phytox-Super (–)
Pillierte Gemüsesamen von z.B. Gemüsekohl, Möhren, Porree, Zwiebeln	SAREA-Samenpille (–), enthält in der Hülle bereits ein Mittel zum Schutz gegen Auflaufkrankheiten
1.2 Pilzkrankheiten an oberirdischen Pflanzenteilen	
Obst	
Moniliaspitzendürre, Blütenmonilia (Kirsche, Mandelbaum), Kräuselkrankheit (Pfirsich)	*Spritzen:* Saprol (–)
Schorf an Kernobst	*Spritzen:* (Saprol (–), Kupfermittel (–)
Grauschimmel an Beerenobst	*Spritzen:* Euparen (–), Ronilan (–), Pomarsol forte (Xi)
Blattfallkrankheit an Johannisbeeren	*Spritzen:* Euparen (–)
Gemüse	
Blattfleckenkrankheit an Knollensellerie, Samtfleckenkrankheit, Kraut-, Braun- und Stengelfäule an Tomaten	*Spritzen:* Antracol (–), Polyram-Combi (–), Kupfermittel (–)
Echter Mehltau an Gemüse, Stachelbeermehltau	*Spritzen:* Morestan (–), auch gegen Spinnmilben, Schwefelmittel (–)
Falscher Mehltau an Gurken	*Stäuben:* Dithane Ultra (–)
Zierpflanzen	
Grauschimmel, Echter Mehltau, Rost an Zierpflanzen	*Spritzen:* Euparen (–), Rovral (–), Schwefelmittel (–), BASF-Rosenspritzmittel (–)
Echter Mehltau, Sternrußtau an Rosen und Rosenrost	*Spritzen:* Baymat-Spray (–), Compo Rosen-Schutz (–), Pflanzen-Paral Spritzmittel-Konzentrat gegen Pilzkrankheiten (–), Bayleton 100 (–), Saprol (–)

Anwendung gegen	Beispiele von Pflanzenschutzmitteln
2. Tierische Schädlinge	
2.1 Insektenschädlinge im und am Boden	
Gemüsefliegen	*Gießen:* Rogor (Xn, B!)*, Roxion (Xn, B!), Nexion-stark (–, B!), Nexit-stark (Xn, B!)
	Streuen: Nexion-Streumittel (–, B!), Hortex Streuer (–, B!)
	Stäuben: HORA;Saatgutpuder B (–)
Drahtwürmer	*Streuen:* Nexion-Streumittel (–, B!)
	Stäuben: Gamma-Saatgutpuder "Bayer" (Xn)
2.2 Insektenschädlinge an oberirdischen Pflanzenteilen	
Saugende Insekten, z.B. Läuse	
an Nutz- und Zierpflanzen	*Spritzen:* Systemschutz D (Drawin 75-5) (–, B!), Metasystox R special (Xn, B!), Croneton 100 (–, B!)
	Stäuben: Detia Stäubol-Kombi Puder (–, B!)
speziell gegen Blattläuse wirkend, schont Nützlinge	*Spritzen:* Pirimor Granulat zum Auflösen in Wasser (T)*
Beißende Insekten, z.B.	
freifressende Schmetterlingsraupen	*Spritzen:* Dipel (–)
Eulenraupen	*Spritzen:* Decis flüssig (–, B!); Nexit-stark (Xn, B!) im *Köderverfahren*
Beißende und saugende Insekten, z.B. Läuse, Raupen, Käfer	
an Nutz- und Zierpflanzen	*Spritzen:* Decis flüssig (–, B!), Ekamet (–, B!), blitol Insektenfrei Neu (–, B!), Actellic 8 (–, B!), Unden flüssig (Xn, B!), Spruzig flüssig (–), Rotenol-Emulsion (–), Parexan (–), Derro (–)
	Stäuben: Insekten-Stäubemittel Nexion (–, B!)
Gallmilben an Johannisbeeren	*Spritzen:* Thiodan 35 Spritzpulver (Xn), Beosit 35 Spritzpulver (Xn)
überwinternde Spinnmilben, Läuse und allgemeine Obstbaumschädlinge	*Austriebsspritzmittel:* z.B. Austriebsspritzmittel Nexion Öl (–, B!), Eftol-Öl (T, B!), Folidol-Öl-Spritzmittel (T, B!)

Anwendung gegen	Beispiele von Pflanzenschutzmitteln
2.3 **Ameisen**	
Auf Wege und Nester *gießen* oder *streuen*	z.B. Lindanmittel: Ameisenmittel Hortex (–, B!), Detia Ameisenpuder (–, B!)
In Nester und Plattenspalten *gießen*	Kochendes Wasser
2.4 **Schnecken**	
Breitwürfig *streuen*, ca. 10 Körner/m² oder in Häufchen auslegen	Schneckenkorn verschiedener Firmen (–)
30 – 40 cm breite Schutzstreifen an den Beeträndern *ausstreuen*	Branntkalk
Gefäße abends zur Hälfte mit Hellbier füllen und ebenerdig zwischen die Kulturen setzen	Bier
2.5 **Wühlmäuse**	
1. *Giftköder*, z.B. Wühlmaustod Arvicol (T), Rumetan-Wühlmaus-Köder (T), Wühlmausköder Arrex (T)	
2. *Räucher und Begasungsmittel*, z.B. Arrex-Patrone (–), Wühlmaus Ex Räucherpatrone (–)	
3. *Fallen*, z.B. Wolf'sche Falle	
Nachhaltiger Erfolg nur bei großflächiger Gemeinschaftsbekämpfung	

*** Erklärungen:**

–	=	keine Giftklasse
Xi	=	Reizend
Xn	=	Gesundheitsschädlich
T	=	Giftig
B!	=	bienengefährlich

Mittel ohne B!-Kennzeichnung gelten als bienenungefährlich

Übersicht 38: Wartezeiten nach der Anwendung von Pflanzenschutzmitteln (Auszüge aus dem amtlichen Pflanzenschutzmittel-Verzeichnis 1985)

Wirkstoff (Beispiele)	Beispiele von Handelspräparaten	Wartezeiten in Tagen	
		bei Obst	bei Gemüse im Freiland
Mittel gegen Pilzkrankheiten			
Chinomethionat	Morestan	Kernobst, Johannisbeeren, Stachelbeeren 14	Gurken, Kürbis 4, Schwarzwurzeln 14
Dichlofluanid	Euparen	Beerensträucher 14, Erdbeeren 7, Kernobst 7	Tomaten, Gurken 3, Kopfsalat 21
Kupferoxychlorid	Cupravit, Funguran, Vitigran, Kupferspritzmittel	Kernobst, Erdbeeren F*	Tomaten 7, Knollensellerie 14
Mancozeb	blitol-Pilzfrei, Dithane Ultra, park-Pilzsprühmittel	Kernobst, Steinobst 28	Tomaten, Gurken 4
Maneb	BASF Maneb-Spritzpulver, Maneb 80		Tomaten 14
Metiram	Polyram-Combi	Steinobst 21, Kernobst 28, Johannisbeeren 35	*spritzen:* Tomaten 5, Bohnen 7, Kopfsalat 21, Sellerie 28 *gießen:* Tomaten, Kopfsalat, Gemüsekohl F*
Propineb	Antracol	Kernobst 14, Steinobst 28	Tomaten 7, Knollensellerie 28
Schwefel	Netzschwefel	Kernobst, Pfirsiche, Stachelbeeren 7	Gurken 3, Erbsen 7
Thiram	Pomarsol forte	Kernobst, Erdbeeren 10	
Triforin	Saprol	Kernobst, Stachelbeeren, Johannisbeeren 14, Kirschen 7	Gurken 3
Vinclozolin	Ronilan	Erdbeeren 10, Kirschen 56	Bohnen 7, Kopfsalat 35

Wirkstoff (Beispiele)	Beispiele von Handelspräparaten	Wartezeiten in Tagen	
		bei Obst	bei Gemüse im Freiland
Mittel gegen Insekten			
Bromophos	Nexion-Streumittel, Nexion-stark	*spritzen:* Kernobst 35, Pflaumen, Zwetschen 28, Pfirsich, Aprikose 21, Beerenobst (ausgenommen Schwarze Johannisbeeren und Erdbeeren) 14, Kirschen 14	*spritzen:* Fruchtgemüse 4, Hülsenfrüchte 7, Wurzelgemüse, Blatt- und Sproßgemüse 14
		stäuben: Kernobst, Steinobst, Beerensträucher 14	*stäuben:* Fruchtgemüse 4, Hülsenfrüchte 7, Blatt- und Sproßgemüse, Wurzelgemüse 14
			gießen: Rettich, Radies 21, Kohlrabi 30, Zwiebeln, Gemüsekohl 42
			streuen: Möhren 28, übriges Gemüse F*
Butocarboxim	System Schutz D	Kernobst 14, Pflaumen, Kirschen 21	Kopfsalat, Rot-, Weißkohl 21, Busch-, Stangenbohnen 7, Tomaten 3
Deltamethrin	Decis flüssig	Kernobst, Steinobst 7	Salat, Porree, Zwiebeln, Gemüsekohl 7
Diazinon	Basudin, Diazinon, Das Mittel gegen Insekten im Hobbygarten	Steinobst, Beerensträucher 14, Kernobst 42	*gießen, streuen:* Gemüsekohl 49, Zwiebeln 60
Dimethoat	Dimethoat, Multexol, Perfekthion, Rogor, Roxion	Kernobst, Steinobst, Schwarze Johannisbeeren 21, übrige Beerensträucher 14	*spritzen:* Fruchtgemüse 3, Blumenkohl, Wurzelgemüse, Hülsenfrüchte 14, Salat, Kohlrabi, Spinat 21

Wirkstoff (Beispiele)	Beispiele von Handelspräparaten	Wartezeiten in Tagen	
		bei Obst	bei Gemüse im Freiland
(noch Dimethoat)			*gießen:* Rettich, Radies 21, Möhren 28, Gemüsekohl 42, Zwiebeln 60
Endosulfan	Beosit, Thiodan	Kernobst, Steinobst, Beerenobst (außer Schwarze Johannisbeeren, Erdbeeren) 21, Schwarze Johannisbeeren 60, Erdbeeren F*	Tomaten 4, Bohnen 14, Salat 21
Enthiofencarb	Croneton 100	Kernobst, Pflaumen, Kirschen 4, Johannisbeeren 7	Salat, Bohnen, Gemüsekohl (ausgenommen Grünkohl) 4
Etrimfos	blitol Insektenfrei, Ekamet	Kernobst, Pflaumen 14	Weiß-, Rotkohl, Wirsing 7
Lindan	Hortex Streuer, Nexit stark	Kern-, Stein-, Beerenobst 14 (ausgenommen Erdbeeren)	*spritzen, stäuben:* Blatt-, Sproß-, Wurzelgemüse 14, Hülsenfrüchte 7, Fruchtgemüse 4
Parathion	E 605 Spritzpulver	Kernobst, Steinobst, Beerensträucher 14	*spritzen:* Blatt- und Sproßgemüse, Wurzelgemüse, Fruchtgemüse 14 *gießen:* Gemüsekohl 35 *auslegen:* Gemüse 14
Primicarb	Pirimor	Kirschen 10	*spritzen:* Blatt- und Sproßgemüse 7, Fruchtgemüse 3
Pirimiphos-methyl	Actellic		Fruchtgemüse 4, Blatt- und Sproßgemüse (außer Salat, Spinat), Wurzelgemüse 10, Salat, Spinat 14

Wirkstoff (Beispiele)	Beispiele von Handelspräparaten	Wartezeiten in Tagen	
		bei Obst	bei Gemüse im Freiland
Propoxur	Unden	Kernobst, Steinobst, Beerensträucher 4, Erdbeeren F*	Blatt- und Sproßgemüse, Fruchtgemüse, Wurzelgemüse 4
Pyrethrum + Piperonylbutoxid	blitol Insektenfrei, Derrothan, Rotenol, Derro, Spruzit flüssig, Parexan	Kernobst, Steinobst, Beerensträucher 2	Blatt- und Sproßgemüse, Wurzelgemüse, Hülsenfrüchte, Fruchtgemüse 3
Mittel gegen Schnecken			
Mercaptodimethur	Schneckenkorn Mesurol	Erdbeeren 14	Weiß-, Rot-, Blumenkohl, Spinat, Kopfsalat 14
Metaldehyd	blitol Schneckenkorn Antischneck Streumittel	F*	F*

Unter der **Wartezeit** (Karenzzeit) versteht man die Zeit zwischen der letzten Mittelanwendung und der Ernte. Ihre Einhaltung gewährleistet, daß bei vorschriftsmäßiger Anwendung des zugelassenen Pflanzenschutzmittels in der vorgeschriebenen Konzentration und Aufwandmenge die Höchstmengen nicht überschritten werden.

***F** = Wartezeit wird durch die normale Vegetationszeit und die Zulassungsbedingungen festgelegt.

***vBl** = vor der Blüte

GEFAHREN IM GARTEN

Wie in vielen Lebensbereichen, liegen auch im Garten Freude und Gefahren, Nutzen und Schaden dicht beieinander. Doch Gefahren kann man begegnen und Schaden verhüten, wenn man deren Ursachen kennt und durch Vorsichtsmaßnahmen Unfälle vermeidet. Viele Unfälle passieren dem Hausgärtner selbst durch unvorsichtiges Arbeiten. Besonders gefährdet sind jedoch Kinder, Gäste und Fremde, die manche Gefahrenpunkte nicht richtig einschätzen können.

Die Hauptgefahren im Garten liegen

- bei giftigen Gartenpflanzen,
- bei der unsachgemäßen Anwendung und Aufbewahrung von giftigen Schädlingsbekämpfungsmitteln,
- bei der Benutzung von Maschinen, Geräten und anderen Hilfsmitteln,
- bei offenen Wasserflächen und -behältern.

I. GIFTIGE GARTENPFLANZEN

Es gibt eine ganze Reihe von holzigen und krautigen Gartenpflanzen, von denen Pflanzenteile oder die ganze Pflanze für Mensch und/oder Haustier giftig sind. Für den Erwachsenen bilden diese Pflanzen im allgemeinen keine Gefahr, anders bei Kindern! Die größte Gefahr geht im Sommer und Herbst von giftigen Zierfrüchten aus.

Besonders gefährlich sind Giftpflanzen für kleinere Kinder, die dazu neigen, ihre Umwelt vor allem mit dem Geschmackssinn zu erleben. Deshalb sollten gefährliche Pflanzen keinesfalls in die Nähe des Kinderspielplatzes, an den Sitzplatz, an den Hauseingang oder an die Hofeinfahrt gepflanzt werden.

Kinder muß man immer wieder über die Gefährlichkeit von bestimmten Pflanzen aufklären. Auch der Erwachsene muß wissen, daß Pflanzen, von denen Tiere (zum Beispiel Wild) ohne Schaden fressen, nicht auch in jedem Falle für den Menschen ungiftig sind. So kann zum Beispiel ein Hase ohne Folgen an der Rinde eines Goldregens knabbern, während ein Mensch durch das in der Rinde befindliche „Cytisin" lebensgefährlich vergiftet würde.

Viele giftige Pflanzen in Landschaft und Garten sind **gleichzeitig Heilpflanzen**, die in der Pharmazie von hohem Nutzen sind, weil deren Giftstoffe in kleinsten Dosen eine heilende Wirkung haben. So ist zum Beispiel das Maiglöckchen wegen seiner hochgiftigen Inhaltsstoffe (Glykoside und Saponine) vor allem in den Blüten und roten Beeren, die zu den stärksten Herzgiften gehören, lebensgefährlich. Schon der versehentliche oder von Kindern unbedachte Genuß des Vasenwassers von Maiglöckchen ist für Mensch und Tier sehr gefährlich. Andererseits gelten in der Medizin diese Giftstoffe als unverzichtbare Heilstoffe.

Ein anderes Beispiel, wie dicht Schaden und Nutzen beieinanderliegen, sind alle Nachtschattengewächse, und hiervon besonders die Kartoffeln und Tomaten. Diese beiden Arten dieser Pflanzenfamilie enthalten in ihren oberirdischen Pflanzenteilen das Gift „Solanin". Die ausgereifte braune Kartoffelknolle, aber auch die *reife*, je nach Sorte rote oder gelbe Tomatenfrucht sind dagegen unschädlich und gelten als wichtige Nahrungsmittel. Die auch zu den Nachtschattengewächsen gehörende Tollkirsche ist wegen ihrer starken Giftigkeit aus den Gärten verschwunden.

Die Giftwirkung hängt natürlich einmal von der aufgenommenen Giftmenge und -intensität ab. Aber auch das Alter und das Gesamtbefinden des Geschädigten sind ausschlaggend. Kinder und kranke Menschen sind gefährdeter.

Weiterhin können Vergiftungserscheinungen auftreten bei dem Verzehr von Ginster (ganze Pflanze), Pfaffenhut – Euonymus (besonders Früchte), Efeu (Beeren), Stechginster – Ilex (Beeren), Traubenholunder – Sambucus racemosa (Triebe, rote Früchte), Schneeball – Viburnum (besonders Früchte), Glycine (ganze Pflanze). Auch Teile von Narzissen,

Abbildung 165: Der giftige Goldregen sollte in die hintere Rahmenpflanzung des Gartens gepflanzt werden und nicht wie hier nahe am Hauseingang im Vorgarten, wo er Kindern sehr gefährlich wird.

Übersicht 39: Zusammenstellung besonders gefährlicher Gartenpflanzen

Deutscher Name	Botanischer Name	giftig	Giftigkeitsgrad
Goldregen	Laburnum	ganze Pflanze, besonders Hülsen, Samen, Rinde	stark giftig
Heckenkirsche	Lonicera (beerentragend) außer L. pileata und L. nitida „Elegant"	vor allem Frucht	giftig
Seidelbast	Daphne	ganze Pflanze, bes. rote Früchte	lebensgefährlich giftig
Wacholder	Juniperus sabina, J. virginiana	Triebe und Früchte	stark giftig
Eibe	Taxus baccata	Triebe und bes. Samen	stark giftig
Lebensbaum	Thuja-Arten	Triebe und Zapfen	stark giftig
Herbstzeitlose	Colchicum	ganze Pflanze	lebensgefährlich giftig
Fingerhut	Digitalis	ganze Pflanze bes. Blätter	stark giftig
Maiglöckchen	Convallaria majalis	ganze Pflanze bes. rote Früchte	stark giftig
Eisenhut	Aconitum napellus und andere Arten	alle Pflanzenteile	lebensgefährlich giftig
Christrose	Helleborus niger und andere Arten	alle Pflanzenteile	stark giftig

Adonisröschen, Mohn, Pfingstrosen, Aronstab, Schierling, Wolfsmilchpflanzen, Essigbaum und Stechapfel sollten nie in den Mund genommen werden.

Treten im Zusammenhang mit Pflanzen Beschwerden auf wie plötzliche Übelkeit, Schwierigkeiten beim Schlucken, Atemnot, Krampfzustände oder Koliken, **so ist sofort ein Arzt zu rufen.** Eltern sollten wissen, daß ihrem Kind bei Vergiftungserscheinungen nichts eingegeben werden darf (auch keine Milch!) und bis zum Eintreffen des Arztes absolute Ruhe eingehalten werden muß. In schweren Fällen muß der Kranke sofort in ein Krankenhaus eingeliefert werden. **Eine Probe der verursachenden Pflanze ist dorthin mitzunehmen.**

Es ist ratsam, für alle Fälle in der **Hausapotheke** ein deutlich sichtbares Schild mit den **Anschriften der nächstliegenden Vergiftungs-Informationszentralen anzubringen.** Diese sind Tag und Nacht von Fachärzten besetzt und geben sofort eine telefonische Erste Hilfe.

Übersicht von Informations- und Behandlungszentren für Vergiftungen in der Bundesrepublik Deutschland

Berlin

Beratungsstelle für Vergiftungserscheinungen an der Universitäts-Kinderklinik
Heubnerweg 6
1000 Berlin 19
Tel. 030/3 02 30 22

Reanimationszentrum der Freien Universität Berlin im Klinikum Westend
Spandauer Damm 130
1000 Berlin 19
Tel. 030/3 03 54 66

Bonn

Universitäts-Kinderklinik und Poliklinik Bonn — Informationszentrale gegen Vergiftungen
Adenauerallee 119
5300 Bonn 1
Tel. 0228/21 35 05

Braunschweig

Medizinische Klinik des städtischen Krankenhauses
Salzdahlumer Straße 90
3300 Braunschweig
Tel. 0531/6 22 90

Bremen

Kliniken der freien Hansestadt Bremen — Zentralkrankenhaus — Klinikum für innere Medizin — Intensivstation
St.-Jürgen-Str.
2800 Bremen 1
Tel. 0421/4 97 52 68

Freiburg

Universitäts-Kinderklinik Freiburg — Informationszentrale für Vergiftungen
Mathildenstr. 1
7800 Freiburg
Tel. 0761/2 70 43 61

Göttingen

Universitätskinderklinik und Poliklinik
Humboldtallee 38
3400 Göttingen
Tel. 0551/39 62 10/11
— kein 24 Stunden-Dienst

Hamburg

II. Medizinische Abteilung des Krankenhauses Barmbek — Giftinformationszentrale
Rübenkamp 148
2000 Hamburg 60
Tel. 040/6 38 53 45

Homburg/Saar

Universitäts-Kinderklinik Homburg/Saar — Informationszentrale für Vergiftungen
6650 Homburg/Saar
Tel. 06841/16 22 57/16 28 46

Kiel

Zentralstelle zur Beratung bei Vergiftungsfällen an der I. Medizinischen Universitätsklinik Kiel
Schittenhelmstr. 12
2300 Kiel
Tel. 0431/5 97 42 68

Koblenz
Städtisches Krankenhaus, Kemperhof, Koblenz, I. Medizinische Klinik
Koblenzer Str. 115 — 155
5400 Koblenz-Moselweiß
Tel. 0261/4 60 21 Apparat 648

Ludwigshafen
Städtische Krankenanstalten Ludwigshafen — Entgiftungszentrale — I. Medizinische Klinik
Bremserstr. 79
6700 Ludwigshafen
Tel. 0621/50 34 31

Mainz
Zentrum für Entgiftung und Giftinformation — II. Medizinische Klinik und Poliklinik der Universität
Langenbeckstr. 1
6500 Mainz
Tel. 06131/2 23 33/19 24 18

München
Toxikologische Abteilung der II. Medizinischen Klinik rechts der Isar der Technischen Universität
Ismaninger Str. 22
8000 München 80
Tel. 089/41 40 22 11

Münster
Medizinische Klinik und Poliklinik
Westring 3
4400 Münster
Tel. 0251/83 62 45

Nürnberg
II. Medizinische Klinik der Städtischen Krankenanstalten — Toxikologische Abt.
Flurstr. 17
8500 Nürnberg 5
Tel. 0911/3 98 24 51

Papenburg
Marienhospital, Kinderabteilung
Hauptkanal rechts 75
2990 Papenburg
Tel. 04961/8 31
kein 24 Stunden-Dienst

II. ANWENDUNG UND AUFBEWAHRUNG VON GIFTIGEN SCHÄDLINGSBEKÄMPFUNGSMITTELN

Alle vorbeugenden Anbau- und Pflegemaßnahmen im Garten, die dazu dienen, den Pflanzen gute Wachstumsbedingungen zu geben, sind der wichtigste und der ungefährlichste Pflanzenschutz und damit auch der wichtigste Schutz für den Menschen. Bei vernünftiger Anwendung von chemischen Schädlingsbekämpfungsmitteln nach Vorschrift des Herstellers sind jedoch normalerweise keine Schäden zu befürchten.

Es wird insbesondere zu folgenden Vorsichtsmaßnahmen geraten (siehe Seite 457):

➤ 1. Schädlinge und Krankheiten nur „gezielt" bekämpfen, keine „Allround- oder Universalbekämpfung".

➤ 2. Als Hausgärtner möglichst nur Mittel verwenden, die nicht als Gifte eingestuft sind.

- 3. Die auf der Packung angegebenen Wartezeiten genau beachten, das ist die Zeit in Tagen zwischen der Mittelanwendung und dem Erntebeginn des behandelten und benachbarten Gemüses oder Obstes.
- 4. Kinder und Haustiere sind bei Bekämpfungsmaßnahmen fernzuhalten.
- 5. Reste von Spritzbrühen, Mitteln und Verpackungsmaterial sofort nach der Arbeit sorgfältig wegräumen.
- 6. Chemische Schädlingsbekämpfungsmittel nur verschlossen, getrennt von Lebens- und Futtermitteln in Originalpackungen aufheben.
- 7. Als Gedächtnisstütze ein Merkblatt oder kleines Tagebuch anlegen, aus dem die Anwendungszeit und Mittel klar hervorgehen, um das Erntegut erst nach Ablauf der Wartezeit zu verbrauchen.

III. BENUTZUNG VON MASCHINEN, GERÄTEN UND ANDEREN HILFSMITTELN

Alle Hilfsmittel bei der Gartenarbeit, die in Ordnung sind, fachmännisch gebraucht und sofort nach dem Gebrauch wieder an einen geeigneten Aufbewahrungsort gebracht werden, sind für Unbefugte – vor allem Kleinkinder – normalerweise keine Gefahr. **Am ehesten passieren durch den motorisierten Rasenmäher Unfälle.**

Beispiele:

- Man wird während des Mähens plötzlich weggerufen und läßt den Mäher unbeachtet betriebsbereit stehen.

  Gefahr für neugierige oder technisch interessierte Kinder.

- Ein Ungeübter fährt beim Mähen über die Elektroschnur.

  Gefahr bei Maschinen ohne Sicherheitsvorkehrungen für diese Fälle.

- Benutzung von motorisierten Rasenmähern mit ungeschützter Auswurfvorrichtung (Fangkorb oder Schutzblech).

  Gefahr für alle in der Nähe stehenden Personen und Tiere.

- Man hat vergessen, vor dem Reinigen oder Reparieren den Motor richtig abzustellen beziehungsweise die Elektroschnur aus der Steckdose zu ziehen.

  Gefahr für die Hände.

Ebenso bedeuten **ungesicherte und behelfsmäßige Leitern** – und diese besonders auf unebenem Gartenboden – eine große Gefahr. Stürze stehen in der Unfallstatistik an erster Stelle! Selbst durch das **achtlose Weglegen** oder Abstellen der üblichsten **Gartengeräte**, wie Harken, Gabeln, Messer und Scheren, kann ein schlimmes Unglück passieren. So sollten Harken nie mit den Zinken nach oben gerichtet weggelegt werden. Dem Darauftretenden kann der Stiel so unglücklich an den Kopf fliegen, daß er einen schweren Kopfschaden davonträgt. Alle **Dünger** müssen verschlossen und beschildert aufgehoben werden, um **Verwechslungen** mit Futter vorzubeugen.

IV. OFFENE WASSERFLÄCHEN UND -BEHÄLTER

Diese üben auf viele Menschen eine besondere Anziehungskraft aus, vor allem auf Kinder. Sie bedeuten aber für neugierige und spielende Kinder eine große Gefahr und werden alljährlich für eine erschreckend große Zahl zum tödlichen Verhängnis.

Ungedeckte Gießwasserbehälter und Regentonnen — auch mit nur geringer Wasserhöhe — werden kopfüber hineinstürzenden Kindern zur Todesfalle, weil sie sich daraus meist allein nicht mehr befreien können.

Freiliegende Wasserpflanzenbecken, Swimming-pools und Teiche sind für Kleinkinder und ältere Kinder, die nicht schwimmen können, ebenfalls sehr gefährlich. Man sollte als Eltern und Gastgeber für **Schutz und Aufklärung** sorgen und Kleinkinder, wenn man sie nicht ständig beaufsichtigen kann, von Wasserflächen fernhalten.

Die vorangegangenen Informationen und Ratschläge sollen dem Hausgärtner und der Familie den Garten und das Vergnügen und die Arbeit darin nicht vergällen, sondern dazu anregen, große Gefahrenquellen im Garten zu beseitigen und durch Kenntnis mancher möglicher Gefahren Unfälle zu vermeiden.

Übrigens: Körperliche Überanstrengung und zu lange Gartenarbeit in praller Sonne können auch schaden.

Abbildung 166: Blick in einen naturnahen Bauerngarten

SACHVERZEICHNIS

* siehe auch bei einzelnen Pflanzenarten

A

B

E

F

G

L

M

N

O

P

Q

R

S

T

U

V

W

Z